测量师必备基础知识与操作技能

武安状　主编

黄河水利出版社

· 郑 州 ·

内 容 提 要

测绘是一门古老的学科,是国民经济发展的基础,涉及多个行业,城市建设离不开测绘。作者参加工作30余年,积累了丰富的实践经验与管理技术,本书全面概括了作为一名测量师应该掌握的测绘基础知识与操作技能等。

本书共13章,系统地介绍了测绘基础知识、测绘项目管理、测绘项目招投标、测绘仪器操作、外业测量技术、内业数据处理、软件开发技术、工程测量技术、测绘案例分析、测绘安全管理、测绘新技术、常见技术问题解答及其他参考资料。

本书语言简洁、深入浅出、图文并茂、逻辑性强、内容全面,适合于测绘专业技术人员、测绘作业组长、项目经理与技术负责人、工程施工人员、软件开发人员及测绘专业在校师生参考。

图书在版编目(CIP)数据

测量师必备基础知识与操作技能/武安状主编. —郑州:
黄河水利出版社,2016.8
ISBN 978 – 7 – 5509 – 1521 – 3

Ⅰ.①测… Ⅱ.①武… Ⅲ.①测绘学 – 基本知识
Ⅳ.①P2

中国版本图书馆 CIP 数据核字(2016)第 199781 号

组稿编辑:王志宽　　　电话:0371 – 66024331　　　E-mail:wangzhikuan83@ 126. com

出　版　社:黄河水利出版社
　　　　　　地址:河南省郑州市顺河路黄委会综合楼14层　　　邮政编码:450003
　　　　发行单位:黄河水利出版社
　　　　　　发行部电话:0371 – 66026940、66020550、66028024、66022620(传真)
　　　　　　E-mail:hhslcbs@ 126. com
　　　　承印单位:河南承创印务有限公司
　　　　开本:787 mm × 1 092 mm　　1/16
　　　　印张:33. 25
　　　　字数:768 千字　　　　　　　　　　印数:1—1 500
　　　　版次:2016 年 8 月第 1 版　　　　　印次:2016 年 8 月第 1 次印刷

　　　　定价:98.00 元

《测量师必备基础知识与操作技能》编委会

主　　编　武安状

副 主 编　蔡冬梅　吴　芳　郭向前

编写人员　王艳艳　赵硕硕　耿丽艳

　　　　　米　川　刘　超　武　岩

作者简介

武安状,男,1963年10月16日生,河南省邓州人,教授级高级工程师,中国注册测绘师,中国测绘学会会员,河南省测绘学会第五届大地测量专业委员会委员,河南省政府采购评审专家,河南省地矿局地质勘查项目监审专家,河南省测绘行业知名学者。2013年3月被河南省地质工会评为河南省地矿系统读书标兵,2013年11月12日《中国国土资源报》对其进行了专题报道(《记河南地矿局测绘地理信息院教授级高工武安状》——记者周强)。

武安状,自1984年12月从原南京地质学校(现东南大学)地形测量专业毕业以来,长期从事一线生产工作,1986年9月考入武汉测绘科技大学工程测量专业(函授本科),1992年1月毕业,获学士学位。业余时间,喜欢看书学习,积极钻研业务技术,爱好计算机编程,有顽强的毅力和拼搏精神,在困难面前,不屈不挠、从不退缩,对待工作一丝不苟、认真负责、思维敏捷、果断干练,不拖泥带水。从作业组长到检查员、项目技术负责人、总工办副主任、地矿局测管科业务主管、河南省空间信息工程有限公司副总经理兼总工程师、河南省矿业权核查项目办公室测量技术负责人、河南省地质测绘总院国土资源规划分院总工程师,一步步走过来,阅历丰富,道路曲折,积累了丰富的工作经验与管理技术,为撰写此书打下了坚实的基础。

武安状,已经出版四本专著,自2012年8月发行以来,深受广大测绘人员的欢迎。目前,已被中国国家图书馆、水利部图书馆、中国地质图书馆、中国地质调查局地学文献中心、深圳市图书馆、重庆市公共图书馆和30余所著名大学(北京大学、上海大学、武汉大学、同济大学、中南大学、东北大学、山东大学、深圳大学、三峡大学、福州大学、南京林业大学、浙江工业大学、青岛农业大学、江西理工大学、大连理工大学、河南理工大学、武汉理工大学、山西农业大学、河北工业大学、电子科技大学、石家庄铁道大学、厦门大学、华南理工大学、哈尔滨师范大学、中国地质大学、暨南大学、中国计量学院、浙江大学宁波理工学院、成都信息工程学院等)图书馆及216个单位(或个人)收藏,收藏单位涉及国内的39个行业。作者近照如下:

联系方式:手机:15038083078,微信:wuaz0829,邮箱:wuanzhuang@126.com,个人QQ:378565069,QQ 群:150053870 或 217744052。

前　言

本书是武安状教授的第五本专著,是继《空间数据处理系统理论与方法》《实用ObjectARX2008测量软件开发技术》《实用 Android 系统测量软件开发技术》及《基于VS2012 平台 C#语言测量软件开发技术》后的又一部经典力作。本书全面总结了作者参加工作 30 年来的测绘工作经验与核心技术,内容比较全面。作者经过长期的不懈努力和努力工作,为我国的测绘事业做出了一定的贡献。本书充分体现了作者扎实稳固的理论基础、刻苦钻研的学习精神、无私奉献的高尚品格、认真负责的工作态度、一丝不苟的工作作风、百折不挠的顽强毅力、勇于探索的奋斗精神,起到了承前启后、抛砖引玉的效果。

作者从 2013 年初开始筹划,列出提纲,组织材料,从网上下载资料,查阅相关书籍,进行仔细分析与研究,去伪存真、简明扼要,高度概括了作为一名测量师应该掌握的基础知识与操作技能。最终,经过三年多的努力,终于完成初稿,因牵涉到方方面面的知识、众多学科的内容,加上本人知识面有限,书中肯定会存在许多不足之处。

本书共 13 章,系统地介绍了测绘基础知识、测绘项目管理、测绘项目招投标、测绘仪器操作、外业测量技术、内业数据处理、软件开发技术、工程测量技术、测绘案例分析、测绘安全管理、测绘新技术、常见技术问题解答及其他参考资料。

参加本书编写的主要人员有河南省地质矿产勘查开发局测绘地理信息院的武安状、蔡冬梅、吴芳、郭向前、王艳艳、赵硕硕、耿丽艳、米川、武岩及河南省地质环境勘查院的刘超。其中,武安状负责编写第 7 章,蔡冬梅负责编写第 6 章、第 9 章,吴芳负责编写第 1章、第 10 章,郭向前负责编写第 2 章、第 5 章,王艳艳负责编写第 11 章,赵硕硕负责编写第 4 章,耿丽艳负责编写第 3 章,米川负责编写第 8 章,刘超负责编写第 12 章,武岩负责编写第 13 章及本书资料整理工作。武安状担任本书主编并负责全书统稿。

本书在编写过程中,几易其稿,精益求精,争取全面系统地讲解与测量相关的基础知识与技术问题,更多的则是作者自己的经验与教训,主要是面对刚参加工作的测绘专业学生、非测绘专业的技术人员,使他们少走弯路,帮助他们尽快熟悉测量工作,掌握测绘知识要点,提高工作效率。

本书在编写时参考了大量的经典著作及文献,收集了很多相关资料,包括网上下载的相关资料,所有使用的参考资料和图片的版权均归原作者所有,本书只是借鉴与推广,作者认为有价值的,经过删改与整理,收录到此书中,以传播知识与经验技术,引用的主要资料在本书参考文献中均有记载,在此表示衷心的感谢。

本书语言简洁、深入浅出、图文并茂、逻辑性强、内容全面,适合于测绘专业技术人员、测绘作业组长、项目经理、技术负责人、工程施工人员、软件开发人员及测绘专业在校师生参考。

因时间仓促有限,本书肯定有不足之处,欢迎各位读者及专家批评指正,以便下次再版时更正,谢谢。

编　者
2016 年 5 月 31 日于郑州

目　录

第1章 测绘基础知识

1.1 测绘必备基础知识

1.1.1 中国大地原点与水准零点

中华人民共和国大地原点是国家大地坐标系统的起算点,于 1977 年由国家测绘局投资建设,1978 年建成交付使用,地址位于陕西省泾阳县永乐镇北流村,距西安市约 36 km,总占地面积 39 200 m²(见图 1-1)。

图 1-1　中国大地原点

中华人民共和国大地原点,由主体建筑、中心标志、仪器台、投影台四部分组成。主体为七层塔楼式圆顶建筑,高 25.8 m,半球形玻璃钢屋顶,可自动开启,以便进行天文观测。中心标志是原点的核心部分,用玛瑙做成,半球顶部刻有"十"字线。它被镶嵌在稳定埋入地下的花岗岩标石外露部分的中央,永久稳固保留,"十"字中心就是测量起算中心,坐标为东经 108°55′,北纬 34°32′,海拔 417.20 m。仪器台建在中心标志上方,为空心圆柱形,高 21.8 m,顶部供安置测量仪器用(见图 1-2)。

我国的水准零点位于青岛观象山(见图 1-3)。它是由 1 个原点和 5 个附点构成的水准原点网。在"1985 国家高程基准"中水准零点的高程为 72.260 4 m。这是根据青岛验潮站 1985 年以前的潮汐资料推求的平均海面为零点的起算高程,是国家高程控制的起算点。

图 1-2　中国大地原点建筑

图 1-3　中国水准零点

1.1.2　大地坐标系统的建立原理

1.参考椭球与总地球椭球

具有确定参数(长半径 a 和扁率 α),经过局部定位和定向,同某一地区大地水准面最佳拟合的地球椭球,叫作参考椭球。除满足地心定位和双平行条件外,在确定椭球参数时能使它在全球范围内与大地体最密合的地球椭球,叫作总地球椭球。

2. 椭球定位与定向

椭球定位是指确定椭球中心的位置,可分为两类:局部定位和地心定位。局部定位要求在一定范围内椭球面与大地水准面有最佳的符合,而对椭球的中心位置无特殊要求;地心定位要求在全球范围内椭球面与大地水准面有最佳的符合,同时要求椭球中心与地球质心一致或最为接近。

椭球定位的目的:建立大地坐标系,就是按一定的条件将具有确定元素的地球椭球同大地体的相关位置确定下来,从而获得大地测量计算的基准面和起算数据。

椭球定位的内容:①确定椭球中心的位置(简称定位);②确定椭球中心为原点的空间直角坐标系坐标轴的方向,即确定椭球短轴的指向和起始大地子午面(简称定向)。

椭球定位的实现(获得大地起算数据的过程):①选定大地原点;②在大地原点处进行精密天文测量和水准测量;③进行一点定位或多点定位。

椭球定向是指确定椭球旋转轴的方向,不论是局部定位还是地心定位,都应满足两个平行条件:①椭球短轴平行于地球自转轴;②大地起始子午面平行于天文起始子午面。

3. 大地坐标系分类

大地坐标系是建立在一定的大地基准上的用于表达地球表面空间位置及其相对关系的数学参照系,可分为以下两种:

(1)参心坐标系:以参考椭球为基准的坐标系。参心(局部)坐标系是按参考椭球与局部地区(例如中国地区)的大地水准面最佳拟合的定位原则而建立的大地坐标系,坐标系原点偏离地球质心,由天文大地点的坐标实现。

(2)地心坐标系:以总地球椭球为基准的坐标系。地心坐标系是原点位于地心的坐标系,用卫星大地测量技术建立,由空间网的三维坐标和速度实现。

无论参心坐标系还是地心坐标系均可分为大地坐标系和空间直角坐标系两种(见图1-4),它们都与地球体固连在一起,与地球同步运动,因而又称为地固坐标系。以地心为原点的地固坐标系称为地心地固坐标系,主要用于描述地面点的相对位置;另一类是空间固定坐标系,与地球自转无关,称为天文坐标系、天球坐标系或惯性坐标系,主要用于描述卫星和地球的运行位置与状态。

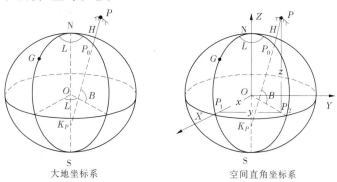

大地坐标系　　　　　　　空间直角坐标系

L—大地经度;B—大地纬度;H—大地高

图1-4　大地坐标系与空间直角坐标系

1.1.3 常用坐标系统与高程系统

1. 测绘基准的概念

(1)测绘基准的定义:测绘基准是进行各种测量工作的起算数据和起算面,是确定地理空间信息的几何形态和时空分布的基础。城市坐标系统作为城市各项测绘工作的基础,对于测绘成果的影响举足轻重。

(2)测绘基准的分类:①水平坐标基准;②高程基准、深度基准;③三维基准;④重力基准。

(3)测绘基准的实现:①水平控制网;②高程控制网;③三维控制网;④重力基本网。

2. 天球坐标系统与地球坐标系统

众所周知,全球定位系统(GPS)的最基本任务是确定用户在空间的位置。而所谓用户的位置,实际上是指该用户在特定坐标系的位置坐标。位置是相对于参考坐标系而言的,为此,首先要设立适当的坐标系。

坐标系统是由原点位置、3个坐标轴的指向和尺度所定义,根据坐标轴指向的不同,可划分为两大类:天球坐标系和地球坐标系。

由于坐标系相对于时间的依赖性,每一类坐标系又可划分为若干种不同定义的坐标系。不管采用什么形式,坐标系之间通过坐标平移、旋转和尺度转换,可以将一个坐标系变换到另一个坐标系中去。

天球示意图如图1-5所示。

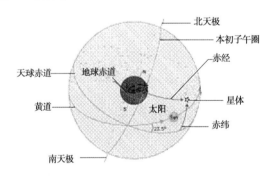

图1-5　天球示意图

1)天球坐标系统

(1)天球空间直角坐标系的定义。

地球质心 O 为坐标原点,Z 轴指向天球北极,X 轴指向春分点,Y 轴垂直于 XOZ 平面,与 X 轴和 Z 轴构成右手坐标系。在此坐标系下,空间点的位置由坐标 (X,Y,Z) 来描述。

(2)天球球面坐标系的定义。

天球球面坐标系是以地球质心 O 为坐标原点,春分点轴与天轴所在平面为天球经度(赤经)测量基准——基准子午面,赤道为天球纬度测量基准而建立的球面坐标系。空间点的位置在天球坐标系下的表述为 (r,α,δ)。天球空间直角坐标系与天球球面坐标系的关系如图1-6所示。

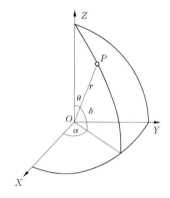

图1-6 天球空间直角坐标系与天球球面坐标系的关系

（3）天球空间直角坐标系与其等效的天球球面坐标系参数间的转换。

对于同一空间点,天球空间直角坐标系与其等效的天球球面坐标系参数间有如下转换关系:

$$
\left.\begin{aligned}
X &= r\cos\alpha\cos\delta \\
Y &= r\sin\alpha\sin\delta \\
Z &= r\sin\delta
\end{aligned}\right\} \tag{1-1}
$$

$$
\left.\begin{aligned}
r &= \sqrt{X^2 + Y^2 + Z^2} \\
\alpha &= \arctan(Y/X) \\
\delta &= \arctan(Z/\sqrt{X^2 + Y^2})
\end{aligned}\right\} \tag{1-2}
$$

2）地球坐标系统

（1）地球空间直角坐标系的定义。

原点O与地球质心重合,Z轴指向地球北极,X轴指向地球赤道面与格林尼治子午圈的交点,Y轴在赤道平面里与XOZ构成右手坐标系,如图1-7所示。

（2）地球大地坐标系的定义。

地球椭球的中心与地球质心重合,椭球的短轴与地球自转轴重合。空间点位置在该坐标系中表述为(L,B,H),如图1-8所示。

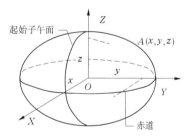

图1-7 地球空间直角坐标系

（3）空间直角坐标系与大地坐标系参数间的转换。

空间直角坐标与大地坐标的关系如图1-9所示。同一地面点在地球空间直角坐标系中的坐标和在大地坐标系中的坐标可用式（1-3）、式（1-4）转换。

$$
\left.\begin{aligned}
x &= (X + H)\cos B\cos L \\
y &= (N + H)\cos B\sin L \\
z &= \left[N(1 - e^2) + H\right]\sin B
\end{aligned}\right\} \tag{1-3}
$$

$$L = \arctan \frac{y}{x}$$
$$B = \arctan \frac{z + Ne^2 \sin B}{\sqrt{x^2 + y^2}} \qquad (1\text{-}4)$$
$$H = \frac{z}{\sin B} - N(1 - e^2)$$

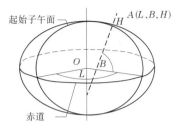

图 1-8　地球大地坐标系

式中,e 为子午椭圆第一偏心率,可由 $e^2 = (a^2 - b^2)/a^2$ 算得;N 为法线长度,可由 $N = a/\sqrt{1 - e^2 \sin^2 B}$ 算得。

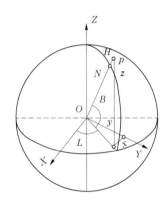

图 1-9　空间直角坐标与大地坐标的关系

3. 常用坐标系

1)1954 北京坐标系

1954 北京坐标系(Beijing Geodetic Coordinate System 1954,简称"BJ54 旧")是我国目前广泛采用的大地测量坐标系,是一种参心坐标系统。该坐标系源自于苏联采用过的 1942 年普尔科沃坐标系。该坐标系采用的参考椭球是克拉索夫斯基椭球,该椭球的参数为:长轴6 378 245 m,短轴6 356 863 m,扁率 1/298.3。我国地形图上的平面坐标位置都是以这个数据为基准推算的。我国很多测绘成果都是基于 1954 北京坐标系得来的,其从 1954 年开始启用,是国家统一的大地坐标系,鉴于当时的实际情况,将我国一等锁与苏联远东一等锁相连接,然后以连接处呼玛、吉拉宁、东宁基线网扩大边端点的苏联 1942 年普尔科沃坐标系的坐标为起算数据,平差我国东北及东部区一等锁,这样传算过来的坐标系就定名为 1954 北京坐标系。

主要缺点:①克拉索夫斯基椭球参数与现代精确测定的椭球参数之间的差异较大,不包含表示地球物理特性的参数。②椭球定向不明确,参考椭球面与我国大地水准面呈西高东低的系统性倾斜,东部高程异常最大值达 67 m。③该系统的大地点坐标是通过局部分区平差得到的,未进行全国统一平差,区与区之间同点位不同坐标,最大差值达到 1~2 m,一等锁坐标从东北传递,因此西北和西南精度较低,存在明显的坐标积累误差。

2)1980 西安坐标系

1980 西安坐标系(Xi'an Geodetic Coordinate System 1980)是由国家测绘局在 1978~

1982年进行国家天文大地网整体平差时建立的,它采用国际大地测量学协会 IAG 1975年推荐的新椭球参数。该椭球的参数为:长轴 6 378 140 m,短轴 6 356 755 m,扁率1/298.257。1980 西安坐标系属参心坐标系,大地原点在陕西省泾阳县永乐镇,在西安以北约 36 km,简称西安原点。与 1954 北京坐标系相比,有以下 5 个优点:①采用多点定位原理建立,理论严密,定义明确,位于我国中部。②椭球参数为现代精确测定的地球总椭球参数,有利于实际应用和开展理论研究。③椭球面与我国大地水准面吻合较好,全国范围内的平均差值为 10 m,大部分地区差值在 15 m 以内。④椭球短半轴指向明确,为 1968.0 JYD 地极原点方向。⑤全国天文大地网经过了整体平差,点位精度高,误差分布均匀。

3)2000 国家大地坐标系

2000 国家大地坐标系(China Geodetic Coordinate System 2000)属地心坐标系。其定义包括坐标系的原点、三个坐标轴的指向、尺度及地球椭球的 4 个基本参数的定义。2000国家大地坐标系的原点为包括海洋和大气的整个地球的质量中心,2000 国家大地坐标系的 Z 轴由原点指向历元 2000.0 的地球参考极的方向,该历元的指向由国际时间局给定的历元为 1984.0 的初始指向推算,定向的时间演化保证相对于地壳不产生残余的全球旋转,X 轴由原点指向格林尼治参考子午线与地球赤道面(历元 2000.0)的交点,Y 轴与 Z轴、X 轴构成右手正交坐标系,采用广义相对论意义下的尺度。2000 国家大地坐标系采用的地球椭球参数的数值为:长半轴 $a = 6\ 378\ 137$ m,扁率 $f = 1/298.257\ 222\ 101$,地心引力常数 $GM = 3.986\ 004\ 418 \times 10^{14}$ m³/s²,自转角速度 $\omega = 7.292\ 115 \times 10^{-5}$ rad/s。

4)WGS – 84 坐标系

WGS – 84 坐标系的全称是 World Geodetic System – 84(世界大地坐标系 – 84),它是一个地心地固坐标系统。WGS – 84 坐标系由美国国防部制图局建立,于 1987 年取代了当时 GPS 所采用的坐标系统——WGS – 72 坐标系,而成为 GPS 所使用的坐标系统。坐标原点为地球质心,其地心空间直角坐标系的 Z 轴指向国际时间局(BIH)1984.0 定义的协议地极(CTP)方向,X 轴指向 BIH1984.0 的协议子午面和 CTP 赤道的交点,Y 轴与 Z轴、X 轴垂直构成右手坐标系,称为 1984 世界大地坐标系。这是一个国际协议地球参考系统(ITRS),是目前国际上统一采用的大地坐标系。WGS – 84 坐标系,长轴6 378 137.000 m,短轴 6 356 752.314 m,扁率 1/298.257 223 563。WGS – 84 椭球如图 1-10 所示。

5)新 1954 北京坐标系

新 1954 北京坐标系(简称"BJ54新")是将 1980 国家大地坐标系(简称"GDZ80")采用的 IUGG1975 椭球参数换成克拉索夫斯基椭球参数后,在空间平移后的一种参心大地坐标系,其平移量为 1980 国家大地坐标系解得的定位参数$\Delta X0$、$\Delta Y0$、$\Delta Z0$ 的值。坐标原点位于陕西

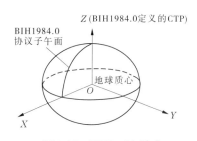

图 1-10　WGS – 84 椭球

省泾阳县永乐镇,参考椭球使用克拉索夫斯基椭球,平差方法采用天文大地网整体平差。

"BJ54 新"的特点:①采用克拉索夫斯基椭球;②是综合"GDZ80"和"BJ54 旧"建立起

来的参心坐标系;③采用多点定位,但椭球面与大地水准面在我国境内不是最佳拟合;④定向明确;⑤大地原点与"GDZ80"相同,但大地起算数据不同;⑥大地高程基准采用1956年黄海高程系;⑦与"BJ54旧"相比,所采用的椭球参数相同,其定位相近,但定向不同;⑧"BJ54旧"与"BJ54新"无全国统一的转换参数,只能进行局部转换。

6)高斯平面直角坐标系

平面直角坐标系是利用投影变换,将空间坐标、空间直角坐标或空间大地坐标通过某种数学变换映射到平面上,这种变换又称为投影变换。投影变换的方法有很多,如横轴墨卡托投影、UTM投影、兰勃特投影等。在我国采用的是高斯-克吕格投影,也称为高斯投影。UTM投影和高斯投影都是横轴墨卡托投影的特例,只是投影的个别参数不同而已。

高斯投影是一种横轴椭圆柱面等角投影。从几何意义上讲,它是一种横轴椭圆柱正切投影。如图1-11所示,设想一个椭圆柱面横套在地球椭球体外面,并与某一条子午线(此子午线称为中央子午线或轴子午线)相切,椭圆柱的中心轴通过椭球体中心,将中央子午线两侧各一定经差范围内的地区投影到椭圆柱面上,再将此柱面展开即成为投影面。

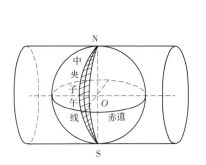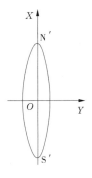

图 1-11 高斯平面直角坐标系

高斯投影满足以下两个条件:①它是正形投影;②中央子午线投影后应为 X 轴,且长度保持不变。

将中央子午线东西各一定经差(一般为6°或3°)范围内的地区投影到椭圆柱面上,再将此柱面沿某一棱线展开,便构成了高斯平面直角坐标系, X 方向指北, Y 方向指东。

可见,高斯投影存在长度变形,为使其在测图和用图时影响很小,应相隔一定的地区另设中央子午线,采取分带投影的办法,通常按经差6°或3°分为6°带或3°带。6°带自零度子午线起每隔经差6°自西向东分带,带号依次编为第1、2、…、60带。3°带是在6°带的基础上分成的,它的中央子午线与6°带的中央子午线和分带子午线重合,即自1.5度子午线起,每隔经差3°自西向东分带,带号依次编为第1、2、…、120带。我国的经度范围西起73°、东至135°,可分成6°带十一带或3°带二十二带。6°带可用于中小比例尺(1:25 000以下)测图,3°带可用于大比例尺(如1:10 000)测图。在某些特殊情况下,高斯投影也可采用宽带或窄带,如按经差9°或1.5°分带。高斯投影分带如图1-12所示。

6°带和3°带与中央子午线存在如下关系:

$$L_{中}^6 = 6N - 3; L_{中}^3 = 3n$$

其中, N 、 n 分别为6°带和3°带的带号。例如:地形图上的横坐标为20 345 000 m,其所处

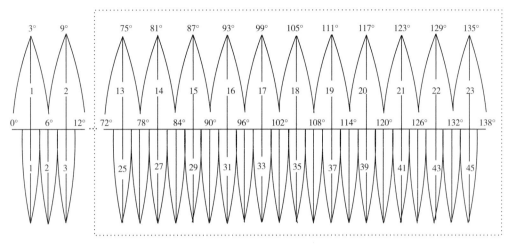

图 1-12　高斯投影分带

的6°带的中央经线经度为:6°×20-3°=117°(适用于1:2.5万和1:5万地形图);3°带的中央经线经度为:中央经线经度=3°×n(适用于1:1万地形图)。

4.常用高程系统

高程系统是指相对于不同性质的起算面(如大地水准面、似大地水准面、椭球面等)所定义的高程体系。采用不同的基准面表示地面点的高低所产生的几种不同的高程表示法,或者对水准测量数据采取不同的处理方法所产生的几种高程表示法。有正高、正常高、力高和大地高等系统。

高程基准面基本上有两种:一是大地水准面,它是正高和力高的基准面;二是椭球面,它是大地高程的基准面。此外,为了克服正高不能精确计算的困难还采用正常高,以似大地水准面为基准面,它非常接近大地水准面。

1)大地高、正高、正常高概念

大地高以椭球面为高程基准面,是指该点沿通过该点的椭球面法线到椭球面的距离。

正高以大地水准面为高程基准面,是指该点沿垂线方向至大地水准面的距离。

正常高以似大地水准面为高程基准面,是指该点沿垂线方向至似大地水准面的距离。

大地高 = 正常高 + 高程异常。

2)大地高系统、正高系统、正常高系统

(1)大地高系统。

大地高系统是以参考椭球面为基准面的高程系统,某点的大地高是该点到通过该点的参考椭球的法线与参考椭球面的交点间的距离。大地高也称为椭球高,一般用符号 H 表示。大地高是一个纯几何量,不具有物理意义,同一个点在不同的椭球坐标系下具有不同的大地高。GPS 定位测量获得的是测站点相对于 WGS-84 椭球的大地高程 H。

(2)正高系统。

正高系统是以大地水准面为基准面的高程系统,某点的正高是该点到通过该点的铅垂线与大地水准面的交点之间的距离。正高用符号 H_g 表示。

(3)正常高系统。

正常高系统是以似大地水准面为基准的高程系统,某点的正常高是该点到通过该点的铅垂线与似大地水准面的交点之间的距离。正常高用 H_γ 表示。

(4)大地水准面差距。

大地水准面到参考椭球面的距离,称为大地水准面差距,记为 h_g。大地高与正高之间的关系可以表示为:$H = H_g + h_g$

(5)高程异常。

似大地水准面到参考椭球面的距离,称为高程异常,记为 ζ。大地高与正常高之间的关系可以表示为:$H = H_\gamma + \zeta$。

高程系统间的相互关系如图 1-13 所示。

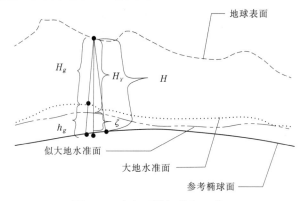

图 1-13　高程系统间的相互关系

3)常用高程系统基准

高程基准是推算国家统一高程控制网中所有水准高程的起算依据,它包括一个水准基面和一个永久性水准原点。国家高程基准是根据验潮资料确定的水准原点高程及其起算面。目前,我国常见的高程系统主要包括"1956 年黄海高程系""1985 国家高程基准""吴淞高程系统"和"珠江高程基准"四种。

(1)"1956 年黄海高程系"。

"1956 年黄海高程系"是根据我国青岛验潮站 1950 年到 1956 年的黄海验潮资料,求出该站验潮井里横安铜丝的高度为 3.61 m,所以就确定这个铜丝以下 3.61 m 处为黄海平均海水面。从这个平均海水面起,于 1956 年推算出青岛水准原点的高程为 72.289 m。我国其他地方测量的高程,都是根据这一原点按水准方法推算的。

(2)"1985 国家高程基准"。

我国于 1956 年规定以黄海(青岛)的多年平均海平面作为统一基面,为中国第一个国家高程系统,从而结束了过去高程系统繁杂的局面。但由于计算这个基面所依据的青岛验潮站的资料系列(1950 ~ 1956 年)较短等原因,中国测绘主管部门决定重新计算黄海平均海面,以青岛验潮站 1952 ~ 1979 年的潮汐观测资料为计算依据,并用精密水准测量方法测定位于青岛的中华人民共和国水准零点,得出"1985 国家高程基准"和"1956 年黄海高程系"的关系为:"1985 国家高程基准" = "1956 年黄海高程系" - 0.029 m。"1985 国家高程基准"已于 1987 年 5 月开始启用,"1956 年黄海高程系"同时废止。

（3）"吴淞高程系统"。

采用上海吴淞口验潮站1871～1900年实测的最低潮位所确定的海面作为基准面,所建立的高程系统称为"吴淞高程系统"。该系统自1900年建立以来,一直为长江的水位观测、防汛调度及水利建设所采用。在上海地区,"吴淞高程系统"="1956年黄海高程系"－1.629 7（m）="1985国家高程基准"－1.600 7（m）,远离上海的地区,此值又有不同。

（4）"珠江高程基准"。

"珠江高程基准"是以珠江基面为基准的高程系,在广东地区应用较为广泛。

4）高程系统之间的转换关系

（1）"1956年黄海高程系"与其他高程系的换算关系:

"1956年黄海高程系"="1985国家高程基准"＋0.029（m）

"1956年黄海高程系"="吴淞高程系统"－1.688（m）

"1956年黄海高程系"="珠江高程基准"＋0.586（m）

（2）"1985国家高程基准"与其他高程系的换算关系:

"1985国家高程基准"="1956年黄海高程系"－0.029（m）

"1985国家高程基准"="吴淞高程系统"－1.717（m）

"1985国家高程基准"="珠江高程基准"＋0.557（m）

（3）"吴淞高程系统"与其他高程系的换算关系:

"吴淞高程系统"="1956年黄海高程系"＋1.688（m）

"吴淞高程系统"="1985国家高程基准"＋1.717（m）

"吴淞高程系统"="珠江高程基准"＋2.274（m）

（4）"珠江高程基准"与其他高程系的换算关系:

"珠江高程基准"="1956年黄海高程系"－0.586（m）

"珠江高程基准"="1985国家高程基准"－0.557（m）

"珠江高程基准"="吴淞高程系统"－2.274（m）

以上四种高程基准之间的差值为各地区精密水准网点之间的差值平均值,以上差值数据取自《城市用地竖向规划规范》（CJJ 83—1999）。

5）其他高程系统基准

除以上四种高程系外,在我国的不同历史时期和不同地区曾采用过多个高程系统,如"广州高程基准""大沽零点高程""渤海高程""波罗的海高程""大连零点高程""废黄河零点高程""坎门零点高程"和"安庆高程系"等。不同高程系统间的差值因地区而异,以下高程系统的换算关系仅供参考,具体差值以当地测绘主管部门提供值为准。

（1）"广州高程基准"。

"广州高程基准"即广州城建高程系统,该高程系统与其他高程系统的换算关系为

"广州高程基准"="1985国家高程基准"＋4.26/4.439（m）

"广州高程基准"="1956年黄海高程系"＋4.41（m）

"广州高程基准"="珠江高程基准"＋5.00（m）

（2）"大沽零点高程"。

"大沽零点高程"在天津地区应用广泛,目前采用的是"1972 年天津市大沽高程系 2003 年高程"。该高程系与"1985 国家高程基准"的换算关系为

"大沽零点高程"="1985 国家高程基准"+1.163(m)

(3)"渤海高程"。

"渤海高程"亦是我国使用较广泛的高程系统,其与"1985 国家高程基准"的换算关系为

"渤海高程"="1985 国家高程基准"-3.048(m)

(4)"波罗的海高程"。

"波罗的海高程"为以苏联喀琅施塔得(KPOHLIITALT)验潮站 1946 年波罗的海平均海面为零起算的苏联国家高程系统。1956 年起,中苏两国为共同勘察黑龙江省、乌苏里江,研讨开发事宜,曾多次连测两国高程系统。1957 年,我国电力工业部长春水电勘测设计院、黑龙江省勘测总队,沿黑龙江省进行三、四等水准测量时,曾与苏联三等水准点多处连测。我国新疆境内尚有部分水文站一直还在使用"波罗的海高程"。其与"1956 年黄海高程系"的换算关系为

"波罗的海高程"="1956 年黄海高程系"-0.74(m)

(5)"大连零点高程"。

在日本入侵中国东北期间,在大连港码头仓库区内设立验潮站,并以多年验潮资料求得的平均海面为零起算,称为"大连零点"。该高程系统的基点设在辽宁省大连市的大连港原一号码头东转角处,该基点的高程为 3.765 m。原点设在吉林省长春市的人民广场内,已被毁坏。该高程系统 1959 年以前在中国东北地区曾广泛使用,1959 年中国东北地区精密水准网在山海关与中国东南部水准网连接平差后,改用"1956 年黄海高程系"。"大连零点高程"在"1956 年黄海高程系"中的高程为 3.790 m。其与"1956 年黄海高程系"的换算关系为

"大连零点高程"="1956 年黄海高程系"-0.025(m)

(6)"废黄河零点高程"。

江淮水利测量局,以 1912 年 11 月 11 日下午 5 时废黄河口的潮水位为零作为起算高程,称"废黄河零点高程"。后该局又用多年潮位观测的平均潮水位确定新零点,其大多数高程测量均以新零点起算。"废黄河零点高程"的原点,已湮没无存,原点处新旧零点的高差和换用时间尚无资料可查考。在"废黄河零点高程"系统内,存在"江淮水利局惠济闸留点"和"蒋坝船坞西江淮水利局水准标"两个并列引据水准点。该高程系统与其他高程系统的换算关系为

"废黄河零点高程"="吴淞高程系统"-1.763(m)[南海]

"废黄河零点高程"="1956 年黄海高程系"+0.161(m)

"废黄河零点高程"="1985 国家高程基准"+0.19(m)

(7)"坎门零点高程"。

民国期间,军令部陆地测量局根据浙江玉环县坎门验潮站多年验潮资料,以该站高潮位的平均值为零起算,称"坎门零点高程"。在坎门验潮站设有基点 252 号,其高程为

6.959 m。该高程系曾接测到浙江杭州市、苏南、皖北等地,在军事测绘方面应用较广。该高程系与"1985 国家高程基准"的换算关系为

"坎门零点高程" = "1985 国家高程基准" + 0.256 6(m)

(8)"安庆高程系"。

"安庆高程系"原点设在安庆市民国时期的安徽省陆军测量局大门前,为独立系统,假定高程 50 m。新中国成立后,经联测,推算出废黄河高程为 23.805 m。

(9)原黄河流域采用的高程系统。

黄河流域高程系统较为紊乱,之前使用的高程系统有 9 种之多(大沽、黄海、假定、冻结、"1985 国家高程基准"、引据点Ⅲ、导渭、坎门中潮值、大连葫芦岛)。目前已经全部统一为"1985 国家高程基准"。

此外,我国香港目前采取的高程基准为 1980 年确定的 HKPD,为"平均海面"之下约 1.23 m。我国台湾高程基准以基隆港平均海水面为高程基准面。

1.2 测绘法律与法规

1.2.1 中华人民共和国测绘法

《中华人民共和国测绘法》于 2002 年 8 月 29 日第九届全国人民代表大会常务委员会第二十九次会议修订通过,2002 年 8 月 29 日中华人民共和国主席令第 75 号公布,自 2002 年 12 月 1 日起施行。

第一章 总 则

第一条 为了加强测绘管理,促进测绘事业发展,保障测绘事业为国家经济建设、国防建设和社会发展服务,制定本法。

第二条 在中华人民共和国领域和管辖的其他海域从事测绘活动,应当遵守本法。

本法所称测绘,是指对自然地理要素或者地表人工设施的形状、大小、空间位置及其属性等进行测定、采集、表述以及对获取的数据、信息、成果进行处理和提供的活动。

第三条 测绘事业是经济建设、国防建设、社会发展的基础性事业。各级人民政府应当加强对测绘工作的领导。

第四条 国务院测绘行政主管部门负责全国测绘工作的统一监督管理。国务院其他有关部门按照国务院规定的职责分工,负责本部门有关的测绘工作。

县级以上地方人民政府负责管理测绘工作的行政部门(以下简称测绘行政主管部门)负责本行政区域测绘工作的统一监督管理。县级以上地方人民政府其他有关部门按照本级人民政府规定的职责分工,负责本部门有关的测绘工作。

军队测绘主管部门负责管理军事部门的测绘工作,并按照国务院、中央军事委员会规定的职责分工负责管理海洋基础测绘工作。

第五条 从事测绘活动,应当使用国家规定的测绘基准和测绘系统,执行国家规定的测绘技术规范和标准。

第六条 国家鼓励测绘科学技术的创新和进步,采用先进的技术和设备,提高测绘水平。

对在测绘科学技术进步中做出重要贡献的单位和个人,按照国家有关规定给予奖励。

第七条 外国的组织或者个人在中华人民共和国领域和管辖的其他海域从事测绘活动,必须经国务院测绘行政主管部门会同军队测绘主管部门批准,并遵守中华人民共和国的有关法律、行政法规的规定。

外国的组织或者个人在中华人民共和国领域从事测绘活动,必须与中华人民共和国有关部门或者单位依法采取合资、合作的形式进行,并不得涉及国家秘密和危害国家安全。

第二章 测绘基准和测绘系统

第八条 国家设立和采用全国统一的大地基准、高程基准、深度基准和重力基准,其数据由国务院测绘行政主管部门审核,并与国务院其他有关部门、军队测绘主管部门会商后,报国务院批准。

第九条 国家建立全国统一的大地坐标系统、平面坐标系统、高程系统、地心坐标系统和重力测量系统,确定国家大地测量等级和精度以及国家基本比例尺地图的系列和基本精度。具体规范和要求由国务院测绘行政主管部门会同国务院其他有关部门、军队测绘主管部门制定。

在不妨碍国家安全的情况下,确有必要采用国际坐标系统的,必须经国务院测绘行政主管部门会同军队测绘主管部门批准。

第十条 因建设、城市规划和科学研究的需要,大城市和国家重大工程项目确需建立相对独立的平面坐标系统的,由国务院测绘行政主管部门批准;其他确需建立相对独立的平面坐标系统的,由省、自治区、直辖市人民政府测绘行政主管部门批准。

建立相对独立的平面坐标系统,应当与国家坐标系统相联系。

第三章 基础测绘

第十一条 基础测绘是公益性事业。国家对基础测绘实行分级管理。

本法所称基础测绘,是指建立全国统一的测绘基准和测绘系统,进行基础航空摄影,获取基础地理信息的遥感资料,测制和更新国家基本比例尺地图、影像图和数字化产品,建立、更新基础地理信息系统。

第十二条 国务院测绘行政主管部门会同国务院其他有关部门、军队测绘主管部门组织编制全国基础测绘规划,报国务院批准后组织实施。

县级以上地方人民政府测绘行政主管部门会同本级人民政府其他有关部门根据国家和上一级人民政府的基础测绘规划和本行政区域内的实际情况,组织编制本行政区域的基础测绘规划,报本级人民政府批准,并报上一级测绘行政主管部门备案后组织实施。

第十三条 军队测绘主管部门负责编制军事测绘规划,按照国务院、中央军事委员会规定的职责分工负责编制海洋基础测绘规划,并组织实施。

第十四条 县级以上人民政府应当将基础测绘纳入本级国民经济和社会发展年度计

划及财政预算。

国务院发展计划主管部门会同国务院测绘行政主管部门,根据全国基础测绘规划,编制全国基础测绘年度计划。

县级以上地方人民政府发展计划主管部门会同同级测绘行政主管部门,根据本行政区域的基础测绘规划,编制本行政区域的基础测绘年度计划,并分别报上一级主管部门备案。

国家对边远地区、少数民族地区的基础测绘给予财政支持。

第十五条 基础测绘成果应当定期进行更新,国民经济、国防建设和社会发展急需的基础测绘成果应当及时更新。

基础测绘成果的更新周期根据不同地区国民经济和社会发展的需要确定。

第四章 界线测绘和其他测绘

第十六条 中华人民共和国国界线的测绘,按照中华人民共和国与相邻国家缔结的边界条约或者协定执行。中华人民共和国地图的国界线标准样图,由外交部和国务院测绘行政主管部门拟订,报国务院批准后公布。

第十七条 行政区域界线的测绘,按照国务院有关规定执行。省、自治区、直辖市和自治州、县、自治县、市行政区域界线的标准画法图,由国务院民政部门和国务院测绘行政主管部门拟订,报国务院批准后公布。

第十八条 国务院测绘行政主管部门会同国务院土地行政主管部门编制全国地籍测绘规划。县级以上地方人民政府测绘行政主管部门会同同级土地行政主管部门编制本行政区域的地籍测绘规划。

县级以上人民政府测绘行政主管部门按照地籍测绘规划,组织管理地籍测绘。

第十九条 测量土地、建筑物、构筑物和地面其他附着物的权属界址线,应当按照县级以上人民政府确定的权属界线的界址点、界址线或者提供的有关登记资料和附图进行。权属界址线发生变化时,有关当事人应当及时进行变更测绘。

第二十条 城市建设领域的工程测量活动,与房屋产权、产籍相关的房屋面积的测量,应当执行由国务院建设行政主管部门、国务院测绘行政主管部门负责组织编制的测量技术规范。

水利、能源、交通、通信、资源开发和其他领域的工程测量活动,应当按照国家有关的工程测量技术规范进行。

第二十一条 建立地理信息系统,必须采用符合国家标准的基础地理信息数据。

第五章 测绘资质资格

第二十二条 国家对从事测绘活动的单位实行测绘资质管理制度。

从事测绘活动的单位应当具备下列条件,并依法取得相应等级的测绘资质证书后,方可从事测绘活动:

(一)有与其从事的测绘活动相适应的专业技术人员;

(二)有与其从事的测绘活动相适应的技术装备和设施;

(三)有健全的技术、质量保证体系和测绘成果及资料档案管理制度;

（四）具备国务院测绘行政主管部门规定的其他条件。

第二十三条 国务院测绘行政主管部门和省、自治区、直辖市人民政府测绘行政主管部门按照各自的职责负责测绘资质审查、发放资质证书，具体办法由国务院测绘行政主管部门会商国务院其他有关部门规定。

军队测绘主管部门负责军事测绘单位的测绘资质审查。

第二十四条 测绘单位不得超越其资质等级许可的范围从事测绘活动或者以其他测绘单位的名义从事测绘活动，并不得允许其他单位以本单位的名义从事测绘活动。

测绘项目实行承发包的，测绘项目的发包单位不得向不具有相应测绘资质等级的单位发包或者迫使测绘单位以低于测绘成本承包。

测绘单位不得将承包的测绘项目转包。

第二十五条 从事测绘活动的专业技术人员应当具备相应的执业资格条件，具体办法由国务院测绘行政主管部门会同国务院人事行政主管部门规定。

第二十六条 测绘人员进行测绘活动时，应当持有测绘作业证件。

任何单位和个人不得妨碍、阻挠测绘人员依法进行测绘活动。

第二十七条 测绘单位的资质证书、测绘专业技术人员的执业证书和测绘人员的测绘作业证件的式样，由国务院测绘行政主管部门统一规定。

第六章 测绘成果

第二十八条 国家实行测绘成果汇交制度。

测绘项目完成后，测绘项目出资人或者承担国家投资的测绘项目的单位，应当向国务院测绘行政主管部门或者省、自治区、直辖市人民政府测绘行政主管部门汇交测绘成果资料。属于基础测绘项目的，应当汇交测绘成果副本；属于非基础测绘项目的，应当汇交测绘成果目录。负责接收测绘成果副本和目录的测绘行政主管部门应当出具测绘成果汇交凭证，并及时将测绘成果副本和目录移交给保管单位。测绘成果汇交的具体办法由国务院规定。

国务院测绘行政主管部门和省、自治区、直辖市人民政府测绘行政主管部门应当定期编制测绘成果目录，向社会公布。

第二十九条 测绘成果保管单位应当采取措施保障测绘成果的完整和安全，并按照国家有关规定向社会公开和提供利用。

测绘成果属于国家秘密的，适用国家保密法律、行政法规的规定；需要对外提供的，按照国务院和中央军事委员会规定的审批程序执行。

第三十条 使用财政资金的测绘项目和使用财政资金的建设工程测绘项目，有关部门在批准立项前应当征求本级人民政府测绘行政主管部门的意见，有适宜测绘成果的，应当充分利用已有的测绘成果，避免重复测绘。

第三十一条 基础测绘成果和国家投资完成的其他测绘成果，用于国家机关决策和社会公益性事业的，应当无偿提供。

前款规定之外的，依法实行有偿使用制度；但是，政府及其有关部门和军队因防灾、减灾、国防建设等公共利益的需要，可以无偿使用。

测绘成果使用的具体办法由国务院规定。

第三十二条　中华人民共和国领域和管辖的其他海域的位置、高程、深度、面积、长度等重要地理信息数据，由国务院测绘行政主管部门审核，并与国务院其他有关部门、军队测绘主管部门会商后，报国务院批准，由国务院或者国务院授权的部门公布。

第三十三条　各级人民政府应当加强对编制、印刷、出版、展示、登载地图的管理，保证地图质量，维护国家主权、安全和利益。具体办法由国务院规定。

各级人民政府应当加强对国家版图意识的宣传教育，增强公民的国家版图意识。

第三十四条　测绘单位应当对其完成的测绘成果质量负责。县级以上人民政府测绘行政主管部门应当加强对测绘成果质量的监督管理。

第七章　测量标志保护

第三十五条　任何单位和个人不得损毁或者擅自移动永久性测量标志和正在使用中的临时性测量标志，不得侵占永久性测量标志用地，不得在永久性测量标志安全控制范围内从事危害测量标志安全和使用效能的活动。

本法所称永久性测量标志，是指各等级的三角点、基线点、导线点、军用控制点、重力点、天文点、水准点和卫星定位点的木质觇标、钢质觇标和标石标志，以及用于地形测图、工程测量和形变测量的固定标志和海底大地点设施。

第三十六条　永久性测量标志的建设单位应当对永久性测量标志设立明显标记，并委托当地有关单位指派专人负责保管。

第三十七条　进行工程建设，应当避开永久性测量标志；确实无法避开，需要拆迁永久性测量标志或者使永久性测量标志失去效能的，应当经国务院测绘行政主管部门或者省、自治区、直辖市人民政府测绘行政主管部门批准；涉及军用控制点的，应当征得军队测绘主管部门的同意。所需迁建费用由工程建设单位承担。

第三十八条　测绘人员使用永久性测量标志，必须持有测绘作业证件，并保证测量标志的完好。

保管测量标志的人员应当查验测量标志使用后的完好状况。

第三十九条　县级以上人民政府应当采取有效措施加强测量标志的保护工作。

县级以上人民政府测绘行政主管部门应当按照规定检查、维护永久性测量标志。

乡级人民政府应当做好本行政区域内的测量标志保护工作。

第八章　法律责任

第四十条　违反本法规定，有下列行为之一的，给予警告，责令改正，可以并处十万元以下的罚款；对负有直接责任的主管人员和其他直接责任人员，依法给予行政处分：

（一）未经批准，擅自建立相对独立的平面坐标系统的；

（二）建立地理信息系统，采用不符合国家标准的基础地理信息数据的。

第四十一条　违反本法规定，有下列行为之一的，给予警告，责令改正，可以并处十万元以下的罚款；构成犯罪的，依法追究刑事责任；尚不够刑事处罚的，对负有直接责任的主管人员和其他直接责任人员，依法给予行政处分：

（一）未经批准，在测绘活动中擅自采用国际坐标系统的；

（二）擅自发布中华人民共和国领域和管辖的其他海域的重要地理信息数据的。

第四十二条　违反本法规定，未取得测绘资质证书，擅自从事测绘活动的，责令停止违法行为，没收违法所得和测绘成果，并处测绘约定报酬一倍以上二倍以下的罚款。

以欺骗手段取得测绘资质证书从事测绘活动的，吊销测绘资质证书，没收违法所得和测绘成果，并处测绘约定报酬一倍以上二倍以下的罚款。

第四十三条　违反本法规定，测绘单位有下列行为之一的，责令停止违法行为，没收违法所得和测绘成果，处测绘约定报酬一倍以上二倍以下的罚款，并可以责令停业整顿或者降低资质等级；情节严重的，吊销测绘资质证书：

（一）超越资质等级许可的范围从事测绘活动的；

（二）以其他测绘单位的名义从事测绘活动的；

（三）允许其他单位以本单位的名义从事测绘活动的。

第四十四条　违反本法规定，测绘项目的发包单位将测绘项目发包给不具有相应资质等级的测绘单位或者迫使测绘单位以低于测绘成本承包的，责令改正，可以处测绘约定报酬二倍以下的罚款。发包单位的工作人员利用职务上的便利，索取他人财物或者非法收受他人财物，为他人谋取利益，构成犯罪的，依法追究刑事责任；尚不够刑事处罚的，依法给予行政处分。

第四十五条　违反本法规定，测绘单位将测绘项目转包的，责令改正，没收违法所得，处测绘约定报酬一倍以上二倍以下的罚款，并可以责令停业整顿或者降低资质等级；情节严重的，吊销测绘资质证书。

第四十六条　违反本法规定，未取得测绘执业资格，擅自从事测绘活动的，责令停止违法行为，没收违法所得，可以并处违法所得二倍以下的罚款；造成损失的，依法承担赔偿责任。

第四十七条　违反本法规定，不汇交测绘成果资料的，责令限期汇交；逾期不汇交的，对测绘项目出资人处以重测所需费用一倍以上二倍以下的罚款；对承担国家投资的测绘项目的单位处一万元以上五万元以下的罚款，暂扣测绘资质证书，自暂扣测绘资质证书之日起六个月内仍不汇交测绘成果资料的，吊销测绘资质证书，并对负有直接责任的主管人员和其他直接责任人员依法给予行政处分。

第四十八条　违反本法规定，测绘成果质量不合格的，责令测绘单位补测或者重测；情节严重的，责令停业整顿，降低资质等级直至吊销测绘资质证书；给用户造成损失的，依法承担赔偿责任。

第四十九条　违反本法规定，编制、印刷、出版、展示、登载的地图发生错绘、漏绘、泄密，危害国家主权或者安全，损害国家利益，构成犯罪的，依法追究刑事责任；尚不够刑事处罚的，依法给予行政处罚或者行政处分。

第五十条　违反本法规定，有下列行为之一的，给予警告，责令改正，可以并处五万元以下的罚款；造成损失的，依法承担赔偿责任；构成犯罪的，依法追究刑事责任；尚不够刑事处罚的，对负有直接责任的主管人员和其他直接责任人员，依法给予行政处分：

（一）损毁或者擅自移动永久性测量标志和正在使用中的临时性测量标志的；

（二）侵占永久性测量标志用地的；

（三）在永久性测量标志安全控制范围内从事危害测量标志安全和使用效能的活动的；

（四）在测量标志占地范围内，建设影响测量标志使用效能的建筑物的；

（五）擅自拆除永久性测量标志或者使永久性测量标志失去使用效能，或者拒绝支付迁建费用的；

（六）违反操作规程使用永久性测量标志，造成永久性测量标志毁损的。

第五十一条 违反本法规定，有下列行为之一的，责令停止违法行为，没收测绘成果和测绘工具，并处一万元以上十万元以下的罚款；情节严重的，并处十万元以上五十万元以下的罚款，责令限期离境；所获取的测绘成果属于国家秘密，构成犯罪的，依法追究刑事责任：

（一）外国的组织或者个人未经批准，擅自在中华人民共和国领域和管辖的其他海域从事测绘活动的；

（二）外国的组织或者个人未与中华人民共和国有关部门或者单位合资、合作，擅自在中华人民共和国领域从事测绘活动的。

第五十二条 本法规定的降低资质等级、暂扣测绘资质证书、吊销测绘资质证书的行政处罚，由颁发资质证书的部门决定；其他行政处罚由县级以上人民政府测绘行政主管部门决定。

本法第五十一条规定的责令限期离境由公安机关决定。

第五十三条 违反本法规定，县级以上人民政府测绘行政主管部门工作人员利用职务上的便利收受他人财物、其他好处或者玩忽职守，对不符合法定条件的单位核发测绘资质证书，不依法履行监督管理职责，或者发现违法行为不予查处，造成严重后果，构成犯罪的，依法追究刑事责任；尚不够刑事处罚的，对负有直接责任的主管人员和其他直接责任人员，依法给予行政处分。

第九章　附　则

第五十四条 军事测绘管理办法由中央军事委员会根据本法规定。

第五十五条 本法自 2002 年 12 月 1 日起施行。

1.2.2　中华人民共和国标准分类

1. 标准定义

标准是对一定范围内的重复性事物和概念所做的统一规定。它以科学、技术和实践经验的综合成果为基础，以获得最佳秩序、促进最佳社会效益为目的，经有关方面协商一致，由主管机构批准，以特定形式发布，作为共同遵守的准则和依据。

2. 标准分类

《中华人民共和国标准化法》将中国标准分为国家标准、行业标准、地方标准、企业标准四级。

1）国家标准

国家标准是指由国家标准化主管机构批准发布，对全国经济、技术发展有重大意义，且在全国范围内统一的标准。国家标准是在全国范围内统一的技术要求,由国务院标准化行政主管部门编制计划,协调项目分工,组织制定(含修订),统一审批、编号、发布。

国家标准分为强制性国标(GB)和推荐性国标(GB/T)。国家标准的编号由国家标准的代号、国家标准发布的顺序号和国家标准发布的年号(发布年份)构成。强制性国标是保障人体健康、人身、财产安全的标准和法律及行政法规规定强制执行的国家标准;推荐性国标是指在生产、检验、使用等方面,通过经济手段或市场调节而自愿采用的国家标准。但推荐性国标一经接受并采用,或各方商定同意纳入经济合同中,就成为各方必须共同遵守的技术依据,具有法律上的约束性。

国家标准的年限一般为5年,过了年限后,国家标准就要被修订或重新制定。此外,随着社会的发展,国家需要制定新的标准来满足人们生产、生活的需要,如表1-1所示。

表1-1 国家标准

序号	标准名称	标准编号
1	《国家一、二等水准测量规范》	GB 12897—2006
2	《导航电子地图安全处理技术基本要求》	GB 20263—2006
3	《1:500 1:1 000 1:2 000地形图数字化规范》	GB/T 17160—2008
4	《数字测绘成果质量检查与验收》	GB/T 18316—2008

2)行业标准

行业标准是指对没有国家标准而又需要在全国某个行业范围内统一的技术要求所制定的标准。行业标准是对国家标准的补充,是专业性、技术性较强的标准。有关行业标准之间应保持协调、统一,不得重复。行业标准的制定不得与国家标准相抵触,国家标准公布实施后,相应的行业标准即行废止,如表1-2所示。

表1-2 行业标准

序号	标准名称	标准编号
1	《1:500 1:1 000 1:2 000地形图质量检验技术规程》	CH/T 1020—2010
2	《高程控制测量成果质量检验技术规程》	CH/T 1021—2010
3	《平面控制测量成果质量检验技术规程》	CH/T 1022—2010
4	《基础地理信息数字成果1:500 1:1 000 1:2 000数字线划图》	CH/T 9008.1—2010

3)地方标准

地方标准是指对没有国家标准和行业标准而又需要在省、自治区、直辖市范围内统一工业产品的安全、卫生要求所制定的标准,地方标准在本行政区内适用,不得与国家标准和行业标准相抵触。制定地方标准的项目,由省、自治区、直辖市人民政府标准化行政主管部门确定。法律、法规规定强制执行的地方标准,为强制性标准;规定非强制执行的地方标准,为推荐性标准。国家标准、行业标准公布实施后,相应的地方标准即行废止,如表1-3所示。

表 1-3　地方标准

序号	标准名称	标准编号
1	《北京市基础测绘技术规程》	DB11/T 407—2007
2	《建筑施工测量技术规程》	DB11/T 446—2007
3	《1:500　1:1 000　1:2 000 基础数字地形图测绘规范》	DB33/T 552—2005
4	《重庆市基础地理信息电子数据标准》	DB50/T 286—2008

4)企业标准

企业标准是指企业所制定的产品标准和在企业内需要协调、统一的技术要求和管理、工作要求所制定的标准。企业标准是企业组织生产、经营活动的依据,如表 1-4 所示。

表 1-4　企业标准

序号	标准名称	标准编号
1	《GNSS RTK 控制测量成果检查与验收》	YBJ 02—2010
2	《等级水准控制测量成果检查与验收》	YBJ 01—2010
3	《市政工程测量成果图表标准》	YBJ 01—2000
4	《道路用地钉桩测量作业细则》	YBJ 12—2008

3.常用测绘类标准(部分)

(1)《中华人民共和国行政区划代码》(GB/T 2260—2007);

(2)《分类与编码通用术语》(GB/T 10113—2003);

(3)《全球定位系统(GPS)测量规范》(GB/T 18314—2009);

(4)《基础地理信息要素分类与代码》(GB/T 13923—2006);

(5)《地理空间数据交换格式》(GB/T 17798—2007);

(6)《地理信息　元数据》(GB/T 19710—2005);

(7)《房产测量规范　第 1 单元:房产测量规定》(GB/T 17986.1—2000);

(8)《国家基本比例尺地形图分幅和编号》(GB/T 13989—2012);

(9)《1:500　1:1 000　1:2 000 地形图数字化规范》(GB/T 17160—2008);

(10)《国家基本比例尺地图图式　第 1 部分:1:500　1:1 000　1:2 000 地形图图式》(GB/T 20257.1—2007);

(11)《1:500　1:1 000　1:2 000 地形图航空摄影测量外业规范》(GB/T 7931—2008);

(12)《1:500　1:1 000　1:2 000 地形图航空摄影测量内业规范》(GB/T 7930—2008);

(13)《土地利用现状分类》(GB/T 21010—2007);

(14)《县级以下行政区划代码编制规则》(GB/T 10114—2003);

(15)《森林资源规划设计调查技术规程》(GB/T 26424—2010);

（16）《测绘技术设计规定》（CH/T 1004—2005）；

（17）《测绘技术总结编写规定》（CH/T 1001—2005）；

（18）《全球定位系统实时动态测量（RTK）技术规范》（CH/T 2009—2010）；

（19）《地籍调查规程》（TD/T 1001—2012）；

（20）《第二次全国土地调查技术规程》（TD/T 1014—2007）；

（21）《城镇地籍数据库标准》（TD/T 1015—2007）；

（22）《农村土地承包经营权调查规程》（NY/T 2537—2014）；

（23）《农村土地承包经营权要素编码规则》（NY/T 2538—2014）；

（24）《农村土地承包经营权确权登记数据库规范》（NY/T 2539—2014）；

（25）《海籍调查规范》（HY/T 124—2009）；

（26）《全国耕地类型区、耕地地力等级划分》（NY/T 309—1996）。

1.2.3 国家秘密主要内容与密级划分

1. 国家秘密主要内容

根据《中华人民共和国保守国家秘密法》第九条的规定，国家秘密主要包括：

（1）国家事务的重大决策中的秘密事项；

（2）国防建设和武装力量活动中的秘密事项；

（3）外交和外事活动中的秘密事项以及对外承担保密义务的事项；

（4）国民经济和社会发展中的秘密事项；

（5）科学技术中的秘密事项；

（6）维护国家安全活动和追查刑事犯罪中的秘密事项；

（7）经国家保密工作部门确定的其他秘密事项。

另外，政党的秘密事项符合国家秘密性质的，也属于国家秘密。

2. 国家秘密密级划分

《中华人民共和国保守国家秘密法》第十条规定，国家秘密的密级分为绝密、机密、秘密三级。绝密级国家秘密是最重要的国家秘密，泄露会使国家的安全和利益遭受特别严重的损害；机密级国家秘密是重要的国家秘密，泄露会使国家的安全和利益遭受严重的损害；秘密级国家秘密是指一般的国家秘密，泄露会使国家的安全和利益遭受损害。

1.2.4 国家秘密范围与秘密目录

1. 测绘管理工作国家秘密范围

《测绘管理工作国家秘密范围的规定》（国测办字〔2003〕17号）由国家测绘局、国家保密局发布。

第一条 根据《中华人民共和国保守国家秘密法》有关规定，国家测绘局会同国家保密局规定测绘管理工作国家秘密范围。

第二条 测绘管理工作中的国家秘密范围：

一、绝密级范围

（一）公开或泄露会严重损害国家安全、领土主权、民族尊严的；

（二）公开或泄露会导致严重外交纠纷的；

（三）公开或泄露会严重威胁国防战略安全或削弱国家整体军事防御能力的。

二、机密级范围

（一）公开或泄露会对国家重要军事设施的安全造成严重威胁的；

（二）公开或泄露会对国家安全警卫目标、设施的安全造成严重威胁的。

三、秘密级范围

（一）公开或泄露会使保护国家秘密的措施可靠性降低或者失效的；

（二）公开或泄露会削弱国家局部军事防御能力和重要武器装备克敌效能的；

（三）公开或泄露会对国家军事设施、重要工程安全造成威胁的。

第三条　测绘管理工作中涉及国防和国家其他部门或行业的国家秘密，从其主管部门的国家秘密范围的规定。

第四条　本规定由国家测绘局负责解释。

第五条　本规定自颁布之日起施行。国家测绘（总）局原印发的有关规定与本规定不一致的，以本规定为准。

2．测绘管理工作国家秘密目录

测绘管理工作国家秘密目录如表1-5所示。

表1-5　测绘管理工作国家秘密目录

序号	国家秘密事项名称	密级	保密期限	控制范围
1	国家大地坐标系、地心坐标系以及独立坐标系之间的相互转换参数	绝密	长期	经国家测绘局批准的测绘成果保管单位及用户；经总参谋部测绘局批准的军事测绘成果保管单位及用户
2	分辨率高于$5' \times 5'$，精度优于± 1毫伽的全国性高精度重力异常成果	绝密	长期	同上
3	1∶1万、1∶5万全国高精度数字高程模型	绝密	长期	同上
4	地形图保密处理技术参数及算法	绝密	长期	同上
5	国家等级控制点坐标成果以及其他精度相当的坐标成果	机密	长期	经省级以上测绘行政主管部门批准的测绘成果保管单位及用户；经大军区以上军队测绘主管部门批准的军事测绘成果保管单位及用户
6	国家等级天文、三角、导线、卫星大地测量的观测成果	机密	长期	同上
7	国家等级重力点成果及其他精度相当的重力点成果	机密	长期	同上
8	分辨率高于$30' \times 30'$，精度优于± 5毫伽的重力异常成果；精度优于± 1 m的高程异常成果；精度优于$\pm 3''$的垂线偏差成果	机密	长期	同上

续表 1-5

序号	国家秘密事项名称	密级	保密期限	控制范围
9	涉及军事禁区的大于或等于1:1万的国家基本比例尺地图及其数字化成果	机密	长期	同上
10	1:2.5万、1:5万和1:10万国家基本比例尺地图及其数字化成果	机密	长期	同上
11	空间精度及涉及的要素和范围相当于上述机密基础测绘成果的非基础测绘成果	机密	长期	同上;该成果测绘单位及其测绘成果保管单位
12	构成环线或线路长度超过1 000 km的国家等级水准网成果资料	秘密	长期	经县市级以上测绘行政主管部门批准的测绘成果保管单位及用户;经大军区以上军队测绘主管部门批准的军事测绘成果保管单位及用户
13	重力加密点成果	秘密	长期	同上
14	分辨率在30′×30′至1°×1°,精度在±5毫伽至±10毫伽的重力异常成果;精度在±1 m至±2 m的高程异常成果;精度在±3″至±6″的垂线偏差成果	秘密	长期	同上
15	非军事禁区1:5 000国家基本比例尺地图;或多张连续的、覆盖范围超过6 km²的大于1:5 000的国家基本比例尺地图及其数字化成果	秘密	长期	同上
16	1:50万、1:25万、1:1万国家基本比例尺地图及其数字化成果	秘密	长期	同上
17	军事禁区及国家安全要害部门所在地的航摄影像	秘密	长期	同上
18	空间精度及涉及的要素和范围相当于上述秘密基础测绘成果的非基础测绘成果	秘密	长期	同上;该成果测绘单位及其测绘成果保管单位
19	涉及军事、国家安全要害部门的点位名称及坐标,涉及国民经济重要工程设施精度优于±100 m的点位坐标	秘密	长期	同上

注:本规定所指测绘成果包括纸、光、磁等各类介质所承载的测绘数据、图件及相关资料。

· 24 ·

1.3 测绘资质与成果管理

1.3.1 测绘资质管理与成果汇交规定

1.测绘资质管理规定

1）概述

法律依据:《中华人民共和国测绘法》第二十二条"国家对从事测绘活动的单位实行测绘资质管理制度"。

资质分级:测绘资质分为甲、乙、丙、丁四级。

专业范围:测绘资质的专业范围划分为大地测量、测绘航空摄影、摄影测量与遥感、工程测量、地籍测绘、房产测绘、行政区域界线测绘、地理信息系统工程、海洋测绘、地图编制、导航电子地图制作、互联网地图服务,共 12 个专业范围。

测绘资质各个专业范围的等级划分及其考核条件由《测绘资质分级标准》规定。

主管部门:国家测绘局负责全国测绘资质的统一监督管理工作,审批甲级测绘资质并颁发甲级测绘资质证书。省、自治区、直辖市人民政府测绘行政主管部门负责受理甲级测绘资质申请并提出初审意见;负责受理乙、丙、丁级测绘资质申请,做出审批决定,颁发乙、丙、丁级测绘资质证书。县级以上地方人民政府测绘行政主管部门负责本行政区域内测绘资质的监督管理工作。

测绘资质证书如图 1-14 所示。

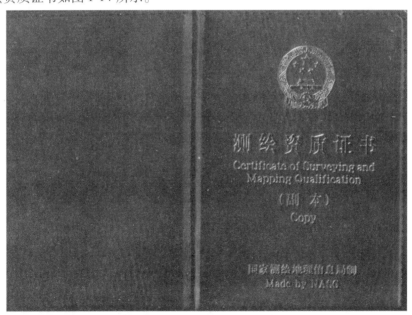

图 1-14　测绘资质证书

2）资质条件

根据《中华人民共和国测绘法》,从事测绘活动的单位应当具备下列条件,并依法取

得相应等级的测绘资质证书后,方可从事测绘活动:

（1）有与其从事的测绘活动相适应的专业技术人员;

（2）有与其从事的测绘活动相适应的技术装备和设施;

（3）有健全的技术、质量保证体系和测绘成果及资料档案管理制度;

（4）具备国务院测绘行政主管部门规定的其他条件。

《测绘资质管理规定》的细化条件包括:

（1）具有企业或者事业单位法人资格;

（2）有与申请从事测绘活动相适应的专业技术人员;

（3）有与申请从事测绘活动相适应的仪器设备;

（4）有健全的技术、质量保证体系和测绘成果及资料档案管理制度;

（5）有与申请从事测绘活动相适应的保密管理制度及设施;

（6）有满足测绘活动需要的办公场所。

3）人员条件

（1）人员数量要求（一般）:甲级 50 人;乙级 25 人;丙级 8 人;丁级 4 人。

（2）测绘航空摄影专业标准:甲级 25 人;乙级 15 人。

（3）导航电子地图制作专业标准:甲级综合 100 人;甲级外业 100 人。

（4）互联网地图服务专业标准:甲级 20 人;乙级 12 人。

4）技术、质量和成果、资料管理

质量保证体系认证:甲级测绘单位应当通过 ISO 9000 系列质量保证体系认证;乙、丙、丁级测绘单位应当通过 ISO 9000 系列质量保证体系认证或者分别通过省级、设区的市（州）级、县级以上测绘行政主管部门考核。

质量检验机构和质检人员:甲、乙级测绘单位质检机构、人员齐全,丙级测绘单位配备专门质检人员,丁级测绘单位配备兼职质检人员。

档案和保密管理:有健全的测绘成果及资料档案管理制度、保密制度和相应的设施;有明确的保密岗位责任,与涉密人员签订了保密责任书;明确专人保管、提供统计报表;建立测绘成果核准、登记、注销、检查、延期使用等管理制度;有适宜测绘成果存储的介质和库房。

资料档案管理考核:甲、乙级测绘单位应当通过省级测绘行政主管部门考核,取得通过考核的证明文件;丙、丁级测绘单位应当分别通过设区的市（州）级、县级以上测绘行政主管部门考核,取得通过考核的证明文件。

2. 测绘成果汇交规定

1）汇交与接收主体

中央财政投资完成的测绘项目,由承担测绘项目的单位向国务院测绘行政主管部门汇交测绘成果资料;地方财政投资完成的测绘项目,由承担测绘项目的单位向测绘项目所在地的省、自治区、直辖市人民政府测绘行政主管部门汇交测绘成果资料;使用其他资金完成的测绘项目,由测绘项目出资人向测绘项目所在地的省、自治区、直辖市人民政府测绘行政主管部门汇交测绘成果资料。

外国人来华有关测绘成果的汇交见《外国的组织或者个人来华测绘管理暂行办法》

外国人来华测绘管理部分。

2）测绘成果汇交内容

测绘成果属于基础测绘成果的,应当汇交副本;属于非基础测绘成果的,应当汇交目录。测绘成果的副本和目录实行无偿汇交。下列测绘成果为基础测绘成果:

（1）为建立全国统一的测绘基准和测绘系统进行的天文测量、三角测量、水准测量、卫星大地测量、重力测量所获取的数据、图件;

（2）基础航空摄影所获取的数据、影像资料;

（3）遥感卫星和其他航天飞行器对地观测所获取的基础地理信息遥感资料;

（4）国家基本比例尺地图、影像图及其数字化产品;

（5）基础地理信息系统的数据、信息等。

3）汇交时限

测绘项目出资人或者承担国家投资的测绘项目的单位应当自测绘项目验收完成之日起 3 个月内,向测绘行政主管部门汇交测绘成果副本或者目录。测绘行政主管部门应当在收到汇交的测绘成果副本或者目录后,出具汇交凭证。

4）成果移交与公布

测绘行政主管部门自收到汇交的测绘成果副本或者目录之日起 10 个工作日内,应当将其移交给测绘成果保管单位。国务院测绘行政主管部门和省、自治区、直辖市人民政府测绘行政主管部门应当定期编制测绘成果资料目录,向社会公布。

1.3.2 国家涉密基础测绘成果管理

为加强国家涉密基础测绘成果提供使用审批的管理,进一步规范审批程序和方式,满足测绘行政许可集中受理工作需要,国家测绘局制定了《国家涉密基础测绘成果资料提供使用审批程序规定（试行）》。根据该规定,2007 年 7 月 1 日后索取涉密基础测绘成果的用户应提交以下材料:

（1）《国家秘密基础测绘成果使用申请表》;

（2）《国家涉密基础测绘成果资料使用证明函》;

（3）属于各级财政投资的项目,须提交项目批准文件;

（4）申请无偿使用涉密成果,须提交相应机关的公函。

申请人首次申请使用涉密成果的,还应同时提交下列申请资料:

（1）单位注册登记证书和相应的组织机构代码证及复印件;

（2）经办人有效身份证明及复印件;

（3）相应的保密管理制度和设备条件的证明材料;

（4）单位内部负责管理保密资料的机构名称、人员姓名、联系方式。

1.3.3 国家重要地理信息数据审核公布管理规定

1.法律规定

《中华人民共和国测绘法》规定:中华人民共和国领域和管辖的其他海域的位置、高程、深度、面积、长度等重要地理信息数据,由国务院测绘行政主管部门审核,并与国务院其他有关部门、军队测绘主管部门会商后,报国务院批准,由国务院或者国务院授权的部门公布。

《中华人民共和国测绘成果管理条例》规定:国家对重要地理信息数据实行统一审核与公布制度。任何单位和个人不得擅自公布重要地理信息数据。

2. 规章规定

《重要地理信息数据审核公布管理规定》(国土资源部令第19号)中重要地理信息数据的范围包括:

(1)涉及国家主权、政治主张的地理信息数据;

(2)国界、国家面积、国家海岸线长度,国家版图重要特征点,地势、地貌分区位置等地理信息数据;

(3)拟冠以"全国""中国""中华""国家"等字样的地理信息数据;

(4)经相邻省级人民政府联合勘定并经国务院批复的省级界线长度及行政区域面积,沿海省、自治区、直辖市海岸线长度;

(5)法律法规规定以及需要由国务院测绘行政主管部门审核的其他重要地理信息数据。

第 2 章　测绘项目管理

2.1　测绘项目组织与实施

2.1.1　测绘生产成本费用定额

《测绘生产成本费用定额》(见图 2-1)由中国财政部和国家测绘局联合颁布,目的是规范测绘项目收费标准,是从事测绘项目收费的依据,包括以下几个方面:

(1)大地测量;

(2)摄影测量与遥感;

(3)地形数据采集及编辑;

(4)地图制图;

(5)数据库入库;

(6)界线测绘;

(7)工程测量;

(8)海洋测绘与江湖水下测量。

图 2-1　《测绘生产成本费用定额》

2.1.2　测绘项目成本控制

1.项目成本预算的依据

(1)合同规定的指标;

（2）项目施工技术设计书；

（3）测绘生产定额；

（4）测绘单位的承包经济责任制；

（5）相关会计财务资料。

2.项目成本预算内容

（1）生产成本；

（2）经营成本（员工福利及其他费用、机构运营费用）。

3.项目成本控制的方法

（1）确定成本控制标准；

（2）监督成本形成过程；

（3）及时纠偏。

4.财务管理相关制度

（1）备用金管理；

（2）应收账款管理；

（3）支出费用管理；

（4）经营费用管理；

（5）报账单据管理；

（6）各种费用支出审批程序。

2.1.3 测绘项目管理方法

1.项目定义

项目是一个特殊的、将被完成的有限任务，在一定时间内，满足一系列特定目标的多项相关工作的总和。其定义包括四大要素：

（1）项目的总体性：从根本上讲，项目实质上是一系列的工作。

（2）项目的过程：项目是临时性的、一次性的、有限的任务。

（3）项目的结果：项目都有一个特定的目标。

（4）项目的共性：项目也像其他任务一样，有资金、时间、资源等许多约束条件，项目只能在一定的约束条件下进行。

2.项目管理

项目管理是通过项目经理和项目组织的努力，运用系统理论和方法对项目及其资源进行计划、组织、协调、控制，旨在实现项目的特定目标的管理方法体系。

3.项目管理中的几个关键环节

（1）计划：①生产组织计划；②资金预算计划；③工期保证计划；④质量保证计划。任何事情都应先计划再执行，要制定目标。

（2）组织：①选择精干的管理人员；②选择作业组长；③适当授权作业组长选择作业人员。

（3）协调：①协调内部事务；②协调分院与项目部事务；③协调与甲方关系；④协调与驻地地方关系。搞好协调的关键在于有效的交流和沟通。

（4）控制：①控制工期要准时；②控制预算在预算范围内；③控制质量以用户满意为准则；④控制安全生产无事故。

（5）注意留存文字资料：与分院、甲方及内部之间的重要事项、意见应注意及时留存文字记载。文字记载内容包括事项、结论、年月日，需对方签名的一定要签名，切不可以熟人或不好意思为由而放弃。

4. 项目目标管理

（1）项目目标：实施项目所要达到的期望结果。

（2）制定项目目标的准则：①能定量描述的，不定性描述；②应使每个项目组成员都明确目标；③既制定远期目标，也制定近期目标；④目标的描述应尽量简化。

5. 项目目标的作用

项目目标具有强大的激励作用和导向作用。

6. 项目目标管理的实质

项目目标管理的实质，是以目标来激励员工的自我管理意识，激发员工行动的自觉性，充分发挥其智慧和创造力，以期最后形成员工与项目同呼吸、共命运的共同体。

7. 项目目标管理的内容

（1）确立组织的整体目标。

（2）确立下属人员的工作目标。

（3）目标实施的准备工作。

（4）衡量目标的标准。

8. 项目目标管理的基本特点

（1）重视战略目标，强调目标成效。

（2）上下沟通，个人目标和组织目标融为一体。

（3）既重视科学管理，又重视人的因素。

2.2 测绘项目质量与技术管理

2.2.1 项目经理管理办法

1. 项目经理的定义

项目经理就是项目的负责人，或称项目管理者、项目领导，他负责项目的组织、计划及实施全过程，以保证项目目标的成功实现。

2. 项目经理的地位

项目经理是项目团队的"核心"和"灵魂"。

3. 项目经理的作用

（1）确定项目管理组织结构的人员、设备配备，制定规章制度，明确有关人员的职责，组织项目部生产工作的实施。

（2）确定管理总目标和阶段目标，进行目标分解，制定总体控制计划，确保项目顺利实施。

（3）及时、适当地做出项目管理决策,包括技术组织措施,财务、资源调配,进度决策等,严格执行合同管理。

（4）协调本项目与各协作单位之间的协作配合及经济、技术关系,并进行相互监督、检查,确保质量、工期、成本控制和节约的实现。

4.项目经理的职责

1）主要职责

项目经理的主要职责包括:①计划;②组织;③控制;④沟通。

2）基本职责

（1）确保项目目标实现,保证甲方满意。项目经理全权负责项目的生产、技术、质量、安全等工作,对项目的全过程负责。

（2）对项目进行全过程管理。做好各项工作的计划;科学、合理地做好生产组织和协调工作;对生产进度、资金使用、生产质量、项目工期进行严格监控;主持生产调度会,就生产作业中出现的各类问题进行分析,有针对性地解决问题。

（3）人力资源管理。组织精干的项目管理班子,挑选技术负责人和质量检查员。精干的项目管理班子是管好项目的基本条件,也是项目成功的组织保证。项目经理应不断提高管理水平和领导艺术,注意采用激励办法和进行细致的思想教育工作,调动员工积极性,带出一个优秀团队。

（4）做项目预算。按总院测绘项目全过程预算管理规定做好项目资金预算,合理使用预借资金,节约开支,保障生产生活的正常进行。要提高经营技巧,处理诸如成本估计、计划预算、成本控制、资本预算及基本财务结算等事务,尽可能避免费用超支。按照总院和分院财务管理规定,做好项目部的资金计划,落实好生产人员的工资发放,安排好职工生活。

（5）参与技术设计书的编写。项目技术负责人编写技术设计书,项目经理参与。技术设计书按照规定程序提交审查、批准。

（6）组织安排职工技术培训。由项目技术负责人具体组织实施,施工前,组织职工认真学习技术设计书和技术规范,包括有关新知识、新技术,做好岗位培训、思想教育等工作。

（7）组织生产。根据合同和技术设计书要求,编写作业计划,确定人员和设备的配置,制定技术措施、质量和安全保证措施,协调生产作业中的内外部关系,帮助解决重大技术问题,有条不紊地组织生产施工活动,定期向分院负责人汇报工作。

（8）及时、有效沟通。与总院主管领导、分院领导及时有效沟通;项目部班子成员之间及时有效沟通;项目部内部员工之间及时有效沟通;与甲方（监理）及时有效沟通;协调处理好项目部驻地的各种关系。

（9）协调与甲方的关系。配合甲方做好施工管理过程中的各项工作。项目建设的成功不仅依靠自己单方面的努力,还需要甲方、分包单位的协作配合及地方政府、社会各方面的指导与支持。项目经理应该充分考虑各方面合理的和潜在的利益,建立良好的关系。项目经理应成为协调各方面关系使之相互紧密协作、配合的桥梁与纽带。因此,项目经理不应只关注项目部内部问题,还应特别重视与甲方等各方面的沟通、协调。应在项目的设计、生产和其他各阶段与甲方密切配合,体现客户至上的原则。项目经理应站在较高的层次上,不仅代表自己、分院,更应代表全院,通过项目管理而形成明确的总体目标、有效的资源部署及良好的团队精神等,和甲方发展长期合作关系。应以甲方为中心,运用现有的技术能力为甲方提供有益的、可产生附加值的服务。还应该在充分了解甲方需求的基础上,按照实际需要,帮助甲方了解他真正的自身需求,以减少甲方不必要的浪费。因此,项目经理应该有能力理解并说明甲方的需求。优秀的项目经理亦应该善于灵活变通处理与各方的关系且积累经验。另外,在与甲方交往中,注意记录工程会议纪要,收集甲方新的要求、指示,以便在工作中取得主动,更好地满足甲方要求。

(10)组织成果资料质量检查及技术总结的编写。监控各工作阶段小组作业质量的自检、互检落实工作。项目完工后,在项目部检查合格后,及时向总院提出检查验收申请,并组织技术总结和检查报告的编写。在适当的时候提请或与总院质监部门协商院级检查验收事宜,上交请验报告,并认真对待检查结论,做好修改、整理工作。项目经理应在平时注意落实各种质量工作实施情况检查记录表的填写和归类整理及分析。重视开展过程检查,认真进行各种成果资料的整理和汇交。

(11)参与各级验收,做好工程款的结算。项目完工后,项目经理应认真整理资料,与分院领导协商提请总院和甲方对所有成果资料的检查验收,并参与整个验收过程。通过各级验收,从中发现不足之处,牢记经验教训,提高自己的综合管理能力。待甲方最终验收通过后,及时整理、修改和上交成果资料,并按照总院成果资料管理办法汇交成果。密切注意甲方出具的验收报告,争取得到最好文字验收结论,以最终完整、圆满地完成任务。待甲方将全部或最后工程款付总院账户后,根据各分院的经济分配政策与分院领导进行项目结算,并与项目部成员兑现结清最后应得款项。

(12)开展用户回访工作。项目经理是最直接且经常与用户打交道的人群,要站在较高层次,以顾客为关注焦点,在项目结束后积极开展用户回访工作(可与分院领导一道),按照总院质量管理体系做好回访记录(可作为顾客满意度调查结果),在用户的要求下开展可能的用户现场维护工作和用户投诉处理工作,并做好记录。要想用户所想,急用户所急,与分院领导一道或按领导要求编制用户培训计划,认真开展用户培训工作,与用户保持长期联系,赢得用户支持,获取更大的长远效益。

(13)在思想上、行动上与总院保持一致。关注并了解总院各项方针、政策,及时向职工传达贯彻总院和分院的重要决策、会议精神和规章制度,带领职工跟上总院前进的步伐。

(14)创业育人。这是项目经理的一个重要责任。做一个工程,交一方朋友,培养锻炼一批人。

5.项目经理开展工作的方法、步骤

(1)尽快熟悉所负责项目的基本情况。无论项目规模的大小,项目经理都应有明确的项目目标,了解项目的基本情况,包括项目名称、项目所在地、工作环境、工作性质、任务量、开工日期、完工日期、质量要求、项目金额等。应注意与分院领导签订工程施工任务书或协议书以及项目全过程管理文件。项目合同是规定承、发包双方责、权、利具有法律约束力的契约文件,是处理总院与甲方或协作方关系的主要依据,也是市场经济条件下规范双方行为的准则。项目经理是各分院在合同项目上的全权委托代理人,代表分院处理执行合同中的一切重大事宜,包括合同的实施、变更调整、违约处罚等,对执行合同负主要责任。因此,项目经理应全面了解合同或协议内容,有不明白的地方要与分院领导及时沟通,为将来正确地履行合同打下基础。对项目工期、工程质量及工程造价的控制是确保项目投资效益的重要因素,也是项目合同考核的主要指标。要注意妥善保存总院与甲方或协作方的合同或协议复印件及项目部与分院之间的合同或协议书。

(2)收集测区资料,踏勘。生产安排首先应做的事情就是踏勘和测区资料的收集,包括气象资料、交通资料、人文状况、工作难易程度、技术资料,与分院领导协商后在自主范围内对已经基本落实的人员和设备进行调整。踏勘后及时编写现场踏勘报告,并筹划施工组织方案。与此同时,勘查落实职工住房,与甲方见面,建立联系。

(3)与分院领导协商确定工作人员组成、仪器设备、预算资金等问题。项目经理考虑的是按期保质保量地完成任务,且应以合理的投入争取良好的经济效益。因此,要选择足够但不多余的人员、设备,并随时调整它们,以保证生产的有序进行和较好的资源配置。如果在与分院协商中产生分歧,应考虑分院的整体利益。可在分院领导的同意下尽自己的努力或借助外部力量保障资源的合理组成。记录并妥善保存各成员名单和联系方式。出工前,要做好仪器设备的检校。记录材料、仪器、设备组成,并在到达工作区时进行验证。预算资金关系到项目参加人员和项目经理自身利益,应与分院领导平等协商解决,做好工程成本预算。

(4)组织、参与或落实技术设计书的编写。技术设计书是指导和约束测区技术和质量的重要技术文件,是关系能否正确规范地履行合同的核心内容。必须在生产作业前制定和编写,不能边生产、边设计、边修改。如果要修改,应按照总院质量管理体系标准,经有关部门批准后进行。一般情况下,技术设计书在分院总工程师指导下由项目技术负责编写,项目经理可参与组织或编写,但不管怎样,应在正式生产之前,落实并确定经过审核批准的符合总院质量管理体系标准的技术设计书。

(5)组织职工学习技术设计书与相关作业规定。技术设计书不是仅作为资料提交的,而是让项目组成员共同遵照执行的。因此,在生产作业之前,项目经理应组织落实技术设计书的学习,要让大家明白各种规定、要求的具体含义,让大家阐述各自的不同看法,对较难理解的地方多做解释,以便在生产中按照统一的标准执行。对于在实践中或因甲方有新的意见等原因需要变更技术设计的情况,要按照总院质量管理体系标准中的程序填写相关变更申请,经审查批准后执行。其间,可派出技术骨干及炊事员到测区采购测区生产生活必需品,如炊具、粮油、床、自行车、埋石工具等,还要保证住处水、电安全畅通。

(6)制定工资奖金分配办法并认真执行。项目开始前,最迟在开始一周内将分配办法建立并公布。分配办法是在总院批准的预算资金内,经过核算,制定出以计件工资为基础、具有激励机制和责任机制内容的分配办法。分配办法经项目部员工讨论通过、报分院批准(涉及工资部分的报总院人力资源部批准)后认真执行。在资料汇交之前,月度按总院规定预发员工工资;在资料汇交齐、工程款到账后及时、全额兑现员工应得工资奖金。

(7)制订工作计划。在开工前,要做出包括工期、质量要求、人员分工、责任要求等在内的较为详细的工作计划,并宣布、公示(张贴),让所有员工都知道并遵照执行。

(8)组织人员进入施工现场。本着节约的原则合理使用资金,注意安全。

（9）对成本、进度、质量、安全进行适时、全程监控,发现问题,及时解决、纠正。

（10）严格执行"三级检查,两级验收"制度。三级检查为:①作业组自检、互检;②项目部检查;③分院检查。两级验收为:①总院质监站验收;②甲方验收。

（11）组织技术总结(报告)的编写。

（12）向分院申请最终成果检查、验收。

（13）配合分院、总院质监部门及甲方检查验收。

（14）认真整改、纠正检查验收中提出的问题。

（15）成果成图资料的汇交:①根据合同规定的资料清单向甲方汇交;②根据总院档案管理规定向档案室汇交成果成图资料。

（16）配合分院负责人或合同责任人进行工程款回收。

（17）项目结算。工程款到账后,与分院结算项目工程款;而后,尽快与项目部员工全额兑现应得工资奖金。

（18）顾客回访。做好回访记录,满足总院质量管理体系要求。

6. 项目经理应注意的事项

（1）能授权的事情就不要亲自做。要学会如何授权,不能事必躬亲,要注意发挥员工作用和积极性。

（2）用正确的方法树立自己的威信。威信是靠自己出色的管理及成熟的人格魅力树立起来的,不能靠高高在上、发号施令或板起面孔、架子十足来树立。既要严格要求,又要使员工作轻松愉快,从而获得员工的支持和尊重,虚心采纳员工的合理化建议。

（3）边学习、边领导是成功之路。项目经理可能不是专业技术型人才,但不要始终把专业技术拒之门外,应该积极学习专业知识,在自己不懂的时候还要虚心请教。项目有大有小,大项目可能配备技术负责人,小项目有时就全靠自己,况且总院的实际情况决定着项目经理必须是懂专业的全才,只有这样才能做一名合格的项目经理。

（4）要想领导一个项目部,必须首先学会领导项目部中的每一个人。项目经理最重要的技巧就是要学会与各式各样的人打交道,要对个人的要求高度重视,因为项目部成员是有一定思维能力的个人,他们的要求有时是有一定的道理的,有的还很强烈。可能会因为意愿得不到满足、对小组的工作方式不满、不能忍受项目中一些长久悬而未决的事情、薪酬歧视等而心态涣散以至于离心离德。因此,必须了解项目部成员的心态,更好地带领大家一道前进。

（5）要学会让员工适时、适度地参与管理。参与能使人产生积极性。对自己难以把握的事情,一方面向分院领导或其他领导请教,另一方面学会与员工协商,特别是与经验丰富的作业组长协商,这样有利于事情的解决。属于民主管理范畴的事项要按民主管理规定进行民主管理工作。

（6）充分相信职工,切忌猜疑、浮躁。

（7）关心职工疾苦,了解职工状况,加强凝聚力。

（8）分配要公开、透明,事先做好沟通。

7. 项目经理的权力

（1）生产指挥权。项目经理有权按工程承包合同的规定,根据项目生产中人、财、物等资源的变化情况随时进行指挥调度,对于施工组织设计计划,在保证总目标不变的前提下进行优化和调整,以保证对临时出现的各种变化应付自如。

(2)劳动用工权。项目经理有对项目部人员在有关政策和规定的范围内选择、考核、任职、奖惩、调配、指挥、辞退的权力。

(3)财务决策权。在财务制度允许的范围内,拥有预算资金范围内的财务决策权,有权安排费用的开支,有权提出项目部内部的计酬方式、分配方法、分配原则和方案,推行计件工资、定额工资或岗位工资。项目经理需在分院规定期限内上报项目部人员的工资表、伙食账等财务报表。

(4)技术建议权。有权参与制定或审查重大技术措施和技术方案并提出技术建议。在出现技术难题等必要情况下协同项目技术负责人邀请院主管技术、质量等方面的负责人沟通,召开技术方案论证会,以防止可能出现的失误。

(5)设备、物资、材料的采购与控制权。在总院有关规定范围内,与分院领导协商决定仪器设备的型号、数量和进场时间,可自行采购必需的生产材料及生活物资。但各生产项目中采购的非消耗性材料(如自行车、床、灶具等)为分院集体财产,需经分院领导批准后处置。

(6)经济分配权。项目经理按照事先制定的经济分配办法,可对项目承包费用节余额进行分配。

8.项目经理的利益

(1)项目经理的经济利益与项目经营的结果挂钩,具体经济分配按照分院管理办法进行。

(2)项目经理可作为分院级领导的后备推荐人选。

(3)总院将对优秀项目经理进行专门表彰、奖励。

9.如何做一个称职的项目经理

(1)思想上,能够将方针政策融会贯通。

(2)行动上,有较强的执行力。

(3)思维上,形成创新的思维方式。

(4)价值上,保持平民的心态。

(5)社会上,积累丰富的社会阅历和经验。

(6)技术上,保持不断学习专业理论和技术的热情。

(7)管理上,大胆、细致、科学。

(8)经营上,有敏锐、灵活的经营头脑和较强的理财能力。

(9)沟通上,善于营造和谐的环境。

(10)塑造凝聚团队的领导魅力。

2.2.2 项目技术负责人管理办法

1.项目技术负责人的定义

项目技术负责人是项目的技术质量负责人,或称技术质量管理者、项目技术质量领导,他负责项目技术方案的制定和实现,保证按期实现项目质量目标。

2．项目技术负责人的地位

项目技术负责人是在分院总工程师和项目经理的领导下,对项目产品实施的领导者、组织者、责任者,是联系项目甲方、分院、总院有关部门等各方关系的桥梁和纽带,接受院总工办、质监部门的监督、指导,是项目技术管理和产品质量的第一责任人。

3．项目技术负责人的职责

(1)贯彻执行总院有关技术、质量方面的政策、规范、规定及制度措施。

(2)参与投标工作。

(3)在分院总工指导下,编写项目技术设计书和技术报告。

(4)负责项目作业人员的技术培训和技术指导工作。

(5)制定和完善技术质量管理措施,提高产品质量和生产效率。

(6)协助项目经理组织生产,做好项目计划、进度控制、质量控制。

(7)及时解决生产过程中遇到的技术、质量问题。

(8)协助项目经理做好验收工作,保证提交合格产品。

(9)多创优质工程,负责项目报奖工作。

(10)协助项目经理做好职工收入分配工作。

(11)协助项目经理做好客户回访工作。

(12)积极学习、运用、推广新理论、新技术、新方法,在学术研究、论文发表、申报科技奖项方面起带头作用。

4．项目技术负责人的权力

(1)对作业组成果具有否决权。对各作业组的产品进行适时检查,对不符合技术设计标准规范和技术、质量要求的,有权责令返工,直至提交合格产品。

(2)对生产过程的一般性技术问题具有处置权。重要的技术问题要及时向分院总工、总院主管部门汇报、请示。

(3)对作业组质量优劣具有奖罚权。有权制定质量奖惩制度,并严格执行,使之起到激励和控制作用。

(4)对"技术质量优秀标兵"和"科技骨干"的评选具有推荐权。按照相关规定,向分院择优推荐优秀作业员参加总院"技术质量优秀标兵"和"科技骨干"的评选。

5．项目技术负责人的利益

(1)项目技术负责人待遇按照分院经营管理办法执行。

(2)可优先参加新技术、新理论培训。

(3)可优先参加学术交流。

(4)可优先推荐职称晋升。

(5)可优先推荐"科技骨干"评选。

6．项目技术负责人开展工作的方法和程序

(1)接受任务。分院下达生产任务书。

(2)收集资料。根据下达的生产任务书,收集工作区已有的成果资料,并对资料的正确性做出评价。

(3)实地踏勘。根据工作区已有成果资料及任务书或合同要求进行现场踏勘并做出现场踏勘记录(重点了解现场作业条件、测区周界及地形地貌、工作区附近已有成果资料的验证、可能遇到的技术难题)。

(4)编写技术设计书。接到项目后,依据踏勘情况及合同(协议)要求,在分院总工指导下编写技术设计书,同时,协助项目经理做好项目预算。

(5)报分院总工审查。技术设计书编写完毕,交分院总工审查、签字。

(6)报总院技术部审核。分院总工签字后,报总院技术部审核、签字。

(7)报总院专业副总工审定。总院技术部审核签字后,报总院专业副总工审定、签字。

(8)报总院总工审批。总院专业副总工审定签字后,报总院总工审批、签字,将审批后的技术设计书同时送院质监部门和技术部门各1份,以便监控执行。技术设计书如有其他审批规定的,按相关审批规定执行。

(9)组织生产。总院总工审批后,技术设计书开始执行。项目技术负责人与项目经理一起组织生产。包括以下内容:①制订作业计划。根据工期和质量要求,制订详细、周密的作业计划,协助项目经理对工作进度、质量、安全进行有效控制。②组织学习规范设计。在生产开始之前,组织作业人员学习有关规范、规程和技术设计书的内容,根据项目实际情况,提出技术、质量、安全目标,按工作需要明确分工,落实任务,并做详细记录,留作资料。③领取设备,检校仪器。根据技术设计书的要求负责领取合格的仪器设备,认真检查、调试,并对仪器进行使用前的检校,做好检校记录。

(10)对生产过程中的进度、质量进行控制。对项目生产的全过程进行监控,及时进行技术指导和产品质量检查,协调各作业小组、各工序之间的关系,填写生产进度报表,确保进度计划实现;监督、落实作业组间的自检、互检工作,落实项目部对各小组的成果检查工作,对不合格的过程产品要立即进行改正,把粗差、错漏消灭在现场,不允许进入下一工序的作业。接受总院质监部门的过程检查和质量监控。

(11)设计书的修改。在生产过程中,因故不能按原设计书实施时,应填写技术设计修改申请审批表和技术设计更改单,并按原设计书审批程序审批后,再组织实施;当出现无法解决的技术难题时,应及时向分院总工、总院技术部门汇报、解决。

(12)外业成果检查。生产项目经过"三级检查",经总院质监部门同意后,方可撤离外业测区。

(13)内业资料整理。将外业采集的数据转入内业进行整理,并做必要的记录。

(14)项目部对项目成果进行全面检查。全部生产完成后,项目部对产品成果进行全面检查。

(15)分院检查。分院在项目部检查的基础上进行全面检查,而后,分院向总院质监部门提请验收。

(16)编写技术成果报告。编写技术成果报告,如技术总结、工作报告、检查报告等,同时填写各种报表。技术总结按照技术设计书审批程序进行审批。

(17)甲方验收。项目结束后,分院及时向甲方提请验收,并做好验收的协调、组织工作。项目技术负责人及项目部有关人员参加总院质监部门及甲方的成果验收,负责回答客户提出的问题,满足客户的合理要求,对验收中发现的问题及时进行纠正。

(18)资料归档。甲方验收通过后,将所完成项目的内外业资料、技术文件等整理后按规定向总院资料室汇交成果资料,资料存档。

(19)工程款结算。项目结束后,协助项目经理及时做好工程款的外部、内部结算工作。

(20)客户回访。加强客户回访、联系意识,为拓展经营业务奠定基础,做好回访记录,满足总院质量管理体系要求。

2.2.3 测绘项目岗位职责

1. 项目经理

(1)统筹安排,制订整个工程的施工计划,保证满足工程要求的仪器设备和合理的生产人员技术结构。

(2)严格要求工作人员,保证工程顺利进行,职责分明,及时召集项目管理人员反馈施工信息,针对工程可能出现的情况和结果进行分析与预测,从而能及时采取相应的措施。

(3)开工前安排人员参加安全、健康、环保和质量保证系列培训,并对技术人员进行项目测量方面全面的或专项的专业知识培训,在开工时组织场地机构人员认真学习业主要求的各项培训工作。

(4)定时向业主和总院汇报工作进展和所有测量过程。

(5)项目经理不能解决的问题、困难及事故,上报业主和总院及时进行开会讨论,拟出计划,并及时落实解决。

2. 技术负责

(1)设计、安排测量工序,了解现场技术服务各方面流程,以配合业主提出的要求。

(2)了解工程范围、要求,进行生产计划方案、质量保证方案工作的设计及拟定,并交项目经理检查和预审,上报总工程师审核,再呈送业主审批,获批准后,督促各级人员按照以上方案进行学习及作业。

(3)保持与业主的联系,反馈业主的测量要求和其他信息。

(4)对各个程序的操作进行规范控制,保证各工序的有序进行。

3. 质量总监

(1)以保证质量为中心,满足需求为目标,防检结合为手段,项目全体员工参与为基础,促进项目保质保量,按期完工。

(2)严格执行 ISO 9001 质量管理体系,加强对项目运行过程的质量体系的监督力度,规范项目产品质量管理工作。

(3)严格执行"三级检查,两级验收"制度,明晰各级人员的质量责任与权利。

(4)制定本项目质量管理的相关规定,奖优罚劣。

(5)确保提交的产品质量合格率达 100%,杜绝产品质量事故,最终使项目产品质量优、良品率稳定在 85% 以上。

4. 技术开发人员

全过程配合生产任务,编制实用测量程序,解决生产中的实际问题,提高作业效率,提升产品科技含量。

5. 项目质检员

（1）未经检查验收的成果不得上交。成果经过作业组的自检、互检，并经项目部质检员检查后方可提交。

（2）对作业组测量的精度进行监控。

（3）严格按照规范和要求进行内、外业的检查。检查中发现问题，立即组织作业员进行现场复核、及时处理，避免测量中出现严重事故。

6. 项目安全员

（1）协助项目经理逐级落实安全文明生产责任制。

（2）协助项目经理组织本项目安全知识培训。

（3）对各个生产环节进行巡视检查，发现隐患及时召集项目人员予以处理，将项目生产过程中的不安全因素消灭在萌芽状态。

（4）定期召开安全工作会议，增强项目全体人员的安全意识，最终使项目安全稳定地进行。

7. 后勤保障人员

全面负责项目部住宿、饮食、交通及其他日常事务。

8. 作业组长、测量员

（1）作业组长负责本组内全面工作，如权属调查、采集测量数据、数据库建设。承担组内主要测绘岗位工作，严格执行规范、方案及业主的要求。

（2）作业组长对作业组的作业质量负直接责任。

（3）测量员协助作业组长实施测量工作和负责外业设站工作等。

（4）作业中时刻谨记安全生产，规范作业，严格要求自己和提醒他人。

（5）所有的测量工作均完整记录并可追溯，测量数据由仪器上随机的 PC 卡记录，所有计算均应使用电子文档记录。

（6）所有的测量设备均按要求定期保养、检查和校验。

2.3 技术设计书与技术总结

2.3.1 测绘技术设计书

1. 技术设计的一般规定

（1）技术设计未经批准不得实施。技术设计书的目的是制定切实可行的技术方案，保证测绘产品符合技术标准和用户要求，并获得最佳的社会效益和经济效益。因此，每个测绘项目在作业前都必须进行技术设计。

（2）技术设计分项目设计和专业设计。项目设计指对具有完整的测绘工序内容，其产品可供社会直接使用和流通的测绘项目而进行的综合性设计。构成测绘项目的有大地测量（含 GPS）、地形测量（含数字化地形）、地图制图和制印（含数字制图，建立数据库）、工程测量、航空摄影测量（含数字化航测）、土地利用变更调查、多用途地籍测量（含地籍变更调查)、基础资料测绘等。专业设计是在项目设计基础上,按工种进行具体的技术设计,是指导作业的主要技术依据。

2.技术设计的依据和基本原则

1)技术设计的依据

(1)上级下达任务的文件或合同书。

(2)有关的法规和技术标准。

(3)项目成本和费用预算等。

2)技术设计的基本原则

(1)技术设计方案应先考虑整体而后局部,且顾及发展;要满足用户的要求,重视社会效益和经济效益。

(2)要从作业区实际情况出发,考虑作业单位的实力(人员技术素质和装备情况),挖掘潜力,选择最佳作业方案。

(3)广泛收集、认真分析和充分利用已有的测绘产品和资料。

(4)积极采用适用的新技术、新方法和新工艺。

(5)工作量大的项目可分别进行技术设计,工作量小的可将项目设计和专业设计合并进行。

3.对技术设计人员的要求

(1)技术设计人员首先要明确任务的性质、工作量、要求和设计的原则。

(2)设计人员应认真做好测区情况的踏勘和调查分析工作。

(3)设计人员应对其设计书负责,要深入第一线检查了解设计方案的正确性,发现问题,要及时处理。

4.编写技术设计书的要求

(1)内容要明确,文字要简练。标准已有明确规定的,一般不再重复。对作业中容易混淆和忽视的问题,应重点叙述。

(2)采用新技术、新方法和新工艺时,要说明可行性研究或试生产的结果及达到的精度,必要时可附鉴定证书或试验报告。

(3)名词、术语、公式、符号、代号和计量等应与有关法规和标准一致。

5.设计书审批程序

(1)技术设计书原件1式3份按审批规定审批后执行。

(2)技术设计书交分院1份、总院资料室1份、甲方1份留存,复印若干份交有关部门(总工1份、专业副总工1份、技术部1份、质监部门1份)。

(3)技术设计书要做原则性修改或补充时,可由生产单位或设计单位提出修改意见或补充规定,及时上报原审批单位核准后执行。

6.项目设计书格式

1)任务概述

说明任务的名称、来源、作业范围、地理位置、行政隶属、项目内容、产品种类及形式、任务量,要求达到的主要精度指标、质量要求、完成期限和产品接收单位等。

2）作业区自然地理概况

简要说明地理特征、居民地、交通、气候情况和作业区困难类别等。

3）已有资料利用情况

说明资料中测绘工作完成情况，主要质量情况及评价，利用的可能性和利用方案等。

4）设计方案

（1）各工种的作业依据，控制测量的布设与加密原则，对航空摄影的技术要求，图集的构成，成图方法，主要作业方法和技术规定。

（2）特殊的技术要求，采用新技术、新方法、新工艺的依据和技术要求，并进行精度估算或说明。

（3）保证质量的主要措施和要求。

5）计划安排和经费预算

（1）作业区困难类别的划分。

（2）工作量统计：根据设计方案，分别计算各工序的工作量。

（3）进度计划：根据工作量统计和计划投入生产实力，参照生产定额，分别列出年度进度计划和各工序的衔接计划。

（4）经费预算：根据设计方案和进度计划，参照有关测绘生产定额和成本定额，编制分年度经费和总经费计划，并做出必要的说明。

6）附件

（1）踏勘报告。

（2）可供利用资料的清单。

（3）附图、附表。

7. 专业设计书格式

1）测区任务概述

（1）说明任务来源、测区范围、地理位置、行政隶属、成图比例尺、任务量和采用的技术依据。

（2）测区自然地理概况：说明测区地形概况、地貌特征、困难类别和居民地、水系、道路等要素的主要特征。

2）已有成果资料评价分析利用

根据收集到的测区资料、控制点成果情况，说明作业单位、施测年代、作业所依据的标准、所采用的平面和高程系统，说明已有资料的质量情况，并做出评价和指出利用的可能性。

3）作业依据

依次列出本测区需要执行的规范、图式、标准、地方规定、本测区特殊要求及设计书等。

4）控制测量方案设计

（1）平面控制测量方案：①确定控制网采用的平面坐标系统、等级划分，根据测区控制面积大小，合理选择控制方法，面积较大时宜选择用 GPS 方法做首级控制，面积较小或进行修测时可选用布设一、二级导线或局部布设 GPS 网；②设计各等级控制网或导线的点位、编号、观测方法、标石类型与埋设要求、水平角、距离观测方法与要求,主要限差指标,已知点的利用与联测方案等;③内业平差计算采用的平差软件说明、平差方法,输出成果内容、最弱点点位中误差、精度要求等。

(2)高程控制测量方案:①说明采用的高程系统及高程控制网等级、附合路线长度及其构网图形,水准点或标志的类型与埋设要求,拟定观测与联测方案、观测方法及技术要求等;②内业平差计算采用的平差软件说明、平差方法,输出成果内容、最弱点高程中误差、精度要求等。

5)图根测量方案

(1)说明图根控制网布设方案、选点方法、埋石规格、联测方法、编号原则、主要限差要求等。

(2)说明图根点高程联测方法(水准、三角高程、光电测距高程导线)、联测方案。

(3)说明平差软件名称、平差方法、精度等级要求等。

6)地形测图要素表示方法

分类说明地形要素主要表示方法、综合取舍原则及要求。

(1)居民地:按测区居民地的分布情况,说明居民地的类型、特征、表示方法和综合取舍原则。

(2)道路:叙述铁路、公路类型和分布情况,对公路以下的道路,着重说明综合取舍的要求等。

(3)水系:明确测定水位的方法与要求,水网区河流、湖泊、沟渠的取舍原则,对水系附属建筑物的表示方法与要求等。

(4)境界:明确境界表示到哪一级,对国界和其他有争议的境界要提出具体的表示方法和要求等。

(5)地貌和土质:说明测区内各类地貌的特征,对地貌符号和土质符号表示的要求等。

(6)植被:说明测区内主要植被的种类、配合表示的要求,地类界综合取舍的原则等。

(7)名称注记:根据当地的习惯和甲方的要求明确制定名称注记的方法和原则。

(8)其他要素:根据情况灵活掌握。

7)质量保证措施

根据测区具体情况制定质量保证措施、检查程序、质量评定原则;按照 ISO 9001 要求填写各种表格,对质量问题提出具体的处理意见,对优级产品制定奖励方法;根据测区的具体情况制定合理的措施;提出保证工期采取的措施等。

8)上交成果资料清单

根据合同要求依次列出应提交甲方的资料清单,注意措词恰当,含义清楚,不能任意添加额外的上交成果,要依据合同执行。

2.3.2 测绘技术总结

1.技术总结的基本规定

(1)测绘技术总结是在测绘任务完成后,对技术设计书和技术标准执行情况,技术方案、作业方法、新技术的应用,成果质量和主要问题的处理等进行分析研究,认真总结,并做出客观的评价与说明,以便于用户(或下工序)的合理使用,且有利于生产技术和理论水平的提高,为制定、修订技术标准和有关规定积累资料。测绘技术总结是与测绘成果有直接关系的技术性文件,是永久保存的重要技术档案。

(2)项目技术总结是指一个测绘项目在其成果验收合格后,对整个项目所作的技术总结,由生产单位编写。

(3)项目技术总结原件1式3份(甲方1份、总院资料室1份、本单位1份),按技术设计书的审批程序审批后,随测绘成果、技术设计书和验收(检查)报告一并上交和归档。

2.技术总结的编写依据

(1)上级下达任务的文件或合同书。

(2)技术设计书、有关法规和技术标准。

(3)有关专业的技术总结。

(4)测绘产品的检查、验收报告。

(5)其他有关文件和材料。

3.技术总结的编写要求

(1)内容要真实、完整、齐全。对技术方案、作业方法和成果质量应做出客观的分析和评价。对应用的新技术、新方法、新材料和生产的新品种要认真细致地加以总结。

(2)文字要简明扼要,公式、数据和图表应准确,名词、术语、符号、代号和计量单位等均应与有关法规和标准一致。

(3)项目名称应与相应的技术设计书及验收(检查)报告一致。幅面大小和封面格式参照相关规定执行。

4.项目技术总结的主要内容

1)概述

(1)任务的名称、来源、目的,作业区概况,任务内容和工作量。

(2)生产单位名称,生产起止时间,任务安排,组织概况和完成情况。

(3)采用的基准、系统、投影方法和起算数据的来源与质量情况。

(4)利用已有资料的情况。

2)技术部分

(1)作业技术依据:包括使用标准、法规和有关技术文件等。

(2)仪器、主要设备与工具的使用及其检验情况。

(3)作业方法,执行技术设计书和技术标准的情况,特殊问题的处理,推广应用新技术、新方法、新材料的经验教训。

(4)对新产品项目要按工序总结生产中执行技术设计书和技术标准的情况,特别对发生的主要技术问题,采取的措辞及其效果等要详细地总结,并对今后生产提出改进意见。

(5)保证和提高质量的主要措施,成果质量和精度的统计、分析和评价,存在的重大问题及处理意见。

(6)对设计方案、作业方法和技术指标等的改进意见和建议。

（7）作业定额、实际作业工日和作业率的统计。

3）附图、附表

（1）作业区任务资料清单。

（2）利用已有资料清单。

（3）成果质量统计表。

（4）上交测绘成果清单。

（5）其他。

5.专业技术总结的主要内容

1）任务概述

（1）任务来源、目的，生产单位，生产起止时间，生产安排情况。

（2）测区名称、范围、行政隶属，自然地理特征，交通情况和困难类别。

（3）控制网起算点情况，精度等级，最弱点中位差，相对闭合差等。

（4）计划与实际完成工作量，完成测图面积，控制点数，宗地数等。

2）利用已有资料情况

（1）采用的基准和系统。

（2）起算数据及其等级。

（3）已知点的利用和联测。

（4）资料中存在的主要问题和处理方法。

3）作业依据

本测区执行的规范、图式、标准、规定、设计书等。

4）作业方法、质量和有关技术数据

（1）使用的仪器、设备和工具名称、型号、检验情况及其主要技术数据。

（2）标石埋设情况、施测方法、记录方法、平差成果等，新技术、新方法的采用及其效果。

（3）执行技术标准的情况，出现的主要问题和处理方法，保证和提高质量的主要措施，精度统计等。

5）产品质量统计

（1）各工序检查情况，质量保证措施。

（2）优秀、良好、合格、不合格比例。

（3）各种检查记录表格及控制网精度统计表等。

6）上交资料清单

根据合同要求列出上交资料清单。

6.技术成果备份与成果资料汇交

技术成果是我们的劳动成果，及时备份存档有重要的意义，不但是从事项目生产的直接证据，也是档案管理的需要，同时对以后的项目有指导作用。如果出现质量问题，能及时划分责任，为重要技术问题进行原因分析和经验总结提供原始资料。如果后期有项目，可以充分利用其控制成果和其他资料，对节约成本、缩短工期有积极的意义。备份时要选择主要的成果，如技术设计书、技术总结、GPS和一、二级导线点成果，点之记，平差成果，网图,绘图文件等,要刻成光盘和打印主要内容送交总院资料室存档。

成果资料汇交是测区项目结束后必须完成的工作,是 ISO 9001 过程管理的要求,必须按规定将所有资料整理存档。成果资料属于永久保存的技术成果,有着极其重要的意义,成果汇交完毕表明项目正式结束。

2.4 测绘产品检查与验收

2.4.1 测绘产品检验实施细则

1 适用范围

本细则确定了测绘产品质量检查、验收工作的基本原则,规定了测绘产品所具有的质量特性与缺陷的分类以及抽样检验程序和检验方法、产品合格质量标准和产品质量评价原则。

本细则适用于按现行国家标准、行业或上海地方标准及相关技术规定生产的测绘产品的质量检验,其他测绘产品的检验及测绘产品的委托检验可参照执行。

2 引用标准

下列标准所包含的条文,通过本细则中引用而构成本细则的条文。所有标准都会被修改,使用本细则时应探讨使用下列标准最新版本的可能性。

CH 1002—95《测绘产品检查验收规定》

CH 1003—95《测绘产品质量评定标准》

3 术语

a.单位产品:为实施抽样检验的需要而划分的基本单位。如"点""幅"或"街坊"等。

b.检验批(简称批):在一致条件下生产并提交检验的一定数量的单位产品。

c.子检验批:生产批量较大时按生产时间、方式、比例尺或等级不同分批上交的检验批。

d.批量:批中所含的单位产品数。如"点""幅"或"街坊"等。

e.样本单位:从批中抽取的用于检验的单位产品。如"点""幅"或"街坊"等。

f.样本:样本单位的全体。

g.单纯随机抽样:通常也称简单随机抽样,即随意从检验批中抽取样本,抽样时,使每一个单位产品都以相同概率构成样本,可采用抽签、掷骰子、查随机数表等方法。

h.分层随机抽样:将产品按作业工序或生产时间段、地形类别、作业方法等分层后,再从各层中随机抽取1个或若干个样品一起组成子样的活动。

i.质量特性:产品满足用户要求、使用目的或潜在要求的产品质量特点。

j.轻缺陷:产品的一般质量特性不符合规定,对用户使用有轻微影响。

k.次重缺陷:产品的较重要质量特性不符合规定,或产品质量特性较严重不符合规定。

l.重缺陷:产品的重要质量特性不符合规定,或者产品质量特性严重不符合规定。

m.严重缺陷:产品的极重要质量特性不符合规定,或者产品质量特性极严重不符合规定,以致不经返工或处理不能提供给用户使用。

n.批质量:单个提交检验批的质量,反映整批测绘产品的质量水平。

o.详查:对样本单位质量特性进行的全面检查。

p.概查:根据样本单位中出现的影响产品质量的主要项目和带倾向性的问题对样本以外产品所进行的一般性检查,一般只记录严重缺陷和重缺陷。

q.过程检查:在作业人员自查互检的基础上,对单位产品进行的首次全面检查。

r.最终检查:在过程检查的基础上,对单位产品进行的再一次全面检查。

s.验收:为判断检验批是否符合要求(或能否被接收)而进行的检验。

4 检查验收基本规定

4.1 测绘产品(测绘成果成图)的质量检验实行"二级检查,一级验收"制度,每级检查验收都要设置专人,人数可根据检查验收工作量配备。检查验收工作必须坚持专职检查验收与作业员自查互检相结合。各级检查、验收工作必须独立进行,不得省略或代替。

作业员对其所完成的成果成图进行自查互检;科室检查人员采用全数检验方式进行过程检查;生产部门质检人员采用全数检验或抽样检验方式实施最终检查。

4.2 测绘产品经最终检查合格后由任务委托单位组织实施验收,或由该单位委托上海市具有资格的测绘产品质量检验机构实施验收。必须进行验收的测绘产品范围包括:

a.队生产业务处下达的基础测绘任务;

b.委托工程所涉及的1:500地形图,包括基础地理信息数据库维护产品;

c.有特殊要求的专用地图、印刷出版图;

d.有特殊要求的非常规测绘项目或规定的其他委托测绘项目;

e.因测绘技术发展或建设需要而增加的测绘新工种、新方法、新工艺生产的测绘产品。

备注:其他测绘产品只需进行二级检查不需进行验收,必要时队质量管理处应进行抽查。

4.3 详查样本的组成。过程检查按100%的比例检查;最终检查按100%的比例内业检查,对于地形图修实测的还应按30%的比例进行外业检查,对于内业检查中存在问题的应及时组织进行外业核查;验收按10%的比例或根据附录A、附录B(略)确定的抽样方案从检验批中抽取样本。当技术设计书或有关规范、图式要求有特殊规定时,可按规定比例检查验收成果成图资料。

检查时对抽取的样本进行详查,对样本以外的产品一般进行概查。凡能利用公式和两人对算或采用自动化软件计算的项目,可减少或免作运算过程的检查。

4.4 生产部门的行政/技术领导对本部门产品的技术设计质量负责;各级检验人员对其所检验的产品(样本)质量负责;作业员对其所完成产品的作业质量负责。上工序对下工序负责。

4.5 提交检查验收的资料

4.5.1 提交的成果资料一般根据作业指导书或项目设计的要求上交,具体可包括:

a.委托书或任务单;

b.技术设计书和有关技术规定、单位产品的质量评分表;

c.有关的基本资料、补充资料、参考资料;数字化成图的有关数字图形文件或影像文件、纸质回放图、接幅表等。提交验收时,还应包括检查报告。

4.5.2 凡资料不全或数据不完整者,承担检查或验收的单位(部门)有权拒绝检查验收。

4.6 用于检查验收的依据

a.有关测绘任务单、委托书或合同书;

b.有关法规和技术标准;

c.技术设计书或质量策划书、有关的技术规定等。

4.7 检查验收的记录及存档

检查验收记录包括质量问题记录、问题处理记录和质量评定记录等。记录必须及时、认真、规范、清晰。最终检查、验收工作完成后,需编写检查、验收报告,并随产品一起归档。

5 单位产品质量评定标准

5.1 单位产品质量表征方法和质量等级判别标准

单位产品的质量水平以百分制表征,当单位产品的质量得分 M 不低于 60 分时,判单位产品为:优级品($M \geq 90$ 分)、良级品($M = 75 \sim 89.9$ 分)、合格品($M = 60 \sim 74.9$ 分)。当质量得分 $M < 60$ 分或出现一个严重缺陷时判为不合格品。

5.2 单位产品质量特性评分和缺陷扣分标准

5.2.1 数学精度评分方法

采用下式计算质量分数:

$$A = 60 + 40 \times (m - M_{检}) / m$$

其中,$M_{检}$ 为检测中误差,m 为标准中误差。当 $M_{检} > m$ 或 $M_{检} \leq m$,但 $M_{检} > 2m$ 的点数占总点数 60% 以上时计为严重缺陷,检验批被判为不合格品。当 $M_{检} \leq m$,但 $M_{检} > 2m$ 的点数占总点数 30% 以上或 $M_{检} > m$ 的点数占总点数 60% 以上时计为重缺陷,检验批被判为合格品。

5.2.2 当有多项数学精度评分时,在单项数学精度得分的基础上,取其算术平均值或加权平均值。当不能直接以单位产品形式表示质量特性分数时,均以整体质量分数表征相应的单位产品质量。

5.2.3 缺陷扣分标准

表2-1 缺陷扣分标准

缺陷类别	严重缺陷	重缺陷	次重缺陷	轻缺陷
扣分值	42	$12/t$	$4/t$	$1/t$

表中 t 为测区缺陷值调整系数。一般可根据测区困难类别、修测格数或作业工作量等确定。

5.3 单位产品质量评分方法

5.3.1 二级质量特性评分方法

a. 数学精度:根据数学精度值大小,按5.2.1和5.2.2要求评定其质量分数,即得到 M_2。

b. 其他二级质量特性:首先将二级质量特性得分预置为100分,根据5.2.3的要求对相应二级质量特性中出现的缺陷个数逐个扣分。二级质量特性得分 M_2 的值按下式计算:

$$M_2 = 100 - (a_1 \times 12 + a_2 \times 4 + a_3 \times 1)/t$$

式中,t 为缺陷调整系数;a_1、a_2、a_3 分别为相应重缺陷、次重缺陷、轻缺陷的缺陷个数。

5.3.2 一级质量特性的质量评分采用加权平均法计算其得分 M_1。M_1 的值按下式计算:

$$M_1 = \sum_{j=1}^{n} (m_{2j} \times p_{2j})$$

式中,m_{2j}、p_{2j} 为相应二级质量特性的得分和相应的权;n 为一级质量特性中所包含二级质量特性个数。

5.3.3 单位产品的质量评分采用加权平均法计算其质量得分。M 值按下式计算:

$$M = \sum_{j=1}^{n} (m_{2j} \times p_{2j})$$

式中,m_{2j}、p_{2j} 分别为相应一级质量特性的得分和相应的权;n 为单位产品中包含的一级质量特性个数。

5.4 当地形测量中涉及图幅的控制测量评分时,图幅内所有控制点得分的平均值即为该图幅的控制测量得分。

5.5 某单项不合格产品(如某一导线、某一图幅)经返工合格后,无论其质量如何,该产品只能被评为合格品,即得该项满分的60%。质量评定时,若质量特性中任一单项被评定为合格品的,则该产品不得评定为优级品。对于地形图修实测产品,如综合精度不足75,则该产品不得被评定为良级品。

6 检验程序与实施

6.1 根据质量目标,产品不允许出现不合格品。

6.2 对于大比例尺地形图野外动态修实测产品,验收可根据批量大小确定样本大小字码,再确定样本大小,根据样本大小用随机抽样或根据修测格数分层抽样的方式从检验批中抽取样本。对于修测成图的检验批,原则上应保证超过30格和0格的图幅各占一定的比例。

6.3 组成检验批

检验批是指在相同的生产标准指导下生产的同等级的平面(高程、重力)控制点、同一比例尺的地形图等单位产品的集合。当生产批量较大时,可根据生产批上交检验的时间等因素,适当将检验批分成不同大小的子检验批,最终按检验批评定质量。

6.4 样本的抽取

6.4.1 抽样方式采用以"点""测段""幅""街坊"或"区域网"等为单位在检验批中简单随机抽样。特殊情况下采用分层随机抽样。

6.4.2 百分之百提取的样品原件或复印件,包括:

a. 检查验收报告;

b. 项目设计书、专业设计书和技术总结;

c. 仪器检定证书复印件;

d. 原始记录手簿和计算资料、成果表和展点图(或路线分布图、接幅表)等。

6.5 对检验仪器、设备及人员的要求

(1)检验仪器设备的精度以不低于作业单位使用的仪器设备的精度为原则。

(2)检验仪器设备必须通过计量检定,并按规定管理。

(3)检验人员应具有严肃认真、科学公正、不徇私情、实事求是的工作态度。

(4)检验人员应具有一定的测绘专业理论知识和较丰富的测绘专业生产实践经验。

(5)检验人员应熟悉相关的规范、图式,研究和了解专业设计、制图任务的要求和特点。

(6)检验人员应了解误差理论、数理统计方面的知识,能独立进行数据处理。

(7)检验人员应能认真学习贯彻国家、部门、地方有关产品质量方面文件、政策、法令、法规,严格按国家标准、行业标准(或地方标准),对产品各项质量特性进行检测工作。

(8)检验人员应准确划分发现的各类缺陷,并能不受行政的、经济的或其他方面的干涉。

6.6 检验方法

根据各单位产品的质量特性及详查内容,按有关的规范、技术标准和技术设计的要求逐个检验样本单位并统计存在的各类缺陷数量,按照本细则中"单位产品质量评定标准"的要求判定样本单位的合格与否。具体的检验方法见第7节。

6.7 检验数据统计和处理

6.7.1 检验数据的有效位数应与有关标准的规定一致,并按数据的修约规则修约。

6.7.2 对等精度检测大于 $2\sqrt{2}$ 倍中误差或高精度检测大于 2 倍中误差的检测数据,视为粗差,不参与中误差的评定。

6.7.3 检测数据的平面和高程精度的中误差按下列公式计算:

高精度检测 $\qquad M_{检} = \pm\sqrt{[\Delta\Delta]/n}$

等精度检测 $\qquad M_{检} = \pm\sqrt{[\Delta\Delta]/2n}$

式中,$M_{检}$ 为中误差;n 为检测点数;Δ 为平面或高程较差。

6.8 概查是指对影响产品质量的主要项目和带有倾向性的问题进行的检查,一般只记录严重缺陷和重缺陷。若概查中出现严重缺陷或累计不合格品数大于详查的合格质量水平,则判该产品概查为不合格;否则,判概查为合格。

6.9 检验批的处置

6.9.1 批产品质量的评定

当详查或概查中发现有伪造成果的现象时,均判受检验批不合格,并按相关规定处理。

对提交的检验批,抽检产品无不合格品,则判定该批产品质量合格;凡抽检的产品中有不合格品,则判定该检验批产品为批不合格品,并由检验人员签署。

6.9.2 批合格产品

判为合格的产品,应对检验中发现的不符合规范、图式、技术设计和有关技术规定的各类缺陷的性质和对成果成图影响程度,交生产单位进行尽可能的全面修正。

6.9.3 批不合格产品

判为不合格品的批产品,应按质量体系的相关规定组织不合格品评审后按评审意见处理。

6.9.4 样品原件如数归还受检单位,抽检资料存档备案。

6.10 关于检查、验收报告

6.10.1 检查验收人员要编写检查验收报告。其内容包括检查验收工作进行情况、对各级工序成果质量的评价、检查验收的工作经验等(较小的零星工程可简化)。检查验收人员要在相应的位置签署姓名、日期,以示负责。

6.10.2 最终检查后由检查人员书写检查报告,较小的零星工程也可按相关的技术说明书予以简化。

6.10.3 验收报告由验收人员进行编写。各种质量统计表检验人员可根据检验内容进行编制。

7 测绘产品单位产品质量特性、缺陷分类及检验方法

7.1 测绘产品的单位产品质量特性及缺陷分类见相应表格(略)。具体的测绘产品主要可分为以下5大基本类型,共22种测绘产品。

7.1.1 大地测量产品(主要是指城市等级控制网或特种工程控制网):三角测量和导线测量产品,水准测量产品,GPS测量产品,天文/重力测量产品。

7.1.2 工程测量产品:城市规划道路定线、定界测量产品,市政工程测量产品,变形测量产品,建设工程竣工规划验收测量产品,地下管线测量产品。

7.1.3 地图制图与地图印刷产品:专题地图的编绘原图、印刷原图产品,普通地图的编绘原图、印刷原图产品,地图集产品,地图印刷成品。

7.1.4 地形测量产品:1/500地形图野外修实测产品,1/1 000地形图野外修实测产品,1/2 000地形图野外修实测产品,1/2 000地形图内业修测缩编产品,1/500基础地理数据转换产品,基础地理信息数据库维护产品,航空摄影产品及航摄复制品,航测外业控制测量产品,航测外业调绘产品,数字栅格地图产品,数字正射影像图产品,航摄像片扫描影像产品。

7.1.5 其他测绘产品。

7.2 常规质量特性的检验内容及方法

7.2.1 检验依据:一般以上海市颁布的技术标准、项目/专业设计书和客户提供的要

求为准,包括有关的会议纪要,必要时参照执行国家及部委的测绘标准。对于采用新工艺的新产品或试验产品,以设计书或质量计划为依据。

7.2.2 检验的一般方法:根据测绘产品的一级或二级质量特性进行定权,再根据其检验内容采用分析检验、审核检验、比对检验、外业检测等方法进行检查,根据发现的问题判定其缺陷类别,对于缺陷内容中暂未列明的,可以参照相关产品缺陷类别的判定。一般掌握以下原则:

(1)客户明确要求而处理不当的、技术标准规范明确禁止的问题、基础资料或作业方法存在问题的,一般判为严重缺陷或重缺陷。对检查中发现的严重缺陷,属于作业单位认识理解不够导致问题过多的,可从轻掌握,但下不为例;对于需经外业生产的产品,检查人员应到实地核实确认,经实地核实后不影响最终产品使用的作为重缺陷处理。

(2)经中间指导或检查后同一问题仍过于集中或数量过多的、生产技术管理明文规定的、不符合质量体系规定要求记录的可判为重缺陷,对于因作业人员认识理解不够导致问题过多的,可从轻掌握,但下不为例。

(3)对于一般性的问题,当同一问题数目处于 4~10 个,可判定为次重缺陷。

7.2.3 技术文档资料的检验:一般以一个项目为质量评定单位,采用抽样检验、分析检验或审核检验的方式,对项目/专业设计书(技术说明书)、检查报告、技术总结的合理性和上交资料的整饰及完整性进行检验,包括是否有设计、设计是否合理、技术依据是否有效、设计是否与本项目相匹配、执行技术标准的情况、出现的问题及处理方法的合理性等,将检验出的问题做好记录。

7.2.4 工程项目前期工作的检验:一般以一个项目为质量评定单位,采用分析检验或审核检验的方式,确定所使用的仪器设备是否能满足项目技术要求、仪器检定及 i 角检查等情况、已知数据抄录来源、等级、质量情况及数字地图等数据的现势有效性等。

7.2.5 控制测量的检验:一般以一个点、测段或单一导线为质量评定单位,采用抽样检验、分析检验或审核检验的方式对抽取的样本进行检验。着重校核已知点联测方案、起算数据、分布密度、程序来源、记录和计算方法、各种限差及计算过程的正确性。对于大比例尺野外动态修实测地形图,每幅图的控制质量是所涉及的等级控制和图根控制点的平均质量。

7.2.5.1 对于大地测量产品,包括检查点位的质量(包括选点、造点或埋点、点位图质量)、观测图形及条件选择、各项观测限差和闭合差、重测及测回数、计算时已知条件的选择、GPS 基线质量等。对于等级水准测量,包括水准点的实地点位、点位图和成果数据中的一致性、二等水准上下午测站不对称数与总站数的比、跨河水准测量的施测方案和精度等。

7.2.5.2 对于一般工程测量或测图中的等级三角点、GPS 点、传递点、导线点,对其各种观测手簿和计算手簿做 100% 的检查,包括点位传递是否满足技术标准的要求、GPS 观测时段的合理性、测距的加乘常数改正、起始控制点的等级等,对于利用清华山维等软件进行测设的应提供控制打印资料。

7.2.5.3 一般工程测量或测图中的图根导线或路线水准的观测手簿和计算手簿中按不少于各级检验规定的抽样比例检查,主要包括导线的走向、总长、点数、测角精度、点位精度、闭合差等。

7.2.5.4 对于路线水准和面积水准,对观测计算手簿中的起始点高程、视线高、红黑面常数做100%的检查,其他抽查比例不少于各级检验规定的比例。

7.2.6 地形图的外业检测(主要针对采用外业采集或经内业成图后外业调绘成图的地形图)

7.2.6.1 平面精度检测:一般用外业散点法检测,采用不低于原成图精度的作业方法和仪器设备对已测地物、地形点进行点位或间距检查,检测时应充分利用原用控制点,也可采用动态GPS、测距导线和支导线确定测站点。

(1)根据图幅困难类别,一般Ⅰ类型不少于20个检测点或20条检测边,每增加一类型,增加5个点或5条边。对于修测图幅,当修测格数偏少时,一般以上交子检验批样本图幅整体检测分数作为相应样本图幅的平面精度分数。

(2)平面检测应尽量选择房角、电杆、线状地物拐角或交叉处、独立地物等明显地物点。

(3)采用极坐标法采集检测点,计算其坐标值并在内业数据上量取同名点坐标,比较其坐标差作为检测成果并将其填入《地物点点位检查统计表》。

(4)用经检验过的卷尺在实地量取相邻地物点间距,对于数字化成图的,在内业数据上量取同名边的边长,比较其较差作为检测成果并将其填入《地物点间距检查统计表》。对于模拟成图的,主要比较新旧地物的间距是否满足相应技术标准的限差要求。

7.2.6.2 高程精度检测:一般采用外业散点法检测。采用不低于原成图精度的作业方法和仪器设备对已测地物、地形点进行高程检查。可采用三角高程或路线水准同时沿线检测高程点的方法或在作业单位布设的可靠图根水准点上设站检测高程点。检测成果填入《散点高程检测统计表》。

(1)高程检测点应尽可能选在山顶、鞍部等地形起伏变换处、建筑区的街道交叉中心、桥面、广场等地貌特征点和高程注记点上。

(2)对于实测图幅一般按每幅不少于30个高程点进行检测。对于修测图幅,一般按子检验批样本图幅总补测高程点的50%进行检测作为样本图幅的高程精度,当检测高程点仍少于30个时,则不再评定该子检验批的高程精度。

7.2.6.3 地理精度检验:一般采用室内判读(读图分析)和野外巡视相结合的方法。

(1)室内判读(读图分析):通过查看回放图或薄膜图的图面有无明显差、错、漏及处理不合理处,确定野外巡视的重点和疑点,并在工作图上标记。

(2)野外巡视:根据室内读图分析的疑点、重点,设计野外巡视路线并逐项进行野外检查,同时根据修实测规定的内容重点检查其他实地与图面不一致的地形地物。地形地物取舍一般以成图时间为准,当返工时则以返工的成图时间或返工意见规定的时间为准。将结果填入《_____测质量扣分表》。

7.2.7 地形图的内业检测(包括外业采集成图或内业编辑成图的数字地形图)

7.2.7.1 数学基础检测

(1)所使用计算机软件版本应是正确有效的版本;

(2)图廓点、控制点等的坐标值应正确,图幅命名准确且唯一;

（3）回放图上的图廓点、控制点的点位误差不超过 ±0.1 mm，图廓线边长误差不超过 ±0.2 mm，图廓对角线误差不超过 ±0.3 mm。

7.2.7.2　内业编辑及整饰的检验

（1）在计算机上对数字化地形图中地形地物类型与其相应的图层、线型、颜色及连线、接边、注记大小和数据格式的一致性进行检查，将检查结果填入《_____测质量扣分表》；

（2）对于缩编或缩修产品，应遵循"宁舍勿移"的原则，检查其综合取舍的正确合理性；

（3）对于基础地理数据转换产品，应检查街坊命名的正确性，将原有的 DWG 图叠加在转换后的 GIS 图上进行检查，以确定是否存在错、漏、属性不正确或不完整。

7.2.8　摄影测量与遥感产品的检验

7.2.8.1　基础资料的检验：采用分析检验或审核检验的方式，确定航摄或遥感资料的来源、形式，仪器的类型及主要技术参数，摄影比例尺、成图比例尺，采用的投影、坐标系、高程系等是否符合设计要求。

7.2.8.2　控制测量的检验：采用分析检验或审核检验的方式，对像片控制点的布设方案、刺点影像、像控点测定仪器和方法、各种误差进行判定。

7.2.8.3　像片调绘和综合法测图：采用内业检查和外业巡视的方法，对像片的比例尺和质量、地形地物（包括新增）的综合取舍及测定情况、地理调查和地名注记等满足设计或规范要求的程度进行判定。

7.2.8.4　解析空中三角测量：主要检查其加密方法、刺点影像、使用仪器情况和接边情况，判定加密点的精度。

7.2.8.5　遥感图像处理、解译及其结果的检验：主要采用分析检验和审核检验的方法，对地面控制点的选取方法、点数及分布情况、影像处理方法、影像质量及有关误差、解译方法、野外取样情况进行判定，以验证成果的准确率。

7.2.8.6　影像平面图的检验：采用分析检验和审核检验的方法，对采取的纠正和复制方法、断面数据点采集密度、扫描缝隙长度、成图精度、图幅接边精度等有关误差进行检查判定。

7.2.9　地图制图与地图印刷产品的检验

7.2.9.1　基本资料的检验：采用分析检验和审核检验的方法，对作业的技术依据，采用的投影、坐标系、高程系，印刷的色数、材料，已有编图资料的来源和现势性，分色参考图的质量及利用等情况进行检查。

7.2.9.2　地图内容的检验：采用分析检验、审核检验和比对检验，对地图的数学基础、资料拼接精度、地图内容的综合取舍及描绘质量、地图内容的现势性或客户要求内容的完整性、制版和拷贝的精度质量、印刷图的套合精度、印色、图形及线划质量、装帧的形式和质量等进行检查判定。

7.2.10　其他内容检验：主要指成果整理和成果资料完善美观性、各项记录符合规范性（记录用笔、记录签名、日期、手薄记录的划改及其注记）等。

2.4.2 测绘成果质量检验报告编写基本规定

1 范 围

本指导性技术文件规定了测绘成果质量检验报告编写的基本内容、格式等。

本指导性技术文件适用于测绘成果质量检验单位出具测绘成果质量检验报告的编写。

2 基本规定

2.1 测绘成果质量检验单位应按本指导性技术文件的规定编写质量检验报告。

2.2 检验报告编排次序为:封面、注意事项、联系方式、正文、附件。除封面外,其他页面(包括附件)均应设置页眉、页脚,并统一编制连续页码。

2.3 在附录A(略)中规定的加盖检验单位公章处,加盖检验单位公章,并用检验单位公章加盖骑缝章。

2.4 编制、审核和批准栏中,应由相应人员本人手工签署,不得打印;检验结论中的签发日期应手工签署。

2.5 报告中的计量单位均应采用法定计量单位。

3 内容规定

3.1 检验报告编号为"＊测质检(××××)第(×××)号",其中的"＊"代表检验单位所在省、市和自治区的简称,如陕、黑、川、琼等;"××××"为年号,"×××"为流水号。

3.2 成果名称、生产单位、检验单位和委托单位应填写全称,地址应填写详细地址,检验单位有"国家测绘局×××测绘产品质量监督检验站"名称的应填写该名称。

3.3 样品状态应明确样品是否"完好"或"正常",或者对存在的缺陷进行描述;抽样人应有两个或两个以上;抽样地点应填写实际抽样的地点;检验依据应列出该检验依据的标准、规范、设计书、文件等,版本号在前,名称在后,当检验依据数量很多时,可摘要填写;检验参数应按所检验内容及成果的质量特性列出,当检验参数数量很多时,可只写较为重要的检验参数;检验结论中,应包括对样本质量等级进行的评定,根据抽样方案判定批成果质量的合格与否。

3.4 正文内容

3.4.1 检验工作概况

检验的基本情况包括检验的时间、检验地点、检验方式、检验人员、检验的软硬件设备等。

3.4.2 受检成果概况

简述成果生产的基本情况,包括来源、测区位置、生产单位、资质等级、生产日期、生产方式、成果形式、批量等。

3.4.3 抽样情况

包括抽样依据、抽样方法、样本数量等。若为计数抽样,应列出抽样方案。

3.4.4 检验内容及方法

阐述成果的各个检验参数及检验方法。

3.4.5 存在的主要问题及处理意见

按检验参数,分别叙述样本成果中存在的主要质量问题,并举例(图幅号、点号等)说明。

3.4.6 质量综述及样本质量统计

a)按检验参数分别对成果质量进行综合叙述(不含检验结论);

b)样本质量统计:缺陷类型及数量、样本得分、样本质量评定;

c)其他意见或建议。

若无意见或建议,可不列 c)条。

3.4.7 附件

附件包括附图和附表,若无附件,可不列本条。

4 格式规定

4.1 页面

4.1.1 纸张大小:A4。

4.1.2 页边距设置:上边距 2 cm,下边距 2 cm,左边距 2.8 cm,右边距 2.5 cm。

4.1.3 页眉、页脚设置:页眉边距 1.5 cm,页脚边距 1.75 cm;页眉字体字号:宋体小 5 号;字符间距:标准;页脚字体字号:宋体小 5 号;字符间距:加宽 1.8 磅。

4.2 封面

4.2.1 "测绘成果质量"的字体字号:宋体 2 号,加粗;字符间距:加宽 3 磅,居中。

4.2.2 "检验报告"的字体字号:黑体初号,加粗;字符间距:加宽 6 磅,居中。

4.2.3 "＊测质检(××××)第(×××)号"的字体字号:宋体 4 号,加粗;字符间距:标准,居中;年号的字号:4 号;流水号的字号:4 号。

4.2.4 "成果名称""生产单位""检验类别""检验单位"和"委托单位"的字体字号:宋体小 4 号,加粗;字符间距:标准,居中。

4.2.5 "日期"的字体字号:宋体小 3 号,加粗;字符间距:标准,居中。

4.3 注意事项

4.3.1 "注意事项"的字体字号:宋体 2 号;字符间距:加宽 5 磅,居中。

4.3.2 内容项的字体字号:宋体 4 号;字符间距:标准;行间距:单倍行距。

4.4 联系方式

4.4.1 "联系方式"的字体字号:宋体 2 号;字符间距:加宽 5 磅,居中。

4.4.2 内容项的字体字号:宋体 4 号;字符间距:标准;行间距:单倍行距。

4.5 正文

4.5.1 正文第一页的字体字号:宋体 5 号;字符间距:标准。

4.5.2 正文标题的字体字号:宋体 4 号,加粗,文字缩进 2 个汉字;字符间距:标准。

4.5.3 正文内容的字体字号:宋体 4 号,文字首行缩进 2 个汉字;字符间距:标准。

4.5.4 附图、附表均应设置页眉、页脚,页码连续编号。

4.6 其他

报告中所有西文字的字体:Times New Roman。

5 检验报告格式样本

检验报告的格式样本封面如图 2-2 所示。

(其他内容请参考相关资料,因篇幅所限,此处略。)

宋体2号，加粗；
字间距加宽3磅，
居中

测绘成果质量

黑体初号，加粗；字
间距加宽6榜，居中

检验报告

*测质检(××××)第(×××)号

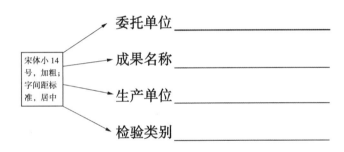

宋体小14
号，加粗；
字间距标
准，居中

委托单位_____

成果名称_____

生产单位_____

检验类别_____

××××××××××[检验单位名称，并加盖公章]

年　　月　　日

宋体小3号，加粗；
字间距标准，居中

图 2-2　测绘成果质量检验报告封面

2.4.3　测绘项目生产过程相关检查表格

测绘项目生产过程相关检查表格如表 2-2 ～表 2-7 所示。

表 2-2　平面坐标检查表

编码:CH0405

生产项目名称:　　　　　　　　　　　　　　　　　　　检查方式:仪器检测

图幅名称(图幅号):　　　　　　　　　　　　　　　　　受检单位:

序号	觇点	检测坐标		原测坐标		较差 Δ		点位误差 (cm)	备注
		X (m)	Y (m)	x (m)	y (m)	Δx(m)	Δy(m)		

点位中误差:$M = \pm\sqrt{\dfrac{\sum\limits_{i=1}^{n}\left[(X_i - x_i)^2 + (Y_i - y_i)^2\right]}{2n}} =$

作业员:　　　　　　　　检查员:　　　　　　　　　年　月　日

表 2-3 高程检查表

编码:CH0406

生产项目名称: 检查方式:仪器检测

图幅名称(图幅号):   受检单位:

序号	觇点	检测高程 H（m）	原测高程 h（m）	较差 Δh（m）	序号	觇点	检测高程 H（m）	原测高程 h（m）	较差 Δh（m）

点位中误差:$M_{\mathrm{h}} = \pm\sqrt{\dfrac{\sum\limits_{i=1}^{n}\left(H_i - h_i\right)^2}{2n}} =$

作业员: 检查员: 年   月   日

表 2-4　间距(位移)检查表

编码:CH0407

生产项目名称:　　　　　　　　　　　　　　　检查方式:实地丈量

图幅名称(图幅号):　　　　　　　　　　　　　受检单位:

序号	起讫点	实测高程 S (m)	图上距离 s (m)	较差 Δs (cm)	序号	起讫点	实测高程 S (m)	图上距离 s (m)	较差 Δs (cm)

间距(位移)中误差: $M_s = \pm\sqrt{\dfrac{\sum\limits_{i=1}^{n}\Delta s_i^2}{2n}} = $

作业员:　　　　　　　　检查员:　　　　　　　　年　月　日

表2-5 测绘产品质量检查记录

编码:ZJ0440

生产项目名称:　　　　　　　　　　　　　检查方式:

图幅名称(图幅号):　　　　　　　　　　受检单位:

序号	问题记载	处理意见	处理结果

产品质量评价:

(注:按优、良、合格、不合格四种标准评定)

检查者:　　　　年 月 日　　　　　　　处理者:　　　　年 月 日

表2-6 生产过程检查记录

编码:ZJ0439

生产项目:　　　　　　　　　作业单位:

序号	存在问题	处理意见	处理结果

检查员:　　　　年　月　日　　　　　　　　项目负责人:　　　　年　月　日

表 2-7 质量技术检查报告

编码:ZJ0466

生产项目：   作业单位：

序号	作业问题描述	纠正意见	纠正结果

检查员：   年　月　日   项目负责人：   年　月　日

第 3 章　测绘项目招投标

3.1　测绘市场相关法规

3.1.1　中华人民共和国政府采购法

《中华人民共和国政府采购法》已由中华人民共和国第九届全国人民代表大会常务委员会第二十八次会议于 2002 年 6 月 29 日通过,自 2003 年 1 月 1 日起施行,根据 2014 年 8 月 3 日《全国人民代表大会常务委员会关于修改〈中华人民共和国保险法〉等五部法律的决定》修改。

第一章　总　则

第一条　为了规范政府采购行为,提高政府采购资金的使用效益,维护国家利益和社会公共利益,保护政府采购当事人的合法权益,促进廉政建设,制定本法。

第二条　在中华人民共和国境内进行的政府采购适用本法。

本法所称政府采购,是指各级国家机关、事业单位和团体组织,使用财政性资金采购依法制定的集中采购目录以内的或者采购限额标准以上的货物、工程和服务的行为。

政府集中采购目录和采购限额标准依照本法规定的权限制定。

本法所称采购,是指以合同方式有偿取得货物、工程和服务的行为,包括购买、租赁、委托、雇用等。

本法所称货物,是指各种形态和种类的物品,包括原材料、燃料、设备、产品等。

本法所称工程,是指建设工程,包括建筑物和构筑物的新建、改建、扩建、装修、拆除、修缮等。

本法所称服务,是指除货物和工程以外的其他政府采购对象。

第三条　政府采购应当遵循公开透明原则、公平竞争原则、公正原则和诚实信用原则。

第四条　政府采购工程进行招标投标的,适用招标投标法。

第五条　任何单位和个人不得采用任何方式,阻挠和限制供应商自由进入本地区和本行业的政府采购市场。

第六条　政府采购应当严格按照批准的预算执行。

第七条　政府采购实行集中采购和分散采购相结合。集中采购的范围由省级以上人民政府公布的集中采购目录确定。

属于中央预算的政府采购项目,其集中采购目录由国务院确定并公布;属于地方预算的政府采购项目,其集中采购目录由省、自治区、直辖市人民政府或者其授权的机构确定并公布。

纳入集中采购目录的政府采购项目,应当实行集中采购。

第八条　政府采购限额标准,属于中央预算的政府采购项目,由国务院确定并公布;属于地方预算的政府采购项目,由省、自治区、直辖市人民政府或者其授权的机构确定并公布。

第九条　政府采购应当有助于实现国家的经济和社会发展政策目标,包括保护环境,扶持不发达地区和少数民族地区,促进中小企业发展等。

第十条　政府采购应当采购本国货物、工程和服务。但有下列情形之一的除外:

(一)需要采购的货物、工程或者服务在中国境内无法获取或者无法以合理的商业条件获取的;

(二)为在中国境外使用而进行采购的;

(三)其他法律、行政法规另有规定的。

前款所称本国货物、工程和服务的界定,依照国务院有关规定执行。

第十一条　政府采购的信息应当在政府采购监督管理部门指定的媒体上及时向社会公开发布,但涉及商业秘密的除外。

第十二条　在政府采购活动中,采购人员及相关人员与供应商有利害关系的,必须回避。供应商认为采购人员及相关人员与其他供应商有利害关系的,可以申请其回避。

前款所称相关人员,包括招标采购中评标委员会的组成人员,竞争性谈判采购中谈判小组的组成人员,询价采购中询价小组的组成人员等。

第十三条　各级人民政府财政部门是负责政府采购监督管理的部门,依法履行对政府采购活动的监督管理职责。

各级人民政府其他有关部门依法履行与政府采购活动有关的监督管理职责。

第二章　政府采购当事人

第十四条　政府采购当事人是指在政府采购活动中享有权利和承担义务的各类主体,包括采购人、供应商和采购代理机构等。

第十五条　采购人是指依法进行政府采购的国家机关、事业单位、团体组织。

第十六条　集中采购机构为采购代理机构。设区的市、自治州以上人民政府根据本级政府采购项目组织集中采购的需要设立集中采购机构。

集中采购机构是非营利事业法人,根据采购人的委托办理采购事宜。

第十七条　集中采购机构进行政府采购活动,应当符合采购价格低于市场平均价格、采购效率更高、采购质量优良和服务良好的要求。

第十八条　采购人采购纳入集中采购目录的政府采购项目,必须委托集中采购机构代理采购;采购未纳入集中采购目录的政府采购项目,可以自行采购,也可以委托集中采购机构在委托的范围内代理采购。

纳入集中采购目录属于通用的政府采购项目的,应当委托集中采购机构代理采购;属于本部门、本系统有特殊要求的项目,应当实行部门集中采购;属于本单位有特殊要求的项目,经省级以上人民政府批准,可以自行采购。

第十九条　采购人可以委托集中采购机构以外的采购代理机构,在委托的范围内办理政府采购事宜。

采购人有权自行选择采购代理机构,任何单位和个人不得以任何方式为采购人指定采购代理机构。

第二十条 采购人依法委托采购代理机构办理采购事宜的,应当由采购人与采购代理机构签订委托代理协议,依法确定委托代理的事项,约定双方的权利义务。

第二十一条 供应商是指向采购人提供货物、工程或者服务的法人、其他组织或者自然人。

第二十二条 供应商参加政府采购活动应当具备下列条件:

(一)具有独立承担民事责任的能力;

(二)具有良好的商业信誉和健全的财务会计制度;

(三)具有履行合同所必需的设备和专业技术能力;

(四)有依法缴纳税收和社会保障资金的良好记录;

(五)参加政府采购活动前三年内,在经营活动中没有重大违法记录;

(六)法律、行政法规规定的其他条件。

采购人可以根据采购项目的特殊要求,规定供应商的特定条件,但不得以不合理的条件对供应商实行差别待遇或者歧视待遇。

第二十三条 采购人可以要求参加政府采购的供应商提供有关资质证明文件和业绩情况,并根据本法规定的供应商条件和采购项目对供应商的特定要求,对供应商的资格进行审查。

第二十四条 两个以上的自然人、法人或者其他组织可以组成一个联合体,以一个供应商的身份共同参加政府采购。

以联合体形式进行政府采购的,参加联合体的供应商均应当具备本法第二十二条规定的条件,并应当向采购人提交联合协议,载明联合体各方承担的工作和义务。联合体各方应当共同与采购人签订采购合同,就采购合同约定的事项对采购人承担连带责任。

第二十五条 政府采购当事人不得相互串通损害国家利益、社会公共利益和其他当事人的合法权益;不得以任何手段排斥其他供应商参与竞争。

供应商不得以向采购人、采购代理机构、评标委员会的组成人员、竞争性谈判小组的组成人员、询价小组的组成人员行贿或者采取其他不正当手段谋取中标或者成交。

采购代理机构不得以向采购人行贿或者采取其他不正当手段谋取非法利益。

第三章 政府采购方式

第二十六条 政府采购采用以下方式:

(一)公开招标;

(二)邀请招标;

(三)竞争性谈判;

(四)单一来源采购;

(五)询价;

(六)国务院政府采购监督管理部门认定的其他采购方式。

公开招标应作为政府采购的主要采购方式。

第二十七条　采购人采购货物或者服务应当采用公开招标方式的,其具体数额标准,属于中央预算的政府采购项目,由国务院规定;属于地方预算的政府采购项目,由省、自治区、直辖市人民政府规定;因特殊情况需要采用公开招标以外的采购方式的,应当在采购活动开始前获得设区的市、自治州以上人民政府采购监督管理部门的批准。

第二十八条　采购人不得将应当以公开招标方式采购的货物或者服务化整为零或者以其他任何方式规避公开招标采购。

第二十九条　符合下列情形之一的货物或者服务,可以依照本法采用邀请招标方式采购:

(一)具有特殊性,只能从有限范围的供应商处采购的;

(二)采用公开招标方式的费用占政府采购项目总价值的比例过大的。

第三十条　符合下列情形之一的货物或者服务,可以依照本法采用竞争性谈判方式采购:

(一)招标后没有供应商投标或者没有合格标的或者重新招标未能成立的;

(二)技术复杂或者性质特殊,不能确定详细规格或者具体要求的;

(三)采用招标所需时间不能满足用户紧急需要的;

(四)不能事先计算出价格总额的。

第三十一条　符合下列情形之一的货物或者服务,可以依照本法采用单一来源方式采购:

(一)只能从唯一供应商处采购的;

(二)发生了不可预见的紧急情况不能从其他供应商处采购的;

(三)必须保证原有采购项目一致性或者服务配套的要求,需要继续从原供应商处添购,且添购资金总额不超过原合同采购金额百分之十的。

第三十二条　采购的货物规格、标准统一、现货货源充足且价格变化幅度小的政府采购项目,可以依照本法采用询价方式采购。

第四章　政府采购程序

第三十三条　负有编制部门预算职责的部门在编制下一财政年度部门预算时,应当将该财政年度政府采购的项目及资金预算列出,报本级财政部门汇总。部门预算的审批,按预算管理权限和程序进行。

第三十四条　货物或者服务项目采取邀请招标方式采购的,采购人应当从符合相应资格条件的供应商中,通过随机方式选择三家以上的供应商,并向其发出投标邀请书。

第三十五条　货物和服务项目实行招标方式采购的,自招标文件开始发出之日起至投标人提交投标文件截止之日止,不得少于二十日。

第三十六条　在招标采购中,出现下列情形之一的,应予废标:

(一)符合专业条件的供应商或者对招标文件作实质响应的供应商不足三家的;

(二)出现影响采购公正的违法、违规行为的;

(三)投标人的报价均超过了采购预算,采购人不能支付的;

(四)因重大变故,采购任务取消的。

废标后,采购人应当将废标理由通知所有投标人。

第三十七条 废标后,除采购任务取消情形外,应当重新组织招标;需要采取其他方式采购的,应当在采购活动开始前获得设区的市、自治州以上人民政府采购监督管理部门或者政府有关部门批准。

第三十八条 采用竞争性谈判方式采购的,应当遵循下列程序:

(一)成立谈判小组。谈判小组由采购人的代表和有关专家共三人以上的单数组成,其中专家的人数不得少于成员总数的三分之二。

(二)制定谈判文件。谈判文件应当明确谈判程序、谈判内容、合同草案的条款以及评定成交的标准等事项。

(三)确定邀请参加谈判的供应商名单。谈判小组从符合相应资格条件的供应商名单中确定不少于三家的供应商参加谈判,并向其提供谈判文件。

(四)谈判。谈判小组所有成员集中与单一供应商分别进行谈判。在谈判中,谈判的任何一方不得透露与谈判有关的其他供应商的技术资料、价格和其他信息。谈判文件有实质性变动的,谈判小组应当以书面形式通知所有参加谈判的供应商。

(五)确定成交供应商。谈判结束后,谈判小组应当要求所有参加谈判的供应商在规定时间内进行最后报价,采购人从谈判小组提出的成交候选人中根据符合采购需求、质量和服务相等且报价最低的原则确定成交供应商,并将结果通知所有参加谈判的未成交的供应商。

第三十九条 采取单一来源方式采购的,采购人与供应商应当遵循本法规定的原则,在保证采购项目质量和双方商定合理价格的基础上进行采购。

第四十条 采取询价方式采购的,应当遵循下列程序:

(一)成立询价小组。询价小组由采购人的代表和有关专家共三人以上的单数组成,其中专家的人数不得少于成员总数的三分之二。询价小组应当对采购项目的价格构成和评定成交的标准等事项作出规定。

(二)确定被询价的供应商名单。询价小组根据采购需求,从符合相应资格条件的供应商名单中确定不少于三家的供应商,并向其发出询价通知书让其报价。

(三)询价。询价小组要求被询价的供应商一次报出不得更改的价格。

(四)确定成交供应商。采购人根据符合采购需求、质量和服务相等且报价最低的原则确定成交供应商,并将结果通知所有被询价的未成交的供应商。

第四十一条 采购人或者其委托的采购代理机构应当组织对供应商履约的验收。大型或者复杂的政府采购项目,应当邀请国家认可的质量检测机构参加验收工作。验收方成员应当在验收书上签字,并承担相应的法律责任。

第四十二条 采购人、采购代理机构对政府采购项目每项采购活动的采购文件应当妥善保存,不得伪造、变造、隐匿或者销毁。采购文件的保存期限为从采购结束之日起至少保存十五年。

采购文件包括采购活动记录、采购预算、招标文件、投标文件、评标标准、评估报告、定标文件、合同文本、验收证明、质疑答复、投诉处理决定及其他有关文件、资料。

采购活动记录至少应当包括下列内容:

(一)采购项目类别、名称;

（二）采购项目预算、资金构成和合同价格；

（三）采购方式，采用公开招标以外的采购方式的，应当载明原因；

（四）邀请和选择供应商的条件及原因；

（五）评标标准及确定中标人的原因；

（六）废标的原因；

（七）采用招标以外采购方式的相应记载。

第五章　政府采购合同

第四十三条　政府采购合同适用合同法。采购人和供应商之间的权利和义务，应当按照平等、自愿的原则以合同方式约定。

采购人可以委托采购代理机构代表其与供应商签订政府采购合同。由采购代理机构以采购人名义签订合同的，应当提交采购人的授权委托书，作为合同附件。

第四十四条　政府采购合同应当采用书面形式。

第四十五条　国务院政府采购监督管理部门应当会同国务院有关部门，规定政府采购合同必须具备的条款。

第四十六条　采购人与中标、成交供应商应当在中标、成交通知书发出之日起三十日内，按照采购文件确定的事项签订政府采购合同。

中标、成交通知书对采购人和中标、成交供应商均具有法律效力。中标、成交通知书发出后，采购人改变中标、成交结果的，或者中标、成交供应商放弃中标、成交项目的，应当依法承担法律责任。

第四十七条　政府采购项目的采购合同自签订之日起七个工作日内，采购人应当将合同副本报同级政府采购监督管理部门和有关部门备案。

第四十八条　经采购人同意，中标、成交供应商可以依法采取分包方式履行合同。

政府采购合同分包履行的，中标、成交供应商就采购项目和分包项目向采购人负责，分包供应商就分包项目承担责任。

第四十九条　政府采购合同履行中，采购人需追加与合同标的相同的货物、工程或者服务的，在不改变合同其他条款的前提下，可以与供应商协商签订补充合同，但所有补充合同的采购金额不得超过原合同采购金额的百分之十。

第五十条　政府采购合同的双方当事人不得擅自变更、中止或者终止合同。

政府采购合同继续履行将损害国家利益和社会公共利益的，双方当事人应当变更、中止或者终止合同。有过错的一方应当承担赔偿责任，双方都有过错的，各自承担相应的责任。

第六章　质疑与投诉

第五十一条　供应商对政府采购活动事项有疑问的，可以向采购人提出询问，采购人应当及时作出答复，但答复的内容不得涉及商业秘密。

第五十二条　供应商认为采购文件、采购过程和中标、成交结果使自己的权益受到损害的，可以在知道或者应知其权益受到损害之日起七个工作日内，以书面形式向采购人提出质疑。

第五十三条 采购人应当在收到供应商的书面质疑后七个工作日内作出答复,并以书面形式通知质疑供应商和其他有关供应商,但答复的内容不得涉及商业秘密。

第五十四条 采购人委托采购代理机构采购的,供应商可以向采购代理机构提出询问或者质疑,采购代理机构应当依照本法第五十一条、第五十三条的规定就采购人委托授权范围内的事项作出答复。

第五十五条 质疑供应商对采购人、采购代理机构的答复不满意或者采购人、采购代理机构未在规定的时间内作出答复的,可以在答复期满后十五个工作日内向同级政府采购监督管理部门投诉。

第五十六条 政府采购监督管理部门应当在收到投诉后三十个工作日内,对投诉事项作出处理决定,并以书面形式通知投诉人和与投诉事项有关的当事人。

第五十七条 政府采购监督管理部门在处理投诉事项期间,可以视具体情况书面通知采购人暂停采购活动,但暂停时间最长不得超过三十日。

第五十八条 投诉人对政府采购监督管理部门的投诉处理决定不服或者政府采购监督管理部门逾期未作处理的,可以依法申请行政复议或者向人民法院提起行政诉讼。

第七章 监督检查

第五十九条 政府采购监督管理部门应当加强对政府采购活动及集中采购机构的监督检查。

监督检查的主要内容是:

(一)有关政府采购的法律、行政法规和规章的执行情况;

(二)采购范围、采购方式和采购程序的执行情况;

(三)政府采购人员的职业素质和专业技能。

第六十条 政府采购监督管理部门不得设置集中采购机构,不得参与政府采购项目的采购活动。

采购代理机构与行政机关不得存在隶属关系或者其他利益关系。

第六十一条 集中采购机构应当建立健全内部监督管理制度。采购活动的决策和执行程序应当明确,并相互监督、相互制约。经办采购的人员与负责采购合同审核、验收人员的职责权限应当明确,并相互分离。

第六十二条 集中采购机构的采购人员应当具有相关职业素质和专业技能,符合政府采购监督管理部门规定的专业岗位任职要求。

集中采购机构对其工作人员应当加强教育和培训;对采购人员的专业水平、工作实绩和职业道德状况定期进行考核。采购人员经考核不合格的,不得继续任职。

第六十三条 政府采购项目的采购标准应当公开。

采用本法规定的采购方式的,采购人在采购活动完成后,应当将采购结果予以公布。

第六十四条 采购人必须按照本法规定的采购方式和采购程序进行采购。

任何单位和个人不得违反本法规定,要求采购人或者采购工作人员向其指定的供应商进行采购。

第六十五条 政府采购监督管理部门应当对政府采购项目的采购活动进行检查,政府采购当事人应当如实反映情况,提供有关材料。

第六十六条　政府采购监督管理部门应当对集中采购机构的采购价格、节约资金效果、服务质量、信誉状况、有无违法行为等事项进行考核,并定期如实公布考核结果。

第六十七条　依照法律、行政法规的规定对政府采购负有行政监督职责的政府有关部门,应当按照其职责分工,加强对政府采购活动的监督。

第六十八条　审计机关应当对政府采购进行审计监督。政府采购监督管理部门、政府采购各当事人有关政府采购活动,应当接受审计机关的审计监督。

第六十九条　监察机关应当加强对参与政府采购活动的国家机关、国家公务员和国家行政机关任命的其他人员实施监察。

第七十条　任何单位和个人对政府采购活动中的违法行为,有权控告和检举,有关部门、机关应当依照各自职责及时处理。

第八章　法律责任

第七十一条　采购人、采购代理机构有下列情形之一的,责令限期改正,给予警告,可以并处罚款,对直接负责的主管人员和其他直接责任人员,由其行政主管部门或者有关机关给予处分,并予通报:

（一）应当采用公开招标方式而擅自采用其他方式采购的;

（二）擅自提高采购标准的;

（三）以不合理的条件对供应商实行差别待遇或者歧视待遇的;

（四）在招标采购过程中与投标人进行协商谈判的;

（五）中标、成交通知书发出后不与中标、成交供应商签订采购合同的;

（六）拒绝有关部门依法实施监督检查的。

第七十二条　采购人、采购代理机构及其工作人员有下列情形之一,构成犯罪的,依法追究刑事责任;尚不构成犯罪的,处以罚款,有违法所得的,并处没收违法所得,属于国家机关工作人员的,依法给予行政处分:

（一）与供应商或者采购代理机构恶意串通的;

（二）在采购过程中接受贿赂或者获取其他不正当利益的;

（三）在有关部门依法实施的监督检查中提供虚假情况的;

（四）开标前泄露标底的。

第七十三条　有前两条违法行为之一影响中标、成交结果或者可能影响中标、成交结果的,按下列情况分别处理:

（一）未确定中标、成交供应商的,终止采购活动;

（二）中标、成交供应商已经确定但采购合同尚未履行的,撤销合同,从合格的中标、成交候选人中另行确定中标、成交供应商;

（三）采购合同已经履行的,给采购人、供应商造成损失的,由责任人承担赔偿责任。

第七十四条　采购人对应当实行集中采购的政府采购项目,不委托集中采购机构实行集中采购的,由政府采购监督管理部门责令改正;拒不改正的,停止按预算向其支付资金,由其上级行政主管部门或者有关机关依法给予其直接负责的主管人员和其他直接责任人员处分。

第七十五条　采购人未依法公布政府采购项目的采购标准和采购结果的,责令改正,对直接负责的主管人员依法给予处分。

第七十六条　采购人、采购代理机构违反本法规定隐匿、销毁应当保存的采购文件或者伪造、变造采购文件的,由政府采购监督管理部门处以二万元以上十万元以下的罚款,对其直接负责的主管人员和其他直接责任人员依法给予处分;构成犯罪的,依法追究刑事责任。

第七十七条　供应商有下列情形之一的,处以采购金额千分之五以上千分之十以下的罚款,列入不良行为记录名单,在一至三年内禁止参加政府采购活动,有违法所得的,并处没收违法所得,情节严重的,由工商行政管理机关吊销营业执照;构成犯罪的,依法追究刑事责任:

（一）提供虚假材料谋取中标、成交的;

（二）采取不正当手段诋毁、排挤其他供应商的;

（三）与采购人、其他供应商或者采购代理机构恶意串通的;

（四）向采购人、采购代理机构行贿或者提供其他不正当利益的;

（五）在招标采购过程中与采购人进行协商谈判的;

（六）拒绝有关部门监督检查或者提供虚假情况的。

供应商有前款第(一)至(五)项情形之一的,中标、成交无效。

第七十八条　采购代理机构在代理政府采购业务中有违法行为的,按照有关法律规定处以罚款,可以在一至三年内禁止其代理政府采购业务,构成犯罪的,依法追究刑事责任。

第七十九条　政府采购当事人有本法第七十一条、第七十二条、第七十七条违法行为之一,给他人造成损失的,并应依照有关民事法律规定承担民事责任。

第八十条　政府采购监督管理部门的工作人员在实施监督检查中违反本法规定滥用职权,玩忽职守,徇私舞弊的,依法给予行政处分;构成犯罪的,依法追究刑事责任。

第八十一条　政府采购监督管理部门对供应商的投诉逾期未作处理的,给予直接负责的主管人员和其他直接责任人员行政处分。

第八十二条　政府采购监督管理部门对集中采购机构业绩的考核,有虚假陈述,隐瞒真实情况的,或者不作定期考核和公布考核结果的,应当及时纠正,由其上级机关或者监察机关对其负责人进行通报,并对直接负责的人员依法给予行政处分。

集中采购机构在政府采购监督管理部门考核中,虚报业绩,隐瞒真实情况的,处以二万元以上二十万元以下的罚款,并予以通报;情节严重的,取消其代理采购的资格。

第八十三条　任何单位或者个人阻挠和限制供应商进入本地区或者本行业政府采购市场的,责令限期改正;拒不改正的,由该单位、个人的上级行政主管部门或者有关机关给予单位责任人或者个人处分。

第九章　附　则

第八十四条　使用国际组织和外国政府贷款进行的政府采购,贷款方、资金提供方与中方达成的协议对采购的具体条件另有规定的,可以适用其规定,但不得损害国家利益和社会公共利益。

第八十五条　对因严重自然灾害和其他不可抗力事件所实施的紧急采购和涉及国家安全和秘密的采购，不适用本法。

第八十六条　军事采购法规由中央军事委员会另行制定。

第八十七条　本法实施的具体步骤和办法由国务院规定。

第八十八条　本法自 2003 年 1 月 1 日起施行。

3.1.2　中华人民共和国招标投标法

《中华人民共和国招标投标法》已于 1999 年 8 月 30 日第九届全国人民代表大会常务委员会第十一次会议通过，1999 年 8 月 30 日中华人民共和国主席令第二十一号公布，自 2000 年 1 月 1 日起施行。

第一章　总　　则

第一条　为了规范招标投标活动，保护国家利益、社会公共利益和招标投标活动当事人的合法权益，提高经济效益，保证项目质量，制定本法。

第二条　在中华人民共和国境内进行招标投标活动，适用本法。

第三条　在中华人民共和国境内进行下列工程建设项目包括项目的勘察、设计、施工、监理以及与工程建设有关的重要设备、材料等的采购，必须进行招标：

（一）大型基础设施、公用事业等关系社会公共利益、公众安全的项目；

（二）全部或者部分使用国有资金投资或者国家融资的项目；

（三）使用国际组织或者外国政府贷款、援助资金的项目。

前款所列项目的具体范围和规模标准，由国务院发展计划部门会同国务院有关部门制订，报国务院批准。

法律或者国务院对必须进行招标的其他项目的范围有规定的，依照其规定。

第四条　任何单位和个人不得将依法必须进行招标的项目化整为零或者以其他任何方式规避招标。

第五条　招标投标活动应当遵循公开、公平、公正和诚实信用的原则。

第六条　依法必须进行招标的项目，其招标投标活动不受地区或者部门的限制。任何单位和个人不得违法限制或者排斥本地区、本系统以外的法人或者其他组织参加投标，不得以任何方式非法干涉招标投标活动。

第七条　招标投标活动及其当事人应当接受依法实施的监督。

有关行政监督部门依法对招标投标活动实施监督，依法查处招标投标活动中的违法行为。

对招标投标活动的行政监督及有关部门的具体职权划分，由国务院规定。

第二章　招　　标

第八条　招标人是依照本法规定提出招标项目、进行招标的法人或者其他组织。

第九条　招标项目按照国家有关规定需要履行项目审批手续的，应当先履行审批手续，取得批准。

招标人应当有进行招标项目的相应资金或者资金来源已经落实,并应当在招标文件中如实载明。

第十条 招标分为公开招标和邀请招标。

公开招标,是指招标人以招标公告的方式邀请不特定的法人或者其他组织投标。

邀请招标,是指招标人以投标邀请书的方式邀请特定的法人或者其他组织投标。

第十一条 国务院发展计划部门确定的国家重点项目和省、自治区、直辖市人民政府确定的地方重点项目不适宜公开招标的,经国务院发展计划部门或者省、自治区、直辖市人民政府批准,可以进行邀请招标。

第十二条 招标人有权自行选择招标代理机构,委托其办理招标事宜。任何单位和个人不得以任何方式为招标人指定招标代理机构。

招标人具有编制招标文件和组织评标能力的,可以自行办理招标事宜。任何单位和个人不得强制其委托招标代理机构办理招标事宜。

依法必须进行招标的项目,招标人自行办理招标事宜的,应当向有关行政监督部门备案。

第十三条 招标代理机构是依法设立、从事招标代理业务并提供相关服务的社会中介组织。

招标代理机构应当具备下列条件:

(一)有从事招标代理业务的营业场所和相应资金;

(二)有能够编制招标文件和组织评标的相应专业力量;

(三)有符合本法第三十七条第三款规定条件、可以作为评标委员会成员人选的技术、经济等方面的专家库。

第十四条 从事工程建设项目招标代理业务的招标代理机构,其资格由国务院或者省、自治区、直辖市人民政府的建设行政主管部门认定。具体办法由国务院建设行政主管部门会同国务院有关部门制定。从事其他招标代理业务的招标代理机构,其资格认定的主管部门由国务院规定。

招标代理机构与行政机关和其他国家机关不得存在隶属关系或者其他利益关系。

第十五条 招标代理机构应当在招标人委托的范围内办理招标事宜,并遵守本法关于招标人的规定。

第十六条 招标人采用公开招标方式的,应当发布招标公告。依法必须进行招标的项目的招标公告,应当通过国家指定的报刊、信息网络或者其他媒介发布。

招标公告应当载明招标人的名称和地址、招标项目的性质、数量、实施地点和时间以及获取招标文件的办法等事项。

第十七条 招标人采用邀请招标方式的,应当向三个以上具备承担招标项目的能力、资信良好的特定的法人或者其他组织发出投标邀请书。

投标邀请书应当载明本法第十六条第二款规定的事项。

第十八条 招标人可以根据招标项目本身的要求,在招标公告或者投标邀请书中,要求潜在投标人提供有关资质证明文件和业绩情况,并对潜在投标人进行资格审查;国家对投标人的资格条件有规定的,依照其规定。

招标人不得以不合理的条件限制或者排斥潜在投标人,不得对潜在投标人实行歧视待遇。

第十九条　招标人应当根据招标项目的特点和需要编制招标文件。招标文件应当包括招标项目的技术要求、对投标人资格审查的标准、投标报价要求和评标标准等所有实质性要求和条件以及拟签订合同的主要条款。

国家对招标项目的技术、标准有规定的,招标人应当按照其规定在招标文件中提出相应要求。

招标项目需要划分标段、确定工期的,招标人应当合理划分标段、确定工期,并在招标文件中载明。

第二十条　招标文件不得要求或者标明特定的生产供应者以及含有倾向或者排斥潜在投标人的其他内容。

第二十一条　招标人根据招标项目的具体情况,可以组织潜在投标人踏勘项目现场。

第二十二条　招标人不得向他人透露已获取招标文件的潜在投标人的名称、数量以及可能影响公平竞争的有关招标投标的其他情况。

招标人设有标底的,标底必须保密。

第二十三条　招标人对已发出的招标文件进行必要的澄清或者修改的,应当在招标文件要求提交投标文件截止时间至少十五日前,以书面形式通知所有招标文件收受人。该澄清或者修改的内容为招标文件的组成部分。

第二十四条　招标人应当确定投标人编制投标文件所需要的合理时间;但是,依法必须进行招标的项目,自招标文件开始发出之日起至投标人提交投标文件截止之日止,最短不得少于二十日。

第三章　投　　标

第二十五条　投标人是响应招标、参加投标竞争的法人或者其他组织。

依法招标的科研项目允许个人参加投标的,投标的个人适用本法有关投标人的规定。

第二十六条　投标人应当具备承担招标项目的能力;国家有关规定对投标人资格条件或者招标文件对投标人资格条件有规定的,投标人应当具备规定的资格条件。

第二十七条　投标人应当按照招标文件的要求编制投标文件。投标文件应当对招标文件提出的实质性要求和条件作出响应。

招标项目属于建设施工的,投标文件的内容应当包括拟派出的项目负责人与主要技术人员的简历、业绩和拟用于完成招标项目的机械设备等。

第二十八条　投标人应当在招标文件要求提交投标文件的截止时间前,将投标文件送达投标地点。招标人收到投标文件后,应当签收保存,不得开启。投标人少于三个的,招标人应当依照本法重新招标。

在招标文件要求提交投标文件的截止时间后送达的投标文件,招标人应当拒收。

第二十九条　投标人在招标文件要求提交投标文件的截止时间前,可以补充、修改或者撤回已提交的投标文件,并书面通知招标人。补充、修改的内容为投标文件的组成部分。

第三十条　投标人根据招标文件载明的项目实际情况,拟在中标后将中标项目的部分非主体、非关键性工作进行分包的,应当在投标文件中载明。

第三十一条 两个以上法人或者其他组织可以组成一个联合体,以一个投标人的身份共同投标。

联合体各方均应当具备承担招标项目的相应能力;国家有关规定或者招标文件对投标人资格条件有规定的,联合体各方均应当具备规定的相应资格条件。由同一专业的单位组成的联合体,按照资质等级较低的单位确定资质等级。

联合体各方应当签订共同投标协议,明确约定各方拟承担的工作和责任,并将共同投标协议连同投标文件一并提交招标人。联合体中标的,联合体各方应当共同与招标人签订合同,就中标项目向招标人承担连带责任。

招标人不得强制投标人组成联合体共同投标,不得限制投标人之间的竞争。

第三十二条 投标人不得相互串通投标报价,不得排挤其他投标人的公平竞争,损害招标人或者其他投标人的合法权益。

投标人不得与招标人串通投标,损害国家利益、社会公共利益或者他人的合法权益。

禁止投标人以向招标人或者评标委员会成员行贿的手段谋取中标。

第三十三条 投标人不得以低于成本的报价竞标,也不得以他人名义投标或者以其他方式弄虚作假,骗取中标。

第四章 开标、评标和中标

第三十四条 开标应当在招标文件确定的提交投标文件截止时间的同一时间公开进行;开标地点应当为招标文件中预先确定的地点。

第三十五条 开标由招标人主持,邀请所有投标人参加。

第三十六条 开标时,由投标人或者其推选的代表检查投标文件的密封情况,也可以由招标人委托的公证机构检查并公证;经确认无误后,由工作人员当众拆封,宣读投标人名称、投标价格和投标文件的其他主要内容。

招标人在招标文件要求提交投标文件的截止时间前收到的所有投标文件,开标时都应当当众予以拆封、宣读。

开标过程应当记录,并存档备查。

第三十七条 评标由招标人依法组建的评标委员会负责。

依法必须进行招标的项目,其评标委员会由招标人的代表和有关技术、经济等方面的专家组成,成员人数为五人以上单数,其中技术、经济等方面的专家不得少于成员总数的三分之二。

前款专家应当从事相关领域工作满八年并具有高级职称或者具有同等专业水平,由招标人从国务院有关部门或者省、自治区、直辖市人民政府有关部门提供的专家名册或者招标代理机构的专家库内的相关专业的专家名单中确定;一般招标项目可以采取随机抽取方式,特殊招标项目可以由招标人直接确定。

与投标人有利害关系的人不得进入相关项目的评标委员会;已经进入的应当更换。

评标委员会成员的名单在中标结果确定前应当保密。

第三十八条 招标人应当采取必要的措施,保证评标在严格保密的情况下进行。

任何单位和个人不得非法干预、影响评标的过程和结果。

第三十九条 评标委员会可以要求投标人对投标文件中含义不明确的内容作必要的澄清或者说明,但是澄清或者说明不得超出投标文件的范围或者改变投标文件的实质性内容。

第四十条 评标委员会应当按照招标文件确定的评标标准和方法,对投标文件进行评审和比较;设有标底的,应当参考标底。评标委员会完成评标后,应当向招标人提出书面评标报告,并推荐合格的中标候选人。

招标人根据评标委员会提出的书面评标报告和推荐的中标候选人确定中标人。招标人也可以授权评标委员会直接确定中标人。

国务院对特定招标项目的评标有特别规定的,从其规定。

第四十一条 中标人的投标应当符合下列条件之一:

(一)能够最大限度地满足招标文件中规定的各项综合评价标准;

(二)能够满足招标文件的实质性要求,并且经评审的投标价格最低;但是投标价格低于成本的除外。

第四十二条 评标委员会经评审,认为所有投标都不符合招标文件要求的,可以否决所有投标。

依法必须进行招标的项目的所有投标被否决的,招标人应当依照本法重新招标。

第四十三条 在确定中标人前,招标人不得与投标人就投标价格、投标方案等实质性内容进行谈判。

第四十四条 评标委员会成员应当客观、公正地履行职务,遵守职业道德,对所提出的评审意见承担个人责任。

评标委员会成员不得私下接触投标人,不得收受投标人的财物或者其他好处。

评标委员会成员和参与评标的有关工作人员不得透露对投标文件的评审和比较、中标候选人的推荐情况以及与评标有关的其他情况。

第四十五条 中标人确定后,招标人应当向中标人发出中标通知书,并同时将中标结果通知所有未中标的投标人。

中标通知书对招标人和中标人具有法律效力。中标通知书发出后,招标人改变中标结果的,或者中标人放弃中标项目的,应当依法承担法律责任。

第四十六条 招标人和中标人应当自中标通知书发出之日起三十日内,按照招标文件和中标人的投标文件订立书面合同。招标人和中标人不得再行订立背离合同实质性内容的其他协议。

招标文件要求中标人提交履约保证金的,中标人应当提交。

第四十七条 依法必须进行招标的项目,招标人应当自确定中标人之日起十五日内,向有关行政监督部门提交招标投标情况的书面报告。

第四十八条 中标人应当按照合同约定履行义务,完成中标项目。中标人不得向他人转让中标项目,也不得将中标项目肢解后分别向他人转让。

中标人按照合同约定或者经招标人同意,可以将中标项目的部分非主体、非关键性工作分包给他人完成。接受分包的人应当具备相应的资格条件,并不得再次分包。

中标人应当就分包项目向招标人负责,接受分包的人就分包项目承担连带责任。

第五章　法律责任

第四十九条　违反本法规定,必须进行招标的项目而不招标的,将必须进行招标的项目化整为零或者以其他任何方式规避招标的,责令限期改正,可以处项目合同金额千分之五以上千分之十以下的罚款;对全部或者部分使用国有资金的项目,可以暂停项目执行或者暂停资金拨付;对单位直接负责的主管人员和其他直接责任人员依法给予处分。

第五十条　招标代理机构违反本法规定,泄露应当保密的与招标投标活动有关的情况和资料的,或者与招标人、投标人串通损害国家利益、社会公共利益或者他人合法权益的,处五万元以上二十五万元以下的罚款,对单位直接负责的主管人员和其他直接责任人员处单位罚款数额百分之五以上百分之十以下的罚款;有违法所得的,并处没收违法所得;情节严重的,暂停直至取消招标代理资格;构成犯罪的,依法追究刑事责任。给他人造成损失的,依法承担赔偿责任。

前款所列行为影响中标结果的,中标无效。

第五十一条　招标人以不合理的条件限制或者排斥潜在投标人的,对潜在投标人实行歧视待遇的,强制要求投标人组成联合体共同投标的,或者限制投标人之间竞争的,责令改正,可以处一万元以上五万元以下的罚款。

第五十二条　依法必须进行招标的项目的招标人向他人透露已获取招标文件的潜在投标人的名称、数量或者可能影响公平竞争的有关招标投标的其他情况的,或者泄露标底的,给予警告,可以并处一万元以上十万元以下的罚款;对单位直接负责的主管人员和其他直接责任人员依法给予处分;构成犯罪的,依法追究刑事责任。

前款所列行为影响中标结果的,中标无效。

第五十三条　投标人相互串通投标或者与招标人串通投标的,投标人以向招标人或者评标委员会成员行贿的手段谋取中标的,中标无效,处中标项目金额千分之五以上千分之十以下的罚款,对单位直接负责的主管人员和其他直接责任人员处单位罚款数额百分之五以上百分之十以下的罚款;有违法所得的,并处没收违法所得;情节严重的,取消其一年至二年内参加依法必须进行招标的项目的投标资格并予以公告,直至由工商行政管理机关吊销营业执照;构成犯罪的,依法追究刑事责任。给他人造成损失的,依法承担赔偿责任。

第五十四条　投标人以他人名义投标或者以其他方式弄虚作假,骗取中标的,中标无效,给招标人造成损失的,依法承担赔偿责任;构成犯罪的,依法追究刑事责任。

依法必须进行招标的项目的投标人有前款所列行为尚未构成犯罪的,处中标项目金额千分之五以上千分之十以下的罚款;对单位直接负责的主管人员和其他直接责任人员处单位罚款数额百分之五以上至百分之十以下的罚款;有违法所得的,并处没收违法所得;情节严重的,取消其一年至三年内参加依法必须进行招标的项目的投标资格并予以公告,直至由工商行政管理机关吊销营业执照。

第五十五条　依法必须进行招标的项目,招标人违反本法规定,与投标人就投标价格、投标方案等实质性内容进行谈判的,给予警告,对单位直接负责的主管人员和其他直接责任人员依法给予处分。

前款所列行为影响中标结果的,中标无效。

第五十六条　评标委员会成员收受投标人的财物或者其他好处的,评标委员会成员或者参加评标的有关工作人员向他人透露对投标文件的评审和比较、中标候选人的推荐以及与评标有关的其他情况的,给予警告,没收收受的财物,可以并处三千元以上五万元以下的罚款,对有所列违法行为的评标委员会成员取消担任评标委员会成员的资格,不得再参加任何依法必须进行招标的项目的评标;构成犯罪的,依法追究刑事责任。

第五十七条　招标人在评标委员会依法推荐的中标候选人以外确定中标人的,依法必须进行招标的项目在所有投标被评标委员会否决后自行确定中标人的,中标无效。责令改正,可以处中标项目金额千分之五以上千分之十以下的罚款;对单位直接负责的主管人员和其他直接责任人员依法给予处分。

第五十八条　中标人将中标项目转让给他人的,将中标项目肢解后分别转让给他人的,违反本法规定将中标项目的部分主体、关键性工作分包给他人的,或者分包人再次分包的,转让、分包无效,处转让、分包项目金额千分之五以上千分之十以下的罚款;有违法所得的,并处没收违法所得;可以责令停业整顿;情节严重的,由工商行政管理机关吊销营业执照。

第五十九条　招标人与中标人不按照招标文件和中标人的投标文件订立合同的,或者招标人、中标人订立背离合同实质性内容的协议的,责令改正;可以处中标项目金额千分之五以上千分之十以下的罚款。

第六十条　中标人不履行与招标人订立的合同的,履约保证金不予退还,给招标人造成的损失超过履约保证金数额的,还应当对超过部分予以赔偿;没有提交履约保证金的,应当对招标人的损失承担赔偿责任。

中标人不按照与招标人订立的合同履行义务,情节较为严重的,取消其二年至五年内参加依法必须进行招标的项目的投标资格并予以公告,直至由工商行政管理机关吊销营业执照。

因不可抗力不能履行合同的,不适用前两款规定。

第六十一条　本章规定的行政处罚,由国务院规定的有关行政监督部门决定。本法已对实施行政处罚的机关作出规定的除外。

第六十二条　任何单位违反本法规定,限制或者排斥本地区、本系统以外的法人或者其他组织参加投标的,为招标人指定招标代理机构的,强制招标人委托招标代理机构办理招标事宜的,或者以其他方式干涉招标投标活动的,责令改正;对单位直接负责的主管人员和其他直接责任人员依法给予警告、记过、记大过的处分,情节较重的,依法给予降级、撤职、开除的处分。

个人利用职权进行前款违法行为的,依照前款规定追究责任。

第六十三条　对招标投标活动依法负有行政监督职责的国家机关工作人员徇私舞弊、滥用职权或者玩忽职守,构成犯罪的,依法追究刑事责任;不构成犯罪的,依法给予行政处分。

第六十四条　依法必须进行招标的项目违反本法规定,中标无效的,应当依照本法规定的中标条件从其余投标人中重新确定中标人或者依照本法重新进行招标。

第六章 附 则

第六十五条 投标人和其他利害关系人认为招标投标活动不符合本法有关规定的，有权向招标人提出异议或者依法向有关行政监督部门投诉。

第六十六条 涉及国家安全、国家秘密、抢险救灾或者属于利用扶贫资金实行以工代赈、需要使用农民工等特殊情况，不适宜进行招标的项目，按照国家有关规定可以不进行招标。

第六十七条 使用国际组织或者外国政府贷款、援助资金的项目进行招标，贷款方、资金提供方对招标投标的具体条件和程序有不同规定的，可以适用其规定，但违背中华人民共和国的社会公共利益的除外。

第六十八条 本法自 2000 年 1 月 1 日起施行。

3.1.3 测绘市场管理暂行办法

《测绘市场管理暂行办法》于 1995 年 6 月 6 日由国家测绘局、国家工商行政管理局发布，2010 年 12 月 26 日国家测绘局修改（国测法字〔95〕15 号，国测法发〔2010〕7 号）。

第一章 总 则

第一条 为了培育和发展测绘市场，规范测绘市场行为，维护测绘市场活动当事人的合法权益，促进测绘事业为社会主义现代化建设服务，根据《中华人民共和国测绘法》及国家有关法律、法规，制定本办法。

第二条 本办法适用于从事测绘活动的单位相互间以及他们与其他部门、单位和个人之间进行的测绘项目委托、承揽、技术咨询服务或测绘成果交易的活动。

测绘市场活动的专业范围由国家测绘局另行规定。

第三条 县级以上人民政府测绘主管部门和工商行政管理部门负责监督管理本行政区域内的测绘市场。

第四条 测绘市场活动当事人必须遵守国家的法律、法规，不得扰乱社会经济秩序，不得损害国家利益、社会公共利益和他人的合法权益。

第五条 测绘市场活动应当遵循等价有偿、平等互利、协商一致、诚实信用的原则。

第六条 禁止测绘市场活动中的不正当竞争行为和非法封锁、垄断行为。

第二章 测绘市场活动当事人条件

第七条 进入测绘市场承担测绘任务的单位，必须持有国务院测绘行政主管部门或省、自治区、直辖市人民政府测绘主管部门颁发的《测绘资质证书》，并按资格证书规定的业务范围和作业限额从事测绘活动。

第八条 从事经营性测绘活动的单位，依照国家有关规定，须经工商行政管理部门核准登记，在核准登记的经营范围内从事测绘活动。

第九条 测绘事业单位在测绘市场活动中收费的，应当持有物价主管部门颁发的《收费许可证》。

第十条　测绘项目委托方须符合有关法律法规规定的资格,其委托行为应当符合法律法规的规定。

第十一条　在中华人民共和国领域和管辖的其他海域内,外国的组织或者个人与中华人民共和国有关部门、单位合资、合作进行测绘活动的,须报经国务院测绘行政主管部门和军队测绘主管部门审查批准。

第十二条　香港特别行政区、澳门特别行政区、台湾地区的组织或者个人来内地从事测绘活动的,依照前条规定进行审批。

第三章　测绘合同当事人的权利和义务

第十三条　委托方的权利和义务。

委托方的权利:

(一)检验承揽方的《测绘资质证书》;

(二)对委托的项目提出符合国家有关规定的技术、质量、价格、工期等要求;

(三)明确规定承揽方完成的成果的验收方式;

(四)对由于承揽方未履行合同造成的经济损失,提出赔偿要求;

(五)按合同约定享有测绘成果的所有权或使用权。

委托方的义务:

(一)遵守有关法律、法规,履行合同;

(二)向承揽方提供与项目有关的可靠的基础资料,并为承揽方提供必要的工作条件;

(三)向测绘项目所在省、自治区、直辖市测绘主管部门汇交测绘成果目录或副本;

(四)执行国家规定的测绘收费标准。

第十四条　承揽方的权利和义务。

承揽方的权利:

(一)公平参与市场竞争;

(二)获得所承揽的测绘项目应得的价款;

(三)按合同约定享有测绘成果的所有权或使用权;

(四)拒绝委托方提出的违反国家规定的不正当要求;

(五)对由于委托方未履行合同而造成的经济损失提出赔偿要求。

承揽方的义务:

(一)遵守有关的法律、法规,全面履行合同,遵守职业道德;

(二)保证成果质量合格,按合同约定向委托方提交成果资料;

(三)根据各省、自治区、直辖市的有关规定,向测绘主管部门备案登记测绘项目;

(四)按合同约定,不向第三方提供受委托完成的测绘成果。

第十五条　进行测绘市场活动时,当事人不得对他人的测绘成果非法复制、转借,不得侵犯他人测绘成果的所有权和著作权。

第四章　测绘项目的招投标及承发包管理

第十六条　进入测绘市场的测绘项目,金额超过二十万元的及其他须实行公开招标的测绘项目,应当通过招标方式确定承揽方。

测绘主管部门和工商行政管理部门负责测绘项目招、投标的监督管理。

第十七条 测绘项目进行招标时,须组织评标委员会,评标委员会由招标单位与当地测绘主管部门和工商行政管理部门组成。

重大测绘项目的评标委员会由省级以上测绘主管部门和工商行政管理部门及有关专家组成。

第十八条 招标单位须制定规范的招标文件,为投标单位提供有关资料。投标单位须按招标文件的要求填写标书。

第十九条 投标单位应以其实力参与竞争,禁止投标单位之间或招投标单位之间恶意串通,损害国家或者第三方利益。

第二十条 评标工作应实行公正、公开的原则,当众开标、议标、确定中标单位。

第二十一条 测绘项目的承包方必须以自己的设备、技术和劳力完成所承揽项目的主要部分。测绘项目的承包方,可以向其他具有测绘资格的单位分包,但分包量不得大于该项目总承包量的百分之四十。分包出的任务由总承包方向发包方负完全责任。

第二十二条 测绘项目的招投标及承发包,必须遵守国家的有关法律法规,禁止行贿、受贿、索贿、账外暗中"回扣"等违法行为。

第五章 合同管理

第二十三条 测绘项目当事人应当按照《中华人民共和国合同法》的有关规定,签订书面合同,使用统一的测绘合同文本。测绘合同示范文本由国家工商行政管理局和国家测绘局共同制定。

第二十四条 当事人签订测绘合同的正本份数,由双方根据需要确定并具有同等效力,自双方签字盖章后由双方分别保存。

第二十五条 在测绘合同中应明确规定合同标的技术标准。合同工期按照国家测绘局制定的《测绘生产统一定额》计算。合同价款按国家测绘局颁发的现行《测绘收费标准》或国家物价主管部门批准的测绘收费标准计算。

第二十六条 当事人双方应当全面履行测绘合同。测绘合同发生纠纷时,当事人双方应当依照《中华人民共和国合同法》的规定解决。

第二十七条 当事人双方应当及时结算价款,不得拖欠。

第六章 质量与价格管理

第二十八条 进入测绘市场的测绘项目,应当严格执行国家统一的技术规范和质量标准(包括国家标准和行业标准),确保测绘产品质量。

国家标准和行业标准中未作规定的,双方可在合同中约定并按合同约定的标准执行。

测绘成果质量不合格的,不得交付使用。

第二十九条 各级人民政府技术监督行政主管部门批准的测绘产品质量监督检验机构,是对测绘产品质量进行监督检验的指定单位,测绘单位应当按规定如实向其提供抽查样品,测绘项目委托单位也可以委托其进行产品检验。

第三十条 对已交付使用的测绘成果,因不符合合同规定的质量标准出现质量不合格并造成损失的,由测绘单位负责。

对于重大质量责任事故,测绘单位须向测绘主管部门及时报告。测绘主管部门按国家有关规定进行调查处理。

第三十一条 测绘项目承揽和测绘成果交易收费标准为国家测绘局颁布的《测绘收费标准》。除国家定价的测绘产品以外,其他测绘产品价格实行市场价格。

第三十二条 对已列入《测绘收费标准》的测绘产品计费不得低于《测绘收费标准》规定标准的百分之八十五。

第七章 法律责任

第三十三条 违反本办法规定,有下列行为之一的,依照《中华人民共和国测绘法》第八章的有关规定处罚:

(一)未取得测绘资质证书,擅自从事测绘活动的;

(二)超越资质等级许可的范围从事测绘活动的;

(三)不汇交测绘成果资料的;

(四)测绘成果质量不合格的;

(五)转包测绘项目的;

(六)将测绘项目发包给不具有相应资质等级的测绘单位的。

涉及违反工商管理法律、法规和规章的行为,由工商行政管理部门依照有关法律规定予以处罚。

第三十四条 违反本办法规定压价竞争的,或者有其他不正当竞争行为的,由县级以上工商行政管理部门依照《反不正当竞争法》的有关规定给予处罚。

第三十五条 当事人对测绘主管部门或工商行政管理部门处罚决定不服的,可以在接到处罚通知之日起十五日内,向做出处罚决定的测绘主管部门或工商行政管理部门的上一级机关申请复议;对复议决定不服的,可以在接到复议决定之日起十五日内向人民法院起诉。当事人也可以在接到处罚通知之日起三个月内,直接向人民法院起诉。逾期不申请复议,也不向人民法院起诉,拒不执行处罚决定的,由做出处罚决定的测绘主管部门或工商行政管理部门申请人民法院强制执行。

第八章 附 则

第三十六条 本办法由国家测绘局和国家工商行政管理局共同负责解释。

第三十七条 本办法自 1995 年 7 月 1 日起施行。

3.2 政府采购管理办法

3.2.1 政府采购方式及操作流程

《中华人民共和国政府采购法》第二十六条规定,政府采购采用以下方式:①公开招标;②邀请招标;③竞争性谈判;④单一来源采购;⑤询价;⑥国务院政府采购监督管理部门认定的其他采购方式。公开招标应当作为政府采购的主要采购方式。

1.政府采购的方式说明

1)公开招标

公开招标应作为政府采购的主要方式。使用财政性资金的政府采购工程,应纳入政府采购管理,适用《中华人民共和国招标投标法》和各省有关建设工程招标投标管理规定。政府采购公开招标活动应当遵循公开透明原则、公开竞争原则、公正原则和诚实信用原则。

采购人或采购代理机构应在招标文件确定的时间和地点组织开标。一般遵循以下程序:

(1)开标会由采购人或代理机构主持。

(2)在招标文件规定的投标截止时间到点时,主持人应当宣布投标截止时间已到,以后递交的文件一律不予接受。

(3)主持人宣读开标大会会场纪律。

(4)开标时,应实行现场监督。现场监督人员应当是采购人、采购代理机构的监察人员或政府采购监督管理部门、监察机构、公证机关的派出人员。评标委员会专家成员不参加开标大会。

(5)投标文件的密封情况应由监督人员确认并当众拆封,并按招标文件规定的内容当场唱标。

(6)开标会记录人应在开标记录表上记录唱标内容,并当众公示。当开标记录表上内容与投标文件不一致时,投标人代表须当场提出。开标记录表由记录人、唱标人、投标人代表和有关人员签字确认。

2)邀请招标

符合下列情形之一的货物或服务,可采用邀请招标方式采购:

(1)具有特殊性,只能从有限范围的供应商处采购;

(2)采用公开招标方式的费用占政府采购项目总价值的比例过大。

3)竞争性谈判

符合下列情形之一的货物或服务,可采用竞争性谈判方式采购:

(1)招标后没有供应商投标或没有合格标的或重新招标未能成立;

(2)技术复杂或性质特殊,不能确定详细规格或具体要求;

(3)采用招标所需时间不能满足用户紧急需要;

(4)不能事先计算出价格总额。

4)单一来源采购

符合下列情形之一的货物或服务,可以采用单一来源方式采购:

(1)只能从唯一供应商处采购;

(2)发生了不可预见的紧急情况,不能从其他供应商处采购;

(3)必须保证原有采购项目一致性或服务配套的要求,需要继续从原供应商处添购,且添购资金总额不超过原合同采购金额的10%。

5）询价

采购的货物规格、标准统一、现货货源充足且价格变化幅度小的政府采购项目,可以采用询价方式采购。采取询价方式采购的,应当遵循下列程序:

（1）成立询价小组。询价小组由采购人的代表和有关专家共三人以上的单数组成,其中专家的人数不得少于成员总数的三分之二。询价小组应当对采购项目的价格构成和评定成交的标准等事项作出规定。

（2）确定被询价的供应商名单。询价小组根据采购需求,从符合相应资格条件的供应商名单中确定不少于三家的供应商,并向其发出询价通知书让其报价。

（3）询价。询价小组要求被询价的供应商一次报出不得更改的价格。

（4）确定成交供应商。采购人根据符合采购需求、质量和服务相等且报价最低的原则确定成交供应商,并将结果通知所有被询价的未成交的供应商。

2. 政府采购操作流程

1）公开、邀请招标

公开、邀请招标操作流程见图3-1。

2）竞争性谈判、询价、单一来源采购

竞争性谈判、询价、单一来源采购操作流程见图3-2。

3.2.2　发布招标公告格式

《中华人民共和国招标投标法》第十六条规定,招标人采用公开招标方式的,应当发布招标公告。依法必须进行招标的项目的招标公告,应当通过国家指定的报刊、信息网络或者其他媒介发布。

招标公告应当载明招标人的名称和地址、招标项目的性质、数量、实施地点和时间以及获取招标文件的办法等事项。

以下是三种形式的招标公告。

第一种:农村土地承包经营权确权登记颁证测绘项目招标公告。

蚌埠市政府采购中心受蚌埠市淮上区人民政府委托,现对蚌埠市淮上区农村土地承包经营权确权登记颁证测绘政府采购项目进行国内公开招标,欢迎具备条件的国内投标人参加投标。

一、采购项目名称及内容

1. 项目名称:蚌埠市淮上区农村土地承包经营权确权登记颁证测绘政府采购项目

2. 项目编号:皖C－＊＊＊－CG－Z－＊＊＊

3. 项目预算:＊＊＊元/亩(约＊＊＊万元)

4. 项目内容:全区＊＊＊个镇,耕地面积＊＊＊亩,划分＊＊＊个标段。第一包段:梅桥镇(＊＊＊. ＊＊＊亩)、曹老集镇(＊＊＊. ＊＊＊亩)、小蚌埠镇(＊＊＊. ＊＊＊亩),总面积＊＊＊. ＊＊＊亩;第二包段:沫河口镇(＊＊＊. ＊＊＊亩)、吴小街镇(＊＊＊. ＊＊＊亩),总面积＊＊＊. ＊＊＊亩。详见技术需求书。

二、投标人资格

1. 符合《中华人民共和国政府采购法》第＊＊＊条规定。

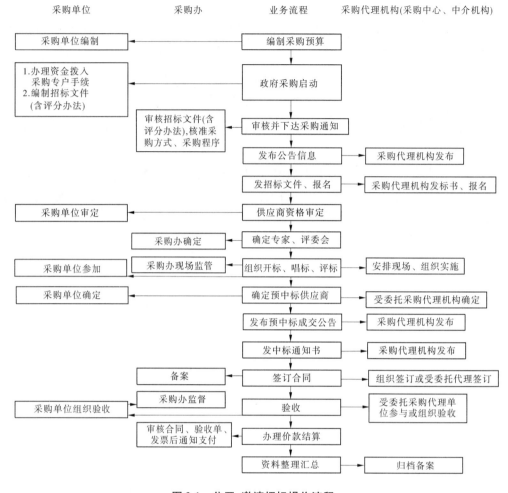

采购单位	采购办	业务流程	采购代理机构(采购中心、中介机构)
采购单位编制		编制采购预算	
1.办理资金拨入采购专户手续 2.编制招标文件(含评分办法)		政府采购启动	
	审核招标文件(含评分办法),核准采购方式、采购程序	审核并下达采购通知	
		发布公告信息	采购代理机构发布
		发招标文件、报名	采购代理机构发标书、报名
采购单位审定		供应商资格审定	
	采购办确定	确定专家、评委会	
采购单位参加	采购办现场监管	组织开标、唱标、评标	安排现场、组织实施
采购单位确定		确定预中标供应商	受委托采购代理机构确定
		发布预中标成交公告	采购代理机构发布
		发中标通知书	采购代理机构发布
备案		签订合同	组织签订或受委托代理签订
采购单位组织验收	采购办监督	验收	受委托采购代理单位参与或组织验收
	审核合同、验收单、发票后通知支付	办理价款结算	
		资料整理汇总	归档备案

图3-1 公开、邀请招标操作流程

2.投标人须具有有效的独立法人资格,具有有效的国家行政主管部门颁发的测绘乙级及以上资质(业务范围中具有地籍测绘(新资质名称为不动产测绘)和地理信息系统工程资格,且均为乙级及以上)。

3.业绩要求:提供 *** 年 *** 月 *** 日至今类似土地确权登记颁证测绘项目业绩一份,需提供业绩合同原件。

4.法律、行政法规规定的其他条件。

三、开标时间及地点

1.开标时间: *** 年 *** 月 *** 日 *** 时 *** 分

2.开标地点:蚌埠市公共资源交易中心二楼开标室,具体见二楼电子显示屏

四、投标截止时间: *** 年 *** 月 *** 日 *** 时 *** 分

五、招标文件发售办法:网上自行下载

1.下载时间: *** 年 *** 月 *** 日以后

2.下载地址:蚌埠公共资源交易网站 http://www.bbztb.cn

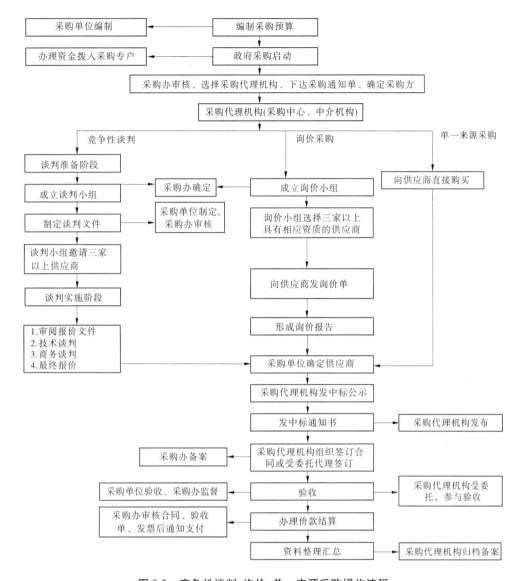

图3-2 竞争性谈判、询价、单一来源采购操作流程

投标人投标前在"蚌埠公共资源交易网"注册登记,并通过验证;登录"http://www.bbztb.cn",点击"投标企业入口",选择"政府采购"进入蚌埠公共资源交易系统,查阅下载相关文件。投标人如不及时下载,后果自负。

说明:

1. 投标保证金、招标文件费用必须从投标单位基本账户上转出,否则投标无效。

2. 招标文件价格:每套人民币 *** 元,售后不退;以电子档形式出售。

3. 投标人在分别往投标保证金指定账户和招标文件费用指定账户提交投标保证金和缴纳招标文件费用时,务必要求转出银行在交易附言中注明:蚌埠市淮上区农村土地承包经营权确权登记颁证测绘政府采购项目投标保证金,蚌埠市淮上区农村土地承包经营权确权登记颁证测绘政府采购项目招标文件费用,以确保转入银行进账单中能完整反映出交易附言的内容。否则,造成市公共资源交易中心无法识别投标人的交易项目时,产生的一切后果由投标人自负。

4. 被各级招投标监管部门限制投标的企业不得参与本项目投标。

5. 投标人与招标人有隶属关系或控股、参股等利益关系的,不得投标。

6. 投标人之间如果存在法律意义上的利益关系,不得同时参加同一标段(包别)或者不同标段(包别)的同一项目投标。

六、联系方法

单位:蚌埠市政府采购中心

联系人:吴某 电话:*** - ***

地址:蚌埠市胜利东路***号

传真:*** - ***

七、本招标公告在蚌埠公共资源交易网、中国蚌埠党政门户网、蚌埠市信息公开网、安徽省招标投标信息网、安徽省政府采购网、中国政府采购网、中国采购与招标网上同时发布。

第二种:安阳县政府采购水冶镇1:1 000地形图测绘项目竞争性谈判公告。

根据委托,安阳县公共资源交易中心就水冶镇1:1 000地形图测绘项目进行竞争性谈判采购,欢迎具有资格的投标人参加投标,现就有关谈判事宜说明如下。

一、招标编号:安县财招标采购〔2014〕139号(总第345号)

二、招标标的

序号	采购内容	基本技术要求	交验期	交验地点	预算价
1	水冶镇1:1 000地形图测绘	详见项目具体技术要求	2015年1月30日之前	采购单位指定地点	37万元

三、报名时间:2014年12月19日至2014年12月25日,上午8:30—11:30,下午3:00—5:30(节假日休息,超时不予受理);标书售价:人民币200元/份(售后不退)。

四、报名地点:安阳县公共资源交易中心六楼服务大厅(安阳市开发区东风路与海河大道交叉口东50米路北)

五、投标企业条件

1. 在中国境内注册登记、具有独立承担民事责任的法人企业;具有良好的资金能力、财务状况和履行合同能力;遵守国家法律、法规、规章和政策,具有良好的信誉。符合《中华人民共和国政府采购法》第二十二条规定。

2. 测绘资质:测绘丙级及丙级以上资质。

六、注意事项:投标时必须携带下列证件原件备查,否则按废标处理。

1. 营业执照原件。

2. 税务登记证原件及组织机构代码证原件。

3. 企业法定代表人身份证原件;如果投标代表非企业法定代表人,应提交法定代表人的授权委托书原件、被授权人身份证原件。

4. 安阳县检察院预防职务犯罪科无行贿犯罪记录查询证明原件(查询需提供材料:营业执照、组织机构代码证、银行开户许可证、法人身份证和企业授权委托书及授权委托人身份证、查询申请;以上资料除法人身份证外均需提供原件及加盖企业公章的复印件,法人身份证为复印件)。

5.评标委员会对投标单位的资格证明材料进行资格审核,不符合项目资格条件的投标单位的投标将被拒绝,投标单位应自负其风险费用;提供虚假材料的将进一步追究其责任。

七、投标截止时间及开标时间:2014 年 12 月 29 日 15:00

八、投标及开标地点:安阳县公共资源交易中心六楼开标大厅(安阳市开发区东风路与海河大道交叉口东 50 m 路北)

九、投标保证金标准:8 000 元(投标保证金应于投标截止时间前交至安阳县公共资源交易中心账户,凭缴纳投标保证金的银行回执复印件和购买标书发票(查验)到交易中心换取收据),本单位不收现金。如中标,转作履约保证金;如不中标,则于推荐中标结果公示期结束后无息转入投标单位账户内退回。

收款单位:安阳县公共资源交易中心

银行账号:4100150321005020 ****

开户银行:建行安阳相州支行

十、联系方式

联系电话/报名电话:0372 - *******

财务联系电话:0372 - *******

监督电话:0372 - *******

网址:http://www.hngp.gov.cn;http://www.ccgp - henan.gov.cn/anyang/;http://www.ayxggzy.cn/

十一、投标人获取谈判文件后,应仔细检查谈判文件的所有内容,如有残缺和不明确的问题及对谈判文件有异议,应在本次谈判活动公告期(报名时间)内以书面形式向招标人提出;否则,将被视为认可本谈判文件内容。

十二、本次竞争性谈判采购经谈判小组评议的推荐中标意见,将按规定时间在河南省政府采购网、中国(安阳)政府采购网和安阳县公共资源交易中心网站上公示,各投标单位对推荐中标意见如有异议,可在公示期内向安阳县公共资源交易中心提出书面质疑(书面质疑同时报送安阳县财政局政府采购监督管理办公室),如对安阳县公共资源交易中心的答复仍有异议,可向安阳县财政局政府采购监督管理办公室书面投诉。

安阳县公共资源交易中心

二〇一四年十二月十九日

第三种:怀化市规划局测绘项目单一来源采购公告。

项目编号:201430017

采购人名称:怀化市规划局

政府采购编号:201430017

委托代理编号:DYLYZFCG201430013

拟采购内容:怀化市山下村 1∶1 000 地形图测绘

单一来源拟采购供应商:湖南省建设工程勘察院

拟采购预算控制价:66 万元

获取采购文件的时间:2014 年 2 月 12 日至 2014 年 2 月 19 日 17:00 前,每天 8:00—12:00、14:30—17:00(北京时间),节假日休息,不发放采购文件

获取采购文件的地点:怀化市政府采购中心(怀化市迎丰东路 3 号市公共资源交易中心政府采购科)

递交响应文件的截止时间:2014 年 2 月 20 日 9 时 00 分(北京时间)

开标时间:2014 年 2 月 20 日 9 时 00 分(北京时间)

申请单一来源采购原因及相关说明:

山下村与原城北测绘区的成果相连接,城北测绘区由湖南省建设工程勘察院完成,为保证数据一致性,根据《中华人民共和国政府采购法》的规定,特采用单一来源采购方式进行采购。

本公告有效期从 2014 年 2 月 12 日至 2014 年 2 月 19 日。有关单位和个人如对本项目采用单一来源采购方式有异议,请在公告有效期内以书面形式向财政部门反映。

财政部门联系电话:0745 - *******   传真:0745 - *******

采购人:怀化市规划局

联系人:谭某某

电话:0745 - *******

地址:怀化市顺天北路 146 号

采购代理机构:怀化市政府采购中心

联系人:曾某某

电话:0745 - *******

地址:怀化市迎丰东路 3 号

怀化市政府采购监督管理办公室

2014 年 2 月 12 日

3.2.3　发布招标文件格式

在招标公告发布后,由招标代理机构发布招标文件,规定招标方案及技术要求,有意向的投标单位可以按照招标文件格式要求编写标书,进行投标,参加竞争。以下是某项目招标文件格式(提纲)。

厦门市 1:500 数字地形图测绘招标文件

招标编号:GW2015 - 308

项目名称:厦门市 1:500 数字地形图测绘

采 购 人:厦门市国土资源与房产管理局

代理机构:厦门市公物采购招投标有限公司

目录

第一章　投标邀请

附:招标项目一览表

第二章　投标人须知

投标人须知前附表 1

3.3 投标文件编写方法

3.3.1 投标必备证书

（1）企业法人营业执照。

企业法人营业执照如图 3-3 所示。

图 3-3 企业法人营业执照

（2）税务登记证。

税务登记证如图 3-4 所示。

（3）组织机构代码证。

组织机构代码证如图 3-5 所示。

（4）测绘资质证书。

测绘资质证书如图 3-6 所示，业务范围如图 3-7 所示。

（5）质量管理体系认证证书。

质量管理体系认证证书如图 3-8 所示。

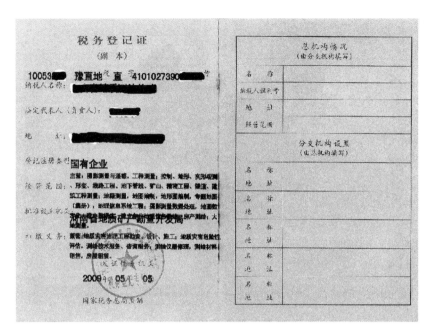

图 3-4　税务登记证

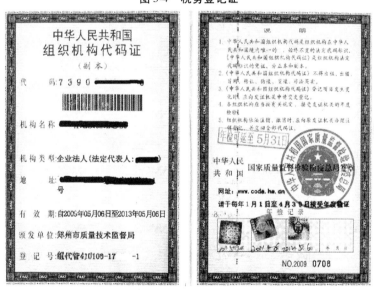

图 3-5　组织机构代码证

（6）环境管理体系认证证书。

环境管理体系认证证书如图 3-9 所示。

（7）职业健康安全管理体系认证证书。

职业健康安全管理体系认证证书如图 3-10 所示。

（8）资质认定计量认证证书。

资质认定计量认证证书如图 3-11 所示。

图 3-6　测绘资质证书

图 3-7　测绘资质证书业务范围

3.3.2　投标文件模板

遂平县农村集体土地确权登记发证服务项目标书

一、商务标

1　投标函及投标函附录

1.1　投标函

1.2　投标函附录

2　法定代表人身份证明及授权委托书

图 3-8　质量管理体系认证证书

2.1　法定代表人身份证明

2.2　授权委托书

3　投标保证金交付证明

4　资格审查资料

4.1　投标人基本情况表

4.2　营业执照(副本)

4.3　事业单位法人证书(副本)

4.4　税务登记证(副本)

4.5　组织机构代码证

4.6　甲级测绘资质证书(副本)

4.7　ISO 9001 质量管理体系认证

4.8　依法缴纳税收良好记录

4.9　河南省国土资源厅公布的土地调查单位名录

4.10　近三年财务审计报告

4.11　业绩(近年完成的类似项目情况)

中鉴认证有限责任公司

环境管理体系认证证书

NO: 0070014E21438R0M

兹 证 明

河南省郑州市中原区文化宫路 31 号

组织机构代码: 41580215-2

建立的环境管理体系符合标准:

GB/T 24001-2004 / ISO 14001:2004

通过认证范围如下:

测绘(大地测量、摄影测量与遥感、工程测量、地籍测绘、
房产测绘、地理信息系统工程)、固体矿产勘查、水文地质、
工程地质、环境地质调查、地质灾害危险性评估、
地质灾害治理工程勘查、设计及相关管理活动

(上述范围若涉及行政许可前置审批、强制性认证、本证书仅涵盖准许可资质、证书范围内的产品及服务)
颁证日期: 2014 年 12 月 18 日
本证书有效期自 2014 年 12 月 18 日起至 2017 年 12 月 17 日

公司代表(签名)

CNAS C007-E

图 3-9　环境管理体系认证证书

4.11.1　农村外业调查业绩

表1　太康县(C 标段)第二次土地调查项目

表2　漯河市源汇区、召陵区第二次土地调查外业调查

4.11.2　附:内业建库业绩

表3　郑州第二次土地调查项目(城镇数据建设)

表4　河南省第二次调查省级数据库及管理系统建设

4.11.3　附:城镇地籍变更调查业绩

表5　济源市第二次土地更新调查(B 标段)

表6　光山县第二次土地调查

表7　铜陵市城镇地籍变更调查与测量第三标段

4.12　正在实施的类似项目情况表

表8　三水区集体土地所有权登记发证

表9　孟津县集体土地所有权登记发证

图 3-10 职业健康安全管理体系认证证书

4.13 检察机关查询行贿犯罪档案结果告知函

5 项目管理机构

5.1 拟任项目负责人简历

5.1.1 身份证复印件

5.1.2 高工证复印件

5.1.3 学历证复印件

5.1.4 土地调查培训证复印件

5.1.5 注册测绘师证复印件

5.1.6 社会保险证明复印件

5.1.7 无担任其他项目负责人的单位证明

5.2 其他主要技术人员情况表

附:以上人员身份证、执业资格证、职称证、社会保险缴纳证明复印件

6 投标总报价组成明细表

7 其他材料

7.1 企业奖项

7.2 证明

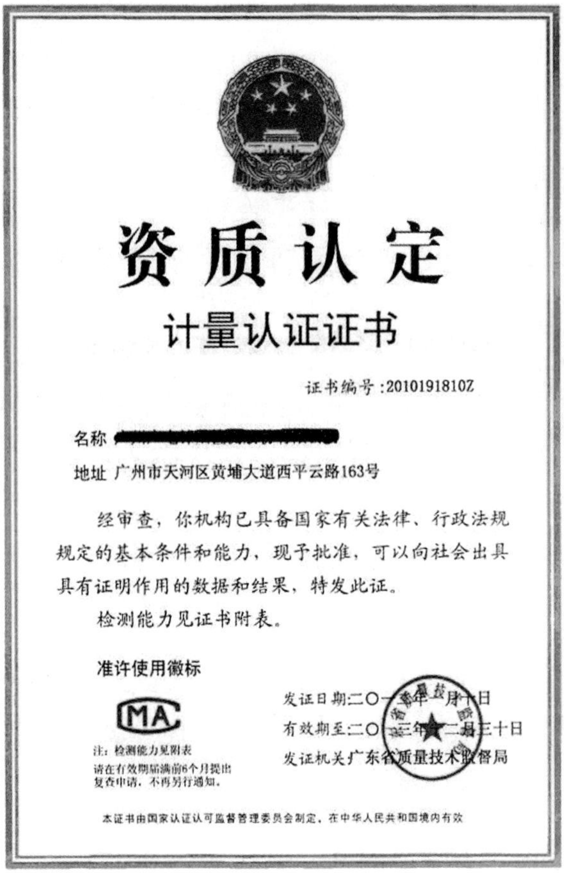

资 质 认 定

计量认证证书

证书编号:20101918102

名称 ▮▮▮▮▮▮▮▮▮▮▮▮▮▮▮▮▮

地址 广州市天河区黄埔大道西平云路163号

经审查，你机构已具备国家有关法律、行政法规
规定的基本条件和能力，现予批准，可以向社会出具
具有证明作用的数据和结果，特发此证。

检测能力见证书附表。

准许使用徽标

注:检测能力见附表
请在有效期届满前6个月提出
复查申请，不再另行通知。

发证日期二〇▮▮年▮月▮日
有效期至二〇▮▮年▮月三十日
发证机关广东省质量技术监督局

本证书由国家认证认可监督管理委员会制定，在中华人民共和国境内有效

图 3-11 资质认定计量认证证书

二、技术标

1 项目实施方案

1.1 项目技术方案

1.1.1 项目概况

1.1.1.1 项目简介

1.1.1.2 目的意义

1.1.1.3 工作内容

1.1.2 技术依据及坐标、高程系统

1.1.2.1 技术依据

1.1.2.2 坐标、高程系统

1.1.3 集体土地地籍调查技术流程

1.1.3.1 调查发证过程中的各类表格及填写

1.1.3.2 调查的内容

1.1.3.3 原有权属资料的利用

1.1.3.4 调查发证的工作底图

1.1.3.5 实地权属调查

3.3.3　投标文件编写技巧

1.标书的撰写

一个完整的标书由两部分构成,一个是商务部分,一个是技术部分。商务标一般由综合办人员编写,主要是单位资质、相关证件、类似业绩、分项报价、工作量清单、投入人员、计划工期、质量保证等。技术部分主要是完成本项目工作的技术方案,由技术人员编写,包括技术路线、执行规范、开展工作方法与详细步骤、保证措施、上交资料清单等。

2.必须响应招标文件

在编写标书时,必须仔细阅读招标文件,制定切实可行的技术方案,主要条款必须响应,价格可以自己决定,其他包括工作范围、质量承诺、最低资质要求、业绩要求、授权委托书签字盖章、当地检察院开具的无行贿记录证明、足额交纳投标保证金等。

如果有一项不符合招标文件要求,有可能直接导致废标,正所谓细节决定成败。另外,特别需要指出的是,必须在投标截止时间前递交标书,超过规定时间,即使一秒钟也有可能被拒之门外。

3.容易导致废标的条款

根据《中华人民共和国招标投标法实施条例》(中华人民共和国国务院令第613号)中的第五十一条规定,有下列情形之一的,评标委员会应当否决其投标:

(1)投标文件未经投标单位盖章和单位负责人签字;

(2)投标联合体没有提交共同投标协议;

(3)投标人不符合国家或者招标文件规定的资格条件;

(4)同一投标人提交两个以上不同的投标文件或者投标报价,但招标文件要求提交备选投标的除外;

(5)投标报价低于成本或者高于招标文件设定的最高投标限价;

(6)投标文件没有对招标文件的实质性要求和条件作出响应;

(7)投标人有串通投标、弄虚作假、行贿等违法行为。

3.4 测绘项目合同签订

3.4.1 测绘合同范本

测绘合同

（GF－2000－0306）

工程名称：_____

合同编号：_____

国 家 测 绘 局

制定

国家工商行政管理局

定作人(甲方)：   合同编号：

承揽人(乙方)：   签订地点：

承揽人测绘资质等级：   签订时间：

根据《中华人民共和国合同法》《中华人民共和国测绘法》和有关法律法规,经双方协商一致签订本合同。

第一条 测绘范围(包括测区地点、面积、测区地理位置等):

第二条 测绘内容(包括测绘项目和工作量等):

第三条 执行技术标准:

序号	标准名称	标准代号	标准级别

其他技术要求:

第四条 测绘工程费:

1. 取费依据:国家颁布的测绘产品价格标准。

2. 取费项目及预算工程总价款:

序号	项目名称	工作量	单价(元)	合计(元)	备注

预算工程总价款:

3. 工程完工后,根据实际测绘工作量核计实际工程价款总额。

第五条 甲方的义务

1. 自合同签订之日起_____日内向乙方提交有关资料。

2.自接到乙方编制的技术设计书之日起_____日内完成技术设计书的审定工作,并提出书面审定意见。

3.应当保证乙方的测绘队伍顺利进入现场工作,并对乙方进场人员的工作、生活提供必要的条件。

4.甲方保证工程款按时到位,以保证工程的顺利进行。

5.允许乙方内部使用执行本合同所生产的测绘成果。

第六条　乙方的义务

1.自收到甲方的有关材料之日起_____日内,根据甲方的有关资料和本合同的技术要求,完成技术设计书的编制,并交甲方审定。

2.自收到甲方对技术设计书同意实施的审定意见之日起_____日内组织测绘队伍进场作业。

3.乙方应当根据技术设计书要求确保测绘项目如期完成。

4.允许甲方内部使用乙方为执行本合同所提供的属乙方所有的测绘成果。

5.未经甲方允许,乙方不得将本合同标的的全部或部分转包给第三方。

第七条　测绘项目完成工期

序号	测绘项目	完成时间	备注

全部成果应于_____年_____月_____日前交甲方验收。

第八条　乙方应当于工程完工之日起_____日内书面通知甲方验收,甲方应当自接到完工通知之日起_____日内,组织有关专家,依据本合同约定使用的技术标准和技术要求,对乙方所完工的测绘工程完成验收,并出具测绘成果验收报告书。

对乙方所提供的测绘成果的质量有争议的,由测区所在地的省级测绘产品质量监督检验站裁决。其费用由败诉方承担。

第九条　对乙方测绘成果的所有权、使用权和著作权归属的约定:

第十条　测绘工程费支付日期和方式

1.自合同签订之日起_____日内甲方向乙方支付定金,人民币_____元,并预付工程预算总价款的_____%,人民币_____元。

2.当乙方完成预算工程总量的_____%时,甲方向乙方支付预算工程价款的_____%,人民币_____元。

3.当乙方完成预算工程总量的_____%时,甲方向乙方支付预算工程价款的_____%,人民币_____元。

4.乙方自工程完工之日起_____日内,根据实际工作量编制工程结算书,经甲、乙双方共同审定后,作为工程价款结算依据。自测绘成果验收合格之日起_____日内,甲方应根据工程结算结果向乙方全部结清工程价款。

第十一条

1.自测绘工程费全部结清之日起_____日内,乙方根据技术设计书的要求向甲方交付全部测绘成果。(见下表)

序号	成果名称	规格	数量	备注

2.乙方向甲方交付约定的测绘成果_____份。甲方如需增加测绘成果份数,需另行向乙方支付每份工本费_____元。

第十二条 甲方违约责任

1.合同签订后,乙方未进入现场工作前,由于甲方工程停止而终止合同的,甲方无权请求返还定金。双方没有约定定金的,偿付乙方预算工程费的30%,人民币_____元;乙方已进入现场工作,甲方应按完成的实际工作量支付工程价款,并按预算工程费的_____%(_____元)向乙方偿付违约金。

2.乙方进场后,甲方未给乙方提供必要的工作、生活条件而造成停窝工时,甲方应支付给乙方停窝工费,停窝工费按合同约定的平均工日产值(_____元/日)计算,同时工期顺延。

3.甲方未按要求支付乙方工程费,应按顺延天数和当时银行贷款利息,向乙方支付违约金。影响工程进度的,甲方应承担顺延工期的责任,并根据本条第二项的约定向乙方支付停窝工费。

4. 对于乙方提供的图纸等资料以及属于乙方的测绘成果,甲方有义务保密,不得向第三人提供或用于本合同以外的项目,否则乙方有权要求甲方按本合同工程款总额的20%赔偿损失。

第十三条　乙方违约责任

1. 合同签订后,如乙方擅自中途停止或解除合同,乙方应向甲方双倍返还定金。双方没有约定定金的,乙方向甲方赔偿已付工程价款的_____%,人民币_____元,并归还甲方预付的全部工程款。

2. 在甲方提供了必要的工作、生活条件,并且保证了工程款按时到位,乙方未能按合同规定的日期提交测绘成果时,应向甲方赔偿拖期损失费,每天的拖期损失费按合同约定的预算工程总造价款的_____%计算。因天气、交通、政府行为、甲方提供的资料不准确等客观原因造成的工程拖期,乙方不承担赔偿责任。

3. 乙方提供的测绘成果质量不合格的,乙方应负责无偿予以重测或采取补救措施,以达到质量要求。因测绘成果质量不符合合同要求(而又非甲方提供的图纸资料原因所致)造成后果时,乙方应对因此造成的直接损失负赔偿责任,并承担相应的法律责任(由于甲方提供的图纸资料原因产生的责任由甲方自己负责)。返工周期为_____天,到_____年_____月_____日完成,并向甲方提供测绘成果。

4. 对于甲方提供的图纸和技术资料以及属于甲方的测绘成果,乙方有保密义务,不得向第三人转让;否则,甲方有权要求乙方按本合同工程款总额的20%赔偿损失。

5. 乙方擅自转包本合同标的的,甲方有权解除合同,并可要求乙方偿付预算工程费30%(人民币_____元)的违约金。

第十四条　由于不可抗力,致使合同无法履行时,双方应按有关法律规定及时协商处理。

第十五条　其他约定:

第十六条　本合同执行过程中的未尽事宜,双方应本着实事求是、友好协商的态度加以解决。双方协商一致的,签订补充协议。补充协议与本合同具有同等效力。

第十七条　因本合同发生争议,由双方当事人协商解决或由双方主管部门调解,协商或调解不成的,当事人双方同意_____仲裁委员会仲裁(当事人双方未在合同中约定仲裁机构,事后又未达成书面仲裁协议的,可向人民法院起诉)。

第十八条　附　则

1. 本合同由双方代表签字,加盖双方公章或合同专用章即生效。全部成果交接完毕和测绘工程费结算完成后,本合同终止。

2. 本合同一式_____份,甲方_____份,乙方_____份。

定作人名称(盖章)　　　　　　　　承揽人名称(盖章)

定作人住所:　　　　　　　　　　　承揽人住所:

邮政编码：	邮政编码：
联系人：	联系人：
电　话：	电　话：
传　真：	传　真：
E-mail：	E-mail：
开户银行：	开户银行：
银行账号：	银行账号：
法定代表人：	法定代表人 ：
签字：	签字：
（委托代理人）	（委托代理人）

3.4.2 中标通知书样式

中标通知书样式如图 3-12 所示。

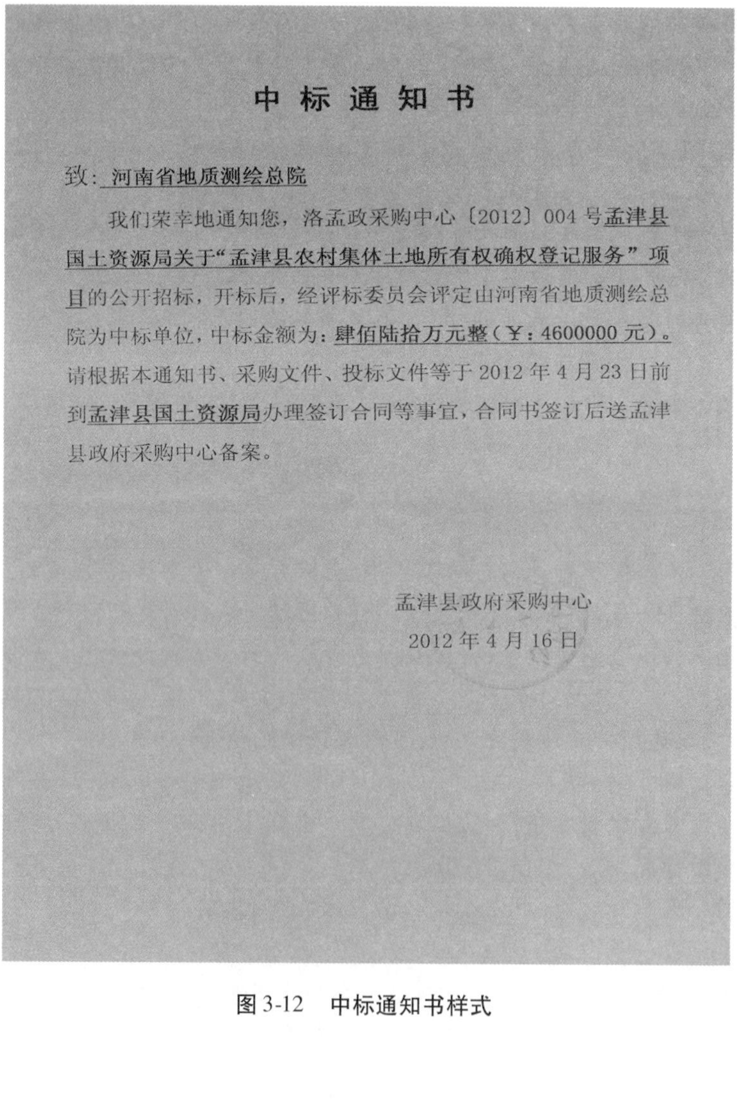

中 标 通 知 书

致：河南省地质测绘总院

　　我们荣幸地通知您，洛孟政采购中心〔2012〕004 号孟津县国土资源局关于"孟津县农村集体土地所有权确权登记服务"项目的公开招标，开标后，经评标委员会评定由河南省地质测绘总院为中标单位，中标金额为：肆佰陆拾万元整（￥：4600000 元）。请根据本通知书、采购文件、投标文件等于 2012 年 4 月 23 日前到孟津县国土资源局办理签订合同等事宜，合同书签订后送孟津县政府采购中心备案。

孟津县政府采购中心

2012 年 4 月 16 日

图 3-12　中标通知书样式

3.4.3 合同书样式

合同书样式如图3-13~图3-15所示。

项　目　名　称：　孟津县农村集体土地确权登记发证项目
合　同　编　号：　豫地（测）2012-23
委托方（甲方）：　孟津县国土资源局
承揽方（乙方）：　河南省地质测绘总院
签　订　地　点：　孟津县
签　订　时　间：　2012-05-18

根据《中华人民共和国合同法》、《中华人民共和国土地管理法》和有关法律法规，经甲、乙双方协商一致签订本合同。

第一条　工作范围（包括调查区地点、地理位置、范围界线、面积等）

孟津县辖区范围内10个乡镇228个行政村集体土地确权登记发证，总面积约734.4平方公里。

第二条　工作内容（包括工作项目和工作量）

1．外业调查测绘，面积 734.4 km²；
2．内业数据处理，面积 734.4 km²；
3．数据库系统建设，面积 734.4 km²；
4．所有权登记发证所需资料准备。

第三条　执行技术标准

1．《土地调查条例》（国务院令第518号）
2．《土地登记办法》（国土资源部令第40号）
3．《国土资源部、财政部、农业部关于加快推进农村集体土地确权登记发证工作的通知》（国土资发〔2011〕60号）
4．《国土资源部、中央农村工作领导小组办公室、财政部、农业部关于农村集体土地确权登记发证的若干意见》（国土资发〔2011〕178号）
5．《河南省人民政府批转省国土资源厅等部门关于加快推进全省农

村集体土地确权登记发证工作意见的通知》（豫政〔2011〕77号）
6．《土地利用现状分类》（GB/T 21010-2007）
7．《土地利用数据库标准》（TD/T 1016-2007）
8．《中华人民共和国行政区域代码》（GB/T 2260-2002）
9．《确定土地所有权和使用权的若干规定》（国家土地管理局，1995年）
10．《土地权属争议调查处理办法》（国土资源部令第17号）
11．《基础地理信息数字产品1：10 000,1：50 000数字高程模型》（CH/T 1008—2001）
12．《国家基本比例尺地形图分幅与编号》（GB/T 13989—1992）
13．《遥感影像平面图制作规范》（GB 15968—1995）
14．《河南省国土资源厅关于印发〈河南省集体土地所有权调查技术规定〉的通知》（豫国土资发〔2002〕61号）
15．《河南省集体土地所有权确权登记发证实施细则》（河南省国土厅2012年3月）
16．以上规范和标准如有变化，以国家集体土地确权领导小组办公室规定最新发布的为准。

第四条　调查项目费

1．取费依据：（1）国家、省有关农村集体土地确权登记发证项目经费测算标准；（2）国家测绘局2002年1月颁布的《测绘工程产品价格》；（3）农村集体土地确权登记发证工作量和所要求提供成果；（4）实际情况。

2．取费项目及项目预算

序号	工作内容	工作量（km²）	工程总价（万元）
1	外业调查测绘		
2	内业数据处理		
3	数据库系统建设	734.4	460
4	所有权登记发证相关资料准备		
5	工程总价款：肆佰陆拾万元整　　小写（人民币）：4,600,000元		

图3-13　合同书样式（1）　　　　　　　　图3-14　合同书样式（2）

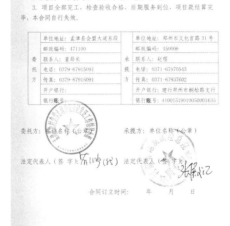

2．本合同一式 捌 份，甲方 肆 份，乙方 肆 份。

3．项目全部完工，检查验收合格，后期服务到位，项目款结算完毕，本合同自行失效。

单位地址：孟津县会盟大道东段	单位地址：郑州市文化宫路31号
邮政编码：471100	邮政编码：150006
委　联系人：童局长	承　联系人：赵程
托　电话：0379-67915091	揽　电话：0371-67970543
方　传真：0379-67915091	方　传真：0371-67937602
开户银行：	开户银行：建行郑州市桐柏路支行
银行账号：	银行账号：410015190100500001635

委托方：单位名称（公章）　　　　　承揽方：单位名称（公章）

法定代表人（签字上　）（代）法定代表人（签字上　）

合同订立时间：　　年　　月　　日

图3-15　合同书样式（3）

3.4.4　测绘项目分包合同书范本

甲方需要就＿＿＿＿＿＿＿＿＿＿技术项目由乙方提供技术服务。鉴于乙方愿意接受甲方的委托并提供技术服务,根据《中华人民共和国合同法》有关技术合同的规定及其他相关法律法规的规定,双方经友好协商,同意就以下条款订立本合同,共同信守执行。

第一条　服务项目名称

本合同的技术服务项目名称为:＿＿＿＿＿＿＿＿＿＿

第二条　技术服务内容、方式和要求

2.1　技术服务内容:技术培训。

2.2　双方约定乙方通过专业技术人员的培训方式来提供技术服务。

第三条　履行期限、地点和方式

3.1　乙方应在本合同生效后＿＿＿＿＿＿＿＿＿＿日内完成技术服务项目等。

3.2　本合同的履行地点:＿＿＿＿＿＿＿＿＿＿

第四条　工作条件和协作事项

4.1　甲方应协作的事项主要有以下几个方面:

(1)向乙方阐明所要解决的技术问题的要点,提供有关技术背景材料及有关技术、数据、原始设计文件及必要的样品材料等;

(2)根据乙方的要求补充说明有关情况,追加有关资料、数据;

(3)提供给乙方的技术资料、数据有明显错误和缺陷,应及时修改、完善;

(4)为乙方开展服务工作提供场所和必要的工作条件。

4.2　乙方自己负责交通、食宿等。

第五条　技术情报和资料的保密

5.1　本合同内容如涉及国家安全和重大利益需要保密的,应载明秘密事项的范围、密级和保密期限以及各方承担的保密义务。

5.2　不论合同是否变更、解除或者终止,合同保密条款不受其限制而继续有效,各方均应继续承担约定的保密义务。

第六条　验收标准和方式

甲方认可视为验收通过。

第七条　报酬及其支付方式

双方约定报酬的支付方式和期限为:验收通过后,甲方一次性支付技术服务全款。

第八条　违约责任

8.1　甲方违反合同约定,影响工作进度和质量,不接受或者逾期接受乙方的工作成果的,应当如数支付报酬。

8.2　乙方逾期两个月不提供约定的技术条件的,甲方有权解除合同,乙方应当支付违约金或者赔偿由此给甲方造成的损失。

第九条　争议的解决办法

9.1　甲乙双方在履行本合同的过程中一旦出现争议,应本着平等自愿的原则,按照合同的约定分清各自的责任,采用协商的办法解决争议。

9.2　若双方协商、调解不成的或者不愿协商、调解的,可以约定将争议提交郑州市仲裁委员会仲裁解决。

第十条　本合同一式四份,甲乙双方各二份;经双方签字、盖章后生效。

第十一条　本合同未尽事宜,由双方协商解决。

甲方:(签章)_____

法定代表人(或委托代理人):_____

乙方:(签章)_____

法定代表人(或委托代理人):_____

日期:_____

第4章　测绘仪器操作

4.1　常规测绘系列仪器

4.1.1　光学经纬仪

1. 经纬仪简介

经纬仪是测量工作中的主要测角仪器，由望远镜、水平度盘、竖直度盘、水准器、基座等组成。

DJ6 光学经纬仪（见图 4-1）是一种在地形测量、工程及矿山测量中广泛使用的光学经纬仪，主要由基座、照准部和度盘三大部分组成。

（1）基座：用于支撑照准部，上有三个脚螺旋，其作用是整平仪器。

（2）照准部：照准部是经纬仪的主要部件，照准部部件有水准管、光学对点器、支架、横轴、望远镜、度盘读数系统等。

（3）度盘：DJ6 光学经纬仪度盘有水平度盘和竖直度盘，均由光学玻璃制成。水平度盘沿着全圆从 0° 到 360° 顺时针刻画，最小格值一般为 1° 或 30′。

2. 经纬仪的角度测量原理

1）水平角的测量原理

水平角是指过空间两条相交方向线所作的铅垂面间所夹的二面角，角值为 0° ~ 360°。空间两直线 OA 和 OB 相交于点 O，将点 A、O、B 沿铅垂方向投影到水平面上，得相应的投影点 A'、O'、B'，水平线 $O'A'$ 和 $O'B'$ 的夹角 β 就是过两方向线所作的铅垂面间的夹角，即水平角（见图 4-2）。

图 4-1　DJ6 光学经纬仪

水平角的大小与地面点的高程无关。

2）垂直角的测量原理

垂直角是指在同一铅垂面内，某目标方向的视线与水平线间的夹角 α，也称竖直角或高度角，垂直角的角值为 0° ~ ±90°。

视线与铅垂线的夹角称为天顶距，天顶距 z 的角值范围为 0° ~ 180°。

当视线在水平线以上时垂直角称为仰角，角值为正；当视线在水平线以下时为俯角，角值为负，如图 4-3 所示。

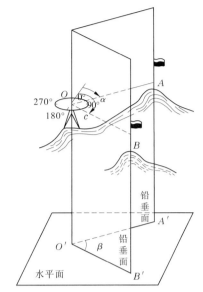

图 4-2　水平角的测量原理

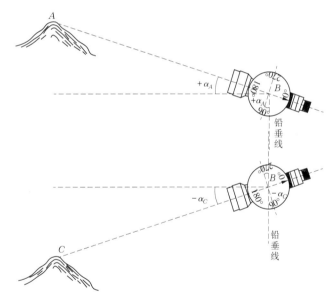

图 4-3　垂直角的测量原理

由此可知测角仪器经纬仪还必须装有一个能铅垂放置的度盘——竖直度盘,或称竖盘。

3. 经纬仪的安置方法

测量时,将经纬仪安置在三脚架上,用垂球或光学对点器将仪器中心对准地面测站点,用水准器将仪器整平,用望远镜瞄准测量目标,用水平度盘和竖直度盘测定水平角和垂直角。具体步骤如下:

(1)将三脚架调成等长并适合操作者身高,将仪器固定在三脚架上,使仪器基座面与三脚架上顶面平行。

（2）将仪器摆放在测站上，目估大致对中后，踩稳一条架脚，调好光学对中器目镜（看清十字丝）与物镜（看清测站点），用双手各提一条架脚前后、左右摆动，眼观对中器使十字丝交点与测站点重合，放稳并踩实架脚。

（3）伸缩三脚架腿长，整平圆水准器。

（4）使水准管平行两脚螺旋，整平水准管。

（5）顺转照准部90°，用第三个脚螺旋整平水准管。

（6）检查光学对点器，若有少量偏差，可打开中心连接螺旋平移基座，使其精确对中，旋紧连接螺旋，再检查水准气泡是否居中。

（7）如此反复操作两次，就可精确对中与整平仪器。

4.1.2　陀螺经纬仪

1.陀螺经纬仪简介

陀螺经纬仪（gyrotheodolite）是带有陀螺仪装置、用于测定直线真方位角的经纬仪（见图4-4）。其关键装置之一是陀螺仪，简称陀螺，又称回转仪。陀螺经纬仪主要由一个高速旋转的转子支承在一个或两个框架上而构成。具有一个框架的称二自由度陀螺仪，具有内外两个框架的称三自由度陀螺仪。

图4-4　陀螺经纬仪

经纬仪上安置悬挂式陀螺仪，是利用其具有指北性确定真子午线北方向，再用经纬仪测定出真子午线北方向与待定方向所夹的水平角，即真方位角。

指北性，是指悬挂部件在重力作用和地球自转角速度影响下，陀螺轴将产生进动，逐渐向真子面靠拢，最终达到以真子面为对称中心，作角简谐运动的特性。

确定真子午线北方向的常用方法有中天法和逆转点法。

2.陀螺经纬仪观测待定边的陀螺方位角的方法

1）近似指北观测

近似指北观测的目的是把经纬仪望远镜视准轴置于近似北方向。首先在待定点上架设陀螺经纬仪，脚架必须设置牢固，避免阳光直射，或在井下巷道内没有滴水和流水的地方架设仪器。起动陀螺马达，当陀螺马达达到额定转速时，下放陀螺灵敏部，松开经纬仪水平制动螺旋，用手轻轻转动照准部跟踪灵敏部的摆动，使陀螺仪目镜视场中移动着的光标像与分划板零刻度随时重合。当接近摆动逆转点时，光标像移动会逐渐慢下来，此时制动经纬仪照准部,改用水平微动螺旋继续跟踪,达到逆转点时,读取经纬仪水平度盘读数 a_1,松开经纬仪水平制动螺旋,按上述方法继续向相反方向跟踪,达到另一逆转点时,再读取经纬仪水平度盘读数 a_2,锁紧灵敏部,制动陀螺马达,按公式 $N = (a_1 + a_2) \div 2$ 即可计算出近似北方向在经纬仪水平读盘上的读数。

2)精确指北观测

(1)以一个测回测定待定测线的北方向值 B_1。

(2)把望远镜视准轴摆在近似北方向上,固定照准部,使水平微动螺旋调整到水平微动范围的中间位置。

(3)测前零位观测。下放灵敏部,观察目镜视场上光标像在分划板上的摆动,读出左、右摆动逆转点在分划板上的正、负格值读数。连续读取三个,若零位偏差过大,则应调整复合至零刻划线上。

(4)启动陀螺马达,当达到额定转速时,缓慢地下放灵敏部到半脱离位置,稍停一会儿再全部下放。当摆幅在 $1° \sim 3°$ 时,用水平微动螺旋旋动照准部,让光标像与分划板零刻线随时重合,达到逆转点时,读取经纬仪水平度盘读数 a_1,按上述方法继续向相反方向跟踪,达到另一逆转点时,再读取经纬仪水平度盘读数 a_2,这样连续观测 $4 \sim 5$ 个逆转点并读取水平度盘读数,锁紧灵敏部,制动陀螺马达。

(5)测后零位观测。其测量方法与测前零位观测相同。

(6)以一个测回测定待定测线的北方向值 B_2,即 $B = (B_1 + B_2) \div 2$。

(7)计算陀螺方位角。

$$\alpha = B - N + \lambda \cdot \Delta\alpha$$

式中 B——测线方向值;

   N——陀螺北方向值;

   $\lambda \cdot \Delta\alpha$——零位改正项。

3.陀螺经纬仪使用范围

(1)用于煤矿、金属矿、非金属矿的井下每一水平的定向,也可以用于大专院校教学等。

(2)用于控制导线测量的方向误差积累。

(3)用于隐蔽地区线路、管道、隧道工程定向及地下工程大型巷道贯通定向。

(4)如与激光测距仪器配合使用,则可用极坐标法测定新点。

4.1.3 水准仪系列

1.光学水准仪

众所周知,高程测量是测绘地形图的基本工作之一,工程施工也必须测量地面高程,利用水准仪进行水准测量是精密测量高程的主要方法。如图 4-5 所示为光学水准仪。

1)水准仪组成

水准仪组成如下:①望远镜;②调整手轮;③圆水准器;④微调手轮;⑤水平制动手轮;⑥管水准器;⑦水平微调手轮;⑧脚架。

图 4-5 光学水准仪

2）水准仪操作要点

在未知两点间，摆开三脚架，从仪器箱取出水准仪安放在三脚架上，利用三个脚螺旋调平，使圆气泡居中，接着调平管水准器。先使管水准器平行于两个脚螺旋，然后旋转90°，再调平第三个脚螺旋即可。将望远镜对准后视点上的塔尺，精确调焦，读出塔尺的读数（后视），把望远镜旋转到前视点的塔尺，精确调焦，读出塔尺的读数（前视），记到记录本上。计算公式：两点高差 = 后视读数 − 前视读数。

3）水准仪校正方法

将仪器摆在两固定点中间，标出两点的水平线，称为 a、b 线，移动仪器到固定点一端，标出两点的水平线，称为 a'、b'。如果 $a − b \neq a' − b'$，将望远镜横丝对准偏差一半的数值。用校针调整水准仪的上下螺钉，使管水平泡吻合。重复以上做法，直到高差相等为止。

4）水准仪使用方法

（1）安置。安置是将仪器安装在可以伸缩的三脚架上，并置于两观测点之间。首先打开三脚架并使高度适中，用目估法使架头大致水平并检查脚架是否牢固，然后打开仪器箱，用连接螺旋将水准仪器连接在三脚架上。

（2）粗平。粗平是使仪器的视线粗略水平，利用脚螺旋置圆水准气泡居于圆水准器中。具体方法用仪器练习。

（3）瞄准。瞄准是用望远镜准确地瞄准目标。首先把望远镜对向远处明亮的背景，转动目镜调焦螺旋，使十字丝最清晰。然后松开固定螺旋，旋转望远镜，使照门和准星的连接对准水准尺，拧紧固定螺旋。最后转动物镜对光螺旋，使水准尺的像清晰地落在十字丝平面上，再转动微动螺旋，使水准尺的像靠于十字竖丝的一侧。

（4）精平。精平是使望远镜的视线精确水平。微倾水准仪的水准管上部装有一组棱镜，可将水准管气泡两端折射到镜管旁的符合水准观察窗内，若气泡居中，气泡两端的成像将符合成一抛物线形，说明视线水平。若气泡两端的像不相符，说明视线不水平。这时可用右手转动微倾螺旋使气泡两端的像完全符合，仪器便可提供一条水平视线，以满足水准测量基本原理的要求。

（5）读数。用十字丝截读水准尺上的读数。现在的水准仪多是倒像望远镜，读数时应由上而下进行。先估读毫米级读数，后报出全部读数。

注意：水准仪使用步骤一定要按上面顺序进行，不能颠倒，特别是符合水准气泡的调整，一定要在读数前进行。

5）水准仪的测量

测定地面点高程的工作，称为高程测量。高程测量是测量的基本工作之一。高程测量按所使用的仪器和施测方法的不同，可以分为水准测量、三角高程测量、GPS 高程测量和气压高程测量。水准测量是目前精度最高的一种高程测量方法，它广泛应用于国家高程控制测量、工程勘测和施工测量中。

水准测量的原理是利用水准仪提供的水平视线，读取竖立于两个点上的水准标尺上的读数，来测定两点间的高差，再根据已知点高程计算待定点高程。

如图 4-6 所示，在地面上有 A、B 两点，已知 A 点的高程为 H_A，为求 B 点的高程 H_B，在 A、B 两点之间安置水准仪，A、B 两点各竖立一把水准尺，通过水准仪的望远镜读取水平视线，在 A、B 两点水准尺上截取的读数分别为 a 和 b，可以求出 A、B 两点间的高差为：

$$h_{AB} = a - b$$

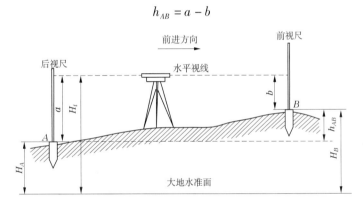

图 4-6　水准测量原理

设水准测量的前进方向为 A 点至 B 点，则称 A 点为后视点，其水准尺读数 a 为后视读数；称 B 点为前视点，其水准尺读数 b 为前视读数。因此，两点间的高差 h_{AB} = 后视读数 − 前视读数。

若后视读数大于前视读数，则高差为正，表示 B 点比 A 点高，$h_{AB} > 0$；若后视读数小于前视读数，则高差为负，表示 B 点比 A 点低，$h_{AB} < 0$。

如果 A、B 两点相距不远，且高差不大，则安置一次水准仪就可以测得高差 h_{AB}。此时 B 点高程 $H_B = H_A + h_{AB}$。

如果 A、B 两点相距较远或高差较大，安置一次仪器无法测得其高差时，就需要在两点间增设若干个作为传递高程的临时立尺点，称为转点（简称 TP 点），如图 4-7 中的 TP_1、TP_2 等点，并依次连续设站观测，设测得的各站高差为：

$$h_{A-TP_1} = h_1 = a_1 - b_1$$
$$h_{TP_1-TP_2} = h_2 = a_2 - b_2$$

$$\vdots$$

$$h_{TP_{n-1}-B} = h_n = a_n - b_n$$

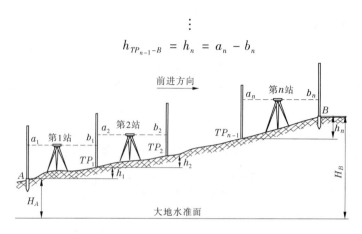

图 4-7　连续水准测量计算

则 A、B 两点间距离为：

$$h_{AB} = \sum_{i=1}^{n} h_i = \sum_{i=1}^{n} a_i - \sum_{i=1}^{n} b_i$$

6）保养与维修

（1）水准仪是精密的光学仪器,正确合理地使用和保管水准仪对确保仪器精度和寿命有很大的作用。

（2）避免阳光直晒,更不允许用水准仪看太阳,不可随便拆卸仪器。

（3）每个微调都应轻轻转动,不要用力过大。镜片、光学片不准用手触片。

（4）仪器有故障,由熟悉仪器结构者或修理部修理。

（5）每次使用完后,应将仪器擦干净,保持干燥。

2. 电子水准仪

1）天宝电子水准仪 DINI03

天宝电子水准仪 DINI03 如图 4-8 所示。

2）操作步骤

设置好参数—选择线路—新建线路—输入线路名称—输入点号—输入高程—输入备注—选择测量方式（BBFF、BFFB 等）开始测量,注意测量的顺序要和设置的顺序相同—完成测量后保存线路—导出数据—平差（见图 4-9）。

3）测量示例

天宝电子水准仪开机后,界面主菜单中有四大项,外业测量也主要围绕主菜单进行。

（1）文件。

文件主要用来管理项目,内业数据传输根据项目名称进行,打开文件选项,依次进行下列操作,新建好的项目名会显示在主菜单中,新项目的参数会默认最后一次打开项目的配置参数,如需要修改,则在配置中进行。

（2）配置。

配置主要用来设置大气折光、时间日期、水准测量参数、仪器补偿值的检测、仪器自身参数及记录参数。

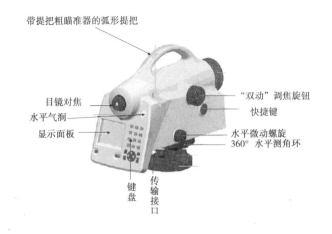

图 4-8　天宝电子水准仪 DINI03

测量 – 水准线路测量

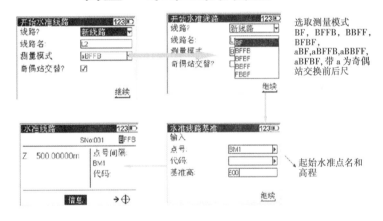

选取测量模式 BF, BFFB, BBFF, BFBF, aBF,aBFFB,aBBFF, aBFBF,带 a 为奇偶站交换前后尺

起始水准点名和高程

图 4-9　天宝电子水准仪操作步骤

①输入:输入中的大气折光和加常数使用默认值,日期和时间可按正确值(逗号分隔)手工输入。

②限差/测试:水准线路的限差根据国家水准测量规范输入,如二等水准的最大视距为 50 m,最小、最大视线高分别为 0.3 m 和 2.8 m。

一个测站限差对数字水准仪而言为前后尺分别读两次读数所测的高差较差,也即常规水准测量的基辅尺所测的高差较差,二等为 0.6 mm。读数时只使用 30 cm 尺面,这样有利于提高每次读数的速度。

单站前后视距差和水准线路的前后视距累积差也可按国标输入,二等为 1 m 和 3 m。

进行了上述参数设置后即完成了高等级水准测量的外业所需要控制的各项误差值设

置,一旦在测量过程中有超限值出现,仪器会自动报警,并且不会记录超限数据,此时重新调整后重测即可,所有的参数设置完后按回车键确认并储存。

③校正:用来查看仪器进行自动补偿的数值大小,同时也可测出仪器新的补偿值,天宝电子水准仪 DINI03 有 15′的自动补偿功能,补偿精度可以达到 0.2″。

④仪器设置:用来设置一些基本参数。

⑤记录设置:记录一定要打钩,否则数据无法存储。RMC 数据格式为外业观测值和计算值的综合数据格式。记录时可以选择是附加时间还是温度,一般选时间。

点号自动增加,起始点为仪器第一次照准读数的点名(基点除外),此外在测量过程中可以随时自定义点名。

(3)测量。

①单点测量:单点测量用来测一些散点,一般很少用。

②线路测量:线路测量一般先要新建一条线路,名字自定义,测量模式根据测量规范及往返测选择,对我们有用的一般就是 aBFFB 和 aFBBF。奇偶站交替变化,照准前后尺测量。将基准点输入,点名自定义,高程为基准实际高,没有高程可以输入 0,这样测段完成后高差 Sh 会自动算出。

SNo:001 表示第一个测站,黑色光标落在 B 上说明先测后视。界面中的竖直黑线将主界面一分为二,左边表示的是刚操作过的内容,右边表示的是即将要操作的内容,依次测完一个测站的 BFFB。如果测量过程中出现差错,如不小心踢了下脚架,则可以重测,将光标移至"重测",此时可根据需要重测最后一个测站或重测整个测站。第一个测站完成后,仪器测站编号会自动提示 SNo:002,这时仪器操作人员就可以搬站了。测完第二站后 SNo 会自动变成 003,依次一直测完整个测段。在测量过程中可以实时查看仪器及测量信息,将光标移至"信息",可看到仪器内存、电池电量、日期时间及前视距总和、后视距总和的大小等信息。

测到偶数站后,如果已经测到另一个水准点,则将光标移至"结束",如果有高程则点"是",没有则点"否",最后仪器会自动显示该测段的高差 Sh、前视距总和、后视距总和。

③中间点测量、放样、继续测量:此三项功能一般使用较少,操作起来同线路测量相似。

(4)计算。

计算主要是用机内自带的平差程序将所测数据进行平差,作者建议不使用此项功能,因为平差过后所有原始数据都将被覆盖并且不能被恢复。

(5)内业。

数字水准仪内业处理较为简单,在 PC 机上装好传输软件后将项目文件传输到指定的文件夹中,用记事本打开,在结尾部分可以看到此时将 Db 和 Df 相加即为测段长度 L,dz 为高差。将往返测高差代数相加即为该测段往返测高差不符值,根据规范求得允许误差,二者相比即可(注意测段长度 L 的大小为往返测测段长度的平均值)。

(6)注意事项。

①每开始一条测段或同一测段的往测和返测都要分别建立新项目,并且要保证新建项目名称在仪器中没有同名的项目存在,具体项目名称自己定义。

②线路测量要注意测量模式的选择,往测为 aBFFB,返测为 aFBBF。往返测都要在偶数站上才能结束测量。

③测段开始的点号和结束的点号都要实名输入,这将有利于内业分析和管理数据;同时,在测量过程中要每隔三四个测站检查一下前后视距累积差是否过大以便及时逐渐将其缩小。

④数字水准仪测量对扶尺人员责任心要求较高,在测量过程中要始终保持气泡居中(上下气泡不一致时以上气泡为准);在软地面作业时要将尺垫踩实,防止尺垫移位,并协助仪器观测人员适当控制视线长度。

4)下载数据

仪器箱里应该有 Data Transfer 光盘,打开找到 Data Transfer,安装,直接点击"下一步"就行了。安装完之后打开软件,新建设备(当前默认的是 DINI COM 口),要新建一个 DINI USB 口就可以用了(DINI03 的机器带的都是 USB 数据线)。把仪器和电脑相连,Data Transfer 上会显示连接好,这时候选择相应的文件,点传送就行了。

天宝电子水准仪下载数据步骤如图 4-10 所示。

图 4-10　天宝电子水准仪下载数据步骤

5)配置与校正

30″以内都可以用设备本身的校正功能来进行校正,属于电子自动补偿校正。使用校正程序,有几种方式可供选择,结果都一样,只是过程不一样。选择后仪器会提示按什么顺序来架设尺子,比如"前后后前"或"后前前后"等,选不一样的模式这个顺序不一样。注意:尺子和电子水准仪放置的位置总共有 4 个点,这 4 个点要均匀分布,按电子水准仪提示的顺序测量即可(见图 4-11)。

4.1.4　电子全站仪

1. 全站仪简介

全站仪,即全站型电子速测仪(Electronic Total Station),是集水平角、垂直角、距离(斜

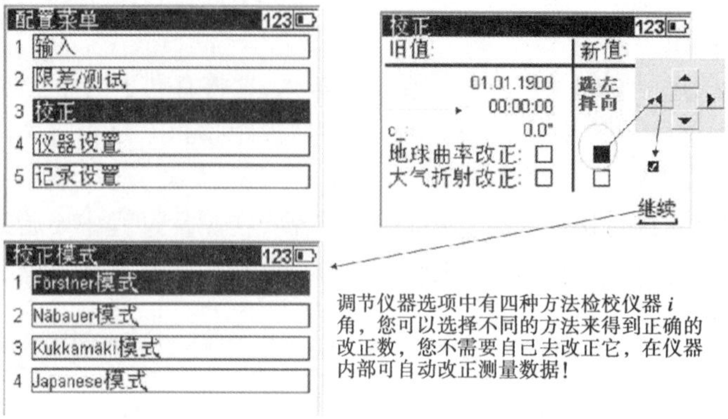

图 4-11　天宝电子水准仪配置与校正

距、平距)、高差测量功能于一体的测绘仪器系统(见图 4-12)。因其一次安置仪器就可完成该测站上全部测量工作,所以称之为全站仪。它广泛用于地上大型建筑和地下隧道施工等精密工程测量或变形监测领域。

图 4-12　全站仪

全站仪是一种集光、机、电为一体的新型测角仪器,与光学经纬仪比较,电子经纬仪将光学度盘换为光电扫描度盘,将人工光学测微读数代之以自动记录和显示读数,使测角操作简单化,且可避免读数误差的产生。电子经纬仪的自动记录、存储、计算功能,以及数据通信功能,进一步提高了测量作业的自动化程度。

全站仪与光学经纬仪的区别在于度盘读数及显示系统,电子经纬仪的水平度盘和垂直度盘及其读数装置是分别采用两个相同的光栅度盘(或编码盘)和读数传感器进行角度测量的。根据测角精度可分为 0.5″、1″、2″、3″、5″、10″等几个等级。

全站仪的生产厂家很多,主要的厂家及相应生产的全站仪系列有:瑞士徕卡公司生产的 TC 系列;日本 TOPCN (拓普康)公司生产的 GTS 系列;索佳公司生产的 SET 系列;宾得公司生产的 PCS 系列;尼康公司生产的 DMT 系列及瑞典捷创力公司生产的 GDM 系列。我国南方测绘仪器公司20世纪90年代生产的NTS系列全站仪填补了我国的空白，正以崭新的面貌走向国内、国际市场。

2. 全站仪的组成

全站仪几乎可以用在所有的测量领域。全站仪由电源部分、测角系统、测距系统、数据处理部分、通信接口、显示屏、键盘等组成（见图4-13）。

同电子经纬仪、光学经纬仪相比，全站仪增加了许多特殊部件，因此使得全站仪具有比其他测角、测距仪器更多的功能，使用也更方便。这些特殊部件构成了全站仪在结构方面独树一帜的特点。

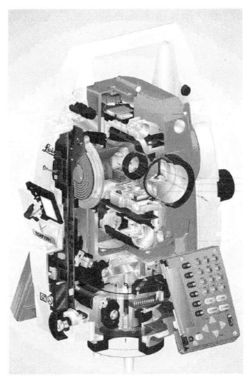

图4-13　全站仪组成

1）同轴望远镜

全站仪的望远镜实现了视准轴、测距光波的发射、接收光轴同轴化。同轴化的基本原理是：在望远物镜与调焦透镜间设置分光棱镜系统，通过该系统实现望远镜的多功能，可瞄准目标，使之成像于十字丝分划板，进行角度测量，同时其测距部分的外光路系统又能使测距部分的光敏二极管发射的调制红外光，在经物镜射向反光棱镜后，经同一路径反射回来，再经分光棱镜作用使回光被光电二极管接收。为满足测距需要，在仪器内部另设一内光路系统，通过分光棱镜系统中的光导纤维将由光敏二极管发射的调制红外光也传送给光电二极管接收，由内、外光路调制光的相位差，间接计算光的传播时间，计算实测距离。

同轴性使得望远镜一次瞄准即可实现同时测定水平角、垂直角和斜距等全部基本测量要素的测定功能，加之全站仪强大、便捷的数据处理功能，使全站仪使用极其方便。

2）双轴自动补偿

在作业时若全站仪纵轴倾斜,会引起角度观测的误差,盘左、盘右观测值取中不能使之抵消。而全站仪特有的双轴(或单轴)倾斜自动补偿系统,可对纵轴的倾斜进行监测,并在度盘读数中对因纵轴倾斜造成的测角误差自动加以改正(某些全站仪纵轴最大倾斜可允许至±6′),也可将竖轴倾斜引起的角度误差,由微处理器自动按竖轴倾斜改正计算公式计算,并加入度盘读数中加以改正,使度盘显示读数为正确值,即所谓纵轴倾斜自动补偿。

3）键盘

键盘是全站仪在测量时输入操作指令或数据的硬件,全站仪的键盘和显示屏均为双面式,便于正、倒镜作业时操作。

4）存储器

全站仪存储器的作用是将实时采集的测量数据存储起来,再根据需要传送到其他设备如计算机等中,供进一步的处理或利用,全站仪的存储器有内存储器和存储卡两种。

全站仪内存储器相当于计算机的内存(RAM),存储卡是一种外存储媒体,又称PC卡,作用相当于计算机的磁盘。

5）通信接口

全站仪可以通过RS－232C通信接口和通信电缆将内存中存储的数据输入计算机,或将计算机中的数据和信息经通信电缆传输给全站仪,实现双向信息传输。

3. 全站仪的使用

全站仪具有角度测量、距离(斜距、平距、高差)测量、三维坐标测量、导线测量、交会定点测量和放样测量等多种用途。内置专用软件后,功能还可进一步拓展。全站仪的基本操作与使用方法如下。

(1)水平角测量。

①按角度测量键,使全站仪处于角度测量模式,照准第一个目标A。

②设置A方向的水平度盘读数为0°00′00″。

③照准第二个目标B,此时显示的水平度盘读数即为两方向间的水平夹角。

(2)距离测量。

①设置棱镜常数:测距前须将棱镜常数输入仪器中,仪器会自动对所测距离进行改正。

②设置大气改正值或气温、气压值:光在大气中的传播速度会随大气的温度和气压而变化,15 ℃和760 mmHg是仪器设置的一个标准值,此时的大气改正为0 ppm(ppm即10^{-6})。实测时,可输入温度和气压值,全站仪会自动计算大气改正值(也可直接输入大气改正值),并对测距结果进行改正。

③量仪器高、棱镜高并输入全站仪。

④距离测量:照准目标棱镜中心,按测距键,距离测量开始,测距完成时显示斜距、平距、高差。

全站仪的测距模式有精测模式、跟踪模式、粗测模式三种。精测模式是最常用的测距模式,测量时间约2.5 s,最小显示单位1 mm;跟踪模式常用于跟踪移动目标或放样时连续测距,最小显示单位一般为 1 cm,每次测距时间约 0.3 s;粗测模式,测量时间约 0.7 s,最小显示单位 1 cm 或 1 mm。在距离测量或坐标测量时,可按测距模式(MODE)键选择不同的测距模式。

应注意,有些型号的全站仪在距离测量时不能设定仪器高和棱镜高,显示的高差值是全站仪横轴中心与棱镜中心的高差。

(3)坐标测量。

①设定测站点的三维坐标。

②设定后视点的坐标或设定后视方向的水平度盘读数为其方位角。当设定后视点的坐标时,全站仪会自动计算后视方向的方位角,并设定后视方向的水平度盘读数为其方位角。

③设置棱镜常数。

④设置大气改正值或气温、气压值。

⑤量仪器高、棱镜高并输入全站仪。

⑥照准目标棱镜,按坐标测量键,全站仪开始测距并计算显示测点的三维坐标。

4. 全站仪的数据通信

全站仪的数据通信是指全站仪与计算机之间进行的双向数据交换。全站仪与计算机之间的数据通信的方式主要有两种:一种是利用全站仪配置的 PCMCIA 卡(Personal Computer Memory Card Internation Association,简称 PC 卡,也称存储卡)进行数字通信,特点是通用性强,各种电子产品间均可互换使用;另一种是利用全站仪的通信接口,通过电缆进行数据传输。

5. 全站仪的检验

(1)照准部水准轴应垂直于竖轴的检验和校正。检验时先将仪器大致整平,转动照准部使其水准管与任意两个脚螺旋的连线平行,调整脚螺旋使气泡居中,然后将照准部旋转 180°,若气泡仍然居中则说明条件满足,否则应进行校正。

校正的目的是使水准管轴垂直于竖轴。即用校正针拨动水准管一端的校正螺钉,使气泡向正中间位置退回一半。为使竖轴竖直,再用脚螺旋使气泡居中即可。此项检验与校正必须反复进行,直到满足条件为止。

(2)十字丝竖丝应垂直于横轴的检验和校正。检验时用十字丝竖丝瞄准一清晰小点,使望远镜绕横轴上下转动,如果小点始终在竖丝上移动则条件满足,否则需要进行校正。

校正时松开四个压环螺钉(装有十字丝环的目镜用压环和四个压环螺钉与望远镜筒相连接),转动目镜筒使小点始终在十字丝竖丝上移动,校正好后将压环螺钉旋紧。

(3)视准轴应垂直于横轴的检验和校正。选择一水平位置的目标,盘左、盘右观测之,取它们的读数即得两倍的 c($c = 1/2(a_左 - a_右)$)。

(4)横轴应垂直于竖轴的检验和校正。选择较高墙壁近处安置仪器,以盘左位置瞄准墙壁高处一点 p(仰角最好大于 30°),放平望远镜在墙上定出一点 m_1。倒转望远镜,盘右再瞄准 p 点,又放平望远镜在墙上定出另一点 m_2。如果 m_1 与 m_2 重合,则条件满足,否则需要校正。校正时,瞄准 m_1、m_2 的中点 m,固定照准部,向上转动望远镜,此时十字丝交

点将不对准 p 点。抬高或降低横轴的一端,使十字丝的交点对准 p 点。此项检验也要反复进行,直到条件满足为止。

以上四项检验校正,以(1)、(3)、(4)项最为重要,在观测期间最好经常进行。每项检验完毕后必须旋紧有关的校正螺钉。

4.2　GPS 系列接收机

4.2.1　GPS 基础知识

GPS(全球定位系统)是 20 世纪 70 年代由美国陆海空三军联合研制的新一代空间卫星导航定位系统。其主要目的是为陆、海、空三大领域提供实时、全天候和全球性的导航服务,并用于情报收集、核爆监测和应急通信等一些军事目的,是美国独霸全球战略的重要组成部分。经过 20 余年的研究实验,耗资超过 300 亿美元,到 1994 年 3 月,24 颗 GPS 卫星星座已布设完成,全球覆盖率高达 98%。

1. GPS 原理

24 颗 GPS 卫星在离地面 20 200 km 的高空上运行,使得任意时刻,在地面上的任意一点都可以同时观测到 4 颗以上的卫星。由于卫星的位置精确可知,在 GPS 观测中,可得到卫星到接收机的距离,根据三维坐标中的距离公式,利用 3 颗卫星,就可以组成 3 个方程式,解出观测点的位置(X,Y,Z)。考虑到卫星的时钟与接收机时钟之间的误差,需要引入第 4 颗卫星,实际上有 4 个未知数,即 X、Y、Z 和钟差,形成 4 个方程式进行求解,从而得到观测点的经纬度和大地高程(见图 4-14)。

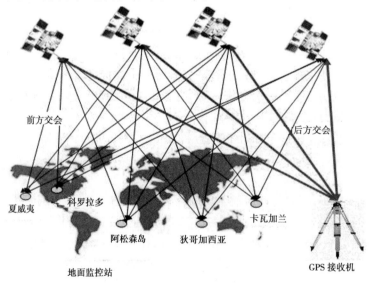

图 4-14　GPS 原理图解

由于卫星运行轨道、卫星时钟存在误差,大气对流层、电离层对信号的影响,以及人为的 SA 保护政策,因此民用 GPS 的定位精度只有 100 m 左右。为提高定位精度,大家普遍采用差分 GPS(DGPS)技术,建立基准站(差分台)进行 GPS 观测,利用已知的基准站精确坐标,与观测值进行比较,从而得出一修正数,并对外发布。接收机收到该修正数后,与自身的观测值进行比较,消去大部分误差,得到一个比较准确的位置。实验表明,利用差分 GPS,定位精度可提高到 5 m。

2. 导航系统介绍

1) 美国 GPS

GPS 是美国历经 20 年耗资超过 300 亿美元建立的全球卫星定位系统,目前共有 30 颗、4 种型号的导航卫星。

该系统卫星轨道高度 2 万 km,能使地球上任何地方的用户在任何时候都能看到至少 4 颗卫星,是一个全天候、实时性的导航定位系统,也是目前世界上应用最广泛、技术最成熟的导航定位系统。

特点:成熟。

2) 欧洲伽利略定位系统

伽利略定位系统是欧洲正在建造中的卫星定位系统,有"欧洲版 GPS"之称。伽利略定位系统预计共发射 30 颗卫星,其中 27 颗卫星为工作卫星,3 颗为候补卫星。卫星轨道高度约 2.4 万 km,其精度将比 GPS 更为精准。

美国 GPS 向别国提供的卫星信号,只能发现地面大约 10 m 长的物体,而伽利略定位系统的卫星则能发现 1 m 长的目标。形象地说,GPS 系统只能找到街道,而伽利略定位系统则可找到家门。目前,太空中已有 4 颗正式的伽利略定位系统卫星。伽利略定位系统在 2014 年初步投入运营。

特点:精准。

3) 俄罗斯格洛纳斯

俄罗斯格洛纳斯由 24 颗卫星组成,尽管其定位精度比 GPS、伽利略定位系统略低,但其抗干扰能力却是最强的。格洛纳斯项目由苏联在 1976 年启动,开始的时候就是军用性质。苏联解体以后,由于缺乏足够的经费,格洛纳斯的计划不断延迟。2011 年 11 月,随着一颗"格洛纳斯 - M"卫星发射成功,该系统计划的 24 颗卫星已全部在轨工作,另有 4 颗在轨备用,从而实现全球覆盖。

特点:抗干扰能力强。

4) 中国北斗卫星导航系统

中国北斗卫星导航系统是中国正在实施的自主发展、独立运行的全球卫星导航系统。北斗卫星导航系统由空间段、地面段和用户段三部分组成,预计由 30 颗以上卫星组成。

与美国 GPS、欧洲伽利略定位系统、俄罗斯格洛纳斯相比,把短信和导航结合是中国北斗卫星导航系统的独特发明。一般来讲,世界上其他的全球卫星导航系统只是告诉用户什么时间、在什么地方,而中国北斗卫星导航系统除此之外还可以将用户的位置信息发送出去,其他人可以获知用户的情况。

特点:短信和导航结合。

3. GPS 构成特点

GPS 由三部分构成:①地面控制部分,由主控站(负责管理、协调整个地面控制系统的工作)、地面天线(在主控站的控制下,向卫星注入电文)、监测站(数据自动收集中心)和通信辅助系统(数据传输)组成;②空间部分,由 24 颗卫星组成,分布在 6 个轨道平面上;③用户装置部分,主要由 GPS 接收机和卫星天线组成。

全球定位系统的主要特点:①全天候;②全球覆盖;③三维、定速、定时、高精度;④快速、省时、高效率;⑤应用广泛等。

4. GPS 主要用途

GPS 的主要用途:①陆地应用,主要包括车辆导航、应急反应、大气物理观测、地球物理资源勘探、工程测量、变形监测、地壳运动监测、市政规划控制等;②海洋应用,包括远洋船最佳航程航线测定、船只实时调度与导航、海洋救援、海洋探宝、水文地质测量以及海洋平台定位、海平面升降监测等;③航空航天应用,包括飞机导航、航空遥感姿态控制、低轨卫星定轨、导弹制导、航空救援和载人航天器防护探测等。

经过 20 余年的实践证明,GPS 是一个高精度、全天候和全球性的无线电导航、定位和定时的多功能系统。GPS 技术已经发展成为多领域、多模式、多用途、多机型的国际性高新技术产业。

5. GPS 接收机厂商

GPS 接收机按照用途分类,可分为导航型接收机、测地型 GPS 接收机和授时型接收机三类。其中,测地型 GPS 接收机采用载波相位观测值进行相对定位,定位精度高,主要用于精密大地测量和精密工程测量。

目前,在 GPS 技术开发和实际应用方面,国际上较为知名的生产厂商有美国 Trimble(天宝)导航公司、瑞士 Leica Geosystems(徕卡测量系统)公司、日本 TOPCON(拓普康)公司、美国 Magellan(麦哲伦)公司(原泰雷兹导航)等。

4.2.2 GPS 接收机

1. Trimble GPS 接收机

美国天宝(Trimble)导航公司成立于 1978 年,是一家以研究开发和销售 GPS 技术为主的 GPS 接收机公司,也是目前世界上 GPS 技术领域中最大的专业化生产厂家之一。迄今为止,该公司已生产有测地型、导航型和授时型三大类 GPS 接收机,共有 20 多种型号。

天宝的测地型 GPS 接收机产品主要有 R8、R7、R6 及 5800、5700 等。其中,5800 为 24 通道 GPS/WAAS/EGNOS 接收机,它把双频 GPS 接收机、GPS 天线、UHF 无线电和电源组合在一个袖珍单元中,具有内置 Trimble Maxwell 4 芯片的超跟踪技术。即使在恶劣的电磁环境中,仍然能用小于 2.5 W 的功率提供对卫星有效的追踪。同时,为扩大作业覆盖范围和全面减小误差,5800 可以同频率多基准站的方式工作。此外,它还与 Trimble VRS 网络技术完全兼容,其内置的 WAAS 和 EGNOS 功能提供了无基准站的实时差分定位。

Trimble R8 GNSS 接收机(见图 4-15)的问世,确定了新一代 GNSS 接收机的标准。全新的 RTK 处理引擎,获得专利的 R - TrackTM 跟踪技术的使用,功能全面、高度集成的接收机,可为用户提供无与伦比的高效率、高精度和高性能、高可靠性。Trimble R8 GNSS 接收机主要特点如下。

1）先进的 Trimble R – 跟踪技术

Trimble R8 GNSS 采用最新型的 R – 跟踪技术，能够提供可靠精确的定位能力。在浓密的树荫或有限的天空视线下，R – 跟踪技术可提供优异的 GNSS 卫星信号跟踪性能。R – 跟踪技术能够补偿断续信号或 RTK 边际改正信号。RTK 信号受阻后，可继续进行精确测量。

2）带 220 通道的 Trimble Maxwell 6 芯片

Trimble R8 GNSS 以 Trimble Maxwell 6 芯片为特色，可给出更多的内存空间和 GNSS 通道，使用该产品的业界同行从中能够获得更大收益。

3）GNSS 支持范围宽广

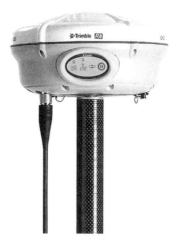

图 4-15　Trimble R8 GNSS 接收机

Trimble R8 GNSS 支持范围宽广的卫星信号，包括 GPS L2C 和 L5 信号以及 GLONASS L1/L2 双频信号。此外，Trimble 在 Galileo 系统投入商用 1～2 年之前，已经为客户预备了 Galileo 兼容产品，对下一代的现代化 GNSS 配置做出了承诺。新的 Trimble R8 GNSS 可跟踪 GIOVE – A 和 GIOVE – B 实验测试卫星。

4）系统设计灵活

Trimble R8 GNSS 接收机把最全面综合的特性与灵活的整合系统结合起来，可满足多种测量应用的需要。Trimble R8 GNSS 含有一个内置发射/接收超高频电台，使流动站或基准站操作无比灵活。Trimble 独家拥有的 Web UI 网络用户界面不再需要用户各处奔波便可对基准站接收机进行例行监测。现在，用户不需要走出办公室，就能判定基准站接收机的性能和状态并进行远程配置。用户还可以通过 Web UI 下载后处理数据，省去了外业下载数据的工作。

5）实现协同工作

Trimble R8 GNSS 接收机的高速度和精准特性与 Trimble Access 软件的灵活性和协作工具互相搭配。Trimble Access 能够让数据在外业和内业团队之间共享，并使他们在基于 Web 的安全环境中协同工作，从而使外业和内业团队距离更近。

6）定位精度高

（1）静态 GNSS 测量（静态和快速静态）：

水平：3 mm ＋ 0.5 ppm RMS；

垂直：5 mm ＋ 0.5 ppm RMS。

（2）实时动态测量（单基线 ＜30 km）：

水平：8 mm ＋ 1 ppm RMS；

垂直：15 mm ＋ 1 ppm RMS。

（3）网络 RTK：

水平：8 mm ＋ 0.5 ppm RMS；

垂直：15 mm ＋ 0.5 ppm RMS；

（4）编码差分 GNSS 定位：

水平:0.25 m + 1 ppm RMS;

垂直:0.50 m + 1 ppm RMS。

(5)SBAS差分定位精度:典型<5 m 3DRMS。

2. Leica GPS接收机

徕卡测量系统(Leica Geosystems)是全球著名的专业测量公司,是快速静态、动态RTK技术的先驱。其GPS GX1200系列接收机包括4种型号:GX1230 GG/ATX1230 GG、GX1230/ATX1230、GX1220和GX1210。其中,GX1230 GG/ATX1230 GG为72通道、双频RTK测量接收机,接收机集成电台、GSM、GPRS和CDMA模块,具有连续检核(Smart Check +)功能,可防水(水下1 m)、防尘、防沙。

动态精度:水平10 mm +1 ppm,垂直20 mm +1 ppm;

静态精度:水平5 mm +0.5 ppm,垂直10 mm +0.5 ppm。

它在20 Hz时的RTK距离能够达到30 km甚至更长,并且可保证厘米级的测量精度,基线在30 km时的可靠性是99.99%。

Leica GPS接收机如图4-16所示。

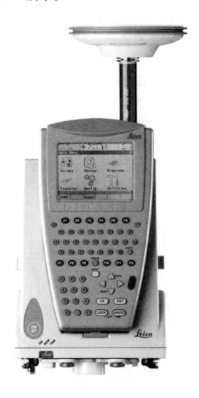

图4-16　Leica GPS接收机

1)徕卡GPS GX1200系列接收机主要特点

GPS和TPS联合作业针对所有应用,面向现实和未来,按照最严格的标准,以最先进的测量技术进行设计和制造,GPS GX1200设备具备高效性和可靠性,并且可以胜任世界上任何严酷的工作环境。GPS GX1200的卓越功能体现在以下方面:

（1）GPS/TPS:标准化操作界面。

（2）键盘、触摸屏幕直观界面,强大的数据管理,面板事务及程序,所有这些对于 GPS 和 TPS 都同样简单易用。

（3）GPS 和 TPS 的联合,以同样的方法操作它们,方便切换,享受 GPS GX1200 带来的自由、灵活和完善功能。

（4）完全防水、坚固耐用,GPS GX1200 接收机是针对在任何恶劣环境下工作的特性设计的。它可以抵抗坠落、摇晃和震动,可在雨、尘、沙和雪各种恶劣条件下工作,其工作温度为 $-40 \sim 65$ ℃。

（5）支持全部的应用,可用于控制测量、拓扑、工程地基测量、放样、监控、地震监测等任何需要的地方。

（6）可使用对中杆、三脚架、柱支座或放入背包中。

（7）电池容量大,两节小的锂离子电池就可连续工作 10 h 以上。

2）徕卡 GPS GX1200 系列接收机主要技术参数

主要技术参数见表4-1。

表4-1　徕卡 GPS GX1200 系列接收机主要技术参数

型号	GX1230 接收机	GX1220 接收机	GX1210 接收机
GPS 技术	Smart Track	Smart Track	Smart Track
类型	双频	双频	单频
通道	12L1 + 12L2/WASS/EGNOS	12L1 + 12L2/WASS/EGNOS	12L1/WASS/EGNOS
RTK	有,使用 Smart Check +	无	无
DPGS + WASS/EGNOS	有	可选	无
状态指示	3 个红色指示灯分别表示电源、卫星跟踪、数据输出		
端口	2 个电源输入端口、3 个串行端口、1 个手簿接入端口、1 个天线连接端口		
电压功耗	普通 12 VDC 3.965 W(接收机、手簿、天线)		
事件输入和 pps	可选 1 个 pps 输出端口、2 个事件输入端口	无	无
标准天线	Smart Track AX1202 固定 groundplane		

3）徕卡 GPS GX1200 系列接收机组成

GPS GX1200 系列接收机主要由 GPS 天线、主机、天线电缆,以及配套的数据链组成。GPS 天线型号为 AX1202,在使用中由于天线架设方式不同,接收机内的参数设置随之不同,主要有以下几种:①天线安置在三脚架上,参数设置为 AX1202 三脚架(测量天线高时,用专用的量高尺);②天线安置在对中杆上,设置为 AX1202 对中杆。另外,AX1201 为单频天线;AX1202 为双频天线。

GPS 接收机:GX1210 为单频静态接收机;GX1220 为双频静态接收机(有 DGPS);GX1230 为双频 RTK 接收机。

天线电缆:有 2.8 m、1.2 m 和 1.6 m 加长电缆,用于连接 GPS 天线和接收机。

参考站数据链:包括电台、鞭状天线连接器与鞭状天线、数据传输电缆(数据从接收机到电台)等设备。其中,数据传输电缆的一端为 8 针,连接接收机 1 号口,另一端为 5 针,连接电台的 Y 型电缆。Y 型电缆的两端分别连接电瓶和电台。电台为 35 W PDL 电台。鞭状天线连接器与鞭状天线供电台发射信号使用,参考站的数据通过电缆输出到电台,然后又从鞭状天线发射出去。

流动站数据链:电台为 0 W PDL 电台。鞭状天线连接器与鞭状天线供电台接收信号使用,接收参考站电台发射的数据,然后通过 1 号口输入到流动站接收机内进行实时解算。

3. 拓普康 GPS 接收机

日本拓普康(TOPCON)公司生产的 GPS 接收机主要有 GR－3、GB－1000、Hiper、Net－G3 等。其中,GR－3 大地测量型接收机,可 100% 兼容三大卫星系统(GPS + GLONASS + Galileo)的所有可用信号,有 72 个跟踪频道,采用抗 2 m 摔落坚固设计,支持蓝牙通信,内置 GSM/GPRS 模块(可选)。

静态、快速静态的精度:水平 3 mm + 0.5 ppm,垂直 5 mm + 0.5 ppm;

RTK 精度:水平 10 mm + 1 ppm,垂直 15 mm + 1 ppm;

DGPS 精度:优于 25 cm。

拓普康 GNSS 产品,包括 TOPCON GR－3/HiPer Pro/NET－G3/Odyssey－RS/GB－500HiPer Ga/HiPer Gb 接收机。

1)拓普康 TOPCON HiPer IIG RTK GPS 接收机(见图 4-17)的主要特点

(1)GPS + GLONASS RTK 和静态测量;

(2)坚固轻巧的镁合金外壳;

(3)蓝牙无线通信;

(4)集成扩频或数字 UHF 电台(可选);

(5)集成 GSM 或 CDMA 移动通信模块;

(6)信息丰富的 LED 指示与语音提示;

(7)SD/SDHC 存储卡。

2)技术指标

(1)跟踪能力。

通道数:72 个超级通用跟踪通道(等同于 216 跟踪通道)。

跟踪信号:GPS L1CA,L1/L2 P 码,L2C;GLONASS L1/L2 CA,L2CA,L1/L2 P 码;SBAS WAAS、EGNOS、MSAS。

(2)定位精度。

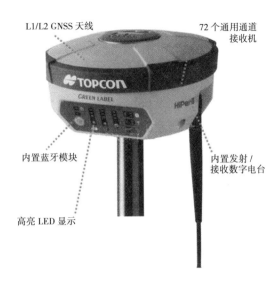

L1/L2 GNSS 天线

72 个通用通道
接收机

内置蓝牙模块

内置发射/
接收数字电台

高亮 LED 显示

图 4-17　TOPCON HiPer IIG RTK GPS 接收机

静态 L1 + L2:水平 3 mm ＋ 0.5 ppm,垂直 5 mm +0.5 ppm。

L1:水平 3 mm ＋ 0.8 ppm,垂直 4 mm +1 ppm。

快速静态 L1 + L2:水平 3 mm ＋ 0.5 ppm,垂直:5 mm +0.5 ppm。

动态 L1 + L2:水平 10 mm +1 ppm,垂直 15 mm +1 ppm。

RTK L1 + L2:水平 10 mm +1 ppm,垂直 15 mm ＋ 1 ppm。

DGPS ＜ 0.5 m。

(3)按键。

单键设计:可用于开启接收机、复位、存储卡格式化。

显示:22 个 LED 状态指示,显示接收机工作状态。

语音:多国语音提示信息,可报告接收机工作状态。

(4)数据管理。

存储器:可拆卸式 SD/SDHC 卡。

数据格式:RTCM SC104 2.1/2.2/2.3/3.0/3.1、CMR、CMR +、NMEA、TPS。

更新率\输出率:1 Hz、5 Hz、10 Hz、20 Hz、RS232C(4 800 ~115 200 bps)。

(5)无线通信。

蓝牙:V.1.1,Class 1,115,200 bps。

UHF 电台:内置,接收和发射,410 ~470 MHz。

手机模块:内置,GSM 或 CDMA。

(6)使用环境。

防尘防水:IP67(IEC 60529:2001),盖上防水帽可承受水下 1 m 短时浸泡。

冲击:可承受 2 m 对中杆自然坠落。

工作温度:HiPer IIG 主机 −40 ~65 ℃,BDC58 电池 −20 ~65 ℃,电台/GSM 模块 −20 ~55 ℃,存储温度 −45 ~70 ℃。

湿度:100%,无冷凝。

(7)物理特性。

封装:镁合金。

尺寸:直径×高为 184 mm×95 mm。

质量:HiPer IIG 主机 1.1 kg,BDC58 电池 195 g,内置模块 115 ~ 230 g(取决于模块的不同)。

(8)供电。

标准电池:BDC58,可拆卸锂电池,7.2 V,4.3 Ah(两块,可热插拔)。

持续供电时间: >7.5 h(静态模式和蓝牙)。

充电器 CDC68 充电时间:约 4 h(在 25 ℃时)。

输入电压:100 ~ 240 VAC(50/60 Hz)。

外接电源:输入电压 6.7 ~ 18 VDC。

(9)其他。

先进的共同跟踪专利技术,有效跟踪微弱的卫星信号。

先进的多路径抑制技术。

注意:①视接收机配置,通道数和跟踪的信号会有所变化。②可用精度依赖于使用卫星数、观测环境、卫星几何分布(DOP)、观测时间、多路径影响、大气状况、基线长度、测量过程和数据质量。③标准为 1 Hz,可选更高的采样率。④仅内置 UHF 电台,或者内置 UHF + GSM 模块。⑤使用合适的 AC 电源电缆。

4. 华测 GPS 接收机

华测导航的 GPS 接收机产品主要有 X60CORS、X20 单频接收机、X90 一体化 RTK、X60 双频接收机等。其中,X90 为 28 通道双频 GPS 接收机,集成双频 GPS 接收机、双频测量型 GPS 天线、UHF 无线电、进口蓝牙模块和电池,能达到 10 ~ 30 km 的作用范围(因实际地域不同,情况有所差别),既可以承受从 3 m 高度跌落到坚硬的地面,也可浸入水下 1 m 深处进行测量。X90 具有静态、快速静态、RTK、PPK、码差分等多种测量模式,精度范围为毫米级到亚米级。

华测推出具有划时代意义的新产品——X91(见图 4-18),率先实现无缝兼容市场所有使用 PDL 电台的接收机,精度更高、可靠性更强,新老用户选择更加开放,投资更加优化。

1)华测 X91GPS 接收机简介

无缝兼容进口 GNSS 接收机,华测 X91 是目前国内唯一一款全方位无缝兼容进口仪器的接收机。

(1)RTK 电台模式:X91 内置原装进口 PDL 接收电台,打破 GNSS 产品进口与国产联合作业的技术壁垒,对于原有进口天宝、徕卡、麦哲伦、原阿什泰克、泰雷兹、拓普康等 RTK 仪器用户,可添加华测 X91 流动站直接作业。降低成本,高可靠性实现了 RTK $1 + n$ 的梦想。

(2)网络模式:采用国际通用差分协议,无论哪种型号的仪器只要通过网络模式都可以通用。

（3）静态控制测量：X91 做静态测量时，可导出国际通用标准 RINEX 格式、天宝 ∗.dat 格式，以及华测自定义 ∗.hcn 格式，联测更加方便、快捷、简单。

图 4-18　华测 X91GPS 接收机

2）定位精度

X91 是目前精度最高的国产测地型 GNSS 接收机，华测高精度的 GPS 产品 X91 使用双频测量型天线，使得 X91 的搜星和锁星能力更强，四馈点的天线技术增加仪器获得亚毫米相位中心的稳定性，加上华测独有的整体装配技术，使 X91 获得了比同类产品更高的精度。

（1）静态测量精度：

平面精度：$(2.5 + 1 \times 10^{-6}D)$ mm；

高程精度：$(5 + 1 \times 10^{-6}D)$ mm。

（2）快速静态测量精度：

平面精度：$(5 + 1 \times 10^{-6}D)$ mm；

高程精度：$(10 + 1 \times 10^{-6}D)$ mm。

（3）实时动态 RTK 精度：

水平精度：$\pm (10 + 1 \times 10^{-6}D)$ mm；

高程精度：$\pm (20 + 1 \times 10^{-6}D)$ mm。

单机定位精度：1.5 m；

码差分定位精度：0.45 m。

3）接收机特性

220 通道接收机；

GPS：L1CA，L2E，L2C，L5/L1/L2 全载波；

GLONASS：L1CA，L1P，L2CA（仅 GLONASSM），L2P、L1/L2 全载波，SBAS（MSAS/WAAS/EGNOS）信道，伽利略、北斗等卫星信道；

SBAS：L1CA，L5；

GIOVE – A：L1BOC，E5A，E5B，E5AltBOC（可支持）；

GIOVE – B：L1CBOC，E5A，E5B，E5AltBOC（可支持）；

先进的 BD970 主板。

4）UHF 电台

（1）内置高性能电台，与进口品牌无缝兼容；

（2）220 ~ 240 MHz、410 ~ 430 MHz、450 ~ 470 MHz，19 200 bps 无线传输速率；

（3）基准站输出功率 1 ~ 28 W，可任意调节。

5）GPRS 网络通信

（1）内置进口 GPRS/CDMA 数据通信模块；

（2）900/1 800 MHz 频段，自动登录；

(3)24 h 免费网络服务器支持。

6)I/O 端口

(1)1 个 RS232 串口；

(2)1 个 USB 数据下载口；

(3)1 个外接直流电源口；

(4)1 个 GSM/CDMA 用 SIM 卡插槽。

7)物理特性

(1)宽×高:18 cm×8 cm；

(2)质量:1.25 kg(含电池,电池质量 0.1 kg)。

8)存储和记录

(1)内置存储器:64 MB。

(2)存储格式:HCN、DAT、RINEX。

9)数据格式

(1)RTCM2.X,RTCM3.X；

(2)CMR,CMR+；

(3)RTCA；

(4)NMEA0183；

(5)NTRIP 协议。

10)电气参数

(1)主机功耗:2.8 W；

(2)单块电池容量:2 200 mA；

(3)电池电压:7.2 V；

(4)电池寿命:1 000 次充放电过程；

(5)电池工作时间:RTK 为 10 h,静态为 16 h；

(6)可外接直流电,内外电源自动切换；

(7)外接电源:9~15 VDC。

11)环境参数

(1)工作温度:-40~65 ℃；

(2)存储温度:-50~85 ℃；

(3)湿度:100%,无冷凝；

(4)防水防尘:满足 IP67 标准,可浸入水下 1 m,可漂浮；

(5)冲击震动:抗 2 m 跌落。

5.中海达 GPS 接收机

中海达测绘仪器有限公司成立于1999年,坐落于广州有"硅谷"之称的广州市天河软件园。该公司致力于国产化 GPS 的研发、生产,是一家专业的 GPS 高新技术产业公司。中海达测绘仪器有限公司主要经营单频 GPS 接收机、测量型 GPS 接收机、海用 GPS 接收机、双频 GPS 接收机等。

中海达测绘仪器有限公司的 GPS 接收机产品主要有 HD6100 网络 RTK GPS、HD6000

网络 RTK GPS、HD5800G 蓝牙一体化 GPS、HD8200G 蓝牙静态 GPS、HD9900 双频 RTK GPS 等。其中,HD6100 采用一体化设计,集成 GPS 天线、UHF 数据链、OEM 主板、蓝牙通信模块、锂电池,可实现 GPRS/UHF 通信方式一键切换,无盲区测量。

静态后处理精度:平面 ±(3 mm + 0.5 ppm),垂直 ±(5 mm + 1 ppm);

RTK 定位精度:平面 ±(1 cm + 1 ppm),垂直 ±(2 cm + 1 ppm);

单机定位精度:1.5 m(CEP);

码差分定位精度:0.45 m(CEP)。

中海达 V30(北斗版)GNSS RTK 系统(见图 4-19)是随着中国北斗卫星导航定位系统的不断完善,在原有高精度 V30 GNSS RTK 系统的基站上,采用最新的北斗系统内核,推出的最新的成熟稳定的系统。中海达 V30(北斗版)GNSS RTK 系统技术参数如下。

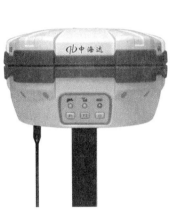

1)信号跟踪

GPS:L1 C/A、L2E、L2C、L5;

北斗:B1/B2;

初始化时间:<10 s;

初始化可靠性:>99.9%;

定位输出:1 Hz、2 Hz、5 Hz、10 Hz、20 Hz(默认 10 Hz)。

图 4-19　中海达 V30(北斗版)
GNSS RTK 系统

2)定位精度

静态、快速静态精度:平面 ±$(2.5 + 1 \times 10^{-6} D)$ mm;高程 ±$(5 + 1 \times 10^{-6} D)$ mm;

RTK 定位精度:平面 ±$(10 + 1 \times 10^{-6} D)$ mm;高程 ±$(20 + 1 \times 10^{-6} D)$ mm。

3)内置通信

(1)固定 GPRS 模块。

(2)CDMA/3G 网络通信模块(选购)。

①可选电信 CDMA 通信服务,支持 WCDMA 3G 通信功能;

②可配置双网络通信,如 GPRS + GPRS、GPRS + CDMA、GPRS + 3G。

(3)GM – 46V 内置收发一体兼容 V8 电台(选购)。

①发射功率在 0.1 W、1 W、2 W 之间可调;

②电台频段 450 ~ 470 MHz,100 个频道可灵活切换;

③最高 19.2 kbps 无线传输速率。

(4)GM – 46PV 内置收发一体兼容进口电台(选购)。

①兼容天宝、徕卡各种 RTK 产品的数传电台;

②发射功率在 0.1 W、0.5 W、1 W 之间可调;

③电台频段 430 ~ 470 MHz,32 个频道可灵活切换,用户可自行修改频率表;

④最高 19.2 kbps 无线传输速率。

(5)GM – 46XV 内置收发一体高性能新型电台(选购)。

①发射功率在 0.1 W、0.5 W、1 W 之间可调;

②电台频段 430～470 MHz,24 个频道可灵活切换,用户可自行修改频率表;

③最高 19.2 kbps 无线传输速率。

4)外部电台

高性能外挂电台,电台频段 450～470 MHz,19.2 kbps 无线传输速率,100 个频道可灵活切换,5 W/10 W/20 W/30 W 可调。

5)接口

(1)2 个 RS-232 串行口;

(2)2 个外接直流电源输入口(复用);

(3)1 个蓝牙无线通信口;

(4)1 个 USB 接口(复用);

(5)1 个 GSM 或 CDMA 用 SIM 卡插槽。

6)功能和指标灯

(1)3 个面板按键:1 个电源键,2 个功能键;

(2)3 个指示灯:1 个卫星指示灯(单色灯),1 个通信指示灯(双色灯),1 个电源指示灯(双色灯)。

7)电气物理特性

(1)内存:64 MB;

(2)主机功耗:2.5 W;

(3)输入电压:直流 6～36 V;

(4)电池:高容量锂电池 4 400 mAh/块(2 块),单块电池 GPRS 移动站工作时间 12 h;

(5)尺寸:φ19.5 cm×10.4 cm(长);

(6)质量:1 300 g(含锂电池)。

8)环境特性

(1)防水防尘:IP67,抗 2 m 水下浸泡,完全防止粉尘进入;

(2)防摔:抗 3 m 自然跌落。

9)工作温度

-45～65 ℃。

10)存储温度

-55～85 ℃。

4.2.3 GPS 手持机

1.常用手持 GPS 接收机

1)天宝 GPS(JUNO3B)

天宝 JUNO3B 手持 GPS 接收机(见图 4-20)是 Trimble 公司最新推出的坚固型 MGIS 数据采集终端,其秉承了 JUNO 系列便携、高精度、高集成度的技术优势,产品防护等级提高到 IP54,更加有利于在野外恶劣环境下工作。同时,JUNO3B 产品采用 800 MHz 处理器,256 MB RAM,2 GB 硬盘,运行速度更快,存储空间更大。

JUNO3B 结合了 GPS 设备、照相机、PDA 的所有优势,这个可以放进口袋的、单一的、紧凑的设备为作业团队提供了一系列的实用工具,因此需要充电的电池较少,需要操作的设备也较少。相机准备就绪后,外业团队可以准确地记录在现场所看到的一切。Trimble JUNO 将照片与 GPS 相结合,使照片可以立即进行地理标记以供将来参考。

此外,外业、内业的协作能力也显著提高,因为照片可以从外业被直接发送到办公室。对于标准的定位应用,如导航,高灵敏度接收机可以提供优化的定位率,使得用户可以在最恶劣的条件下快速地得到位

图 4-20　天宝 JUNO3B 手持 GPS 接收机

置信息。在 SBAS 覆盖的地区,始终可以获得实时 2 ~ 5 m 的定位精度。此外,通过简单的后处理,精度可进一步提高到 1 ~ 3 m,以满足公司或监管标准。

JUNO3B 产品内置 500 万像素的数码相机,带有地理标记功能,采用 Windows Mobile 6.5 全中文操作系统,完全开放的平台。其广泛应用于电力、国土、林业、交通、水利、通信等行业,为数据采集及标准化作业带来帮助。

性能特点:

(1)坚固耐用的 PDA 式 GPS 采集终端;

(2)IP54 防护等级,完全防水防尘;

(3)500 万像素自动对焦摄像头;

(4)3 060 mAh 可充电锂电池,续航时间达 14 h;

(5)高灵敏度 GPS 接收机,单机精度可达 1 ~ 3 m。

2)佳明 GPS(map629SC)(见图 4-21)

(1)完美的北斗解决方案。

①可接收北斗、GPS 和 GLONASS 三大卫星系统的信号,定位更快、更准,服务无盲区。

②可自定义点线面采集属性进行采集,最大化野外采集效益。

③1954 北京坐标系、1980 西安坐标系、CGCS2000 等中国常用坐标系统格式快速转换。

④SiteSurvey PC 软件,支持 mif、shp、dxf、csv、kml、gpx、txt 等格式互相转换。

⑤Garmin Base Camp 数据处理软件,可从设备导入导出航点、航迹等数据进行编辑。

图 4-21　佳明 map629SC 手持 GPS 接收机

⑥视内存大小可无限扩充航迹记录,再多的数据也尽在掌握中。

⑦精确面积测量功能,航迹测量、等宽测量、航线测量涵盖各行各业的各种需求,支持测量中途暂停甚至开关机之后继续测量,独立的测面积轨迹管理,方便又专业。

(2)顶级户外采集助手。

①配有 2.6 英寸彩色坚固耐用触摸屏,超强防炫,可在阳光下清晰读取资料,并配有易用的菜单系统。

②四螺旋天线,不放过任何微弱 GPS 信号,定位无死角。

③坚固耐用、防水防摔。

(3)丰富的导航及户外辅助功能。

①预装中国大陆地区导航电子地图,40 多项行程信息,沿路导航媲美专业车载导航仪。

②支持等高线地图、DEM 地图和自制地图。

③高精度三轴补偿式电子罗盘,精确指示方位。

④气压式高度计,详细记录高度变化,实时掌握现地环境。

⑤500 万像素数字变焦与自动对焦防水摄像头,拍照即显示位置,支持照片导航。

⑥IPX7 防水(水下 1 m,30 min 防水)。

⑦ANT + 无线数据分享,可与其他机种的用户分享航点、航线、航迹、寻宝信息数据等资料。

⑧自定义属性采集功能(需自备扩展卡)。

3)麦哲伦高精度 GPS(Pro10)

麦哲伦探险家 Pro10 手持式 GPS/GIS 接收机(见图 4-22),采用 Windows Mobile 6.5 开放式操作系统和高频处理器,允许选择第三方的 GIS 软件,支持用户定制开发软件系统,以满足不同行业的作业需求。

全机采用坚固耐用、高等级防水设计,做工精致、坚固、人性化设计,采用全触摸屏设计,内置摄像头、麦克风和扬声器,在野外即可完成多形式记录。

它结合了高灵敏度 GPS,方便查看和接收导航定位数据,具备耗电量低、阳光下可视屏幕、支持蓝牙及大容量存储等特点,广泛应用在各行业的资源调查、勘界普查、灾害预防、设备巡检、物流调度和资产管理等领域。主要特点如下:

图 4-22　麦哲伦探险家 Pro10
手持式 GPS/GIS 接收机

(1)采用 Windows Mobile 6.5 开放操作系统:允许选择第三方的 GIS 软件,支持用户定制开发软件系统。

(2)系统采用具有 20 通道的 SiRF starII GPS 芯片,并采用全向贴片天线,最高可达 3 m 精度。

(3)内置三轴电子罗盘和气压高度计。

(4)支持车载导航和 MiniSD 卡扩展。

(5)采用高精度 GPS 芯片:探险家 Pro 10 内置高精度 GPS 接收模块和高灵敏度 GPS 天线,具有 20 通道卫星接收能力,可达 3 m 的定位精度,同时支持 SBAS(WASS、EGNOS 或 MSAS)提供更高的定位精度。

(6)体验式记录:探险家 Pro 10 集成了 320 万像素带自动聚焦功能的摄像头、麦克风及扬声器,可以使户外爱好者在记录航点的同时记录地理参考视频信息和音频信息,并可在设备和电脑上重温户外冒险经历和完整过程,或与各种在线社区的其他人分享,也可通过软件进入各种 GIS 数据库。

(7)采用移动 GPS/GIS 解决方案:可以进行 GPS/GIS 数据采集,根据自己的工作需要,选择多种工作模式,并可使用数码相机、录音机等来协助 GIS 属性记录工作,同时支持蓝牙,使数据传输更加方便。

(8)完美野外设计:专门为野外工作而设计,携带轻便、坚固耐用,采用 IPX7 防水等级。

(9)三轴电子罗盘和气压高度计:探险家 Pro 10 内置传感器能让用户准确地了解要去哪里,哪个方向是北,以及相对海平面的高程。在寻宝时能让用户清楚知道探宝的行进方向。内置气压高度计能灵敏分析天气条件和时间的不断变化,同时一系列不同的数字罗盘能让用户准确判断北方向。

(10)完美的屏键结合设计:探险家 Pro 10 采用友好用户界面触摸屏和可定制按钮相结合的设计,给用户最为人性化和便捷化的使用体验,两个可定制按钮可以定制成用户喜欢或常用的功能。

(11)强大的软件系统:探险家 Pro 10 手持机内置 Windows Mobile 6.5 操作系统,并可选择第三方 GIS 软件,同时支持用户定制开发系统软件。

(12)独特的人性化挂环设计:探险家 Pro 10 采用麦哲伦标志性挂环设计,可轻松挂在脖子上或系在包上,并且拿起设备时绳索在下方以方便用户的操作,让用户在野外作业时再也不用担心绳索干扰和机器丢失。

4)集思宝 GPS(MG858S)(见图 4-23)

(1)MG858S 产品介绍。

MG858S 产品为合众思壮公司全新打造的一款基于北斗系统的多融合高精度手持机,该产品采用 Hemisphere 公司最新技术的 P207 板卡,并对硬件系统平台进行全面升级,引入高精度测量软件 e – Survey 2.0 版本作为标配软件,支持工程测量、电力勘测、数据采集等模块。

图 4-23　集思宝 MG858S
手持式 GPS 接收机

(2)MG858S 产品特点。

①支持全星座卫星接收,支持 GPS、GLONASS、北斗三系统接收,并支持单北斗系统定位;

②372 个超级通道,预留伽利略定位系统及 QZSS 系统升级;

③(专利技术)更高的测量精度,MG858S 支持快速单频 RTK 功能,支持厘米级定位;

④(专利技术)独有的 SBAS 和单点定位算法,采用 Hemisphere 公司全球领先的 SBAS 和单点定位算法,SBAS 精度可达 0.3 m,单点定位精度高达 1.2 m;

⑤(专利技术)独有的 COAST 自差分修正技术,支持在恶劣环境下数据丢失一段时间内保持亚米级定位精度;

⑥(专利技术)独有的 e – Dif 专利技术,支持在无差分源的情况下通过自建模型产生差分修正数据,在一定的时间内取得亚米级定位精度;

⑦标配 RTCM Base 功能,支持 MG858S 自建基准站,实现两个 MG858S 之间的差分作业;

⑧系统平台全面升级,CPU 升级至 MG8 PLUS,主频高达 833 MHz,内存储升级至 4 GB;

⑨37.74 W 超大容量可拆卸锂电池,电池自带电量检测功能;

⑩Backup Power 技术,支持不关机进行电池的更换;

⑪支持 USB OTG 功能,可以直接使用 U 盘进行数据传输。

2. **手持 GPS 参数设置方法**

手持 GPS 所使用的坐标系统基本是 WGS-84 坐标系统,而我们使用的地图资料大部分都属于 1954 北京坐标系或 1980 西安坐标系。不同的坐标系给我们的使用带来了困难,于是就出现了如何把 WGS-84 坐标转换到 1954 北京坐标系或 1980 西安坐标系上的问题。不同坐标系之间存在着平移和旋转的关系,要将手持 GPS 所测量的数据转换为自己需要的坐标,必须求出两个坐标系(WGS-84 和 1954 北京坐标系或 1980 西安坐标系)之间的转换参数。

两坐标系之间的转换有七参数法、五参数法和三参数法。七参数法一般用于转换精度要求较高的计算,而手持 GPS 接收机内部设置的是五参数法,因此只要用户计算出五个参数(DX、DY、DZ、DA、DF)并按提示输入即可在仪器上进行坐标转换。

1)求参数方法

求参数有很多方法,如果定位精度要求不是很高的话,可以直接在野外三角点上求出。方法是:首先将 GPS 中的参数 DX、DY、DZ 设为 0,对均匀分布的 3 个已知坐标点进行 GPS 定位,然后将获得的坐标与已知坐标进行比对,取其坐标差值平均值作为参数 DX、DY、DZ 的值,再次对 3 个已知坐标点用 GPS 定位后将获得的定位数据与已知点比对,并取其平均值作为 DX、DY、DZ 的改正值。

2)GPS 参数设置

第 1 步:打开 GPS,进入单位设置,把位置格式设为 User Grid,在子菜单中央经线(LONGITUDE ORIGIN)参数中输入经度(注意:我国为东经,经度前应加"E",不同测区或同一测区 3°带和 6°带中央子午线经度不同),投影比例(SCALE)参数输入 1.0,东西偏差(FALSE E)参数中输入 500 000.0,南北偏差(FALSE N)参数中输入 0.0,并设单位为公制后保存。

第 2 步:打开地图基准菜单,选择 User,该菜单下有 5 个参数(DX、DY、DZ、DA、DF),其中后 2 个定参数(DA、DF)针对同一坐标系为定值(1954 北京坐标系 DA = -108,DF = 0.000 000 5;1980 西安坐标系 DA = -3,DF = -0.000 000 003),根据所应用的测量数据的坐标系统来选择;前 3 个变参数(DX、DY、DZ)在不同的工作区其值不同,需要根据工程区已知坐标点进行调整。

第 3 步:如果定位误差不超过 5 m,可认为达到精度要求。若经反复校正后,GPS 所获得的数据与已知坐标相差较大,首先复核已知坐标是否正确,其次检查 GPS 自身质量(用 2 台 GPS 采用相同的参数在同一点进行定位,其定位数据与已知点坐标相差较大时应考虑为 GPS 自身质量问题)。

3.手持 GPS 使用方法及注意事项

1)手持 GPS 使用方法

在野外探险等活动中,都会用手持 GPS 来规划路线、指定方位、记录航迹,其携带方便,因此掌握手持 GPS 的使用方法非常重要。手持 GPS 的主要功能和在野外活动中的主要用途如下:

(1)测定所在点的经纬度(坐标)和海拔,并可把数据存储在 GPS 内,命名为一个航路点(Waypoint)。

(2)记录所经路线的航迹(Track)。

(3)GPS 的旅程计算器可计算并记录总旅程距离、分段距离、现行速度、最大速度、平均速度、行走时间、停留时间、预计到达时间等各种参数。

(4)建立由多个航路点连成的航线(Route)。

(5)导航功能使用户只需依照 GPS 指示的方向前进就能到达目的地:①根据所记录的航迹返回出发点;②根据建立的航线到达目的地;③迷路时寻找最近的航路点。

(6)手持 GPS 一般都有串行接口(RS-232)与个人电脑相连,用于软件升级,下载或上传航迹、航路点和航线,高级一点的还可以下载电子地图。

(7)其他有用功能:①查询任何地点、任何时间的太阳或月亮的位置,太阳、月亮的升降时间;②查询任何地点的最佳钓鱼时间;③计算任何形状的平面面积(只需沿周边走一遍)。

2)使用手持 GPS 的注意事项

(1)必须在露天的地方使用,建筑物内、洞内、水中和密林等类似地方无法使用。

(2)在一个地方开机待的时间越长,搜索到的卫星越多,精确度就越高。

(3)在山野上使用精度比在城中高楼林立的地方高。

(4)使用 GPS 导航比用指南针要准确可靠,因为依照指南针的方位角走,一旦走错,就会越走越偏离目标,但 GPS 永远告诉用户正确的方位角,而不论偏离目标有多远。

(5)现在市面上一般民用的手持 GPS 精度为 15 m,如能支持 WAAS,精度可提高到 3 m。

(6)注意带足够的备用电池。

4.2.4　CORS 接收机

CORS 接收机的使用方法大同小异,下面以华测 RTK GPS 接收机(见图 4-24)如何连接山东 CORS 为例,说明使用方法和操作步骤,此处经验只针对华测 LT400 手簿的连接。

1.设置主机工作模式

打开测地通,点击【配置】→【手簿端口配置】,选中【选用蓝牙】,点击【配置蓝牙】,搜索蓝牙,绑定主机,点击【确定】,退出测地通。如果已经绑定过主机,这一步可以省略。

打开 HCGpsSet 图标,使用正确的端口,如 COM8,选中蓝牙,然后点击"打开端口",如图 4-25 所示。

点击"更新",查看设置(左下角红框标注区域)是否正确,如果不正确,更改为如下设置:①数据输出方式为"正常模式";②接收机工作模式为"自启动移动站";③自启动数据发送端口为"Port2 + GPRS/CDMA";④自启动发送格式为"RTCM3"。这四项不得出错。

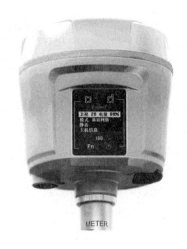

图 4-24　华测 RTK GPS 接收机

图 4-25　华测 GPS 连接山东 CORS 操作步骤 1

2. 设置网络

（1）点击左上角"开始"按钮，在弹出的菜单中选择"设置"，如图 4-26 所示。

（2）在弹出的设置中选择系统，再选择拨号命令，在弹出的窗口中进行设置，如图 4-27 所示。

注意：在设置初始化命令输入框中，IP 之后的那个双引号中输入"sdcors. jn. sd"，一定注意要小写输入。

图 4-26　华测 GPS 连接山东 CORS 操作步骤 2

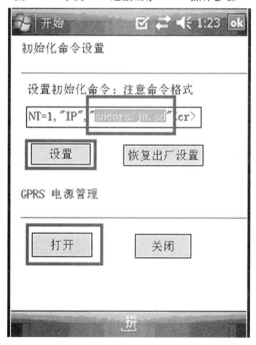

图 4-27　华测 GPS 连接山东 CORS 操作步骤 3

然后点击中间的"设置"按钮,再点击"打开"(GPRS 电源)按钮,设置完成。

(3)设置拨号连接,如果有连接名称,可以点击"管理现有连接",再选中连接名称,点击"编辑",检查设置是否正确,进行相应设置,如图 4-28 所示。

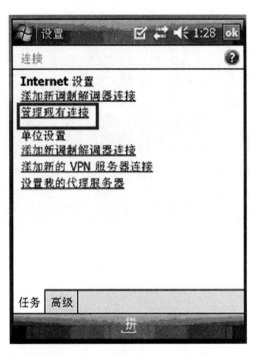

图 4-28 华测 GPS 连接山东 CORS 操作步骤 4

如果没有连接名称,则点击"新建连接",如图 4-29 所示。

图 4-29 华测 GPS 连接山东 CORS 操作步骤 5

注意:一定要选择调制解调器为"Serial Cable on COM6",然后点击"下一步",显示如图 4-30 所示的界面。

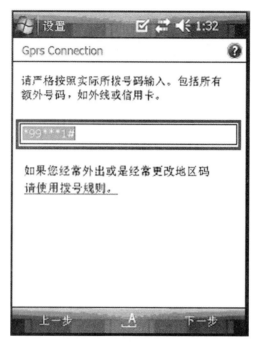

图 4-30　华测 GPS 连接山东 CORS 操作步骤 6

　　输入拨号号码,一定要输入"＊99＊＊＊1#",设置完成后,点击"下一步",然后直接点击"完成",拨号设置完成。

　　3. 拨号连接

　　在开机界面下,点击右上角的连接符号,如图 4-31 所示。

图 4-31　华测 GPS 连接山东 CORS 操作步骤 7

正常情况下是断开样式,然后点击"设置",显示如图4-32所示的界面。

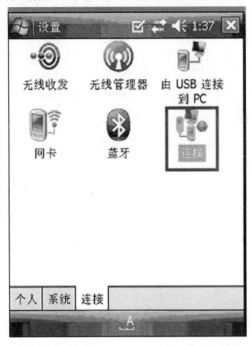

图4-32 华测 GPS 连接山东 CORS 操作步骤 8

然后长按"连接"按钮,进入网络连接界面,手簿自动拨号上网,如图4-33 所示。

图4-33 华测 GPS 连接山东 CORS 操作步骤 9

拨号成功以后显示无断裂双箭头样式。

4. 进入测量软件 LandStar,进行 SDCORS 连接

点击图 4-34 左上角的图标,配置移动站参数、手簿网络。

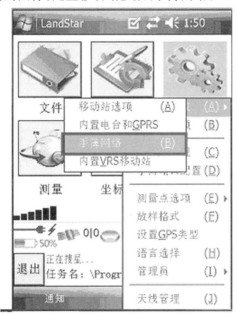

图 4-34　华测 GPS 连接山东 CORS 操作步骤 10

进入设置界面,如 4-35 所示。

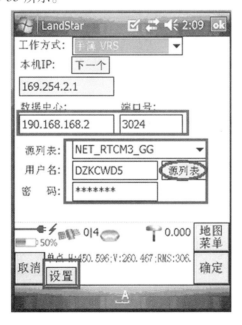

图 4-35　华测 GPS 连接山东 CORS 操作步骤 11

此处应注意,数据中心为 SDCORS 服务器 IP 地址"190.168.168.2",端口号为"3024",在没有源列表的时候,点击"源列表"三个字,获取一些源列表。

用户名密码为单位申请的账号资料,注意区分大小写。设置正确以后,点击"设置",登录上 SDCORS。

上述工作完成后,可以进行外业测量、放样、点校正以及数据管理等。

4.3 工程系列使用仪器

4.3.1 测斜仪

测斜仪是一种用于测量钻孔、基坑、地基基础、墙体和坝体等工程构筑物的顶角、方位角的仪器,分为便携式测斜仪和固定式测斜仪。便携式测斜仪分为便携式垂直测斜仪和便携式水平测斜仪,固定式分为单轴和双轴测斜仪,目前应用最广的是便携式测斜仪。测斜仪的工作原理及工作要点如下。

1. 测斜管的安装

测斜管有圆形和方形两种,国内多采用圆形,直径有 50 mm、70 mm 等,每节一般为 2 m 长,采用钢材、铝合金、塑料等制作,最常用的是 PVC 塑料管。测斜管在吊放钢筋笼之前,接长到设计长度,绑扎在钢筋上,随钢筋笼一起放入槽内(桩孔内)。测斜管的底部与顶部要用盖子封住,防止砂浆、泥浆及杂物入孔内(见图 4-36)。

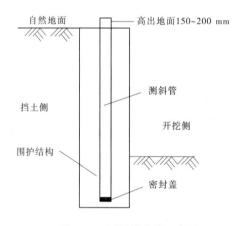

图 4-36 测斜管安装示意图

2. 测斜仪工作原理

测斜仪按其工作原理有伺服加速度式、电阻应变片式、差动电容式、钢弦式等多种。比较常用的是伺服加速度式、电阻应变片式两种。伺服加速度式测斜仪精度较高,目前用得较多。测斜仪的构造如图 4-37 所示。

测斜仪上下各有一对滑轮,上下轮距 500 mm,其工作原理是利用重力摆锤始终保持铅直方向的性质,测得仪器中轴线与摆锤垂直线间的倾角,倾角的变化可由电信号转换而得,从而可以知道被测结构的位移变化值。

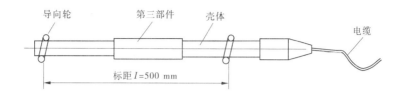

图 4-37 测斜仪构造示意图

3. 操作要点

(1)埋入测斜管,应保持垂直,如埋在桩体或地下连续墙内,测斜管与钢筋笼应绑牢。

(2)测斜管有两对方向互相垂直的定向槽,其中一对要与基坑边线垂直。

(3)测量时,必须保证测斜仪与管内温度基本一致,显示仪读数稳定才开始测量。

(4)由于测斜仪测得的是两滑轮之间(500 mm)的相对位移,所以必须选择测斜管中的不动点为基准点,一般以管底端点为基准点,这个点的实际位移是测点到基准点相对位移的累加。测斜管埋入开挖面以下:岩层不少于 1 m,土层不少于 4 m。

4.3.2　激光扫平仪

激光扫平仪如图 4-38 所示。

图 4-38　激光扫平仪

1. 一般概念

激光扫平仪是投射一束可视激光束,用来进行水准定位的一种仪器。它另外的概念是:在快速旋转轴带动下使可视激光点(一般有红光和绿光)扫出同一水准高度的光线,便于工程人员定位水准高度的一种仪器。

2. 工作原理

对于投射可视光束的扫平仪,是利用可视光束定高度(光直线传播)。

对于光点扫出线的仪器,是利用可视激光点在快速移动时,由于人的视觉暂留的缘故,人看到光点移动是一条线的原理。仪器在整平的情况下,光电扫出的线在同一高度。

3. 种类

目前国内常用激光扫平仪依据工作原理以及是否增加补偿机构和采用补偿机构不同,大致可分成三类:水泡式激光扫平仪、自动安平激光扫平仪和电子自动安平激光扫平仪。

1)水泡式激光扫平仪

北京光学仪器厂于1996年试制的SJ2型和SJ3型激光扫平仪,属于结构简单、成本较低的水泡式激光扫平仪,是适宜于建筑施工、室内装饰等施工工作的普及型仪器。激光二极管发出的激光,经物镜后得到一激光束,该激光束在经过五角棱镜后,分成两束光线,一束直接通过,另一束改变90°方向,仪器的旋转头由电机通过皮带带动旋转,形成一个扫描的激光平面。仪器上设置有长水准仪器,用于安平仪器(和水准仪一样,扫平仪以水准器为基准,也就是说激光平面水平误差取决于水准器的精度,如果将仪器卧放,根据垂直水准器可得激光扫描出的铅垂面)。此仪器的精度,很大程度上受到人为因素的影响。

由于工程施工操作的要求及某些特殊场合的高精度要求,水泡安平难以满足要求,于是,各种自动激光仪器应运而生,并产生了一些独特的安平方式。

2)自动安平激光扫平仪

北京光学仪器厂研制的SJZ1型自动安平激光扫平仪,利用吊丝式光机补偿器,以达到在补偿范围内自动安平的目的,不论仪器如何倾斜,在补偿范围内将始终保持扫描出的激光平面处于水平面内,这种仪器适合于震动较大的施工场地。

3)电子自动安平激光扫平仪

光机式补偿器的优点是结构相对简单、成本较低和具有一定的抗震性等,但由于其补偿精度随补偿范围的增加而降低,一般补偿范围都限制在十几分(′)之内,近代发展的电子自动安平激光扫平仪具有较高的稳定性和补偿精度。

电子自动安平系统一般由传感器、电子线路和执行机构组成。水泡式传感器以玻璃水泡内充有导电液的类似于一般气泡水准器的元件为主体,玻璃管外涂有金属盖层,并形成两个对称的电极。两个电极间相应为两个电阻,当气泡居中时,电阻相等,当水泡倾斜时,气泡发生位移,从而破坏了两个电阻的平衡状态,使传感器电路组成的电桥失去平衡,并产生相应的电压输出,输出信号经电子处理并放大驱动执行机构,使伺服电机产生相应的正转或反转,保持电桥平衡,也就达到了电子自动安平的目的。传感器除用电阻的方式外,也有用电容或电感的传感元件。

4. 补偿机构介绍

目前市场上的仪器多采用以下补偿机构:

(1)吊丝补偿安平方式:用金属吊丝将准直物镜(含激光器)悬吊在仪器座上。利用重力实现出射光束的自动安平。

（2）轴承摆补偿安平方式：激光器及准直系统安装在重力摆上，重力摆绕两个精密轴承确定的轴线摆动。重力安平，磁阻尼稳定，实现自动安平。

（3）电子补偿安平方式：采用倾斜传感器，测量仪器基座的倾斜大小和倾斜方向，利用伺服电机对激光器准直系统的输出方向进行实时修正。

（4）液体补偿安平方式：使准直激光束通过一个稳定的液槽，当仪器安平时，液槽内的液体形成一个平行平板；当仪器微倾时，液槽内的液体形成一个液体光楔，将对出射光束的方向进行一定补偿。为了对光束出射方向能够完全补偿，让光连续通过两层折射率不同的液体，当两种液体折射率满足一定条件时，即能对光束出射方向实现完全补偿。

4.3.3　激光垂准仪

激光垂准仪如图 4-39 所示。

1. 概念

垂准仪是以重力线为基准，给出铅垂直线的光学仪器，可用来测量相对铅垂线的微小水平偏差、进行铅垂线的点位转递、物体垂直轮廓的测量以及方位的垂直传递。

垂准仪原理：利用一条与视准轴重合的可见激光产生一条向上的铅垂线，用于测量相对铅垂线的微小偏差以及进行铅垂线的定位传递。

2. 用途

垂准仪主要用于高层建筑施工，高塔、烟囱的施工，发射井、架、大型柱形机械设备的安装，大坝的水平位移测量，工程监理和变形观测等。

图 4-39　激光垂准仪

垂准仪主要用在高层建筑上，一般在每个楼层中间预留一个小孔，将控制点引到楼下，架设垂准仪，严格整平，打开激光，这样在楼层上面方便建站及放线。

垂准仪一般的精度为 1/40 000、1/50 000、1/100 000 等，严格整平后，可以发出两条垂直激光，一条向上，一条向下。

3. 型号

JGZ01 型激光垂准仪是利用激光的方向性强、能量集中的特点，在此基础上，运用到传统光学垂准系统中，添加半导体激光器研制开发的激光类仪器。

该仪器采用一体化机身设计，结构紧凑、性能稳定，可用于测量相对垂准的微小水平偏差，进行铅垂线的复位传递、物体垂直轮廓的测量，广泛用于建筑施工，工业安装，工程监理，变形观测，高层建筑，电梯、矿井、水塔、烟囱、大型设备安装，飞机制造，造船等。

4. 性能参数

JGZ01 型激光垂准仪性能参数见表 4-2。

表 4-2　JGZ01 型激光垂准仪性能参数

垂准测量标准偏差		1/40 000
望远镜	分辨率	5″
	放大倍率	24 倍
	视场角	1°20′
	物镜有效孔径	33 mm
	最短视距	0.8 m
瞄准用激光器	波长	635 nm
	出瞳功率	≤5 mW
	激光有效射程	白天≤150 m;夜间≤500 m
	激光光斑直径	≤5 mm/100 m
下对点激光器	波长	635 nm
	出射功率	≤1 mW
其他	长水准器角值	20″/2 mm
	圆水准器	8′/2 mm
	电源	2 节 5 号碱性电池/可充电电池
	仪器正常工作温度范围	−10 ~ 45 ℃

4.3.4　地下管线探测仪

1.概念

地下管线探测仪(见图 4-40)能在不破坏地面覆土的情况下,快速准确地探测出地下自来水管道、金属管道、电缆等的位置、走向、深度及钢质管道防腐层破损点的位置和大小,是自来水公司、煤气公司、铁道通信、工矿、基建单位改造、维修、普查地下管线的必备仪器之一。

图 4-40　地下管线探测仪

2.分类

(1)利用电磁感应原理探测金属管线、电/光缆,以及一些带有金属标志线的非金属管线,这类简称管线探测仪。

优点:探测速度快、简单直观、操作方便、精确度高。

缺点:探测非金属管线时,必须借助非金属探头,这种方法使用起来比较费力,需要侵入管线内部。

(2)利用电磁波探测所有材质的地下管线,也可用于地下掩埋物体的查找,这类俗称雷达,也称为管线雷达。

优点:能探测所有材质的管线。

缺点:对环境要求较高,测深能力较差(难查埋深较深的管线),对操作者素质和经验要求高。

一般来说,管线探测仪仅指利用电磁感应原理的管线探测仪,也是使用最多的仪器。

3.组成

(1)发射机:给被测管线施加一个特殊频率的信号电流,一般采用直连法、感应法和夹钳法三种激发模式。

(2)接收机:接收机内置感应线圈,接收管道的磁场信号,线圈产生感应电流,从而计算管道的走向和路径。一般有三种接收模式:峰值模式(最大值)、谷值模式(最小值)、宽峰模式。另外,更先进的仪器一般都带有峰值箭头模式(结合峰值与谷值两者的优点,操作更直观)以及罗盘导向(用于指明管线的走向)。

(3)还有其他一些附件,配合两大组成部分的使用。

4.选择注意事项

(1)根据自己的需要选择,很多管线仪只适合部分探测要求,在选择时,要了解清楚管线仪的适用范围。

(2)了解管线仪的测试方法,看是否操作简便、界面直观。

(3)了解管线仪的功能,看测深能力是否符合自己的需求。

(4)了解附件的配置是否完备,如夹钳(一般用于密集区电缆探测)、充电电池(节约探测成本)等。

(5)了解仪器是否能升级,这也是仪器的一个考核标准。

(6)了解仪器的可兼容性,可接收与发射频率是否广泛,是否利于探测、扩大用途。

5.特点

(1)采用图形显示器,能够持续、实时显示检测过程中各种参数及信号强弱情况。

(2)测量深度时自动转换到双水平天线模式,并自动调节接收机灵敏度,使测量信号达到最佳,测深完毕自动恢复到测深前的工作模式。

(3)有单水平天线、双水平天线、垂直天线三种测量模式,相互验证管线测量的精确度。

(4)具有多种深度测量方法:双线圈直读法、70%法,单线圈80%法、50%法和45°角法。

(5)灵敏度高,抗干扰强,定位精确。

(6)具有万用表功能,在电缆故障查找前后测试电缆的通断性和绝缘质量。

第5章 外业测量技术

5.1 常规控制测量

5.1.1 平面控制测量

以一级导线测量为例进行介绍,如图 5-1 所示。

图 5-1　一级导线测量

1．布设原则

在不易布设 GPS 控制点的区域,按照常规测量手段,以四等与一级 GPS 点为起算点,布设城市一级导线(网)。

2．主要技术要求

一级导线的主要技术要求见表 5-1。

表 5-1　一级导线的主要技术要求

等级	闭合环或附合导线长度(km)	平均边长(m)	测距中误差(mm)	测角中误差(″)	导线全长相对闭合差	最弱点点位中误差(cm)
一级	3.6	300	≤ ±15	≤ ±5.0	≤1/14 000	≤ ±5.0

注意:导线网中结点与高等级点间或结点间的导线长度不应大于附合导线规定长度的 0.7 倍;当附合导线长度短于规定长度的 1/3 时,导线全长的绝对闭合差不应大于 13

cm;导线的总长和平均边长可放长至1.5倍,但其绝对闭合差不应大于26 cm。当附合导线的边数超过12条时,其测角精度应提高一个等级。

3.选点

一级导线在高等级点间沿道路布设,点位选择应注意以下问题:①导线相邻边长之比不宜超过1:3,点位尽量分布均匀;②选取在地面坚实、视野开阔的地方,便于保存、观测和利用。

4.埋石和编号

一级导线点采用不锈钢标志,点位选在坚硬的道路上时,可凿孔现场灌注混凝土埋设标志,埋设规格与一级GPS点同。

一级导线点编号与一级GPS点编号方法相同,原则上在一级GPS点编号后面顺延。测区内点号不得重号,一级导线点在选埋后,应按照要求做点之记。

5.观测

(1)水平角和距离观测均采用2″级全站仪,要求仪器在检定合格期内。观测前,应对所使用的全站仪按《城市测量规范》(CJJ 8—2011)2.3.1条进行检校,符合要求方可使用。

(2)水平角采用方向观测法观测,当方向总数超过3个时应归零。距离测量采用单程2测回测定斜距。在观测过程中,仪器不应受日光直接照射,气泡中心位置偏离中心不应超过一格,否则应重新整置仪器。

(3)一级导线水平角观测的技术要求见表5-2。

表5-2　一级导线水平角观测的技术要求

等级	测角中误差(″)	测回数	方位角闭合差(″)
一级	≤ ±5.0	2	≤ ±10$\sqrt{n}$

(4)距离测量的技术要求。

测量每条边时,读取测站一端的气象数据,温度取位至0.5 ℃,气压取位至1 hPa或1 mmHg。

导线边长应进行加常数、乘常数、气象、倾斜改正,并将边长归算到参考椭球面,最终归算到高斯平面上。

导线边长可通过两点间高差或观测垂直角进行改平,按《城市测量规范》(CJJ 8—2011)2.4.10和2.4.11条执行。按《城市测量规范》(CJJ 8—2011)2.4.12条进行测距边水平距离的高程归化和投影改化。

导线边距离观测记录要求清晰、整洁,对原始观测数据的更改应符合《城市测量规范》(CJJ 8—2011)2.6.3条的规定,记录、计算取位至1 mm。

(5)平差计算。

观测手簿和边长改化资料经检查无误后方可进行平差计算。一级导线的平差计算在微机上使用清华山维新技术公司研制的测量控制网平差处理系统(NASEW)软件进行严密平差。结果文件要求包括起算数据、方向观测值和归化后的边长值、方位角闭合差和坐标闭合差、方向和边长值的改正值、坐标、单位权中误差、点位中误差、边长相对中误差、测角中误差。

5.1.2 高程控制测量

以二等水准测量为例进行介绍。

1. 二等水准测量精度要求

二等水准每千米测量的偶然中误差不大于 1.0 mm;二等水准每千米测量的全中误差不大于 2.0 mm。

2. 布设原则

二等水准测量作为测区首级高程控制网,沿测区外围即四环、××路—××路(南北方向)、××路—××路—××路(东西方向)布设成 4 个闭合环,联测上述路线上的各级控制点。

3. 观测仪器

1)仪器的选用

二等水准网的施测拟采用不低于 DSZ1 的自动安平数字水准仪,标尺为线条式因瓦标尺或条码式因瓦标尺。

2)仪器的检校

用于二等水准测量的仪器应在使用前送法定计量检定单位进行检定和校准,并在有效期内使用。仪器的技术指标应满足《国家一、二等水准测量规范》的规定。

水准仪要每天检校 i 角一次,作业开始后的 7 个工作日内,若 i 角比较稳定,以后可每隔 15 天检校一次。i 角不能超过 15.0″。

3)标尺的检验

标尺应按照规范要求进行"一对标尺零点不等差及基、辅分划读数差的测定"、"一对标尺名义米长的测定"和"标尺分米分划误差的测定"等。

4. 二等水准观测

1)观测方式

二等水准测量采用往返测量。一条路线的往返测,须使用同一类型的仪器和转点尺承,沿同一道路进行。

在每一区段内,先连续进行所有测段的往测,随后再连续进行该区段的返测。

同一测段的往测(或返测)与返测(或往测)应分别在上午与下午进行。在日间气温变化不大的阴天和观测条件较好时,若干里程的往返测可同在上午或下午进行,但这种里程的总站数不应超过该区段总站数的 30%。

2)观测的时间和气象条件

水准观测应在标尺分划线成像清晰而稳定时进行,下列情况下,不应进行观测。

(1)日出后与日落前 30 min 内;

(2)太阳中天前后各 1~2 h 内;

(3)标尺分划线的影像跳动或难于照准时;

(4)气温突变时;

(5)风力过大而使标尺与仪器不能稳定时。

3）设置测站

（1）可根据路线土质选用尺桩或尺台（尺台质量不低于 5 kg）作转点尺承，所用尺桩或尺台数不应少于 4 个。

（2）测站视线长度、前后视距差、视线高度按表5-3执行。

表5-3　二等水准测站视线长度、前后视距差、视线高度

等级	仪器类型	视线长度（m）	前后视距差（m）	任一测站上前后视距差累积(m)	视线高度（m）
		数字	数字	数字	数字
二等	DSZ1	≥3 且≤50	≤1.5	≤6.0	≤2.80 且≥0.55

注意：几何法数字水准仪视线高度的高端限差允许到 2.85 m。数字水准仪重复测量次数应≥2，相位法数字水准仪重复测量次数应≥1。所有数字水准仪，当地面震动较大时，应随时增加重复测量次数。

4）数字水准仪测站观测顺序和方法

（1）往返测奇数站照准标尺顺序为：

①后视标尺；

②前视标尺；

③前视标尺；

④后视标尺。

（2）往返测偶数站照准标尺顺序为：

①前视标尺；

②后视标尺；

③后视标尺；

④前视标尺。

（3）一测站操作程序如下（以奇数站为例）：

①将仪器整平（望远镜绕垂直轴旋转，圆气泡始终位于指标环中央）；

②将望远镜对准后视标尺，用垂直丝照准条码中央，精确调焦至条码影像清晰，按测量键；

③显示读数后，旋转望远镜照准前视标尺条码中央，精确调焦至条码影像清晰，按测量键；

④显示读数后，重新照准前视标尺，按测量键；

⑤显示读数后，旋转望远镜照准后视标尺条码中央，精确调焦至条码影像清晰，按测量键，显示测站成果。

⑥测站检核合格后迁站。

5）间歇与检测

如果需要间歇，最好在水准点上结束；否则，应在最后一站选择两个坚稳可靠、光滑突出、便于放置标尺的固定点作为间歇点。

间歇后应对间歇点进行检测,比较任意两尺承点间歇前后所测高差,若符合限差(见表5-4),即可由此起测;若超过限差,可变动仪器高度再检测一次,如仍超限,须从前一水准点起测。

6)观测限差

数字水准仪测站观测限差不应超过表5-4的规定。

表5-4 数字水准仪测站观测限差

等级	上下丝读数平均值与中丝读数的差(mm)		两次读数所测高差的差(mm)	检测间歇点高差的差(mm)
	0.5 cm 刻划标尺	1 cm 刻划标尺		
二等	1.5	3.0	0.6	1.0

7)数字水准仪测段往返起始测站设置

(1)仪器设置主要有:

①测量的高程单位和记录到内存的单位为米(m);

②最小显示位为0.000 01 m;

③设置日期格式为实时年、月、日;

④设置时间格式为实时24小时制。

(2)测站限差参数设置:

①视距限差的高端和低端;

②视线高限差的高端和低端;

③前后视距差限差;

④前后视距差累计限差;

⑤两次读数高差之差限差。

(3)作业设置:

①建立作业文件;

②建立测段名;

③选择测量模式"aBFFB";

④输入起始点参考高程;

⑤输入点号(点名);

⑥输入其他测段信息。

(4)通信设置:按仪器说明书操作。

8)观测遵守事项

(1)观测前30 min,应将仪器置于露天阴影下,使仪器与外界气温趋于一致;设站时,应用测伞遮蔽阳光;迁站时,应罩以仪器罩。使用数字水准仪前,还应进行预热,预热不少于20次单次测量。

(2)对于自动安平水准仪的圆水准器,应严格置平。

(3)在连续各测站上安置水准仪的三脚架时,应使其中两脚与水准路线的方向平行,而第三脚轮换置于路线方向的左侧与右侧。

（4）每一测段的往测与返测，其测站数均应为偶数。由往测转向返测时，两支标尺应互换位置，并应重新整置仪器。

（5）对于数字水准仪，应避免望远镜直接对着太阳；尽量避免视线被遮挡，遮挡不要超过标尺在望远镜中截长的20%；仪器只能在厂方规定的温度范围内工作；确信震动源造成的震动消失后，才能启动测量键。

9）有关规定

往返测高差不符值、环闭合差和检测高差较差的限差不应超过表5-5的规定。

表5-5 二等水准往返测高差不符值、环闭合差和检测高差较差的限差

等级	测段、区段、路线往返测高差不符值	附合路线闭合差	环闭合差	检测已测测段高差之差
二等	$4\sqrt{K}$	$4\sqrt{L}$	$4\sqrt{F}$	$4\sqrt{R}$

注：K为测段、区段或路线长度，单位为km；L为附合路线长度，单位为km；F为环线长度，单位为km；R为检测测段长度，单位为km。

10）成果的重测和取舍

（1）若测段往返测高差不符值超限，应先就可靠程度较小的往测或返测进行整测段重测，并按下列原则取舍：

①若重测的高差与同方向原测高差的不符值超过往返测高差不符值的限差，但与另一单程高差的不符值不超出限差，则选用重测结果；

②若同方向两高差不符值不超出限差，且其中数与另一单程高差的不符值亦不超出限差，则取同方向中数作为该单程的高差；

③若①中的重测高差或②中的两方向高差中数与另一单程高差的不符值超出限差，应重测另一单程。

（2）若附合路线和环闭合差超限，应就路线上可靠程度较小的某些测段进行重测，若重测后仍超出限差，则应重测其他测段。

（3）若每千米水准测量的偶然中误差超限，应分析原因，重测有关测段或路线。

5. 外业成果的记录、整理与计算

1）记录方式与要求

二等水准测量的外业成果应采用电子记录。每测段的始末，应记录观测日期、时间、气温、天气、云量、成像、太阳方向、道路土质、风向及风力。观测工作结束，确认观测成果全部符合要求后，方可进行外业计算。

2）外业计算

（1）水准测量外业计算的项目：

①外业手簿的计算；

②外业高差和概略高程表的编制；

③每千米水准测量偶然中误差的计算；

④附合路线与环闭合差的计算；

⑤每千米水准测量全中误差的计算。

（2）二等水准网计算水准点高程时，所用的高差应加入下列改正：

①水准标尺长度改正；

②水准标尺温度改正；

③正常水准面不平行的改正；

④环闭合差的改正。

（3）每千米水准测量偶然中误差的计算：

$$M_\Delta = \pm \sqrt{\left[\Delta\Delta/R\right]/(4n)} \qquad (5\text{-}1)$$

式中　Δ——测段往返测高差不符值，mm；

　　　R——测段长度，km；

　　　n——测段数。

（4）外业计算取位按表5-6执行。

表5-6　二等水准测量外业计算取位

等级	往（返）测距离总和（km）	测段距离中数（km）	各测站高差（mm）	往（返）测高差总和（mm）	测段高差中数（mm）	水准点高程（mm）
二等	0.01	0.1	0.01	0.01	0.1	1

6．上交资料

（1）技术设计书；

（2）二等水准点点之记及电子文本；

（3）二等水准路线图及电子文本；

（4）水准仪、水准标尺检验资料及标尺长度改正数综合表；

（5）二等水准观测电子记录光盘；

（6）二等水准测量外业高差及概略高程表；

（7）二等外业高差各项改正数计算资料；

（8）外业技术总结；

（9）验收报告。

5.2　GPS 控制测量

5.2.1　GPS 定位

1．GPS 定位原理

1）GPS 的基本组成

GPS 系统由空间部分、地面监控部分和用户设备三部分组成。空间部分由 21＋3 颗卫星组成，其中 21 颗为工作卫星，3 颗为备用卫星，分布在六个不同的轨道面上，每个轨道上有 4 颗卫星，按等间隔分布，每颗卫星可覆盖全球 38％ 的面积，轨道面与赤道面的夹

角在 $50° \sim 65°$。

GPS 地面监控部分由分布在全球的五个地面站组成,按其功能可分为主控站(MCS)、注入站(GA)和监控站(MS)三种。

GPS 用户设备部分包括 GPS 接收机硬件、数据处理软件、微处理机及其终端设备等。GPS 信号接收机是用户设备部分的核心。根据接收的卫星信号频率,又分为单频和双频接收机。单频接收机适用于小于 10 km 的短距离精密定位,其相对定位精度一般为 $\pm(10 \text{ mm} + 1 \text{ ppm})$;而双频接收机由于能同时接收到卫星发射的两种频率的载波信号(C/A 码为粗略定位的伪随机码,P 码为精密测距码),故相对定位精度可以达到 $\pm(5 \text{ mm} + 1 \text{ ppm})$。

2)GPS 定位的基本原理

将无线电信号发射台从地面点搬到卫星上,组成一个卫星导航定位系统,应用无线电交会测距的原理,便可由三个以上地面已知点(控制点)交会出卫星的位置。反之,利用三个以上卫星的已知空间位置又可以交会出地面未知点(用户接收机)的位置。

依据测距的原理,GPS 定位原理与方法主要有伪距法定位、载波相位测量定位以及载波相位差分技术等。

伪距法定位就是用卫星信号到观测站的传播时间乘以光波在大气中的传播速度来求解卫地距离。它需求解的未知数为待定点的三维坐标 X、Y、Z 和接收机钟差 δ,共 4 个未知数,故必须同时跟踪观测至少 4 颗卫星方能求解。

载波相位测量定位是利用接收机测定 GPS 卫星自发送信号时刻到接收到该信号载波的相位变化数来求卫星至测站的距离。它要求在测站上对同一颗卫星观测至少 4 个历元,就可联立求解进行测站定位。

载波相位差分技术,又称 RTK(Real Time Kinematic)技术,是为了减小卫星的轨道误差、卫星钟差、接收机钟差以及电离层和对流层的折射误差的影响,采用载波相位观测值的各种线性组合(差分值)作为观测值,以消除公共误差,从而获得两点之间高精度的 GPS 基线向量(坐标差),据此来进行定位。

对于待定点来说,根据其运动状态可以将 GPS 定位分为静态定位和动态定位。

根据不同的用途,GPS 网的图形连接方式通常有点连接、边连接、混合连接三种形式。

GPS 网可以布设成闭合环形式,也可以布设成导线形式,称为 GPS 导线。

3)GPS 网的布设要求

(1)要有足够的检核条件,即适当增加重复基线条件、同步环观测和异步环条件。

(2)几何精度衰减因子 GDOP 要小。GPS 网的几何精度衰减因子的数值与所测卫星的几何分布图形有关。假设由观测站与 4 颗观测卫星所构成的六面体的体积为 V,则几何精度衰减因子 GDOP 与该六面体体积 V 的倒数成正比,即当 GDOP < 8 时,单点定位成果才能采用。一般要求每隔 15 min 重新做一次选星和计算。

对于相对定位来说,用相对定位几何精度衰减因子 GDOP 来衡量双差观测相对定位的精度。实验表明,GDOP 与观测卫星的数目有关,观测卫星数越多,GDOP 越小;GDOP 还与观测时间段有关,观测时段越长,GDOP 越小,定位精度越高。

(3)GPS 网与地面控制网必须有一定数量的重合点。

（4）点选择要尽可能避开产生多路径效应的地区。

（5）点位选择应远离大功率无线电发射源（如大功率变电站、电视台、微波站等），其距离不小于 200 m；远离高压线，其距离不小于 50 m，以防止卫星信号受电磁波干扰和大气折射的影响。测站周围 15°以上不应有障碍物，以减少 GPS 信号被遮挡或被障碍物吸收。在有觇标的点上观测时，应拆除觇标顶部，避免卫星信号受干扰，影响定位精度。

（6）每个测站点应与至少 1~2 个方向通视，以便用常规测量方法进行平面控制网和控制点的加密。

2. GPS 测量模式

1）经典静态定位模式（见图 5-2）

（1）多台接收机在不同的测站上进行静止同步观测，时间为 45 min、几小时甚至数十小时不等；接收机测得卫星发送的伪距、载波相位等信号观测值。

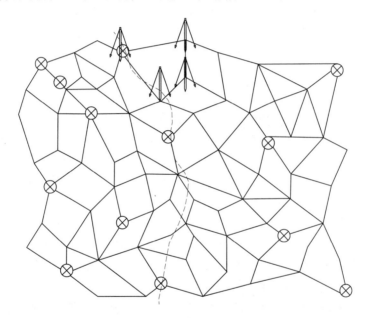

图 5-2　经典静态定位模式

（2）精度：基线的相对定位精度为 $5\ mm + 1 \times 10^{-6}D$，其中 D 为基线长。

（3）适用范围：主要用于各种等级的大地测量跟踪网、基准网、工程控制网、变形监测网等的测量。

2）快速静态定位模式（见图 5-3）

（1）作业：基准站安置一台 GPS 接收机进行连续静态测量，另一台 GPS 接收机作为流动站依次在其他点上测量；每一个点观测数分钟，结束时关机。

（2）精度：基线的相对定位精度为 $5\ mm + 1 \times 10^{-6}D$。

（3）适用范围：主要用于控制网加密、导线测量等。

3）准动态模式（见图 5-4）

（1）定位原理和模式：基准站安置一台 GPS 接收机进行连续静态测量，另一台 GPS 接收机作为流动站。首先在第一个点上观测（5~15 min），保持开机和连续跟踪卫星，然后依次在其他点上测量;每一个点观测数秒,常称为 Kinematic 或 Stop and Go。

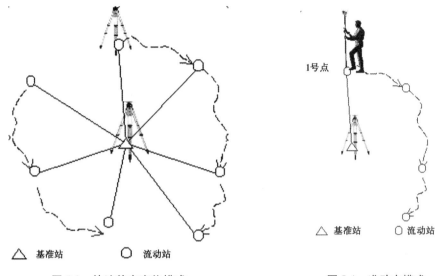

图 5-3　快速静态定位模式　　　　　　图 5-4　准动态模式

（2）精度:1～2 cm。

（3）适用范围:主要用于开阔地区控制网加密、工程点定位、碎部测量、剖面测量、地籍测量、线路测量。

4）动态模式(也称连续动态模式,见图 5-5)

（1）定位原理和模式:基准站安置一台 GPS 接收机连续进行静态测量,另一台 GPS 接收机作为流动站。首先在第一个点上观测(5～15 min),保持开机状态,边走边按时间间隔或距离间隔自动测定运动载体的实时位置,常称为 Continues Kinematic。

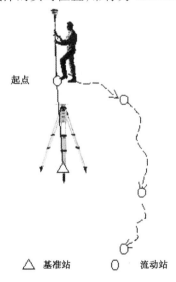

图 5-5　动态模式

（2）精度：基线的相对定位精度为 $1 \sim 2\ cm$。

（3）适用范围：主要用于精密测定运动目标的轨迹、测定道路的中心线、剖面测量、线路测量、航道测量。

5）RTK 实时动态测量模式

（1）GPS RTK 定位概念：Realtime Kinematic 使用载波相位差分观测值，实时地进行动态定位。

（2）定位原理：①在测区中部选择一个已知坐标的控制点作为基准站，安置一台 GPS 接收机，连续跟踪所有可见卫星，并实时地将测量的载波相位观测值、伪距观测值、基准站坐标等用无线电传送出去；②在流动站通过无线电接收基准站发射的信息，将载波相位观测值实时进行差分处理，得到基准站和流动站坐标差 ΔX、ΔY、ΔZ；坐标差加上基准站坐标，得到流动站每个点的 WGS – 84 坐标，通过坐标转换参数转换得出流动站每个点的平面坐标 (x, y) 和海拔 h。这个过程称作 GPS RTK 定位过程。

（3）精度：$(1\ 或\ 2)\ cm + (1\ 或\ 2) \times 10^{-6} D$。

（4）适用范围：主要用于地形测量和工程放样。

3. GPS 常用布网形式

GPS 网常用的布网形式有以下几种：跟踪站式、会战式、多基准站式、同步图形扩展式、单基准站式等。

1）跟踪站式

（1）布网形式：若干台接收机长期固定安放在测站上，进行常年、不间断的观测。

（2）特点：需不间断连续观测，观测时间长、数据量大；一般采用精密星历；GPS 网具有很高的精度和框架基准特性。需要建立专门的永久性建筑即跟踪站，一般用于建立永久 GPS 跟踪站（如 AA 级网），对于普通用途的 GPS 网，由于此种布网形式观测时间长、成本高，故一般不被采用。

2）会战式

（1）布网形式：在布设 GPS 网时，一次组织多台 GPS 接收机，集中在一段不太长的时间内，共同作业。在作业时，所有接收机在若干天的时间里分别在同一批点上进行多天、长时段的同步观测，在完成一批点的测量后，所有接收机又都迁移到另外一批点上进行相同方式的观测，直至所有的点观测完毕，这就是所谓的会战式的布网。

（2）特点：采用会战式布网形式所布设的 GPS 网，因为各基线均进行过较长时间、多时段的观测，所以可以较好地消除 SA 等因素的影响，因而具有特别高的尺度精度。此种布网方式一般用于布设 A、B 级网。

3）多基准站式

（1）布网形式：所谓多基准站式的布网形式，就是有若干台接收机在一段时间里长期固定在某几个点上进行长时间的观测，这些测站称为基准站，在基准站进行观测的同时，另外一些接收机则在这些基准站周围相互之间进行同步观测。

（2）特点：采用多基准站式的布网形式所布设的 GPS 网，由于在各个基准站之间进行了长时间的观测，因此可以获得较高精度的定位结果，这些高精度的基线向量可以作为整个 GPS 网的骨架。另外，其余进行同步观测的接收机除自身间有基线向量相连外，它们与各个基准站之间也存在同步观测,因此也有同步观测基线相连,这样可以获得更强的图形结构。

4)同步图形扩展式

(1)布网形式:多台接收机在不同测站上进行同步观测;迁移到其他的测站上进行同步观测;每次同步观测都可以形成一个同步图形,在测量过程中,不同的同步图形间一般有若干个公共点相连,整个 GPS 网由这些同步图形构成。

(2)特点:速度快,图形强度较高,方法简单,同步图形扩展式是布设 GPS 网时最常用的一种布网形式。

(3)同步图形扩展式主要有点连式、边连式、网连式、混连式。

①点连式:在观测作业时,相邻的同步图形间只通过一个公共点相连。3 台仪器作业时,可测得 2 个新点/1 个环,如图 5-6 所示。

点连式观测作业方式的优点是作业效率高,图形扩展迅速;它的缺点是图形强度低,如果连接点发生问题,将影响到后面的同步图形。

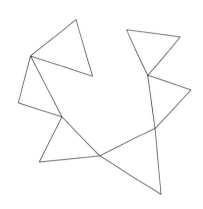

图 5-6　GPS 点连式

②边连式:相邻的同步图形间有一条边(两个公共点)相连。3 台仪器作业时,每观测一个时段,就可以测得 1 个新点,如图 5-7 所示。

边连式观测作业方式具有较好的图形强度和较高的作业效率。

③网连式:相邻的同步图形间有 3 个以上(含 3 个)的公共点相连。采用网连式观测作业方式所测设的 GPS 网具有很强的图形强度,但网连式观测作业方式的作业效率很低。

④混连式:在实际的 GPS 作业中,不单独采用上面所介绍的某一种观测作业模式,而是根据具体情况,有选择地灵活采用这几种方式作业,这样一种观测作业方式就是所谓的混连式。如图 5-8 所示,把点连式与边连式有机地结合起来,组成 GPS 网的混连式。

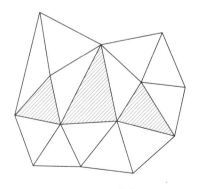

图 5-7　GPS 边连式

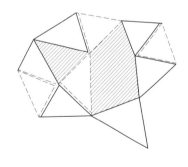

图 5-8　GPS 混连式

混连式观测作业方式是我们实际作业中最常用的作业方式,它实际上是点连式、边连式和网连式的一个结合体。

⑤三角锁连接:如图 5-9 所示,用点连式或边连式组成连续发展的三角锁同步图形。

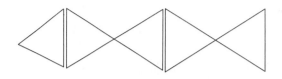

图 5-9　GPS 三角锁连接

5)单基准站式

(1)布网形式:

①星状网,如图 5-10 所示。

②导线网,如图 5-11 所示。

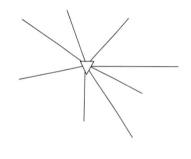 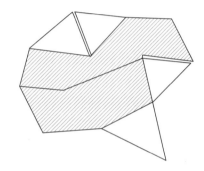

图 5-10　GPS 星状网　　　　　　图 5-11　GPS 导线网

(2)特点:效率很高;图形强度很弱;为提高图形强度,一般需要每个测站至少进行两次观测。

5.2.2　GPS 静态测量

不同的等级要求,设计方案不同,下面以四等 GPS 为例说明如何进行静态测量(见图 5-12)。

1. 技术方案设计

(1)项目来源:来源、性质。

(2)测区概况:地理位置、气候、人文、经济发展状况、交通条件、通信条件等。

(3)工程概况:工程的目的、作用、要求、GPS 网等级(精度)、完成时间、有无特殊要求等在进行技术设计、实际作业和数据处理中必须了解的信息。

(4)技术依据:依据的测量规范、工程规范、行业标准及相关的技术要求等。

(5)现有测绘成果:介绍测区内及与测区相关地区的现有测绘成果的情况。如已知点、测区地形图等。

(6)施测方案:介绍测量采用的仪器设备的种类、采取的布网方法等。

图 5-12　武安状教授在进行 GPS 静态测量

（7）作业要求：选点埋石要求、外业观测操作规程、技术要求等，包括仪器参数的设置（如采样率、截止高度角等）、对中精度、整平精度、天线高的量测方法及精度要求等。

（8）观测质量控制：外业观测的质量要求，包括质量控制方法及各项限差要求等。如数据剔除率、RMS 值、RATIO 值、环闭合差、点位中误差等。

（9）数据处理方案：包括基线解算和网平差处理所采用的软件和处理方法等内容。

（10）基线解算方案：软件、参与解算的观测值、解算时所使用的卫星星历类型等。

（11）网平差方案：软件、网平差类型、网平差时的坐标系统、基准及投影、起算数据的选取等。

（12）提交成果要求：规定提交成果的类型及形式。

2. 四等 GPS 基本精度要求

（1）GPS 网相邻点间基线长度精度。GPS 网相邻点间基线长度精度应按下式计算：

$$\sigma = \sqrt{a^2 + (bd)^2} \qquad (5\text{-}2)$$

式中　σ——标准差，mm；

　　　a——固定误差，mm；

　　　b——比例误差系数，mm/km；

　　　d——相邻点间距离，km。

（2）四等 GPS 网的主要技术要求见表 5-7。

表 5-7　四等 GPS 网的主要技术要求

等级	平均边长（km）	a(mm)	b(1×10^{-6})	最弱边相对中误差
四等	2	≤10	≤5	1/45 000

3. GPS 选点要求

（1）控制点要尽量布设在四周开阔的区域，便于安装接收设备和操作，视场内障碍物的高度角不宜超过 15°。

（2）必须远离大功率无线电发射源（如电视台、电台、微波站等），其距离不得小于200 m；远离高压输电线和微波无线电信号传送通道，其距离不得小于50 m。

（3）附近不应有强烈反射卫星信号的物体（如大型建筑物等）。

（4）交通方便，并有利于其他测量手段扩展和联测。为了下一步开展工作，尽可能埋设在各条主干道、次干道、支道路面上。

（5）地面基础稳固，易于标石的长期保存。

（6）充分利用符合要求的已有控制点，并应在点之记中注明。

（7）选站时应尽可能使测站附近的局部环境（地形、地貌、植被等）与周围的大环境保持一致，以减小气象元素的代表性误差。

4. GPS 布网要求

（1）四等 GPS 网宜分别由一个或若干个异步观测环构成，也可采用附合路线的形式构成。每个异步环或附合线路中的边数应符合表 5-8 的规定。

表 5-8　异步环或附合路线边数的规定

级别	四等	一级
异步环或附合路线的边数（条）	≤10	≤10

（2）四等 GPS 网联测的高等级控制点数均不应少于 3 点。

（3）四等 GPS 点位尽量均匀分布，相邻点间距最大不宜超过该网平均点间距的 2 倍。

（4）四等 GPS 点之间尽量能相互通视，但是应有至少 1 个方向通视。

5. GPS 观测方法

外业数据采集是建网的核心工作，其质量对整个项目关系重大，因而必须按照高起点、高技术、高标准、高质量的要求进行作业。

1）使用仪器

GPS 接收机应满足：仪器标称精度不小于 $10 \text{ mm} + 5 \times 10^{-6} D$ 的接收机，最好采用天宝 5700、5800 型，徕卡 ATX123 型等双频接收机。同步观测 GPS 接收机应不少于 3 台。GPS 接收机应按 GPS 检定规程进行检定。光学对中器应在作业前及作业中经常进行检验和校正。

2）基本技术要求

四等 GPS 测量基本技术要求见表 5-9。

表 5-9　四等 GPS 测量基本技术要求

项目	观测方法	四等	一级
卫星高度角（°）	静态	15	15
有效观测同类卫星数	静态	≥4	≥4
平均重复设站数	静态	≥1.6	≥1.6
时段长度（min）	静态	≥60	≥45
数据采样间隔（s）	静态	10～30	10～30
PDOP 值	静态	<6	<6

3)观测实施计划

作业调度者根据测区地形和交通状况,编制观测计划表,按照最有利的观测方法,协调作业日期、时间、测站和接收机。

4)观测前的准备

(1)GPS 接收机在开始观测前,应进行预热和静置,具体要求按照接收机操作手册进行。

(2)安置接收机天线时,天线应整平,定向标志宜指向正北。对于定向标志不明显的接收机天线,可预先设置定向标志。

(3)用三脚架安置天线时,其对中误差不应大于 1 mm。

(4)正确量取天线高,测前和测后各量测一次,两次较差不应大于 3 mm,并应取平均值作为最终成果。

5)外业观测的作业要求

(1)观测组应严格按规定的时间进行作业。

(2)经检查接收机电源、电缆和天线等各项连接无误,方可开机。

(3)开机后经检验有关指示灯和仪表显示正常后,方可输入测站、观测单元和时段等控制信息。各项参数、存储数据的文件名命名合理。

(4)观测过程中应逐项填写测量手簿中的记录项目。测量手簿格式、记录内容及要求见相关规定。

(5)接收机开始记录数据后,根据接收机类型,观测员可查看测站信息、接收卫星情况、信噪比、相位测量残差、电源等情况,如有异常,及时报告给调度者。

(6)开展同一等级的 GPS 测量时,各接收机采样间隔应一致。

(7)作业期间使用手机和对讲机时,要远离接收机,雷雨天气时,应关机停测,并应卸下天线以防雷击。

(8)观测员要细心操作,观测期间防止接收设备震动,更不得移动,防止人员和其他物体碰动天线或阻挡信号。

(9)一时段观测过程中不应进行以下操作:

①接收机重新启动;

②进行自测试;

③改变卫星截止高度角;

④改变数据采样间隔;

⑤改变天线位置;

⑥关闭文件或删除文件。

(10)观测结束后,应检查外业观测手簿的内容,并应将点位保护好后方可迁站。每日观测完成后,应将全部数据双备份,及时清空接收机存储器及不合格数据。

6)观测记录整理的规定

(1)原始观测记录不应涂改、转抄和追记。

(2)数据存储介质应贴标示,标示信息应与记录手簿中的有关信息一一对应。

(3)接收机内存数据转存过程中,不应进行任何剔除和删改,不应调用任何对数据实施重新加工组合的操作指令。

6. GPS 数据处理

1）基本要求

（1）基线处理软件可采用 GPS 随机软件。

（2）各种起算数据应进行数据完整性、正确性和可靠性检核。

2）数据预处理

（1）四等与一级控制网可采用卫星广播星历解算基线。

（2）观测值应加入对流层延迟修正，对流层延迟修正模型中的气象元素采用标准气象元素。

（3）基线解算中应采用双差固定解。

（4）处理结果中应包括相对定位坐标及其方差阵、基线及其方差阵——协方差阵等平差所需的元素。

3）数据检验

（1）同一时段观测值的数据剔除率不宜大于 20%。

（2）复测基线的长度较差应满足下式要求：

$$\mathrm{d}S \leqslant 2\sqrt{2}\sigma \tag{5-3}$$

（3）采用单基线处理模式时，对于采用同一种数学模型解算的基线解，其同步时段中任一三边同步环的坐标分量相对闭合差和全长相对闭合差应满足表 5-10 的要求。

表 5-10　任一三边同步环的坐标分量相对闭合差和全长相对闭合差

限差类型/等级	四等	一级
坐标分量相对闭合差（ppm）	6	9
环线全长相对闭合差（ppm）	10	15

（4）外业基线预处理结果，异步环或附合路线坐标闭合差应满足下列公式的要求：

$$\left.\begin{array}{l} W_X \leqslant 2\sqrt{n}\sigma \\ W_Y \leqslant 2\sqrt{n}\sigma \\ W_Z \leqslant 2\sqrt{n}\sigma \\ W_S \leqslant 2\sqrt{3n}\sigma \\ W_S = \sqrt{W_X^2 + W_Y^2 + W_Z^2} \end{array}\right\} \tag{5-4}$$

式中　W_S——环闭合差；

　　　n——闭合环边数。

4）基线舍弃和重测

数据检验中，当重复基线、同步环、异步环或附合路线中的基线超限时，应舍弃基线后重新构成异步环，异步环闭合差合格后，所含异步环基线数应符合表 5-8 的规定，否则应进行重测。舍弃和重测的基线应分析，并应记录在数据检验报告中。

5.2.3 GPS 动态测量

1. 差分 GPS 原理

差分 GPS(Differential GPS,简称 DGPS)是首先利用已知精确三维坐标的差分 GPS 基准台,求得伪距修正量或位置修正量,再将这个修正量实时或事后发送给用户(GPS 导航仪),对用户的测量数据进行修正,以提高 GPS 定位精度。

根据差分 GPS 基准站发送的信息方式不同,可将差分 GPS 定位分为三类,即位置差分、伪距差分和相位差分。这三类差分方式的工作原理是相同的,即都是由基准站发送改正数,由用户站接收并对其测量结果进行改正,以获得精确的定位结果。所不同的是,发送改正数的具体内容不一样,其差分定位精度也不同。

1)位置差分原理

位置差分是一种最简单的差分技术,任何一种 GPS 接收机均可改装和组成这种差分系统。安装在基准站上的 GPS 接收机观测 4 颗卫星后便可进行三维定位,解算出基准站的坐标。由于存在着轨道误差、时钟误差、SA 影响、大气影响、多路径效应以及其他误差,解算出的坐标与基准站的已知坐标是不一样的,存在误差。

基准站利用数据链将此改正数发送出去,由用户站接收,并且对其解算的用户站坐标进行改正。最后得到的改正后的用户坐标已消去了基准站和用户站的共同误差,例如卫星轨道误差、SA 影响、大气影响等,提高了定位精度。以上先决条件是基准站和用户站观测同一组卫星的情况。位置差分法适用于用户与基准站间距离在 100 km 以内的情况。

2)伪距差分原理

伪距差分是目前用途最广的一种技术。几乎所有的商用差分 GPS 接收机均采用这种技术。国际海事无线电委员会推荐的 RTCM SC-104 也采用了这种技术。在基准站上的接收机求出与可见卫星的距离,并将此计算出的距离与含有误差的测量值加以比较。利用一个 $\alpha-\beta$ 滤波器将此差值滤波并求出其偏差,然后将所有卫星的测距误差传输给用户,用户利用此测距误差来改正测量的伪距。最后,用户利用改正后的伪距来解出本身的位置,就可消去公共误差,提高定位精度。与位置差分相似,伪距差分能将两站公共误差抵消,但随着用户到基准站距离的增加又出现了系统误差,这种误差用任何差分法都是不能消除的。用户和基准站之间的距离对精度有决定性影响。

3)相位差分原理

测地型接收机利用 GPS 卫星载波相位进行的静态基线测量获得了很高的精度($10^{-6} \sim 10^{-8}$)。但为了可靠地求解出相位模糊度,要求静止观测一两个小时或更长时间,这样就限制了在工程作业中的应用,于是探求快速测量的方法应运而生。例如,采用整周模糊度快速逼近技术(FARA)使基线观测时间缩短到 5 min,采用准动态(Stop and Go)、往返重复设站(Re-occupation)和动态(Kinematic)来提高 GPS 作业效率。这些技术的应用对推动精密 GPS 测量起了促进作用。但是,上述这些作业方式都是事后进行数据处理,不能实时提交成果和实时评定成果质量,很难避免出现事后检查不合格造成的返工现象。

差分 GPS 的出现,能实时给定载体的位置,精度为米级,满足了引航、水下测量等工程的要求。位置差分、伪距差分、伪距差分相位平滑等技术已成功地用于各种作业中,随之而来的是更加精密的测量技术——载波相位差分技术。

载波相位差分技术又称为 RTK(Real Time Kinematic)技术,是建立在实时处理两个测站的载波相位基础上的。它能实时提供观测点的三维坐标,并达到厘米级的高精度。

与伪距差分原理相同,由基准站通过数据链实时将其载波观测量及站坐标信息一同传送给用户站。用户站接收 GPS 卫星的载波相位与来自基准站的载波相位,并组成相位差分观测值进行实时处理,能实时给出厘米级的定位结果。

实现载波相位差分 GPS 的方法分为两类:修正法和差分法。前者与伪距差分相同,基准站将载波相位修正量发送给用户站,以改正其载波相位,然后求解坐标。后者将基准站采集的载波相位发送给用户进行求差解算坐标。前者为准 RTK 技术,后者为真正的RTK 技术。

2. 实时动态测量

实时动态测量(Real Time Kinematic),通常称为 RTK,是一种新的常用的 GPS 测量方法。其基本思想是:在基准站上安置一台 GPS 接收机,对所有可见卫星进行连续观测,并将其观测数据通过无线电传输设备实时发送给用户站。在用户站上,GPS 接收机在接收GPS 卫星信号的同时,通过无线电接收设备接收基准站传输的观测数据,然后根据相对定位原理,实时计算并显示用户站的三维坐标及其精度(见图 5-13)。

图 5-13　GPS RTK 测量

以前的静态、快速静态、动态测量都需要事后进行解算才能获得厘米级的精度,而RTK 是能够在野外实时得到厘米级定位精度的测量方法,它采用了载波相位动态实时差分方法,是 GPS 应用的重大里程碑。

采用这种作业模式,可以减少冗余观测,缩短观测时间,它的出现为工程放样、地形测图、各种控制测量带来了新曙光,极大地提高了外业作业效率。目前,RTK 采用的作业模式有快速静态测量、准动态测量和动态测量三种。

1）快速静态测量

采用这种模式作业时,用户站的接收机在流动过程中,可以不必保持对 GPS 卫星的连续跟踪,其定位精度可以达到 1~2 cm,完全能够满足城镇地籍平面控制测量的精度要求。

2）准动态测量

该模式要求接收机在观测过程中,保持对所观测卫星的连续跟踪。一旦发生失锁,便需重新进行初始化工作。准动态测量模式可用于城镇地籍平面控制测量、地籍细部测量等。

3）动态测量

这种模式一般需要首先在某一起始点上静止地观测数分钟,以便进行初始化工作。之后,运动的接收机按预定的采样时间间隔自动地进行观测,并连同基准站的同步观测数据,实时确定采样点的空间位置,定位精度可达到厘米级。该方法仍要求接收机在观测过程中,保持对所观测卫星的连续跟踪。一旦发生失锁,便需重新进行初始化工作。

5.3 数字化测图技术

5.3.1 图根控制测量

图根控制测量（见图 5-14）是为了满足测图需要,在一、二级导线网的基础上,按一个或几个相邻街坊分片布设一级图根导线网。按需要加密少量二级图根导线。加密一般不超过两级,以保证满足解析界址点等地籍要素测量的需要。

图 5-14　图根控制测量

一级图根导线网应贯穿街坊内的巷道和河流,较好地控制所有自然街坊地块。布设图根导线网要顾及已知点的分布状况和网的图形强度,在网的外围转角处和图形多层发展的薄弱处要有高等级控制点控制,确保最弱图根点有较高的精度,以提高界址点测量及地籍图测绘的数学精度。图根控制点密度以满足测绘集体土地发证地籍图及界址点为原则。

1. 图根导线的技术要求

(1)一级图根导线网应确保其外围主轮廓点与已知点联结。

(2)其他技术要求见表5-11。

表5-11 一、二级图根导线的技术要求

级别	导线长度（km）	平均边长（m）	测回数		测回差（″）	测角中误差（″）	最弱点位中误差（cm）	方位角闭合差（″）	全长相对闭合差	坐标闭合差（cm）
			J2	J6						
一级	1.2	120	1	2	18	±12	±5	$±24\sqrt{n}$	1/5 000	22
二级	0.7	70	1	1	—	±20	±5	$±40\sqrt{n}$	1/3 000	22

注:n 为测站数。导线总长小于500 m时,相对闭合差分别降为1/3 000(一级)和1/2 000(二级),但坐标闭合差应小于13 cm。

2. 图根点标志和编号

图根点一般采用钢钉和木桩等临时标志,在沥青路上可钉入直径 12 mm、长 60 mm 的钢钉,顶刻"+"字表示点位;在岩石或水泥路面上可凿刻"+"字表示点位,并在周围凿刻 10 cm×10 cm 的方框,内部涂上红漆。

图根点编号按照各街道进行统一编排,各个街道办事处分别采用第一个汉字拼音大写字母开头,后缀以流水号进行编号,如汤陵街道办,采用 T1、T2 等,尽量避免出现空号、跳号现象,不得出现相同编号的图根点。

3. 图根导线外业观测

图根导线网水平角观测采用经检校的全站仪(测距标称精度Ⅱ级以上),观测水平角一测回;单程测距一测回,四次读数;所有外业记录手簿均需装订成册,或采用电子记录手簿。观测时,各项改正直接输入仪器,由其自动完成。

4. 图根高程测量

图根高程测量可采用图根水准测量或图根光电测距三角高程测量。

(1)图根水准测量应起闭于四等及四等以上高等级高程控制点,可沿图根导线点布成附合路线、闭合环或结点网,高级点间附合路线长度不得超过 8 km,结点间路线长度不得超过 6 km,支线长度不得超过 4 km。采用 DS3 型水准仪(i 角应小于30″),按中丝读数法单程观测(支线应往返测),估读至毫米。仪器至标尺的距离不宜超过 100 m,前后视距宜相等。路线闭合差不得超过 $±40\sqrt{L}$(mm)(L 为路线长度,以 km 为单位)。

(2)图根高程采用光电测距三角高程测量时,可和图根导线测量同步进行,布成附合路线或结点网,其边数不应超过 12 条,垂直角和边长采用对向观测各一测回。具体技术要求见表 5-12。

表 5-12　光电测距三角高程测量技术要求

仪器类型	光电测距三角高程测量		垂直角较差(")	指标差较差(")	对向观测高差、单向两次高差较差(m)	各方向推算的高程较差(m)	附合路线或环闭合差(mm)
	中丝法测回数						
J6	对向	单向	$\leqslant 25$	$\leqslant 25$	$\leqslant 0.4 \times S$	$\leqslant 0.2 H_c$	$\leqslant \pm 40 \sqrt{[D]}$
	1	2					

注:(1) S 为边长(km), H_c 为基本等高距(m), D 为边长(km)。

(2)仪器高和棱镜高应准确量至毫米,高差较差或高程较差在限差内时,取其中数;当边长大于 400 m 时,应考虑地球曲率和折光差的影响。计算三角高程时,角度应取至秒("),高差应取至厘米。

5. 平差计算

外业观测手簿经全面检查确认无误后,方可输入计算机进行计算,一定要确保输入数据正确。图根导线平差采用清华山维智能平差软件 Nasew 平差计算,各项技术指标应满足要求。

5.3.2　数字地形图测量要求

1. 基本要求

(1)采用全站仪全野外采集方式施测地物、地貌,地形图编辑采用南方 CASS 测图软件,图形数据最终生成 dwg 文件格式。

(2)测图比例尺 1∶1 000,基本等高距 0.5 m。

(3)采用 50 cm×50 cm 正方形分幅;其图幅编号以图廓西南角坐标为图号(X 坐标在前,Y 坐标在后,中间用横线连接),坐标值以 km 为单位,小数点后取至一位。图名以图幅内较大的村庄或单位名称命名,若无法取名时,为保持测区一致,可采用周边图幅名 +"东、南、西、北"作为本幅图名。

2. 地形测图方法

(1)采用现场绘制草图、内业编辑的方法进行。

(2)草图必须标注所测点的测站及定向点编号,并严格与数据采集记录中测点编号一致。

(3)草图上各要素之间的相关位置、需注记的各种名称、地物属性等必须标注清楚、正确。

(4)采集的数据应进行检查,删除错误数据,及时补测错漏数据。

(5)数据文件应及时存盘,并做备份。

(6)将数据采集所生成的数据文件进行处理,生成绘图信息数据文件。

(7)将数据处理的成果转换成图形文件,所绘制的图形应符合图式符号的要求。

3. 地形图精度要求

(1)测站点相对于邻近图根点的点位中误差,不得大于图上 0.3 mm;高程中误差不得大于 1/10 基本等高距。

（2）地物点相对于邻近图根点的点位中误差不大于图上 0.5 mm，邻近地物点间距中误差不超过图上 ±0.4 mm。

（3）城市建筑区的高程注记点相对于邻近图根点的高程中误差不得超过 ±0.15 m。等高线插求点相对邻近图根点的高程中误差，平地应不大于 1/3 等高距，丘陵地应不大于 1/2 等高距。

4. 高程点注记要求

高程注记点每平方分米注记 6~10 个，注记至 0.01 m。高程注记点注记位置如下：

（1）凹地、台地、河岸、水涯线、桥涵、堤坎上下等地面倾斜变换处。

（2）城市建筑区、农村居民地内空地、街道（道路）中心线、街道（道路）交叉中心、桥面、较大的庭院或空地上以及其他地面倾斜变换处。

5. 地形图的内容及取舍

（1）各等级控制点，按规范和图式规定符号表示。

（2）房屋外框线通常由底层的外墙体确定，有柱者以柱外角为准测绘，房屋一般不综合，应逐个表示。各类建筑物及主要附属设施原则上按实地轮廓准确表示，当房屋轮廓凸凹小于 0.2 m，简单房屋小于 0.3 m 时也可直接连线，但必须确切反映房屋排列特征。街道两侧临时性的房屋不表示，院内简陋的小于 6 m² 的小房可不表示。

①房屋要注记层次和结构，整幢房屋的不同层次或不同结构用实线分隔表示。房屋结构注记一般为"砼"、"混"、"砖"、"土"等。砖混结构 3 层以上的房屋注记为"混"，如"混 3"。

②飘楼及外走廊均采用外虚线、里实线的方式表示。廊柱应实测，不分方圆均用圆形支柱表示。

③宽度小于 1 m 的飘檐、雨罩不表示，大于 1 m 的以投影为准用外虚线表示。

④落地阳台按房屋外围测绘，大于 1 m 宽度不落地的阳台以投影为准用虚线表示。

⑤宽度大于 1 m 的室外楼梯要表示，小于 1 m 的不表示，大于三阶的台阶应表示。

⑥居民地内较正规的公共厕所应表示，居民院内的厕所不表示。

（3）独立地物以相应符号表示，有专有名称的要注明。

（4）管线和栅栏。

①永久性的电力线、通信线要表示，电杆、铁塔位置实测。一杆上架有多种线路时择其主要的表示。

②电力线、通信线可不连线，只在杆架上绘出连线方向，各种线路应线类分明，走向应连贯。杆架为铁塔的超高压线路应连线表示，断头线路用"止"表示，通信电杆上的交换箱用相应符号表示。

③围墙、栅栏、铁丝网、活树篱笆应表示，围墙高度 1 m 以上的要求表示。

④架空及地面上的管线应表示并注明输送物的名称。地下管线仅表示地面上的附属设施，如检修井、污水箅子、防火栓、阀门、水龙头等。

（5）道路。

①测区内的公路、大车路、乡村路、小路、内部道路以相应符号表示。铺装路面应注明

铺装材料,不同路面的分界线用点线分隔。有名称的应注记名称。里程碑只表示公里桩。桥涵、路交叉、公路路面中间应测注高程。等级以上的公路应注记公路等级代码。

②大车路、乡村路取其平均宽度测绘,小路只表示固定的,地块中临时小路不表示。

③道路两侧的行道树应配置符号,绿化带、人行道及街心公园等应表示。

④道路通过居民地时不宜中断,应按真实位置绘出。堤顶、双线田埂上的大车路、乡村路、小路不绘,道路符号在与堤、埂相接处断开。经过村庄的水泥路用街区线表示。

⑤跨河桥梁,应实测桥头和桥墩位置,并注记桥梁性质,测注桥面高程。

(6)水系。

①河流及沟渠、池塘应按实况用图式相应符号表示,水渠内径宽度大于 1 m 的用双线渠表示,小于 1 m 的用单线渠表示,渠水流向应表示准确。渠边高出地面 0.5 m 以上的用堤渠表示,并测注堤顶高程,河流、沟渠、池塘不测水面高程,测注水底高程。

②居民地外围的水井应准确表示,以分数形式表示井口地面高程和地面至水面深度,居民地内的水井择其主要的表示。河流两岸的抽水站房子注"抽",抽水机用相应符号表示。

(7)地貌土质按规范的规定表示。

(8)稻田及居民区内不绘等高线。

①各种天然形成和人工修筑的坡、坎,其坡度在 70°以上时,按陡坎表示;70°以下时可表示为斜坡。坡、坎只表示比高在 0.5 m 以上的。加固的坡、坎以加固符号表示。

②梯田坎、陡坎、斜坡应在上、下方分别测注高程或比高。坎头和坎子拐弯处应加注高程。

(9)正确表示各种植被,并以地类界圈出其范围,林地、果园除配置符号外,注记树种。

(10)正确标注厂矿企事业单位、居民地、河流、沟渠等地理名称。

6.数字化地形图编辑

绘图文件中的地形图要素分类与代码按照规范的规定执行。

地形图编辑与分层原则:地形图各要素分层按 CASS 测图软件所具备的内容进行,以保持全测区的统一。

1)居民地

(1)房屋四边要相互平行和垂直,拐角应实交,房屋性质与层数注在房屋轮廓中央,有专门名称的单幢楼房,名称注在上方,层数注在下方。

(2)一幢房屋有不同层数的,中间应用实线分开。

(3)棚房四角平分线要平分,长短一致,台阶平行线间隔要均匀。

(4)街区与道路的衔接处,应留出 0.2 mm 间隔。

(5)建筑在陡坎和斜坡上的建筑物,按实际位置绘出,陡坎无法准确绘出时,可移位表示。

(6)悬空建筑在水上的房屋与水涯线重合时,房屋照常表示,中断水涯线。

2)独立地物

(1)两个独立地物相距很近,同时绘出符号有困难的,可将高大突出的准确表示,另一个移位表示,但应保持相互的位置关系。

(2)独立地物与房屋、道路、水系等其他地物重合时,可中断其他地物符号,间隔0.2 mm,以保护独立地物符号的完整性。

(3)当独立地物符号绘完整需跨越两幅图时,应视地物符号定位点所在的图幅破幅表示完整。

3)道路及垣栅

(1)各级主要道路均应依图式要求进行。

(2)厂矿企事业单位不成系统的内部道路,视其图面清晰程度,可酌情进行适当取舍。

(3)围墙、篱笆、铁丝网等按图式中的相应符号表示。

(4)双线道路与房屋、围墙等高出地面的建筑物边线重合时,可以用建筑物边线代替道路边线。道路边线与建筑物的接头处应间隔0.2 mm。

(5)公路路堤(堑)应分别绘出边线与堤(堑)边线,两者重合时,可移动堤(堑)0.2 mm 表示。

4)管线

(1)居民地内电力线、通信线可不连线,但应绘出连线方向。铁塔依比例尺准确表示,并连线表示。

(2)同一杆架上有多种线路时,表示其中主要的线路,但各种线路走向应连贯,线类性质要分明。通向房屋的线路,房屋边线上应绘连接方向。

5)水系

(1)线与陡坎重合时,可用陡坎边线代替水涯线;水涯线与斜坡脚重合时,仍应在坡脚将水涯线绘出。

(2)涵洞视其大小依比例尺或不依比例尺符号表示,中间不绘连接虚线。

6)地貌

(1)陡坎坎线及斜坡的间隔可适当放宽。陡坎短线间隔为2.0 mm,斜坡长线间隔为4.0 mm。

(2)等高线遇到建筑区、居民地及双线道路、路堤、路堑、坑穴、陡坎、斜坡、湖泊、双线河、双线渠以及说明注记均应断开。

(3)当等高线的坡向不能判别时,应加绘示坡线。

7)植被

(1)同一地类界范围内的植被,其符号可根据植被面积大小按图式要求均匀配置或符号间隔扩大2~3倍均匀配置。

(2)地类界与地面上有实物的线状符号,如堤、坎等重合时,可省略不绘;与地面无实物的线状符号,如各种架空管线重合时,将地类界移位0.2 mm 绘出。

8)说明注记

(1)文字注记要使所表示的地物能明确判读,字头朝北。道路、河流名称,可随线状弯曲的方向排列,名字的侧边或底边,应垂直或平行于线状地物。

(2)文字的间隔尺寸:文字之间最小间隔0.5 mm,最大间隔不宜超过字大的8倍。注记以保证图面各要素协调、美观并应避免遮断主要地物和地形特征部分为原则。

（3）高程注记一般注于点的右方，离点位间隔 0.5 mm。

（4）等高线注记字头应指向高处，但字头不应指向图纸的下方。

（5）名称注记一般尽量采用简称，如"××县×××"，只注记"县×××"，使其清晰易懂。各类注记除了街道名称平行街边线，其余注记均垂直南图廓。

（6）各级控制点点号、高程采用正等线 2.4 mm，点名采用细等线 2.4 mm。

（7）高程注记点采用正等线 2.0 mm。

（8）图廓整饰各种字体规格依据图示要求执行。

（9）行政村用细等线 4.5 mm，自然村用细等线 3.75 mm，工矿企事业单位用细等线 4.0 mm。

（10）主要街道两旁的商店及一些小单位如"加油站"等名称用细等线 3.5 mm，其他性质说明注记用细等线 2.5 mm。

（11）房屋层数采用正等线 2.0 mm。

（12）主要道路和街道采用中等线 4.0 mm，次要街道采用中等线 3.5 mm，小街与小巷用细等线 2.75 mm。

（13）河流、水渠、水库等名称采用左斜等线 4.5 mm。

（14）植被性质说明注记采用细等线 2.5 mm。

（15）基本线划采用 0.1 mm，点直径 0.3 mm。

7. 图廓整饰

（1）图廓整饰依据图式执行。

（2）测绘单位为：××省地质测绘院。

（3）资料说明：××××年××月数字化测图。

　　　　　　　　　××县地方坐标系。

　　　　　　　　　1985 国家高程基准。基本等高距 0.5 m。

　　　　　　　　　1996 年版图式。

（4）比例尺：1∶1 000。

（5）责任人：测量员：×××；

　　　　　　　绘图员：×××；

　　　　　　　检查员：×××。

5.3.3　数字地形图检查方法

为了保证成果资料准确，满足规划建设管理的需要，并为今后发展提供可靠的科学数据，实行"三级检查"制度（作业组互检、分院专职检查、院质监站检查）。

1. 评定质量标准

《测绘成果质量检查与验收》（GB/T 24356—2009）。

2. 成果成图质量的检查内容

1）控制测量的检查

检查控制网的图形强度、点位密度、路线布设、位置选择的合理性，各种测量仪器检验的真实性,观测实施的正确性,手簿的记录和注记的正确性,各项误差与限差的符合情况,对照起算数据,核查平差计算过程与精度情况,以及资料的完备性。

2)成图质量的检查

(1)野外检查。

野外检查内容包括平面精度和高程精度检查,以及地物取舍是否恰当或遗漏的检查。采用设站散点检查和巡视核查的办法,对图幅内地物、地貌要素的平面与高程精度、表示情况进行一定比例的核查。

如检查中发现被检测的地物点和高程点具有粗差,应视其情况进行复测。当一幅图检测结果计算的中误差超过有关规定时,应分析误差分布情况,再对邻幅进行抽查。中误差超限的图幅应重测。

(2)成图图面检查。

①检查成图的图廓尺寸、公里网、控制点等数学基础是否满足规范要求。

②按要素逐项检查线划、符号的规格和完整性,杜绝错漏。

③检查文字注记的字体、字级、字义,要求其准确无误;各种注记字迹清晰、无虚断现象;注记位置所属关系明确、恰当。

④检查整饰是否符合图式及设计要求,内容是否完善,有无遗漏、差错。

⑤图内内容显示要层次清楚,检查各要素符号相切、相接、相交、相离关系的处理是否符合要求等。

3. 对各级检查组织的要求

(1)作业员自检和互检要贯穿在整个生产过程,确保无误并签署完毕后方可上交。作业员对自己所完成的成果成图质量负责到底。

(2)分院配备有经验的工程师进行专职检查,并在整个生产过程中督促、检查、辅导。检查结果应有详细记录,并写出各工序检查报告上交院质监部门。分院对成果成图质量应做出评定。

(3)院质监部门在分院检查的基础上对各项重要资料进行复查,查看资料是否齐全完整、是否符合规范的要求,并按规定抽查成果的精度和质量情况。检查后对产品质量进行最终评定,并写出检查报告。

最终成果成图资料提交甲方组织验收。

5.4　外业测量经验

5.4.1　AutoCAD 360 简介

1. AutoCAD 360 软件简介

AutoCAD 360(以前称为 AutoCAD WS)是美国 Autodesk 公司 2010 年 9 月 29 日发布的基于云计算的网页和手机应用程序,是网络版的 AutoCAD。可通过网页和移动设备浏览、编辑和共享 DWG 图纸。手机应用支持 iOS 设备(iPad、iPhone、iPod touch)和安卓(Android)设备。

AutoCAD 360 支持简体中文、繁体中文、英语、法语、西班牙语、俄语、葡萄牙语、意大利语、德语、韩语、日语等。

2. AutoCAD 360 Web 版

免费的 AutoCAD 360 Web 应用程序允许用户直接从 Web 浏览器访问 DWG 图纸,并提供以下功能:

(1)直接将 DWG 文件从 AutoCAD 软件上传到在线空间。

(2)网页浏览器查看和编辑 DWG 文件。

(3)在线邀请设计团队成员审阅和编辑 DWG 文件。

(4)多人在线实时编辑同一份 DWG 文件。

(5)用时间线记录设计图的修改,供版本控制和审阅。

(6)在线存储图纸和项目相关的文档,免去了冗余复件备份和存档。

3. AutoCAD 360 iOS 版

AutoCAD 360 iOS 是一款易于使用的免费的图形和草图手机应用程序,允许用户随时随地查看、编辑和共享 AutoCAD 图形。借助功能强大的设计检查和标记工具(可联机和脱机使用)简化场地察看和现场工作。它可通过桌面、Web 和移动设备与其他用户无缝共享图形。

使用免费的 AutoCAD 360 Web 应用程序从 Web 浏览器轻松访问图形。AutoCAD 360 Pro 成员计划进一步扩展该应用程序的功能性,使用户能够在现场使用更多功能。

4. AutoCAD 360 Android 版

AutoCAD 360 Android 版和 iPad/iPhone 版本一样,提供基本的编辑和协作工具。它采用了简化直观的设定,可以随意查看和编辑 Android 手机或平板电脑内的 DWG 文件。

AutoCAD 360 Android 版可以从电子邮件附件中打开图纸,从网络上同步文件或者由本地直接上传,而图纸也可直接保存在本地,即便没有网络也不会影响工作的进行。

AutoCAD 360 Android 版要求 Android 2.1 以上系统,并且推荐配置 1 GHz 处理器、512 MB 内存。

5. AutoCAD 360 Mac 版

AutoCAD 360 Mac 是简单且免费的 CAD 应用程序,可用于查看和编辑 DWG 和 DXF 文件。AutoCAD 360 Mac 应用程序提供一组基本而直观的查看、编辑和标记工具,可用于设计。

在 AutoCAD 360 Mac 应用程序中打开文件并将其上传到联机账户,以与 AutoCAD 360 移动应用程序同步,这样就可随身携带它们。将 DWG 文件作为 PDF 或 DWFx 文件打印,并对打印样式、纸张大小、布局及其他选项进行完全的控制。还可在本地保存图形,这样无需 Internet 连接也可工作。

5.4.2　避雷针坐标交会计算

在外业测图过程中,每摆设任何一个测站时,都需要定向方向,有的定向方向很远,去定向会浪费不少时间,特别是测设小比例尺地形图时,往往两图根点之间距离很远。如果在测区内有烟囱、避雷针等尖状固定物体,只要交会计算出其坐标,就可以作为定向点使用,大大节约了时间,提高了效率。

作者经常使用此方法交会出避雷针坐标,在很远的地方都可以作为定向方向使用,而后不会因找错点位而出错。交会避雷针的方法是在已知点上测设避雷针的水平方向值,只要有三个以上的方向值就可以交会出避雷针坐标。

以下是一个交会避雷针坐标的算例,格式为武测科傻格式平差文件,后缀为".in2",用空间数据处理系统软件就可以平差,如图 5-15 ~ 图 5-17 所示。

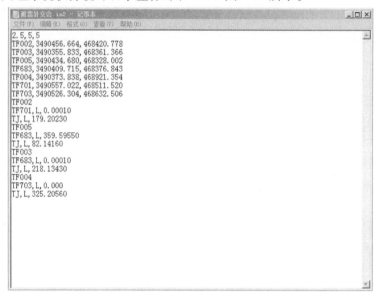

图 5-15　武测科傻平差文件

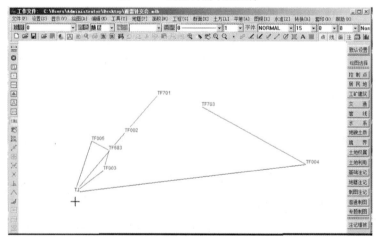

图 5-16　避雷针交会计算略图

5.4.3　水准测量成果验算

1. 水准测量外业计算方法

(1)对观测数据的检查。

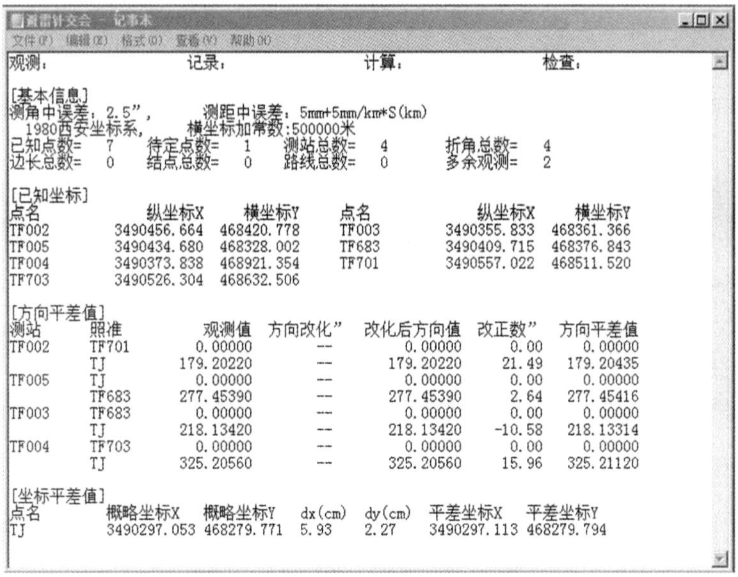

观测：　　　　　　记录：　　　　　　计算：　　　　　　检查：

[基本信息]
测角中误差：2.5″，　　测距中误差：5mm+5mm/km*S(km)
1980西安坐标系，　　横坐标加常数：500000米
已知点数= 7　待定点数= 1　测站总数= 4　折角总数= 4
边长总数= 0　结点总数= 0　路线总数= 0　多余观测= 2

[已知坐标]
点名	纵坐标X	横坐标Y	点名	纵坐标X	横坐标Y
TF002	3490456.664	468420.778	TF003	3490355.833	468361.366
TF005	3490434.680	468328.002	TF683	3490409.715	468376.843
TF004	3490373.838	468921.354	TF701	3490557.022	468511.520
TF703	3490526.304	468632.506			

[方向平差值]
测站	照准	观测值	方向改化″	改化后方向值	改正数″	方向平差值
TF002	TF701	0.00000	—	0.00000	0.00	0.00000
	TJ	179.20220	—	179.20220	21.49	179.20435
TF005	TJ	0.00000	—	0.00000	0.00	0.00000
	TF683	277.45390	—	277.45390	2.64	277.45416
TF003	TF683	0.00000	—	0.00000	0.00	0.00000
	TJ	218.13420	—	218.13420	-10.58	218.13314
TF004	TF703	0.00000	—	0.00000	0.00	0.00000
	TJ	325.20560	—	325.20560	15.96	325.21120

[坐标平差值]
点名	概略坐标X	概略坐标Y	dx(cm)	dy(cm)	平差坐标X	平差坐标Y
TJ	3490297.053	468279.771	5.93	2.27	3490297.113	468279.794

图 5-17　空间数据处理系统平差结果

（2）外业高差和概略高程表的编算：

①一、二等：水准标尺长度改正、水准标尺温度改正、正常水准面不平行改正、重力异常改正、固体潮改正、环闭合差改正。

②三、四等：水准标尺长度改正、正常水准面不平行改正、路（环）线闭合差改正。

（3）每千米水准测量的偶然中误差计算。

（4）每千米水准测量的全中误差计算。

2. 每千米水准测量偶然中误差

每完成一条水准路线的测量，应进行往返测高差不符值及每千米水准测量偶然中误差 M_Δ 的计算（测段数不足 20 个的路线，可纳入相邻路线一并计算）。

每千米水准测量偶然中误差 M_Δ 按下式计算：

$$M_\Delta = \pm \sqrt{\frac{1}{4n}\left[\frac{\Delta\Delta}{R}\right]} \qquad (5-5)$$

式中　Δ——测段往返测高差不符值，mm；

R——测段长度，km；

n——测段数。

3. 每千米水准测量全中误差

每完成一条附合水准路线或闭合环线的测量，并对观测高差施加两项改正（水准标尺长度误差的改正和正常水准面不平行的改正）后，计算附合路线或闭合环线的闭合差 W。当构成水准网的水准环超过 20 个时，还应按环闭合差 W 计算每千米水准测量全中误差 M_W。

每千米水准测量全中误差 M_W 按下式计算：

$$M_W = \pm \sqrt{\frac{1}{N}\left[\frac{WW}{F}\right]} \qquad (5-6)$$

式中　W——经过各项改正后的水准环闭合差,mm;

　　　F——水准环线周长,km;

　　　N——水准环数。

4. 正常水准面不平行改正方法

《国家水准测量规范》中规定,凡是国家等级水准,均需加入以下三项改正:①水准标尺 1 m 真长改正;②正常水准面不平行改正(见表 5-13);③水准路(环)线闭合差改正。

表 5-13　正常水准面不平行改正数计算

三等水准路线:自宜州至柳城　　　　　　　　　　　　　计算者:

水准点编号	纬度 ϕ (° ′)	观测高差 h' (m)	近似高程 (m)	平均高程 H(m)	纬差 $\Delta\phi$ (′)	$H \cdot \Delta\phi$	正常水准面不平行改正数 $e = -AH\Delta\phi$ (mm)	附记
Ⅱ杨宝 35	24 28	+20.345	425	435	−3	−1 305	+2	
Ⅲ宜柳 1	25	+77.304	445	484	−3	−1 452	+2	
Ⅲ宜柳 2	22	+55.577	523	550	−3	−1 650	+2	已知:
Ⅲ宜柳 3	19	+73.451	578	615	−3	−1 845	+2	Ⅱ杨宝 35 高程
Ⅲ宜柳 4	16	+17.094	652	660	−2	−1 820	+2	为 424.876 m;
Ⅲ宜柳 5	14	+32.772	669	686	−3	−2 058	+2	Ⅱ汉南 21 高程
Ⅲ宜柳 6	11	+80.548	702	742	−2	−1 484	+2	为 781.960 m
Ⅱ汉南 21	9		782					

其中,正常水准面不平行改正与路线纬度差有关系,改正公式如下:

$$\varepsilon_1 = -AH_i\Delta\phi'_i,\ h_i = h'_i + \varepsilon_i \tag{5-7}$$

式中　ε_i——正常水准面不平行改正数;

　　　A——常系数,当路线纬差不大时,可以路线纬度的中数 ϕ_m 为引数在表中查取,也可自己计算,计算公式为 $A = 0.000\ 001\ 537\ 1\sin2\phi$;

　　　H_i——第 i 测段始、末点的近似高程的平均数,m;

　　　$\Delta\phi'_i$——$\phi_2 - \phi_1$(以分(′)为单位,ϕ_1 与 ϕ_2 为第 i 测段的始、末点(按计算进行的方向而言)的纬度,其值可从水准点之记或水准路线图中查取。

第6章　内业数据处理

6.1　常用测量平差方法

6.1.1　常用测量平差模型

1. 条件平差模型

条件平差模型：

$$V^{\mathrm{T}}PV = \min$$

（1）条件方程：

$$AV + W = 0$$

（2）闭合差：

$$W = AL + A_0$$

（3）法方程：

$$NK + W = 0$$

其中，$N = AP^{-1}A^{\mathrm{T}}$，$K = -N^{-1}W$。

（4）解算：

$$V = P^{-1}A^{\mathrm{T}}K$$

（5）精度评定：

单位权中误差计算公式：

$$m_O = \pm\sqrt{\frac{V^{\mathrm{T}}PV}{r}}$$

平差值函数的权函数式：$V_F = f^{\mathrm{T}}V$，即 $V_F = f_1V_1 + f_2V_2 + \cdots + f_nV_n$

平差值函数的权倒数：$\dfrac{1}{P_F} = \left[\dfrac{ff}{p}\right] + (f) \times (f)$，或 $Q_{FF} = f^{\mathrm{T}}P^{-1}f + f^{\mathrm{T}}P^{-1}A^{\mathrm{T}}q$

关于 q 的计算方法：

$$Nq + AP^{-1}f = 0$$

平差值函数的中误差：

$$m_F = m_O\sqrt{\frac{1}{P_F}}$$

2. 间接平差模型

间接平差模型：

$$V^{\mathrm{T}}PV = \min$$

（1）误差方程：

$$\underset{n\times1}{V} = \underset{n\times t}{B}\ \underset{t\times1}{X} + \underset{n\times1}{l}$$

（2）法方程：

$$\underset{t\times t}{N}\ \underset{t\times1}{X} + \underset{t\times1}{U} = \underset{t\times1}{0}$$

其中，$N = B^{\mathrm{T}}_{t \times t} \underset{t \times n}{P} \underset{n \times n}{B}, U = B^{\mathrm{T}}_{t \times t} \underset{t \times n}{P} \underset{n \times n}{l}_{n \times 1}$。

（3）解算 X：

$$X_{t \times 1} = - N^{-1}_{t \times t} U_{t \times 1}$$

（4）精度评定：

单位权中误差计算公式：$\qquad m_0 = \pm \sqrt{\dfrac{[pvv]}{n-t}}$

未知数 X 的协因数矩阵：$\qquad Q_{xx}_{t \times t} = N^{-1}_{t \times t}$

未知数中误差：$\qquad m_{xi} = m_0 \sqrt{Q_{xixi}}$

3. 秩亏自由网平差模型

自由网平差数学模型：

$$V^{\mathrm{T}}PV = \min, X^{\mathrm{T}}X = \min$$

平差参数的估计公式：

$$NX = A^{\mathrm{T}}Pl, X = N_m^- A^{\mathrm{T}}Pl = N(NN)^- A^{\mathrm{T}}Pl$$

$$X = N^+ A^{\mathrm{T}}Pl = N(NN)^- N(NN)^- NA^{\mathrm{T}}Pl$$

此法是 Mittermayer 提出的。

算例方法：

（1）误差方程：$\qquad V = AX - l$

（2）法方程：$\qquad NX = A^{\mathrm{T}}l, N = A^{\mathrm{T}}A$

（3）计算 $(NN)^-$ 和 $N_m^- = N(NN)^-$。

（4）计算 X：$\qquad X = N_m^- A^{\mathrm{T}}l$

（5）精度评定：$V = AX - l, Q_{xx} = N(NN)^- N(NN)^- N = N_m^- N_m^- N, X = Q_{xx} A^{\mathrm{T}}Pl$

6.1.2　常用测量平差软件

1. 武测科傻平差软件（见图 6-1）

科傻系统（COSA）是地面测量工程控制与施工测量内外业一体化和数据处理自动化系统的简称，包括 COSAWIN 和 COSA - HC 两个子系统。COSAWIN 在 IBM 兼容机上运行。COSAWIN 是一套测量控制网通用数据处理软件包，它不仅能完成任意测量控制网常规的平差解算和精度评定等工作，还提供了一些非常有用的辅助功能。如平面、高程网闭合差计算，贯通误差影响值计算，网图显绘，叠置分析，手簿通信和格式转换等功能。

该系统不同于其他现有控制网平差系统的最大特点是：自动化程度高，通用性强，处理速度快，解算容量大。其自动化表现在通过和 COSA 子系统 COSA - HC 相配合，可以做到由外业数据采集、检查到内业概算、平差和成果报表输出的自动化数据处理流程；其通用性表现在对控制网的网形、等级和网点编号没有任何限制，可以处理任意结构的水准网和平面网，无须给出冗余的附加信息；其解算速度快，解算容量大，表现在采用稀疏矩阵压缩存储、网点优化排序和虚拟内存等技术，在主频 166 MHz 的 586 微机上，解算 500 个点的平面和水准控制网不到 1 min；在具有 20 MB 剩余硬盘空间的微机上，可以解算多达5 000个点的平面控制网。

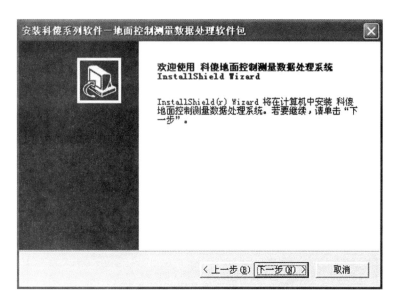

图 6-1　武测科傻平差软件

（1）平面网平差：对平面网进行平差。单击将打开"输入平面观测值文件"对话框，选择平面观测值文件进行平面网平差。

（2）高程网平差：对水准（高程）网进行平差。单击将打开"打开"对话框，选择水准（高程）观测值文件进行高程平差。

（3）粗差探测：自动探测平面控制网观测值中的粗差，若发现粗差则自动剔除。

（4）方差分量估计：对于平面网中一组或有多组不同种类或（和）精度观测值的情况，通过方差分量估计，可以使各组观测值的精度获得最佳估计，保证平差随机模型和成果的正确性。

在概算、平差、粗差探测以及坐标转换前进行相应的设置。

（5）生成概算文件：做概算时需要调用此项，然后进行平差。

（6）平差结果出报表：根据平面网或高程网平差结果文件自动生成平面或高程平差结果报表。

（7）原始观测值出报表：通过手工输入或掌上电脑，将经数据通信所得到的原始观测值文件自动生成平面高程网或高程网的原始观测值报表。

2.清华山维 NASEW 平差软件（见图 6-2）

清华山维的 NASEW（Networks Adjustment of Surveying Engineering for Windows），即工程测量控制网平差系统，是一个适用于各种测量控制网平差的工具。NASEW 与支持各种全站仪进行等级测量的 EPS 平台系列程序保持了程序级的连接，真正实现了从数据采集、手簿整理、平差和成果打印的一体化。

NASEW 可以完成控制网平差所需的处理和计算，如数据输入、编辑、修改、查阅、纠错，坐标和高程计算，归心改正，高斯改化，平差，控制网网形和精度查询，网图缩放，绘制指定观测量，点位、点间相对误差椭圆绘制，网图标准打印，成果文件格式修饰打印，窗口调整，数据库管理和闭合差计算等。

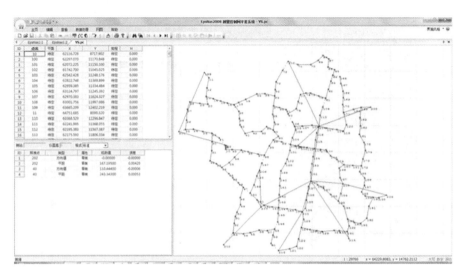

图 6-2　清华山维 NASEW 平差软件

软件特点如下：

（1）适用于任意网形、任意规模的平面和高程控制网的概算、平差，无需编码。

（2）自动求解控制网的各种路线闭合差，提供可靠性分析、灵敏度分析等功能。

（3）智能化推理，在输入数据的同时对坐标、高程、差值等自动计算，网图同时动态显示。

（4）多种平差方法，如单次平差、迭代平差、验后定权、多粗差剔除等。

（5）自动生成各种误差椭圆、网图、全部的平差成果输出，且格式、比例、纸张均可调。

（6）广泛兼容性，支持各种数据采集方式（全站仪、便携机、掌上机、手工录入等）。

（7）电子表格式的数据编辑和操作环境，操作简单，图、文、数、控一体化。

3. 南方平差易（PA2005）（见图 6-3）

南方平差易（Power Adjust 2005，简称 PA2005），是在 Windows 系统下用 VC 开发的控制测量数据处理软件，也是南方测绘 PA2002 的升级产品。它一改过去单一的表格输入，采用 Windows 风格的数据输入技术和多种数据接口（南方系列产品接口、其他软件文件接口），同时辅以网图动态显示，实现了从数据采集、数据处理和成果打印的一体化。其成果输出丰富强大、多种多样，平差报告完整详细，报告内容也可根据用户需要自行定制，另有详细的精度统计和网形分析信息等。其界面友好，功能强大，操作简便，是控制测量理想的数据处理工具。

4. 空间数据处理系统

1）软件介绍

本系统是作者积累了 25 年的测绘工作经验和软件开发技术，历时近 10 年用 VC＋＋6.0 开发的测绘专业多功能内外业一体化综合数据处理软件，功能齐全，操作方便，界面友好，实用简单，自动化程度较高。主要用于测量平差、土地规划、面积汇总、工程放样、土方计算、纵横断面图描绘、数字制图、地籍入库、表格套印、矿业权管理、坐标转换等。

该软件于 2001 年 6 月开始编写，2004 年首次投放市场，各种版本共被下载 20 000 余套，在全国范围内拥有广大用户。2006 年 6 月对系统进行全面升级，推出第二代，所有主

图6-3 南方平差易(PA2005)

要模块功能全部优化,并结合当前测绘发展情况和入库需要,增强了绘图功能,引进了数据库操作理念,从根本上改造了数据管理结构,并推出了完全免费版。结合 ArcGIS 入库要求,增加了图层管理、颜色库、自定义符号、土地详查、面域填充等。

2009 年作者被借调到河南省矿业权核查项目办公室,从事矿业权核查管理工作,对系统再次全面升级,推出第三代,所有主要功能全部重新设计,每个例子全部用手工验算。此外,还增加了矿业权管理与核查有关工作,以及相似变换、布尔莎模型转换、计算图幅号等功能。

本系统直接从底层开发,不依赖于任何操作平台,拥有完全的自主知识产权,全部采用模块化设计,并参考 SuperMap、MapGIS、CASS 等软件的设计思想和先进经验,根据用户的需求和测绘行业的多元化发展不断地进行完善和升级。

2)软件功能

(1)数字绘图。

可满足常规绘图要求,对所有图层分层管理,每个图层又细分为点、线、面、注记形式,所有数据以 Access 表的格式存放,明码文件,不同的要素严格分层,可显示或关闭某图层,图层颜色可自定义,绘图按内部编码绘出,向用户开放绘图命令,用户可自行修改绘图参数。本系统拥有自主灵活的编辑功能和作图工具,可以导入或导出数据和预览或打印输出,可自定义符号库,编码和符号可任意修改,以满足不同行业需要。

(2)地籍入库。

读入南方 CASS 格式权属信息文件,后缀为".qs",自动计算宗地面积,可进行拓扑关系检查和街坊面积闭合检查并输出彩色宗地图,输入和修改界址点属性、界址线属性、宗地属性(可保存为模板文件),操作方便,简单实用,可自动生成宗地面积计算表、界址调查表、宗地属性表、街坊界址点成果表,可批量生成宗地图,所有修改结果直接自动更新数据库。读入 DXF 文件可对界址点是否重合进行检查,并汇总统计界址点界标类型、属性及界址线属性和宗地属性等。

(3)面积汇总。

根据面积汇总文件(.mdb 文件,可以自行编辑或由本系统自动生成或由南方 CASS 文件 qs 转换)按国家最新的三级地类进行面积汇总,自动生成二调 A4 或 A3 幅面的面积汇总表格(页面设置:纸型方向选择横向)。地籍测量按城镇、街道、街坊汇总面积;土地规划按市级、县级、乡镇汇总面积。自动区分国有或集体土地并分别进行汇总统计。可根据需要自行调节表格高度和宽度及打印行数和列数,生成二调面积汇总表格和电子表格文件,面积单位默认为平面面积,可选择输出图斑椭球面积。

(4)工程计算。

根据曲线要素(两端点坐标、转点坐标和曲线半径及缓和曲线长度)和计算步长、左边宽度和右边宽度(如果左右宽度在不同桩号发生变化,可编辑成文本文件由系统读入)自动计算中桩和边桩路线坐标与标高等;也可单独计算直线、圆曲线、缓和曲线、竖直线、竖曲线及道路横坡。所有成果均自动保存成 Access 数据库,并建立图形数据库,可显示或打印网图。

(5)描绘纵横断面图。

根据野外测量的碎部点进行展点,高速构成三角网,在图上选择路线或读入路线坐标,自动描绘纵横断面图,可设置横断面步长、采样间隔、左右宽度和水平与标高比例尺等。输出图形均按 A4 幅面设计(纸型为横向),如果纵断面为多页时自动分段输出,可按坐标线进行拼贴。可保存中间数据,下一次使用时直接打开文件读入中间数据,不用重新构成三角网,直接继续下一步操作。可保存成南方 CASS 交换文件和文本文件。

(6)土方计算。

根据挖(或填)前原地面标高和挖(或填)后地面(或设计)标高分别构成三角网,进行各单元格的挖前和挖后标高计算,并分别按单元格进行填挖土方量统计汇总,也可进行场地平整(包括斜坡,坡度值可设置)计算。其中单元格可自行设置,最小网格单位为 $1 \text{ m} \times 1 \text{ m}$(实际计算按 $0.1 \text{ m} \times 0.1 \text{ m}$ 统计)。计算结果可生成电子表格形式文件,可标注各网格填挖前后标高和各方格内填挖方量。场地平整时绘出分界线和平衡点标高,输出工作量等。

(7)平差计算。

采用传统的间接平差(矩阵平差),可平差平面网和高程网。

①平面网:包括导线网(包括无定向导线网)、测边网、测角网(包括无起算方向三角网)、混合网等。其中导线网可以全自动组成验算路线,自动寻找面积最小的闭合环(彩色显示)和附合路线,允许加测原始方位角,用以平差井下无定向导线网,可在网图上注记方位角和坐标闭合差、相对闭合差。平差结果输出已知数据、验算结果、平差坐标、误差椭圆及网图等。

②高程网:包括水准网、三角高程网和秩亏自由网。可自动组成验算路线,计算往返测(或直反觇)闭合差,可选择是否加尺长(或两差)改正,可手工选择验算路线。平差结果输出已知数据、验算结果、平差高程、所有未知点的高程中误差、单位权中误差等。

(8)图根测量。

可读入拓普康和尼康及徕卡原始记录数据文件或者传统格式手工记录数据(支持多测回),自动进行超限检查并自动生成观测手簿和清华山维格式平差文件。也可计算碎部点坐标,并生成南方 CASS 软件可识别的编码文件,可进行不同格式数据转换。

（9）水准测量。

根据蔡司 DINI12 电子水准仪观测记录数据文件或者 PC - E500 水准记录（二、三、四等等外水准记录通用程序,由作者提供源程序）或 PDA 水准记录生成的加密数据文件,自动生成水准观测手簿和清华山维格式平差数据文件,后缀为".msm"。可输出电子表格、Word 和文本形式手簿。

（10）数据转换。

可对不同格式数据进行相互转换,包括本系统生成的绘图文件转换成南方 CASS 格式数据交换文件和 AutoCAD 2000 脚本文件、MapGIS 格式、ArcGIS 格式,1954 北京坐标系和 1980 西安坐标系及 2000 国家大地坐标系的大地坐标正反算和坐标换带计算（转换精度不超过 0.01 mm,可反算验证）,抵偿坐标系统与国家坐标系统相互转换,计算马路红线坐标,进行相似变换、布尔莎模型坐标转换、万能数据格式转换等。

（11）矿业权管理。

可导入河南省国土资源厅矿业权数据库,自动转换成高斯平面坐标,生成矿业权信息分布图,方便市县国土部门管理,可进行矿业权信息查询及矿业权重叠检查,可对矿业权核查数据进行注记和对属性进行一致性检查。

（12）表格套印。

可提取电子表格中的数据或图片,然后打印到指定位置,主要用于在已经铅印好的表格套印数据。也可以打印光盘标签,自动调整位置。

3）软件界面

空间数据处理系统软件界面如图6-4所示。

图6-4　空间数据处理系统软件界面

4）平差功能使用说明

（1）使用说明:本系统不但可以平差导线网（包括无定向导线网）、支导线、测角网（含无定向三角网）、测边网及混合网,而且还可以平差秩亏自由网。平差待定点数不超过2 000 个。所有点不需编号,依次输入各测站观测数据,系统会自动组成验算路线。网中允许有支点存在,输入数据可采用文本格式手工输入和读入清华山维格式数据文件(后缀为.msm)或者电子表格形式数据文件。

(2)平差模型:参考《测量平差基础》(於宗寿、鲁林成主编,测绘出版社,1983年)第六章间接平差、第七章广义测量平差法中相关模型建立。

(3)定权方法:按照传统的定权方法定权,测角中误差为u,角度的权为$P_a = uu/(uu) = 1$;边长的权为$P_s = uu/(m_L \cdot m_L)$,其中$m_L = A + BS$,A为固定误差,以 mm 为单位,B为比例误差,以 ppm(mm/km)为单位,S为距离,以 km 为单位。注意选择合理的匹配关系,定权是否合理影响平差精度。本系统提供等权平差,由于现在测边精度都非常高,不会因边长不一样而产生很大误差,因而采用等权平差较为合理。

(4)坐标系统:1954 北京坐标系,1980 西安坐标系,2000 国家大地坐标系。由于各系统椭球参数不一致,系统会自动计算曲率改正、法截面曲率半径等。

(5)系统为了适应井下无定向导线网平差的需要,特别增加了起始方位角功能,在井下用罗盘或者陀螺经纬仪观测的方位角可直接作为起算数据进行平差,以提高井下导线网的观测精度,减小误差,控制越界。

(6)系统支持特殊网平差,即井口只有一个已知点,井下有若干条导线边或导线网,则加测不少于 1 个起算方位角。

5)可识别的平差原始文件格式

(1)文本格式,如图 6-5 所示。

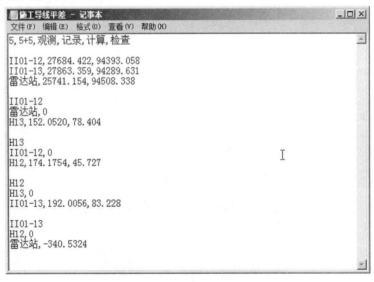

图 6-5 文本格式平差文件

(2)清华山维格式,如图 6-6 所示。

(3)武测科傻格式,如图 6-7 所示。

(4)电子表格格式,如图 6-8 所示。

[导线]广东导线.msm - 记事本

文件(F) 编辑(E) 格式(O) 查看(V) 帮助(H)

```
<<
P140   11   27300.922   51554.319
P167   10   27135.763   51586.791
II898   11   27334.083   51469.997
P168   11   27184.476   51570.635
<<
P140          II898  c0   0
              P2353  c0   274.4751
              P2353  d0   61.108

P2353         P140  c0   0
              P2354  c0   261.0942
              P2354  d0   70.859

P2354         P2353  c0   0
              P2355  c0   80.1857
              P2355  d0   59.934

P2355         P2354  c0   0
              P2356  c0   123.2518
```

图 6-6　清华山维格式平差文件

城市二等网.in2 - 记事本

文件(F) 编辑(E) 格式(O) 查看(V) 帮助(H)

```
1.22,3.0,2.0
100,3724675.507,450957.202
1,3742114.790,453087.831
2,3759119.188,453674.687
3,3750737.048,440576.274
4,3742843.663,429406.206
5,3723286.756,428220.751
3
12,L,0
21,L,37.512920
20,L,60.362584
19,L,64.330616
4,L,69.114680
18,L,103.451054
17,L,158.200607
6,L,198.423243
15,L,200.021519
14,L,233.152968
2,L,251.493684
7,L,273.051201
```

图 6-7　武测科傻格式平差文件

Microsoft Excel - 平差算例

	A	B	C	D	E	F	G	H	I
1	测站名称	照准点名	水平方向值	平距	@	测站纵坐标	测站横坐标	测站高程H	
2	I378				1	3638146.4	470889.054		
3	I377	I378	0.0		1	3638081.7	470654.575		
4		A5142	8.2552	83.729					
5		A5079	196.4421	105.6569					
6	A5079	I377	0.0						
7		A5078	55.5408	167.2352					
8		A5080	91.5029	73.1601					
9	A5080	A5079	0.0						
10		I395	194.041	152.2901					
11	I395	A5080	0.0		1	3637865.6	470499.838		
12		I561	117.5214						
13	I561				1	3637839.9	470525.448		
14									
15									
16									

图 6-8　电子表格格式平差文件

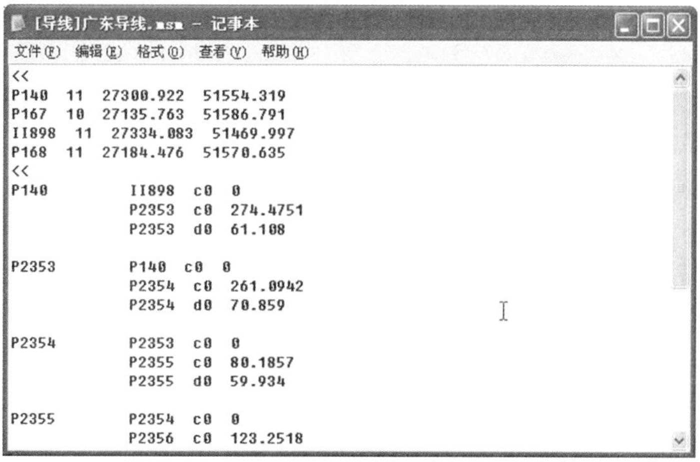

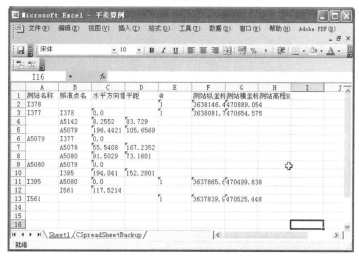

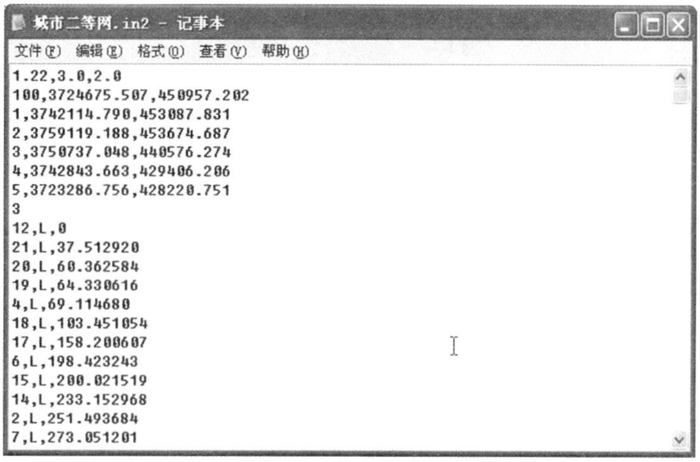

6）平差算例网图

（1）导线网平差略图，如图6-9所示。

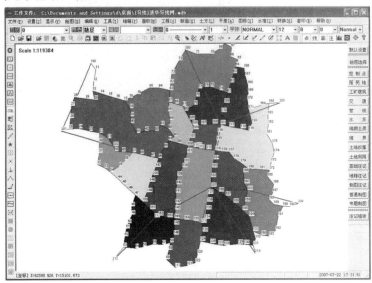

图6-9　导线网平差略图

（2）三角网平差略图，如图6-10所示。

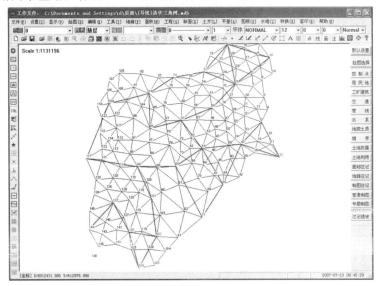

图6-10　三角网平差略图

（3）无定向导线网平差略图，如图6-11所示。

6.1.3　井下导线网平差算例

众所周知，从井上向井下传递方位角和坐标通常有两种方法可用，一是通过通风斜井向下传递，二是通过竖井向下传递，传递的精度直接影响井下控制点的精度。有些煤矿地面上控制点几乎全部丢失，只留下一个近井点可用，在井下加测若干方位角，这就构成了

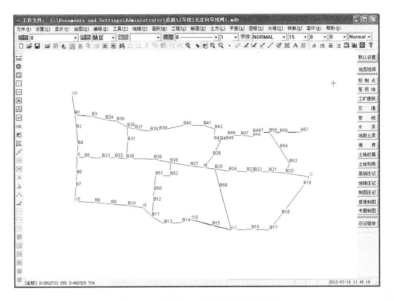

图6-11　无定向导线网平差略图

特殊网,用一般的平差软件是无法平差的,如图6-12所示。

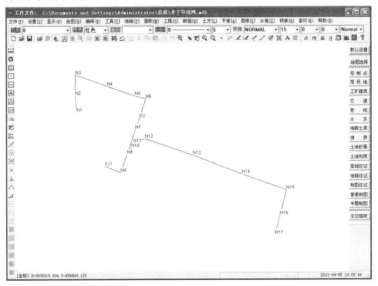

图6-12　井下导线网平差略图

图6-12中,FJ1为副井近井点,线N1—N2、N16—N17表示井下加测的起算方位角,单线边为导线边。本例只有一个起算点和一个方位角,使用常规平差软件无法平差,而使用空间数据处理系统软件可以进行平差,平差结果如下:

观测:张永杰　　　　记录:袁军民　　　　计算:吴　芳　　　　检查:武安状

[基本信息]

测角中误差:20.0″,测距中误差:20 mm + 10 mm/km * S(km),1980西安坐标系,横坐标加常数:500 000米

已知点数 = 1　　　待定点数 = 18　　　测站总数 = 18　　　折角总数 = 17

边长总数 = 18   结点总数 = 1   路线总数 = 0   多余观测 = 1

[已知坐标]

点名	纵坐标 X	横坐标 Y	点名	纵坐标 X	横坐标 Y
FJ1	3835160.978	456393.422			

[起算方位角]

测站	照准	起算方位角	权值	改正数(″)	平差后方位角
N1	N2	354.37000	10.00	0.36	354.37004
N16	N17	195.12000	10.00	−0.36	195.11596

[方向平差值]

测站	照准	观测值	方向改化(″)	改化后方向值	改正数(″)	方向平差值
N9	FJ1	0.00000	− −	0.00000	0.00	0.00000
	N8	89.42240	− −	89.42240	−0.00	89.42240
N8	N9	0.00000	− −	0.00000	0.00	0.00000
	N7	177.22360	− −	177.22360	0.00	177.22360
	N10	191.54240	− −	191.54240	3.62	191.54276
N7	N8	0.00000	− −	0.00000	0.00	0.00000
	D2	182.40320	− −	182.40320	−3.62	182.40284
D2	N7	0.00000	− −	0.00000	0.00	0.00000
	N6	176.36330	− −	176.36330	−3.62	176.36294
N6	D2	0.00000	− −	0.00000	0.00	0.00000
	N5	87.08500	− −	87.08500	−3.62	87.08464
N5	N6	0.00000	− −	0.00000	0.00	0.00000
	N4	183.41220	− −	183.41220	−3.62	183.41184
N4	N5	0.00000	− −	0.00000	0.00	0.00000
	N3	180.33220	− −	180.33220	−3.62	180.33184
N3	N4	0.00000	− −	0.00000	0.00	0.00000
	N2	71.25140	− −	71.25140	−3.62	71.25104
N2	N3	0.00000	− −	0.00000	0.00	0.00000
	N1	173.59160	− −	173.59160	−3.62	173.59124
N1	N2	0.00000	− −	0.00000	0.00	0.00000
N10	N8	0.00000	− −	0.00000	0.00	0.00000
	N11	173.22440	− −	173.22440	3.62	173.22476
N11	N10	0.00000	− −	0.00000	0.00	0.00000
	N12	222.38090	− −	222.38090	3.62	222.38126
N12	N11	0.00000	− −	0.00000	0.00	0.00000
	N13	219.37180	− −	219.37180	3.62	219.37216
N13	N12	0.00000	− −	0.00000	0.00	0.00000
	N14	181.06460	− −	181.06460	3.62	181.06496
N14	N13	0.00000	− −	0.00000	0.00	0.00000
	N15	179.16430	− −	179.16430	3.62	179.16466
N15	N14	0.00000	− −	0.00000	0.00	0.00000
	N16	264.56500	− −	264.56500	3.62	264.56536
N16	N15	0.00000	− −	0.00000	0.00	0.00000
	N17	181.08560	− −	181.08560	3.62	181.08596

[距离平差值]

测站	照准	观测值	投影面边长	高斯面边长	改正数(cm)	距离平差值
N9	FJ1	27.4110	− −	− −	0.00	27.4110
N9	N8	31.7200	− −	− −	−0.00	31.7200
N8	N7	43.5240	− −	− −	0.00	43.5240
N8	N10	12.7800	− −	− −	−0.00	12.7800
N7	D2	20.0060	− −	− −	−0.00	20.0060
D2	N6	33.5920	− −	− −	0.00	33.5920

N6	N5	18.8195	– –	– –	− 0.00	18.8195
N5	N4	49.8945	– –	– –	− 0.00	49.8945
N4	N3	56.9390	– –	– –	− 0.00	56.9390
N3	N2	34.3100	– –	– –	0.00	34.3100
N2	N1	27.4850	– –	– –	− 0.00	27.4850
N10	N11	8.6545	– –	– –	0.00	8.6545
N11	N12	20.5670	– –	– –	− 0.00	20.5670
N12	N13	85.6370	– –	– –	0.00	85.6370
N13	N14	89.7700	– –	– –	0.00	89.7700
N14	N15	80.2445	– –	– –	− 0.00	80.2445
N15	N16	43.6230	– –	– –	0.00	43.6230
N16	N17	33.7610	– –	– –	0.00	33.7610

最短边 = 8.655 m 最长边 = 89.770 m 边长总数 = 18 平均边长 = 39.930 m

[坐标平差值]

点名	概略坐标 X	概略坐标 Y	dx(cm)	dy(cm)	平差坐标 X	平差坐标 Y
D2	3835240.456	456451.451	− 0.71	0.96	3835240.449	456451.461
N1	3835250.315	456344.706	− 0.22	1.36	3835250.313	456344.720
N2	3835277.679	456342.128	− 0.22	1.37	3835277.677	456342.142
N3	3835311.987	456342.504	− 0.22	1.43	3835311.985	456342.519
N4	3835293.254	456396.274	− 0.41	1.37	3835293.250	456396.287
N5	3835277.297	456443.547	− 0.67	1.28	3835277.290	456443.560
N6	3835272.437	456461.729	− 0.80	1.24	3835272.429	456461.741
N7	3835221.805	456444.215	− 0.63	0.76	3835221.799	456444.222
N8	3835180.538	456430.382	− 0.46	0.24	3835180.533	456430.384
N9	3835150.955	456418.935	− 0.32	− 0.12	3835150.952	456418.934
N10	3835191.248	456437.354	− 0.56	0.40	3835191.243	456437.358
N11	3835198.998	456441.207	− 0.62	0.52	3835198.992	456441.212
N12	3835206.343	456460.418	− 0.96	0.65	3835206.333	456460.424
N13	3835178.891	456541.536	− 2.54	0.12	3835178.865	456541.537
N14	3835148.467	456625.993	− 4.33	− 0.53	3835148.424	456625.988
N15	3835122.225	456701.825	− 6.08	− 1.13	3835122.164	456701.814
N16	3835079.904	456691.245	− 5.81	− 2.18	3835079.846	456691.224
N17	3835047.322	456682.402	− 5.58	− 3.04	3835047.266	456682.372

[点位中误差与误差椭圆]

点名	Mx(cm)	My(cm)	M(cm)	E(cm)	F(cm)	Q(°.′)
D2	2.52	1.90	3.16	2.54	1.87	9.59
N1	3.62	3.28	4.89	3.63	3.28	176.50
N2	3.33	3.28	4.68	3.34	3.28	10.59
N3	3.01	3.33	4.48	3.33	3.01	85.48
N4	2.91	2.98	4.16	3.00	2.88	63.53
N5	2.88	2.58	3.87	2.90	2.56	12.45
N6	2.90	2.15	3.61	2.92	2.12	10.12
N7	2.12	1.71	2.72	2.12	1.71	1.56
N8	1.55	1.46	2.13	1.57	1.43	155.22
N9	0.67	1.34	1.50	1.43	0.45	111.27
N10	1.97	1.68	2.59	2.05	1.58	25.31
N11	2.36	1.81	2.97	2.50	1.62	25.31
N12	2.47	2.27	3.35	2.76	1.90	38.04
N13	2.89	2.63	3.91	3.03	2.46	31.27
N14	3.43	2.99	4.55	3.51	2.89	21.56
N15	3.86	3.32	5.09	3.92	3.25	18.11
N16	4.08	3.38	5.29	4.19	3.24	21.10
N17	4.30	3.40	5.48	4.42	3.24	20.03

[相对点位中误差]

点名点名		T(dms)	D(m)	MT(″)	MD(cm)	MD/D	E(cm)	F(cm)	M(cm)	Q(°.′)
D2	N6	17.4914	33.592	31.1	1.41	1/2387	1.41	0.50	1.50	14.15
D2	N7	201.1245	20.006	13.2	1.44	1/1386	1.44	0.12	1.45	22.47
N1	N2	354.3700	27.485	5.2	1.43	1/1922	1.43	0.07	1.43	174.48
N2	N3	0.3748	34.310	14.0	1.44	1/2390	1.44	0.22	1.45	3.38
N3	N4	109.1238	56.939	26.3	1.36	1/4182	1.39	0.67	1.54	96.26
N4	N5	108.3919	49.895	32.2	1.33	1/3749	1.38	0.69	1.54	90.47
N5	N6	104.5801	18.820	46.5	1.38	1/1366	1.39	0.39	1.44	97.34
N7	N8	198.3217	43.524	21.3	1.49	1/2927	1.49	0.43	1.55	23.31
N9	N9	201.0941	31.720	20.0	1.48	1/2146	1.48	0.29	1.51	25.04
N8	N10	33.0408	12.780	41.4	1.41	1/909	1.41	0.26	1.43	32.34
N10	N11	26.2656	8.655	45.7	1.41	1/615	1.41	0.19	1.42	25.54
N11	N12	69.0509	20.567	18.7	1.44	1/1432	1.44	0.18	1.45	68.03
N12	N13	108.4230	85.637	28.2	1.35	1/6350	1.45	1.04	1.79	76.50
N13	N14	109.4920	89.770	25.5	1.37	1/6563	1.43	1.03	1.76	85.25
N14	N15	109.0606	80.245	21.7	1.41	1/5695	1.42	0.82	1.64	99.51
N15	N16	194.0300	43.623	18.5	1.52	1/2862	1.55	0.49	1.62	24.11
N16	N17	195.1160	33.761	7.0	1.44	1/2343	1.44	0.12	1.45	16.03

单位权中误差:14.11″,最弱点点位中误差:5.48 cm,最弱相邻点点位中误差:1.79 cm
最弱方位角中误差:46.5″,最弱边长中误差:1.52 cm,最弱边边长相对中误差:1/615

6.2 GPS 网平差技术

6.2.1 天宝 TGO 软件介绍

TGO(Trimble Geomatics Office)后处理软件系统是 Trimble 公司开发的 GPS 后处理软件,是基于 Microsoft Windows 的多任务操作系统,可以进行 GPS 数据后处理以及 RTK 测量数据处理。它可以处理所有 Trimble GPS 的原始测量数据和其他品牌的 GPS 数据(RINEX),还有传统光学测量仪器采集的数据以及激光测距仪的数据。

整个软件包由多个模块构成,包括数据通信模块、星历预报模块、静态后处理模块、动态计算模块、坐标转换模块、网平差模块、RTK 测量数据处理模块、DTMlink 模块、ROADlink 模块。

天宝 TGO 软件界面如图 6-13 所示。

6.2.2 GPS 网平差步骤

1. 第一步:数据传输

Trimble 数据传输 Data Transfer 软件采用全中文操作(见图 6-14),是 Trimble 所有产品共用的通信软件,包括 GPS 接收机、手簿控制器、全站仪、电子水准仪以及 GIS 数据采集器。

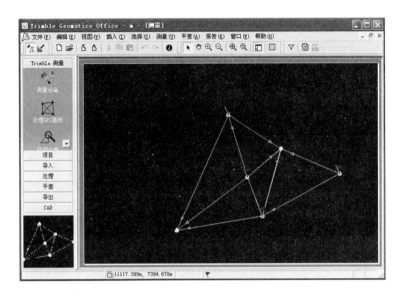

图 6-13　天宝 TGO 软件界面

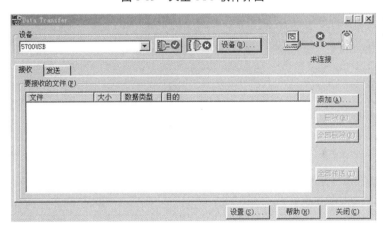

图 6-14　数据传输

（1）各按钮说明。

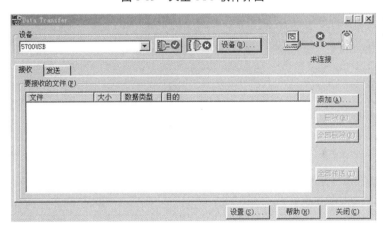：点击此按钮时，PC 机开始与所选设备硬件连接。

：点击此按钮时，PC 机断开与所选设备的连接。

接收：表示建立连接后，外部所选设备数据传输至计算机内。

发送：表示建立连接后，计算机内部数据传输至所选设备内。

（2）连接设备（以 GPS5700 为例），如图 6-15 所示。

（3）各设备名称对应表。

在设备选项中提供 Trimble 所有硬件产品的名称（见表 6-1），建立设备与计算机的连接时，应该选择相对应的设备名称，否则不能建立与计算机的连接。

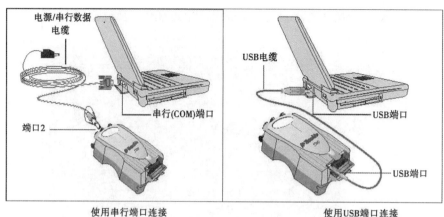

图 6-15　连接设备

表 6-1　设备名称对应表

项目	通过串行端口建立连接	通过 USB 端口建立连接
GPS5700 接收机	PS Recvr—5000 Series：COM1/COM2（COM1 和 COM2 为计算机端口名称）	5700USB（自添加 GPS5000 系列接收机 USB 端口）
5800 控制器 ACU	Survey controller on COM1/COM2	Survey controller（ACU）on ActiveSync
5700 控制器 TSCe	Survey controller on COM1/COM2	Survey controller（TSCe）on ActiveSync
4600LS	4600LS（自添加 GPS4000 系列接收机）	否
掌上电脑/GeoCE	否	WindowsCE 上的 GIS 数据记录器

注：GPS5700 控制器 TSCe 和 5800 控制器 ACU 通过 USB 建立连接前,应该先使用微软的 ActiveSync 同步软件建立桌面连接(见图 6-16)。

图 6-16　桌面连接

(4)添加要传输的数据文件。

建立连接后,点击"添加"按钮,弹出如图 6-17 所示的对话框。

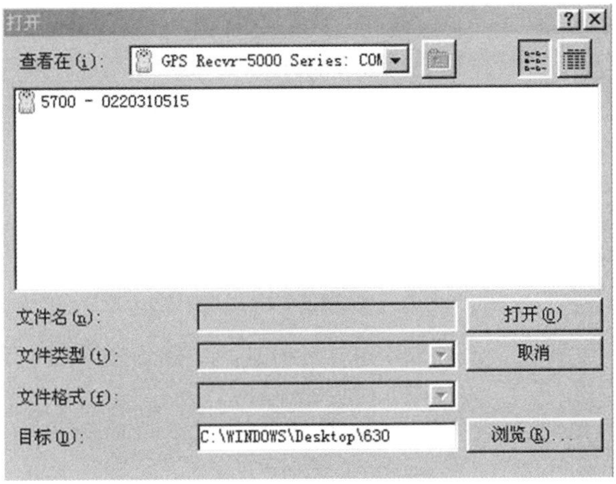

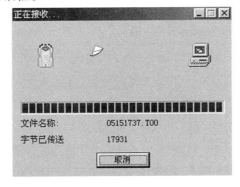

图 6-17　添加数据文件

其中,5700 – 0220310515 是仪器主内存的名称,打开此文件后,静态观测数据显示出来,可点击"细节"按钮 ![按钮] 查看具体内容。

目标栏是数据传输至计算机后数据存放的地址,可通过点击"浏览"按钮进行设置。

(5)数据传输。

选中要传输的数据后,点击"全部传送"按钮,弹出如图 6-18 所示的对话框。完成后,显示如图 6-19 所示的对话框。

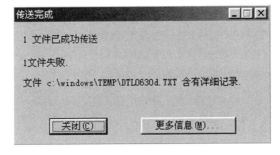

图 6-18　数据传输

图 6-19　数据传输完成

(6)添加设备名称。

点击 设备(D)... ,添加所需的设备名称(见图 6-20)。

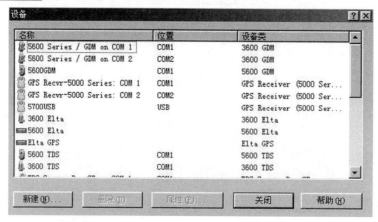

图 6-20　添加设备

新建设备,见图 6-21。

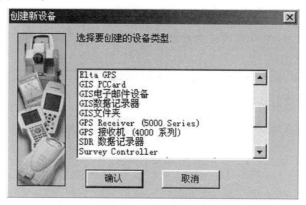

图 6-21　新建设备

　　其中,GPS5700、5800 接收机统称为 5000 系列,4600LS、4700、4800 统称为 4000 系列。TSCe&ACU 如果采用 USB 端口连接,选择"Survey Controller"(ActiveSync)。

　　2.第二步:TGO 软件建立坐标系统

　　(1)打开 TGO 软件,在功能菜单下选择坐标系统编辑模块(Coordinate System Manager),如图 6-22 所示。

　　(2)进入坐标系统管理器,单击"编辑"/"增加椭球",如图 6-23 所示。

　　(3)输入定义坐标系统的椭球名称,地球的长半轴、扁率、短半轴和偏心率会自动计算出来,如图 6-24 所示。

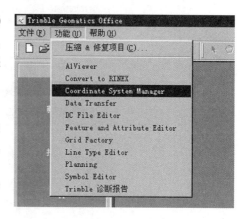

图 6-22　建立坐标系统

图 6-23　增加椭球

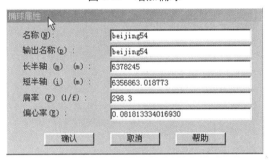

图 6-24　显示椭球参数

1980 西安坐标系与 1954 北京坐标系的区别在于：1980 西安坐标系的长半轴为 6 378 140 m，扁率为 298.257，其他一样。

（4）选择"增加基准转换"/"Molodensky"（三参数转换），如图 6-25 所示。

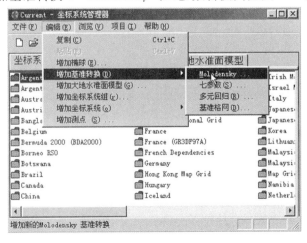

图 6-25　增加基准转换

（5）创建新的基准转换组，如图6-26、图6-27所示。

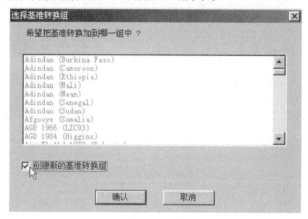

图6-26　创建新的基准转换组

图6-27　显示基准转换属性

注意：此处的椭球名称一定选择上一步定义的椭球名称。

（6）增加坐标系统组，如图6-28、图6-29所示。

（7）选择投影方式（横轴墨卡托投影）、坐标系统组，如图6-30、图6-31所示。

在投影带参数名称中，为简单明了，可以采用投影带中央子午线数值命名，如图6-32所示。

注意：基准名称应该选择上一步自定义的基准转换名称，不能默认为WGS－84。

因我国没有既定的大地水准面模型，此处可以选择无大地水准面模型，也可选择全球性水准面模型EGM96（Global），如图6-33所示。

确认投影方式，如图6-34所示。

其中，中心经度应该填写坐标投影的中央子午线度数，如果中央经度是整数，可直接填写；若为非整数，则在度后面加小数点。如117度28分，则填写117.28。

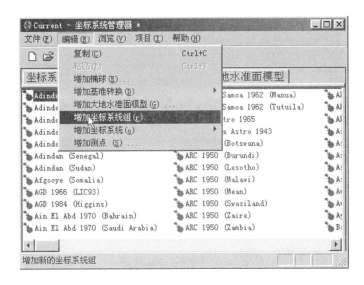

图 6-28　增加坐标系统组

图 6-29　确认坐标系统组参数

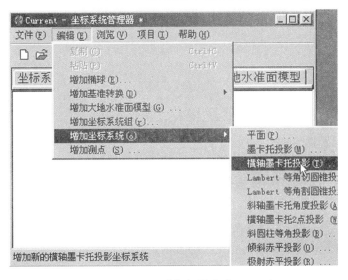

图 6-30　选择投影方式

（8）保存文件并退出。

此步骤并不是每次处理数据前都需要做的，第一次做好之后，只要不改变坐标系统或

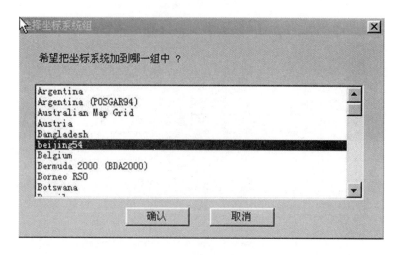

图 6-31　选择坐标系统组

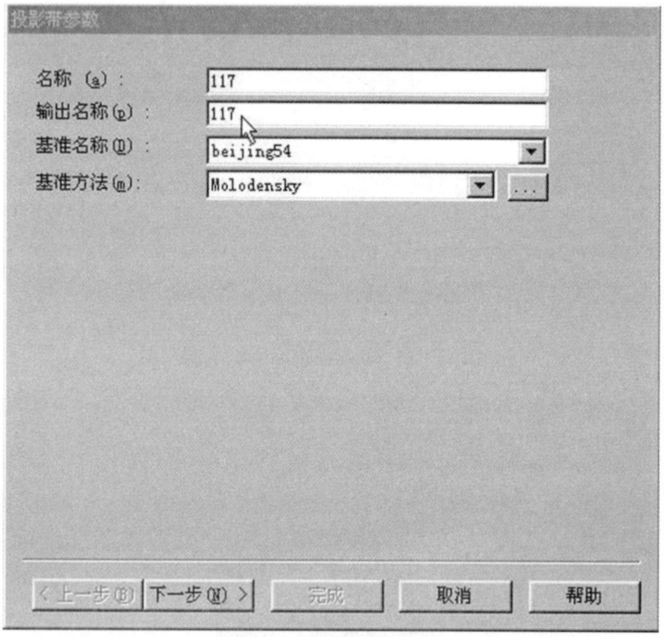

图 6-32　选择投影带

投影中央子午线,以后仅调用此坐标系统即可。

3.第三步:TGO 软件新建项目

打开 TGO 软件,第一个任务是创建项目,因为这是软件组织数据的方法。通常,一个项目可以包含用不同设备采集到的几天的数据。

(1)单击 ![开始],选择程序/Trimble Office/Trimble Geomatics Office 创建新项目。

(2)选择"文件"/"新建项目",出现如图 6-35 所示的对话框。

(3)输入项目名称。

(4)选择模板。这将确定项目单位和坐标系统,并确定显示数据的方式。一般选择

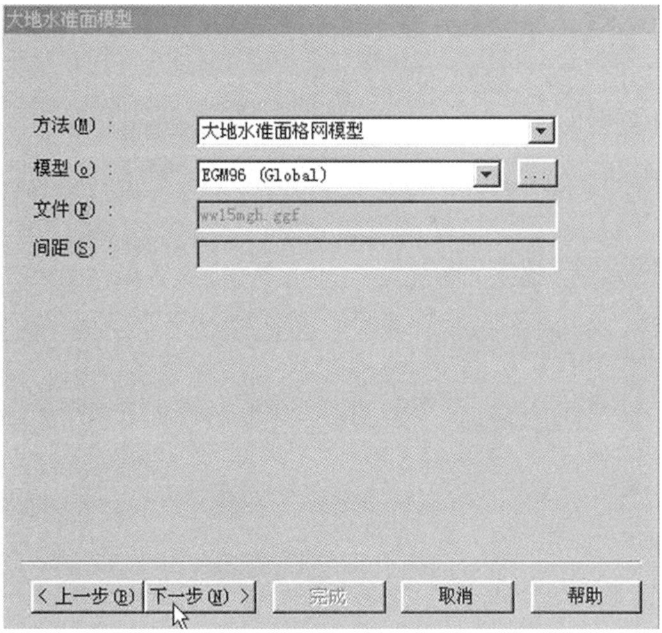

图 6-33 选择大地水准面模型

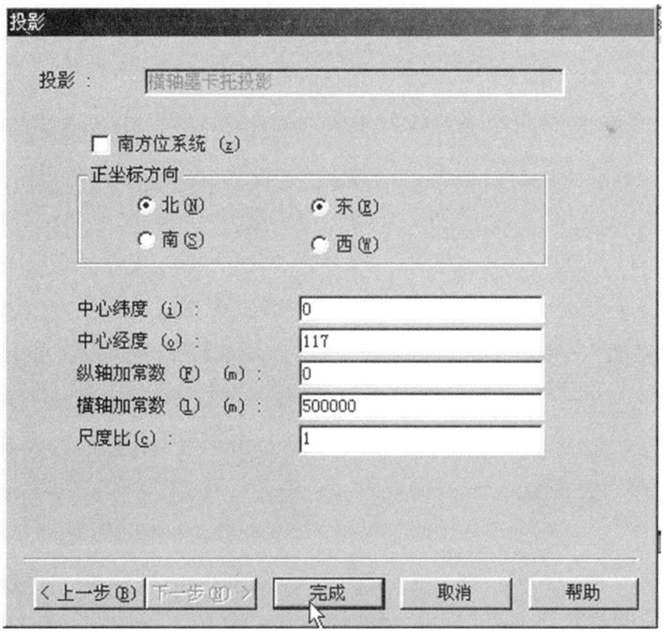

图 6-34 确认投影方式

Metric(模板说明:DTMLink 为数字地面模型;Metric 为米制单位模板(常用模板);Road-Link 为道路设计模板;Sample Data 为样本数据模板;USFeet 为美制英尺模板。

(5)在新建组中,确认项目选项已被选择。

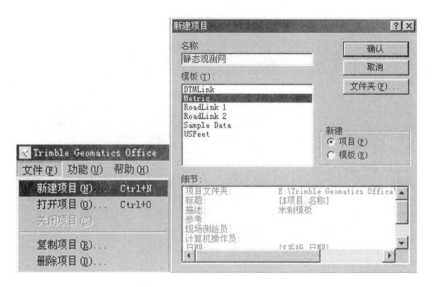

图 6-35　新建平差项目

（6）如果必要,指定软件存储项目文件的文件夹;否则,将把文件存储在安装时指定的文件夹中。

（7）单击"确认"。

项目被创建,"项目属性"对话框（见图 6-36）紧接着出现,用该对话框可以查看并进一步指定项目属性,改变坐标系统。

项目属性解释见表 6-2。

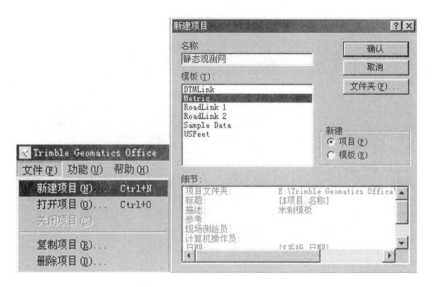

图 6-36　设置项目属性

表 6-2   项目属性解释

项目属性	解释
项目细节	包括在报告和绘图中的项目信息。项目被创建后,描述和日期域被自动填充。所有其他域都可选择,也可以随时给它们输入数值或空缺
坐标系统	查看项目的坐标系统。项目的缺省坐标系统由项目模板确定,使用上面的改变选择项目对应的坐标系统
单位和格式	Trimble Geomatics Office 软件当前项目的单位值,用在屏幕显示、导入、导出和报告中
要素	Trimble Geomatics Office 项目的要素和属性设置。导入测量控制器文件(∗.dc)时,如果野外采集使用代码,可以用指定的要素和属性库选择自动处理要素代码
报告	创建了系统生成报告后的通知方法。例如:把测量控制器文件(∗.dc)导入到项目后,软件将创建一个导入报告。通常,系统生成的报告会通告 Trimble Geomatics Office 软件发现的数据问题或错误。要查看报告,请从项目文件夹中的报告文件夹访问它们
重新计算	Trimble Geomatics Office 软件项目中对所有点位置的计算方法。软件计算每个观测值到点的位置。如果有多重观测值,它用限差数值确定何时报告闭合差误差

通过选择"文件"/"项目属性",也可以访问"项目属性"对话框。

(8)改变坐标系统。

使用坐标系统设置,选择需要的坐标系统,如图 6-37 所示。

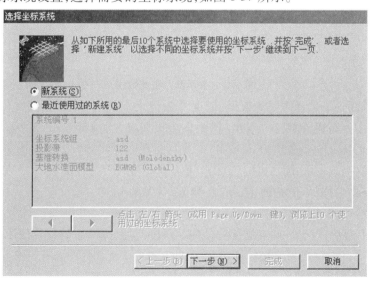

图 6-37   选择坐标系统

4. 第四步:导入静态观测数据(∗.dat 或 RINEX)数据

选择"文件"/"导入",出现如图6-38所示的对话框。

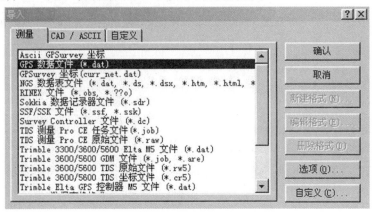

图6-38　导入静态观测数据

RINEX 文件(∗.obs, ∗.?? o):导入 GPS 标准数据格式文件;

GPS 数据文件(∗.dat):导入 Trimble 接收机静态数据文件;

SSF/SSK 文件(∗.ssf, ∗.ssk):导入基线文件;

Survey Controler 文件(∗.dc):导入手簿动态采集的文件。

选择了导入 ∗.dat 数据文件后,"DAT Checkin"对话框出现,如图6-39所示。

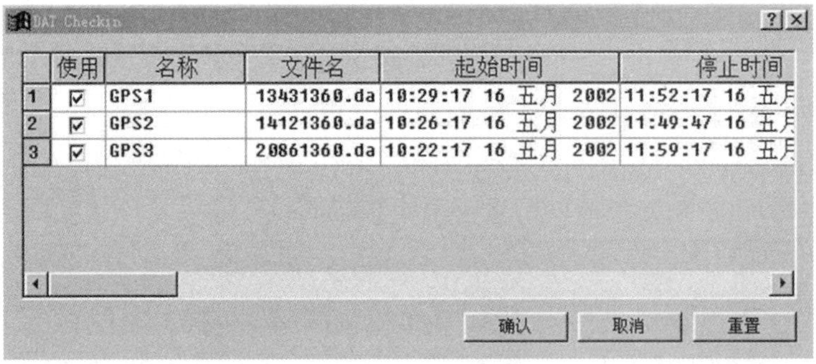

图6-39　显示静态观测数据

在使用工具条下选择需要的数据,依据外业记录表,"名称"中根据文件名输入测站的名称,如果需要高程,则要在"天线高"中输入天线高度;选择相对应的天线类型,例如Zephyr、Zephyr Geodatics 或 5800 internal(天线背面有标识),测量方法要选槽口顶部、槽口底部或护圈的中心(5800 接收机)。点击"确认"后,布网的图形显示出来(见图6-40);若要显示每个点的名称,点击右键,选择"点标记"/"名称"。

5. 第五步:处理视图中的 Timeline

如图6-41所示,对于一些突起部分使用左键框起后,点击右键禁止使用,不允许此数据参与解算。另外,在观测很短时间就消失的卫星要去掉,刚开始出现的前一部分可去掉。有时由于卫星的颗数较少,可以把一些卫星有条件地保留下来。

显示处理结果如图6-42所示。

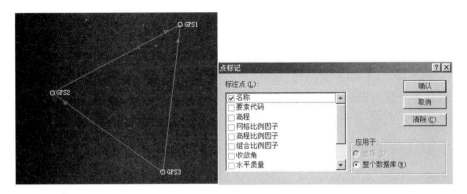

图 6-40　显示网图

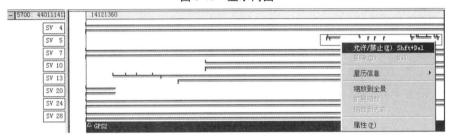

图 6-41　处理视图中的 Timeline

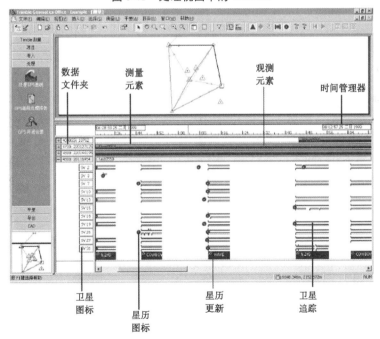

图 6-42　显示处理结果

6. 第六步：处理 GPS 基线

处理 GPS 基线前，可以查看 GPS 处理形式（见图6-43），主要是改变卫星高度截止角、电离层模型改正方式、对流层天顶延迟等。质量控制只作为了解，是基线解算质量的三个衡量标准,即比率(ratio)、参考变量(reference factor)、均方根(RMS)。比率以大于 3 为好,且越大越好。参考变量越小越好。均方根越小越好。

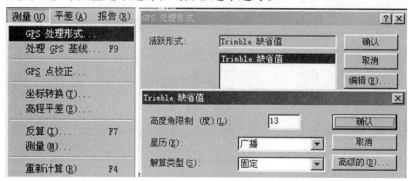

图6-43 GPS 处理形式

点击"处理 GPS 基线",如图 6-44 所示。

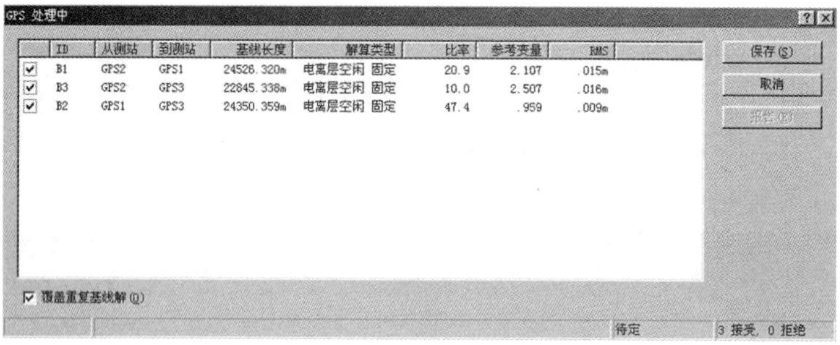

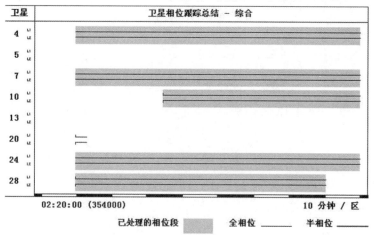

图6-44 处理 GPS 基线

处理完毕可以看到基线长度、解算类型(固定才可,否则要重新处理星历)、比率(一般大于 3)、参考变量(5 或更小)、均方根(RMS,越小越好)等因子,点击"保存"。点击每条基线,可以查看基线解算报告,主要查看未固定基线的公用卫星、卫星残差等。对于卫星残差大的卫星可从 Timeline 里将该卫星数据部分删除。处理结果如图 6-45 所示。

图6-45 处理结果

注意:对于双频 GPS 接收机,当基线长度大于 5 km(也可以在 GPS 处理形式中的高级选项中设定此距离)时,软件加入电离层改正,称为电离层空闲。

残差分布图如图 6-46 所示。

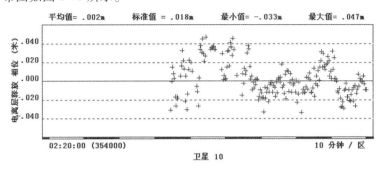

图 6-46　残差分布图

残差部分是对用于基线解算的每颗卫星的残差观测值的几何表示。

残差部分显示从每颗卫星接收到的数据的质量。利用该部分来求解中噪声的数量,该部分显示每个测量周期每颗卫星的残差量。卫星噪声可能影响来自其他卫星的数据,图表中的线应绕零点居中,解中噪声的数量显示了相对于零点的距离。

残差一般分布在相位中线,呈正弦曲线,若分布比较离散,则说明此颗卫星信号质量差,应删除此卫星。

基线解算完毕后,可以查看环闭合差报告(报告/GPS 环闭合差报告或设置查看环闭合差报告的详细内容)。

基线验收标准:处理完成后,测量视图中地图的基线将改变颜色,以表明处理结束。在一条或多条基线上也可以有红色警告标志。每条基线的单行总结显示在"GPS 处理中"对话框中。

Trimble Geomatic Office 软件有三个接受等级:

(1)通过:基线符合指定活动处理形式中的验收标准。使用检查框被这些基线选择,并且不产生红色警告标志。

(2)标志:一个或一个以上的基线质量指示器不符合通过状态的标准集,但还未坏到失败状态。这些基线应该被更密切地检验,以查看它们与网的拟合程度。使用检查框被这些基线选择,并产生红色警告标志。

(3)失败:一个或一个以上的基线质量指示器不符合通过或标志状态的标准集。

7. 第七步:GPS 网的无约束平差

测量时,应该采集额外数据,以便检查观测值的完整性。当测量有额外观测值(冗余度)时,在产生最终结果之前,可以用它们把固定误差的影响降低到最小程度。在"基准"下选择"WGS – 84",进行无约束平差,如图 6-47 所示。

点击"平差",软件自动平差。因为平差是一个迭代的过程,所以应该平差 3～5 次,让残差收敛到最小值。

平差完毕后,查看网平差报告(见图 6-48),在统计总结下显示迭代平差是否通过;如果不通过,选择"加权策略"(见图 6-49)。

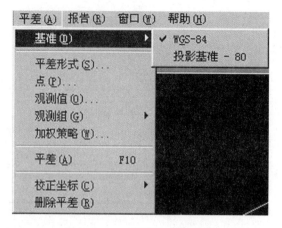

图 6-47　GPS 网的无约束平差

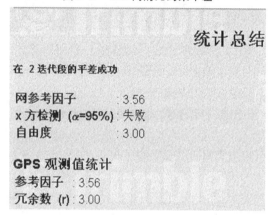

图 6-48　显示平差结果

图 6-49　加权平差结果

再次进行平差,直到通过为止(见图 6-50)。然后查看网平差报告,查看点位误差分量及边长相对中误差。

8.第八步:网的约束平差

(1)在"平差"/"基准"下选择当地投影基准,如图 6-51 所示。

(2)点击"观测值",加载水准面模型,如图 6-52 所示。

选择水准面后,点击"装载",再点击"确认"。

(3)输入已知点坐标:单击"点",输入二维或三维坐标,然后点击"确认",如图 6-53所示。

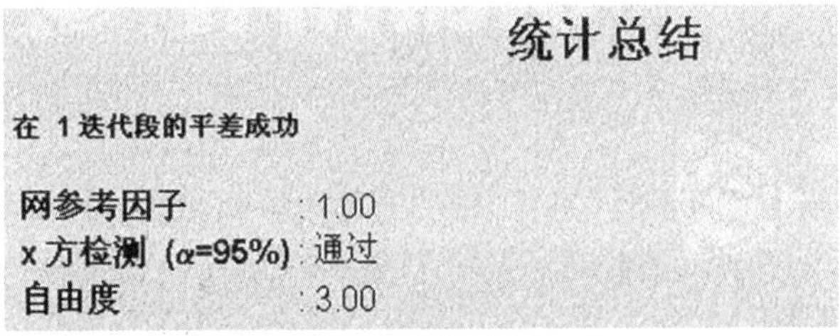

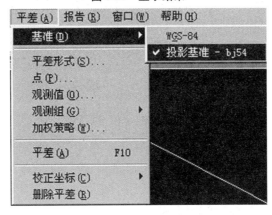

图 6-50　显示结果

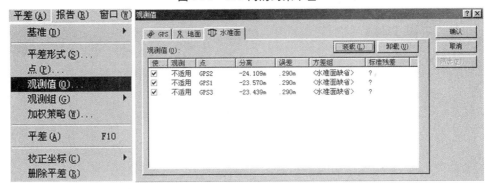

图 6-51　GPS 网的约束平差

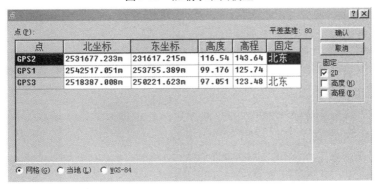

图 6-52　加载水准面模型

图 6-53　输入已知点坐标

(4)点击“平差”,进行网的约束平差。

对于平面坐标,固定至少两个点,输入已知坐标,而对于高程,则要求更多的已知大地水准点。

进行平差,看结果(见图6-54)是否通过,通过报告看未知点坐标及坐标误差分量、边长相对中误差等,可选择编辑器编辑报告。

平差网格坐标

用...报告误差 1.96σ.

点名称	北坐标	纵轴误差	东坐标	横轴误差	高程	高程误差	固定
GPS2	2531677.233m	.000m	231617.215m	.000m	143.647m	.545m	北 东
GPS1	2542514.358m	.088m	253641.303m	.122m	125.728m	.524m	
GPS3	2518387.008m	.000m	250221.623m	.000m	123.501m	.526m	北 东

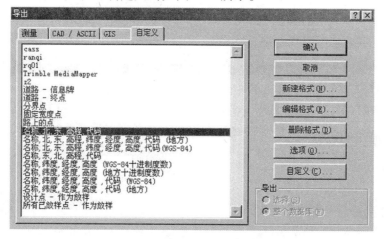

图6-54　显示约束平差结果

9. 第九步:成果输出

成果输出一般有两个报告和两套坐标:环闭合差报告和网的约束平差报告,以及当地坐标和WGS-84坐标。

输出坐标:选择“导出”/“自定义”,如图6-55所示。

图6-55　选择成果输出格式

其中,“名称,北,东,高程,代码”,输出是当地坐标;“名称,纬度,经度,高度,代码(WGS-84)”,输出是WGS-84坐标。

地方独立坐标系统处理:有些地方采用地方独立坐标,不知道椭球参数以及投影中央子午线,此时应采用点校正的方法。一般情况下,采用这种方法作业时,应该联测三个以上已知点且已知点基本覆盖控制网区域。

(1)处理方法沿用上文第一、三、四、五、六步;其中第三步坐标系统不需要改变,采用默认值,如图6-56所示。

(2)网的无约束平差完成之后,执行点校正:选择“测量”/“GPS点校正”,如图6-57所示。

一般情况下,在“更新缺省投影起点”、“水平平差”前勾选“√”;“设置比例尺为”前不

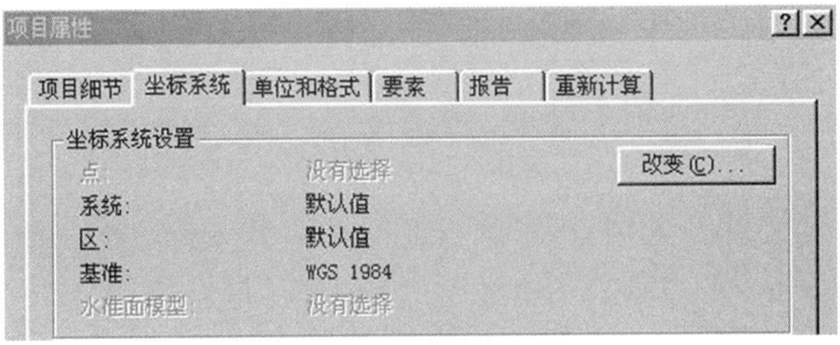

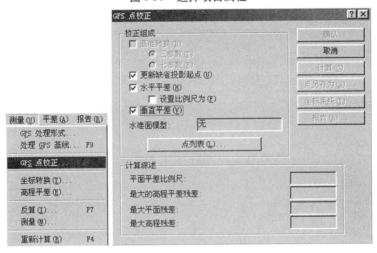

图 6-56　选择项目属性

图 6-57　GPS 点校正

勾选"√";让软件自动计算比例尺;如果高程也参与平差,那么在"垂直平差"前勾选"√"。

(3)点击"点列表",如图 6-58 所示。

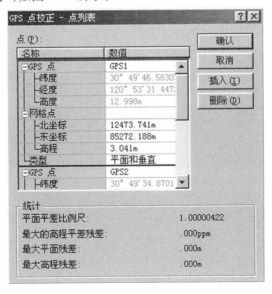

图 6-58　拾取 GPS 点校正

图6-58中GPS点可通过鼠标在图上拾取,网格点即是已知点坐标,输入即可;点击"确认",然后计算校正坐标,如图6-59所示。

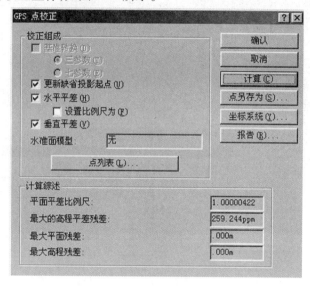

图6-59 确认GPS点校正

(4)计算完成后,输出坐标成果。如上文第九步。

6.3 4D产品制作与数据入库

6.3.1 4D产品简介

(1)数字高程模型DEM,如图6-60所示。

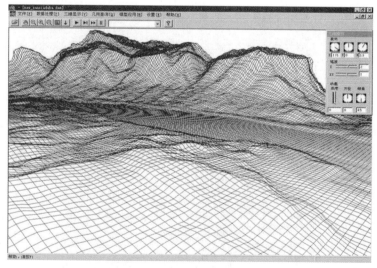

图6-60 DEM产品

（2）正射影像平面图 DOM，如图 6-61 所示。

图 6-61　DOM 产品

（3）数字线划图 DLG，如图 6-62 所示。

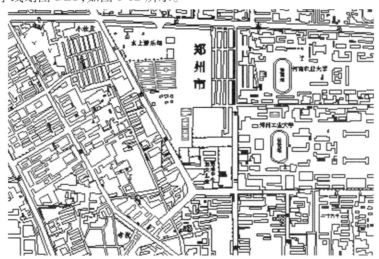

图 6-62　DLG 产品

（4）数字栅格地图 DRG，如图 6-63 所示。

6.3.2　基于 VirtuoZo 的正射影像制作方法

1. 所需资料

1）相机文件

应提供相机主点理论坐标、相机焦距、框标距或框标点标。

2）控制资料

（1）外业控制点成果。如果是全野外布点，还应有外业控制片。

（2）内业加密成果。

图 6-63 DRG 产品

（3）外业控制点及内业加密点分布略图。

3）航片扫描数据

需要符合 VirtuoZo 图像格式及成图要求的扫描分辨率。VirtuoZo 接受多种图像格式，如 TIFF、BMP、SunRasterfile、TGF 等，一般选 TIFF 格式。

2. 参数设置

VirtuoZo 系统的参数较多，需在参数界面上逐一设置。需要设置的参数有测区（Block）参数、模型（Model）参数、影像（Images）参数、相机（Camera）参数、控制点（Ground Points）参数、地面高程模型（DEM）参数、正射影像（Orthoimages）参数。

3. 定向

1）内定向

VirtuoZo 可自动识别框标点，自动完成扫描坐标系与相片坐标系间变换参数的计算，自动完成相片内定向，对自动内定向有问题的航片可以通过人机交互处理功能进行，可人工调整光标切准框标。

2）相对定向

系统利用二维相关，自动识别左、右像片上的同名点，一般可匹配数十至数百个同名点，自动进行相对定向。并可利用人机交互处理功能，人工对误差大的定向点进行删除或调整同名点点位，使之符合精度要求。如果有匹配较差的像片，则须人工加点再自动匹配。

3）绝对定向

（1）用加密成果进行绝对定向。

VirtuoZo 可利用加密成果直接进行绝对定向，将加密成果中控制点的像点坐标按照相对定向像点坐标的坐标格式拷贝到相对定向的坐标文件（∗.pcf）中，执行绝对定向命令，完成绝对定向，恢复空间立体模型。

（2）人工定位控制点进行绝对定向。

相对定向完成后，根据外业调绘的像片由人工在左、右像片上确定控制点点位，并用微调按钮进行精确定位，输入相应控制点点名。每个像对至少需要两个控制点，一般四到六个。

4．生成核线影像

绝对定向完成后，确定核线影像生成范围，影像按同名核线影像进行重新排列，形成按核线方向排列的核线影像。

5．影像匹配、视差曲线编辑

按照参数设置确定的匹配窗口大小和匹配间隔，沿核线进行影像匹配，确定同名点。

（1）匹配窗口大小的选择：匹配窗口是用于影像匹配的单元，其大小的确定与许多因素有关，如像素的大小、航摄比例尺、地形的类型等。平坦地区，影像变形较小，匹配窗口可大一些；反之，当地形起伏较大时，影像变形较大，匹配窗口应小些。中、小摄影比例尺，匹配窗口应小些；大比例尺摄影，匹配窗口应大些。匹配窗口的长和宽都应为单数，最小窗口为 5×5。

（2）匹配格网间隔的选择：匹配格网间隔是指匹配窗口中的行列之间的像素间隔，一般小于或等于匹配窗口的大小，且应小于 DEM 的间隔。

（3）视差曲线编辑：影像匹配完成后，需在立体下进行人机交互的视差曲线编辑，即对匹配结果进行编辑。这一部分是整个作业过程中人工干预最多、工作量最大的部分。尤其做大比例尺城市地区的正射影像，需要对整个模型的大部分影像进行视差曲线编辑，把缠绕在房屋等人工建筑上的视差曲线内插到地面，以避免纠正后房屋等人工建筑影像的扭曲变形。还有就是由于扫描影像质量问题引起的匹配错误，需进行人工编辑改正。编辑完成后即可生成 DEM。

6．生成数字地面高程模型（DEM）

（1）数字地面高程模型是制作正射影像的基础，中心投影的影像根据其数字地面高程模型就可纠正成正射影像。

（2）直接利用编辑好的匹配结果生成数字地面高程模型，适用于中、小比例尺的正射影像制作或大比例尺非城市自然地貌地区的正射影像制作，也可用于编辑好视差曲线的城市地区的正射影像制作。

（3）影像匹配不好的区域可不做编辑，直接在立体下切准地形表面测定一定密度的地面点，构成三角网内插 DEM。此种方法适用于平坦的城市地区，可避免视差曲线缠绕建筑物的问题，减少一定的工作量。

7．生成正射影像（DOM）

当 DEM 建立后，即可进行正射影像的生成。VirtuoZo 提供两种生成正射影像的方式。

（1）模型的 DEM 生成单个模型的正射影像。

（2）多个单模型的 DEM 拼接成一个多模型的 DEM，再在正射影像生成参数中加入一个或多个影像（原始扫描影像），一步生成所需的正射影像。

8. 正射影像图的制作

单个像对的正射影像生成后,即可进行正射影像图的拼接或者镶嵌、裁切。一般来说,制作标准图幅的正射影像可用系统镶嵌功能进行镶嵌,系统提供两种镶嵌方式:

(1)系统进行单模型的 DEM 及正射影像的自动拼接。此种方式适用于小比例尺及大比例尺非城市自然地貌地区。

(2)手工方式选择镶嵌线进行拼接。这种方式适合大比例尺城市地区,可有效地避免(高大)建筑物因中心投影倒向引起的拼接重影或模糊。

拼接的同时,可直接自动分幅裁切,或输入图幅左下、右上角坐标,单独进行标准图幅的裁切,也可用鼠标拉框进行任意图幅的裁切。

另外,如果制作没有绝对地理精度要求的正射影像图,如挂图等,可由单模型正射影像在 Photoshop 等图像处理软件下进行手工拼接,这也是一种有效的拼图手段。

9. 在制作正射影像的过程中需要注意的几个问题

(1)提高航摄质量,选用质量高的影像原始数据,选用较好的扫描仪。

(2)作业前多做一些实验,设计好色彩,规划色彩调整次序。

(3)拼接时尽量使用航片中部,尽量避免从房子中间走拼接线。

(4)选用合适的软件和方法,降低不利因素的影响。

6.3.3 农村集体土地确权登记发证数据入库

1. 数据库建设总体要求

以县级行政辖区为单元,根据集体土地所有权确权登记发证工作需要,以 GIS 平台为基础,满足集体土地所有权调查登记发证的有关要求,并能实现各级数据库的互联互通和同步更新。

系统应具有数据输入、编辑处理、数据分析和管理、数据更新、数据查询、统计分析、数据输出,以及数据交换、备份和维护等其他功能。系统采用以 B/S 为主、以 C/S 为辅的网络模式,城市规模、数据大小不同,相应的网络结构图也不同。

2. 基本内容及要求

集体土地所有权数据库内容主要包括基础地理信息、集体土地所有权数据、宗地统一编码数据、必要的地物地貌数据以及注记等要素。属性内容与数据结构必须严格按照国土资源部和省国土资源厅有关规定与要求设置。

(1)数据库逻辑结构:农村集体土地所有权数据库由主体数据库和元数据组成。主体数据库由空间数据库、非空间数据库组成;元数据由矢量数据元数据、数字正射影像图元数据等组成。

(2)数据分层:空间要素采用分层的方法进行组织管理。根据数据库内容和空间要素的逻辑一致性进行空间要素数据分层,分层标准参照《第二次全国土地调查技术规程》。

(3)数据库标准:农村集体土地所有权数据库参照《土地利用数据库标准》。

3. 数据库建设原则

(1)统一性原则:依据国家及省有关数据库建设标准和《河南省农村集体土地确权登

记发证工作实施方案》的要求,在统一的国土资源信息化标准框架下,按照统一的数据建库及系统开发标准和规程规范,开展系统建设工作。

(2)实用性原则:系统建设要紧密结合实际情况,适应国土资源管理(特别是地籍管理)直接或间接需求,以实现各种集体土地产权信息的查询、统计与分析。

(3)安全性原则:集体土地产权信息系统包含各类权利人对集体土地不同的权利需求,系统建设应充分利用多种技术和制度手段达到数据存储的安全和数据使用访问的安全。按照系统管理和使用的要求,设置严格的安全等级,保障系统安全,保护权利人信息。

(4)先进性原则:系统应充分应用国内外领先的地理信息技术,结合计算机技术、信息工程技术,软硬件配置在考虑性价比的同时,着重考虑系统的先进性;在系统功能设计、程序算法等方面,充分应用软件工程方面的新技术,实现系统各项应用功能,保证系统建设的顺利完成和应用的高效性。

(5)可扩展性原则:系统的平台选择、功能模块和数据结构应留有充分余地,使其具有很好的开放性,能够根据未来发展和需要便捷地进行扩展,满足今后系统数据增长和应用功能扩展的需要。

(6)质量控制原则:对集体土地产权信息系统建设进行全过程质量控制,包括数据库建设方案质量控制、基础数据源质量控制、环节质量控制、全过程质量监理、交接检查、数据自检、数据库建设成果质量检查和验收。

4.数据库建设准备

主要包括建库方案制订、人员准备、数据源准备、软硬件准备、管理制度建立等。

1)人员准备

(1)工程实施人员。

①图形整饰人员。

②属性录入人员,能熟练使用 Microsoft Office Access 软件。

③图形扫描人员,要求懂相关软件,熟悉 Photoshop 软件,会一般的图形处理,会使用扫描仪。

以上人员数量,根据系统建设需要及建设进度进行分配。

(2)管理人员。

在系统建设的过程中,需要有能在技术上给予指导和质量上加以监督的管理人员,以保证系统数据的正确性和完整性。

2)数据源准备

(1)数据源内容。

①调查底图及调查界线资料:包括调查底图、调查界线、控制面积。

②已有的土地调查成果资料:包括土地权属资料、土地利用资料、宗地档案等。

③外业调查资料:包括外业调查工作底图、测量控制点、地籍调查表、界址点成果表、地籍调查表、地籍图等。

(2)数据源要求。

①统一性要求:对上级统一下发的数据资料,各相关单位不得更改,必须与其保持一致,如有问题确需要修改,应及时报上级单位批准。

②合法性要求：数据源必须采用审查验收合格的资料和数据；土地权属调查资料须保证其合法性，当数据源为数字形式时，还要填写数字形式数据源数据说明表；对其他数据源的来源须作说明，并提交相应证明文件。

③质量要求：原始资料内容详尽、完整；资料精度满足《第二次全国土地调查技术规程》要求及日常管理需要；地籍调查资料具有较强的现势性。

（3）数据源质量检查。

①图面检查：对需要矢量化的纸介质图件应检查图纸精度及变形情况，以便做好图纸的校正与配准；对电子数据要检查符号是否符合图式要求，图面注记是否齐全。

②界址点数据检查：对原始的界址点成果表及其他测量成果进行核对，确保坐标数据无遗漏或错误；对于界址点的电子文档数据，检查其格式、精度等，确保数据的正确转换；对已建数据库中的界址点进行核对，确保其精度。

（4）宗地表格检查。

对宗地表格数据进行检查，包括申请书、地籍调查表、审批表、土地登记卡、归户卡等，检查表格的规范性、完整性和逻辑一致性等，并对错误进行更正。

（5）电子数据检查。

当数据源为电子数据时，应根据《城镇地籍数据库标准》和《土地利用数据库标准》，检查数据格式、数学基础、数据精度、现势性等方面的内容。

3）软硬件准备

（1）软件配置。

①操作系统：操作系统推荐使用 Windows 系列操作系统，因为 Windows 系列产品丰富，对于服务器端操作系统，Microsoft Windows 2000 Server 是一个功能强大、多用途的网络操作系统，它的易用性、灵活性以及扩展的 Internet/Intranet 和通信服务能最大程度地满足土地部门的需要。

②数据库选择：SQL Server 和 Oracle 都可作为地籍管理信息系统的后台数据库，SQL Server 有高性能价格比、可伸缩性强、安全可靠、易操作、市场推动力强等优点，是大多数国土资源局的首选。Oracle 因其高性能、高安全可靠性及技术上的先进性，也是一个较好的选择。地籍管理信息系统的软件虽然基于 SQL Server 和 Oracle 数据库都可以完成开发任务，但 SQL Server 有成熟的软件和应用案例，所以建议选择 SQL Server 数据库。

③软件：按照国土资源部门要求选择软件（ArcGIS、MapGIS 或其他软件）。

（2）硬件配置。

各城市的数据量、访问频率不同，数据量的大小决定了硬件的配置，根据实际情况，建议采用的最低配置如下：

①服务器配置。由于服务器存放着数据库，访问频率高、数据量大，另外还要考虑到数据的安全性和可靠性，建议服务器采用的最低配置如下：

CPU：至强 3.0 G（四个）；

内存：4.0 G；

硬盘：双硬盘热备份 2 T；

显示器：15″；

UPS:8 h 后备;

网卡:1 000 M/100 M 自适应。

为了保证数据的安全性,最好采用双机热备份。

②客户机配置。

CPU:酷睿双核;

内存:2 G;

硬盘:320 G;

显示器:17″;

网卡:1 000 M/100 M 自适应。

③其他设备。

打印机:平推式打印机,可打印国家标准土地证,如富士通 8500 或 8600。

扫描仪:普通 A4 的扫描仪,分辨率不低于 300 dpi。

绘图仪:喷墨宽幅绘图仪,如 HP800。

交换机:1 000 M/100 M 自适应。

数据备份设备:光盘刻录机、移动硬盘。

以上推荐的硬件配置仅供参考,用户可以根据实际情况作适当的调整。

5.数据采集与处理

主要包括对基础地理信息,集体土地所有权数据,宗地统一编码数据,必要的地物、地貌数据以及注记等要素的采集、编辑、处理和检查等。

1)矢量数据采集方法

(1)基于数字正射影像数据提取;

(2)扫描矢量化;

(3)矢量数据转换;

(4)基于外业电子数据采集;

(5)基于 PDA 的"3S"一体化采集手段。

2)矢量数据采集要求

(1)总体技术要求。

①数据应分层存放,具体要求参见《土地利用数据库标准》和《城镇地籍数据库标准》;

②数字化作业时应处理好各要素间的关系,各层要素叠加后应保持协调一致;

③点状要素须采集符号定位点;

④线状要素上点的密度以几何形状不失真为原则,点的密度应随着曲率的增大而增加;

⑤具有多种属性的公共边,只矢量化一次,其他层可用拷贝方法生成,保证各层数据完整性;

⑥数据采集、编辑时应保证线条光滑,严格相接,不得有多余悬线;

⑦要素不得自相交和重复数字化;

⑧在完成编辑、修改后,所有数据层数据结构应符合建立拓扑关系的要求;

⑨如果以图幅为采集单元,需要进行相邻图幅接边处理,如果以村或宗地为作业单位,则需要进行权属单位接边处理;

⑩弧段的所有伪结点一般应是不同属性弧段的分界点;

⑪有方向性的要素其数字化方向正确,需连通的地物保持连通,各层数据间关系处理正确。

（2）基于正射影像的信息提取要求。

①矢量化要求:规定不同要素的分层编码、线型、颜色和代码等;图内各要素与影像套合,明显界线与矢量化底图上同名地物的移位不得大于图上0.2 mm;土地权属等界线应以调查底图和外业调查成果为准;当同一要素有不同来源,并发生矛盾时,应核对有关资料,讨论确定要素矛盾处理方案。

②数据接边要求:矢量数据接边要注意图形数据和属性数据的逻辑一致性;当相邻图幅图廓线两侧明显对应要素间距小于图上0.6 mm时,可直接按照影像接边,否则应实地核实后接边,接边后图廓线两侧相同要素的矢量、属性数据保持一致;不同比例尺数据接边以高精度的矢量和属性要素为接边依据。

③数据拓扑要求:各要素无线段自相交、两线相交、线段打折、碎片多边形、悬挂点或伪结点等图形错误;数据拓扑关系正确,面要素应闭合,各相邻实体的空间关系可通过完整的拓扑结构描述;公共边线或同一要素具有两个或两个以上类型特征时,应保证位置的一致性。

④数据项值域要求:地类编码、行政区划代码等代码值域必须符合《土地利用数据库标准》及《城镇地籍数据库标准》。

（3）扫描矢量化要求。

①图件扫描:根据图件介质和图内要素的不同情况确定扫描方式和扫描参数;为避免扫描影像的歪斜失真,扫描时应注意保持扫描送纸的水平,DRG与水平线的角度不宜超过0.2°;检查扫描影像清晰度、扫描参数、影像数据格式和信息文件的正确性,并记录检查结果,不合格影像应视情况重新扫描。

②几何纠正:选择四个内图廓点和至少五个均匀分布的公里格网点为控制点,当矢量化底图图件变形误差超限时,应适当增加控制点数量,以保证纠正精度;控制点的选取应在DRG放大2~3倍的条件下完成;纠正后的DRG,其图廓点和公里格网交点坐标与理论值的偏差不大于0.1 mm;将图廓点、公里格网点、控制点等坐标按检索条件在屏幕上显示,与理论值套合检查纠正精度,记录检查结果,不合格影像应重新纠正。

③坐标系统及投影变换:当基础图件与数据库的坐标系不一致时,需要进行坐标系转换;当涉及跨带时,需要进行投影变换作换带处理,统一为同一中央经线;根据数据跨带情况,选择任意中央经线方法或投影主带进行换带处理;检查数据库各要素数学基础的正确性。

（4）矢量数据转换要求。

①要求对已有矢量数据的格式、坐标系、精度、现势性等进行检查,并针对检查问题进行修改;

②转换坐标系为1980西安坐标系;

③精度检查的方法是已有的矢量数据与已有的 DOM 套合,检查对应要素的位置偏移精度,对不满足精度要求的矢量数据进行修改。

(5)基于外业电子数据采集要求。

①外业电子数据检查:要求对外业电子数据的格式、坐标系、精度等进行检查,并针对检查问题进行修改;转换坐标系为 1980 西安坐标系;精度检查的方法是外业电子数据与已有的 DOM 套合,检查对应要素的位置偏移精度,对不满足精度要求的矢量数据进行修改;

②数据精度、数据接边、数据拓扑建立等的要求参见《基于正射影像的信息提取要求》。

3)属性数据采集

(1)手工录入。

①依据外业调查资料在建库软件中逐个宗地录入属性数据;

②利用 Access、Excel 等软件集中录入属性数据,并通过地籍号与矢量数据关联。

(2)分析计算。

通过数值计算、空间分析等方法,对属性项进行计算赋值。

(3)直接导入。

对已有数据库中的属性数据或外业采集的电子形式属性数据进行转换、编辑、完善,并直接导入数据库中。

(4)属性数据采集要求。

①数据结构和编码方法符合《土地利用数据库标准》和《城镇地籍数据库标准》要求;

②属性数据采集以数据源为依据;

③属性值应保证正确无误;

④属性数据与矢量数据应保持逻辑一致性。

(5)栅格数据采集方法。

①DOM 收集包括依据第二次全省土地调查和年度土地变更调查数据库制作的 1∶10 000 比例尺的正射影像图;

②对需要保存的审批文件、合同、土地权属界线协议书等相关文档资料,直接采用扫描仪、数码相机等设备进行扫描或拍照,生成存档数据文件。

(6)存档文件采集要求。

①分辨率不低于 300 dpi,图像清晰、不粘连;

②色彩统一、RGB 值正确;

③与原资料内容完全一致;

④存储为 JPEG 格式文件;

⑤需要有说明文件,附加说明文件内容无错漏。

(7)元数据采集方法。

①对数据采集过程中产生的新数据,其元数据的获取由数据生产单位同时提供;

②对数据采集过程中使用的已有元数据的资料及数据,应按照《国土资源信息核心元数据标准》的要求对其元数据进行相应的补充、修改及完善。

（8）元数据采集要求。

①数据项要求齐全；

②数据内容正确、无漏；

③元数据采集需按照《国土资源信息核心元数据标准》要求。

6. 数据库空间要素建设

1）基础地理要素

（1）定位基础。

①测量控制点：测量控制点在集体土地所有权数据库中为可选项。

②数字正射影像图纠正控制点：在集体土地所有权数据库中有此可选项。在实际建库过程中，此要素常常可以忽略，但如果某些地方的正射影像图的精度不能达到要求，则必须实地测绘纠正控制点，对正射影像图进行纠正，使之达到精度要求。数字正射影像图纠正控制点属性表中，X(E)_XA80、Y(E)_XA80、Z_XA80 三个字段为必选字段。

（2）境界与行政区划。

①行政区：行政区为必选项，由变更后的农村二调数据库转换而来。

②行政区界线：行政区界线为必选项，由变更后的农村二调数据库转换而来。

③行政区要素注记：在集体土地所有权数据库中，行政区要素注记为可选项。

2）土地利用要素

（1）地类图斑。

集体土地所有权数据库中的图斑从变更后的农村二调数据库转换而来。

（2）线状地物。

集体土地所有权数据库中的线状地物由变更后的农村二调数据库转换而来。

（3）地类界线。

集体土地所有权数据库中的地类界线从变更后的农村二调数据库转换而来。

3）土地权属要素

（1）宗地。

①采集方法：已有的确权资料，经过核实未发生变更，且与实地一致、精度满足建库要求时，原资料可继续延用，如果原有数据源资料为矢量数据，可采用格式转换导入方法进行采集；已有的确权资料，经过核实未发生变更，且与实地一致，但精度不符合建库要求时，根据已有资料和界址点的描述等，依据影像选择基于数字正射影像数据提取法进行采集；已有的确权资料，经复核存在错误或发生变化时，应重新确权划界，没有权属资料的，应重新确权划界，采用一体化外业采集方法进行数据采集。

②采集要求：充分利用已有权属资料；土地权属资料须保证其合法性；权属界线外业核实前，建议制作外业调查工作底图；原有数据库中的权属界线经外业核实无误后，应根据土地权属界线协议书和界线描述等资料，结合调查底图进行界线调整；宗地由封闭的界址线生成，集体土地所有权宗地与国有土地宗地完全覆盖整个行政区域，宗地间不能有交叉、裂缝，宗地与行政区域间不能有交叉、裂缝；地籍调查表、申请书、其他权属来源证明材料、土地登记材料等需要扫描成 JPEG 图片，图片按建库软件要求整理。

（2）宗地注记。

宗地注记由建库软件根据宗地的属性生成。

（3）界址线。

集体土地所有权宗地的界址线,不允许有伪结点;界址线必须与关联的宗地范围线完全重合。

由于界址线的属性具有方向性,所以规定宗地界址线按顺时针首尾相接,前进方向左侧定义为外,前进方向右侧定义为内。数据库中除了不能重叠的界址线的矢量数据,还要有界址线的属性数据,这些属性数据对应了所有宗地的界址线。

（4）界址点。

集体土地所有权宗地的界址点按照实地点位明显、便于找寻、便于文字描述其位置的原则选取。界址点一般都是由外业实地测量获得的,在转入数据库前,要检查界址点数据的坐标系是否与数据库一致,如果不一致,则需要转换坐标。

4）土地权属争议数据

土地权属争议数据指因各种原因导致的权属无法确认或存在争议的信息数据。

5）宗地统一编码数据

宗地统一编码数据包括地籍区与地籍子区的划分、宗地统一编码等。

宗地统一编码按《宗地代码编制规则(试行)》和《河南省宗地统一代码编制工作实施方案》规定执行。

6）栅格数据

栅格数据包括数字正射影像图、数字栅格地图、数字高程模型,均为可选项。

数字正射影像图依据第二次全省土地调查和年度土地变更调查数据库制作的1:10 0 00比例尺的正射影像图,数字栅格地图和数字高程模型不要求入库。

7. 数据入库流程

数据入库流程主要包括矢量数据、栅格数据、属性数据以及各元数据等的检查和入库。

1）入库前数据检查

数据入库主要包括矢量数据、DOM数据、元数据等数据入库。

数据入库前要检查采集数据的质量,检查合格的数据方可入库。数据检查主要包括矢量数据几何精度和拓扑检查、属性数据完整性和正确性检查、图形和属性数据一致性检查、接边精度和完整性检查等。

2）系统运行测试

数据入库完成后,对系统进行全面的测试,并对测试出现的问题进行全面分析和处理。具体测试内容及要求如下:

（1）系统运行无死机现象;

（2）系统能对数据库中数据层进行组合查询,且数据结构正确;

（3）系统能对数据进行汇总统计并输出标准表格;

（4）系统能按要求输出标准分幅图件、统计表格等。

3）数据库质量检查

依据《城镇地籍数据库标准》、《土地利用数据库标准》、《第二次全国土地调查技术规程》等相关标准确定检查项,包括矢量数据几何精度和拓扑检查、属性数据完整性和正确性检查、图形和属性数据一致性检查、接边完整性检查等检查内容,配置相应的参数,确认检查项目。

采用系统批量检查,或者人机交互的方式对检查项目进行检查,对发现的错误及时修正,自动生成或手工编写检查报告。

6.4　农村土地承包与不动产调查

6.4.1　农村土地承包经营权实施方案

为进一步稳定农村土地承包关系,促进农村产权制度改革,根据中共××县委、××县人民政府《关于推进农村产权制度改革试点工作的意见》和××县农业局《关于开展农村土地承包经营权确权登记颁证试点工作的意见》要求,结合××街道实际,特制订本方案。

一、工作目标

进一步稳定和完善农村土地承包关系,探索完善农村土地承包经营权登记颁证制度,解决承包地块面积不准、四至不清、空间位置不明、登记簿不健全等问题。把承包地块、面积、合同、权属证书全面落实到户,实现"四相符"和"四到户",即承包面积、承包合同、经营权登记簿、经营权证书相符,承包地分配到户、承包地四至边界测绘登记到户、承包合同签订到户、承包经营权证书发放到户。

二、工作原则

(一)保持稳定。在保持现有农村土地承包关系稳定的前提下开展土地承包经营权登记试点,以已经签订的土地承包合同和已经颁发的土地承包经营权证书为基础,严禁借机违法调整和收回农户承包地。

(二)依法规范。严格执行《中华人民共和国物权法》、《中华人民共和国农村土地承包法》、《中华人民共和国土地管理法》等有关土地承包经营权登记的规定,参照《中华人民共和国农村土地承包经营权证管理办法》规定的登记内容和程序开展土地承包经营权登记。

(三)民主协商。充分动员农民群众积极参与试点工作,试点中的重大事项均应经本集体经济组织成员民主讨论决定,做到民主协商和民主决策,不得强行推动。

(四)因地制宜。根据试点村的土地承包实际,在不违反法律规定和现行政策的前提下,尊重历史,实事求是,完善确权登记颁证工作,妥善解决遗留问题。

(五)分工负责。试点工作由街道党工委、办事处统筹安排,各相关站所分工明确,密切配合,共同具体组织实施,确保试点任务顺利完成。

三、工作内容

(一)清理核实土地承包档案。以二轮土地承包以来建立的农村土地承包档案为基础,对农村土地承包底册进行一次全面清理核实,全面摸底查清辖区内农村土地承包合同、土地承包经营权登记簿、土地承包经营权证等相关情况。

（二）查清承包地块面积和空间位置。在对土地承包情况进行摸底调查的基础上，以第二次全国土地调查成果为基础，以依法按政策签订的土地承包合同、发放的土地承包经营权证书和集体土地所有权确权登记成果为依据，按照农业部《农村土地承包经营权登记试点工作规程(试行)》的规定，开展土地承包经营权权属调查勘测，查清承包地块面积、四至和空间位置。实测结果经村公示、街道审核后，作为确认、变更、解除土地承包合同以及确认、变更、注销土地承包经营权的依据。

（三）建立健全土地承包经营权登记簿。农村土地承包管理部门依据《××省实施〈中华人民共和国农村土地承包法〉办法》、《农村土地承包经营权证管理办法》(农业部令第33号)和农业部《农村土地承包经营权登记试点工作规程(试行)》，建立土地承包经营权登记簿。已建立登记簿的，要依据上述规定进一步健全，充实完善承包地块的面积、四至、地类和空间位置；未建立登记簿的，要在现有土地承包合同、证书的基础上，结合本次确认的承包地块、面积和空间位置等登记信息，建立土地承包经营权登记簿。

（四）加强承包经营权变更、注销等日常管理。在建立健全土地承包经营权登记簿的基础上，积极开展土地承包合同变更、解除和土地承包经营权变更、注销等日常管理工作，并对土地承包经营权证书进行完善，变更或者补换发土地承包经营权证书。

（五）对其他承包方式开展确权登记颁证。采取招标、拍卖、公开协商等方式承包农村土地的，当事人申请土地承包经营权登记，按照《农村土地承包经营权证管理办法》(农业部令第33号)有关规定办理登记。报××县农村土地承包管理部门审核，符合登记有关规定的，报请××县政府依法颁发农村土地承包经营权证书予以确认。

（六）做好土地承包经营权登记资料归档。严格执行土地承包档案管理规定，实现同步部署、同步检查、同步总结、同步验收。坚持分级管理、集中保管，建立健全整理立卷、分类归档、安全保管、公开查阅等制度。农村土地承包经营权登记档案由农村土地承包管理部门负责集中保管。

（七）实施土地承包经营信息化管理。街道要全面建立农村土地承包管理信息系统，将登记信息录入管理信息系统，实现农村土地承包合同、土地流转合同、土地承包经营权证书、土地承包经营权登记簿的信息化管理。登记信息录入工作完成后要逐步建立健全土地清查、经营权登记、土地承包经营权流转、纠纷调解仲裁以及档案管理等各项工作制度。

（八）农村产权交易平台建设。充分利用农村集体经济组织清产核资成果，抓紧完成"××县农廉网"农村集体"三资"管理平台数据录入和农村土地承包经营权流转平台数据录入工作。认真借鉴先进地区农村产权交易平台建设的经验做法，不断提升平台功能。

四、操作流程

（一）家庭承包方式登记

1.准备前期资料。收集整理承包合同、土地台账、登记簿、农户信息等资料，形成农户承包地登记基本信息表。

处理国土"二调"或航空航天影像数据，形成用于调查和实测的基础工作底图。

2.入户权属调查。根据基础工作底图和农户承包地登记基本信息表，入户实地进行承包地块权属调查，由农户进行确认。对存在争议的地块，待争议解决后再登记。

3.测量地块成图。按照农业部《农村土地承包经营权登记试点工作规程(试行)》规定的"农村承包土地调查技术规范"要求对承包地块进行测量和绘图,并标注地块编码和面积,形成承包土地地籍草图。

4.公示审核。由村土地承包经营权登记工作组审核地籍草图后,在村公示。

对公示中农户提出的异议,及时进行核实、修正,并再次公示。

公示无异议的,由农户签字确认后作为承包土地地籍图,由村上报街道办事处。街道办事处汇总并核对后上报××县政府。

5.建立登记簿。街道上报登记资料,由××县农村土地承包管理部门按照统一格式建立土地承包经营权登记簿。

土地承包经营权登记簿应当采用纸质和电子介质。为避免因系统故障而导致登记资料遗失破坏,应当进行异地备份。如果条件允许,应采取多种方式多地备份。

6.完善承包经营权证书。根据××省农业厅《关于在农村土地承包经营权确权登记颁证工作中暂缓印发新的经营权证书的通知》要求,结合实际,依照土地承包经营权登记簿记载内容,按照上级的统一部署,做好对承包经营权证书完善的准备工作,待确定证书格式后再行印发。

7.资料归档。按照农业部、国家档案局《关于加强农村土地承包档案管理工作的意见》,街道对农村土地承包管理部门整理登记的相关资料进行归档。

(二)其他承包方式登记

采取招标、拍卖、公开协商等方式,依法承包农村土地的,当事人申请土地承包经营权登记,按照《中华人民共和国农村土地承包经营权证管理办法》(农业部令第33号)有关规定办理登记。对境外企业、组织和个人租赁农村集体土地,暂不予登记。开展其他承包方式登记程序参照家庭承包方式登记的相关程序。

(三)变更登记、注销登记

承包期内,因下列情形导致土地承包经营权发生变动或者灭失的,进行变更、注销登记:一是因集体土地所有权变化的;二是因承包地被征占用导致承包地块或者面积发生变化的;三是因承包农户分户等导致土地承包经营权分割的;四是因土地承包经营权采取转让、互换方式流转的;五是因结婚等原因导致土地承包经营权合并的;六是承包地块、面积与实际不符的;七是承包地灭失或者承包农户消亡的;八是承包地被发包方依法调整或者收回的;九是其他需要依法变更、注销的情形。根据当事人申请,由街道办请××县农村土地承包管理部门依法办理变更、注销登记,并记载于土地承包经营权登记簿。开展变更登记、注销登记参照家庭承包方式登记的相关程序。

在完成农村集体"三资"管理平台数据录入和农村土地承包经营权流转平台数据录入工作的基础上,不断建立健全流转交易规则和管理制度,提高规范化建设水平。

五、工作步骤

(一)组织发动阶段(2013年5月31日前)。重点做好四项工作:一是成立农村土地承包经营权确权登记颁证试点和农村产权交易平台建设工作领导小组和办公室,具体负责组织协调等日常工作,加强对辖区内农村土地承包经营权确权登记颁证试点工作的指导。试点村成立由村党支部、村委会、村务监督委员会、村集体经济组织主要负责人和集体经济组织成员代表等人员组成的工作实施小组,具体负责本村的农村土地承包经营权确权登记。二是制订街道农村土地承包经营权确权登记颁证试点工作具体实施方案。三是宣传发动。要召开农村土地承包经营权确权登记颁证试点工作动员会,对试点工作进行安排部署。试点村要召开村干部会议、村民会议或村民代表大会进行宣传动员,向每户发放宣传材料,让每一位农民都了解此次确权登记颁证工作的目的、意义和内容。充分运用各种媒体开展形式多样的宣传动员,做到家喻户晓,争取群众的理解、支持和参与。四是开展培训。对试点工作人员开展全面的业务培训,使之掌握相关政策法规和业务知识,明确试点任务,掌握操作规程。

(二)调查摸底阶段(2013年6月30日前)。重点做好三项工作:一是查清承包土地现状。对试点村二轮土地延包方案、台账、承包合同、经营权证等土地承包相关原始档案资料进行全面清查整理。对照第二次土地调查及2012年农村集体经济组织清产核资成果,查清每块承包地的名称、坐落、面积、四至、权属性质、土地种类和经营方式等。结合调查结果填写《农户承包地基本信息登记表》。二是查清农户家庭承包状况。对承包人,承包经营权共有人、承包地块、面积、四至、土地变动等各方面情况和信息进行收集、归纳、整理、核对。三是完善土地承包关系。在调查摸底过程中要对农村土地承包政策落实情况进行检查,对工作中发现的问题和群众反映强烈的问题,要妥善研究、及时解决,进一步完善土地承包方案、合同等内容。

(三)测绘公示阶段(2013年9月30日前)。重点做好两项工作:一是勘测定界。聘请有资质的专业测绘公司进行测绘;采用与农村集体土地确权登记发证成果相一致的坐标系统,按照农业部《农村土地承包经营权登记试点工作规程(试行)》附件1的规定测绘编制农户承包土地地籍草图,确保数据真实、准确、无误。二是公示确认。由村实施小组对测绘编制的农户承包土地地籍草图进行审核后,在村务公开栏进行公示。其间,农户有异议的,要及时进行核实、修正,并再次进行公示。公示无异议的,由农户签字确认后作为承包土地地籍图,由村上报街道办事处,街道办核对汇总后上报××县政府。

(四)登记颁证阶段(2013年11月30日前)。重点做好四项工作:一是建立健全登记簿。街道将登记资料上报到××县农村土地承包管理部门并按照统一的格式,建立土地承包经营权登记簿。二是颁发证书。按照"申请、审核、登记、发证"的登记程序,以土地承包经营权登记簿为依据,将由××县政府核发的土地承包经营权证发放到位。三是建立管理信息系统。根据登记过程中形成的各种资料,建立农村土地承包经营权管理信息系统,实现农村土地承包经营权管理信息化。四是归档保存。按照档案管理规定,将农村土地承包经营权登记有关资料归档集中保存。

(五)总结验收阶段(2013年12月31日前)。对农村土地承包经营权确权登记颁证试点工作进行全面总结,总结试点经验,分析存在的问题,形成试点工作情况报告,于2013年12月6日前报××县农村土地承包经营权确权登记颁证试点和农村产权交易平台建设领导小组办公室。申请××县领导小组对街道试点工作进行检查验收。

六、工作要求

(一)加强组织领导。农村土地承包经营权确权登记颁证试点工作政策性强、涉及面广、社会影响大,在具体工作中要统一思想,提高认识,把该项工作作为巩固农村基本经营制度和促进农村改革发展稳定的一项重要内容,列入重要议事日程。切实加强组织领导,强化责任落实,明确进度,确保工作成效。

(二)密切协调配合。农经站、财政所、国土所、信访办、司法所、计生办、派出所等有关站所要分工负责,密切配合,共同做好农村土地承包经营权确权登记颁证试点工作。农经站承担领导小组的日常工作,负责编制实施方案,分解任务,落实责任,明确进度,定期检查,抓好落实,要加强对农村土地承包档案管理工作的指导和服务,帮助搞好农村土地承包档案管理;财政所要做好农村土地承包经营权确权登记颁证试点的经费保障工作;国土所要免费提供第二次全国土地调查成果用于农村土地承包经营权确权登记颁证;信访办负责试点中涉及有关信访的处理;司法所要充分发挥职能作用,为农村土地承包经营权确权登记颁证试点工作提供法制服务;计生办负责解决试点中涉及的有关计划生育问题;派出所负责试点中涉及的户籍及治安维护等。其他相关站所要按照本部门的职责分工,积极参与此项工作,共同维护好农民的合法权益。

(三)准确把握政策界限。严格执行农村土地承包法律和政策规定,在现有土地承包合同、证书和集体土地所有权确权登记成果的基础上,开展试点工作,对实测面积,经公示后据实登记,作为确权变更依据。实测面积不与按延包面积确定的农业补贴基数挂钩,不与农民承担费用、劳务标准挂钩,严禁借机增加农民负担。对延包不完善、权利不落实和管理工作不规范的,予以依法纠正。对土地承包经营权权属存在争议和纠纷的,先依法解决,再予以登记确权。

(四)妥善处理试点中出现的问题。对试点工作中遇到的问题要按照保持稳定、尊重历史、照顾现实、分类处置的原则依法妥善解决。试点村要组织实施小组对土地承包问题进行摸底排查,妥善解决突出问题。凡是法律法规和现行政策有明确规定的,要严格按照规定处理;凡是法律法规和现行政策没有明确规定的,要依照法律法规和现行政策的基本精神,结合当地实际妥善处理。要认真开展信访稳定风险评估,制订切实可行的应急处置预案,实行全面参与、全程监控,对信访等不稳定的问题按照属地化解原则,确保把矛盾解决在萌芽状态,解决在基层。要引导当事人依法理性反映和解决土地承包经营纠纷,通过协商、调解、仲裁、诉讼等渠道化解矛盾。

(五)充分尊重农民群众的主体地位。要充分尊重群众意愿,发挥农民群众的主观能动性,坚持每个步骤都与农民群众讨论,每个环节都邀请群众参与,每个争议都由村民协商解决,每项成果都要公示并经群众签字确认,依靠农民群众办好自己的事。

(六)加强检查指导。街道农村土地承包经营权确权登记颁证试点工作领导机构对各个阶段的工作情况进行不定期督促检查,适时进行情况通报,及时发现和解决工作中出现的新情况、新问题。对措施不当、工作不力、违背政策,导致农民集体上访、越级上访或发生群体性事件、其他恶性事件的,要严肃追究有关责任人责任。

6.4.2 不动产权籍调查技术方案

为贯彻落实《不动产登记暂行条例》,积极稳妥、规范有序地推进不动产权籍调查工作,全力保障不动产登记工作顺利开展,制订本方案。

一、适用范围

本方案规定了不动产权籍调查的内容、技术路线、基本方法、调查程序、成果要求和数据库建设等。

本方案适用于土地、海域以及房屋、林木等定着物的不动产权籍调查。

二、调查内容

以宗地、宗海为单位,查清宗地、宗海及其房屋、林木等定着物组成的不动产单元状况,包括宗地信息、宗海信息、房屋等构(建)筑物信息、森林和林木信息等。

(一)宗地信息。查清宗地的权利人、权利类型、权利性质、土地用途、四至、面积等土地状况。

针对土地承包经营权宗地和农用地的其他使用权宗地,还应查清承包地块的发包方、地力等级、是否划定为基本农田、水域滩涂类型、养殖业方式、适宜载畜量、草原质量等内容。

(二)宗海信息。查清宗海的权利人、项目名称、项目性质、等级、用海类型、用海方式、使用金总额、使用金标准依据、使用金缴纳情况、使用期限、共有情况、面积、构(建)筑物基本信息等内容。

(三)房屋等构(建)筑物信息。查清房屋权利人、坐落、项目名称、房屋性质、构(建)筑物类型、共有情况、用途、规划用途、幢号、户号、总套数、总层数、所在层次、建筑结构、建成年份、建筑面积、专有建筑面积、分摊建筑面积等内容。针对宗地内的建筑物区分所有权的共有部分,还应查清其权利人、构(建)筑物名称、构(建)筑物数量或者面积、分摊土地面积等。

(四)森林、林木信息。查清森林与林木的权利人、坐落、造林年度、小地名、林班、小班、面积、起源、主要树种、株数、林种、共有情况等内容。

三、技术路线与方法

(一)主要技术依据

GB/T 21010　土地利用现状分类;

TD/T 1001　地籍调查规程;

GB/T 17986.1　房产测量规范;

GB/T 26424　森林资源规划设计调查技术规程;

NY/T 2537　农村土地承包经营权调查规程;

HY/T 124　海籍调查规范;

国务院令第656号　不动产登记暂行条例;

国土资发〔2015〕25号　国土资源部关于启用不动产登记簿证样式(试行)的通知。

(二)技术路线

以地(海)籍调查为基础,以宗地(海)为依托,以满足不动产登记要求为出发点,充分利用已有不动产权籍调查、登记以及前期审批、交易、竣工验收等成果资料,采用已有集体土地所有权地籍图、城镇地籍图、村庄地籍图、海籍图、地形图、影像图等图件作工作底图,通过内外业核实、实地调查测量的方法,完成不动产权属调查和不动产测量等工作。

(三)调查的基本方法

1. 不动产单元的设定与编码。应按照附录 A 的要求,设定不动产单元,编制不动产单元代码(不动产单元号)。

2. 不动产权属调查。采用内外业核实和实地调查相结合的方法开展不动产权属调查,查清不动产单元的权属状况、界址、用途、四至等内容,确保不动产单元权属清晰、界址清楚、空间相对位置关系明确。

(1)对权属来源资料完整的不动产权属,主要采用内外业核实的方法。

(2)对权属来源资料缺失、不完整的不动产权属,主要采用外业核实、调查的方法。

(3)对无权属来源资料的不动产权属,主要采用外业调查的方法。

3. 不动产测量。统筹考虑基础条件、工作需求、经济可行性和技术可能性,在确保不动产权益安全的前提下,依据不动产的类型、位置和不动产单元的构成方式,因地制宜,审慎科学地选择符合本地区实际的不动产测量方法,确保不动产单元的界址清楚、面积准确。

(1)对城镇、村庄、独立工矿等区域的建设用地,宜采用解析法测量界址点坐标并计算土地面积,实地丈量房屋边长并采用几何要素法计算房屋面积。

(2)对于分散、独立的建设用地,可采用解析法测量界址点坐标并计算土地面积;也可采用图解法测量界址点坐标,此时,宜实地丈量界址边长和房屋边长并采用几何要素法计算土地面积和房屋面积。

(3)对于海域和耕地、林地、园地、草地、水域、滩涂等用地,既可选择解析法,也可选择图解法获取界址点坐标并计算土地(海域)的面积,如果其上存在房屋等定着物,则宜实地丈量其边长并采用几何要素法计算房屋面积。

四、调查程序

不动产权籍调查按照准备工作、权属调查、不动产测量、成果审查与入库、成果整理与归档的次序开展工作。

(一)准备工作

根据授权委托的不动产权籍调查任务,调查机构应做好收集、整理和分析所调查的不动产登记、抵押、查封、权属来源、交易、控制点坐标、界址点坐标等相关资料(包括图件、表格、数据和文件等),制订调查方案,发放指界通知书,计算测量放样数据等工作。

不动产登记和管理的资料分散于不同部门的,调查机构应携带不动产权籍调查资料协助查询单(见附录 B),到国土、房产、林业、农业、海洋、水务、规划、档案等部门的档案室或在数据库中查询、核对、获取被调查对象的档案资料和数据,并要求出具证明或在资料复印件上加盖档案资料专用章。

(二)权属调查

权属调查应由××县级以上人民政府不动产登记机构组织完成。权属调查工作的主要内容包括核实和调查不动产权属和界址状况、绘制不动产单元草图、填写不动产权籍调查表(见附录 C)等。对界址线有争议、界标发生变化和新设界标等情况,宜现场记录并拍摄照片。

1. 核实确认不动产的现状

根据申请调查的材料和档案资料查询结果,核实确认不动产的权属现状,确认其界址

是否发生变化,然后确定权属调查的具体方法。界址是否发生变化的具体情形如下:

(1)新设界址和界址发生变化的情形有:①征收或征用土地;②城镇改造拆迁;③划拨、出让、转让国有土地使用权或海域使用权;④权属界址调整后的宗地或宗海,土地整理后的宗地重划;⑤宗地或宗海的界址因自然力作用而发生的变化等;⑥由于各种原因引起的宗地或宗海分割和合并。

(2)界址不发生变化的情形有:①转移、抵押、继承、交换、收回土地使用权或海域使用权;②违法不动产经处理后的变更;③宗地或宗海内地物地貌的改变,如新建建筑物、拆除建筑物、改变建筑物的用途及房屋的翻新、加层、扩建、修缮等;④精确测量界址点的坐标和不动产单元的面积;⑤权利人名称、不动产位置名称、不动产用途等的变更;⑥不动产所属行政管理区的区划变动,即县市区、街道、街坊、乡镇等边界和名称的变动;⑦权利取得方式、权利性质或权利类型发生的变化。

2.新设界址与界址发生变化的不动产权属调查

根据不动产现状确认的结果,针对新设界址与界址发生变化的情形,依不动产的类型,其权属调查方法为:

(1)房屋的权属调查方法按照《房产测量规范》(GB/T 17986.1)执行,并填写新的不动产权籍调查表。

(2)耕地的权属调查方法按照《农村土地承包经营权调查规程》(NY/T 2537)执行,并填写新的不动产权籍调查表。

(3)海域的权属调查方法按照《海籍调查规范》(HY/T 124)执行,并填写新的不动产权籍调查表。

(4)其他土地的权属调查方法按照《地籍调查规程》(TD/T 1001)执行,并填写新的不动产权籍调查表。

3.界址未变化的不动产权属调查

根据不动产现状确认的结果,针对界址未发生变化的情形,首先确定是否需要进行实地核实调查,然后按照下列方法开展权属调查:

(1)如不需要到实地核实调查,则在复印后的原不动产权籍调查表内变更部分加盖"变更"字样印章,并填写新的不动产权籍调查表,不重新绘制草图。

(2)如需要到实地调查,则经实地核实调查后,依不同情形,其处理的方法如下:

a.发现不动产权属状况与相关资料完全一致的,按(1)的规定处理。

b.发现不动产权属状况与相关资料不一致的,应在原不动产权籍调查表上用红线划去错误内容,标注正确内容,并填写新的不动产权籍调查表。

c.发现原界址边长或房屋边长数据错误的,应在原草图的复制件上用红线划去错误数据,标注检测数据,重新绘制草图,并填写新的不动产权籍调查表。

(三)不动产测量

不动产测量工作的主要内容包括控制测量、界址测量、宗地(海)图和房产分户图的测绘、面积计算、不动产测量报告的撰写等。

1.控制测量

对土地及其房屋等定着物,控制测量技术、方法和精度指标按照《地籍调查规程》

（TD/T 1001）执行。对海域及其房屋等定着物,控制测量技术、方法和精度指标按照《海籍调查规范》（HY/T 124）执行。

过渡期间,在同一县级行政区域内,宜采用地籍图的坐标系统和投影方法,并适时建立与 2000 国家大地坐标系和 1985 国家高程基准的转换关系。最终测量成果须转换到 2000 国家大地坐标系和 1985 国家高程基准。

2. 界址测量

（1）应基于不动产类型、保障不动产权利人切身利益、不动产管理的需要等条件选择界址测量的精度。对同一权籍要素,如果技术标准之间的精度要求不一致,宜以精度要求高的规定为准。

（2）依不同的界址点精度要求选择不同的界址点测量方法。具体的测量方法和程序按照各行业现行技术标准执行。

3. 宗地图、宗海图和房产分户图的测制

不动产权籍图包括地籍图、海籍图及不动产单元图等,其中不动产单元图主要包括宗地图、宗海图和房产分户图（房产平面图）等。

（1）宗地图的测制。以已有各种地籍图为工作底图,测绘宗地内部及其周围变化的不动产权籍空间要素和地物地貌要素,并编制宗地图。测绘方法按照《地籍调查规程》（TD/T 1001）执行,宗地图的内容按照本方案附录 D 执行。

（2）宗海图的测制。以已有海籍图为工作底图测绘宗海内部及其周围变化的不动产权籍空间要素和地物地貌要素,并编制宗海图。测绘方法和内容按照《海籍调查规范》（HY/T 124）执行。

（3）房产分户图的编制。以地籍图、宗地图（分宗房产图）等为工作底图绘制房产分户图。房产分户图的编制要求和内容参照《房产测量规范》（GB/T 17986.1）7.3 的规定,按照附录 D 的要求执行。

4. 面积计算

（1）宗地或宗海面积计算。根据实际情况可采用解析法或图解法计算宗地或宗海的面积。应基于不动产类型、保障不动产权利人切身利益、不动产管理的需要等条件做出合适的选择。宗地面积变更按照《地籍调查规程》（TD/T 1001）执行,宗海面积变更按照《海籍调查规范》（HY/T 124）执行。

（2）房屋面积测算。房屋面积测算方法按照《房产测量规范》（GB/T 17986.1）执行。

5. 不动产测量报告的撰写

不动产测量报告主要反映技术标准、技术方法、程序、测量成果、成果质量和主要问题的处理等情况,是需长期保存的重要技术档案。不动产测量报告格式及编写要求按照附录 E 执行。

（四）成果审查与入库

不动产权籍调查成果主要为文字成果、表格成果、图件成果,包括不动产权籍调查授权委托书、权源资料、不动产权籍调查表、界址点坐标成果表、不动产测量报告、宗地图、宗海图、房产分户图等。

1. 不动产权籍调查成果应由不动产登记机构或授权机构审查。凡在前期审批、交易、竣工验收等行政管理中经相关行政职能部门和授权机构确认的且符合登记要求的成果，可继续沿用。

2.审查的内容有六个方面：一是调查程序是否规范，即权属调查、测量、成果审查、整理归档等是否按照本方案及相关技术标准实施；二是调查成果是否完整，即测绘资料、权属资料、图件和表格资料等是否齐全；三是调查成果是否有效，包含调查机构是否具有相应资质、从事调查工作的人员是否具有相应资格、调查成果是否经过自检等；四是调查成果格式是否符合规定要求；五是调查成果是否正确保持宗地、宗海及其房屋、林木等定着物之间的内在联系；六是宗地图、宗海图和房产分户图中的空间要素与相邻的界址、地物、地貌是否存在空间位置矛盾。

3.审查的方法。主要采用室内外复核的方法审查不动产权籍调查成果。

(1)应充分利用已有数据库、信息系统、办文系统、电子政务系统审查调查成果。

(2)应将调查机构提供的宗地图、宗海图和房产分户图的电子数据导入已有的权籍空间数据库，查看其与相邻的界址、地物、地貌是否存在空间位置矛盾。

(3)对权籍空间要素，如果室内无法判定其是否正确时，可到实地查看。

(4)对调查成果存在的问题，应责成调查机构修改完善，直至成果合格为止。

4.成果入库和地(海)籍图更新。成果通过审查后，审查部门或单位应将审查后的成果提交给不动产权籍调查数据库和成果管理机构，在完成不动产登记后，更新相关数据库和不动产登记数据库。

(五)成果整理与归档

不动产权籍调查工作结束后，应该对成果进行整理和归档。

1.不动产权籍调查成果经相关部门审查确认后，调查机构应以宗地、宗海为单位，按照统一的不动产权籍调查表、不动产测量报告和不动产权籍图等成果样式，形成不动产单元调查成果，提交纸质成果和相应的电子数据。

2.不动产权籍调查成果应按照统一的规格、要求进行整理、立卷、组卷、编目和归档。

五、不动产权籍调查数据库和管理系统建设

以现有的地(海)籍数据库为基础，对接与整合土地、房产、海域、土地承包经营权、林木等各类不动产登记数据，建立统一的不动产权籍调查数据库和管理系统，实现不动产权籍调查成果一体化管理。

为实现不动产权籍调查信息的共享和成果利用，满足不动产登记和管理的需要，日常不动产权籍调查形成的数据成果在完成审查与登记之后，应及时更新不动产权籍调查数据库，并做好数据库的运行和维护工作。

注：附录 A 至附录 E 略。

第7章　软件开发技术

7.1　常用计算器编程方法

7.1.1　常用卡西欧(CASIO)计算器类型

1. CASIO fx - 4500PA 计算器(见图 7-1)

图 7-1　CASIO fx - 4500PA 计算器

1)功能介绍

(1)大容量程序存储功能(1 103 步)和变量存储器数(26 ~ 163);

(2)双行显示;

(3)积分计算;

(4)分数计算;

(5)组合和排列;

(6)极坐标/直角坐标转换;

(7)统计(数据编辑、标准偏差);

(8)线性回归;

(9)逻辑运算。

2)技术参数

(1)钮型电池;

(2)242 种计算功能;

（3）双行显示屏；

（4）10 位底数 +2 位指数；

（5）点阵显示；

（6）尺寸：长 141.5 mm×宽 73 mm×厚 9.9 mm；

（7）质量：约 85 g（含电池）；

（8）电池使用寿命：光标闪现连续显示 5 000 h。

2. CASIO fx－5800P 计算器（见图 7-2）

图 7-2　CASIO fx－5800P 计算器

1）功能介绍

（1）程序传输；

（2）28 500 闪存字节：程序、数据不丢失；

（3）类 Basic 编程语言：程序指令更丰富。

（4）教材同步显示。

2）规格参数

（1）功能关键词：编程；

（2）系列：函数工程；

（3）显示屏材质：LED 液晶屏；

（4）尺寸：长 163 mm×宽 81.5 mm×厚 15.1 mm；

（5）适配电池类型：7 号碱性电池；

（6）电池使用寿命：约 1 年；

（7）质量：约 150 g；

（8）颜色：银色；

（9）特点：可免费传输公路与铁路施工测量程序，六大功能升级，编程功能更强大，有强大的数学功能，让计算更简便；

（10）推荐适用人群：工程测量人员。

3. CASIO fx – 9750GII 计算器（见图 7-3）

图 7-3　CASIO fx – 9750GII 计算器

1）产品特点

（1）USB 连接：利用套件中包括的程序连接软件，电脑与设备之间可实现高速数据传输。FA – 124USB 要求使用 USB 电缆（符合 USB1.1 标准）。

（2）高分辨率屏幕：CASIO fx – 9750GII 计算器配有带扩大点面积的高分辨率 LCD，显示清晰分明，确保能够更大、更清晰地显示公式、图表和图形。清晰的 64 × 128 像素显示一目了然，可显著提高学习效率。

（3）高速 CPU：CASIO fx – 9750GII 采用高性能、高速 CPU，极大地提高了运算速度。速度大约比传统型号快 3 ~ 5 倍。轻松、高速的精密计算与绘图过程显著提高了运算和学习效率。

（4）课堂上得力的工具：通过 USB 电缆将 CASIO fx – 9750GII 计算器连接至 OHP 投影设备，可将显示的图像投射到大屏幕上。

2）产品规格

（1）产品尺寸：长 180.5 mm × 宽 87.5 mm × 厚 21.3mm；

（2）质量：约 200 g（含电池）；

（3）显示：高清晰、高对比度显示，超大显示屏（64 × 128 像素）；

（4）电池类型：4 节 7 号电池；

（5）电池使用寿命：230（LR03）h。

3）产品性能

产品性能见表 7-1。

表 7-1　CASIO fx – 9750GII 计算器性能

图标	模块名称	基本描述
RUN·MAT	RUN·MAT（运算＊矩阵）	使用此模式进行算术与函数运算,以及进行有关二进制、八进制、十进制与十六进制数值和矩阵的计算
STAT	STAT（统计）	使用此模式进行单变量（标准差）与双变量（回归）统计计算、测试、分析数据并绘制统计图形
GRAPH	GRAPH（图像）	使用此模式存储图形函数并利用这些函数绘制图形
DYNA	DYNA（动态图像）	使用此模式存储图形函数并通过改变代入函数中的变量的数值绘制一个图形的多种形式
TABLE	TABLE（列表）	使用此模式存储函数,生成具有不同解（随着代入函数变量值的改变而改变）的数值表格,并绘制图形
RECUR	RECUR（数列）	使用此模式存储函数,生成具有不同解（随着代入函数变量值的改变而改变）的数值表格,并绘制图形
CONICS	CONICS（圆锥曲线）	使用此模式,可绘制圆锥曲线图形
EQUA	EQUA（方程）	使用此模式,可求解带有 2～6 个未知数的线性方程以及 2～6 次的高阶方程
PRGM	PRGM（程序）	使用此模式,可将程序存储在程序区并运行程序
TVM	TVM（金融）	使用此模式,可进行财务计算并绘制现金流量与其他类型的图形
E-CON2	E – CON2（分析仪）	使用此模式,可控制选配的 EA – 200 数据分析仪
LINK	LINK（关联）	使用此模式,可将存储内容或者备份数据传输至另一台设备或 PC 机
MEMORY	MEMORY（管理）	使用此模式,可管理存储在存储器中的数据
SYSTEM	SYSTEM（系统）	使用此模式初始化存储器、调节对比度和进行其他系统设置

4. CASIO fx – 9860GII SD 计算器(见图 7-4)

图 7-4　CASIO fx – 9860GII SD 计算器

1)产品特点

(1)迎合工程技术人员和教师的所有需求。

(2)展示计算结果就像操作笔记本电脑一样灵活。

(3)强大的教学功能。

(4)外置 USB,可连接电脑操作。

(5)插入大容量 SD 内存卡,可以存放大量计算步骤。

(6)高速运作 CPU。

(7)自然书写输入图形模式。

(8)高清图形像素展示。

2)产品规格

(1)产品尺寸:长 122 mm × 宽 89 mm × 厚 20.7 mm;

(2)质量:约 200 g(含电池);

(3)显示:高清晰、高对比度显示,超大显示屏(64 × 128 像素);

(4)电池类型:4 节 7 号电池;

(5)电池使用寿命:140(LR03)h(连续操作)。

3)产品性能

产品性能见表 7-2。

此机型是目前流行的工程图形计算器,非常适合中国市场的工程公司、测绘人员使用。

表 7-2　CASIO fx－9860GII SD 计算器性能

图标	模块名称	基本描述
	RUN·MAT （运算＊矩阵）	使用此模式进行算术运算与函数运算，以及进行有关二进制、八进制、十进制与十六进制数值和矩阵的计算
	STAT（统计）	使用此模式进行单变量（标准差）与双变量（回归）统计计算、测试、分析数据并绘制统计图形
	e·ACT（电子备课）	可帮助用户在类似于笔记本的界面中输入文本、数学表达式和其他数据。当用户需要将文本、公式、内置应用数据存入文件时可使用此模式
	S·SHT（电子表格）	使用此模式进行电子格式计算，每个文件都包含一个 26 列 999 行的电子表格。除了计算器的内置命令和 S.SHT 模式命令，用户还可使用与 STAT 模式中相同的程序进行统计计算和绘制统计数据图形
	GRAPH（格式）	使用此模式存储图形函数并利用这些函数绘制图形
	DYNA（动态图像）	使用此模式存储图形函数并通过改变代入函数中变量的数值绘制一个图形的多种形式
	TABLE（列表）	使用此模式存储函数，生成具有不同解（随着代入函数变量值的改变而改变）的数值表格，并绘制图形
	EQUA（方程）	使用此模式，可求解带有 2~6 个未知数的线性方程以及 2~6 次的高阶方程
	PRGM（程序）	使用此模式，可将程序存储在程序区并运行程序
	TVM（金融）	使用此模式，可进行财务计算并绘制现金流量与其他类型的图形
	E－CON2（分析仪）	使用此模式，可控制选配的 EA－200 数据分析仪
	LINK（关联）	使用此模式，可将存储内容或者备份数据传输至另一台设备或 PC 机
	MEMORY（管理）	使用此模式，可管理存储在存储器中的数据
	SYSTEM（系统）	使用此模式可初始化存储器、调节对比度和进行其他系统设置

7.1.2 卡西欧计算器编程示例

1.卡西欧计算器函数编程系列功能一览表

卡西欧计算器函数编程系列功能一览表见表7-3。

表 7-3 卡西欧计算器函数编程系列功能一览表

型号	fx – 3650P	fx – 4500PA	fx – 50F PLUS	fx – 5800P	fx – 9750GII	fx – 9860GII SD
显示容量(字符)	12	12	16	16	21×8	21×8
显示(点阵式)	5×6,16 位	5×7,12 位	5×6,16 位	31×96	64×128	64×128
数据通信	—	—	●	●	●	●
类 Basic 语言	—	—	●	●	●	●
图标式菜单	—	—	—	—	●	●
内部运算精度	12	12	15	15	15	15
括号级数	24	24	24	26	26	26
功能数目		242		664		超过 1 000
角度单位换算	●	—	●	●		●
图表显示						
工程符号		●		●		
微分计算	●	—	—	●	●	●
积分计算	●	●	—	●	●	●
解方程计算	—	—	—	●	●	●
矩阵计算	—	—	—	●	●	●
工程符号计算	—	●	—	●	●	●
复数计算	●		●	●	●	●
表格式统计编辑	●		●	●	●	●
列表功能	—	—	—	●	●	●
电子表格			—	—		●
科学常数	—	—	40	40	—	—
CALC 功能	—	●	—	●	—	—
记忆容量				28.5 kB		
内置公式	—	—	23	128		

注:—表示不支持,●表示支持。

2.CASIO fx – 4500PA 编程技术

坐标正反算示例:已知两点坐标求方位角(取值范围为 0°~360°)。

·246·

L1 A"X1":B"Y1":C"X2":D"Y2"

L2 E = C – A：F = D – B：I = tan – 1(F/E)

L3 E > 0 ＝ ＞ I = I：≠ ＞I = I + 180

L4 I > 0 ＝ ＞ I = I：≠ ＞I = I + 360

用户在使用时,根据提示输入数据,便可得出方位角。

3. CASIO fx – 5800 编程技术

1)坐标正算

"X0 = "? X："Y0 = "? Y："I = "? I："J = "? J

X + ICos(J)→U：Y + ISin(J)→V

"X = "：U(待求点的 X 坐标)

"Y = "：V(待求点的 Y 坐标)

说明:X0、Y0 为已知点坐标;I 为两点的距离;J 为方位角。

2)坐标反算

Lbl 0

"X1 = "? X："Y1 = "? Y："X2 = "? U："Y2 = "? V

Pol(U – X,V – Y)：

J < 0 J + 360→J

"I = "：I

"J = "：J DMS

GOTO 0

说明:X1、Y1 为第一点的坐标,X2、Y2 为第二点的坐标;I 为两点的距离;J 为方位角。

4. CASIO fx – 5800P 编程技术

坐标正反算示例:

Lbl 1："1→ZS,2→FS"? N

N = 1 ＝ ＞ Goto 1：N = 2 ＝ ＞Goto 2

Lbl 1："X1 = "? M："Y1 = "? F："S = "? L："W + V = "? A：Rec(L,A)：M + I→C：F + J→D

　Cls

　"X2 = "：Locate 4,1,C："Y2 = "：Locate 4,2,D ◢

　Goto 3

Lbl 2："X1 = "? G："Y1 = "? H："X2 = "? N："Y2 = "? E

Pol(N – G,E – H)

If J < 0：Then J + 360→Y：Else J→Y：IfEnd

　Cls

　"S = "：Locate 4,1,I："W = "：Y◆DMS ◢

Goto 3

说明:(1 为正算,2 为反算,X1、Y1 为测站坐标,X2、Y2 正算时为所求点前视坐标,反算时为后视坐标,S 为水平距离,W、V 分别为方位角和水平角)。

7.2 简易 VBA 和 LISP 语言编程

7.2.1 VBA 语言编程技术

1. VBA 语言简介

Visual Basic for Applications(VBA)是 Visual Basic(VB)的一种宏语言,是基于 Visual Basic for Windows 发展而来的,是微软开发出来在其桌面应用程序中执行通用的自动化(OLE)任务的编程语言。VBA 主要用来扩展 Windows 的应用程序功能,特别是 Microsoft Office 软件。该语言于 1993 年由微软公司开发,应用程序共享一种通用的自动化语言。微软在 1994 年发行的 Excel 5.0 版本中,即具备了 VBA 的宏功能。VBA 寄生于 VB 应用程序。

VBA 是新一代标准宏语言,它与传统的宏语言不同,传统的宏语言不具有高级语言的特征,没有面向对象的程序设计概念和方法,而 VBA 提供了面向对象的程序设计方法,提供了相当完整的程序设计语言。

VBA 易于学习掌握,可以使用宏记录器记录用户的各种操作并将其转换为 VBA 程序代码。这样用户可以容易地将日常工作转换为 VBA 程序代码,使工作自动化,提高工作效率。

1)Visual Basic 概述

Visual Basic 是由 Basic 发展而来的第四代语言。Visual Basic 作为一套独立的 Windows 系统开发工具,可用于开发 Windows 环境下的各类应用程序,是一种可视化的、面向对象的、采用事件驱动方式的结构化高级程序设计语言。它具有高效率、简单易学及功能强大的特点。

VB 的程序语言简单、便捷,利用其事件驱动的编程机制、新颖易用的可视化设计工具,并使用 Windows 应用程序接口(API)函数,采用动态链接库(DLL)、动态数据交换(DDE)、对象的链接与嵌入(OLE)以及开放式数据库访问(ODBC)等技术,可以高效、快速地编制出 Windows 环境下功能强大、图形界面丰富的应用软件系统。

2)VBA 的用途

由于微软 Office 软件的普及,人们常见的办公软件 Office 软件中的 Word、Excel、Access、PowerPoint 都可以利用 VBA 使这些软件的应用更高效。

(1)规范用户的操作,控制用户的操作行为;

(2)操作界面人性化,方便用户的操作;

(3)多个步骤的手工操作通过执行 VBA 代码可以迅速地实现;

(4)实现一些 VB 无法实现的功能;

(5)用 VBA 制作 Excel 登录系统;

(6)利用 VBA 可以在 Excel 内轻松开发出功能强大的自动化程序。

3)VB 与 VBA 的区别

(1)VB 是设计用于创建标准的应用程序,而 VBA 是使已有的应用程序(Excel 等)自动化。

（2）VB 具有自己的开发环境，而 VBA 必须寄生于已有的应用程序。

（3）运行 VB 开发的应用程序，用户不必安装 VB。因为 VB 开发出的应用程序是可执行文件（＊.EXE），而 VBA 开发的程序必须依赖于它的父应用程序，例如 Excel。

（4）VBA 是 VB 的一个子集。

4）VBA 的发展前景

VBA 是基于 Visual Basic 发展而来的，它们具有相似的语言结构。VBA 不但继承了 VB 的开发机制，它们的集成开发环境 IDE（Intergrated Development Environment）也几乎相同。

在没有 VBA 以前，一些应用软件，如 Excel、Word、Access、Project 等都采用自己的宏语言供用户开发使用，但每种宏语言都是独立的，需要用户专门去学习，它们之间互不兼容，使得应用软件之间不能在程序上互联。

有了 VBA 以后，多种应用程序共用一种宏语言，节省了程序人员的学习时间，提高了不同应用软件间的相互开发和调用能力。

在 Office 2000 中，宏语言 VBA 适用于所有应用程序，包括 Word、Excel、PowerPoint、Access、Outlook 以及 Project。

2. AutoCAD VBA 编程技术

以画直线为例进行介绍，如图 7-5 所示。

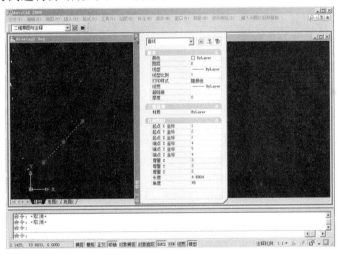

图 7-5 AutoCAD VBA 画直线

1）示例绘图代码

```
Sub abc( )
Dim Point As AcadLine
Dim AAA(2) As Double
Dim BBB(2) As Double
AAA(0) = 1
AAA(1) = 2
AAA(2) = 2
```

BBB(0) = 4

BBB(1) = 5

BBB(2) = 4

Set Point = ThisDrawing. ModelSpace. AddLine(AAA, BBB)

End Sub

2）工具/原料

AutoCAD 2008 正式版，带有 VBA 宏功能。

3）步骤/方法

（1）下载并安装 AutoCAD 2008 正式版，再打开。选择工具菜单→宏→Visual Basic 编辑器，如图 7-6 所示。

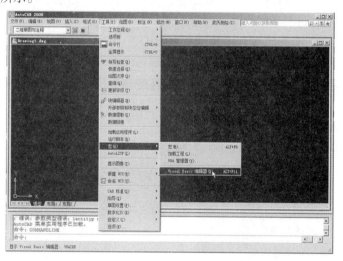

图 7-6　打开 VB 编辑器

（2）显示 VBA 编辑环境，用鼠标左键选中"ThisDrawing"，再右击，选择插入菜单→模块，如图 7-7 所示。

图 7-7　插入模块

（3）显示 VBA 代码编辑窗口，在右边框内添加或复制绘图代码，如图 7-8 所示。

图 7-8　添加绘图代码

（4）点击右下角的"保存"按钮，输入保存文件名称，如图 7-9 所示。

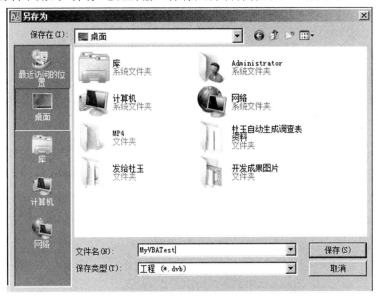

图 7-9　保存绘图代码

（5）返回 Auto CAD 主界面，点击工具菜单下的加载应用程序，如图 7-10 所示。

（6）选择刚创建的这个宏文件，点击右边的"加载"按钮，然后关闭该对话框，如图 7-11 所示。

（7）点击工具菜单下的宏→宏，如图 7-12 所示。

（8）弹出运行宏窗口，点击右上角的"运行"按钮，如图 7-13 所示。

（9）到此为止，绘图完毕，经过对 AutoCAD 屏幕的缩放后就可以看到刚才绘的这条直线，如图 7-14 所示。

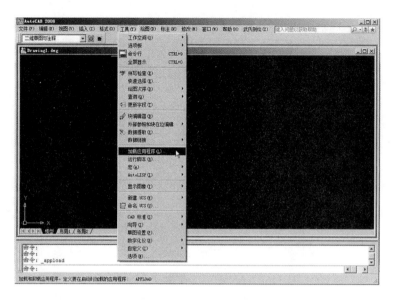

图 7-10　打开加载应用程序菜单

图 7-11　加载 VBA 应用程序

3. Excel VBA 编程技术

1) 示例绘图代码

Private Sub UserForm_Click( )

MsgBox（"武总教您学编程!"）

End Sub

2) 工具/原料

Excel 2003 正式版, 带有 VBA 宏功能。

图 7-12　加载宏

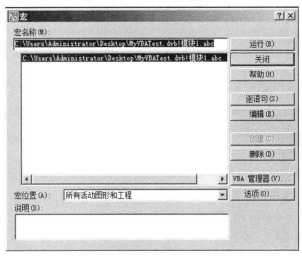

图 7-13　运行宏

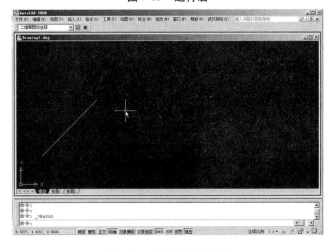

图 7-14　显示宏运行结果

3）步骤/方法

（1）打开 Excel 2003，选择工具菜单→宏→Visual Basic 编辑器，如图 7-15 所示。

图 7-15　打开 VB 编辑器

（2）显示 VBA 编辑窗口，选择插入菜单→用户窗体，如图 7-16 所示。

图 7-16　添加用户窗体

（3）显示自定义空白窗体，用户可添加控件，如图 7-17 所示。

（4）双击刚添加的控件（因本系统没有注册的原因，本例没有成功添加控件），或在窗体中点击鼠标右键，选择查看代码，如图 7-18 所示。

（5）系统自动切换到源代码编辑窗口，输入执行功能的代码，如图 7-19 所示。

（6）代码添加完毕，点击上面的"保存"按钮，输入保存文件名称，如图 7-20 所示。

（7）点击图标中的小三角箭头，形状类似于播放按钮，如图 7-21 所示。

（8）系统开始运行宏代码，本例是在窗体中任何地方按下鼠标左键，即可显示执行结果，如图 7-22 所示。

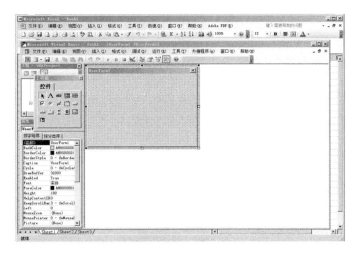

图 7-17　添加控件

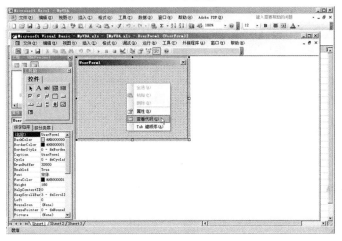

图 7-18　查看代码

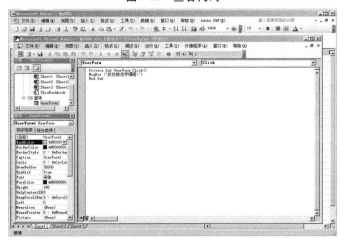

图 7-19　添加绘图代码

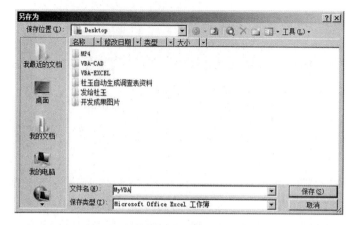

图 7-20　保存代码

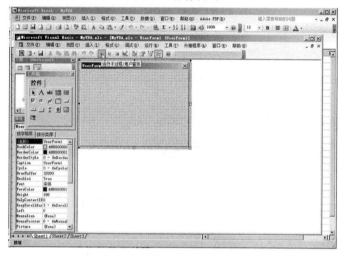

图 7-21　运行 VBA 代码

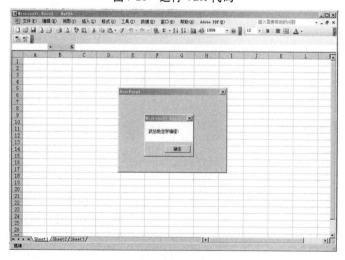

图 7-22　显示运行结果

7.2.2　LISP 语言编程技术

1. LISP 语言简介

1）LISP 语言

（1）LISP 语言发展历史。

LISP 是 List Processor（表处理语言）的缩写，是由 John McCarthy（约翰·麦卡锡）在 1958 年基于 λ 演算创造的一种通用计算机程序语言。

第一篇关于 LISP 的参考文献是由 John McCarthy 在 1960 年 4 月的《ACM 通讯》中发表的。除了 FORTRAN 和 COBOL，大多数在 20 世纪 60 年代早期开发出来的语言都过时了，可是 LISP 却生存下来，并且已经成为人工智能（AI）的首选程序序言。

LISP 有多种实现，各个实现中的语言不完全一样，被称为 LISP 方言。各种 LISP 方言的长处在于操作符号性的数据和复杂的数据结构。

（2）LISP 语言组成。

LISP 的表达式是一个原子（atom）或表（list），原子（atom）是一个字母序列，如 abc；表是由零个或多个表达式组成的序列，表达式之间用空格分隔开，放入一对括号中，如：

abc

（ ）

（abc xyz）

（a b（c） d）

最后一个表是由四个元素构成的，其中第三个元素本身也是一个表。正如算术表达式 1＋1 有值 2 一样，LISP 中的表达式也有值，如果表达式 e 得出值 v，可以称 e 返回 v。如果一个表达式是一个表，那么把表中的第一个元素叫作操作符，其余的元素叫作自变量。

（3）LISP 的 7 个公理。

①公理一。

（quote x），返回 x，我们简记为′x。

②公理二。

（atom x），当 x 是一个原子或者空表时返回原子 t，否则返回空表（）。在 LISP 中习惯用原子 t 表示真，而用空表（）表示假，例如：

　＞（atom′a）

返回 t

　＞（atom′（a b c））

返回（）

　＞（atom′（ ））

返回 t

现在有了第一个需要求出自变量值的操作符，然后来看看 quote 操作符的作用——通过引用（quote）一个表，避免它被求值。一个未被引用的表达式作为自变量，atom 将其视为代码，例如：

> (atom (atom′a))

返回 t

反之，一个被引用的表仅仅被视为表。

> (atom′(atom′a))

返回 ( )

引用看上去有些奇怪，因为很难在其他语言中找到类似的概念，但正是这一特征构成了 LISP 最为与众不同的特点——代码和数据使用相同的结构来表示，而用 quote 来区分它们。

③公理三。

(eq x y)，当 x 和 y 的值相同或者同为空表时返回 t，否则返回空表( )，例如：

> (eq′a′a)

返回 t

> (eq′a′b)

返回 ( )

> (eq′( )′( ))

返回 t

④公理四。

(car x)，要求 x 是一个表，它返回 x 中的第一个元素，例如：

> (car′(a b))

返回 a

⑤公理五。

(cdr x)，同样要求 x 是一个表，它返回 x 中除第一个元素外的所有元素组成的表，例如：

> (cdr′(a b c))

返回 (b c)

⑥公理六。

(cons x y)，要求 y 是一个表，它返回一个表，这个表的第一个元素是 x，其后是 y 中的所有元素，例如：

> (cons′a′(b c))

返回 (a b c)

> (cons′a (cons′b (cons′c ( ))))

返回 (a b c)

⑦公理七。

条件分支，在 LISP 中，它是由 cond 操作符完成的，cond 是 7 个公理中最后一个，也是形式最复杂的一个(欧几里德的最后一个公理也是如此)：

(cond (p1e1)(p2e2)...(pnen))

p1 到 pn 为条件，e1 到 en 为结果，cond 操作符依次对 p1 到 pn 求值，直到找到第一个值为原子 t 的 p，此时把对应的 e 作为整个表达式的值返回，例如：

> （cond（（eq′a′b）′first）（（atom′a）′second））

返回 second

2）AutoLISP 语言

（1）AutoLISP 语言简介。

AutoLISP 是由 Autodesk 公司开发的一种 LISP 程序语言。AutoLISP 语言作为嵌入在 AutoCAD 内部的具有智能特点的编程语言,是开发应用 AutoCAD 不可缺少的工具。通过 AutoLISP 编程,可以节省工程师很多时间。

①基本介绍。

LISP 在 CAD 绘图软件上的应用非常广泛,普通用户可以用 LISP 语言定制绘图命令。 AutoCAD R2.18 及更高版本可以使用 AutoLISP 语言。AutoLISP 解释程序位于 AutoCAD 软件包中。

②嵌入目的。

AutoLISP 嵌入 AutoCAD 的目的是使用户充分利用 AutoCAD 进行二次开发,实现直接 增加、修改 AutoCAD 的命令,随意扩大图形编辑功能,建立图形库和数据库,并对当前图 形进行直接访问和操作,开发 CAD 软件包等。

③命令特点。

可以直接调用 AutoCAD 中的全部命令;具备一般高级语言的基本结构和功能;具有 强大的图形处理功能。

④主要功能。

AutoLISP 语言是在普通的 LISP 语言基础上,扩充了许多适用于 CAD 应用的特殊功 能而形成的,是一种仅能以解释方式运行于 AutoCAD 内部的解释性程序设计语言。

AutoLISP 语言中的一切成分都是以函数的形式给出的,它没有语句概念或其他语法 结构。执行 AutoLISP 程序就是执行一些函数,再调用其他函数。AutoLISP 把数据和程序 统一表达为表结构,即表达式处理,故可把程序当作数据来处理,也可把数据当作程序来 执行。AutoLISP 语言中的程序运行过程就是对函数求值的过程,是在对函数求值过程中 实现函数功能。AutoLISP 语言的主要控制结构是采用递归方式。递归方式的使用,使程 序设计简单易懂。

⑤开发工具。

AutoLISP 对硬件没有任何特殊要求。如果系统能够运行 AutoCAD,那么同样也可以 运行 AutoLISP。AutoLISP 程序可以使用任何文本编辑器进行编制。

开发工具包括文本编辑器、格式编排器、语法检查器、源代码调试器、检验和监视工 具、文件编译器、工程程序系统、上下文相关帮助与自动匹配功能和智能化控制平台。

（2）AutoLISP 函数。

①数学运算功能函数。

1.1（＋ 数值　数值…）返回:累计实数或整数数值

1.2（－ 数值　数值…）返回:差值

1.3（＊ 数值　数值…）返回:所有数值乘积

1.4（／ 数值　数值…）返回:第一个数值除以第二个数值以后的商

1.5(1+ 数值)返回:数值+1

1.6(1- 数值)返回:数值-1

1.7(abs 数值 [数值])返回:数值的绝对值

1.8(atan 数值)返回:反正切值

1.9(cos 角度)返回:角度的余弦值,角度值为弧度

1.10(exp 数值)返回:数值的指数(e 的 n 次方)

1.11(expt 底数 指数)返回:底数的指数值

1.12(fix 数值):将数值转换为整数值

1.13(float 数值):将数值转换为实数值

1.14(gcd 数值1 数值2)返回:两数值的最大公因数

1.15(log 数值)返回:数值的自然对数值

1.16(max 数值 数值…)返回:数值中的最大值

1.17(min 数值 数值…)返回:数值中的最小值

1.18(pi)常数 π,其值约为 3.141 592 6

1.19(rem 数值1 数值2)返回:两数值相除的余数

1.20(sin 角度)返回:角度的正弦值,角度值为弧度

1.21(sqrt 数值)返回:数值的平方根

②检验与逻辑运算功能函数。

2.1(= 表达式1 表达式2)比较表达式1是否等于表达式2,适用数值及字符串

2.2(/= 表达式1 表达式2)比较表达式1是否不等于表达式2

2.3(< 表达式1 表达式2) 比较表达式1是否小于表达式2

2.4(<= 表达式1 表达式2)比较表达式1是否小于等于表达式2

2.5(> 表达式1 表达式2) 比较表达式1是否大于表达式2

2.6(>= 表达式1 表达式2) 比较表达式1是否大于等于表达式2

2.7(~ 数值)返回:数值每一位的 not 值(1 的补码)

2.8(and 表达式1 表达式2…)返回:逻辑与的结果

2.9(boole 函数 整数 整数…)布尔运算函数,以位为单位

2.10(eq 表达式1 表达式2)比较表达式1与表达式2是否相同,适用于列表比较(实际相同)

2.11(equal 表达式1 表达式2[差量])比较表达式1与表达式2所包含的元素是否相同,差量可省略(内容相同)

③转换运算功能函数。

3.1(angtof 字符串[模式])返回:角度值的字符串转成实数

3.2(angtos 角度[模式[精度]])返回:角度转成的字符串值

3.3(atof 字符串)将字符串转成实数值

3.4(atoi 字符串)将字符串转成整数值

3.5(cvunit 数值 原始单位 转换单位)返回:数值转换单位后的值

3.6(distof 字符串 [模式])根据模式将字符串转成实数值

3.7(itoa 整数)将整数转成字符串

3.8(rtos 数值　模式[精度])将实数转成字符串

3.9(trans 点　原位置　新位置[位移])转换坐标系统

④列表处理功能函数。

4.1(append 列表　列表…)结合所有列表成一个列表

4.2(assoc 关键元素　联合列表)根据关键元素在联合列表中寻找对应值

4.3(car 列表)返回:列表中的第一个元素,通常用来求 X 坐标

4.4(cadr 列表)返回:列表中的第二个元素,通常用来求 Y 坐标

4.5(caddr 列表)返回:列表中的第三个元素,通常用来求 Z 坐标

4.6(cdr 列表)返回:除去第一个元素后的列表

4.7(cons 新元素　列表)将新元素添加到列表

4.8(foreach 名称　列表　表达式)将列表的每一元素对应至名称,再判别其在表达式中的值

4.9(length 列表)返回:列表内的元素数量

4.10(list 元素　元素…)将所有元素合并为一列表

4.11(listp 元素)判断元素是否为一表

4.12(mapcar 函数　列表1　列表2…)将列表1、列表2 中的元素求值,生成新列表得新列表

4.13(member 关键元素列表)根据关键元素查找与列表相同的表,返回表中的元素

4.14(nth n 列表)返回:列表中的第 n 个元素

4.15(reverse 列表)返回:将列表元素根据顺序颠倒过来的列表

4.16(subst 新项　旧项　列表)返回:替换新旧列表后的列表

⑤字符串、字符、文件处理函数。

5.1(ascii 字符串)返回:字符串第一个字符的 ASCII 码

5.2(chr 整数)返回:整数所对应的 ASCII 单一字符串

5.3(close 文件　名称)关闭文件

5.4(open 文件名　模式)以指定模式打开文件

5.5(read 字符串)返回:列表中的字符串的第一组元素

5.6(read－char[文件代码])通过键盘或文件读取单一字符

5.7(read－line [文件代码])通过键盘或文件读取一行字符串

5.8(strcase 字符串[字样])转换字符串大小写

5.9(strcat 字符串1　[字符串2]…)将各字符串合并为一个字符串

5.10(strlen 字符串)返回:字符串长度

5.11(substr 字符串　起始　[长度])取出子字符串

5.12(wcmatch 字符串　格式)返回:T 或 nil,将字符串与通用字符进行比较

5.13(write－char 数值[文件代码])将一 ASCII 字符写到文件中或屏幕上

5.14(write－line 字符串[文件代码])将一行字符串写到文件中或屏幕上

⑥等待输入功能函数。

6.1（getangle［基点］［提示］）等待用户输入角度,然后返回以弧度表示的角度

6.2（getcorner［基点］［提示］）请求输入另一矩形框对角点坐标

6.3（getdist［基点］［提示］）请求输入距离

6.4（getint［提示］）请求输入一个整数值

6.5（getkword［提示］）请求输入关键字

6.6（getorient［基点］［提示］）请求输入十进制角度,响应一弧度值,不受 angbase、angdir 影响

6.7（getpoint［基点］［提示］）请求输入一个点的坐标或鼠标指定一点

6.8（getreal［提示］）请求输入一个实数

6.9（getstring［提示］）请求输入一个字符串

6.10（initget［位］［字符串］）设定下次 getxxx 函数的有效输入

⑦几何运算功能函数。

7.1（angle 点1　点2）返回由目前绘图平面上点1到点2连线的夹角

7.2（distance 点1　点2）取得两点的距离

7.3（inters 点1　点2　点3　点4［模式］）取得两条线的交点

7.4（osnap 点　模式字符串）按照捕捉模式取得另一坐标点

7.5（polar 基点　弧度　距离）按照极坐标法取得另一坐标点

7.6（textbox 对象列表）取得包围文字的两个对角点坐标

⑧对象处理功能函数。

8.1（entdel 对象名称）删除或取消删除对象

8.2（entget 对象名称［应用程序列表］）取出对象名称的信息列表

8.3（entlast）取出图形信息中的最后一个对象

8.4（entmake［对象列表］）建立一个新的对象列表

8.5（entmod 对象列表）根据更新的信息列表更新数据库内的图元

8.6（entnext［对象名称］）寻找图面中的下一个对象

8.7（entsel［提示］）请求选取一个对象,响应包含对象名称及选点坐标的列表

8.8（entupd 对象名称）更新屏幕上复元体图形

8.9（handent 句柄）返回:句柄的图元名称

8.10（nentsel［提示］）返回:图块所含副元体对象信息列表

8.11（nentselp［提示］［点］）返回:图块所含副元体对象信息,以 4×4 矩形表示

⑨选择集、符号表处理函数。

9.1（ssadd［对象名称［选择集］］）将对象加入选择集或建立一新选择集

9.2（ssdel 对象名称　选择集）将对象自选择集中移出

9.3（ssget［模式］［点1］［点2］［点列表］［过滤列表］）取得一个选择集

9.4（ssget "X"［过滤列表］）取得根据过滤列表所指定范围的选择集

9.5（sslenth 选择集）计算选择集的对象个数

9.6（ssmemb 对象名称　选择集）响应对象名称是否包含于选择集内

9.7（ssname 选择集　索引值）根据索引值取出选择集中的对象名称

9.8(tblnext 符号表名称[T])检视符号表,有效的符号表如:" LAYER" 、" LTYPE" 、" VIEW" 、"STYLE" 、"BLOCK"

9.9(tblsearch 符号表名称 符号)在符号表中搜寻符号

⑩AutoCAD 相关查询、控制功能函数。

10.1(command "AutoCAD 命令"…)调用执行 AutoCAD 命令

10.2(findfile 文件名)返回:该文件名的路径及文件名

10.3(getfiled 标题 内文件名 扩展名 旗号)通过标准 AutoCAD 文件 DCL 对话框获得文件

10.4(getenv "环境变量")取得该环境变量的设定值,以字符串表示

10.5(getvar "系统变量")取得该系统变量的设定值,以字符串表示

10.6(setvar "系统变量"值)设定该系统变量的值

10.7(regapp 应用类项)将目前的 AutoCAD 图形登记为一个应用程序名称

⑪判断式、循环相关功能函数。

11.1(If <比较式> 表达式1 [表达式2])检算比较式结果,如果为真执行表达式1,否则执行表达式2

11.2(repeat 次数 表达式 表达式…])重复执行 N 次表达式,返回最后一个表达式的值

11.3(while <比较式> 表达式…) 当条件成立则执行表达式内容,返回最后一个表达式的最新值

11.4(cond (<比较式1 >表达式1…)

        (<比较式2 >表达式2…)

        (<比较式3 >表达式3…)多条件式的 if 整合功能

11.5(progn [表达式1] [表达式2]…) 连接其中的表达式为一组,常用于配合 if、cond 等函数

⑫函数处理、定义、追踪与错误处理功能函数。

12.1(*error* 字符串)设定程序错误时的警示信息

12.2(alert 字符串)以对话框式显示出警告字符串

12.3(apply 功能函数 列表)将功能函数与列表结合后执行

12.4(defun 名称 自变量列表 表达式…)自定义函数或子程序

12.5(eval 表达式)返回:表达式的执行结果

12.6(exit)强制退出目前的应用程序

12.7(lambda 自变量 表达式)定义未命名的函数

12.8(progn [表达式1] [表达式2]…)连接其内的表达式为一组,常用于配合 if、cond 等函数

12.9(quit)强制退出目前的应用程序

12.10(tablet 代码[列1 列2 列3 方向])取用或建立对数字板的校调

12.11(trace 函数…)对函数设定追踪标记,辅助检错

12.12(untrace 函数…)对函数设定解除追踪标记

⑬显示、打印控制功能函数。

13.1（graphscr）将作图环境切换到图形画面

13.2（grclear）暂时清除模前的屏幕画面

13.3（grdraw 起点　终点　颜色[亮显]）暂时性地画出一条线

13.4（grread[追踪]）由输入设备读取追踪值

13.5（grtext[位置字符串[亮显]]）将字符串显示在状态列或屏幕菜单上

13.6（grvecs 向量列表[转置矩阵]）暂时性地画出多条线

13.7（menucmd 字符串）提供在 AutoCAD 中调用子菜单

13.8（prinl[表达式[文件代码]]）将表达式打印于命令区，或已打开的文件句柄，字符则以"/"为前缀展开

13.9（pinc[表达式[文件代码]]）除句柄字符不以"\"为前缀展开外，其余同 prinl

13.10（print[表达式[文件代码]]）除表达式会往下一新行列出及空一格外，其余同 prinl

13.11（prompt 信息）将信息显示于屏幕的命令区，并随后响应一个 nil 信息

13.12（redraw[对象名称[模式]]）重绘整张图或根据对象名称重绘该图形

13.13（terpri）在屏幕上显示新列

13.14（textscr）将作图环境切换到文字画面

13.15（textpage）清除文字画面，文字类似 DOS 的 cls 命令

13.16（vports）返回：窗口组态列表

⑭符号、元素、表达式处理功能函数。

14.1（atom 元素）如果元素不是列表，响应 T，否则为 nil

14.2（atoms－family 格式[符号列表]）返回：一组已定义函数的符号列表

14.3（boundp 表达式）返回：T 或 nil，响应表达式是否有值存在

14.4（minusp 元素）返回：T 或 nil，元素是否为负值

14.5（not 元素）返回：T 或 nil，判定元素是否为 nil

14.6（null 元素）返回：T 或 nil，判定元素是否被赋予 nil 值

14.7（numberp 元素）返回：T 或 nil，元素是否为整数或实数

14.8（quote 表达式）响应表达式未检算前状态，同"'"功能

14.9（set 符号　表达式）将表达式结果设定给带单引号'符号

14.10（setq 符号 1　表达式 1[符号 2　表达式 2]…）设定表达式结果给各符号

14.11（type 元素）返回：元素的信息形态

14.12（zerop 元素）返回：T 或 nil，元素是否为 0 值

⑮ADS、ARX、AutoLISP 加载与卸载函数。

15.1（ads）返回：目前加载的 ADS 程序列表

15.2（arx）返回：目前加载的 ARX 程序列表

15.3（arxload 应用程序[出错处理]）加载 ARX 程序

15.4（arxunload 应用程序[出错处理]）卸载 ARX 程序

15.5（ver）返回：目前 AutoLISP 版本字符串

15.6(load 文件名[加载失败])加载 AutoLISP 文件(＊.lsp)

15.7(xload 应用程序[出错处理])加载 ADS 应用程序

15.8(xunload 应用程序[出错处理])卸载 ADS 应用程序

⑯内存空间管理函数。

16.1(alloc 数值)以节点数值设定区段大小

16.2(expand 数值)以区段数值配置节点空间

16.3(gc)强制收回废内存

16.4(mem)显示目前的内存使用状态

16.5(xdroom 对象名称)返回:对象扩展信息允许使用的内存空间

16.6(xdsize 列表)返回:对象扩展信息所占用的内存空间

⑰其他重要的功能函数。

17.1(acad_colordlg 颜色码　旗号)显示标准 AutoCAD 颜色选择对话框

17.2(acad_helpdlg 求助文件名　主题)显示标准 AutoCAD 求助对话框

17.3(acad_strlsort 字符串列表)进行字符串列表排序

17.4(bherrs)取得 bhatch 与 bpoly 失败所产生的错误信息

17.5(bhatch 点[选择集[向量]])根据 pick point 选点方式调用 bhatch 命令,绘制选集区域的剖面线

17.6(bpoly 点[选择集[向量]])根据 pick point 选点方式调用 bpoly 命令并产生一定域 polyline

17.7(cal 计算式字符串)执行 CAL 计算功能

⑱ADS、ARX 外部定义的3D 函数。

18.1(align 自变量1　自变量2…)执行 ALIGN 命令

18.2(c:3dsin 模式 3DS 文件名)导入 3DS 文件

18.3(c:3dsout 模式 3DS 文件名)输出 3DS 文件

18.4(c:background 模式[选项])设定渲染背景

18.5(c:fog 模式[选项])设定渲染的雾效果

18.6(c:light 模式[选项])设定渲染的灯光控制

18.7(c:lsedit 模式[选项])设定渲染的景物控制

18.8(c:lslib 模式[选项])管理景物图库

18.9(c:matilb 模式　材质　材质库名)管理材质数据库

18.10(c:mirror3d 自变量1　自变量2…)执行 MIRROR3D 命令

18.11(c:psdrap 模式)根据模式设定值(0 或1),传唤 psdrap 命令

18.12(c:psfill 对象名称　图案名称[自变量1[自变量2]])以 Postscript 图案填满

18.13(c:psin 文件名　位置　比例)插入一个 Postscript(＊.eps)文件

18.14(c:render[渲染文件])执行渲染效果

18.15(c:rfileopt 格式　自变量1　自变量2　自变量3…)设定执行渲染选项

18.16(c:replay 影像文件名　影像类别[选项])展示影像文件 TGA、BMP、TIF

18.17(c:rmat 模式　选项)控管材质建立、贴附、编辑、分离

18.18（c:rotate3d 自变量1　自变量2…）执行 ROTATE3D 命令

18.19（c:rpref 模式　选项［设定］）渲染环境设定

18.20（c:saveimg 影像文件名　影像类别［选项］）储存图像文件 TGA、BMP、TIF

18.21（c:scene 模式［选项］）SCENE 场景管理

18.22（c:setuv 模式　选集　自变量1　自变量2…）SETUV 贴图模式管理

18.23（c:showmat 自变量1）显示对象的材质贴附信息

18.24（c:solprof 自变量1　自变量2…）建立 3D 实体的轮廓影像

18.25（c:stats［渲染信息文件］）显示渲染信息统计信息

⑲ADS、ARX 外部定义的数据库相关函数。

19.1（c:aseadmin 自变量1　自变量2…）管理外部数据库

19.2（c:aseexport 自变量1　自变量2…）输出信息

19.3（c:aselinks 自变量1　自变量2…）连接对象与信息

19.4（c:aserow 自变量1　自变量2…）管理外部信息表格

19.5（c:aseselect 自变量1　自变量2…）建立外部信息与对象选集

19.6（c:asesqled 自变量1　自变量2…）执行 SQL 程序

3）Visual LISP 介绍

Visual LISP 是 AutoCAD 自带的一个集成的可视化 AutoLISP 开发环境。最早的 AutoLSIP 程序需要用文本编辑工具，如记事本等编辑，然后在 AutoCAD 中加载调试，很不方便。从 AutoCAD 2000 开始，有了集成的开发环境 Visual LISP。作为开发工具，Visual LISP 提供了一个完整的集成开发环境（IDE），包括编译器、调试器和其他工具，可以实时调试 AutoLISP 命令。Visual LISP 具有自己的窗口和菜单，但它并不能独立于 AutoCAD 运行。

2. LISP 语言编程示例

1）注记字符

（1）用笔记本电脑编写源代码，编写完毕保存成 LISP 文件，如"hello. lsp"，如图 7-23 所示。

（2）打开 AutoCAD 2008 软件，选择工具菜单→加载应用程序，如图 7-24 所示。

（3）找到刚编写完的 LISP 文件，点击右边的"加载"按钮，然后关闭该对话框，如图 7-25 所示。

（4）在屏幕任意位置点击字符注记，自动注记该字符，如图 7-26 所示。

（5）源程序（hello. lsp）如下：

;;;文字注记

（prompt "请选择文字注记位置:"）;指定运行时的提示信息

（setq pt（getpoint））;在屏幕上指定一点并将其坐标值赋予变量"pt"

（setq hgt 15）;给变量赋值 － －字高

（Command "_. TEXT" "_S" "STANDARD" pt hgt 0 "武总教您学编程!"）

2）画弧

（1）打开 AutoCAD 2008 软件，加载 LISP 文件，关闭对话框，然后再输入 arc，回车，在屏幕上指定圆心位置，然后指定第二点，松开鼠标，自动绘圆弧，如图 7-27 所示。

图 7-23　LISP 文件格式

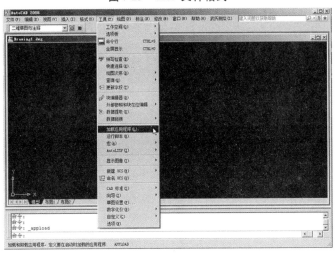

图 7-24　打开加载应用程序

（2）源程序如下：

;;;;画弧

（defun c:arc（）

　　（setq cen（getpoint " \n 选择圆弧中心点 ＜（0,0）＞:"））

　　（or cen（setq cen'（0,0）））

　　（command "arc" "c" cen（polar cen 0 10）"a" 90）

　　（princ）

）

3）调用自定义函数

（1）打开 AutoCAD 2008 软件，加载 LISP 文件，关闭对话框，然后再输入 add，回车，依次输入两个数据，显示相加后的结果。

（2）源程序如下：

图 7-25　加载 LISP 文件

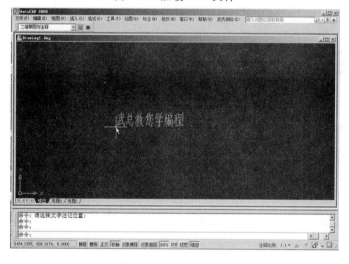

图 7-26　显示运行结果

;;;;调用自定义函数,输入 add,再输入 A 和 B 的值,显示两数相加的结果。

```
(defun C:Add( )
    (addxy x)
    (princ)
)
(defun addxy (x)
    (setq A (getreal "a = ?")
        B (getreal "b = ?")
        w ( + A B)
    )
    (print w)
)
```

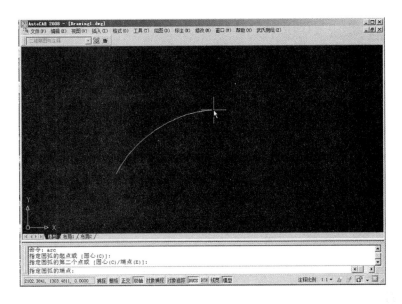

图 7-27　LISP 语言画弧

7.3　高级 C＋＋语言开发技术

7.3.1　VC＋＋6.0 开发入门

　　VC＋＋6.0 是由微软开发的编程工具,功能强大,使用方便,兼容性好,不会出现莫名其妙的错误,深受广大编程爱好者的欢迎。经过编译后的可执行文件,安全性好,保密性强,不容易被破解,执行效率高。VC＋＋6.0 的集成开发环境由窗口、工具栏、菜单、工具条、路径和其他一些有用的部分构成。VC＋＋6.0 界面如图 7-28 所示。

图 7-28　VC＋＋6.0 编程界面

1. 系统安装

从网上下载或购买微软公司的 Visual Stdio 6.0 企业版软件,如果有英文版更好,汉化版也可以,复制到硬盘中,然后双击 SETUP. EXE 文件,出现如图 7-29 所示的界面(以英文版为例)。

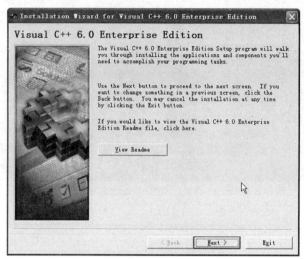

图 7-29　VC + +6. 0 安装步骤 1

点击下一步(Next),会出现第 2 个画面:最终用户许可协议(End User License Agreement),如图 7-30 所示。

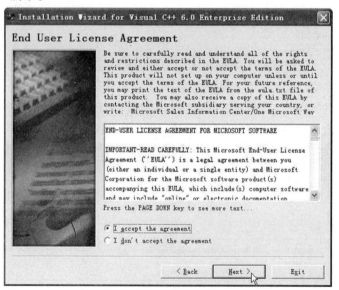

图 7-30　VC + +6. 0 安装步骤 2

选择我接收协议(I accept the agreement),点击下一步(Next),出现第 3 个画面(见图 7-31),如果是英文版不需要输入注册号,如果是汉化版则要求输入产品号和用户 ID 号,输入 111 和 1111111,输入姓名和公司名称,点击下一步(Next),出现第 4 个画面,如图 7-32 所示。

企业版安装选项:自定义、产品、服务器应用程序,选择默认选项(Install Visual C + + 6. 0 Enterprise Editi),点击下一步(Next),出现第 5 个画面,如图 7-33 所示。

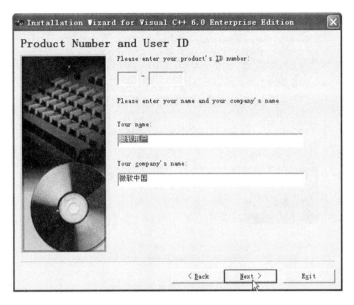

图 7-31　VC＋＋6.0 安装步骤 3

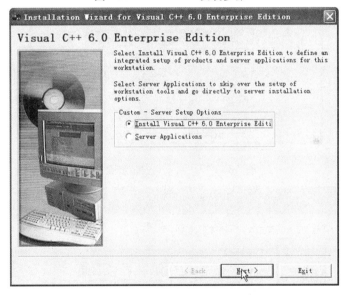

图 7-32　VC＋＋6.0 安装步骤 4

　　选择安装公用文件夹,默认为 C：\Program Files\Microsoft Visual Studio\Common,如果想更改路径,则点击下边的浏览(Browse...)按钮,选择新的保存位置,点击下一步(Next),开始检测以前安装的版本,出现如图 7-34 所示的画面。

　　直接点击是(Y)就可以,替换原有版本。接着出现如图 7-35 所示的对话框。

　　用户可以选择是典型安装还是客户安装,直接选择典型安装(Typical),会出现安装环境变量,如图 7-36 所示。

　　直接按确定(OK)即可。系统开始正式安装,并显示安装进度,如图 7-37、图 7-38 所示。

　　安装完毕,显示安装成功的提示,如图 7-39 所示。

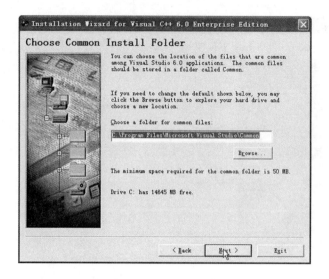

图 7-33   VC + +6.0 安装步骤 5

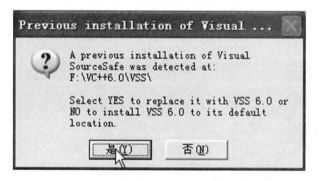

图 7-34   VC + +6.0 安装步骤 6

图 7-35   VC + +6.0 安装步骤 7

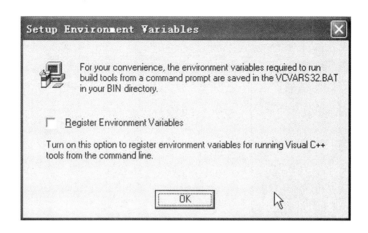

图 7-36　VC + +6.0 安装步骤 8

图 7-37　VC + +6.0 安装步骤 9

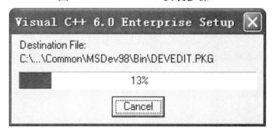

图 7-38　VC + +6.0 安装步骤 10

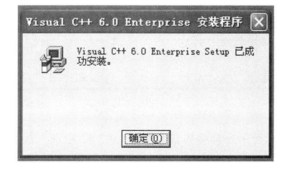

图 7-39　VC + +6.0 安装步骤 11

接着向导会继续安装 MSDN(帮助文档),如图 7-40 所示。

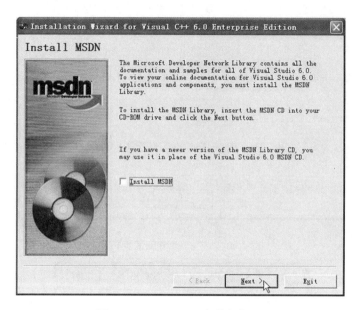

图 7-40 VC + +6.0 安装步骤 12

如果有 MSDN 光盘可选择继续安装,否则去掉勾选安装 MSDN 选项(Install MSDN),
点击下一步(Next),显示安装其他客户工具,如图 7-41 所示。

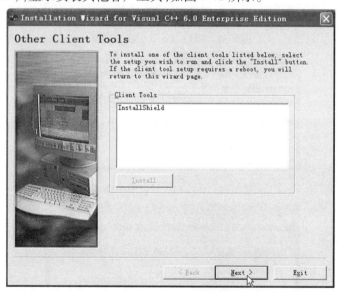

图 7-41 VC + +6.0 安装步骤 13

单击下一步(Next),显示安装服务器组件,如图 7-42 所示。

可直接通过点击下一步(Next),显示注册对话框,如图 7-43 所示。

直接按完成(Finish)按钮,系统自动联网注册,到此为止,安装完成。

2. 新建工程

VC + +6.0 提供了非常方便高效的制作新文件向导,使用户很快就能入门,进行编
程,开发出适用于工作的管理程序。以英文版为例,创建新工程的步骤如下:

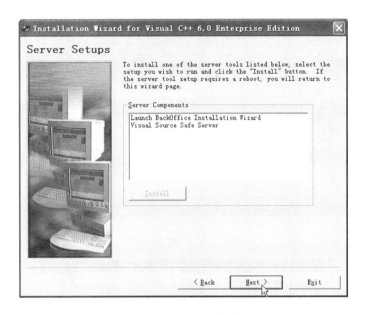

图 7-42 VC + +6.0 安装步骤 14

图 7-43 VC + +6.0 安装步骤 15

打开 VC + +6.0 编程工具,点击左上角文件→新建,显示如图 7-44 所示的对话框。

选择应用程序类型,比如(MFC AppWizard[exe]),输入工程名称(如 MyTest),选择存储文件路径,单击确定(OK),出现如图 7-45 所示的对话框。

选择需要生成的应用程序类型:单个文档(Single document)、多个文档(Multiple documents)、基本对话框(Dialog based),选择想要生成的界面类型,比如单个文档,然后点击下一步(Next),显示如图 7-46 所示的对话框。

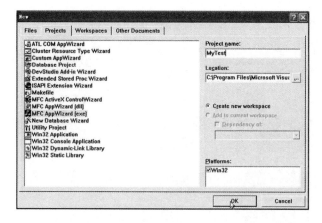

图 7-44　新建工程 1

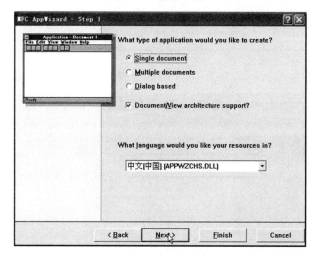

图 7-45　新建工程 2

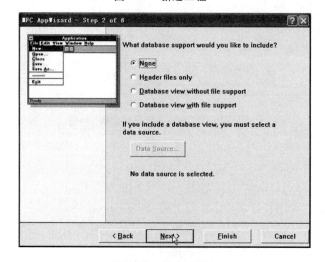

图 7-46　新建工程 3

选择是否要包含数据库支持,可选择默认,不包含数据库,点击下一步(Next),显示如图7-47所示的对话框。

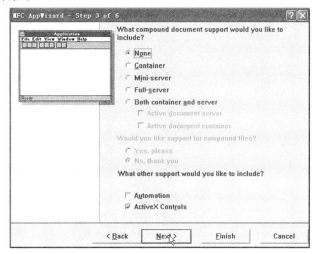

图7-47 新建工程4

选择使用什么复合文档支持,可选择默认,点击下一步(Next),显示选择什么样的工具栏风格,如图7-48所示。

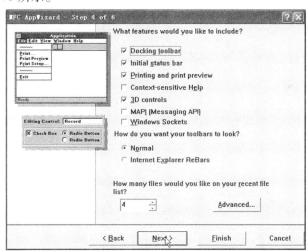

图7-48 新建工程5

点击下一步(Next),显示如图7-49所示的对话框。

选择是 MFC 风格还是资源管理器风格等,按默认选项,点击下一步(Next),显示基类选项(见图7-50),选择想在哪个类继承,并生成需要的子类,不同的类有不同的功能。在用户的子类可以自行添加成员函数,实现用户设计的特殊功能。

如果想要实现在窗口内放置控件,可更改基类为 CFormView 类,要实现文档编辑功能,可更改基类为 CEditView 类。最后点击完成(Finish)按钮,就显示新建工程信息,完成创建工程,如图7-51所示。

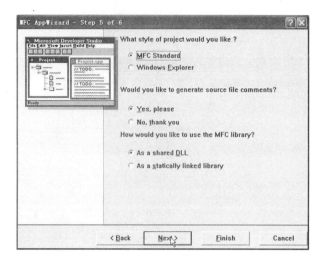

图 7-49　新建工程 6

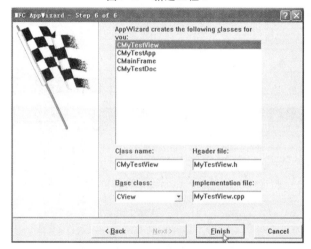

图 7-50　新建工程 7

图 7-51　新建工程 8

至此,可以看到 VC + +6.0 编程工具界面,如图7-52 所示。

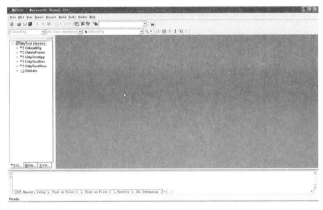

图 7-52　新建工程 9

选择编译菜单下的重建全部,系统开始编译,如果没有意外情况发生,在窗口的底部出现编译信息,并显示编译成功,按 Ctrl + F5 键或上边工具条上的感叹号,显示界面如图 7-53所示。

图 7-53　新建工程 10

如果没有其他意外问题,稍等片刻,会出现编译成功的信息,并显示应用程序界面,如图 7-54 所示。

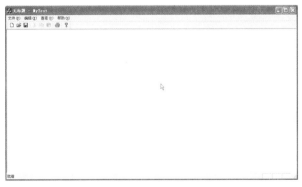

图 7-54　新建工程 11

到此为止,创建新工程完毕,根据需要用户可以添加自己的代码,实现设计的特有功能。

7.3.2 ADO 数据库操作技术

1. ADO 数据库介绍

ADO 是 ActiveX 数据对象(ActiveX Data Object)的缩写,是 Microsoft 开发数据库应用程序的面向对象的新接口。ADO 访问数据库是通过访问 OLE DB 数据提供程序来进行的,提供了一种对 OLE DB 数据提供程序的简单高层访问接口。ADO 技术简化了 OLE DB 的操作,OLE DB 的程序中使用了大量的 COM 接口,而 ADO 封装了这些接口。ADO 是一种高层的访问技术。ADO 技术基于通用对象模型(COM),提供了多种语言的访问技术,同时,由于 ADO 提供了访问自动化接口,所以 ADO 可以用描述的脚本语言来访问 VBScript、VCScript 等。

可以使用 VC + +6.0 提供的 ActiveX 控件开发应用程序,还可以用 ADO 对象开发应用程序。使用 ADO 对象开发应用程序可以使程序开发者更容易地控制对数据库的访问,从而产生符合用户需求的数据库访问程序。

使用 ADO 对象开发应用程序类似其他技术,需产生与数据源的连接、创建记录等步骤,但与其他访问技术不同的是,ADO 技术对对象之间的层次和顺序关系要求不是太严格。在程序开发过程中,不必先建立连接。可以在使用记录的地方直接使用记录对象,在创建记录对象的同时,程序自动建立了与数据源的连接。这种模型有力地简化了程序设计,增强了程序的灵活性。

使用方法为在 < Ado. h > 中包含如下头文件:

#import "C:\Program Files\Common Files\System\ADO\msadox. dll"// 创建数据库必用

#import "C:\Program Files\Common Files\System\ADO\msado15. dll" named_guids rename("EOF","adoEOF"), rename("BOF","adoBOF")

2. 创建数据库

在使用数据库前,必须先创建数据库文件,然后再创建表,才能对数据库进行操作。创建数据库文件的示例代码如下:

```
// 创建数据库
void CMainFrame::OnCreateAdoMdb( )
{
    HRESULT hr = S_OK;CString filename = "c:\\test. mdb";
    //Set ActiveConnection of Catalog to this string
    CString strcnn ( _T ( "Provider = Microsoft. JET. OLEDB. 4. 0;Data source = " +
filename));
    try
    {
        ADOX::_CatalogPtr m_pCatalog = NULL;
```

```
    hr = m_pCatalog. CreateInstance( _uuidof ( ADOX::Catalog) ) ;
    if( FAILED( hr) )
    {
     _com_issue_error( hr) ;
    }
    else
    {
        m_pCatalog - > Create( _bstr_t( strcnn) ) ;//Create MDB
    }
    AfxMessageBox( _T( "ok" ) ) ;
  }
  catch( _com_error &e)
  {
    // Notify the user of errors
    AfxMessageBox( _T( "error" ) ) ;
  }
}
```

3. 打开数据库

如果数据库文件已存在或需要打开一个已存在的数据库,就需要打开数据库文件,然后再进行操作。打开数据库的示例代码如下:

```
BOOL CMy123App::InitInstance( )
{
  AfxEnableControlContainer( ) ;
  // 初始化数据库
  CoInitialize( NULL) ;
  #ifdef _AFXDLL
  Enable3dControls( ) ;// Call this when using MFC in a shared DLL
  #else
  Enable3dControlsStatic( ) ;// Call this when linking to MFC statically
  #endif
  SetRegistryKey( _T( "Local AppWizard - Generated Applications" ) ) ;
  LoadStdProfileSettings( ) ;// Load standard INI file options ( including MRU)
  CSingleDocTemplate * pDocTemplate;
  pDocTemplate = new CSingleDocTemplate(
  IDR_MAINFRAME,
  RUNTIME_CLASS( CMy123Doc) ,
  RUNTIME_CLASS( CMainFrame) , // main SDI frame window
  RUNTIME_CLASS( CMy123View) ) ;
```

```
AddDocTemplate(pDocTemplate);
// Parse command line for standard shell commands, DDE, file open
CCommandLineInfo cmdInfo;
ParseCommandLine(cmdInfo);
// Dispatch commands specified on the command line
if(! ProcessShellCommand(cmdInfo))return FALSE;
// The one and only window has been initialized, so show and update it.
m_pMainWnd - >ShowWindow(SW_SHOW);
m_pMainWnd - >UpdateWindow();
return TRUE;
}
```

4.创建表

表是数据库的基本要素,对数据库的操作归根到底是对表的操作,如果没有创建表就无从谈起。创建数据库表的示例代码如下:

```
void CMainFrame::OnMainCreate()
{
    try
    {
        _ConnectionPtr pConn;pConn. CreateInstance(_uuidof(Connection));
        _RecordsetPtrpRs;pRs. CreateInstance(_uuidof(Recordset));
        _CommandPtrCmd;Cmd. CreateInstance( _uuidof(Command));
        try
        {
            CString dd;CString file = "c:\\NXYH. mdb";
            dd. Format("Provider = Microsoft. Jet. OLEDB. 4. 0;Data Source = % s",file);
            pConn - >Open((_bstr_t)dd,"","",adModeUnknown);
        }
        catch(_com_error e)
        {
            AfxMessageBox("数据库连接失败,确认数据库 NXYH. mdb 是否在当前路径
下!");
        }
        // 如果本表不存在,可以创建本表,存在时无法创建
        try
        {
            _variant_t RecordsAffected;
            CString command1,command2,myfilename = "yours";
            command1. Format("CREATE TABLE % s(ID INTEGER,username TEXT(5),
```

```
old INTEGER,birthday DATETIME)",myfilename);
        pConn - >Execute(_bstr_t(command1),&RecordsAffected,adCmdText);
        command2. Format("INSERT INTO % s(ID,username,old,birthday) VALUES
(1,'washton',26,'1970/1/1')",myfilename);
        pConn - >Execute(_bstr_t(command2),&RecordsAffected,adCmdText);
        AfxMessageBox("created.");
      }
    catch(...)
      {
      AfxMessageBox("tablehave already created.");
      }
    }
  catch(...) // 捕捉异常
    {
    // 其他需要处理的代码
    }
  }
```

5. 删除记录

如果数据库中某项记录需要删除,就要使用删除记录命令,这并非真正意义上的删除,只是标记此记录已删除,如果用户要进行恢复,再删除相应标志。在数据库更新时会彻底删除此项记录。示例代码如下:

```
void CMainFrame::OnMainDel()
  {
    try
    {
      _ConnectionPtr pConn;
      _RecordsetPtrpRs;
      pConn. CreateInstance(_uuidof(Connection));
      pRs. CreateInstance(_uuidof(Recordset));
      try
      {
        CString dd;CString file = "c:\\NXYH. mdb";
        dd. Format("Provider = Microsoft. Jet. OLEDB. 4. 0;Data Source = % s",file);
        pConn - >Open((_bstr_t)dd,"","",adModeUnknown);
      }
      catch(_com_error e)
      {
        AfxMessageBox("数据库连接失败,确认数据库 NXYH. mdb 是否在当前路径
```

下!");
```
    }
    try
    {
        pRs - > Open("SELECT  *  FROM coordinate", // 查询 DemoTable 表中所有
字段
        pConn. GetInterfacePtr(),// 获取库接库的 IDispatch 指针
        adOpenDynamic,
        adLockOptimistic,
        adCmdText );
    }
    catch(_com_error * e)
    {
        AfxMessageBox(e - > ErrorMessage());
    }
    _variant_t var;
    while (! pRs - > adoEOF)
    {
        pRs - > MoveFirst();
        pRs - > Delete(adAffectCurrent); //删除当前记录
        pRs - > MoveNext();
    }
    MessageBox("delete - - over");pRs - > Update();
    pRs - > Close(); pConn - > Close(); pRs = NULL; pConn = NULL;
}
catch (_com_error &e )
{
    printf("Error:\n");
    printf("Code  =  %08lx\n", e. Error());
    printf("Meaning  =  %s\n", e. ErrorMessage());
    printf("Source  =  %s\n", (LPCSTR) e. Source());
}
}
```

6. 增加记录

增加数据库记录是必不可少的功能,根据需要可以增加记录,位置由系统自动分配。每条记录都有其唯一的标识符,但有一点值得注意的是,记录的位置并非照想象中的按自然数排列,而是随机排列的。因此,在调用数据时,要按照地址号或 ID 号进行读出,否则可能会导致异常现象。比如面文件点的顺序错乱,显示的图形并非原来保存的形状。增

加记录的示例代码如下:

```
void CMainFrame::OnMainAdd()
{
    try
    {
        _ConnectionPtr pConn;
        _RecordsetPtrpRs;
        pConn.CreateInstance(_uuidof(Connection));
        pRs.CreateInstance(_uuidof(Recordset));
    }
    try
    {
        // 打开本地 Access 库 Demo.mdb
        pConn ->Open("Provider = Microsoft.Jet.OLEDB.4.0;Data Source = NXYH.
mdb","","",adModeUnknown);
    }
    catch(_com_error e)
    {
        AfxMessageBox("数据库连接失败,确认数据库 NXYH.mdb 是否在当前路径
下!");
    }
    try
    {
        pRs ->Open("SELECT * FROM coordinate", // 查询 DemoTable 表中所有字
段
        pConn.GetInterfacePtr(),// 获取库接库的 IDispatch 指针
        adOpenDynamic,
        adLockOptimistic,
        adCmdText );
    }
    catch(_com_error * e)
    {
        AfxMessageBox(e ->ErrorMessage());
    }
    //增加新元素
    XX = 123.345; YY = 222.434; HH = 1445;
    for(int i = 0;i < 300;i + + )
    {
```

```
      m_Name. Format( "D% d" ,i + 1 ) ;
      pRs - > AddNew( ) ;
      //pRs - > PutCollect( "ID" ,_variant_t( ( long) ( i + 10 ) ) ) ;
      pRs - > PutCollect( "Name" , _variant_t( m_Name) ) ;
      pRs - > PutCollect( "X" ,_variant_t( ( double) ( XX) ) ) ;
      pRs - > PutCollect( "Y" ,_variant_t( ( double) ( YY) ) ) ;
      pRs - > PutCollect( "H" ,_variant_t( ( double) ( HH) ) ) ;
      pRs - > Update( ) ;MessageBox( "add - - over" ) ;
      pRs - > Close( ) ; pConn - > Close( ) ; pRs = NULL; pConn = NULL;
    }
  catch ( _com_error &e )
    {
      printf( "Error: \n" ) ;
      printf( "Code = % 08lx \n" , e. Error( ) ) ;
      prinf( "Meaning = % s \n" , e. ErrorMessage( ) ) ;
      printf( "Source = % s \n" , ( LPCSTR) e. Source( ) ) ;
    }
  }
```

7. 修改记录

修改记录是常见的现象,对图形编辑后,原有的位置坐标均发生变化,就必须对数据库中的坐标数据进行修改和更新。修改记录的方法是按照每个要素的 ID 号进行检索,读出相关要素内容,修改后,再更新数据库。示例代码如下:

```
void CMainFrame: :OnMainChange( )
  {
  try
    {
    _ConnectionPtr pConn;
    _RecordsetPtrpRs;
    pConn. CreateInstance( _uuidof( Connection) ) ;
    pRs. CreateInstance( _uuidof( Recordset) ) ;
    try
      {
      // 打开本地 Access 库 Demo. mdb
      pConn - > Open( "Provider = Microsoft. Jet. OLEDB. 4. 0;Data Source = NXYH. mdb" ,"" ,"" ,adModeUnknown) ;
      }
    catch( _com_error e)
      {
```

```cpp
        AfxMessageBox("数据库连接失败,确认数据库 NXYH. mdb 是否在当前路径
下!");
        }
        try
        {
            pRs - >Open("SELECT * FROM coordinate", // 查询 DemoTable 表中所有字段
            pConn. GetInterfacePtr(),// 获取库接库的 IDispatch 指针
            adOpenDynamic,
            adLockOptimistic,
            adCmdText );
        }
        catch( _com_error  * e)
        {
            AfxMessageBox( e - >ErrorMessage());
        }
        // 修改数据
        _variant_t var;
        while ( ! pRs - >adoEOF)
        {
            var  =  pRs - >GetCollect("X");
            if(var. vt !  =  VT_NULL) m_X  =  (LPCSTR)_bstr_t(var);
            double XX = 100. 789; //XX + = atof( m_X);
            pRs - >PutCollect("X",_variant_t((double)(XX)));
            //pRs - >PutCollect("Name", _variant_t(m_Name));
            pRs - >MoveNext();
        }
        MessageBox("change - - over");
        pRs - >Update(); pRs - >Close(); pConn - >Close(); pRs = NULL; pConn =
NULL;
    }
    catch ( _com_error &e )
    {
        printf("Error:\n");
        printf("Code  =  %08lx\n", e. Error());
        printf("Meaning  =  % s\n", e. ErrorMessage());
        printf("Source  =  % s\n", (LPCSTR) e. Source());
    }
}
```

8. 查询记录

查询记录的方法是根据记录的 ID 号或检索条件对数据库进行检索,查出符合要求的记录。查询由数据库管理器来承担,不直接由用户来操作,用户只是传递参数,查询完毕,由管理器输出查询结果。查询记录的示例代码如下:

```
void CMainFrame::OnMainSql()
{
    try
    {
        _ConnectionPtr pConn;
        _RecordsetPtrpRs;
        _CommandPtrCmd;
        pConn. CreateInstance(_uuidof(Connection));
        pRs. CreateInstance(_uuidof(Recordset));
        Cmd. CreateInstance(_uuidof(Command));
        try
        {
            CString dd;CString file = "NXYH. mdb";
            dd. Format("Provider = Microsoft. Jet. OLEDB. 4. 0;Data Source = % s",file);
            pConn - > Open((_bstr_t)dd,"","",adModeUnknown);
        }
        catch(_com_error e)
        {
            AfxMessageBox("数据库连接失败,确认数据库 NXYH. mdb 是否在当前路径下!");
        }
        // * * * * * * * * * * * * * 全部查完后退出 * * * * * * * * * * * * * *
        try
        {
            double XX,YY; XX = 123; YY = 456; CString mark = "qaw";
            CString condition;
            condition. Format("SELECT * FROM coordinate WHERE Name = % s'",mark);
            pRs - > Open(_bstr_t(condition),_variant_t((IDispatch *)pConn,true),
adOpenStatic,ad    LockOptimistic,adCmdText);
            while(! pRs - > adoEOF)
            {
                _variant_t var;var = pRs - > GetCollect("ID");
                if(var. vt !  = VT_NULL) m_Name = (LPCSTR)_bstr_t(var);
                MessageBox(m_Name);
                pRs - > MoveNext();
```

```
            }
        }
    catch(...)
        {
        }
/*//＊＊＊＊＊＊＊＊＊＊＊＊＊查到一个即退出＊＊＊＊＊＊＊＊＊＊＊
    try
        {
            double XX,YY; XX = 123; YY = 456;
            CString condition;
             condition. Format("SELECT ＊ FROM coordinate WHERE (( X = ％ f) AND
( Y = ％ f))",XX,YY);
            Cmd － ＞ActiveConnection = pConn;
            Cmd － ＞CommandText = _bstr_t(condition);
            pRs = Cmd － ＞Execute( NULL, NULL, adCmdText);
            _variant_t var;var = pRs － ＞GetCollect("Name");
            if( var. vt ！ = VT_NULL) m_Name = ( LPCSTR)_bstr_t( var);
            MessageBox( m_Name); //m_Name = m_Name. Left(2) + "＊";
        }
    catch( _com_error e)
        {
          AfxMessageBox("没有查到符合要求的信息!");
        }
     ＊///＊＊＊＊＊＊＊＊＊＊＊＊＊＊＊＊＊＊＊＊＊＊＊＊＊＊＊＊＊＊
    // 查询完毕,要及时关闭数据指针,避免造成数据文件损坏
    pConn － ＞Close();pRs － ＞Close();
    }
catch(...){ ; }
}
```

9. 关闭数据库

在数据库使用完毕或退出系统时,必须关闭数据库文件,防止数据丢失现象发生。关闭数据库的示例代码如下:

```
int CMy123App::ExitInstance()
{
    //关闭数据库指针
    CoUninitialize();
    return CWinApp::ExitInstance();
}
```

7.4　高级 C#语言开发技术

7.4.1　VS2005 安装方法

（1）运行 Visual Studio 2005（VS2005）安装光盘，出现如图 7-55 所示的安装界面。

图 7-55　Visual Studio 2005 安装步骤 1

（2）点击"安装 Visual Studio 2005"开始安装，出现如图 7-56 所示的窗口。

图 7-56　Visual Studio 2005 安装步骤 2

（3）此时安装程序自动加载安装组件，加载完成，出现如图 7-57 所示的界面。

（4）单击下一步，出现如图 7-58 所示的界面。

（5）勾选"我接受许可协议中的条款"前的复选框，单击下一步，显示如图 7-59 所示

图 7-57　Visual Studio 2005 安装步骤 3

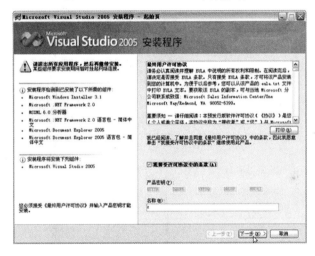

图 7-58　Visual Studio 2005 安装步骤 4

的界面。

选择该软件需要安装在电脑的哪个盘的哪个位置,默认在 C 盘,如果想安装在别的位置,点击"浏览"按钮选择需要安装的位置,单击"安装"按钮。

(6)单击"安装"按钮之后便开始自动安装了,出现如图 7-60 所示的界面。

安装程序会根据计算机中缺少的组件自动进行安装。在一些组件安装完成后会有对话框提示用户需要重新启动计算机继续安装,此时选择立即重新启动,等待计算机重启完成后安装程序会自动继续运行。

(7)安装完毕显示如图 7-61 所示的界面。

单击"完成"按钮便完成了此软件的安装过程。

7.4.2　基于 AutoCAD. NET 二次开发

用 C#开发 CAD 软件相对来说,操作步骤要简单一些,但功能相对有限,毕竟刚刚起

图 7-59　Visual Studio 2005 安装步骤 5

图 7-60　Visual Studio 2005 安装步骤 6

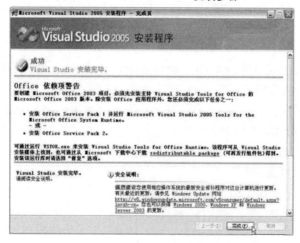

图 7-61　Visual Studio 2005 安装步骤 7

步,有很多功能还需要用户去摸索、实践和补充,需要有一个过程。下面简要介绍一下用 AutoCAD. NET 平台制作 CAD 软件的步骤。开发平台为 VS2005 + AutoCAD2008,开发方法如下:

(1)打开 VS2005 软件,如图 7-62 所示。

图 7-62　软件界面

(2)新建 C#类库项目,名称自选,也可使用默认名称,如图 7-63 所示。

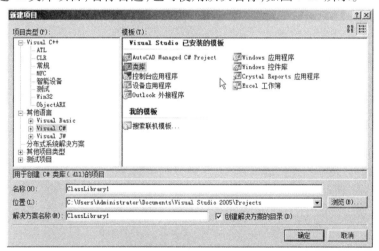

图 7-63　新建 C#项目

(3)点击"确定"按钮,系统自动生成程序框架,界面如图 7-64 所示。

(4)点击左边窗口解决方案资源管理器中的"引用",用鼠标右键点击,如图 7-65 所示。

(5)选择"添加引用",出现对话框,如图 7-66 所示。

(6)打开"浏览",找到 AutoCAD 2008 安装目录下的 acdbmgd. dll 文件,点击"确定"按钮,即自动添加。

图 7-64　自动生成 C#程序框架

图 7-65　添加引用

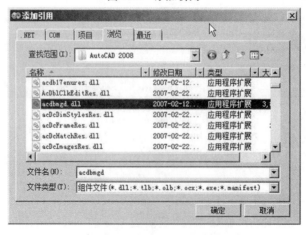

图 7-66　添加引用文件(1)

(7)同理,添加 acmgd. dll 文件,如图 7-67 所示。

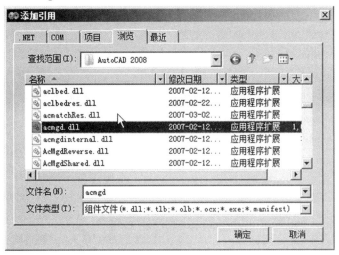

图 7-67　添加引用文件(2)

(8)引用添加完毕,自动显示在左边窗口(见图 7-68)内,表示添加成功,然后双击左边框内 Class1. cs 文件,添加代码(见图 7-69),如下所示:

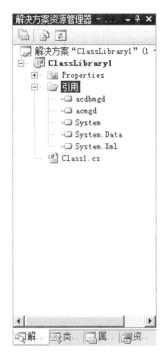

图 7-68　添加引用完毕

```
using System;

using System. Collections. Generic;

using System. Text;

// 用户添加

using Autodesk. AutoCAD;

using Autodesk. AutoCAD. Geometry;

using Autodesk. AutoCAD. Runtime;

using Autodesk. AutoCAD. DatabaseServices;

using Autodesk. AutoCAD. ApplicationServices;

using Autodesk. AutoCAD. EditorInput;

using Autodesk. AutoCAD. Colors;

using DBTransMan = Autodesk. AutoCAD. DatabaseSer-
vices. TransactionManager;

namespace ClassLibrary1
{
    public class Class1
    {
        //加载实体到数据库
        public static ObjectId AppendEntity(Entity ent)
        {
            Database db = HostApplicationServices. WorkingDatabase;
```

```
        ObjectId entId;
        using (Transaction trans = db. TransactionManager. StartTransaction( ))
        {
            BlockTable bt = (BlockTable)trans. GetObject(db. BlockTableId, Open-
Mode. ForRead);
            BlockTableRecord btr = (BlockTableRecord)trans. GetObject(bt[BlockTa-
bleRecord. ModelSpace], OpenMode. ForWrite);
            entId = btr. AppendEntity(ent);
            trans. AddNewlyCreatedDBObject(ent, true);
            trans. Commit( );
        }
        return entId;
    }
    //由两点创建直线
    public static ObjectId AddLine(Point3d startPt, Point3d endPt)
    {
        Line ent = new Line(startPt, endPt);
        ObjectId entId = AppendEntity(ent);
        return entId;
    }
  }
}
```

图 7-69 添加执行代码

(9)再添加一个新类,用来建立 CAD 命令,点击项目→添加新类,出现一个对话框,
如图 7-70 所示。

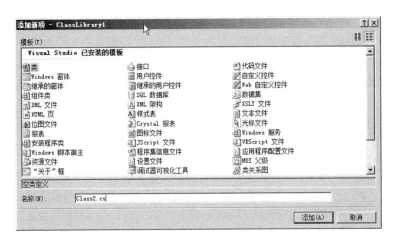

图 7-70　添加新类

（10）输入新类名称，或者选择默认，点击添加。如果添加成功，则显示在左边窗口内，如图 7-71 所示。

图 7-71　添加新类完毕

（11）双击新类名称，如 Class2. cs 文件，打开编辑窗口，添加相关代码，如下所示：

using System；

using System. Collections. Generic；

using System. Text；

// 用户添加

using Autodesk. AutoCAD. Runtime；

using Autodesk. AutoCAD. Windows；

using Autodesk. AutoCAD. ApplicationServices；

using Autodesk. AutoCAD. DatabaseServices；

using Autodesk. AutoCAD. Geometry；

using Autodesk. AutoCAD. Colors；

using Autodesk. AutoCAD. EditorInput；

using System. Collections；

using AcadApp ＝ Autodesk. AutoCAD. ApplicationServices. Application；

```
[assembly：CommandClass(typeof(ClassLibrary1.Class2))]
namespace ClassLibrary1
{
    class Class2
    {
      //新建一个命令
      [CommandMethod("test")]
      public void Test()
      {
        Point3d ptSt = new Point3d(0, 0, 0);
        Point3d ptEnd = new Point3d(10, 20, 54);
        Class1.AddLine(ptSt, ptEnd);
      }
    }
}
```

(12)代码添加完毕,点击项目→ClassLibrary1 属性(见图 7-72),出现如图 7-73 所示的对话框。

图 7-72 添加执行代码

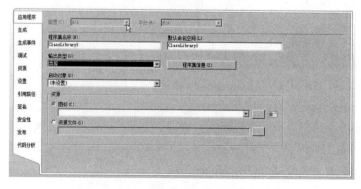

图 7-73 设置应用程序输出类型

（13）选择左边应用程序选项卡,设置输出类别为"类库",然后点击生成→重新生成解决方案,或直接按 Ctrl + Shift + B 键,即自动开始编译程序。

（14）编译成功,出现如图 7-74 所示的对话框,表示成功,否则就要查找错误原因,直到编译通过。然后打开 AutoCAD 2008 软件,如图 7-75 所示。

图 7-74　生成解决方案

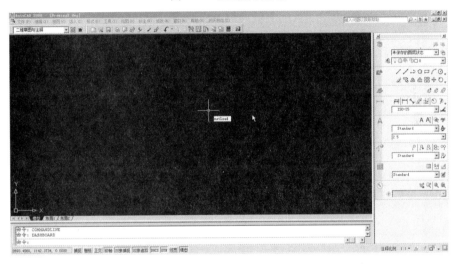

图 7-75　AutoCAD 2008 界面

（15）输入 netload 命令,出现如图 7-76 所示的对话框。

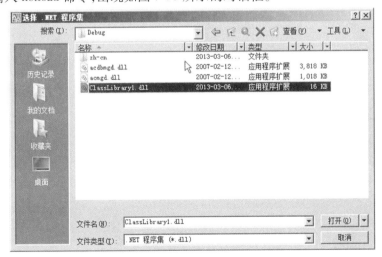

图 7-76　加载类库

（16）找到编译生成的类库文件,如 ClassLibrary1. dll 文件,点击打开,再输入 test 命令即自动画线,如果看不到,输入 zoom,输入 e 显示全图即可,如图 7-77 所示。

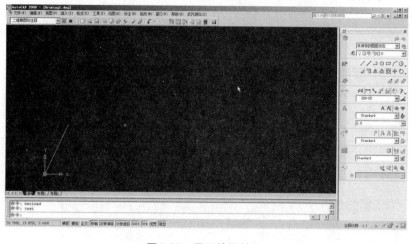

图 7-77 显示绘图结果

第8章 工程测量技术

8.1 工程施工测量人员须知

8.1.1 常用施工测量规范

(1)《全球定位系统(GPS)铁路测量规程》(TB 10054—97);

(2)《全球定位系统(GPS)测量规范》(GB/T 18314—2001);

(3)《国家一、二等水准测量规范》(GB/T 12897—2006);

(4)《精密工程测量规范》(GB/T 15314—94);

(5)《新建铁路工程测量规范》(TB 10101—99);

(6)《客运专线无砟轨道铁路工程测量暂行规定》(铁建设〔2006〕189号);

(7)《客运专线无砟轨道铁路铺设条件评估技术指南》(铁建设〔2006〕159号);

(8)《客运专线铁路桥涵工程施工质量验收暂行标准》(铁建设〔2005〕160号);

(9)《客运专线桥涵工程施工技术指南》(TZ 213—2005)。

8.1.2 施工测量人员准则

(1)在各项施工测量工作开始之前,应熟悉设计图纸,了解规范的规定,选择正确的作业方法,制订具体的实施方案。

(2)对所有观测数据,应随测随记,严禁转抄、伪造,文字与数字应力求清晰、整齐、美观。对使用的已知数据、资料均应由两人独立进行百分之百的检查、核对,确认无误后方可提供使用。

(3)对所有观测记录手簿,必须保持完整,不得随意撕页,记录中间也不得无故留下空页。

(4)施工测量成果资料(包括观测记录手簿、放样单、放样记载手簿)、图表(包括地形图、竣工断面图、控制网计算资料)应统一编号,妥善保管,分类归档。

(5)现场作业时,必须遵守有关安全、技术操作规程,注意人身和仪器的安全,禁止冒险作业。

(6)对于测绘仪器、工具应精心爱护,及时维护保养,做到定期检验校正,保持良好状态。对精密仪器应建立专门的安全保管、使用制度。

8.1.3 施工测量安全与仪器管理

(1)测量人员持证上岗,严格遵守仪器测量操作规程作业。

(2)施测人员进入施工现场必须戴好安全帽,配备相关的劳动保护用品。在高空作业时要注意系好安全带,水中作业时应穿上救生衣。

(3)施测人员在施测中应坚守岗位,雨天或强烈阳光下应打伞。仪器架设好,须由专人看护,不得只顾弹线或其他事情,忘记仪器不管。水中测量放样时应注意保护好仪器。

(4)施测过程中,要注意旁边的模板或钢管堆,以免仪器碰撞或倾倒。

(5)操作仪器时,若在同一垂直面上,其他工作要注意尽量避开。

(6)在基坑边投放基础轴线时,确保架设的仪器的稳定性。

(7)桥梁轴线放样完毕,须对放样点进行保护。

(8)在交叉作业环境下进行测量作业时,要有人负责监护,防止有东西从上方掉落砸坏人员和仪器。

(9)仪器使用完毕后需立即入箱上锁,由专人负责保管,存放在通风干燥的室内。

(10)所用线坠不能置于不稳定处,以防被碰掉落伤人。

(11)使用钢尺测距须使尺带平坦,不能扭转折压,测量后应立即卷起。钢尺使用后表面有污垢及时擦净,长期储存时防止尺带生锈并存放于通风干燥部位。

8.2 地铁施工测量技术

8.2.1 地铁施工测量方法

地铁施工测量方法取决于施工方法,了解和掌握地铁施工方法对于做好施工测量工作非常重要。施工方法的确定,一方面受沿线工程地质和水文地质条件、环境条件(地面和地下地物的现状、交通状况等)、轨道交通的功能要求、线路平面位置、隧道埋深及开挖宽度等多种因素的制约,另一方面也会对施工期间的地面交通和城市居民的正常生活、工期、工程的难易程度、城市规划的实施、地下空间的开发利用和运营效果等产生直接影响。因此,地铁施工方法的确定,必须因地制宜、统筹兼顾,考虑众多因素的影响。综观国内外地铁建设情况,主要有以下几种方法。

1. 明挖法

明挖法是指挖开地面,由上向下开挖土石方至设计标高后,自基底由下向上顺作施工,完成隧道主体结构,最后回填基坑或恢复地面的施工方法。通常在地面条件允许的情况下,地铁区间隧道宜采用明挖法,但对社会环境影响很大。

明挖法是各国地下铁道施工的首选方法,在地面交通和环境允许的地方通常采用明挖法施工。浅埋地铁车站和区间隧道经常采用明挖法。明挖法施工属于深基坑工程技术。由于地铁工程一般位于建筑物密集的城区,因此深基坑工程的主要技术难点在于对基坑周围原状土的保护,防止地表沉降,减少对既有建筑物的影响。明挖法的优点是施工技术简单、快速、经济,常作为首选方案。但其缺点也是明显的,如阻断交通时间较长,噪声与震动等对环境影响较大。明挖法包括敞口明挖法、基坑设置支护结构的明挖法和盖挖法。

(1)敞口明挖法。在地面建筑物稀少、交通不繁忙、施工场地较大、结构物埋深较浅的地段及城市轨道交通出入地面的区段采用敞口明挖法。

（2）基坑设置支护结构的明挖法。在施工场地较小、土质自立性差、地下水丰富、建筑物密集、埋深大时采用基坑设置支护结构的明挖法，施工时基坑要加设支护结构。

（3）盖挖法。在埋深较浅、场地狭窄及地面交通不允许长期占道的施工情况下可采用盖挖法施工。即在短期封闭地面交通期间，进行连续墙和钻孔灌注桩作业，开挖和修筑结构顶板，随即回填，恢复地面交通，然后转入地下作业，开挖基坑，修筑楼板和底板，利用隧道两侧的出入口和通风道出土、进料。依据主体结构施工顺序分为盖挖顺作法、盖挖逆作法、盖挖半逆作法。盖挖顺作法是在既有道路上先完成周边围护挡土结构，以及在挡土结构上设置代替原地表路面的纵横梁和路面板，在此遮盖下由上而下分层开挖基坑至设计标高，再依序由下而上施工，最后覆土恢复；反之，先行构筑顶板并恢复交通，再由上而下施工为盖挖逆作法。

2. 暗挖法

暗挖法是指在特定条件下，不挖开地面，全部在地下进行开挖和修筑衬砌结构的隧道施工办法。暗挖法主要包括钻爆法、盾构法、掘进机法、浅埋暗挖法、顶管法、新奥法等。其中尤以盾构法和浅埋暗挖法应用较为广泛。目前，我国的隧道施工以盾构法和浅埋暗挖法这两种方法居多。

1）钻爆法

我国地域广大、地质类型多样，重庆、青岛等城市处于坚硬岩石地层中，广州地铁也有部分区段处于坚硬岩石地层中，这种地质条件下修建地铁通常采用钻爆法开挖、喷锚支护（与通常的山岭隧道相当）。

钻爆法施工的全过程可以概括为钻爆、装运出渣、喷锚支护、灌注衬砌，再辅以通风、排水、供电等措施。在通过不良地质地段时，常采用注浆、钢架、管棚等一系列初期支护手段。根据隧道工程地质水文条件和断面尺寸，钻爆法隧道开挖可采用各种不同的开挖方法，例如上导坑先拱后墙法、下导坑先墙后拱法、正台阶法、反台阶法、全断面开挖法、半断面开挖法、侧壁导坑法、CD 法、CRD 法等。对于爆破，有光面爆破、预裂爆破等技术。对于隧道初期支护，有锚杆、喷混凝土、挂网、钢拱架、管棚等支护方法。应及时进行测量和信息反馈，监测施工安全并验证岩石支护措施是否合理。

2）盾构法

在地铁线路穿越河道地段，围岩结构松散、饱水，呈流塑或软塑状态，工程地质条件较差，采用盾构机施工。盾构是一个既可以支承地层压力又可以在地层中推进的活动钢筒结构。钢筒的前端设置有支撑和开挖土体的装置，钢筒的中段安装有顶进所需的千斤顶，钢筒的尾部可以拼装预制或现浇隧道衬砌环。盾构每推进一环距离，就在盾尾支护下拼装（或现浇）一环衬砌，并向衬砌环外围的空隙中压注水泥砂浆，以防止隧道及地面下沉。盾构推进的反力由衬砌环承担。盾构施工前应先修建一竖井，在竖井内安装盾构，盾构开挖出的土体由竖井通道送出地面。

我国应用盾构法修建隧道始于 20 世纪 50～60 年代的上海。最初是用于修建城市地下排水隧道，采用的是比较老式的盾构机（如网格式、压气式、插板式等），20 世纪 80 年代末 90 年代初开始采用土压式、泥水式等现代盾构修筑地铁区间隧道。盾构法具有安全、可靠、快速、环保等优点，目前该方法已经在我国的地铁建设中得到了迅速的发展。我国各城市地铁采用的盾构机大多是土压平衡盾构机。

随着盾构法研究的深入、工程应用的增多,盾构法施工技术以及盾构机修造配套技术也得到了发展提高,如上海地铁隧道基本采用盾构法修建,除区间单圆盾构外,还使用双圆盾构一次施工两条平行的区间隧道。此外还试验采用方形断面盾构修建地下通道,采用直径11.2 m的泥水盾构建成了大连路越江道路隧道。广州地铁将具有土压平衡、气压平衡和半土压平衡模式的新型复合式盾构机成功应用于既有软土又有坚硬岩石以及断裂破碎带的复杂地层的地铁区间隧道修筑,大大拓展了盾构法的应用范围。深圳、南京、北京、天津等城市虽然地质、水文条件各不相同,但采用盾构法修建区间隧道均取得了成功。

盾构法的主要优点是:除竖井施工外,施工作业均在地下进行,既不影响地面交通,又可减少对附近居民的噪声和震动影响;盾构推进、出土、拼装衬砌等主要工序循环进行,施工易于管理,施工人员也比较少;土方量少;穿越河道时不影响航运;施工不受风雨等气候条件的影响;在地质条件差、地下水位高的地方建设埋深较大的隧道,盾构法有较高的技术经济优越性。

3)掘进机法

掘进机法在埋深较浅但场地狭窄和地面交通环境不允许爆破震动扰动又不适合盾构法的松软破碎岩层情况下采用。该法主要采用臂式掘进机开挖,受地质条件影响大。

4)新奥法

新奥法即新奥地利隧道施工方法的简称,由奥地利学者拉布西维兹教授于20世纪50年代提出。它是以隧道工程经验和岩体力学的理论为基础,将锚杆和喷射混凝土组合在一起作为主要支护手段的一种施工方法。经过一些国家的实践和理论研究,于20世纪60年代取得专利权并正式命名。

在我国常把新奥法称为"锚喷构筑法"。用该方法修建地下隧道时,对地面干扰小,工程投资也相对较小,已经积累了比较成熟的施工经验,工程质量也可以得到较好的保证。使用此方法进行施工时,对于岩石地层,可采用分步或全断面一次开挖,锚喷支护和锚喷支护复合衬砌,必要时可做二次衬砌;对于土质地层,一般需对地层进行加固后再开挖支护、衬砌,在有地下水的条件下必须降水后方可施工。新奥法广泛应用于山岭隧道、城市地铁、地下储库、地下厂房、矿山巷道等地下工程。

新奥法以喷射混凝土、锚杆支护为主要支护手段,因锚杆喷射混凝土支护能够形成柔性薄层、与围岩紧密黏结的可缩性支护结构,允许围岩有一定的协调变形,而不使支护结构承受过大的压力。

施工顺序可以概括为开挖→一次支护→二次支护。开挖作业的内容依次包括钻孔、装药、爆破、通风、出渣等。开挖作业与一次支护作业同时交叉进行。第一次支护作业包括一次喷射混凝土、打锚杆、联网、立钢拱架、复喷混凝土。一次支护后,在围岩变形趋于稳定时,进行第二次支护和封底,即永久性的支护(或是补喷射混凝土,或是浇筑混凝土内拱),起到提高安全度和增强整个支护承载能力的作用。

城市轨道交通线路穿越基岩地段时,围岩具有一定的自稳能力,一般采用新奥法施工,即以喷射混凝土和锚杆作为主要支护手段,同时发挥围岩的自身承载作用,使其和支护结构成为一个完整的隧道支护体系,并可采用信息设计,即根据施工监测的数据随时调整原设计,使设计更趋合理。

在我国利用新奥法修建地铁已成为一种主要施工方法,尤其在施工场地受限制、地层条件复杂多变、地下工程结构形式复杂等情况下用新奥法施工尤为重要。

5)浅埋暗挖法

浅埋暗挖法又称矿山法,起源于1986年北京地铁复兴门折返线工程,是中国人自己创造的适合中国国情的一种隧道修建方法,是边开挖边浇筑的施工技术。该法是在借鉴新奥法的某些理论的基础上,针对中国的具体工程条件开发出来的一整套完善的地铁隧道修建理论和操作方法。

浅埋暗挖法原理:利用土层在开挖过程中短时间的自稳能力,采取适当的支护措施,使围岩或土层表面形成密贴型薄壁支护结构,主要适用于黏性土层、砂层、砂卵层等地质条件。由于浅埋暗挖法省去了许多报批、拆迁、掘路等程序,现被施工单位普遍采用。

浅埋暗挖法施工步骤:先将钢管打入地层,然后注入水泥或化学浆液,使地层加固。开挖面土体稳定是采用浅埋暗挖法的基本条件。地层加固后,进行短进尺开挖。一般每循环在0.5~1.0 m。随后即做初期支护,施作防水层。开挖面的稳定性时刻受到水的危胁,严重时可导致塌方,处理好地下水是非常关键的环节。最后,完成二次支护。一般情况下,可注入混凝土,特殊情况下要进行钢筋设计。

与新奥法的不同之处在于,它适合于城市地区松散土介质围岩条件,隧道埋深小于或等于隧道直径,以很小的地表沉降修筑隧道。它的突出优势在于不影响城市交通,无污染、无噪声,而且适合于各种尺寸与断面形式的隧道洞室。

由于该方法在有水的地层中可广泛运用,加之国内丰富的劳动力资源,该方法在北京、广州、深圳、南京等地的地铁区间隧道修建中得到推广,已成功建成许多各具特点的地铁区间隧道,而且在大跨度车站的修筑中有相当多的应用。此外,该方法也广泛应用于地下车库、过街人行道和城市道路隧道等工程的修筑。

6)顶管法

顶管法是直接在松软土层或富水松软地层中敷设中小型管道的一种施工方法,适用于富水松软地层等特殊地层和地表环境中中小型管道工程的施工。主要由顶进设备、工具管、中继环、工程管、吸泥设备等组成。

7)沉管法

沉管法是将隧道管段分段预制,分段两端设临时止水头部,然后浮运至隧道轴线处,沉放在预先挖好的地槽内,完成管段间的水下连接,移去临时止水头部,回填基槽保护沉管,铺设隧道内部设施,从而形成一个完整的水下通道。

沉管隧道对地基要求较低,特别适用于软土地基、河床或较浅海岸,具有易于水上疏浚设施进行基槽开挖的工程特点。由于其埋深小,包括连接段在内的隧道线路总长较采用暗挖法和盾构法修建的隧道明显缩短。沉管断面形状可圆可方,选择灵活。基槽开挖、管段预制、浮运沉放和内部铺装等各工序可平行作业,彼此干扰相对较少,并且管段预制质量容易控制。基于上述优点,在大江、大河等宽阔水域下构筑隧道,沉管法是最经济的水下穿越方案。

按照管身材料,沉管隧道可分为两类:钢壳沉管隧道(又可分为单层钢壳隧道和双层钢壳隧道)和钢筋混凝土沉管隧道。钢壳沉管隧道在北美采用得较多,而钢筋混凝土沉管隧道则在欧亚采用较多。

沉管隧道施工主要工序如下:管节预制→基槽开挖→管段浮运和沉放→对接作业→内部装饰。

3. 其他特殊施工方法

由于科技水平不断提高,设备不断完善,在一些特殊地段采用冻结法、化学注浆等方法加固围岩,当隧道穿过建筑物时采用基底托换等方法,为处理好地下水采用降水深层回灌等施工技术,在全国地铁施工中也得到应用,并取得了一定的效果。

对于大跨度车站及折返线隧道工程,一般采用分部开挖法施工,分部开挖法包括双侧壁导坑法、中洞法、中隔壁法等,这些方法都取得了良好的施工效果。

8.2.2 地铁施工测量技术方案

地铁施工测量的目的是标定和检查施工中线、测设坡度和放样建筑物。测量是施工的导向,是确保工程质量的前提和基础。地铁施工测量的施测环境复杂,要求的施测精度又相当高,必须精心施测,测量成果必须符合相关规范的要求。

下面以北京地铁工程为例,介绍地铁施工测量的一般方法。北京地铁工程隧道开挖的贯通中误差规定为横向 ± 50 mm、竖向 ± 25 mm,极限误差为贯通中误差的 2 倍,即纵向贯通误差限差为 $L/10\ 000$(L 为贯通距离,以 km 计)。北京地铁工程平面与高程贯通误差分配如表 8-1 所示。

表 8-1　北京地铁工程平面与高程贯通误差分配表

	地面控制测量	联系测量	地下控制测量	总贯通中误差
横向贯通中误差	不超过 ± 25 mm	不超过 ± 20 mm	不超过 ± 30 mm	不超过 ± 50 mm
纵向贯通中误差				$L/10\ 000$
竖向贯通中误差	不超过 ± 16 mm	不超过 ± 10 mm	不超过 ± 16 mm	不超过 ± 25 mm

1. 测量控制网的检测

为满足盾构施工的需要,应检测业主提供的首级 GPS 控制点、精密导线点、精密水准点,保证各级控制点相邻点的平面位置精度分别不超过 ± 10 mm、± 8 mm,精密水准路线闭合差不超过 $\pm 8\sqrt{L}$ mm(L 为线路长度,以 km 计),作为盾构测量工作的起算依据。

地面控制网是隧道贯通的依据,由于受施工和地面沉降等因素的影响,这些点有可能发生变化,所以在测量时和施工中应先对地面控制点进行检测,确定控制网的可靠性。工作内容包括检测相应精密导线点、检测高程控制点等。

2. 施工控制网布设

在地面控制网检测无误后,依据检测的控制点再进行施工控制网的加密,以保证日后的施工测量及隧道贯通测量顺利进行。施工控制网的加密包括两方面:

1)施工平面控制网加密测量

通常地面精密导线的密度及数量都不能满足施工测量的要求,因此应根据现场的实际情况,进一步进行施工控制网的加密,以满足施工放样、竖井联系测量、隧道贯通测量的需要。

施工平面控制网采用Ⅰ级全站仪进行测量,测角四测回(左、右角各两测回,左、右角平均值之和与360°的较差绝对值应小于4″),测边往返观测各两测回,用严密平差进行数据处理,点位中误差要求不超过±10 mm。

2)施工高程控制网加密测量

根据实际情况将高程控制点引入施工现场,并沿线路走向加密高程控制点。水准基点(高程控制点)必须布设在沉降影响区域外且保证稳定。

水准测量采用二等精密水准测量方法,以水准路线闭合差限差不超过 $\pm 8\sqrt{L}$ mm(L 为水准路线长,以 km 计)的精度要求进行施测。

3.联系测量

联系测量是将地面测量数据传递到隧道内,以便指导隧道施工。具体方法是将施工控制点通过布设趋近导线和趋近水准路线,建立近井点,再通过近井点把平面和高程控制点引入竖井下,为隧道开挖提供井下平面和高程依据。

联系测量是联系地上与地下的一项重要工作,为提高地下控制测量精度,保证隧道准确贯通,应根据工程施工进度,进行多次复测,复测次数应随贯通距离增加而增加,一般 1 km 以内取三次。其主要内容包括以下几方面。

1)趋近导线测量和趋近水准测量

地面趋近导线应附合在精密导线点上。近井点与 GPS 点或精密导线点通视,并应使定向具有最有利的图形。

趋近导线测量用Ⅰ级全站仪进行测量,测角四测回(左、右角各两测回,左、右角平均值之和与360°的较差绝对值应小于4″),测边往返各观测两测回,用严密平差进行数据处理,点位中误差要求不超过±10 mm。

测定趋近近井水准点高程的地面趋近水准路线应附合在地面相邻的精密水准点上。趋近水准测量采用二等精密水准测量方法和精度为 $\pm 8\sqrt{L}$ mm 的要求进行施测。

2)竖井定向测量

为保证盾构施工基线边方向的准确性,采用投点仪和陀螺仪定向方法或吊钢丝联系三角形法为主要手段进行定向。

如果利用竖井倒入,则采用竖井联系三角形测量,即通过竖井悬挂两根钢丝,由近井点测定与钢丝的距离和角度,从而算得钢丝的坐标以及它们的方位角,作为起算数据,通过测量和计算便可得出地下导线的坐标和方位角,这样就把地上和地下联系起来了,如图 8-1 所示。

3)高程传递测量

高程测量控制,通过竖井采用长钢卷尺导入法把高程传递至井下,向地下传递高程的次数,与坐标传递同步进行。先做趋近水准测量,再做竖井高程传递,如图 8-2 所示。

竖井传递高程采用悬吊钢尺(经检定后),井上和井下两台水准仪同时观测读数,每次错动钢尺 3~5 cm,施测三次,当高差较差不大于 3 mm 时,取平均值,当测深超过 20 m时,三次误差控制在 ±5 mm 以内。

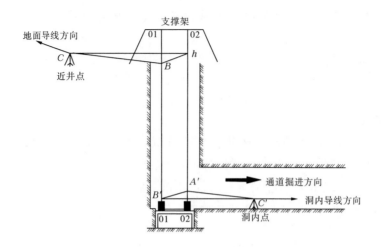

图 8-1　联系三角形定向测量示意图

地下施工控制水准点,可与地下导线点重合共用,亦可另设水准点。水准点密度与导线点数基本相同,在曲线段可适当增加一些。地下控制水准测量的方法和精度要求同地面精密水准测量。

地下施工水准测量可采用 S3 水准仪和 5 m 塔尺进行往返观测,其闭合差应在 $\pm 20\sqrt{L}$ mm(L 以 km 计)之内。

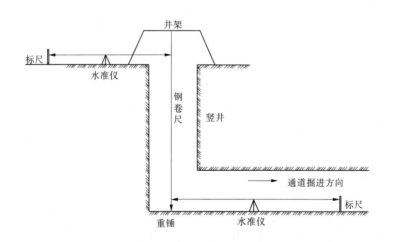

图 8-2　竖井高程传递示意图

4. 地下施工控制导线测量

地下导线测量按 Ⅰ 级导线精度要求施测。测角中误差不超过 $\pm 5''$,导线全长相对闭合差 $\leqslant 1/15\,000$。

在隧道未贯通前,地下导线为一条支导线,建立时要形成检核条件,保证导线的精度。地下施工控制导线是隧道掘进的依据,每次延伸施工控制导线前,应对已有的施工控制导线的前三个导线点进行检测。地下导线点布设成导线锁的形式,形成较多的检核条件,以提高导线点的精度。导线点如有变动,应选择其他稳定的施工控制导线点进行施工导线延伸测量。施工控制导线在隧道贯通前应测量三次,其测量与竖井定向测量同步进行。当重复测量的坐标值与原测量的坐标值较差不超过 ± 10 mm 时,应采用逐次的加权平均值作为施工控制导线延伸测量的起算值。

曲线段施工控制导线点宜埋设在曲线五大桩(或三大桩)点上,一般边长不应小于 60 m,导线测量采用全站仪施测,左、右角各测两测回,左、右角平均值之和与 360° 的较差绝对值应小于 6″,边长往返各观测两测回,往返观测平均值较差绝对值应小于 7 mm。

5. 施工放样测量

施工放样中的测量控制采用极坐标法进行施测。为了加强放样点的检核条件,可用另外两个已知导线点作起算数据,用同样方法来检测放样点正确与否,或利用全站仪的坐标实测功能,用另两个已知导线点来实测放样点的坐标,放样点理论坐标与检测后的实测坐标值相差均在 ± 3 mm 以内,可用这些放样点指导隧道施工。也可放样两个点,用尺子量测两点间的距离进行复核,若距离相差在 ± 2 mm 以内,可用这些点指导隧道施工。

暗挖隧道施工放样主要是控制线路设计中线、里程、高程和同步线。隧道开挖时,在隧道中线上安置激光指向仪,调节后的激光代表线路中线或隧道中线的切线或弦线的方向及线路纵断面的坡度。每个洞的上部开挖可用激光指向仪控制标高,下部开挖采用放起拱线标高来控制。施工期间要经常检测激光指向仪的中线和坡度,采用往返或变动两次仪器高法进行水准测量。在隧道初支过程中,架设钢格栅时要严格控制格栅中线、垂直度和同步线,其中格栅中线和同步线的测量允许误差为 ± 20 mm,格栅垂直度允许误差为 3°。

6. 盾构机始发的相关测量和掘进测量

1)盾构机始发前的测量

(1)盾构机始发设施的定位测量,包括盾构导轨安装测量和盾构机拼装测量等工作。

(2)盾构机内参考点复测,指盾构机拼装竣工后应进行的测量工作,其主要测量工作应包括盾构机各主要部件几何关系测量等。

(3)SLS – T 导向系统的正确性与精度复核,主要包括 SLS – T 导向系统中的 TCA 仪器和棱镜位置测量。

(4)盾构机始发位置及姿态测量。

2)掘进测量工作

(1)洞内平面控制点测量。

洞内控制导线点应布设在隧道的两侧墙壁上,采用强制对中标志,在通视条件允许情况下,每 100 mm 布设 1 点。以竖井定向建立的基线边为坐标和方位角起算依据,观测采用 I 级全站仪进行测量,测角四测回(左、右角各两测回,左、右角平均值之和与 360° 的较差绝对值应小于 4″),测边往返各观测两测回。

(2)洞内高程控制测量。

洞内水准测量以竖井高程式传递水准点为起算依据,采用二等精密水准测量方法和限差不超过 $\pm 8\sqrt{L}$ mm 的精密要求进行施测。

(3)盾构机姿态测量。

提供瞬时盾构机与线路中线的平面和高程偏离值、盾构机的旋转角度等。

（4）施工中对 SLS－T 导向系统进行检核测量，以保证衬砌环的环中心偏差和环片在竖直和水平两个方向的姿态。

（5）施工中的成环管片环位置和姿态测量。

7. 隧道贯通测量

隧道贯通前约 50 m 要增加施工测量的次数，并进行控制导线的全线复测，直至保证隧道贯通。贯通后，应进行横向贯通误差、纵向贯通误差及高程贯通误差测量。

8. 竣工测量

1）线路中线测量

以施工控制导线点为依据，利用区间施工控制中线点组成附合导线。中线点的间距直线上平均 150 m，曲线上除曲线元素点外不应小于 60 m。

中线点组成的导线采用 I 级全站仪测量，左、右角各测一测回，左、右角平均值之和与 360°的较差绝对值应小于 5″，测距往返各观测两测回。

2）隧道净空断面测量

以测定的中线点为依据，直线段每 6 m、曲线元素点每 5 m 应测设一个结构横断面，结构断面可采用全站仪进行施测，测定断面里程允许误差为 ± 50 mm，断面测量精度允许误差为 ± 10 mm。

8.3　高铁施工测量技术

8.3.1　高铁平面控制网布设方法

1. 高铁平面控制网等级

客运专线铁路工程测量平面控制网第一级为基础平面控制网（CP I），第二级为线路控制网（CP II），第三级为基桩控制网（CP III）。各级平面控制网的作用和精度要求为：

（1）CP I 主要为勘测、施工、运营维护提供坐标基准，采用 GPS B 级（无砟）/ GPS C 级（有砟）网精度要求施测。

（2）CP II 主要为勘测和施工提供控制基准，采用 GPS C 级（无砟）/ GPS D 级（有砟）网精度要求施测或采用四等导线精度要求施测。

（3）CP III 主要为铺设无砟轨道和运营维护提供控制基准，采用五等导线精度要求施测或后方交会网的方法施测。

图 8-3 为高铁施工测量现场。

2. 线路控制网（CP II）加密

线路控制网（CP II）主要为勘测和施工提供控制基准，但点位一般离施工现场较远或点位数量不足，不一定能够满足施工放样的需要。为了便于施工，需要在线路的两侧加密控制点，用于满足施工放样的经常性使用要求，将这些点用附合导线的形式连接起来，就形成了加密导线网。

加密导线网的测量，可以用 GPS 按 C 级网要求进行，也可以用高精度全站仪按三等

图 8-3　高铁施工测量现场

导线要求进行。用 GPS 测量时,其点位布置应选在离线路中线 100～200 m,稳固且不易被施工破坏的范围内,最好保持相邻点的通视(包括已知控制点),每对点(包括已知控制点)的距离不宜小于 200 m。根据线路特点,平面控制网在加密时遵照以下原则:

(1)分级控制:控制网的布设应从整体考虑,遵循先整体后局部、高精度控制低精度的原则进行布设。为保证线路连接的整体性,把基础平面控制网在本标段的控制点看作是整个标段的首级平面控制网;而路、桥、隧道等又是相对独立的,所以应有针对性地建立相应的平面控制网。

(2)分段控制:在各标段中,如果线路过长,一个平面控制网难以保证整体的施工精度,在此情况下,将其分成 4～5 段,所有加密控制点全部以 CP I 点为起算点,然后分别建立平面控制网。

(3)GPS 测量前按要求进行仪器检校,经常对光学对中器进行检校。GPS 作业时天线定向标志指向正北;对中误差小于 1 mm,每个时段观测前后各量天线高一次,两次较差小于 2 mm,取平均值作为最后成果。观测过程中在天线附近 50 m 以内不应使用手机,10 m 以内不应使用对讲机。在观测过程中,不允许出现以下操作:接收机关闭又重新启动;进行自测试;改变卫星仰角限值;改变数据采样间隔;关闭文件和删除文件等。

(4)观测时应使用仪器电子手簿自动记录点号、天线高,同时认真填写 GPS 静态观测手簿。

3.高程控制网的加密

客运专线无砟轨道铁路首级高程控制网应按二等水准测量精度要求施测。铺轨高程控制测量按精密水准测量(每千米高差测量中误差 2 mm)要求施测。

(1)按照标段的测量要求,高程控制网要与平面控制网同时布设,点位选择上可根据具体情况分开布设,也可以共用同一个标志,但测量上采用二等水准的方法单独进行测设,以提高高程控制网的精度,确保网中的水准点不但可以作为高程控制,而且可以作为沉降观测点使用。

（2）如果线路过长（本区段为21 km的特长桥梁），可分段控制，将全桥分成4~5段布设测量控制点，每一桥段两端至少选设三个水准基点。为了保证水准基点的稳定性，其点位选设在不受施工影响又便于施工使用的地方，并尽量埋设在基岩上。若基岩上覆盖层较浅，用深挖基坑或地质钻孔的方法进行埋设；若覆盖层较深，则在开挖基坑后，打入若干根大木桩，以增加埋石的稳定性。

（3）高程控制网的测设要进行精密水准点联测，为保证高程数据的稳妥、可靠，要求两端的高程系统必须一致。条件具备时可不进行跨河水准测量，通过陆上水准线路组成水准网。

（4）高程控制网精密水准点的联测按照二等水准测量要求进行。观测时，根据水准点的布设情况选择观测区段。在观测中，作业人员应严格按照规范的要求作业，对影响测量精度的重点工序严格把关，主要采取以下措施：

①按规范要求检查水准仪的 i 角，确保仪器处于良好的运行状态；

②路线经河滩地或沿软路基观测时，采取打尺桩的方法；

③专人扶尺及尺垫；

④严格掌握早、晚开测和收测时间；

⑤落点时，立尺前将标志上的泥土擦拭干净；

⑥当测线过桥时，在桥上没有车辆通行时进行观测。

4. 施工控制网复测

为了保证施工测量的精度要求及准确性，须对业主提供的首级施工控制网进行复测，根据首级施工控制网建立满足施工要求的加密控制网点，同时要注意对施工测量控制点的保护，并对首级施工控制网、施工加密控制网进行定期检测。

8.3.2 高铁下部结构施工测量

1. 线下工程施工测量

1）线下工程的施工测量

桥梁施工时均采用全站仪按极坐标法进行施工放样，用重复测量或闭合测量的方法进行，并且在每次重复测量的时候用不同的测站进行同一点桩位的复测，做到处处有检核，在两个带交换处进行两带之间的互测，确保换带处桩位的准确性。

桥梁桩位的放样通过全站仪放出后，在开钻前进行坐标检测，对桩位做检查，并测出护筒的标高。放样过程中对不通视的控制点采用后方交会对桩位进行放样，由于插点或插网控制点距施工场地较近，容易发生位移，每次桥梁施工放样前应对所有控制点进行检核测量，并对施工控制点进行定期或不定期的复核测量。桥梁施工放样使用的临时水准点都会附合至高程控制点上，每次使用都应做检核测量。

2）变形测量点的设置

变形测量点分为基准点、工作基点和变形观测点三种。每个独立的监测网设置不少于3个稳固可靠的基准点，基准点选在变形影响范围以外便于长期保存的稳定位置。使用时做稳定性检查与检验，并以稳定或相对稳定的点作为测定变形的参考点，基准点的间距不大于1 km。

工作基点应选在比较稳定的位置。为满足变形观测精度要求,在两水准基点之间沿线路方向按间距不大于 200 m、距路基中心距离小于 100 m 的原则布设工作基点。工作基点引出采用附合式或闭合式施测,布设在不受施工干扰的稳定土层内,以便长期保存和使用的地点。工作基点采用 φ20 mm、长 60 cm、顶端圆滑的钢筋打入土中,桩周上部 30 cm 用混凝土浇筑固定并编号。对观测条件较好或观测项目较少的工程,可不设工作基点,在基准点上直接测量变形观测点。

沉降观测过程中,工作基点应定期与水准基点进行校核。当对沉降观测成果发生怀疑时,应随时进行复测校核。

3)变形观测方案

观测精度与仪器:水平变形观测仪器测量精度必须不低于 1″、2 mm + 2 mm/km,沉降水准测量精度为 1 mm。观测时间及观测频次:一般为 1 次/天,沉降量突变时 2 ~ 3 次/天。垂直位移观测的各项记录,必须注明观测时的气象和荷载变化情况。

2.桥涵测量

1)桩基、承台放样

桩基、承台的放样,以精度高、准确性为原则进行,通过钻机就位前的放样和开钻前的复测两个过程来保证桩基放样及桩位的准确性。在放样过程中,以已知的两个控制点为测站点和后视点对桩位进行准确放样,在不通视的地方以已知点为基点,通过后方交会交出一个临时测站点进行放样,并在放样前对第三个已知点进行检测,以保证放样的准确性,且在后方交会的点应对多点进行检测放样,以避免操作过程的失误导致施工放样的错误。

(1)钻机就位。

施工机具(主要指钻机)进场后,按施工方案要求放样具体桩位。放样时先粗放坐标点并用木桩打入实地,木桩打牢后在木桩上精确放样坐标点,用铁钉或红油漆标注。放样工作完成后需用 5 m 钢尺按设计尺寸对放样点之间的距离关系进行符合检查,无误后把放样点交给施工班组。

(2)护筒复测。

钻机班组下护筒前应牵拉十字护桩并自行控制护筒下放。护筒下好后测量组到现场进行护筒复测,复测时监理及相关人员应在场。

复测步骤如下:

①用薄木板横放在护筒顶端,在木板上放样桩基中心坐标,用红油漆标注并反测其实际坐标与设计坐标是否符合,若相差不大(一般 1 cm 内)可进行下一点放样,若超出规范要求则需重新放样直至符合。

②用细线牵带出护桩十字中心,调整护桩使其中心与放样点重合,用 5 m 钢尺以护桩中心为准量出护筒偏差并记录,若护筒偏差过大(护筒壁与护桩中心距离小于桩基半径)应重新下护筒。通知钻机班组按调整后护桩重新调整钻机。

③用全站仪对边测量模式测量出护筒顶标高,并用红油漆在护筒壁标注测量标高位置。

④将标高的相关数据整理送交施工员。

钻孔桩允许偏差符合表8-2的要求。

表8-2　钻孔桩允许偏差

序号	项目		允许偏差
1	护筒	顶面位置	50 mm
		倾斜度	1%
2	孔位中心		50 mm
3	倾斜度		1%

（3）承台放样。

在支模板之前，承台放样时用全站仪测出承台四角及中心的坐标，且拉出承台纵、横轴线位置，之后在绑扎完钢筋并支完模板以后，在模板处对承台四角及中心坐标进行重新复测，检测其偏位及纵、横轴线是否符合规范要求，并在浇筑之前测出其承台的设计高程位置以控制混凝土的浇筑标高。在承台灌注完混凝土以后对顶面高程检测5点，轴线偏位检测纵横各2点，允许偏差符合表8-3的要求。

表8-3　承台验收允许偏差

序号	项目	允许偏差（mm）
1	顶面高程	±20
2	轴线偏位	15

2）桥梁墩台施工放样

在承台施工完以后放出墩柱的中心及四角处坐标，并放出墩柱的纵、横轴线位置，当墩柱角为圆弧时，放出其直角点坐标，完成后将测量结果交付施工作业队。桥梁承台及墩柱模板允许偏差见表8-4。

表8-4　桥梁承台及墩柱模板允许偏差

序号	项目		允许偏差（mm）
1	前后、左右距中心线尺寸		±10
2	轴线位置	承台基础	15
		墩柱	5
3	高程	承台基础	±20
		墩柱	±5

当检验结果不满足要求时，应及时调整或返工。在进行测量工作的过程中要注意安全施工，注意保护工作人员的人身安全。

3.水中桩放样

如果作业区在水中，无法用常规仪器进行测量放样作业，须采用GPS全球定位系统（拓普康Hiper PLUS精度3 mm+1 mm/km的接收机）进行水中的桩位放样。由于水中作业区段较长,且水深比较深,水中施工采用钢板桩围堰,在桩位放样前,先把钢板桩围堰安放到固定的位置,然后用 GPS 对其桩位具体精确地放样。

1)GPS 操作过程

在架设测站前,应对仪器的使用状态做一次细致的检查,检查仪器是否良好,也要注意检查仪器设备是否齐全,在检查无误后进行测站的架设,其方法和常规仪器的使用相同,并在架平后确保连接仪器的设备能接收到卫星信号,卫星信号至少要保证 4 颗有效卫星。

在一切都准备就绪以后,就可以到已知的控制点进行踩点,踩点至少要 3 个控制点,踩点的过程中要注意不在一带的要转换到一带的坐标,以免后面放样的准确性得不到保证,在踩完点以后要对第四个已知控制点进行校核,检查踩点是否准确,在上面所有准备工作做好以后就可以对桩位进行准确放样。

为保证放样的准确性,在仪器的操作方面,不允许对仪器使用不清楚的人员操作仪器,防止因操作失误而造成工程无法顺利进行。放样的具体过程同陆地上放样的一般过程步骤,不再赘述。

2)桩位高程的控制测量

为了保证标高测量的准确性,在钢板桩围堰埋设好以后,应在靠近围堰左侧的位置埋设水准点,并用仪器从已知的控制点导出该埋设点的具体高程,且在每次使用该点时,要对该点以已知点为控制点进行重新复核,以防止由于水压、围堰的挤压而造成埋设点的偏移,导致桩位标高产生较大的误差,进而保证标高控制的精确度,减小不必要的误差。具体的过程同陆地操作方法。

8.3.3 高铁下部结构变形观测

1.建立线下工程变形观测网

变形观测网严格按照设计及相关规范标准的要求建立。采用设计院提供的二级国家水准网作为控制网。根据观测工作的需要,引观测基桩到线路两侧。观测基桩按照设计或有关规范标准要求进行埋设,设置在离线路两侧超过 50 m 距离的范围之外。每一个基桩由不多于 4 个的观测断面共用,并对基桩定时校核,确保基桩稳固可靠。

2.路基及大桥线下工程变形观测

1)路基沉降变形观测

(1)以路基面沉降和地基沉降观测为主。在线路两侧地基、路肩和线路中心设置观测桩,在地基和基床底层的顶面设置剖面沉降管,或在线路中心设置沉降板。严格按照设计要求进行监测、断面的设置和元器件的埋设。

(2)路基填筑完成或施加预压荷载后应有不少于 6 个月的观测和调整期,必要时延长观测期。

(3)观测精度:沉降水准的测量精度为 ±1 mm,读数取位至 0.1 mm;剖面沉降的测量精度为8 mm/30 m。

(4)观测频率根据设计要求和规范标准结合施工的实际情况确定,以及时有效反映变形情况、确保观测精度和数据可靠性为原则。

2）桥梁墩台和梁体变形观测

（1）观测内容：桥梁变形观测以墩台基础的沉降和预应力混凝土梁的徐变变形为主，地下通道观测包括自身沉降观测与地下通道洞顶填土的沉降观测。

（2）观测时间：观测严格按照设计及有关标准的要求进行。桥涵主体工程完工后观测不少于 6 个月；岩石地质、地基良好区段的桥梁，沉降观测期不少于 2 个月。若观测数据不足或工后沉降评估不能满足设计要求，延长观测期直至达到要求。

（3）观测精度：墩台基础沉降和梁体徐变变形的观测精度为 ±1 mm，读数取位至 0.1 mm。

（4）观测期内，基础沉降实测值超过设计值20%及以上时，应及时会同建设、勘察、设计等单位查明原因，必要时进行地质复查，并根据实测结果调整计算参数，对设计预测沉降进行修正或采取沉降控制措施。若评估时发现异常或对原始记录资料存在疑问，应进行必要的检查。在进行桥梁墩台、梁体、地下通道的变形观测的同时，记录结构或梁体的荷载状态、环境温度及天气日照情况。

（5）墩台观测具体要求：①观测点在墩顶、墩身或承台上布置，测点数及观测点的埋设严格按照设计及有关标准要求；②墩台基础施工完成至无砟轨道铺设前，要系统观测墩台沉降。沉降观测阶段、频次满足设计与标准的要求，并根据现场观测的具体情况合理确定。

（6）预应力混凝土梁观测具体要求：①梁体变形观测点设置在支点和跨中截面，测点数及观测点的埋设严格按照设计及有关标准要求；②自梁体预应力张拉开始至无砟轨道铺设前，系统观测梁体的竖向变形。预应力张拉前为变形起始点，观测阶段、频次满足设计与标准的要求，并根据现场观测的具体情况合理确定。

（7）地下通道观测具体要求：①在地下通道边墙两侧设置沉降观测点，测点数及观测点的埋设严格按照设计及有关标准要求；②地下通道施工完成至无砟轨道铺设前，应系统观测地下通道的沉降，沉降观测阶段、频次满足设计与标准的要求，并根据现场观测的具体情况合理确定；③地下通道顶填土沉降的观测应与路基沉降观测同步进行，沉降观测阶段、频次满足设计与标准的要求，并根据现场观测的具体情况合理确定。

3．过渡段沉降观测

1）观测内容

（1）过渡段沉降观测以路基面沉降观测和不均匀沉降观测为主。严格按照设计要求设置沉降观测项目。

（2）一般按规范要求在不同结构物的起点应设置沉降观测断面，距结构物起点 5～10 m、20～30 m、50 m 处应分别设置观测断面。剖面沉降宜沿线路斜向连续观测。

（3）沉降观测装置的具体埋设位置应符合设计要求，且埋设稳定。观测期间应对观测装置采取有效的保护措施。

2）观测精度

沉降水准的测量精度为 ±1 mm，读数取位至 0.1 mm；剖面沉降观测的精度为 8 mm/30 m。

3）观测频率

沉降观测阶段、频次满足设计与标准的要求，并根据现场观测的具体情况合理确定。当环境条件发生变化或数据异常时应及时观测。

8.3.4 国内首创高铁流动式架桥机

由中铁十一局集团第六工程公司汉江重工科技公司自行研制的SLJ900/32新型无下导梁流动式架桥机（见图8-4），长91.8 m、宽7.4 m、高9 m，质量580 t。这台新型架桥机较传统架桥机不仅大幅度提高施工工效和安全性，而且可以承担隧道内、隧道口、单孔桥、连续梁等区段所有复杂工况下的重载双线箱梁、预应力混凝土整孔箱梁的架设施工，其技术水平居于世界领先地位。

图 8-4　国内 SLJ900/32 新型无下导梁流动式架桥机

SLJ900/32流动式架桥机具有一般流动式起重机的作业优点，与目前既有的各类架桥机（含运架一体机）相比具有独特的技术优势：

（1）本机无需下导梁及整机以外的任何辅助机具即可顺利架梁，作业程序简便，工作效率高，作业安全易于保证。

（2）可在隧道口甚至隧道内架梁，且与无隧道的架梁作业方法、程序相同。由于没有下导梁，架设首末孔（含隧道出入口架梁）比普通运架一体机方便，作业程序简单。

（3）可以提运箱梁在便道、路基和已架好的箱梁上行驶及进行架梁作业，对以上设施不造成任何危害，本机还可随时架设位于梁场两侧的任何一侧的桥梁，不需转场。

（4）当工程环境要求多次转换架梁方向时，该机可以毫不费力地满足随时改变架梁方向的要求，而不增加任何额外的作业量。

图 8-5 为高铁架桥过程。

2013 年 8 月 10 日中央电视台《新闻联播》节目报道了我国首台自主知识产权 900 t 级新型架桥机在吉图珲铁路客运专线正式投入使用并获得成功，介绍了该架桥机提运架一体化的作业优点。

图 8-5   高铁架桥过程

8.4   隧道施工测量技术

8.4.1   线路控制测量方法

图 8-6 为隧道施工测量。

图 8-6   隧道施工测量

1. 概述

线路勘测、管线测量及隧道贯通测量是铁路、交通、输电、通信等工程建设中重要的工作。以往大多采用传统的控制测量、工程测量方法进行控制网建立及施测。由于该类测量控制网大多以狭长形式布设,并且很多工程穿越山林,周围已知控制点很少,因此传统测量方法在网形式布设、误差控制等方面有很大问题。同时,传统方法作业时间也比较长,直接影响了工程建设的正常进展。

自从将 GPS 技术引入该领域以来,线路控制测量效率及测量精度得到很大提高,下面将以西安—南京线 GPS 控制网、秦岭与云台山隧道贯通 GPS 控制网及北京地铁精密导线 GPS 复测为例,介绍 GPS 技术在线路勘测及隧道贯通等测量中的应用。

2.线路 GPS 控制网的建立

传统的线路测量一般采用导线法,在初测阶段沿设计线路布设初测导线。该导线既是各专业开展勘测工作的控制基础,也是进行地形测量的首级控制,所以要求相邻导线点通视。在该线路测量中,应用 GPS 技术的形式是沿设计线路建立狭长带状控制网。目前主要有两种情况,一种是应用 GPS 定位技术替代导线测量;另一种是应用 GPS 定位技术加密国家控制点或建立首级控制网。在实际生产中后者使用较多。

下面以西安—南京线中西安至南阳段 GPS 控制网为例,说明 GPS 线路控制网的布设和应用情况。

1)布网形式(见图 8-7)

铁道部《铁路测量技术规程》规定,1:2 000 比例尺地形图测绘时,起、闭于高级控制点的导线全长不得大于 30 km(公路线路一般规定不大于 10 km)。据此,铁路 GPS 线路控制网布设应满足以下几条:①作为导线起、闭点的 GPS 应成对出现;②每对点必须通视,间隔以 1 km 为宜(不宜短于 200 m);③每对点与相邻一对点的间隔不得大于 30 km。具体间隔视作业条件和整个控制测量工作计划而定,一般 5 ~ 15 km 布设一对点。这些点均沿设计线路布设,其图形类似线形锁。

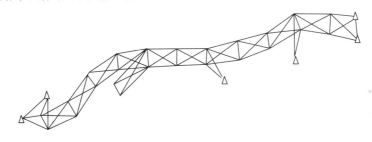

图 8-7　西安—南京线中西安至南阳段 GPS 控制网

西安—南京线中西安至南阳段线路长度 450 km,线路通过秦岭山脉东段和豫西山区。GPS 定位测量是为初测导线提供起、闭点。GPS 网由 13 个大地四边形和 2 个三角形组成。待定点(GPS 控制点)24 点,为 12 个点对,相邻点对间平均距离 18 km。联测了 6 个国家控制点,选用其中 5 个点作已知点参与平差。

为了提高勘测精度和便于日后勘测工作的开展,在构建 GPS 控制网时在以下地段布设 GPS 点对:①线路勘测起讫处;②线路重大方案起讫处;③线路重大工程,如隧道、特大桥、枢纽等地段;④航摄测段重叠处。

2)观测及处理

GPS 控制网观测选用单频机或双频 GPS 接收机,采用静态观测模式,时段长度一般为 30 ~ 90 min,数据预处理采用随机软件。

线路测量采用国家统一的平面坐标系统——1954 北京坐标系。WGS–84 与 1954 北京坐标系的转换采用国家控制点重合转换,在西安—南京线中西安至南阳段约束平差计算时,剔除了有明显问题的炮校三角点,选用其余五个点进行约束平差。经平差计算,起讫点的 GPS 点精度达到国家四等点的精度,满足线路测量需要。

3. 长隧道 GPS 施工控制网

隧道施工控制网是为隧道施工提供方向控制和高程控制的,一般由洞口点群和两洞口之间联系网组成。

图 8-8、图 8-9 分别为秦岭与云台山隧道 GPS 控制网(平面)。

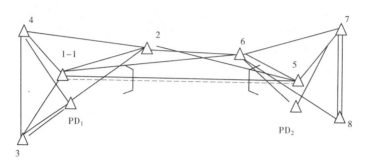

图 8-8 秦岭隧道 GPS 控制网

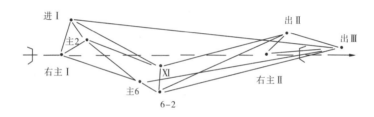

图 8-9 云台山隧道 GPS 控制网

秦岭隧道设计长度 10 km,是我国最长的铁路隧道。秦岭隧道 GPS 施工控制网共观测 30 条独立基线,平均边长 4.1 km,最长边长 18.6 km。

云台山隧道 GPS 控制网在进出洞口及斜井各布设 3 个 GPS 点。

采用静态方式观测,观测 2 个时段,时段长度为 60 min。但秦岭隧道 GPS 控制网的联系网边每时段观测 90 min。

为了使用 GPS 水准解决高程问题,首先建立一个高程转换试验网,有 10 个网点,用二等精密水准将黄海高程传递到洞口附近,联测 8 个点,对联测几何水准的点,采用快速静态测量方式测定其点位。高程拟合采用非参数回归模型,拟合的高程满足隧道贯通对高程的精度要求。

各项质量检核结果表明,秦岭隧道 GPS 施工控制网达到测绘行业标准《全球定位系统(GPS)测量规范》C 级网的技术指标,也满足铁路测量精度要求,达到国家三等控制点精度。

4. 地铁精密导线 GPS 测量

地铁精密导线 GPS 测量与普通控制网 GPS 测量有两个显著区别:①地铁精密导线GPS 测量呈线状;②地铁精密导线有大量短边,边长为 100 ~ 500 m。所以,GPS 测量必须针对精密导线测量的特点进行。

下面就以北京市地下铁道复八线热八区间精密导线 GPS 测量为例,说明地铁精密导线的测量。

用户提出精度指标为:①相邻点位中误差不得大于 8 mm;②GPS 测定坐标值与既有坐标值(指原有控制点)之差不得大于 20 mm。

对作业方案的制订,要考虑如下几方面:①待定点的分布虽然是线状(导线形式),但为了提高精度和剔除错误,仍采用网状观测及平差处理;②静态定位测量,同步环中每条基线测定的时段长度为 2 h(只测 1 个时段),PDOP 小于 6,同步观测星数不小于 4 个;③已知控制点有 3 个,待定精密导线点为 8 个,检查 2 个点(原有精密导线点)。

图 8-10 中,"O"为原有精密导线点,"△"为已知控制点,"·"为待定精密导线点。经平差计算,FB_{30} 和 FB_{32} 两点 GPS 测定的坐标与原有坐标差值(见表 8-5)$\Delta X \leqslant 15$ mm,$\Delta Y \leqslant 8$ mm;相邻点位中误差小于 8 mm。

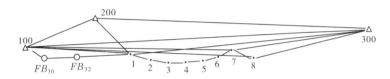

图 8-10　GPS 网布设示意图

表 8-5　GPS 测定坐标与原有坐标较差

坐标	ΔX(m)			ΔY(m)			ΔZ(m)		
点号	I	II	III	I	II	III	I	II	III
200	−0.004			0.010			0.011		
FB_{30}	−0.004	−0.004	−0.003	0.006	0.006	0.005	0.007	0.007	0.007
FB_{32}	0.015	0.015	0.014	0.008	0.007	0.017	0.017	0.016	

北京地铁复八线热八段精密导线 GPS 测量表明,应用 GPS 定位技术测定地铁精密导线平面位置是切实可行的,具有很好的经济、社会效益。地铁精密导线与区域控制网有一定区别,完全套用目前行业标准《全球定位系统(GPS)测量规范》不一定是最科学合理的,还要根据工程具体情况进行灵活掌握。

8.4.2　隧道施工测量方案

1. 工程概况

某隧道二期工程是在原有×××隧道一期工程西侧新建的一条隧道,为单向双车道隧道,设计行车速度 60 km/h,与一期工程线位基本平行,两洞测设间距 30~35 m。

隧道起讫桩号 YK0+875~YK2+140,全长 1 265 m;平面线形:直线,$R=1 500$ 右偏圆曲线;纵坡为 1.35%(1 245 m)和 −1.5%(20 m)的人字坡。隧道竖曲线变坡点里程桩号为 YK1+820。采用进出口双向掘进。右线平曲线要素见表 8-6。

表 8-6　右线平曲线要素

桩点名称	里程桩号	坐标	
		$X(N)$	$Y(E)$
直圆点(ZY)	YK0 + 976.14	3 339 559.053	502 914.002
曲中点(ZQ)	YK1 + 217.81	3 339 318.777	502 890.653
圆直点(YZ)	YK1 + 459.48	3 339 085.357	502 829.062

2.施工工序流程

1)主要测量工作

(1)平面控制测量。

(2)高程控制测量。

(3)放样洞内开挖断面、钢支撑定位。

(4)放样衬砌断面。

(5)贯通测量。

仪器配置见表 8-7。

表 8-7　复测及控制测量使用测量仪器

序号	仪器名称	规格型号	单位	数量	备注
1	双频 GPS	RTKGPS1230	台	3	5 mm + 1 mm/km
2	全站仪	徕卡 TCR402	套	1	2″,2 mm + 2 mm/km
3	水准仪	徕卡 DSZ2 + FS1	台	1	0.01 mm
4	水准仪	苏光 DS3	台	1	1 mm
5	限界检测仪	BJSD – 2	套	1	1 mm

2)测量人员配备及分工

项目工程部设测量班和隧道工区设测量组,其综合素质应达到独立胜任隧道工程的控制测量和隧道放样的水平。测量班和工区测量组实行班(组)长负责,测量班长负责对隧道工区施工测量工作进行指导,测量组长为隧道施工及时提供定位和服务。

公司实行三级复合制度,平面测量和导线点的布控由公司精测队完成,并按开挖进度情况进行复检,项目部测量班长负责测量过程的监督和测量成果的复核,做到随时监控测量,测量组在测量时加强自检自核。

3.主要测量工作及内容

1)平面控制测量

隧道平面控制测量的任务主要是保证隧道的精度和正确的贯通,并定出施工中线。

(1)洞口投点测设。

施工时通过洞外精测点,引进洞内,采用双导线布置形成闭合导线,采用全站仪、精密水准仪等测量仪器,精确控制隧道中线。

洞口导线点位埋设使用 φ22 钢筋(钢筋顶上刻十字线)埋于洞口附近坚固稳定的地面上,并用混凝土固定桩位,点与点之间通视良好。点位布置完毕后,利用设计院交接的导线网 GPS 点(已知)作基准点,使用全站仪引测附合导线上各点的坐标值,使用精密水准仪从高等级的 2 个 BM 点测定导线上各点的高程。水平角观测正、倒镜六个测回,中误差不超过 ±2.5″,每条附合导线长度必须往返观测各三次读数,在允许值内取平均值,导线全长相对闭合差不超过 ±1/30 000。

(2)洞内导线测量。

隧道洞内导线控制测量在洞外控制测量的基础上,结合洞内施工特点布设导线,以洞口点为起始点,沿中线布设,形成导线环。导线边长根据测量设计的要求并考虑实际通视条件,选择长边布设。导线点布设在施工干扰小、稳固可靠的地方。

由洞外向洞内的测角、测距工作,在夜晚或阴天进行,洞内的测角、测距,在测回间采用仪器和觇标多次置中的方法,并采用双照准法(两次照准、两次读数)观测。照准的目标应有足够的明亮度,并保证仪器和反射镜面无水雾。

洞内导线平差,采用条件平差或间接平差,也可采用近似平差。洞内导线的坐标和方位角,必须依据洞外控制点的坐标和方位角进行传算。

2)高程控制测量

高程控制点的布设,利用平面控制点的埋石,如有特殊需要进行加密,其布置形式也为附合水准线路。精密水准点的复测按四等水准要求。观测精度符合偶然误差 ±2 mm,全中误差 ±4 mm,往返测闭合差不超过 ±8$\sqrt{L}$ mm(L 为往返测段路线段长,以 km 计)。两次观测误差超限时重测。当重测结果与原测成果比较不超过限值时,取三次成果的平均值。

洞内高程必须由洞外高程控制点传算,每隔 100~150 m 设立一对高程控制点,洞内高程采用水准仪进行往返观测,并定期进行复测。

3)放样洞内开挖断面、钢支撑定位

隧道开挖采用全站仪进行中线放样,采用水准仪进行高程测量。开挖面至预计贯通面 100 m 时,开挖断面可适当加宽(加宽值不超过隧道横向贯通误差限差的一半)。初期支护完成后,采用断面检测仪对开挖断面进行检查,发现欠挖后及时报施工班组处理。仰拱断面由设计高程线每隔 0.5 m(自中线向左右)向下量出开挖深度。

4)放样衬砌断面

隧道立模衬砌前,必须对衬砌段进行中线放样和高程测定,并标注特殊部位的高程位置。隧道衬砌施工完成后,必须对衬砌段进行中线放样和高程复核,并测出衬砌后的净空断面。

5)贯通误差的测定及调整

为确保施工进度和改善施工环境,项目部采用进、出口相向掘进法,考虑出口施工条件比较好,预计贯通点为 YK1+400,取 YK1+400 的理论坐标为贯通点,由两端导线分别测量该点坐标,测量该点横向贯通误差、纵向贯通误差、水平角,求算方位角贯通误差和高程贯通误差。

隧道贯通误差:

$$m_{\text{外}}^2 = m_1^2 + m_2^2 = s_1^2 \frac{m_{\beta_1}^2}{\rho^2} + s_2^2 \frac{m_{\beta_2}^2}{\rho_2}$$

式中　$m_{\text{外}}$——控制网误差对横向贯通误差影响值；

$\quad\quad m_1$——由进口计算的影响值；

$\quad\quad m_2$——由出口计算的影响值；

$\quad\quad m_{\beta}$——控制点放设中线时的理论高度中误差。

$$m_{\text{内}} = \pm \sqrt{m_{\text{总}}^2 - m_{\text{外}}^2}$$

隧道贯通后,中线和高程的实际贯通误差,应在未衬砌地段调整,调整地段的开挖和衬砌,均应以调整后的中线和高程进行放样。因本隧道贯通面处于直线段,因此中线采用折线法调整并符合规范的规定。

通过导线测得的贯通误差按下述要求调整:①方位角贯通误差分配在未衬砌地段的导线角上;②计算贯通点坐标闭合差;③坐标闭合差在调线地段导线上,按边长比例分配,闭合差很小时按坐标平差处理;④采用调整后的导线坐标作为未衬砌地段中线放样的依据。

高程贯通误差在规定的贯通误差限差之内时,按下列方法调整:①由两端测得的贯通点高程,取平均值作为调整后的高程;②按高程贯通误差的一半,分别在两端未衬砌地段的高程点上按路线长度的比例调整;③以调整后的高程作为未衬砌地段高程放样的依据。

4. 竣工测量

隧道竣工后,在中线复测的基础上埋设永久中线点。在直线上每200 m设一个,曲线上按曲线五大桩埋设。永久中线点设立后在隧道边墙上绘出,符合《工程测量规范》(GB 50026—93)、《城市测量规范》(CJJ 8—99)的要求。

5. 测量资料管理

(1)测量放样的依据是施工图纸及相关规范,要求使用的图纸及规范必须盖"受控"章,确保其有效。将工程所用测量资料加以分类存档,并按要求进行管理。所有原始测量数据必须在现场用铅笔记录在规定的测量手簿内,记录数据字迹应端正、整齐、清楚,不得更改、擦改、转抄。每次施测前应在室内做好测量资料计算,同时将施工过程、测量方法及要求对测量人员交底。

(2)测量资料必须由一人计算,另一人复核签认后才能用于现场测量放样。所有现场测量原始记录,必须将观测者、记录者、复核者记录清楚,且须是各岗位操作人员自己签名。中线施工放样记录必须用经纬仪手簿记录,各项内容应填写清楚。水平高程施工放样记录必须用水准仪手簿记录,记录中各项内容应填写清楚、完整。

6. 注意事项

(1)严格按规程办事,遇到超限时要认真检查,不合规范要求及时返工。

(2)测量组人员团结配合,保持测量人员的相对稳定。制订仪器维修和保养制度及周检计划,加强仪器的维修和保养工作,保持其良好状态,按时送检。

(3)专人负责对桩点的保护,注意防止桩点沉降、偏移并定期复核,有偏差时及时调整。

(4)观测和计算结果必须做到记录真实,注记明确,计算清楚,格式统一,装订成册和长期保管。

(5)一切原始观测记录和记事项目必须在现场记录清楚，不得涂改，不得凭记忆补记，手簿必须填明页次，注明观测者、记录者、计算者、复核者、观测日期、起始时间、气象条件、使用的仪器和觇标的类型，并详细记录观测时的特殊情况。因超限划去的观测记录应注明原因。未经复核和检算的资料严禁使用。

7. 测量质量的保证措施

(1)执行现行有关测量技术规范，保证各项测量成果的精度和可靠性。

(2)定期组织测量人员与相邻施工单位共同进行洞内外控制点联测，保证控制点的准确性。

(3)认真审核用于测量的图纸资料，复测后方可使用，抄录数据资料，必须仔细核对，且须经第二人核对。

(4)各种测量的原始记录，必须在现场同步完成，严禁事后补记补绘，原始资料不允许涂改，不合格时，应当补测或重测。

(5)测量的外业工作必须采取多测回观测，并形成合格检核条件；内业工作，坚持两组独立平行计算和相互校核。

(6)重要的定位和放样，必须采用不同的测量方法或在不同测量环境下进行。

(7)利用已知点(包括控制点、方向点、高程点)必须坚持先检测后使用的原则，即已知点检测无误或合格时才能利用。

8.4.3 隧道工程测量经验

以下介绍隧道工程测量的经验，供初入隧道施工测量之门的同行参考。当接到隧道施工工程时，应注意以下几个方面：

(1)要先做隧道进口和出口控制网，为保证进出口坐标系统一致，需要以导线形式或三角锁形式联测，当然 GPS 更好。如果有支洞、斜井，不管几个，均需要将进口的控制点纳入整个控制网中，进行观测、平差计算。其目的是保证所有控制点坐标、高程一致，精度相同，防止隧道贯通出现偏差。如果设计单位在这些部位提供有平面、高程控制网点，一定要进行复核测量，以免误用而造成不可挽回的经济损失。如果工程是国家正规工程，应在施测前或过程中上报监理一份布设控制网的设计报告，在结束的时候报一份技术总结供审批。没有要求的或工程较小，这两项可合并在一起，在建立控制网后写出报批。

(2)应根据控制网做好贯通误差估算，贯通误差限差要求见相关规范。如果贯通误差大于规范要求，需要对控制网进行优化，以满足规范要求。

(3)当控制网建立后(包括控制网点复核测量符合限差要求)，即可按照设计图纸提供的坐标，将隧道轴线包括支洞、斜井轴线方向控制点在实地稳固标定，位置应选在开挖区以外的适当位置，防止被破坏，但又不要离开挖区太远，以免造成使用不便。上述工作完成后，即可进行隧道进出口包括支洞、斜井进口的洞脸开挖放样。开口线的测定应依照图纸，并换算出与控制轴线点的相互关系，用全站仪采用逐近法直接测定。同时，应测定洞脸开挖前的原始断面图或测绘不小于 1/200 的地形图，有地形图软件的话，在室内绘出断面图，以供工程量计算之用(如果测地形图，需征得现场监理同意或要求他旁站)。

注意:应根据图纸核对洞脸实际里程是否正确,防止造成超、欠挖。如果无免棱镜功能全站仪,在洞脸开挖完逐渐向下的过程中,应将开挖后的断面逐渐测下来,随时检查是否存在欠挖部位,也免得开挖完成后,测绘断面困难。

(4)当洞脸形成后,根据图纸及施工组织设计和措施,将隧道的轮廓开挖线在洞脸上标出,其轮廓点间距不应大于50 cm。为了不欠挖,轮廓点可大于半径5 cm放样,一般宁超不欠,但不可过大,免得形成过量超挖。

(5)当进洞时,应根据隧道断面(是单圆心还是多圆心)、隧道平面线形,用程序型计算器编制计算程序,以便放样定点计算。隧道的轮廓点的测定宜用带激光的全站仪直接在开挖掌子面测定坐标、高程,输入计算器计算后根据计算结果改正位置,以逐近法确定,一般不超过2次即可。

(6)洞内控制应随着隧道的掘进延伸而布置,其布置形式以导线为好。导线点宜布置在隧道的一侧,导线点间距应不大于200 m。对于3 km以上的隧道,等级不低于四等。放样控制点距开挖面距离以不大于50 m为宜。如果隧道比较短且平面线形为直线,采用激光准直仪比较方便。激光准直仪的安装调试请参考相关资料,不再赘述。

(7)在进行隧道开挖轮廓点放样中,应随时检查凸出部位的欠挖程度,并标出范围,以便处理,以免过后处理困难。

(8)根据设计或监理要求,及时测定隧道开挖断面图,断面一般5～10 m一条,测量方法是使用带激光的全站仪,放置仪器于适宜控制点上,直接进行断面测量。不需要在每个断面上进行测量。

(9)编程技巧:隧道周边轮廓点的放样,是通过全站仪测定坐标、采集高程数据,然后输入计算器进行计算,来获得放样点在隧道的空间位置,从而判断是否满足图纸的要求。放样点的坐标有两种形式:①利用图纸设计的平面坐标和高程;②相对坐标和高程,即以隧道前进方向中线为X(里程),隧道中线两侧为Y,Y值在中线右侧为正,在中线左侧为负,洞口底部设计高程为零点。两种坐标获得的目的只有一个,那就是通过计算求得测点在隧道的空间位置量,即该点的里程、高程数值以及该点与圆心或中线的关系数值。第一种形式计算量较大,需要在程序中通过计算换算成里程,没有第二种形式直观,但第二种程序编制需要技术含量和经验,并要求将仪器设站点换算成隧道相对坐标。编程时应根据自己的喜好或习惯来编制,可借用他人资源来改编成适合自己的程序,建议不要照搬,拿过来就用,别人的不一定适合。

在编程过程中,一般对隧道周边轮廓点的空间位置计算时要参考设计的圆心高程与开挖边线的关系(无论是单圆心还是多圆心),同时还要考虑隧道是否设计有纵向坡度,圆心的高程是随纵向坡度及里程延伸而变化的。如果隧道平面是曲线形,在程序编制中还要将曲线计算部分编制进去。一般隧道如果是输水隧道则不设置缓和曲线,是交通隧道特别是高速公路和铁路则会遇到缓和曲线,程序编制时应引起注意。对于曲线隧道部分的编程,可以根据曲线半径的大小来设计,当半径较大的时候,可以采用折线的形式进行编制来简化程序,其折线长度的选择只有在弦弧差不影响开挖放样精度的时候才能采用。

(10)求测点(轮廓放样点)的里程或X坐标的理由是,隧道在掘进的时候,掌子面不会是一个平面,会有凸凹,当隧道纵向有坡度的时候,凸凹部位(指轮廓线周边)的里程不一样,其里程位置的开挖高程在断面位置是不一样的。测得高程的目的就是通过计算对照相对这一测点里程的设计高程在该处断面的轮廓点位置是否吻合,来改动测点的轮廓点位置直至正确。当然,在隧道无纵向坡度的时候可简化计算过程与程序。

上述十点拙见,是根据作者工作经验列出的,如果需要详尽的学习,建议阅读相关书籍和技术规范。

第9章 测绘案例分析

9.1 工程测量经验汇编

9.1.1 常规桥梁平面控制网布设方法

平面控制网使用的坐标系统有:①国家坐标系;②抵偿坐标系;③桥轴坐标系。

桥梁施工平面控制网精度的确定,有两种设计方法:①按桥式、桥长(上部结构)来设计;②按桥墩中心点位误差(下部结构)来设计。

1. 平面控制网的布设形式

测量仪器的更新、测量方法的改进,特别是高精度全站仪的普及,给桥梁平面控制网的布设带来了很大的灵活性,也使网形趋于简单化。比如,一般的中小型桥梁、高速公路互通、城市立交桥和高架桥及跨越山谷的高架桥等,通常采用一级导线网,或在四等导线控制下加密一级导线。对于跨越江河湖海的大型、特大型桥梁,其所处的特定地理环境,决定了其施工平面控制网的基本形式为以桥轴线为一边的大地四边形(见图9-1(a)),或以桥轴线为公共边的双大地四边形(见图9-1(b)),对跨越江(湖)心岛的桥梁,条件允许时可采用中点多边形(见图9-1(c))。

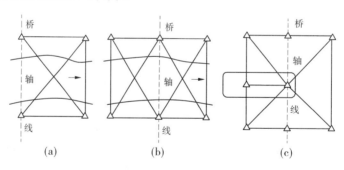

图9-1 特大型桥梁施工平面控制网布设的基本形式

特大型桥梁通常有较长的引桥,一般是将桥梁施工平面控制网再向两侧延伸,增加几个点构成多个大地四边形网,或者从桥轴线点引测敷设一条光电测距精密导线,导线宜采用闭合环。

对于大型和特大型的桥梁施工平面控制网,自20世纪80年代以来已广泛采用边角网或测边网的形式,并按自由网严密平差。图9-2是长江某公路大桥施工平面控制网。

从图9-2中可以看出,控制网在两岸轴线上都设控制点,这是传统设计控制网的通常做法。传统的桥梁施工放样主要是依靠光学经纬仪,在桥轴线上设控制点,便于角度放样和检测,易于发现放样错误。全站仪普及后,施工通常采用坐标放样和检测,在桥轴线上

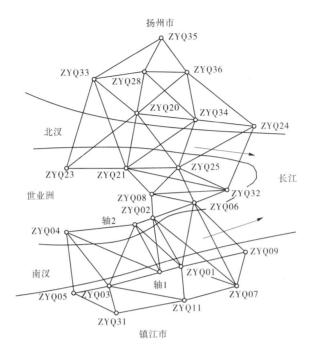

图 9-2　长江某公路大桥施工平面控制网

设控制点的优势已不明显,因此在首级控制网设计中,可以不在桥轴线上设置控制点。

无论施工平面控制网布设采用何种形式,首先控制网的精度必须满足施工放样的精度要求,其次控制点应尽可能地便于施工放样,且能长期稳定并不受施工的干扰。一般中、小型桥梁控制点采用地面标石,大型或特大型桥梁控制点应采用配有强制对中装置的固定观测墩或金属支架。

2. 平面控制网的加密

桥梁施工首级控制网,由于受图形强度条件的限制,其岸侧边长都较长。例如,当桥轴线长度在 1 500 m 左右时,其岸侧边长大约在 1 000 m,而当交会半桥长度处的水中桥墩时,其交会边长达到 1 200 m 以上。这对于在桥梁施工中用交会法频繁放样桥墩是十分不利的,而且桥墩愈靠近岸,其交会角就愈大。从误差椭圆的分析中得知,过大或过小的交会角,对桥墩位置误差的影响都较大。此外,控制网点远离放样物,受大气折光、气象干扰等因素影响也增大,将会降低放样点位的精度。因此,必须在首级控制网下进行加密,这时通常在堤岸边合适的位置上布设几个附点作为加密点。加密点除考虑其与首级网点及放样桥墩通视外,还应注意其点位的稳定可靠及精度。结合施工情况和现场条件,可以采用如下三种加密方法:

(1)由 3 个首级网点以 3 个方向前方交会,或由 2 个首级网点以 2 个方向进行边角交会的形式加密。

(2)在有高精度全站仪的条件下,可采用导线法,以首级网两端点为已知点,构成附合导线的网形。

(3)在技术力量许可的情况下,也可将加密点纳入首级网中,构成新的施工控制网,这对于提高加密点的精度行之有效。

加密点是施工放样使用最频繁的控制点,且多设在施工场地范围内或附近,受施工干扰,极易造成临时建筑或施工机械不通视或破坏而失去效用,在整个施工期间,常常要多次加密或补点,以满足施工的需要。

3. 平面控制网的复测

桥梁施工工期一般都较长,限于桥址地区的条件,大多数控制点(包括首级网点和加密点)多位于江河堤岸附近,其地基基础并不十分稳定,随着时间的变化,点位有可能发生变化。此外,桥墩钻孔桩施工、降水等也会引起控制点下沉和位移。因此,在施工期间,无论是首级网点还是加密点,必须进行定期复测,以确定控制点的变化情况和稳定状态,这也是确保工程质量的重要工作。

控制网的复测可以采取定期进行的办法,如每半年进行一次;也可根据工程施工进度、工期,并结合桥墩中心检测要求情况确定。一般在下部结构施工期间,要对首级控制网及加密点至少进行以下两次复测:①第一次复测宜在桥墩基础施工前期进行,以便据此精密放样或测定其墩台的承台中心位置;②第二次复测宜在墩台身施工期间进行,并宜在主要墩台顶帽竣工前完成,以便为墩台顶帽位置的精密测定提供依据,顶帽竣工中心即作为上部建筑放样的依据。

复测应根据不低于原测精度的要求进行。由于加密点是施工控制的常用点,在复测时通常将加密点纳入首级控制网中观测,整体平差,以提高加密点的精度。

值得提出的是,在复测前要尽量避免采用极坐标法进行放样,否则应有检核措施,以免产生较大的误差。无论是复测前还是复测后,在施工放样中,除后视一个已知方向外,应加测另一个已知方向(或称双后视法),以观察该测站上原有的已知角值与所测角值有无超出观测误差范围的变化。这个办法也可避免在后视点距离较长,特别是气候不好、视线不良时发生观测错误的影响。

9.1.2 客运专线铁路工程测量技术的发展

高速铁路和客运专线铁路(见图 9-3)在建设方面与传统铁路的主要区别为,前者是一次性建成稳固、可靠的线下工程和高平顺性的轨道结构。轨道的高平顺性是实现列车高速运行的最基本条件。实现和保持高精度的轨道几何状态是客运专线建设的关键技术之一。

我国客运专线铁路工程测量是在大规模客运专线铁路建设中不断认识、提高、深化和完善的,现已基本构建完成了我国客运专线铁路的工程测量体系。工程测量是建设和养护维护高速铁路和客运专线铁路的最重要的基础技术工作之一。

1. 我国高速铁路及客运专线工程测量体系的建立和发展

我国高速铁路及客运专线工程测量体系随着对高速铁路的认识和客运专线的建设实践逐步深化的过程发展。

1)传统铁路工程测量

传统铁路工程勘测设计、施工测量采用导线法测设线路中线。导线测量和中线测量精度偏低,对轨道工程精度考虑较少。现行《新建铁路工程测量规范》(TB 10101—99)规

图 9-3 客运专线铁路建设

定的导线测量限差见表 9-1。

表 9-1 导线测量限差(1)

仪器型号			DJ2	DJ6
水平角	检测时较差(″)		20	30
	闭合差 (″)	附合和闭合导线	$25\sqrt{n}$	$30\sqrt{n}$
		延伸导线　两端真北	$25\sqrt{(n+16)}$	$30\sqrt{(n+10)}$
		一端真北	$25\sqrt{(n+8)}$	$30\sqrt{(n+5)}$
长度	检测较差	光电测距仪和全站仪(mm)	$2\sqrt{2m_D}$	$2\sqrt{2m_D}$
		其他测距方法	1/2 000	1/2 000
	相对闭合差	光电测距仪 和全站仪　水平角平差	1/6 000	1/4 000
		水平角不平差	1/3 000	1/2 000
		其他测距方法　水平角平差	1/4 000	1/2 000
		水平角不平差	1/2 000	1/2 000
	附合导线长度(km)		30	30

中线测量依据初测导线点、航测外控点、典型地物点或 GPS 点采用拨角法、支距法或极坐标法测设交点或转点,施测曲线控制桩。根据交点、转点和曲线控制桩测设线路中线,一般用偏角法测设曲线,其中线闭合差见表 9-2,中桩的桩位限差纵向为($0.1 + S/2\,000$)m,横向为 10 cm。偏角法测设曲线闭合差限差纵向为 1/2 000,横向为 10 cm。高程测量为五等水准。轨道工程依据线路中桩及引放的外移桩进行轨道铺设。测量基桩的埋设标准很低。

表 9-2　中线闭合差

水平角闭合差	DJ2 型仪器	$25\sqrt{n}$
	DJ6 型仪器	$30\sqrt{n}$
长度相对闭合差	钢卷尺	1/2 000
	光电测距	1/3 000

在运营维护中,轨道工程主要采用弦线法进行养护维修。直线依据中桩外移桩,曲线依据曲线控制桩按正矢法进行轨道养护。由于基桩埋设标准低,基桩测设精度偏低,存在线路测量可重复性较差、中线控制桩连续丢失后很难进行恢复等缺点,造成运营线路直线不直、曲线偏移、曲线半径等要素出现偏差、超高设置与半径不匹配等现象,致使列车提速后舒适度下降。这些现象在第六次列车大提速后已有明显表现,显现出传统的测量体系和方法已不能满足客运专线建设的需要。

2)客运专线建设初期的主要测量标准和测量实践

(1)秦沈客运专线。在 1999 年开工建设的秦沈铁路客运专线中,铁道第三勘察设计院(简称铁三院)利用 GPS 技术,测设导线控制点,施工单位依据设计院导线控制网采用导线法测设长大铁路直线和曲线。在轨道施工中,开始引进轨道检测仪对轨道几何状态进行检测。

(2)《京沪高速铁路测量暂行规定》。2003 年,铁道部高速铁路办公室依据"八五"、"九五"国家重点科技攻关计划专题——高速铁路线桥隧站设计参数与技术条件的研究等有关成果,汲取秦沈客运专线测量的实践经验,编制了《京沪高速铁路测量暂行规定》(铁建设〔2003〕13 号)。在建的客运专线初期大都参考和采用了《京沪高速铁路测量暂行规定》。

其主要测量设计思路为:按线路中线点之间的相对中误差为 1/10 000,使用国家三等大地点,用 GPS 测量加密后相当于国家四等大地点,在 GPS 点的基础上做铁路五等导线,利用导线点测设线路中线控制点和铺设轨道。加密四等大地点按 GPS 测量 D 级网的技术要求测设。铁路五等附合导线测量的相对闭合差限差为 1/20 000。为使实际地面测量不受影响,规定投影长度变形不大于 1/40 000,即每千米不大于 2.5 cm。高程测量采用四等水准测量。其导线测量限差见表 9-3。

线路的中线测量标准同《新建铁路工程测量规范》(TB 10101—99)。轨道工程的铺设与维护仍延续传统的相对测量方法,不能避免传统铁路出现的问题,尤其不适用于无砟轨道施工。

(3)京津城际铁路的测量实践。在客运专线铁路建设初期,京津城际、武广、郑西等客运专线均参照《京沪高速铁路测量暂行规定》设置测量控制网进行施工。随着对高速铁路测量工作认识的不断深化,发现以下四个方面问题,不适用于无砟轨道施工,这在京津城际铁路建设中最早暴露出来。

表 9-3　导线测量限差(2)

水平角	检测较差(″)		15
	闭合差(″)		$10\sqrt{n}$
长度	检测较差(mm)		$2\sqrt{2m_D}$
	水平角未平差的 相对闭合差	4 km	1/12 000
		5 km	1/10 000
	水平角平差后的 相对闭合差	4 km	1/24 000
		5 km	1/20 000

①控制点埋石标准低。《京沪高速铁路测量暂行规定》中的控制点埋石标准与《新建铁路工程测量规范》(TB 10101—99)中的控制点埋石标准相同,控制点埋深浅,标石规格低,在沉降区域和其他地基不稳定区域控制点不稳定,对建设和运营维护中的高精度控制和沉降观测造成影响。

②控制网精度低。控制网测量精度不能满足轨道平顺性要求,建成后轨道的平顺性很难保证。测量标准与国外高速铁路测量标准有较大差距。

③网点布局不合理。由于对控制网没有进行系统设计,网点布局不合理,不能满足无砟轨道高精度测量要求。

④施工控制测量接口多,控制测量方法和执行标准尺度不一。客运专线线下工程的控制测量应满足无砟轨道误差要求。我国客运专线与国外不同,地形复杂,桥长、隧长是基本特色。但长桥和长隧的控制测量仅由施工单位对单项工程建网进行控制,施工单位各自为政,没有统一的布网测设要求和标准,没有统筹考虑线下工程的测量标准要满足无砟轨道施工要求。

针对以上问题,工程管理中心与京津公司研究后决定立即在京津城际铁路启动应急测量网建设,应急网采用平面三等导线、高程二等水准标准进行测设,比设计交桩网采用平面五等导线、高程四等水准的精度和标准有较大提高。应急网建成后迅速对已建桥梁墩台进行了复核,已完成的 691 个墩台中横向超标的有 98 个,最大偏差57 mm;纵向超标的有 102 个,最大偏差55 mm;最大高程偏差128 mm,平均为 – 31.7 mm,多为负偏差。

经分析,平面偏差均由测量网间测量标准差异造成,高程偏差受水准点埋石标准较低及区域地质沉降影响。随后对全线出现的偏差均采用技术和工程措施进行了妥善处理,并启动了精测网建设,铁三院承担了基础网至轨道设标网(GVP/CPⅢ)间的全部测量工作,施工单位承担了无砟轨道的轨道基准点(GRP)和轨道板精调安装的测量工作,确保了无砟轨道施工精度。京津城际铁路已于 2007 年底全部完成无砟轨道施工和轨道铺设任务。经轨道静、动态检测,总体精度情况良好。以上偏差也充分佐证了客运专线铁路建设高精度测量网的重要性和必要性。

京津铁路的实践也说明,《京沪高速铁路测量暂行规定》受当时对高速铁路,尤其是无砟轨道客运专线的认识局限,对控制网的设计要求及精度标准还有不足,但提出了分级设网的雏形,提高了测量精度要求,在客运专线建设中起到了重要的承上启下作用。

3)现行的客运专线测量标准

随着对客运专线铁路测量认识的逐步深化,铁道部组织铁道第二勘察设计院和西南交通大学开展了无砟轨道工程测量控制网精度研究,依据高速铁路轨道平顺性要求,参考国外高速铁路测量标准,提出了平面和高程控制网精度标准。根据研究成果,组织编制和颁布了《客运专线无砟轨道铁路工程测量暂行规定》(铁建设〔2006〕189 号)和《时速200 ~ 250 公里有砟轨道铁路工程测量指南(试行)》(铁建设〔2007〕76 号),提出了勘测控制网、施工控制网、运营维护控制网"三网合一"的要求,设计了基础平面控制网 CPⅠ、线路控制网 CPⅡ和基桩控制网 CPⅢ三级测量控制网,对控制网网型和测量精度做出了明确要求。高程控制网按无砟和有砟分别提高为二等和三等水准测量施测。提出了客运专线铁路工程测量平面坐标系统应采用边长投影变形值≤10 mm/km(无砟)、≤25 mm/km(有砟)的工程独立坐标系。同时,提出了客运专线无砟轨道铁路工程控制测量完成后,应由建设单位组织评估验收的要求,并制定了评估验收内容和具体要求。

表 9-4 ~ 表 9-6 为客运专线无砟轨道铁路工程控制网测设要求和精度标准,并借鉴国外测量标准,提出了控制点的定位精度要求(见表 9-7)。表 9-8 ~ 表 9-10 为 200 ~ 250 km/h 有砟轨道测量铁路工程控制网测设要求、精度指标和主要技术要求。以上技术措施,为实现线路的坐标控制绝对定位创造了条件。

表 9-4 无砟轨道各级平面控制网布网要求

控制网级别	测量方法	测量等级	点间距(m)	备注
CPⅠ	GPS	B 级	≥1 000	≤4 km 一对点
CPⅡ	GPS	C 级	800 ~ 1 000	
	导线	四等		
CPⅢ	导线	五等	150 ~ 200	
	后方交会		50 ~ 60	10 ~ 20 m 一对点

表 9-5 无砟轨道 GPS 测量的精度指标

控制网级别	基线边方向中误差(″)	最弱边相对中误差
CPⅠ	≤1.3	1/170 000
CPⅡ	≤1.7	1/100 000

表 9-6 无砟轨道导线测量主要技术要求

控制网级别	附合长度(km)	边长(m)	测距中误差(mm)	测角中误差(″)	相邻点位坐标中误差(mm)	导线全长相对闭合差限差	方位角闭合差限差(″)	对应导线等级
CPⅡ	≤4	800 ~ 1 000	5	2.5	10	1/40 000	$\pm 5\sqrt{n}$	四等
CPⅢ	≤1	150 ~ 200	3	4	5	1/20 000	$\pm 8\sqrt{n}$	五等

表 9-7　无砟轨道控制点的定位精度要求

控制点		可重复性测量精度（mm）	相对点位精度（mm）
CP Ⅰ		10	$8 + D \times 10^{-4}$
CP Ⅱ		15	10
CP Ⅲ	导线测量	6	5
	后方交会测量	5	1

表 9-8　200～250 km/h 有砟轨道各级平面控制网布网要求

控制网级别	测量方法	测量等级（m）	点间距（m）	备注
CP Ⅰ	GPS	C 级	≥1 000	≤4 km 一对点
CP Ⅱ	GPS	D 级	400～600	
	导线	四级		
CP Ⅲ	导线	五等	150～200	

表 9-9　200～250 km/h GPS 测量精度指标

控制网级别	基线边方向中误差（″）	最弱边相对中误差
CP Ⅰ	≤1.7	1/100 000
CP Ⅱ	≤2.0	1/600 000

表 9-10　200～250 km/h 导线测量主要技术要求

控制网级别	附合长度（km）	边长（m）	测距中误差（mm）	测角中误差（″）	相邻点位坐标中误差（mm）	导线全长相对闭合差限差	方位角闭合差限差（″）	对应导线等级
CP Ⅱ	≤4	400～600	5	2.5	10	1/40 000	$\pm 5\sqrt{n}$	四等
CP Ⅲ	≤1	150～200	3	4	5	1/20 000	$\pm 8\sqrt{n}$	五等

当前,武广、郑西、哈大等 300～350 km/h 客运专线和京沪高速铁路均按《客运专线无砟轨道铁路工程测量暂行规定》布设了 CP Ⅰ、CP Ⅱ 控制网和高程控制网,并布设了部分 CP Ⅲ 控制网。石太、合武、武合、合宁、温福、福厦、广珠城际等 200～250 km/h 客运专线也已按新的测量标准设计和布设了平面和高程控制网,并采取积极、稳妥的技术和管理措施,处置了新旧测量网测量精度不同造成的测量偏差。

2.需要进一步深化研究和规范的几个问题

（1）CP Ⅲ 的测设方法应进一步研究深化。

CP Ⅲ 主要为轨道工程的铺设和运营维护提供基准。由于前期对其精度和测设方法研究较少,《客运专线无砟轨道铁路工程测量暂行规定》对 CP Ⅲ 的测设提出了导线法和后方交会法（自由设站边角交会法）两种方法,《时速 200～250 公里有砟轨道铁路工程测量指南（试行）》对 CPⅢ 要求使用导线法。但由于铁路线路横向宽度限制，导线法与轨道高精度测量匹配较为困难，同时在铺轨和运营维护时，个别基桩点的缺失对施工和维护作业影响较大，不利于轨道精测系统智能化测量定位，不便于机械化作业。因此，客运专线铁路 CPⅢ 测设应采用自由设站边角交会法。

CPⅢ 测量是建设高平顺性轨道的基础工作，点多量大，对其重要性，许多单位和测量人员还没有给予充分的重视，技术力量薄弱，应加强宣传和培训，规范其管理。

（2）轨道几何状态检查仪是高速铁路和客运专线铁路轨道定位和运营维护的重要测量器具，应高度重视，加强研究和管理。

传统铁路轨道施工和维护测量主要使用弦线测量或相对型轨道检查仪（俗称轨检小车）。但国外高速铁路轨道，尤其是无砟轨道的施工和维护已发展为坐标测量。高速铁路和客运专线铁路，尤其是无砟轨道高速铁路精度测量需要使用专用的测量装备，以 CPⅢ 为基准施测，对包括长、短波不平顺的轨道几何状态进行控制。同时，在轨道验收时也需要使用轨道几何状态检查仪对轨道几何状态进行精密验收。

根据《铁路专用计量器具新产品技术认证管理办法》（铁道部令第 22 号）、《铁路专用计量器具管理目录》（铁科技〔2006〕31 号），轨道几何状态检测仪为Ⅰ类铁路专用量具，应通过铁道部技术认证。但因为缺乏相关技术条件和相关检定规程，技术认证工作还没有开展。

轨道几何状态检测仪是高速铁路和客运专线铁路测量和检测的关键装备，急需加强研发和管理。

（3）在轨道工程验收中增加量测长波不平顺内容，完善轨道几何状态测量验收方法和检测数量。

国外高速铁路轨道均在静态验收时精确测量轨道几何状态，检查其是否满足设计位置和高平顺性要求。轨道动态验收是在静态验收合格后，再使用轨检列车对轨道内几何尺寸进行检测，计算分析轨道功率谱密度。如动态检测中偏离值超过标准值，需要与静态轨道测量值对比分析，研究采取相应措施进行改善。静态检测的数据和动态检测的数据相互印证，为维修调整提供精确依据，为高速列车开行提供决策支持。动态检测和静态检测相互补充，不能替代。

精确测量轨道几何状态是世界高速铁路的通行做法。如德国铁路标准 DB 883.0031 明确要求验收时"合同的承包方（AN）以验收申请方式提供按支承点的间隔对车辆投入运营准备就绪的轨道（经过焊接和磨光）的大地测量结果"。法国、荷兰、比利时、我国台湾等也有类似的要求。部分国家和地区在开通前还委托专业测量机构对验收项目的静态轨道几何状态进行抽查。

我国铁路第六次大面积提速的实践证明轨道位置十分重要，传统的弦线测量法会造成线路的偏移，尤其对大半径曲线，较小的正矢偏差就会造成很大的曲线半径误差，已不适应轨道工程施工和养护。因此，客运专线轨道工程建设应依据精密控制测量网精确施设。同样，验收也应采用坐标法精确测量轨道的几何状态。当前，各客运专线已依据轨道平顺性要求建立了平面和高程控制网，引进的博格、雷达 2000、旭普林三种无砟轨道在施工时均依据 CPⅢ 精确测设钢轨支承点或钢轨，具备了在验收时对包括大地坐标在内的每个钢轨支承点处钢轨的几何状态进行精密量测的条件。

《客运专线无砟轨道铁路工程测量暂行规定》(铁建设〔2006〕189 号)在竣工测量中提出了对轨道精确测量的要求,但《客运专线无砟轨道铁路施工质量验收暂行标准》(铁建设〔2007〕85 号)对轨道中线和高程仅规定每千米检查 2 处,每处 10 个点;《时速 200 ~ 250 公里有砟轨道铁路工程测量指南(试行)》(铁建设〔2007〕76 号)规定,铺轨时采用弦线法测量,《客运专线铁路轨道工程施工质量验收暂行标准》(铁建设〔2005〕160 号)规定的检查数量为每千米 5 处。轨道工程的验收和国外先进做法还有一定差距,同时没有轨道长波不平顺的检测要求。

(4)要研究建立初级基础控制网 CP 0 的条件和精度要求。

鉴于我国大地坐标网已不能很好地满足客运专线基础控制网测设需要的现状,在京津城际、哈大客专、京沪高速(西段)、贵广铁路等测量工作中,施测单位还根据线路实际研究和增设了 CP 0 级控制网,对保证 CP I 级控制网精度和补设精度进行了积极探讨,使基础控制网更加完善和灵活。需要总结其测设经验,研究初级基础控制网的条件和精度。

当前,在建客运专线铁路无砟轨道施工即将大面积展开,我们已经建立了满足高速铁路和客运专线铁路高平顺性要求的测量控制网基本标准,相信通过不断的总结和完善,我们一定能建成世界一流的客运专线测量技术体系和完整的测量控制标准。

9.1.3　武广客运专线铁路测量技术介绍

1. 客运专线测量控制网概述

客运专线铁路精密工程测量是相对于传统的铁路工程测量而言的,其测量方法、测量精度与传统的铁路工程测量完全不同。为了保证客运专线铁路非常高的平顺性,轨道测量精度要达到毫米级。我们把适合于客运专线铁路工程测量的技术体系称为客运专线铁路精密工程测量。

由于客运专线铁路速度高(200 ~ 350 km/h),为了达到在高速行驶条件下旅客列车的安全性和舒适性,要求客运专线铁路必须具有非常高的平顺性和精确的几何线性参数,精度要保持在毫米级的范围以内。

对于无砟轨道,轨道施工完成后基本不再具备调整的可能性,由于施工误差、线路运营以及线下基础沉降所引起的轨道变形只能依靠扣件进行微量的调整,客运专线扣件技术条件中规定扣件的轨距调整量为 ± 10 mm,高低调整量分别为 − 4 mm、+ 26 mm,因此用于施工误差的调整量非常小,这就要求对施工精度有着较有砟轨道更严格的要求。

要实现客运专线铁路轨道的高平顺性,除了对线下工程和轨道工程的设计施工等有特殊的要求,还必须建立一套与之相适应的精密工程测量体系。世界各国铁路客运专线铁路建设,都建立有一个满足施工、运营维护需要的精密测量控制网。精密工程测量体系应包括勘测、施工、运营维护测量控制网。

2. 传统的铁路工程测量方法及存在的问题

由于过去我国铁路建设的速度目标值较低,对轨道平顺性的要求不高,在勘测、施工中没有要求建立一套适应于勘测、施工、运营维护的完整的控制测量系统。

1）传统铁路工程测量方法

各级控制网测量的精度指标主要是根据满足线下工程的施工控制要求而制定的，没有考虑轨道施工和运营对测量控制网的精度要求，其测量作业模式和流程如下：

（1）初测：

①平面控制测量——初测导线：坐标系统为1954北京坐标系；测角中误差为12.5″（25″），导线全长相对闭合差光电测距为1/6 000，钢尺丈量为1/2 000。

②高程控制测量——初测水准：高程系统为1956黄海高程系、1985国家高程基准；测量精度为五等水准。

（2）定测：以初测导线和初测水准点为基准，按初测导线的精度要求放出交点、直线控制桩、曲线控制桩（五大桩）。

（3）线下工程施工测量：以定测放出交点、直线控制桩、曲线控制桩（五大桩），作为线下工程施工测量的基准。

（4）铺轨测量：直线用经纬仪穿线法测量，曲线用弦线矢距法或偏角法进行铺轨控制。

2）存在的问题

（1）平面坐标系投影差大，采用1954北京坐标系3°带投影，投影带边缘边长投影变形值最大可达340 mm/km，不利于采用GPS、全站仪等新技术用坐标定位法进行勘测和施工放线。

（2）没有采用逐级控制的方法建立完整的平面高程控制网，线路施工控制仅靠定测放出交点、直线控制桩、曲线控制桩（五大桩）进行控制，线路测量可重复性较差，当出现中线控制桩连续丢失后，就很难进行恢复。

（3）测量精度低，由于导线方位角测量精度要求较低（25″），施工单位复测时，经常出现曲线偏角超限问题，施工单位只有以改变曲线要素的方法来进行施工。在普通速度行车条件下，不会影响行车安全和舒适度，但在高速行车条件下，就有可能影响行车安全和舒适度。

（4）轨道的铺设不是以控制网为基准按照设计的坐标定位，而是按照线下工程的施工现状采用相对定位进行铺设，这种铺轨方法由于测量误差的积累，往往造成轨道的几何参数与设计参数相差甚远。根据有关报道在浙赣线提速改造中已出现类似问题。

综上所述，过去的铁路测量规范及体系已不能适应中国铁路现代化建设的要求，必须建立一套适合中国铁路客运专线建设的工程测量体系。

3. 高铁建设中存在问题的案例

（1）在武广客专建设中，由于原勘测控制网的精度和边长投影变形值不能满足无砟轨道施工测量的要求，后来按《客运专线无砟轨道铁路工程测量暂行规定》的要求建立了CPⅠ、CPⅡ平面控制网和二等水准高程应急网。利用新旧网相结合使用的办法，即对满足精度要求的旧控制网仍用其施工；对不满足精度要求的旧控制网则采用CPⅠ、CPⅡ平面施工控制网与施工切线联测，分别更改每个曲线的设计进行施工，待线下工程竣工后再统一贯通测量进行铺轨设计的方法。由于工程已开工，新旧两套坐标在精度和尺度上都存在较大的差异，只能通过单个曲线的坐标转换来启用新网，给设计、施工都造成了极大的困难。

（2）在京津城际铁路建设中，由于线下工程施工高程精度与轨道施工高程控制网精度不一致，造成了部分墩台顶部施工报废重新施工的情况。

（3）遂渝线无砟轨道试验段线路长 12.5 km，最小曲线半径为 1 600 m，勘测设计阶段采用《新建铁路工程测量规范》要求的测量精度施测，即平面坐标系采用 1954 北京坐标系 3°带投影，边长投影变形值达 210 mm/km，导线测量按《新建铁路工程测量规范》初测导线要求 1/6 000 的测量精度施测，施工时，除全长 5 km 的龙凤隧道按 C 级 GPS 测量建立施工控制网外，其余地段采用勘测阶段施测的导线及水准点进行施工测量。

铁道部决定在该段进行铺设无砟轨道试验时，线下工程已基本完成，为了保证无砟轨道的铺设安装，在该段线路上采用 B 级 GPS 和二等水准进行平面高程控制测量，平面坐标采用工程独立坐标，边长投影变形值满足 ≤3 mm/km 要求，施工单位在无砟轨道施工时，采用新建的 B 级 GPS 和二等水准点进行施工。

由于勘测阶段平面控制网精度与无砟轨道平面控制网精度和投影尺度不一致，按无砟轨道高精度平面控制网测量的线路中线与线下工程中线横向平面位置相差达到 50 cm。为了不废弃既有工程，施工单位不得不反复调整线路平面设计，最终将曲线偏角变更了 17″，将线路横向平面位置误差调到路基段进行消化，使路基段的线路横向平面位置误差消化量最大达到 70 ~ 80 cm，这样才满足了无砟轨道试验段的铺设条件。

由此可见，线下工程施工平面控制网精度与无砟轨道施工平面控制网精度相差太大，会给无砟轨道施工增加很多困难，遂渝线无砟轨道试验段的速度目标值为 200 km/h，而且线路只有 12.5 km，有大量的路基段可以消化误差，调整起来比较容易。当速度目标值为 250 ~ 350 km/h 时，线路均为桥隧相连，没有路基段消化误差，误差调整工作很困难。当误差调整消化不了时，就会造成局部工程报废。

4.客运专线铁路工程测量平面控制网

客运专线铁路轨道必须具有非常精确的几何线性参数，精度要保持在毫米级的范围以内，测量控制网的精度在满足线下工程施工控制测量要求的同时还必须满足轨道铺设的精度要求，使轨道的几何参数与设计的目标位置之间的偏差保持最小。

轨道的外部几何尺寸体现出轨道在空间中的位置和标高，根据轨道的功能和与周围相邻建筑物的关系来确定，由其空间坐标进行定位。轨道的外部几何尺寸的测量也可称为轨道的绝对定位。

轨道的绝对定位通过由各级平面高程控制网组成的测量系统来实现，从而保证轨道与线下工程路基、桥梁、隧道、站台的空间位置坐标、高程相匹配协调。由此可见，必须按分级控制的原则建立铁路测量控制网。

客运专线铁路工程测量平面控制网第一级为基础平面控制网（CPⅠ），第二级为线路控制网（CPⅡ），第三级为基桩控制网（CPⅢ）。各级平面控制网的作用和精度要求为：

（1）CPⅠ主要为勘测、施工、运营维护提供坐标基准，采用 GPS B 级（无砟）/ GPS C 级（有砟）网精度要求施测。

（2）CPⅡ主要为勘测和施工提供控制基准，采用 GPS C 级（无砟）/ GPS D 级（有砟）网精度要求施测或采用四等导线精度要求施测。

（3）CPⅢ主要为铺设无砟轨道和运营维护提供控制基准，采用五等导线精度要求施测或后方交会网的方法施测。

客运专线铁路工程测量精度要求高，施工中要求由坐标反算的边长值与现场实测值应一致，即所谓的尺度统一。由于地球面是一个椭球曲面，地面上的测量数据需投影到施工平面上，曲面上的几何图形在投影到平面时，不可避免会产生变形。采用国家3°带投影的坐标系统，在投影带边缘的边长投影变形值达到 340 mm/km，这对无砟轨道的施工是很不利的，它远远大于目前普遍使用的全站仪的测距精度（1～10 mm/km），对工程施工的影响呈系统性。从理论上来说，边长投影变形值越小越有利。

因此，规定客运专线无砟轨道铁路工程测量控制网采用工程独立坐标系，把边长投影变形值控制在 10 mm/km 以内，以满足无砟轨道施工测量的要求。

现行的《新建铁路工程测量规范》、《既有铁路工程测量规范》、《有砟轨道铁路测量规范》各级控制网测量的精度指标主要是根据满足线下工程的施工控制的要求而制定的，没有考虑轨道施工对测量控制网的精度要求，轨道的铺设是按照线下工程的施工现状，采用相对定位的方法进行的。即轨道的铺设是按照 20 m 弦长的外矢距来控制轨道的平顺性，没有采用坐标对轨道进行绝对定位，相对定位的方法能很好地解决轨道的短波不平顺性，而对于轨道的长波不平顺性则无法解决。对于客运专线铁路，曲线的半径大，弯道长，如果仅采用相对定位的方法进行铺轨控制，而不采用坐标进行绝对控制，轨道的线形根本不能满足设计要求。

客运专线无砟轨道铁路首级高程控制网应按二等水准测量精度要求施测。铺轨高程控制测量按精密水准测量（每千米高差测量中误差 2 mm）要求施测。

5. 客运专线无砟轨道铁路工程测量技术要求的高程控制测量精度

（1）勘测高程控制网应优先采用二等水准测量，困难时可采用四等水准测量。

（2）分两阶段实施水准测量时，线下工程施工完成后，全线按二等水准测量要求建立水准基点控制网，应允许对线路纵断面进行调整，即利用贯通的二等水准对线下工程高程进行测量，然后重新设计纵断面。

（3）当线下工程为桥隧相连时，线路纵断面调整余地较小，此时应在工程施工前按二等水准测量要求建立水准基点控制网。

9.1.4 杭州湾跨海大桥施工测量应用新技术

2008 年 5 月 1 日通车的杭州湾跨海大桥是一座横跨我国杭州湾海域的跨海大桥，是国道主干——同三线（黑龙江同江至海南三亚）跨越杭州湾的便捷通道。它北起浙江嘉兴海盐郑家埭，南至宁波慈溪水路湾，全长 36 km，是目前世界上第三长的跨海大桥（见图 9-4）。

杭州湾跨海大桥设南北两个航道，其中北航道桥为主跨 448 m 的钻石形双塔双索面钢箱梁斜拉桥；南航道桥为主跨 318 m 的 A 形单塔双索面钢箱梁斜拉桥。除南北航道桥外，其余引桥采用 30～80 m 不等的预应力混凝土连续箱梁结构。

杭州湾跨海大桥横跨海峡两岸，成为连接两岸交通、经济的重要纽带。由于桥梁长度超长，地球曲面效应引起的结构测量变形问题十分突出，受海洋气候环境的制约，传统测

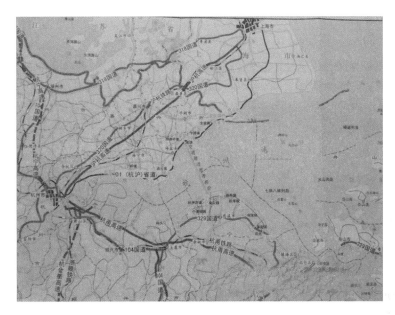

图9-4　杭州湾跨海大桥设计位置图

量手段已无法满足施工精度和施工进度的要求,如何借助 GPS RTK 技术实现快速、高效测量施工是整个跨海大桥测量部分工作的重点和难点。

杭州湾跨海大桥连续运行 GPS 测量服务系统的主要功能是为桥梁下部基础的桩基、墩台施工放样提供 GPS RTK 定位服务,为海上打桩船台定位打下坚实基础,解决了海上沉桩定位的困难。

整个系统主要包括 GPS 工程参考站、数据处理与监控中心三个部分,参考站的正常运行是整个 GPS 系统运行的基础保证。因此,为了确保连续运行 GPS 工程参考站的正常运行,在站台建设上应遵循以下原则:连续运行 GPS 工程参考站应选择在地基坚实稳定、安全僻静并有利于测量标志长期保存和地形开阔容易观测的地方。

杭州湾跨海大桥 GPS 施工平面控制网包括首级网和加密网。首级网是控制大桥整体位置的基准,并为海上 GPS 测量提供条件。首级网由 23 个点组成,其中桥位区附近南岸的 3 个点和备案的 3 个点共 6 个点(包括两岸船台点)对大桥的施工测量起直接控制作用。由于跨海面宽 32 km,首级网与首级加密网只能选择 GPS 定位技术实施两岸的联测。一级加密网和二级加密网可以采用 GPS 定位技术,也可以用性能好的全站仪导线法布测。

首级网与国家控制网和 IGS 站联测,建立投影变形满足要求、供施工实际使用的独立施工测量坐标系,称"54 工程 65 m 高程坐标系"。

为满足海中施工测量控制的要求,在海中每隔 1.8 km 左右首先安排一批桥墩基础施工(优先墩),利用 21 个优先墩承台上布设的 GPS 控制点和布设在 B 平台上的海上参考点,形成海上加密网。

桥梁平面控制网设计应进行精度估算,以确保施测后能满足桥轴线长度和桥梁墩台中心定位的精度要求。本桥以国家 GPS 测量规范 B 级网的精度施测大桥 GPS 首级控制网,从而满足大桥测量控制多方面的要求;各级加密网的精度以桥墩放样相对于最近控制点的容许误差小于 2 cm 来考虑,得出各级加密网最弱相邻点位中误差应不大于 10 mm 的结论,因此决定用公路 GPS 测量规范一级网的精度施测。

建立控制网的目的是满足施工放样桥轴线的架设误差和桥梁墩台定位的精度要求。对于保证桥轴线长度的精度来说,一般桥轴线作为控制网的一条边,只要控制网经施测、平差后求得该边长度的相对误差小于设计要求即可;对于保证桥梁墩台中心定位的精度要求来说,既要考虑控制网本身的精度,又要考虑利用建立的控制网点控制施工放样的误差;在确定了控制网和放样应达到的精度要求后,应根据控制网的网型、观测要素和观测方法及高等级仪器设备条件在控制网施测前估算出能否达到《海道测量规范》、《公路全球定位系统(GPS)测量规范》的要求。

杭州湾跨海大桥使用 1954 北京坐标系进行设计,这个坐标系的基准面是克拉索夫斯基椭球面,由于这个坐标系本质上是属于苏联的大地测量坐标系在中国的延伸,其定位及椭球大小与我国的大地水准面符合得都不好,尤其东部地区高程异常达到 60 m。

如果将 1954 北京坐标标示在设计图纸上,桥墩、台位置和各种结构物放样到施工高程面上,将会发生两种变形:投影长度变形和投影角变形。投影长度变形将使大桥桩基、墩台等放样到实地上比设计长度缩短 4.559 m,投影角变形将使放样到实地的大桥方向扭转约 8″,显然这在桥梁工程建设上是不容许的。

根据杭州湾跨海大桥的实际情况,为减少投影变形和因坐标系转换带来的 GPS 观测值精度损失,依据《公路全球定位系统(GPS)测量规范》建立起了独立“54 工程 65 m 高程坐标系”。

虽然单跨 GPS 拟合高程差和三角高差之比满足三等水准精度要求,但是 GPS 拟合高程差还有一定的残留误差,在附合高程线路中形成一定的积累,致使线路中间段的高程精度较差,因此不能全部用 GPS 拟合高差代替三角高程测量高差。但是单纯的三角高程测量,由于海中的观测条件极其恶劣,整个贯通过程可能会拖延三四个月,严重影响海中施工进程,为此可以采用复合跨海贯通的方法,即部分跨用三角高程,部分跨用 GPS 拟合高程,这样既避免了系统误差的积累,又能满足施工进度的需要。

鉴于杭州湾跨海大桥的高程贯通测量的精度无法满足桥墩施工对贯通高程的要求,可暂时采用复合高程贯通测量的方法,求得高程控制点的近似贯通高程,暂时满足桥墩施工进度对贯通高程的要求,待全桥全部(高程采用跨海三角高程测量)贯通后再修正其高程。

全桥高程贯通测量应采用相当于三等水准测量精度的高程测量方法,从最近高程控制点引测至各墩顶。杭州湾跨海大桥全桥贯通测量,采取由各标段内部先进行各墩的高程贯通,然后由测控中心进行全桥贯通平差计算,方法是采用精密三角高程测量法或精密水准测量法,将地面控制点或桥台上控制点的高程引测到相应墩顶,作为上部结构施工的高程控制,然后在墩顶上采用精密水准测量或高精度三角测量进行联测,最后达到全桥结构物高程贯通的目的。

在杭州湾跨海大桥连续运行 GPS 工程参考站的支持下,桥位区内任何一点 RTK 的平面和高程实时定位精度得到了很大的提高,确保了大桥海中基础的施工放样精度。它采用的施工独立坐标系“54 工程 65 m 高程坐标系”最大限度地限制了投影变形,又不损失

GPS 的观测精度。大桥高精度 GPS 高程拟合法在跨海大桥施工中的应用是新技术,为国内外跨海大桥工程海中高程控制测量解决了一个难题,并提供了一种便捷高效的海中高程测量控制的方法。在世界三大强潮湾之一的杭州湾上建桥,施工难度大,技术要求高,它将成为我国跨海大桥建设史上的一个重要里程碑。

9.2 工程测量事故案例分析

9.2.1 铁路工程测量事故案例

1. 案例背景

2001 年,某公司监管的西南地区枢纽某联络线工程,由中铁某局负责线下工程施工。该局管段长 4.4 km,共有大、中、小桥七座,其中四座位于半径 600～800 m 的曲线上。工程进入铺架阶段后,当铺架施工单位从小里程向大里程方向铺轨至第一座曲线桥时,发现梁位不正。停工复查发现,四座曲线桥的线路中心与墩位中心重合,未按设计从线路中心向曲线外测设偏心距,其中四台七墩误差超限,最大偏差达 420 mm。

2. 处理方案

事发后,由建设单位牵头组成了事故调查组(按照现行规定应由行业质量监督部门组织),调查认定为这是一起工程测量事故。经事故调查组同意,由线下施工单位按原委托设计单位对误差超限的墩台重新进行检算并编制加固设计文件,分别采取了基础加宽、桥墩穿裙子(20 cm 厚钢筋混凝土)的加强措施。

3. 事故损失

1)直接损失

(1)事故责任相关各方商定,线下施工单位支付设计鉴定费、工程加固费、预制梁存放场地费、铺架单位人员误工损失费,按照当时价格合计 100 多万元(依据现行《铁路建设工程质量事故调查处理规定》(铁建设〔2009〕171 号),直接经济损失 100 万元及以上,500 万元以下属工程质量较大事故)。

(2)铺架施工单位自行承担架桥机、铺轨车、道砟运输车设备租赁费。

(3)监理单位自行承担相应的监理费用。

2)间接损失

(1)工程延期交工 45 天。

(2)监理单位企业信誉遭受重大损失,按照现行《铁路建设工程质量安全事故与招投标挂钩办法》(铁建设〔2009〕273 号)规定,将根据情节取消监理企业 1 个月及以上投标资格。

4. 各方责任分析

1)线下施工单位的责任

线下工程施工单位是一家以建筑工程为主业的工程处,技术主管和测量人员第一次从事铁路曲线桥施工,不了解设置预偏心的意义,按设计线路中线定出墩位中线,导致此次测量事故,线下施工单位应负主要责任。

2）铺架施工单位的责任

铺架施工单位在收到施工单位竣工测量成果后，应独立进行线路贯通测量，检查基桩的设置位置及数量、中线和高程测量精度，铺架单位在架梁前未发现测量问题导致其误工损失，应承担重要责任。

3）监理单位的责任

（1）桥跨短、跨数多的曲线桥采用偏角法测设曲线，确定墩位。首先测出各墩位的线路中心，然后从线路中心向曲线外测量出偏心距，确定墩位中心，监理工程师应进行抽检，未经监理工程师签认的施工放样结果禁止用于施工。事后调查时监理工程师只复核了测量成果报验资料，未对现场放线进行抽检。

（2）线下工程向铺架移交前，施工单位应进行竣工测量，监理工程师应检查确认承包单位的测量成果，重点检查桥梁中线、跨距、墩台、梁部尺寸和高程、顶帽及支承垫石的高程、支座位置及底板高程，本案例现场监理工程师未履行该项职责。

（3）鉴于上述情况，监理单位应负重要责任，公司因此对总监理工程师进行通报批评，辞退了驻地监理工程师，罚没其质量保证金，取消其年终奖。

4）需要特别指出的问题

按照2009年铁道部《铁路建设工程质量事故调查处理规定》（铁建设〔2009〕171号），"发生工程质量较大事故，工程监督总站接到事故报告后，应尽快成立由工程监督总站负责人任组长，监察局、鉴定中心、工管中心及有关单位人员以及专家为成员的工程质量事故调查组"。建设、设计、施工、监理等参建单位为被查处单位，无权自行处理（本案例因发生在2001年，当时由建设单位组织各方进行查处）。

9.2.2 桩位偏移导致路基工程质量事故

1. 事故概况

在某工程挡墙施工中，DK43 +076 ~ DK43 +178 段路堑挡土墙最高处为15 m，坡比为1∶0.25，地质为破碎风化玄武岩堆积体，稳定性极差且裂隙水发育，原设计为75#浆砌片石挡墙，后变更为150#片石混凝土挡墙。

该段路堑土石方开挖于2000年6月完成，先安排施工 DK43 +114 ~ DK43 +140 段挡墙，于6月中旬开始，8月施工完毕，由于正值雨季，该段成型路堑边坡多次出现滑塌现象。

在 DK43 +114 ~ DK43 +140 段挡墙基础开挖完成后，经负责该段的工程师进行放样检查，通知作业工区可以灌注混凝土，因下雨工区没有立即灌注混凝土。当天夜里突降暴雨，路堑边坡又出现滑塌，导致埋设的中线桩移位，第二天工程师直接使用移位后的中线桩重新进行放样检查，而没有从控制网上重新放样，待挡墙灌注到6 m 左右再进行复测时，发现挡墙向线路左侧偏移约70 cm。

发现此问题后，项目经理部未向上级、业主和设计单位报告，内部开会决定，DK43 +114 ~ DK43 +140 段路基抬高30 cm，按石质路基施工（设计是土质路基），施工后该段路基面净宽满足石质路基的要求，挡墙出现外凸现象（DK43 +140 ~ DK43 +114 段、DK43 +140 ~ DK43 +178 段按设计的土质路基施工）。

工程交付运营后,管理局看到此段工程,认为此处挡墙有质量问题,挡墙外凸变形,对企业的声誉造成极坏影响,并影响了投标经营工作。

2. 事故原因分析

(1)对该段挡墙放样检查时,在突降暴雨,路堑边坡出现滑塌的情况下,没有从控制网上重新放样,是此次事故发生的主要原因。

(2)事故发生后,项目经理部未向上级、业主和设计单位报告,擅自进行了处理,未能控制事故影响,损坏了企业的声誉,对投标经营工作造成影响。

(3)该工程是低造价工程,项目经理质量意识不强,以修筑合格工程为目标,也未对施工队伍进行严格管理,是造成此次事故的一个因素。

3. 事故教训和预防措施

(1)加强技术人员教育,增强责任心,实行测量复核制度。

(2)出现质量事故后,各单位应立即上报,积极配合事故调查处理,落实"四不放过"原则,严格按照程序对不合格工程进行处置。

9.2.3 测量管理不到位导致结构侵限

1. 事故概况

某年8月8日18:00左右,某项目部明挖段技术员(见习生)通知测量组对右线 K1 + 245 泵房处的围护结构进行放线。测量组完成测量放线后,由于施工员不在现场,测量组长便对分包单位的现场值班人员进行口头交底,测量组在回到工程部后也没有及时向施工技术员进行书面交底及复核,同时工程部技术员在施工中没有及时对重点部位的断面尺寸进行检查。

次日分包方考虑到是夜间放线及该段作业场地较软,桩位和插入的型钢可能存在较大误差,要求测量组对已经完成的型钢偏位情况进行检查,测量组复测后说只复测了几个点,偏差最大 20 mm,最小 5 mm,满足设计及施工要求,已施工的型钢没有问题。该段围护结构在8月12~14日施工完毕,直到10月2日开挖前,测量组也没有对其进行复查。

同年10月15日下午,在对明挖区间排水泵房的主体结构放线过程中,发现泵房的围护结构 SMW 桩 H 型钢侵限,H 型钢插入深度 18 m,开挖深度 8.3 m,共计 13 根,平均侵限尺寸为 30~40 cm,最大尺寸为 54 cm。发现该问题后,立即对合同段内的围护结构其余型钢进行了复测,没有发现侵限现象。

2. 事故原因分析

(1)测量人员提供原始的测量资料无法说明测量放样的准确性,没有履行测量计算、复核制度,且测量放线后未进行书面交底,只对现场施工人员进行了口头交底,违反了《施工技术管理办法》中"测量桩点及测量资料交底必须在现场由测量组和施工负责人以书面形式进行交接,交接桩点不清时,不得施工;所有测量成果及放样资料应有计算、复核,并保存相关的测量资料"的规定,是造成事故的主要原因。

(2)明挖段技术负责人、值班技术员(见习生)对放线情况不清楚,也未向测量组索要放线交底书,在施工过程中对围护结构尺寸复核不到位,施工管理与测量工作脱节是造成这起质量事故的重要原因。

（3）项目部测量组共有 4 人，其中 2 人不会测量数据计算，质量检查人员也不足，质检组只有兼职质验员 1 人，技术力量薄弱也是造成这起质量事故的重要原因。

（4）项目部制定了"施工技术交底"等质量管理制度，工程部开会也多次强调质量制度落实的重要性，但在现场操作中并未严格落实，项目部施工技术管理不到位是造成这起质量事故的间接原因。

3. 事故教训和防范措施

（1）在今后施工过程中，项目应严格执行测量"三级复核"制度，完善测量管理制度，加强测量放样的自检制度，桩点及放样资料使用前都必须复核检查，以确保测量成果的准确性。

（2）一切原始观测值记录必须在现场记录清楚，不得私自涂改，不得凭记忆补记。所有测量放样资料的计算，均须两人同时独立地计算复核，最后成果一致才能使用。

（3）所有桩点和测量资料交底必须在现场由测量组和施工负责人以书面形式交接，交接桩点不清时，不得施工。

（4）严格执行技术交底制度。技术交底应由技术负责人主持，生产副经理、相关技术人员、分队长、施工员、工班长参加，将施工图纸、实施性施工组织设计、工程数量、施工方法、技术规定、操作规程，以及工序间的职业健康安全、质量、环境管理要求向施工队和工班施工人员详细交底。

技术交底在施工前应以书面形式提出，结构复杂的工程，应分期分部位附专门交底图纸，并严格执行交底、复核、接受签认制度。在特殊情况下，须采用口头方式对工班进行交底时，应做好技术交底记录。

（5）加强施工现场管理，增强质量意识，施工人员必须严格按照交底规范施工，施工精益求精，严格过程控制，确保管理者和操作者的工作质量，从而保证工序质量和工程质量。

9.2.4 测量错误引发的质量事故

1. 事故概况

某铁路特大桥项目，在无正式设计施工图纸的情况下，甲方为了保证工期，要求提前开工，设计院发放了初步设计草图（蓝图）。图中特大桥的中心里程为 DZK802＋523，其中 0#～28#墩位于直线上，29#～40#台位于曲线上。

由于初步设计图只有直线段桥墩（1#～28#墩）的中心里程及线形位置，曲线位置上 29#～40#台无线形设计资料，对直线段桥墩（1#～28#墩），由测量工程师及技术部长分别对墩心、钻孔桩位放样资料进行了计算。双方计算后，经核对计算资料完全相同，无问题，准备用于实际现场放样。

之后，设计院通知新建二线桥桥墩要与既有线桥墩一一精确对应，要求现场人员进行实际核对。测量人员依照测量资料现场放样后发现，新建二线各墩中心位置与老桥在纵向里程上错开 1 m，随后通知设计院。

之后，甲方组织设计院召开了第一次现场交底会议，在第一批设计交底上显示将 7#、8#、9#三墩的中心位置依照特大桥初步设计图分别向大里程方向调整 1 m，使新、老两桥位置一一对应桥梁中心里程，由 DZK802＋523 变为 DZK802＋524。

对此,测量工程师依照所交的 $7^\#$、$8^\#$、$9^\#$ 三墩中心里程位置重新推算出了 $1^\# \sim 10^\#$ 墩新的放样资料。这时他计算的 $1^\# \sim 10^\#$ 墩放样资料没有人进行复核。

甲方组织设计院进行第二次交底会,给出所有墩台身设计里程。$11^\# \sim 28^\#$ 墩的放样资料也由测量工程师一人进行计算并用作了现场放样,无人复核,造成 $11^\# \sim 28^\#$ 墩跨距相差 1 m 的错误。

2. 原因分析

本次事故的根本原因是第二次新图纸收到后进行计算并放线,没有进行复测。主要原因是新手多、经验少、工作不细、新老图纸交替、计算错误,人员责任心不强,没有严格执行测量双检制,从而造成此次技术责任质量事故发生。

(1)本项目是在铁路提速、设计变更、干干停停的情况下施工的,技术管理人员变动较大,现任项目总工程师因工作时间短,对大桥工程施工缺少经验,对技术管理程序掌握不清,以致不能按技术管理程序要求监督执行。

(2)测量工程师、技术部长、总工程师均为年轻人,缺乏一定的施工经验,在各自的岗位上未尽职尽责,对几经变化的图纸不能严格审核,不能严格对测量计算资料进行复核,测量结果也没有复核。

(3)工作之间沟通不够,总工未能及时向项目部及公司反映情况,公司忽视了该桥可能出现的问题,没有进行相关检查指导和要求。

(4)该项目经理不是技术人员出身,对工程技术不太了解,加上项目总工年轻,缺乏经验,造成此次事故的发生。

3. 吸取的教训及防范措施

(1)本次质量事故及处理在全公司通报,进一步加强技术管理工作,落实责任,从思想上认识到工程测量放线的重要性。

(2)要求各项目部对在建工程尽快组织一次全面的技术监测复查工作,主管测量工程师测量计算放线后,必须进行复核,互相签认,并定期组织全线联测。

(3)各项目部要组织技术人员认真学习施工技术暂行管理办法、设计文件及技术标准审查制度、测量双检制度等相关规定,强化技术管理程序的落实。

9.3 隧道测量事故案例分析

9.3.1 错误使用中线导致隧道测量偏差

1. 事故概况

某隧道于某年 1 月 10 日开始进场,1 月 15 ~ 17 日与设计院交接桩,在现场点收桩位后,进行书面交接。接桩后作业队根据接桩资料进行场地布置,并测放线路中线。

测量总队于 2 月 7 ~ 16 日对隧道线路测量控制桩进行复测,本次测量确认了设计院提供的线路测量控制桩点可用。

精测组于 8 月 10 ~ 15 日再次进行复测,主要涉及洞内外联测(平面及高程)、洞内放样结构尺寸等,未发现隧道中线有误。

11月10日,在进行大标段测量控制桩升级埋桩时,才发现隧道中线与相邻大桥左线中线基本重合。经多次联测确认,现施工的隧道中线为设计线路左线中线,将隧道左线中线错认为是隧道中线。此时进口上断面开挖220 m(其中Ⅳ级围岩40 m,Ⅲ级围岩180 m),完成初期支护94 m;出口上半断面开挖初期支护40 m,溶洞段28 m(此段因与设计地质不符,拱架已部分变形,基础承载力不够,业主已批复按变更处理)。

2.事故原因分析

(1)作业队技术管理不严,对铁路规范学习不够,图纸审核不细,重要的测量技术交底未认真复核,测量人员将隧道左线中线误用作隧道中线。

(2)精测组进行复测时没有严格进行测量放样资料的复核及贯彻实施"换手"测量的要求。

(3)项目部在施工过程管理中,技术督导工作不到位。

(4)设计方在向施工单位及监理单位提交测量资料时,没有把测量资料的附件作为交桩资料的组成部分一并交给项目部及监理单位,设计方的交桩资料未明确指出本线路中线采用线路左线中线。

3.事故教训和防范措施

(1)加强技术干部业务学习,尤其是遇到新技术、新标准的项目,更要注意加强对规范的学习。施工队伍没有所承担项目的技术管理经验时,也要注意加强对规范的学习。

(2)强化技术管理干部的责任心,坚持技术管理程序和复核制度,严格落实作业规程。

(3)项目部在施工管理过程中,要识别出关键重要环节,并认真督促指导现场工作。

9.3.2 工作失误导致隧道测量偏差

1.事故概况

某隧道进洞施工前,测量总队于2004年12月下旬完成交桩复测及洞外控制点加密工作。

2006年1月16日,根据指挥部的要求,测量总队对隧道中线进行了复测,发现精测组在隧道洞内所设置的中线控制点ZD1、ZD2存在较大偏差,已导致距离洞口约700 m处已衬砌左侧边墙最大侵限10.9 cm。依据这个测量成果,影响衬砌长度约218 m。

2006年1月22日,精测组对测量总队1月16日的测量成果进行了复测。精测组复测结果表明:隧道洞内当前使用的中线确实存在偏差,但偏差值比集团公司测量总队结果略小,已衬砌左侧边墙最大侵限值为8 cm。根据工区提交的中线调整方案,指挥部同意立即按照集团公司测量总队测量结果进行矫正。

2006年6月6日,指挥部下达了书面调度通知单,要求两级测量队进行联合测量。2006年6月17日,测量总队和精测组开始联合测量。两级联合测量成果确认,精测组2006年1月22日复测认定的隧道中线偏差值是正确的。

2006年6月22日,指挥部要求工区以联合测量成果对隧道衬砌净空断面进行了重新检测,测量结果表明389 m的隧道二衬断面存在侵入设计内轮廓线的情况,最大侵限值为9.54 cm。

该隧道于 2006 年 12 月 8 日贯通,12 月 21 日开始贯通测量,最后进行折线调整。调整长度约 250 m,最大凿除厚度为 5 cm。

2. 事故原因分析

(1)2005 年 8 月 21 日,精测组提交的隧道复测、加密测量成果中的洞内控制点 ZD1、ZD2,是在没有对测量总队加密点进行检核的情况下设置的,该两点事后经两级测量队核实,分别偏离设计中线 2.4 cm 和 4.4 cm。这是造成隧道施工中线偏差以及衬砌侵入设计内轮廓线的主要原因。

(2)2005 年 8 月 21 日,在精测组发现对隧道中线复测所放中线与项目部之前所放中线(事后表明是正确的)存在较大差异时,工区未及时向指挥部上报,未主动要求精测组重新复测确认,未能及时发现、制止隧道中线发生偏移。

(3)指挥部在 2006 年 1 月测量总队复测时发现隧道中线偏差并通知精测组现场复核,虽多次电话要求两级测量队联合确认,但在没有结果的情况下,直至 6 月 6 日才发出调度通知,处理问题不够坚决彻底。

3. 事故教训和防范措施

(1)技术管理干部加强业务学习,对工作中遇到的问题,要深入分析其中的各个环节,查找出真正的原因,不能想当然地用推测来代替调查分析。

(2)强化技术管理干部的责任心,坚持技术管理程序和复核制度,严格落实作业规程。

(3)项目部在施工管理过程中,对遇到的关键问题,应及时采取相应措施,避免损失扩大。

9.3.3 某隧道 DZIK50 + 319 ~ DZIK50 + 274 段初支测量偏差

1. 事故概况

某年 4 月 29 日,某隧道进口方向洞内施工至 DZIK50 + 340 处,根据施工测量需要,项目部测量组于该日定 DZIK50 + 366.709(YH)处临时桩,以 DZIK50 + 476.709 为置镜点,DZIK50 + 560.549 为后视点(置镜点和后视点均经过测量组复核),该临时桩点经复核后投入使用。同年 5 月 23 日,项目部测量组重新定桩时对 DZIK50 + 366.709(YH)临时桩进行复核,发现该桩点坐标偏移(X 方向偏移 76 mm,Y 方向偏移 25 mm)。

4 月 29 日到 5 月 23 日,以 DZIK50 + 366.709(YH)临时桩点为置镜点进行测量的施工范围为 DZIK50 + 340 ~ DZIK50 + 274,计 66 m。该段原设计为 Ⅳ 级围岩,因围岩较差,已变更为 Ⅴ 级,格栅钢架 1 榀/m,初喷混凝土 22 cm,其中 DZIK50 + 340 ~ DZIK50 + 319 段偏差量为 3 ~ 5 cm,早已衬砌。

11 月 7 日,项目部测量组采用断面仪对 DZIK50 + 319 ~ DZIK50 + 274 段进行复测,测得隧道线路右侧超挖,左侧欠挖,偏差量为 11 ~ 30 cm。

2. 事故原因分析

(1)DZIK50 + 366.709(YH)处临时桩距掌子面较近(最小时为 26 m),该段隧道有渗水,渗水浸泡桩点,加上出渣车辆来回碾压,导致桩点逐渐偏移,是造成此次事故的最直接原因。

（2）负责该段的现场测量人员，使用临时桩点近一个月时间，未按要求对临时桩点进行复核，是造成此次事故的次要原因之一。

（3）项目总工未严格执行"测量三级复核"制，未及时对测量桩点进行复核，是造成此次事故的次要原因之二。

3. 事故的教训和防范措施

（1）桩点必须埋设在相对位置较好、不易被水浸泡和车辆碾压的地方。

（2）采用 20 cm×20 cm×1 cm 钢板桩，锚固钢筋 φ22，长度 25 cm，3 根，焊接牢固，混凝土埋设牢固。

（3）测量组定好桩点后，必须经工程部长或总工复核无误后，方可投入使用。

（4）测量组每隔 2~3 个循环必须对临时桩点进行复核，发现偏差后，及时上报项目总工处理。

（5）严格按照"测量三级复核"制执行。

9.4 北斗泄密事件与近两年测绘违法典型案件

9.4.1 某女生破解北斗系统

我国某大学精仪系本科毕业、电子工程系研究生毕业的女学生高某，在美国斯坦佛大学攻读博士学位期间破解了我国北斗二代定位导航卫星的信道编码规则。

2007 年 4 月，中国发射了属于北斗一号系统的首颗地球中轨道卫星。在先前取得成功的技术基础上，高某解调了这颗 M1 卫星上所有民用码广播的三个波段频率（E2，E5b，E6），证实了所有的中国北斗 – M1 编码都是 Gold 码，并且破解出其编码生成器为线性移位反馈寄存器。她还将这些伪随机数码应用于一个软件接收机中，获取并跟踪北斗 – M1 卫星。

其实，北斗二代并不是高某的第一个破解目标，伽利略系统的首颗试验卫星于 2006 年 1 月被激活后，在几个小时之内，她就与实验室工作人员一起捕捉到了三个波段上的信号，并在接下来的几周里破解了信道编码。因此，对北斗二代 – M1 卫星的破解，更多的是上述工作的重复。地面设备的核心是安捷伦 89600 矢量信号分析系统，配合其专用的 VXI 总线的测试设备，可对射频信号进行非常深入的分析，这套组合非常高端，可对三种国际 3G 标准设备进行测试分析，包括我国提出的 TD – SCDMA 标准的设备，甚至下一代的 LTE 设备。

北斗二代除定位导航外，还有一个与众不同的功能，即可以进行数据通信。而数据通信的安全取决于加密编码体制，这是不同于信道编码的另一个层面的问题，她的研究与此无关。

但是，高某的研究也并不是没有意义，北斗在一些波段上覆盖了 GPS 和伽利略系统，研究北斗卫星信号的编码调制方式可以帮助搞清楚系统之间是否会产生冲突。

高某将现行的民用短码的信道编码生成多项式公开，这不是北斗设计者所乐见的，但对北斗二代的安全，特别是军事应用的安全，并不会产生实质性的危害。

中国卫星导航定位协会会长张荣久表示,我国已增强了北斗系统的安全性,北斗地面增强系统已率先在湖北和上海落成使用。

张荣久在天津市北斗卫星导航定位地面增强系统建设方案专家组论证会上介绍说,北斗卫星导航系统是我国自主建设、独立运行并与世界其他卫星导航系统相兼容的全球卫星导航系统,被广泛应用于中国测绘、国土、城建、规划、水利等行业。

为进一步提高位置服务精度,北斗系统计划在全国范围内搭建北斗地面增强系统。2013 年,增强系统已率先在上海和湖北落地应用。

据了解,天津市北斗卫星导航定位地面增强系统建设方案已通过专家组的论证并开始施工建设,共建 21 个基站,于 2015 年投入使用。

9.4.2　2014 年测绘地理信息违法典型案件

(来源:国家测绘地理信息局法规与行业管理司,国测法发〔2015〕7 号)

各省、自治区、直辖市、计划单列市测绘地理信息行政主管部门,新疆生产建设兵团测绘地理信息主管部门:

2014 年,全国各级测绘地理信息行政主管部门深入贯彻党的十八届三中、四中全会精神,坚持严格规范公正文明执法,加大执法力度,依法惩处各类测绘地理信息违法行为,切实维护测绘地理信息市场秩序,保障国家安全和利益。为发挥典型案件的警示作用,现将 2014 年测绘地理信息违法典型案件通报如下。

一、金华诚宇土地调查登记代理有限公司无测绘资质非法测绘案

2014 年 8 月,金华市测绘与地理信息局接到举报,反映金华诚宇土地调查登记代理有限公司涉嫌违法从事测绘活动。经查,2014 年 6～7 月,该公司在未取得测绘资质证书的情况下,擅自对金华某电机有限公司、浙江某工贸有限公司等 4 家企业开展日常地籍测量和用地复核验收测量活动,共收取宗地勘测费 9 022 元。该公司的行为违反了《中华人民共和国测绘法》第二十二条关于测绘资质管理的规定。2014 年 10 月,金华市测绘与地理信息局依据《中华人民共和国测绘法》第四十二条的规定,对该公司做出责令停止违法行为,没收违法所得和测绘成果,并处测绘约定报酬 1 倍罚款的行政处罚。

二、嘉兴科创信息科技有限公司无测绘资质非法测绘案

2014 年 10 月,嘉兴市测绘与地理信息局接到群众举报,嘉兴科创信息科技有限公司未取得测绘资质擅自提供有偿地图标注服务。经查,该公司在未取得测绘资质的情况下,通过调用百度地图发布的"地图名片"工具进行信息输入标注,利用链接网址方式将相关内容在其网站中的"商家地图"栏中显示标注企业信息,属互联网地图标注服务。该公司还利用百度地图下载图片拼接,形成嘉兴洪合镇区域电子地图,并在地图上标注企业信息,属地图编制活动。该公司的行为违反了《中华人民共和国测绘法》第二十二条关于测绘资质的规定。2014 年 12 月,嘉兴市城乡规划建设管理委员会依据《中华人民共和国测绘法》第四十二条的规定,对该公司做出责令停止违法行为,没收测绘成果的行政处罚。

三、哈尔滨沃土华源科技开发有限公司伪造测绘资质证书案

2014 年 2 月,黑龙江测绘地理信息局在测绘项目备案检查过程中发现,哈尔滨沃土华源科技开发有限公司涉嫌伪造测绘资质证书。经查,该公司将丙级测绘资质证书复印

件涂改为乙级测绘资质证书,并以伪造的证书向黑龙江测绘地理信息局购买测绘成果。该公司的行为违反了《黑龙江省测绘管理条例》第八条关于不得伪造、涂改、转借、转让和借用测绘资质证书的规定。2014 年 3 月,黑龙江测绘地理信息局依据《黑龙江省测绘管理条例》第二十八条的规定,对该公司做出处以相应数额罚款的行政处罚。

四、杭州吉翱信息技术有限公司提供虚假材料申请测绘资质案

2014 年 1 月,杭州吉翱信息技术有限公司申请丙级测绘资质。在审查中,浙江省测绘与地理信息局发现该公司提供的测绘资质申请材料中有三名技术人员的毕业证书存在疑点。浙江省测绘与地理信息局向相关高校发送了调查函,经查,上述三名技术人员的毕业证书均为虚假材料。该公司的行为违反了《中华人民共和国行政许可法》第三十一条关于行政许可申请材料真实性的规定。2014 年 3 月,浙江省测绘与地理信息局依据《中华人民共和国行政许可法》第七十八条的规定,对该公司做出警告,一年内不得再次申请测绘资质的行政处罚。

五、永春县泉永杰贸易有限公司非法加工出口"问题地图"案

2013 年 9 月,永春县泉永杰贸易有限公司为加拿大客户代理加工出口 2 000 册《INDI-AN SUBCONTINENT》、2 000 册《CARIBBEAN ISLANDS》、2 020 张《ANTIGUA&DOMINICA》,印刷前未按照规定将试制样图报测绘地理信息行政主管部门审核。图集《INDIAN SUB-CONTINENT》中印边界表示错误,违反了《中华人民共和国地图编制出版管理条例》第六条、第十七条和《地图审核管理规定》第八条的有关规定。2013 年 12 月,福建省测绘地理信息局依据《中华人民共和国地图编制出版管理条例》第二十五条和《地图审核管理规定》第二十五条的规定,对该公司做出警告,责令停止上述地图(图集)在中华人民共和国境内发行、销售、展示,没收 2 000 册《INDIAN SUBCONTINENT》,并处相应数额罚款的行政处罚。

六、邵武市紫宏进出口贸易有限公司非法加工出口"问题地图"案

2014 年 8 月,邵武市紫宏进出口贸易有限公司为德国莱比锡客户代理加工出口的 440 幅喷绘世界地图,印刷前未按照规定将试制样图报测绘地理信息行政主管部门审核。地图中存在漏绘钓鱼岛、赤尾屿,阿克赛钦地区表示错误,台湾省按国家表示等严重问题,违反了《中华人民共和国地图编制出版管理条例》第六条、第十七条和《地图审核管理规定》第八条的有关规定。2014 年 10 月,福建省测绘地理信息局依据《中华人民共和国地图编制出版管理条例》第二十五条和《地图审核管理规定》第二十五条的规定,对该公司做出警告,没收 440 幅地图,并处相应数额罚款的行政处罚。

七、《21 世纪经济报道》登载"问题地图"案

2014 年 3 月,广东省国土资源厅对《21 世纪经济报道》涉嫌登载"问题地图"一事进行立案调查。经查,《21 世纪经济报道》的主办单位为广东二十一世纪环球经济报社。该报社 2013 年 12 月 30 日出版的《21 世纪经济报道》特 11 版和 14 版上刊载的《21 世纪乡土中国研究中心发布研究报告"富饶"的贫困》和《公车改革再出发》两篇文章的配图,由该社图形设计人员从素材中国网站和站酷网下载,并进行颜色编辑后作为配图使用。该配图存在错将我国藏南地区、阿克赛钦地区绘入印度,漏绘钓鱼岛和南海诸岛,漏绘重庆市界线等问题。该报社的行为违反了《中华人民共和国地图编制出版管理条例》第十七

条和《广东省测绘条例》第四十条的有关规定。2014年5月,广东省国土资源厅根据《中华人民共和国地图编制出版管理条例》第二十五条和《广东省测绘条例》第四十七条的规定,对该报社做出责令停止违法行为,没收当期未出售的报纸,责令该报社在《21世纪经济报道》显著位置刊载更正声明,并处相应数额罚款的行政处罚。

八、广西南宁奇佳文化传播有限公司非法编制、印刷地图案

2014年5月,南宁市国土资源执法监察支队收到群众举报,称广西南宁奇佳文化传播有限公司涉嫌非法编制、印刷地图。经查,该公司在未取得测绘资质、未经测绘地理信息行政主管部门审查批准的情况下,从2014年1月开始,擅自编制、印刷《2014广西南宁装修地图》1000多份,于2014年5月1~3日,在南宁房地产博览会上免费发放900多份。该公司的行为违反了《中华人民共和国地图编制出版管理条例》第五条和《广西壮族自治区测绘管理条例》第三十条的有关规定。2014年10月,南宁市国土资源局依据《中华人民共和国地图编制出版管理条例》第二十四条和《广西壮族自治区测绘管理条例》第四十九条的有关规定,对该公司做出责令停止违法行为,并处相应数额罚款的行政处罚。

九、上海瑞酷投资管理有限公司未经审核擅自印发"问题地图宣传品"案

2014年4月,上海市测绘管理办公室接到举报,称上海瑞酷投资管理有限公司印发的"全国甜蜜版图"宣传品中的中国地图属"问题地图"。经查,该图未经测绘地理信息行政主管部门审核,且存在漏绘我国南海诸岛、钓鱼岛和赤尾屿等问题。该公司的行为违反了《地图审核管理规定》第八条关于地图审核的规定。上海市测绘管理办公室要求其立即停止发放涉案地图宣传品。该公司立即停止发放,并主动销毁了尚存的30万份宣传品。2014年6月,上海市测绘管理办公室依据《地图审核管理规定》第二十五条的规定,对该公司做出责令停止使用未经审核批准的地图,并给予警告的行政处罚。

国家测绘地理信息局

2015年5月7日

9.4.3　2015年测绘地理信息违法典型案件

(来源:国家测绘地理信息局法规与行业管理司,2016-04-13 22:12:00)

近日,国家测绘地理信息局法规与行业管理司发文(国测法发〔2016〕3号),通报了7例2015年测绘地理信息违法典型案件。

2015年,各级测绘地理信息行政主管部门按照《中共中央关于全面推进依法治国若干重大问题的决定》要求,进一步完善测绘地理信息行政执法程序,加大执法力度,严厉查处违法行为,有力维护了测绘地理信息市场秩序。为发挥典型案件的警示和震慑作用,现将2015年测绘地理信息违法典型案件通报如下。

一、台湾籍人员在新疆非法测绘案

2015年6月,新疆维吾尔自治区测绘地理信息局接到有关部门移交的一起我国台湾籍人员焦某等6人擅闯军事禁区、涉嫌非法实施一次性测绘活动的案件。经查,2015年4月,焦某以寻找陨石为名到达新疆哈密地区,在5名中方人员陪同引导下,前往罗布泊中部区域,途中多次使用手持GPS接收机采集地理信息数据。焦某等人未经批准,擅自闯入某军事管理区被发现后查扣。经鉴定,焦某持有的手持GPS接收机共存储了35 207个

中国境内地理坐标，涉及7个省、自治区、直辖市，采集时间从2009年持续到2015年。根据《外国的组织或者个人来华测绘管理暂行办法》第二十一条"台湾地区的组织或者个人来内地从事测绘活动的，参照本办法进行管理"的规定，焦某的行为违反了《中华人民共和国测绘法》第七条"外国的组织或者个人在中华人民共和国领域和管辖的其他海域从事测绘活动，必须经国务院测绘行政主管部门会同军队测绘主管部门批准"的规定，属于非法测绘活动。11月20日，新疆维吾尔自治区测绘地理信息局依据《中华人民共和国测绘法》第五十一条的规定，对焦某做出责令停止违法测绘行为，没收涉案手持GPS接收机及该设备中存储的中国内地测绘地理信息数据，并处30 000元罚款的行政处罚。

二、《贵阳晚报》未经审核登载"问题地图"案

2015年4月，贵州省国土资源厅接到举报，反映《贵阳晚报》登载的国家版图有错误。贵州省国土资源厅交贵阳市国土资源局进行调查。经查，贵阳晚报社于2015年3月29日出版的《贵阳晚报》第10版和第15版两篇文章的配图由该报社从互联网上搜索下载，作为示意图登载。该配图存在漏绘台湾、海南、南海诸岛等地区，中印界线严重错误等问题，该报社的行为违反了《中华人民共和国地图编制出版管理条例》第十七条关于出版或者展示未出版的绘有国界线或者省、自治区、直辖市行政区域界线地图（含图书、报刊插图、示意图）的，在地图印刷或者展示前，应当依照规定送审的规定。2015年7月，贵阳市国土资源局依据《中华人民共和国地图编制出版管理条例》第二十五条的规定，对贵阳晚报社做出责令停止违法行为，并处6 000元罚款的行政处罚。

三、广西路佳道桥勘察设计有限公司违法复制测绘成果案

2014年5月，桂林市国土资源局联合有关部门在开展测绘成果保密检查中发现，广西路佳道桥勘察设计有限公司擅自复印、复制大量的涉密测绘成果。经查，该公司未经提供测绘成果的部门批准，擅自对测绘成果进行复制，涉及涉密图纸共计259幅。该公司的行为违反了《中华人民共和国测绘法》第二十九条"测绘成果保管单位应当采取措施保障测绘成果的完整和安全"的规定，以及《广西壮族自治区测绘管理条例》第三十五条"测绘成果不得擅自复制、转让或者转借。确需复制、转让或者转借测绘成果的，必须经提供该测绘成果的部门批准"的规定。鉴于该公司曾于2010年因擅自复制测绘成果被处以行政处罚，现再次擅自复制测绘成果，且复制数量巨大，故对其从重处罚。2015年2月，桂林市国土资源局依据《广西壮族自治区测绘管理条例》第五十条的规定，对广西路佳道桥勘察设计有限公司做出责令改正违法行为，并处104 500元罚款的行政处罚。

四、北京世纪国源科技发展有限公司未登记备案从事测绘活动案

2014年11月，吉林省测绘地理信息局在通化地区进行《吉林省测绘项目招标投标管理办法》专项执法检查时发现，北京世纪国源科技发展有限公司自2014年4月起，在梅河口市开展农村土地承包经营权确权发证工作，未按规定到吉林省测绘地理信息局进行事前登记备案。该公司的行为违反了《吉林省测绘条例》第二十三条"省外测绘单位进入本省承担测绘项目的，实施测绘前应当向省人民政府测绘行政主管部门登记备案"的规定。2015年1月，吉林省测绘地理信息局依据《吉林省测绘条例》第四十六条的规定，对北京世纪国源科技发展有限公司做出通报批评，并处20 000元罚款的行政处罚。

五、辽宁宏图创展测绘勘察有限公司未按照测绘成果资料保管制度管理测绘成果案

2015 年 4 月,重庆市规划局接到有关部门通报,反映辽宁宏图创展测绘勘察有限公司因未妥善保管,造成测绘成果资料损毁。经查,该公司在重庆市 1:5 000 地形图测绘(涪陵片区)项目中,未按照测绘成果资料的保管制度管理测绘成果,造成了 5 幅 1:5 000 地形图资料损毁。该公司的行为违反了《中华人民共和国测绘成果管理条例》第十二条"测绘成果保管单位应当按照规定保管测绘成果资料,不得损毁、散失、转让"的规定。2015 年 5 月,重庆市规划局依据《中华人民共和国测绘成果管理条例》第二十八条的规定,对辽宁宏图创展测绘勘察有限公司做出警告,责令改正,并处没收违法所得 12 000 元的行政处罚。

六、浙江省平阳县水利水电勘测设计所未取得测绘资质非法从事测绘活动案

2015 年 7 月,平阳县测绘与地理信息局在检查时发现,平阳县水利水电勘测设计所涉嫌违法从事测绘活动。经查,2015 年 6 月,该单位在未取得测绘资质证书的情况下,擅自对平阳县顺溪水利枢纽二道坝工程进行测绘活动。该行为违反了《中华人民共和国测绘法》第二十二条关于从事测绘活动的单位应当依法取得相应等级的测绘资质证书后方可从事测绘活动的规定。2015 年 10 月,平阳县测绘与地理信息局依据《中华人民共和国测绘法》第四十二条的规定,对平阳县水利水电勘测设计所做出责令停止违法行为,没收违法所得,并处测绘约定报酬 1 倍罚款的行政处罚。

七、武乡县洪水镇窑湾村村委会损坏测量标志案

2015 年 4 月,山西省武乡县国土资源局在对测量标志进行巡查时发现,武乡县洪水镇窑湾村西山头三角点测量标志受损。经查,该测量标志为窑湾村村委会组织村民在山上开垦荒地时损坏。该行为违反了《中华人民共和国测绘法》第三十五条"任何单位和个人不得损毁或者擅自移动永久性测量标志和正在使用中的临时性测量标志"的规定。2015 年 5 月,武乡县国土资源局依据《中华人民共和国测绘法》第五十条的规定,对窑湾村村委会做出行政处罚。

第10章　测绘安全管理

10.1　测绘安全生产注意事项

10.1.1　野外作业基本常识

自然界万物丛生,气象万千,山川风景、草木花卉、飞禽走兽、昆虫翎毛……无处不包含着丰富的色彩。但是,美丽的大自然在孕育着美好事物的同时,也包容着一些有毒物。

1.野外常见有毒动植物

蜈蚣、毒蛇、蜥蜴、蝎子、蜘蛛、壁虎、蟾蜍、黄蜂、水蛭(蚂蝗)等是日常生活中常见的有毒动物。夏季是毒虫、毒蛇、毒蜂等活跃的时候,在户外活动,如在公园、郊外散步时一定要当心,遇到这些毒物要远离,不要招惹它们。

黄蜂在遇到攻击或不友善干扰时,会群起攻击,可以致人出现过敏反应和中毒反应,严重者可导致死亡。

植物自身的化学成分复杂,其中有很多是有毒的物质,不慎接触或食用,就可能引发中毒。常见的有毒植物有蓖麻籽、夜来香、郁金香、夹竹桃、曼陀罗、水仙花、虞美人、马蹄莲、毒蘑菇等。

对有毒的植物,我们要尽量远离,如果家中用于装饰或绿化,最好放置到室外,且不要去玩弄或近距离接触。

2.野外活动防中毒的方法

野外丛林茂密,是很多动植物生长繁殖的乐园。如果到野外游玩,一定要注意安全,谨防有毒动植物的伤害。

(1)野外出游时,最好穿长袖衣裤、高筒鞋袜,并戴上帽子。

(2)不要采摘、食用不明的植物或野果。

(3)不要随便在草丛或蛇可能栖息的场所坐、卧;进入草丛前先用棍棒、石块等驱赶一下蛇虫,不要把手伸入不明洞穴中。

(4)留意树枝上的蜂窝,看到蜂窝要绕道走。

(5)坐下休息前仔细观察一下四周,起身时要检查、抖动一下携带的行装。

(6)雨后初晴的夏季和洪水过后,要特别注意防蛇。如果被蛇追赶,最好忽左忽右成"S"形跑。

3.野外作业时被狗咬伤的处理办法

野外测绘作业时,经常会遇到被狗咬的情况,有时在不经意中就会被狗咬到。一旦被狗咬了,一定要及时地进行处理,下面介绍一下被狗咬伤后的处理办法:

(1)被狗咬伤后要马上找到水源,用干净的冷水冲洗伤口,最好用长流水。如果身边有肥皂,可以用肥皂水清洗,把伤口上的病菌彻底地清洗干净,最少要冲洗20 min左右。

(2)在冲洗伤口的过程中,要用双手挤压伤口的四周,将被感染的血液完全挤压出来,如果自己不方便,可以让身边的人帮助清理伤口,不要让伤口上面残留病菌。

(3)被狗咬伤的伤口用清水冲洗干净以后,要用医用的消毒药品对伤口进行消毒擦拭,如酒精、碘酒等。

(4)被狗咬伤如果很严重,在清洗消毒的过程中血流不止,一定要在清洗消毒伤口之后用衣服、毛巾之类紧紧勒住伤处止血,如果有止血带最好,止血以后要立即赶往医院注射狂犬疫苗。

(5)在被狗咬伤后,一定要及时赶往医院,不能超过24 h,如果伤口很深、伤处较多的话,要先注射血清,然后再注射狂犬疫苗。狂犬疫苗注射是周期性的,一定要及时去医院注射。

4.野外作业时遇到毒蛇的处理办法

(1)躲蛇。最重要的是要明白,其实蛇是怕人的,只要有人进入它的生活范围,它就会拼命地跑掉或者躲藏,但是多数蛇的感觉器官比较迟钝,总是等你距离它很近了才有反应,这时候如果你惊慌失措,动作幅度过大的话,蛇就会以为你要对它进行攻击,才会对你进行反攻击,所以遇蛇不要怕,冷静地退离,蛇是不追人的。

(2)打蛇。在估计有蛇的地方行走时带上一条竹竿,或者棍子(前面像小弹弓叉一样的最好,是用来捉蛇的工具),走草丛的时候不断地抽打前方的草丛,或者用石头丢前方的草丛,蛇会被吓跑,看到蛇的时候可以猛打,或者用带叉的棍将它的脑袋叉在地上,建议不要用石块拍它,能躲就躲。

(3)治疗。如果可以的话在露营时在帐篷周围撒上一圈雄黄。怕蛇的,外出时带点硫黄,有蛇药的带上蛇药。如果被蛇咬了,赶紧拔毒、包扎、上药,被咬后以最快的速度用清水冲洗,并将伤口的血多挤点出来,洗净,有白酒冲洗更好,必要时请人帮忙吸出来(吸的人一定要小心,口腔不能有伤口,比如溃疡、破裂的泡、发炎等,以防中毒),然后敷药。伤在胳膊、腿的,最好将胳膊、腿用绳子捆上,阻断血液的循环,防止血液将毒素带到全身,情况严重的应尽快下山送医院治疗,不得耽误。

5.野外作业时遇到蝎子的处理方法

(1)主要毒素:蝎子的尾端有一根与毒腺相通的钩形毒刺,蛰人时毒液由此进入伤口。蝎毒内含毒性蛋白,主要有神经毒素、溶血毒素、出血毒素及使心脏和血管收缩的毒素等。

(2)症状:被蝎子蛰伤处常发生大片红肿、剧痛,轻者几天后症状消失,重者可出现寒颤、发热、恶心呕吐、肌肉强直、流涎、头痛、头晕、昏睡、盗汗、呼吸增快,甚至抽搐及内脏出血、水肿等病变。儿童被蛰后,严重者可因呼吸、循环衰竭而死亡。

(3)处理措施:被蝎子蛰伤后,应立即用手帕、布带或绳子在伤口上方3~5 cm(近心端)处扎紧,同时拔出毒钩,并用挤压、吸吮等方法,尽量使含有毒素的血液由伤口挤出,必要时请医生切开伤口吸取毒液,以防被蝎毒污染的血液流入心脏,并用双手在伤口周围用力挤压伤口,直到挤出血水;而后应在局部涂上一些浓肥皂水或碱水。用3%氨水、5%苏打水或者0.5%的高锰酸钾溶液洗涤伤口,或将明矾研碎用醋调成糊状涂在伤口上。

也可选用以下药物外敷:①明矾,研细末,用米醋调敷;②雄黄、明矾等,研细末,用茶水调敷;③大青叶、马齿苋、薄荷叶捣烂,外敷。

6. 野外作业时遇到蜂蛰的处理办法

蜂有蜜蜂、黄蜂、大黄蜂及土蜂等。雌蜂的尾部有毒腺及蛰针。蛰针本为产卵器的变形物,可由它注毒液到人体。雌蜂的毒刺上尚有逆钩,刺入人体后,部分残留于伤口内。黄蜂的刺则不留于伤口内,但黄蜂较蜜蜂蛰伤严重。雄蜂之毒腺及蛰针不伤人。

蜂毒主要含有蚁酸、神经毒和组胺。人被蛰伤后,主要产生剧痛、灼热、红肿或水疱。被群蜂或毒性较大的黄蜂蛰伤后,症状较重,可出现头晕、头痛、恶寒、发热、烦躁、痉挛及晕厥等,少数可出现喉头水肿、气喘、呕吐、腹痛、心率增快、血压下降、休克和昏迷。

被蜂蛰伤后,可采取以下方法急救:

(1)立即在被蛰局部寻找蜂针并拔除,然后再拔火罐吸出毒汁,减少毒素的吸收。

(2)局部用3%氨水、5%碳酸氢钠溶液或肥皂水洗净。对黄蜂蛰伤则不用上药,而是局部涂以醋酸或食醋。

(3)可在伤口周围涂南通蛇药或在下列草药中任选一种捣烂外敷,如紫花地丁、半边莲、七叶一枝花、蒲公英等。有神志障碍、呼吸困难或尿血的重症病人,应尽快送医院治疗。

7. 常见食物搭配禁忌(32 种)

(1)豆浆 + 鸡蛋,失去营养素;

(2)开水 + 蜂蜜,破坏营养素;

(3)米汤 + 奶粉,破坏维生素 A;

(4)海味 + 水果,影响蛋白质吸收;

(5)豆浆 + 红糖,降低蛋白质营养价值;

(6)山楂 + 胡萝卜,维生素 C 遭到破坏;

(7)牛奶 + 果汁,不利于消化吸收;

(8)小葱 + 豆腐,影响人体对钙的吸收;

(9)马铃薯 + 香蕉,会面部生斑;

(10)洋葱 + 蜂蜜,会伤眼睛;

(11)豆腐 + 蜂蜜,会引起耳聋;

(12)萝卜 + 木耳,会引起皮炎;

(13)兔肉 + 芹菜,会引起脱皮;

(14)萝卜 + 水果,会致甲状腺肿大;

(15)红薯 + 柿子,会引起结石病;

(16)香蕉 + 芋头,会引起腹胀;

(17)螃蟹 + 柿子,会引起腹泻;

(18)牛肉 + 栗子,会引起呕吐;

(19)猪肉 + 菱角,会引起肚子痛;

(20)肉类 + 茶饮,易产生便秘;

(21)啤酒 + 海味,引发痛风症;

（22）羊肉＋西瓜,会伤元气；

（23）鸡肉＋芹菜,会伤元气；

（24）鹅肉＋鸡蛋,会伤元气；

（25）花生＋黄瓜,会伤身；

（26）白酒＋柿子,会引起中毒；

（27）狗肉＋绿豆,会引起中毒；

（28）甲鱼＋苋菜,会引起中毒；

（29）鲤鱼＋甘草,会引起中毒；

（30）白酒＋胡萝卜,肝脏易中毒；

（31）对虾＋维生素C,可致砷中毒；

（32）咸鱼＋西红柿(或香蕉＋乳酸饮料),产生强致癌物。

注:以上禁忌来自网络,仅供参考。

8. 常见食物搭配禁忌大全

1）粮食类

（1）大米(粳米):不可与马肉同食;不可与苍耳同食,同食使人心痛。

（2）小米:不可与杏同食,否则会令人呕吐,气滞者禁用。

（3）糯米:①不宜食用冷自来水所煮的饭;②不宜常吃剩油炒饭。

（4）高粱:①不宜常吃加热后放置的高粱米饭或煮剩的高粱米饭;②不宜加碱煮食。

（5）黄豆:①不宜多食炒熟的黄豆;②对黄豆过敏者不宜食用;③服用四环素类药物时不宜食用;④服用红霉素、灭滴灵、甲氰咪胍时不宜食用;⑤服用左旋多巴时不宜食用;⑥不宜煮食时加碱;⑦食用时不宜加热时间过长;⑧服用铁制剂时不宜食用;⑨服氨茶碱等茶碱类药时不宜食用;⑩不宜与猪血、蕨菜同食;⑪不宜多食。

（6）豆浆:①饮用时加热时间不宜过短;②不宜和鸡蛋同时煮食;③豆浆不宜加红糖饮用;④暖水瓶装豆浆不宜饮用;⑤喝豆浆时不宜食红薯或橘子;⑥不宜多饮。

（7）绿豆:①服温热药物时不宜食用;②服用四环素类药物时不宜食用;③服甲氰咪胍、灭滴灵、红霉素时不宜食用;④服用铁制剂时不宜食用;⑤煮食时不宜加碱;⑥老人、病后体虚者不宜食用;⑦不宜与狗肉、榧子同食。

（8）红豆:①忌与米同煮,食之发口疮;②不宜与羊肉同食;③被蛇咬伤者,忌食百日;④多尿者忌用。

2）油类

（1）猪油:①服降压药及降血脂药时不宜食用;②不宜用大火煎熬后食用;③不宜久贮后食用;④不宜食用反复煎炸食物的猪油。

（2）菜籽油:①不宜经高温处理再贮存后食用;②带有哈喇的菜籽油不应食用。

3）蔬菜类

（1）萝卜:忌地黄、何首乌。

（2）胡萝卜:①不得与酒同食,因为胡萝卜素与酒精一同进入人体,会在肝脏内产生毒素,引起肝病;②不宜与西红柿、萝卜、辣椒、石榴、莴苣、木瓜等一同食用,因胡萝卜中含有分解酶,可使其他果菜中的维生素失效;③胡萝卜最好单独食用或与肉类一起食用。

（3）甘薯：①不能与柿子同食，二者同食会形成难溶性的硬块，即胃柿石，引起胃胀、腹痛、呕吐，严重时可导致胃出血等；②不宜与香蕉同食。

（4）韭菜：①不可与菠菜同食，二者同食有滑肠作用，易引起腹泻；②不可与蜂蜜同食。

（5）竹笋：①不宜与豆腐同食，同食易生结石；②不可与鸽肉同食，同食会使人腹胀。

（6）香菜：①忌与一切补药同食；②忌白术、牡丹皮等。

（7）南瓜：不可与羊肉同食，否则易发生黄疸和脚气。

（8）芹菜：忌与醋同食，否则易损牙齿。

（9）芥菜：忌与鲫鱼同食，否则易发生水肿。

（10）蕨菜：忌与黄豆、花生、毛豆同食。

（11）山药：忌与鲫鱼同食。

（12）苋菜：不宜与菠菜、蕨粉同食。

（13）马齿苋：忌与鳖肉同食。

（14）葱：忌与杨梅、蜜糖同食，如同食会产生胸闷。忌枣，忌常山、地黄。

（15）蒜：一般不与补药同用，忌蜂蜜、地黄、何首乌、牡丹皮。

4）水果类

（1）枣：①忌与海鲜同食，否则会令人腰腹疼痛；②忌与葱同食，否则令人脏腑不和，头胀。

（2）苹果：不宜与海味同食（凡海味均不宜与含鞣酸的水果同吃，否则易产生腹痛、恶心、呕吐等）。

（3）鸭梨：忌与鹅肉同食。

（4）橘子：忌与蟹同食。

（5）柑子：忌与萝卜、牛奶同食。

（6）山楂、石榴、木瓜、葡萄：①不宜与海鲜类、鱼类同食；②服用人参者忌食。

（7）桃：忌与鳖肉同食。

（8）香蕉：忌与白薯、芋头同食。

（9）杨梅：忌与生葱同食。

（10）芒果：不可与大蒜等辛物同食。

（11）杏：不宜与小米同食，否则会呕吐、腹泻。

5）肉类

（1）猪肉：①不宜食用未摘除甲状腺的猪肉；②服降压药和降血脂药时不宜多食；③忌食用猪油渣；④小儿不宜多食；⑤不宜在刚屠后煮食；⑥未剔除肾上腺和病变的淋巴结时不宜食用；⑦老人不宜多食瘦肉；⑧食用前不宜用热水浸泡；⑨在烧煮过程中忌加冷水；⑩不宜多食煎炸咸肉；⑪不宜多食加硝腌制之猪肉；⑫不宜多食午餐肉；⑬不宜多食肥肉；⑭忌与鹌鹑肉同食，同食令人面黑；⑮忌与鸽肉、鲫鱼、虾同食，同食令人滞气；⑯忌与荞麦同食，同食令人落毛发；⑰忌与菱角、黄豆、蕨菜、桔梗、乌梅、百合、巴豆、大黄、黄连、胡黄连、苍术、芫荽同食；⑱忌与牛肉、驴肉（易致腹泻）、羊肝同食；⑲服磺胺类药物时不宜多食。

（2）猪肝：①忌与荞麦、黄豆、豆腐同食，同食发痼疾；②忌与鱼肉同食，否则令人伤神；③忌与雀肉、山鸡、鹌鹑肉同食；④忌鲤鱼肠子、豆酱、鱼肉。

（3）猪血：①忌黄豆，同食令人气滞；②忌地黄、何首乌、蜜。

（4）羊肉：①不宜多食烤羊肉串；②不宜食用反复剩热或冻藏加温的羊肉；③有内热者不宜多食；④服用泻药后不宜食用；⑤不宜食用未摘除甲状腺的羊肉；⑥不宜与乳酪同食；⑦不宜与豆酱、醋同食；⑧不宜与荞麦同食；⑨服用中药半夏、菖蒲、铜、丹砂时禁忌食用；⑩烧焦了的羊不应食用；⑪未完全烧熟或未炒熟不宜食用；⑫不宜用不适当的烹制方法烹制食用。

（5）羊肝：①忌与生椒、梅、赤豆、苦笋、猪肉同食；②不宜与富含维生素C的蔬菜同食。

（6）狗肉：①小儿禁忌多食；②不宜食用甲状腺未摘除的狗肉；③食大蒜及服商陆、杏仁时禁忌食用；④不宜食用剩热或冷藏加工品；⑤不宜与鲤鱼同时食用；⑥食后不宜饮茶。

（7）牛肉：①不宜食用反复剩热或冷藏加温的牛肉食品；②内热盛者禁忌食用；③不宜食用熏、烤、腌制品；④不宜用不适当烹制方法烹制食用；⑤不宜食用未摘除甲状腺的牛肉；⑥不宜使用炒其他肉食后未清洗的炒菜锅炒食牛肉；⑦与猪肉、白酒、韭菜、薤（小蒜）、生姜同食易致牙龈炎症；⑧与栗子不宜同食；⑨不宜与牛膝、仙茅同用；⑩服氨茶碱时禁忌食用。

（8）牛肝：①忌鲍鱼、鲇鱼；②不宜与富含维生素C的食物同食。

（9）鸡肉：①食时不应饮汤弃肉；②禁忌食用多龄鸡头；③禁忌食用鸡臀尖；④不宜与兔肉同时食用；⑤不宜与鲤鱼同时食用；⑥不宜与大蒜同时食用；⑦服用左旋多巴时不宜食用；⑧服用铁制剂时不宜食用；⑨忌芥末、糯米、李子。

（10）鸭肉：①忌木耳、胡桃；②不宜与鳖肉同食，同食令人阴盛阳虚，水肿泄泻。

（11）驴肉：①忌荆芥；②不宜与猪肉同食，否则易致腹泻。

（12）马肉：①不宜与大米（粳米）、猪肉同食；②忌生姜、苍耳。

（13）鹅肉：不宜与鸭梨同吃。

（14）鹿肉：不宜与雉鸡、鱼虾、蒲白同食。

（15）雀肉：①春夏不宜食，冬三月为食雀季节；②不宜与猪肝、牛肉、羊肉同食；③忌李子、白术。

（16）野鸭：忌与木耳、核桃、荞麦同食。

（17）鹧鸪肉：忌与竹笋同食。

（18）水獭肉：忌与兔肉、柿子同食。

（19）獐肉：不宜与虾、生菜、梅子、李子同食。

（20）鹌鹑肉：不宜与猪肉、猪肝、蘑菇、木耳同食。

（21）雉鸡（野鸡）：不宜与猪肝、鲇鱼、鲫鱼、木耳、胡桃、荞麦同食。

（22）猫肉：①忌藜芦；②猫肉有伤胎之弊，孕妇忌服。

6）海鲜类

（1）鲤鱼：①脊上两筋及黑血不可食用；②服用中药天门冬时不宜食用；③不宜食反复剩热或反复冻藏加温的食品；④不宜食用烧焦鲤鱼肉；⑤不宜与狗肉同时食用；⑥不宜

与小豆藿同时食用;⑦不宜与赤小豆同时食用;⑧不宜与咸菜同时食用;⑨不宜与麦冬、紫苏、龙骨、朱砂同时食用。

（2）带鱼:①带鱼过敏者不宜食用;②服异烟肼时不宜食用;③身体肥胖者不宜多食。

（3）黄花鱼:①忌用牛、羊油煎炸;②不宜与酒、瓜果、猪肉、苋菜同食。

（4）鲫鱼:忌芥菜、猪肝、厚朴,忌麦冬。

（5）海鳗鱼:不宜与白果、甘草同食。

（6）螃蟹:①不宜食用死螃蟹;②不应食用生蟹;③不应食用螃蟹的鳃及胃、心、肠等脏器;④不宜食用隔夜的剩蟹;⑤不宜与柿子、茶水、羊肉同食;⑥服用东莨菪碱药物时不宜食用;⑦寒凝血瘀性疾病患者不应食用;⑧服用中药荆芥时不宜食用;⑨不宜与梨同时食用;⑩不宜与花生仁同时食用;⑪不宜与泥鳅同时食用;⑫不宜与香瓜同时食用;⑬不宜与冰水、冰棒、冰淇淋同时食用。

（7）田螺:①服用左旋多巴时不宜食用;②不宜和石榴、葡萄、青果、柿子等水果一起食用;③不宜与猪肉同时食用;④不宜与木耳同时食用;⑤不宜与蛤同时食用;⑥不宜与香瓜同时食用;⑦不宜与冰同时食用。

（8）虾:①严禁同时服用大量维生素 C,否则,可生成三价砷,能致死;②不宜与猪肉同食,损精;③忌与狗、鸡肉同食;④忌糖。

（9）泥鳅:不宜与狗肉同食。

（10）鳝鱼:忌狗肉、狗血。

（11）牡蛎肉:不宜与糖同食。

（12）海带:不宜与甘草同食。

（13）龟肉:忌苋菜、酒、果。

（14）鳖肉:忌猪肉、兔肉、鸭肉、苋菜、鸡蛋等。

7）其他类

醋:忌茯苓。

10.1.2　野外常见有毒植物

1. 含甙类的植物

（1）夹竹桃:常绿灌木,开桃红色或白色花,分布广泛,其叶、花及树皮均有毒,如图 10-1 所示。

（2）洋地黄:亦称紫花毛地黄,草本植物,各地均有栽培,全株覆盖短毛,叶卵形,初夏开花,朝向一侧,其叶有毒,如图 10-2 所示。

（3）铃兰:草本植物,东北及北部山林中野生,花为钟状,白色有香气,全草有毒,如图 10-3 所示。

（4）毒毛旋花:亦称箭毒羊角拗,灌木,我国云南、广东有栽培,花为黄色,有紫色斑点,白色乳汁,全株有毒,如图 10-4 所示。

（5）毒箭木:亦称"见血封喉",落叶乔木,分布于广西、海南等地,高 20～25 m,叶卵

图 10-1　夹竹桃

图 10-2　洋地黄

图 10-3　铃兰

状、椭圆形,果实肉质呈紫红色,其液汁有毒,如图 10-5 所示。

（6）其他:高粱苗、木薯、杏桃李梅的仁、远志、桔梗、皂荚等。

图 10-4 毒毛旋花

图 10-5 毒箭木

2. 含生物碱类的植物

（1）曼陀罗：草本植物，高 1 ~ 2 m，茎直立，叶卵圆形，夏季开花，花筒状，花冠漏斗状，白色，全株有毒，种子毒性最强，如图 10-6 所示。

图 10-6 曼陀罗

（2）颠茄：多年生草本植物，叶子互生，一大一小，夏季开花，钟状，淡紫色，果实为浆果，球形，成熟时黑紫色，其叶和根有毒，如图 10-7 所示。

图 10-7　颠茄

（3）天仙子：草本植物，我国东北、河北、甘肃等地有野生，全株有毛，味臭，夏季开花，漏斗状，呈黄色，全株有毒，如图 10-8 所示。

图 10-8　天仙子

（4）乌头：草本植物，分布于我国中部及东部山地、丘陵地区，茎直立，秋季开花，其根有毒，如图 10-9 所示。

图 10-9　乌头

（5）毒芹：草本植物，分布于我国东北、华北、西北及内蒙古一带，根状茎肥大，有香气和甜味，秋季茎中空，花为白色，全草有毒，如图 10-10 所示。

（6）钩吻：亦称"断肠草"，常绿灌木，夏季开花，我国云南、广东、广西、福建有分布，其根、茎、叶均有毒，民间用来杀虫，如图 10-11 所示。

（7）藏红花：多年生草本植物，花期 11 月上旬至中旬，如图 10-12 所示。毒素为秋水仙碱，过量服用可致呕吐、肠绞痛、胃肠出血、尿血、神志不清、惊厥等反应。中毒症状为恶

图 10-10　毒芹

图 10-11　钩吻

心、呕吐及腹泻,大量使用可致命。

图 10-12　藏红花

　　(8)荷包牡丹:罂粟科多年生草本植物,株高 30~60 cm,具肉质根状茎,如图 10-13 所示。全株有毒,能引起抽搐等神经症状。荷包牡丹不能食用,它含有微量的毒素,会对人体产生一定的危害,严重可导致休克、死亡。

　　(9)贝母:多年生草本植物,常作室内植物,如图 10-14 所示。全株有毒,含有贝母碱,会引起喉部过敏,大量摄入可引起喉咙肿胀,使人窒息。

　　(10)蓖麻:大戟科蓖麻属,一年生或多年生草本植物,如图 10-15 所示。全株有毒,含有蓖麻碱和蓖麻毒素,可灼伤口喉,引起抽搐并致死。

图 10-13　荷包牡丹

图 10-14　贝母

图 10-15　蓖麻

（11）水仙：石蒜科多年生草本植物，为中国著名花卉之一，如图 10-16 所示。有毒，误食后有呕吐、腹痛、脉搏频微、出冷汗、下痢、呼吸不规律、体温上升、昏睡、虚脱等反应，严重者发生痉挛、麻痹而死。

（12）夺命草：高 30 ~ 60 cm，茎基部生长条形叶，花茎顶端稀疏，生绿白色六瓣花，如图 10-17 所示。其分布于北美草地及多岩多林地区，误食可引起消化系统障碍，中毒症状与百合相似，严重时可致死。

（13）飞燕草：毛茛科一、二年生草本植物，株高 50 ~ 90 cm，如图 10-18 所示。全草有

图 10-16　水仙

毒,其中以种子的毒性最大,主要含有生物碱,误食后会引起神经系统中毒,中毒后产生呼吸困难,血液循环障碍,肌肉、神经麻痹或痉挛现象。

(14)风信子:风信子科多年生草本植物,如图 10-19 所示。球茎有毒性,如果误食,会引起头晕、胃痉挛、腹泻等症状,严重时可导致瘫痪并致命。

(15)商陆:多年生草本植物,株高 1 ~ 1.5 m,如图 10-20 所示。根有毒,可引起消化障碍及中毒反应,但幼株叶在水煮、晒晾后可削弱毒性。

(16)百合:新鲜的花含秋水仙碱毒素,不能食用,中毒症状为恶心、呕吐及腹泻,大量食用可致命,干的百合鳞瓣可以放心食用,如图 10-21 所示。

图 10-17　夺命草

图 10-18　飞燕草

图 10-19　风信子

图 10-20　商陆

图 10-21　百合

（17）雷公藤：根有毒，种子剧毒，如图 10-22 所示。

（18）马钱子（番木鳖）：种子剧毒，如图 10-23 所示。

3.含毒蛋白类的植物

（1）相思豆：相思豆为豆科攀缘藤本植物，又名红豆、相思子、爱情豆等，生长于我国南方，如图 10-24 所示。相思豆有剧毒，嚼碎 2～3 粒咽食，即可致死。一旦误食，可引起恶心、呕吐、腹泻、肠绞痛等症状，数日后出现溶血现象，有呼吸困难、紫绀、脉搏细弱、心跳乏力等反应；严重者可因昏迷、呼吸和循环衰竭、肾功能衰竭而死亡。

（2）巴豆树：乔木，分布于云南、四川、广东、台湾等地，夏季开花，种子有毒，含有巴豆素，如图 10-25 所示。

图 10-22　雷公藤

图 10-23　马钱子

图 10-24　相思豆

4. 含酚类的植物

（1）常春藤：常绿木质藤本植物，各地均有分布，叶片含有常春藤皂甙等，大量误食会出现恶心、腹痛、腹泻等症状。常春藤是园林绿化中常用的地被植物，如图 10-26 所示。

（2）毒鱼藤：亦称毛鱼藤，分布于我国沿海地区，叶小，荚果、根茎叶均有毒，主要对鱼

图 10-25　巴豆树

图 10-26　常春藤

类毒性大,如图 10-27 所示。

图 10-27　毒鱼藤

（3）其他:栎树、野葛、漆树、地薯、槟榔等。特别说明:嚼槟榔可以增大口腔癌的发病概率。

5.其他有毒植物

（1）毒蘑菇:种类繁多,属于真菌类,此处不多赘述。

（2）其他常见有毒植物:黄杨、菊花、升麻、冬青、仙人球、芒果（皮和种子）、槲寄生、桑椹、鸢尾、接骨木、杜鹃花、万年青等。

6.其他常见有毒花卉

花香固然人人喜欢,但不是所有的花都对人体有益,根据专家研究,在常见花卉中,有 100 多种含有毒性物质,对人体可能产生伤害。

（1）夜来香鲜花的香味浓烈，对于患有高血压和心脏病的人来说，长期在密闭空间内闻夜来香盛开时浓郁的香味，可能会发生呼吸道难受的情况，所以夜来香花盛开时，最好不要放在室内。

（2）含羞草内含有一种含羞草碱，是毒性很强的有机物，如果频繁接触，会导致头发脱落或引起周身不适。

（3）马缨丹枝叶能散发出强烈的臭味，具有毒性，在室内长久吸入，会导致呼吸道疾病。

（4）郁金香花中含有毒碱，人和动物在这种花丛中待上 2～3 小时就会头昏脑胀，出现中毒症状，故家中不宜栽种。

（5）黄色杜鹃的植株和花内均含有毒素，误食会中毒；白色杜鹃的花中含有四环二萜类毒素，人中毒后会引起呕吐、呼吸困难等。

（6）一品红全株有毒，特别是茎叶里的白色汁液会刺激皮肤，如果误食茎、叶，有中毒死亡的危险。

（7）紫罗兰、鸢尾等香气浓郁，长期闻其香味对人的咽喉极其不利，可能使嗓音受到伤害。

10.1.3　海事卫星电话使用方法

1. 简介

国际海事卫星电话（International Maritime Satellite Telephone Service）是指通过国际海事卫星接通的船与岸、船与船之间的电话业务。海事卫星电话用于船舶与船舶之间、船舶与陆地之间的通信，可进行通话、数据传输和传真等，如图 10-28 所示。海事卫星电话的业务种类有遇险电话、叫号电话和叫人电话，我国各地均开放海事卫星电话业务。

拉开电话的天线，就会自动搜索卫星，但是由于卫星电话的通信原理，在室内是无法搜到卫星信号的。

图 10-28　海事卫星电话

（1）海事卫星 B：

大西洋东区：8713；太平洋区：8723；印度洋区：8733；大西洋西区：8743。

（2）海事卫星 M：

大西洋东区:8716;太平洋区:8726;印度洋区:8736;大西洋西区:8746。

(3)海事卫星 MM:

大西洋东区:8717;太平洋区:8727;印度洋区:8737;大西洋西区:8747。

(4)海事卫星 A:

大西洋东区:8711;太平洋区:8721;印度洋区:8731;大西洋西区:8741。

2. 工作原理

海事卫星电话通过国际公用电话网和海事卫星网连通实现。海事卫星网路由海事卫星、海事卫星地球站、船站以及终端设备组成。海事卫星覆盖太平洋、印度洋、大西洋东区和西区。

船只的电话号码一般按编号办法规定由 7 位数字组成。海事卫星电话可由用户自己直拨或通过话务员接续。

陆地用户直拨国际海事卫星电话的拨叫格式为:国际冠字 + 洋区编码 + 船只电话号码。国际海事卫星电话业务的资费由公用电话网和海事卫星网两部分费用组成。

3. 通信系统

1)概述

Inmarsat 系统是由国际海事卫星组织管理的全球第一个商用卫星移动通信系统,原来中文名称为"国际海事卫星通信系统",现更名为"国际移动卫星通信系统"。在 20 世纪 70 年代末 80 年代初,Inmarsat 租用美国的 Marisat、欧洲的 Marecs 和国际通信卫星组织的 Intelsat – V 卫星(都是 GEO 卫星),构成了第一代的 Inmarsat 系统,为海洋船只提供全球海事卫星通信服务和必要的海难安全呼救通道。第二代 Inmarsat 系统的 3 颗卫星于 20 世纪 90 年代初布置完毕。

对于早期的第一、二代 Inmarsat 系统,通信只能在船站与岸站之间进行,船站之间的通信应由岸站转接形成"两跳"通信。运行的系统是具有点波束的第三代 Inmarsat,船站之间可直接通信,并支持便携电话终端。

2)组成

Inmarsat 系统(第三代)的空间段由 4 颗 GEO 卫星构成,分别覆盖太平洋(卫星定位于东经178°)、印度洋(东经65°)、大西洋东区(西经16°)和大西洋西区(西经54°)。系统的网控中心(NOC)设在伦敦 Inmarsat(国际移动卫星组织)总部,负责监测、协调和控制网络内所有卫星的操作运行,包括对卫星姿态、燃料消耗情况、星上工作环境参数和设备工作状态的监测,同时对各地球站(岸站)的运行情况进行监督,并协助网络协调站对有关运行事务进行协调。

系统在各大洋区的海岸附近有一些地球站(习惯上称为岸站),并至少有一个网络协调站(NCS)。岸站分属 Inmarsat 签字国主管部门所有,它既是与地面公用网的接口,也是卫星系统的控制和接入中心,其功能有:响应用户(来自船站或陆地用户)呼叫;对船站识别码进行鉴别,分配和建立信道;登记呼叫并产生计费信息;对信道状态进行监视和管理;海难信息监收;卫星转发器频率偏差的补偿;通过卫星的自环测试和对船站的基本测试等。典型的岸站天线直径为 11 ~ 13 m。网络协调站对整个洋区的信道进行管理和协调,对岸站调用电话电路的要求进行卫星电路的分配与控制;监视和管理信道使用状况,并在紧急情况下强行插入正在通话的话路,发出呼救信号。

地面段包括网络协调站、岸站和船站(移动终端)。在卫星与船站之间的链路采用 L 波段,上行 1.636~1.643 GHz,下行 1.535~1.542 GHz;卫星与岸站之间是 C 和 L 双频段工作。传送话音信号时用 C 波段(上行 6.417~6.442 5 GHz,下行 4.192~4.200 GHz),L 波段用于用户电报、数据和分配信道。

对于卫星至海面船只的"海事"信道,由于船站对卫星的仰角通常都大于 10°,而海面对 L 波段的电磁波是足够粗糙的,所以不存在镜面反射分量。因此,接收信号除直射分量外,只包含漫反射的多径分量,这种"海事"信道为莱斯(Rician)信道。

3)终端

Inmarsat 的船站主要有 A、B、C 三种标准型。

A 型站:是系统早期(20 世纪 80 年代)的主要大型船舶终端,采用模拟调频方式,可支持话音、传真、高速数据(用户电报),采用 BPSK 调制/解调方式,速率为 56/64 kbps,并有遇险紧急通信业务。

B 型站:是 A 型站的数字式替代产品,支持 A 型站的所有业务,数字话音速率为 16 kbps,比 A 型站有更高的频率和功率利用率(A 型站带宽为 50 kHz,B 型站为 20 kHz;B 型站使用的卫星功率仅为 A 型站的一半),空间段费用大大降低,同时终端站的体积、质量比 A 型站减少了许多。

C 型站:是用于全球存储转发式低速数据小型终端。船载或车载 C 型终端采用全向天线,能在行进中通信。便携式或固定终端采用小型定向天线。C 系统的信道包括信息信道和信令信道等,速率为 1 200 bps,其中信息信道传输速率为 600 bps(也是 C 型终端传输速率)。其支持数据、传真业务,还广泛用于群呼安全网,车、船管理网,遥测、遥控和数据采集,以及遇险报警等。

D 型终端:是用于 Inmarsat 全球卫星短信息服务系统的地面终端,它支持总部与边远地区人员、无人值守设备和传感器之间的双向短信息通信。终端可接收 128 个字符的信息,也可发送短信息(少于 3 个字节)和长信息(少于 8 个字节),终端可内置 GPS 接收机。

E 型终端:是卫星应急无线电示位标终端,是全球海上遇险告警专用设备。船舶遇险时,E 型终端将漂浮海面,并立即发出告警信号(包括位置坐标、船舶的等级等),经卫星传到 Inmarsat 的应急无线电示位标处理器。通常,遇险信息能在 1 min 之内传送到搜救中心。

M 型终端:是小型的数字电话(4.8 kbps)、传真和数据(2.4 kbps)终端机。对于第四代 Inmarsat-3 点波束系统,M 型终端演变为更小的 Mini-M 或称 Inmarsat-Phone 型,其体积、质量与笔记本计算机相当。该终端已得到了相当广泛的应用。

航空终端:Inmarsat-Aero 用于飞机之间和飞机与地面之间的通信。航空终端有多种型号。Aero-C 型是 Inmarsat-C 的航空版,以存储转发方式收发数据、电文,信息速率为 256 bps,该终端采用刀形天线,增益为 0 dBi。Aero-H 终端主要用于远程商用大型飞机。该终端有 6/12 条话音/数据信道,终端具有增益为 12 dBi 的高增益天线。Aero-I 是应用较广泛的航空终端,它有 1~4 条话音/数据信道,在第三代卫星的点波束内可通电话(4.8 kbps),而全球波束覆盖范围内只能传送低速数据(2.4 kbps 以下的速率)。

4. 航行安全

国际海事卫星与海岸电台共同构成了船舶航行时的通信服务。在近海,可以通过海岸电台和陆上进行通信,可是到了茫茫无际的大洋上,海岸电台就失去了作用,此时,只有通过海事卫星进行沟通。海事卫星担负着国际、国内海事遇险安全通信和公众通信的重要功能,有专线与中国海上搜救中心连接。其先进的技术完全可以实现为搜救协调中心提供海难现场情况、传输图片和视频图像、进行视频电话等。

提供全球范围海事卫星移动通信服务的政府间合作机构是国际移动卫星公司,其前身是国际海事卫星组织(Inmarsat),成立于1979年。中国以创始成员国身份加入该组织,并指定交通部交通通信中心所经营的北京船舶通信导航公司作为中国的签字者,承担有关该组织的一切日常事务,是Inmarsat所有中国事务的唯一合法性经办机构,并负责运营北京海事卫星地面站。1999年,国际海事卫星组织改革为商业公司,更名为国际移动卫星公司。

北京海事卫星地面站为海上、空中和陆地用户提供了全球、全时、全天候的移动卫星通信服务,也为抢险救灾等紧急通信发挥了重要的、不可替代的作用,不仅有效地保障了船舶安全,成为全球海上遇险与安全系统的一部分,而且作为公众通信的补充,充分展示了其高效、灵活、优质的通信能力,是交通信息化基础网络的重要组成部分。

目前,国际移动卫星通信公司(Inmarsat,原国际海事卫星组织)成功发射了第四代移动通信卫星,它与Inmarsat之前发射的9颗卫星共同构筑的卫星通信网络将进一步为海上安全航行、遇险搜救提供更加可靠的通信保障。

Inmarsat耗资16亿美元研制的第四代移动通信卫星,在美国佛罗里达州卡纳维拉尔角发射成功。同时,依托于新卫星建立的BGAN(Broadband Global Area Net)宽带全球区域网络业务的正式推出也进入倒计时状态。

国际移动卫星公司第四代卫星成功发射将全面解决陆地移动通信网络覆盖不足,而数据和视频通信需求无处不在的矛盾,将为海上安全航行、遇险搜救提供更加可靠的通信保障。此次发射的卫星是国际移动卫星公司第四代移动通信卫星系统3颗卫星中的第一颗,也是目前世界上体积、容量、质量最大的移动通信卫星。主要应用有卫星水情自动测报系统、移动卫星车辆监控系统。在海事的应用中还主要体现在数据连接、船队管理、船队安全网和紧急状态示位标,以及更多的基于Inmarsat所提供的业务而开发的应用服务,促进了海上航行安全和海上商业往来的繁荣。另外,还为海事遇险救助和陆地自然灾害提供免费应急通信服务。

5. 覆盖范围

"国际移动卫星公司(Inmarsat)率先在陆地上推出宽带业务BGAN后,目前正积极向海上、航空领域发展,明年第三季度将在飞机上、海上实现信息化。待第三颗星发射后,海事卫星宽带业务明年将实现全球覆盖。"国际移动卫星公司董事会主席兼CEO安德鲁·苏卡瓦蒂(Andrew Sukawaty)2006年来华时在北京表示。

据安德鲁介绍,国际移动卫星公司将在海上实现BGAN宽带服务,计划2007年第三季度在市场投入商用,利用海上宽带业务实现海上信息化。此外,他们还推出空中宽带业务,使乘客们在飞机上享受上网服务。

以前,海事卫星电话又大又沉。"我们将于明年提供手持机话音服务,每部手机售价在450美元左右。"安德鲁说,海事卫星手机将变得越来越小巧。这一变化缘于2006年9月4日国际移动卫星公司与Aces(亚星)正式签署合作协议,收购了亚星。国际移动卫星公司入主亚星后,将改造亚星的网络体系,并将其融合进Inmarsat网络体系,满足用户对移动卫星手持机在质量和价格上的诉求。

作为海事卫星在中国的唯一运营商,中国交通通信中心主任杨洪义表示,正在考虑向中国民航、海事单位提供有关宽带业务,届时,乘客在飞机上、船舶上都能高速上网。

据安德鲁透露,国际移动卫星公司已经具备了三颗四代卫星,除了南北极,可以实现宽带业务的全球覆盖,卫星手持机业务的应用范围已扩展到全球。

海事卫星电话覆盖范围如图10-29所示。

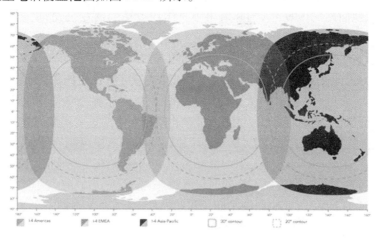

图10-29　海事卫星电话覆盖范围

6. 使用方法

海事卫星电话组件如图10-30所示。

海事卫星电话菜单如图10-31所示。

海事卫星电话连接示意图如图10-32所示。

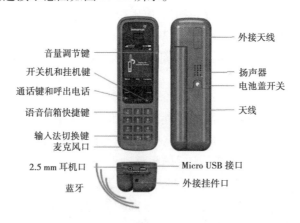

图10-30　海事卫星电话组件

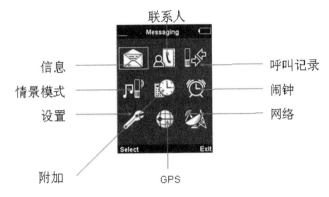

图 10-31　海事卫星电话菜单

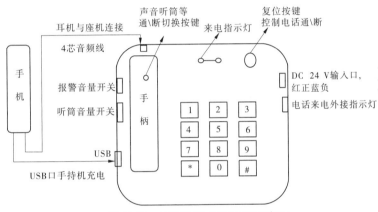

图 10-32　海事卫星电话连接示意图

海事卫星电话通信资费:免开卡费,免月租费,免接听费。拨打陆地电话 0.90 元/30 s,拨打海事卫星电话 2.70 元/min。

Isat Phone Pro 拨叫方式:

(1)拨打固定电话:00 + 国家码 + 区号 + 电话号 + 拨号键,以北京电话 65293800 为例:00 86 10 65293800。

(2)拨打手机:00 + 国家码 + 手机号 + 拨号键,以中国手机 13501001999 为例:00 86 13501001999。

(3)海事卫星拨打铱星电话:拨打铱星电话(已开通区域):00 + 铱星电话号码 + 拨号键,以 881631599999 为例:00 881631599999;拨打铱星电话(未开通区域):00 + 14807682500 + 拨号键,听语音提示,铱星电话号码 + 拨号键,以 881631599999 为例:00 14807682500,语音,881631599999。

(4)海事卫星拨打欧星(舒拉亚)电话:00 + 88216 + 欧星电话号码后 8 位 + 拨号键,以欧星 1668684088 为例:00 88216 68684088。

(5)其他终端呼叫 Isatphone,固定电话、手机、铱星、欧星呼叫海事卫星,拨号方式相同:00 + 870 + 海事卫星号码,以海事卫星 776429000 为例:00 870 776429000。

10.2　测绘生产安全管理制度

10.2.1　测绘外业生产安全管理

测绘作业单位应根据各部门、各工种和作业区域的实际特点,研究分析作业环境,评估安全生产潜在风险,制定安全生产细则,指导和规范职工安全生产作业。

1. 出测、收测前的准备

(1)针对生产情况,对进入测区的所有作业人员进行安全意识教育和安全技能培训。

(2)了解测区有关危害因素,包括动物、植物、微生物、流行传染病、自然环境、人文地理、交通、社会治安等状况,拟定具体的安全生产措施。

(3)按规定配发劳动防护用品,根据测区具体情况添置必要的小组及个人的野外救生用品、药品、通信或特殊装备,并应检查有关防护及装备的安全可靠性。

(4)掌握人员身体健康情况,进行必要的身体健康检查,避免作业人员进入与其身体状况不适应的地区作业。

(5)组织赴疫区、污染区和有可能散发毒性气体地区作业的人员学习防疫、防毒、防污染知识,并注射相应的疫苗和配备防毒、防污染装具。对于发生高致病的疫区,应禁止作业人员进入。

(6)所有作业人员都应该熟练使用通信、导航定位等安全保障设备,以及掌握利用地图或地物、地貌等判定方位的方法。

(7)出测、收测前,应制订行车计划,对车辆进行安全检查,严禁疲劳驾驶。

2. 行车

1)基本要求

(1)驾驶员应严格遵守《中华人民共和国道路交通安全法》等有关的法律、法规以及安全操作规程和安全运行的各种要求,具备野外环境下驾驶车辆的技能,掌握所驾驶车辆的构造、技术性能、技术状况、保养和维修的基本知识或技能。

(2)驾驶员应了解所运送物品的性能,保证人员和物品的安全。运送易燃易爆危险品时,应防止碰撞、泄漏,严禁危险物品与人员混装运送。

(3)货运汽车车厢内载人,应按公安交通部门的有关规定执行。行车时人要坐在安全位置上,人身不能超过车厢以外。车厢以外的任何部位严禁坐人和站人。

2)行车前的准备

(1)编制行车计划,明确负责人。单车行驶,应配有押车人员。

(2)外业生产车辆应配备必要的检修工具和通信设备。

(3)驾驶员应检查车辆各部件是否灵敏,油、水是否足够,轮胎充气是否适度;应特别注意检查传动系统、制动系统、方向系统、灯光照明等主要部件是否完好,发现故障即行检修,禁止勉强出车。

(4)机动车载货不得超过行驶证上核定的重量。运送的物资器材需装牢捆紧,其重量要分布均匀。

（5）在戈壁、沙漠和高原等人烟稀少、条件恶劣的地区应采用双车作业，作业车辆应加固，配备适宜的轮胎，每车应有双备胎。

3）行车

（1）途中停车休息或就餐，应锁好车门，关闭车窗。

（2）夜间行车要保持灯光完好，降低行驶速度，充分判断地形及行进方向。

（3）遇有暴风骤雨、冰雹、浓雾等恶劣天气时应停止行车。视线不清时不准继续行车。

（4）在雨、雪或泥泞、冰冻地带行车时应慢速，必要时应安装防滑链，避免紧急刹车。遇陡坡时，助手或乘车人员应下车持三角木随车跟进，以备车辆下滑时抵住后轮。

（5）车辆穿越河流时，要慎重选择渡口，了解河床地质、水深、流速等情况，采取防范措施安全渡河。

（6）高温炎热天气行车应注意检查油路、电路、水温、轮胎气压；频繁使用刹车的路段应防止刹车片温度过高，导致刹车失灵。

（7）沙土地带行车应停车观察，选择行驶路线，低挡匀速行驶，避免中途停车。若沙土松软，难以通过，应事先采取铺垫等措施。

（8）高原、山区行车要特别注意油压表、气压表及温度表。气压低时应低挡行驶，少用制动，严禁滑行。遇到危险路段，如落石、滑坡、塌陷等，要仔细观察，谨慎驾驶。

3. 饮食

（1）禁止食用霉烂、变质和被污染过的食物，禁止食用不易识别的野菜、野果、野生菌菇等植物。禁止酒后生产作业。不接触和不食用死、病畜肉。禁止饮用异味、异色和被污染的地表水和井水。

（2）使用煤气、天然气等灶具应保证其连接件和管道完好，防止漏气和煤气中毒。禁止点燃灶具后离人。

（3）生熟食物应分别存放，并应防止动物侵害。

4. 住宿

1）室内住宿

（1）外业作业人员应尽量居住民房或招待所。住宿的房屋应进行安全性检查，了解住宿环境和安全通道位置。禁止入宿存在安全隐患的房屋。

（2）应注意用电安全。便携式发电机应置于通风条件下使用，做到人、机分开，专人管理。应防止发电机漏电和超负荷运行对人员造成伤害。

（3）使用煤油灯应安装防风罩。离开房间或休息时，应及时熄灭煤油灯或蜡烛。取暖使用柴灶或煤炉前应先进行检修，防止失火和煤气中毒。

（4）禁止在草料旁堆放油料、易燃物品，禁止在仓库、木料场、木质建筑以及其他易燃物体附近用火。

2）野外住宿

（1）备好防寒、防潮、照明、通信等生活保障物品及必要的自卫器具。

（2）搭设帐篷时应了解地形情况，选择干燥避风处，避开滑坡、觇标、枯树、大树、独立岩石、河边、干涸湖、输电设备及线路等危险地带，防止雷击、崩陷、山洪、高辐射等伤害。

（3）帐篷周围应挖排水沟，在草原、森林地区，周围应开辟防火道。

（4）治安情况复杂或野兽经常出没的地区，应设专人值勤。

5.外业作业环境

1）一般要求

（1）应持有效证件和公函与有关部门进行联系。在进入军事要地、边境、少数民族地区、林区、自然保护区或其他特殊防护地区作业时，应事先征得有关部门同意；了解当地民情和社会治安等情况，遵守所在地的风俗习惯及有关的安全规定。

（2）进入单位、居民宅院进行测绘时，应先出示相关证件，说明情况，再进行作业。

（3）遇雷电天气应立刻停止作业，选择安全地点躲避，禁止在山顶、开阔的斜坡上、大树下、河边等区域停留，避免遭受雷电袭击。

（4）在高压输电线路、电网等区域作业时，应采取安全防范措施，优先选用绝缘性能好的标尺等辅助测量设备，避免人员和标尺、测杆、棱镜支杆等测量设备靠近高压线路，防止触电。

（5）外业作业时，应携带所需的装备以及水和药品等用品，必要时应设立供应点，保证作业人员的饮食供给；野外一旦发生水、粮和药品短缺，应及时联系补给或果断撤离，以免发生意外。

（6）外业作业时，所携带的燃油应使用密封、非易碎容器单独存放、保管，防止暴晒。洒过易燃油料的地方要及时处理。

（7）进入沙漠、戈壁、沼泽、高山、高寒等人烟稀少地区或原始森林地区，作业前须认真了解掌握该地区的水源、居民、道路、气象、方位等情况，并及时记入随身携带的工作手册中。应配备必要的通信器材，以保持个人与小组、小组与中队之间的联系；应配备必要的判定方位的工具，如导航定位仪器、地形图等。必要时要请熟悉当地情况的向导带路。

（8）外业测绘必须遵守各地方、各部门相关的安全规定，如在铁路和公路区域应遵守交通管理部门的有关安全规定；进入草原、林区作业必须严格遵守《森林防火条例》、《草原防火条例》及当地的安全规定；下井作业前必须学习相关的安全规程，掌握井下工作的一般安全知识，了解工作地点的具体要求和安全保护规定。

（9）安全员必须随时检查现场的安全情况，发现安全隐患立即整改。

（10）外业测绘严禁单人夜间行动。在发生人员失踪时必须立即寻找，并应尽快报告上级部门，同时与当地公安部门取得联系。

2）城镇地区

（1）在人、车流量大的街道上作业时，必须穿着色彩醒目的带有安全警示反光的马夹，并应设置安全警示标志牌（墩），必要时还应安排专人担任安全警戒员。迁站时要撤除安全警示标志牌（墩），应将器材纵向肩扛行进，防止发生意外。

（2）作业中以自行车代步者，要遵守交通规则，严禁超速、逆行和撒把骑车。

3）铁路、公路区域

（1）沿铁路、公路作业时，必须穿着色彩醒目的带有安全警示反光的马夹。

（2）在电气化铁路附近作业时，禁止使用铝合金标尺、镜杆，防止触电。

（3）在桥梁和隧道附近以及公路弯道和视线不清的地点作业时，应事先设置安全警示标志牌(墩),必要时安排专人担任安全指挥。

(4)工间休息应离开铁路、公路路基,选择安全地点休息。

4)地下管线

(1)无向导协助,禁止进入情况不明的地下管道作业。

(2)作业人员必须佩戴防护帽、安全灯,身穿安全警示工作服,应配备通信设备,并保持与地面人员的通信畅通。

(3)在城区或道路上进行地下管线探测作业时,应在管道口设置安全隔离标志牌(墩),安排专人担任安全警戒员。打开窨井盖作实地调查时,井口要用警示栏圈围起来,必须有专人看管。夜间作业时,应设置安全警示灯。工作完毕必须清点人员,在确保井下没有留人的情况下及时盖好窨井盖。

(4)对规模较大的管道,在下井调查或施放探头、电极导线时,严禁明火,并应进行有害、有毒及可燃气体的浓度测定;有害、有毒及可燃气体超标时应打开连续的3个井盖排气通风半小时以上,确认安全并采取保护措施后方可下井作业。

(5)禁止选择输送易燃、易爆气体管道作为直接法或充电法作业的充电点。在有易燃、易爆隐患环境下作业时,应使用具备防爆性能的测距仪、陀螺经纬仪和电池等设备。

(6)使用大功率电器设备时,作业人员应具备安全用电和触电急救的基础知识。工作电压超过36 V时,供电作业人员应使用绝缘防护用品,接地电极附近应设置明显警告标志,并设专人看管。雷电天气禁止使用大功率仪器设备作业。井下作业的所有电气设备外壳都应接地。

(7)进入企业厂区进行地下管线探测的作业人员,必须遵守该厂安全保护规定。

5)水上

(1)作业人员应穿救生衣,避免单人上船作业。

(2)应选择租用配有救生圈、绳索、竹竿等安全防护救生设备和必要的通信设备的船只,行船应听从船长指挥。

(3)租用的船只必须满足平稳性、安全性要求,并具有营业许可证。雇用的船工必须熟悉当地水性并有载客的经验。

(4)风浪太大的时段不能强行作业。对水流湍急的地段要根据实地的具体情况采取相应安全防护措施后方可作业。

(5)海岛、海边作业时,应注意涨落潮时间,避免事故发生。

6)涉水渡河

(1)涉水渡河前,应观察河道宽度,探明河水深度、流速、水温及河床沙石等情况,了解上游水库和电站放水情况。根据以上情况选择安全的涉水地点,并应做好涉水时的防护措施。

(2)水深在0.6 m以内、流速不超过3 m/s,或者流速虽然较大但水深在0.4 m以内时允许徒涉。水深过腰、流速超过4 m/s的急流,应采取保护措施涉水过河,禁止独自一人涉水过河。

(3)遇较深、流速较大的河流,应绕道寻找桥梁或渡口。通过轻便悬桥或独木桥时,要检查木质是否腐朽,若可使用,应逐人通过,必要时应架防护绳。

（4）骑牲畜涉水时一般只限于水深0.8 m以内，同时应逆流斜上，不应中途停留。要了解牲畜的水性，必要时在牲畜蹄上采取防滑措施。

（5）乘小船或其他水运工具时，应检查其安全性能，并雇用有经验的水手操纵，严禁超载。

（6）暴雨过后要特别注意山洪的到来，严禁在无安全防护保障的条件下和河流暴涨时渡河。

7）高原、高寒地区

（1）进入高海拔区域前要进行气候适应训练，掌握高原基本知识。严禁单人夜间行动。雾天应停止作业。

（2）应配备防寒装备和充足的给养，配置氧气袋（罐）及高原反应防治专用药品，注意防止感冒、冻伤和紫外线灼伤。在高海拔区域发生高原反应、感冒、冻伤等疾病时，应立即采取有效的治疗措施。

（3）在冰川、雪山作业时，应戴雪镜，穿色彩醒目的防寒服。

（4）应按选定路线行进，遇无路情况，则应选择缓坡迂回行进。遇悬崖、绝壁、滑坡、崩陷、积雪较深及容易发生雪崩等危险地带时应该绕行，无安全防护保障不得强行通过。

8）高空

（1）患有心脏病、高血压、癫痫、眩晕、深度近视等高空禁忌症人员禁止从事高空作业。

（2）现场作业人员应配戴安全防护带和防护帽，不得赤脚。作业前，要认真检查攀登工具和安全防护带，保证完好。安全防护带要高挂低用，不能打结使用。

（3）应事先检查树、杆、梯、站台以及觇标等各部位结构是否牢固，有无损伤、腐朽和松脱，存在安全隐患的应经过维修后才能作业。到达工作位置后要选坚固的枝干、桩作为依托，并扣好安全防护带后再开始作业；返回地面时严禁滑下或跳下。高楼作业时，应了解楼顶的设施和防护情况，避免在楼顶边缘作业。

（4）传递仪器和工具时，禁止抛投。使用的绳索要结实，滑轮转动要灵活，禁止使用断股或未经检查的绳索，以防脱落伤人。

（5）造（维修）标、拆标工作时，应由专人统一指挥，分工明确，密切配合。在行人通过的道路或居民地附近造（维修）标、拆标时，必须将现场围好，悬挂"危险"标志，禁止无关人员进入现场。作业场地半径不得小于15 m。

9）沙漠、戈壁地区

（1）作业小组应配备容水器、绳索、地图资料、导航定位仪器、风镜、药品、色彩醒目的工作服和睡袋等。

（2）在距水源较远的地区作业，应制订供水计划，必要时可分段设立供水站。

（3）应随时注意天气变化，防止沙漠寒潮和沙暴的侵袭。

10）沼泽地区

（1）应配备必要的绳索、木板和长约1.5 m的探测棒。

（2）过沼泽地时，应组成纵队行进，禁止单人涉险。遇有繁茂绿草地带应绕道而行。发生陷入沼泽的情况要冷静，及时采取妥善的救援、自救措施。

(3)应保持身体干燥清洁,防止皮肤溃烂。

11)人烟稀少地区或草原、林区

(1)在人烟稀少地区或草原、林区作业应携带手持导航定位仪器及地形图,要扎紧领口、袖口、衣摆和裤脚,防止蛇、虫等的叮咬。要特别注意配备防止蛇、虫叮咬的面罩及药品,并注射森林脑炎疫苗。

(2)行进路线及点位附近,均应留下能为本队人员所共同识别的明显标志。

(3)禁止夜间单人外出,特殊情况确需外出时,应两人以上。应详细报告自己的去向,并要携带电源充足的照明和通信器材,以保持随时联系;同时,宿营地应设置灯光引导标志。

12)少数民族地区

(1)针对具体的作业区域,出测前要组织作业人员学习国家有关的少数民族政策,了解当地的风俗民情、社会治安和气候、环境特点,制定具体的安全防范措施。

(2)进入少数民族地区作业时,应事先征得有关部门同意,主动与当地测绘行政主管部门、公安部门进行沟通,了解当地民情和社会治安等情况,遵守所在地的风俗习惯及有关的安全规定。

(3)根据作业区域的环境特点,配备满足作业人员防护需要的相应设施,如通信设备、储水容器、手持导航仪、地形图、药品、绳索等在沼泽、沙漠和人烟稀少地区必要的设备。

(4)在少数民族地区野外搭设帐篷时,夜间应有专人值勤。

(5)聘用当地少数民族作业人员、向导时,应注意民族团结,尊重当地的风俗习惯。

10.2.2 测绘内业生产安全管理

创造安全、舒适的内业工作环境,是保障内业工作顺利进行的重要条件。测绘作业单位应组织内业生产人员,分析、评估内业生产环境的安全情况,制定生产安全细则,确保安全生产。

1. 作业场所要求

(1)照明、噪声、辐射等环境条件应符合作业要求。

(2)计算机等生产仪器设备的放置,应有利于减少放射线对作业人员的危害。各种设备与建(构)筑物之间,应留有满足生产、检修需要的安全距离。

(3)作业场所中不得随意拉高电线,防止电线、电源漏电。通风、空调、照明等用电设施要有专人管理、检修。

(4)面积大于 100 m^2 的作业场所的安全出口不少于两个。安全出口、通道、楼梯等应保持畅通并设有明显标志和应急照明设施。

(5)作业场所应按《中华人民共和国消防法》规定配备灭火器具,小于 40 m^2 的重点防火区域,如资料、档案、设备库房等,也应配置灭火器具。应定期进行消防设施和安全装置的有效期和能否正常使用检查,保证安全有效。

(6)作业场所应配置必要的安全(警告)标志,如配电箱(柜)标志、资料重地严禁烟火标志、严禁吸烟标志、紧急疏散示意图、上下楼梯警告线以及玻璃隔断提醒标志等,且保证标志完好清晰。

（7）禁止在作业场所吸烟以及使用明火取暖,禁止超负荷用电。使用电器取暖或烧水,不用时要切断电源。

（8）严禁携带易燃易爆物品进入作业场所。

2. 作业人员安全操作

（1）仪器设备的安装、检修和使用,须符合安全要求。凡对人体可能构成伤害的危险部位,都要设置安全防护装置。所有用电动力设备,必须按照规定埋设接地网。保持接地良好。

（2）仪器设备须有专人管理,并进行定期的检查、维护和保养,禁止仪器设备带故障运行。

（3）作业人员应熟悉操作规程,必须严格按有关规程进行操作。作业前要认真检查所要操作的仪器设备是否处于安全状态。

（4）禁止用湿手拉合电闸或开关电钮。饮水时,应远离仪器设备,防止泼洒,造成电路短路。

（5）擦拭、检修仪器设备应首先断开电源,并在电闸处挂置明显警示标志。修理仪器设备,一般不准带电作业,由于特殊情况而不能切断电源时,必须采取可靠的安全措施,并且须有两名电工现场作业。

（6）因故停电时,凡用电的仪器设备,应立即断开电源。

（7）汽油、煤油等挥发性易燃物质不得存放在作业室、车间及办公室内。洒过易燃油料的地方要及时处理。油料着火应用细沙、泥土熄灭,不可向油上浇水。

10.2.3 地质勘探测绘等野外作业基本规定

（1）地质勘探单位应了解和掌握地质勘探工作区安全情况,包括动物、植物、微生物伤害源、流行传染病种、疫情传染源、自然环境、人文地理、交通等状况,并建立档案。地质勘探工作区安全信息和预防措施应及时向野外作业人员告知。

（2）地质勘探单位应为野外地质勘探作业人员配备野外生存指南、救生包,为艰险地区野外地质勘探项目组配备有效的无线电通信、定位设备。

（3）禁止单人进行野外地质勘探作业,禁止食用不能识别的动植物,禁止饮用未经检验合格的新水源和未经消毒处理的水。野外地质勘探作业人员应按约定时间和路线返回约定的营地。

（4）在疫源地区从事野外地质勘探作业人员,应接种疫苗;在传染病流行区从事野外地质勘探作业人员,应采取注射预防针剂或其他防疫措施。

（5）野外地质勘探施工应收集历年山洪和最高洪水水位资料,并采取防洪措施。

（6）在悬崖、陡坡进行地质勘探作业应清除上部浮石。一般情况下不得进行两层或多层同时作业;确需进行两层或多层同时作业,上下层间应有安全防护设施。2 m 及以上高处作业应系安全带。

（7）地质勘探设备、材料、工具、仪表和安全设施、个人劳动防护用品应符合国家或者行业标准。

（8）野外地质勘探临时用电电力线路应采用电缆。电缆应架空或在地下作保护性埋设，电缆经过通道、设备处应增设防护套。野外地质勘探电气设备及其启动开关应安装在干燥、清洁、通风良好处。电器设备熔断丝规格应与设备功率相匹配，禁止使用铁、铝等其他金属丝代替熔断丝。

（9）野外电、气焊作业应及时清除火星、焊渣等火源；电、气焊工作点与易燃、易爆物品存放点间距离应大于 10 m。

（10）野外地质勘探钻塔、铁架等高架设施应设置避雷装置。雷雨天气时，作业人员不得在孤立的大树下、山顶避雨。

（11）坑、井、易滑坡地段或其他可能危及作业人员或他人人身安全的野外地质勘探作业应设置安全标志。

（12）地质勘探爆破作业，应遵守《爆破安全规程》（GB 6722—2003）。

（13）地质勘探野外工作机动车辆应满足野外作业地区越野性能要求，并在野外作业出队前进行车辆性能检测，在野外工作期间应随时检修。野外工作机动车辆驾驶员除持有驾驶证外，需经过野外驾驶考核合格后方可上岗。

（14）野外营地选择应遵守下列规定：

①借住民房应进行消毒处理，并检查房屋周边环境、基础和结构。

②营地应选择地面干燥、地势平坦背风场地，预防自然灾害和地质灾害。

③营地应设排水沟，悬挂明显标志。

④挖掘锅灶或者设立厨房，应在营地下风侧，并距营地大于 5 m。

⑤在林区、草原建造营地，应开辟防火道。

（15）山区（雪地）作业应遵守下列规定：

①每日出发前，应了解气候、行进路线、路况、作业区地形地貌、地表覆盖等情况。

②在大于 30°的陡坡或者垂直高度超过 2 m 的边坡上作业，应使用保险绳、安全带。

③山区（雪地）作业，两人间距离应不超出视线。

④冰川、雪地作业，作业人员应成对联结，彼此间距应不小于 15 m。

⑤在雪崩危险带作业，每个行进小组应保持 5 人以内。

⑥在雪线以上高原地区进行地质勘探作业，气温低于 −30 ℃时应停止作业或者有防冻措施。

（16）林区、草原作业应遵守下列规定：

①在林区、草原作业应随时确定自己的位置，与其他作业人员保持联系。

②在林区、草原作业，生火时应有专人看守，禁止留下未熄灭的火堆。

③在森林、草原地区进行地质勘探作业应遵守林区、草原防火规定。

④林区、草原出现火灾预兆或发生火灾时，应及时报警并积极参加灭火。

（17）沙漠、荒漠地区作业应遵守下列规定：

①备足饮用水并合理饮用。

②发生沙尘暴时，作业人员应聚集在背风处坐下，蒙头，戴护目镜或者把头低到膝部。

③作业人员应配备防寒、防晒用品，穿有明显标志的工作服。

（18）海拔 3 000 m 以上高原地区作业应遵守下列规定：

①初入高原者,应逐级登高,减小劳动强度,逐步适应高原环境。高原作业,严禁饮酒。

②艰险地区野外作业,应配备氧气袋(瓶)、防寒用品用具。

③人均每日饮用水量,应不少于3.5 L。

(19)沼泽地区作业应遵守下列规定:

①在沼泽地区作业,应佩戴防蚊虫网、皮手套、长筒水鞋,扎紧袖口和裤脚。

②在沼泽地行走,应随身携带探测棒。

③在植物覆盖的沼泽地段、浮动草地、沼泽深坑地段,应绕道通行,标记已知危险区。

④在沼泽地区作业,应配备救生用品、用具。

(20)水系地区作业应遵守下列规定:

①水上地质勘探作业,应配备水上救生器具。

②每天应对船和水上救生装备进行检查。

③徒步涉水河流,水深应小于0.7 m,流速应小于3 m/s,并采取相应防护措施。

(21)岩溶发育地区及旧矿、老窿地区作业应遵守下列规定:

①进入岩洞或旧矿、老井、老窿、竖井、探井,应预先了解有关情况,采取通风、照明措施,并进行有毒有害气体检测。

②在垂直、陡斜的旧井壁上取样应设置绞车升降作业台或者吊桶。

③洞穴调查作业,洞口应预留人员,进洞人员应采取安全措施。

(22)进入矿山尾矿库时,应预先了解有关尾矿库情况,并采取相应安全措施,防止工作人员陷入尾矿库,行走时小组应有2人以上。

(23)特种矿产地区作业应遵守下列规定:

①在放射性异常地区作业,应进行辐射强度和铀、镭、钍、钾、氡浓度检测,采取防护措施。

②放射性异常矿体露头取样应佩戴防护手套和口罩,尽量减少取样作业时间。井下作业应佩戴个人剂量计,限制个人吸收当量。

③放射性标本、样品应及时放入矿样袋,按规定地点存放、处理。

④气体矿产取样应佩戴过滤式防毒面具。

⑤地下高温热水取样,应采取防烫伤措施。

10.3　测绘野外经验与安全常识

10.3.1　进入高原地区注意事项

1.高海拔地区的概念

按照国际通行的海拔划分标准:①1 500～3 500 m为高海拔,在这个高度,如果有足够的时间,大多数人都可以适应;②3 500～5 500 m为超高海拔,在这个高度,个体的差异决定能否适应;③5 500 m以上为极高海拔,在这个高度,人体机能会严重下降,有些损害是不可逆的,没有人能在这个高度待上一年,即使藏民和夏尔巴人,一般也都生活在5 500 m以下的区域。

从实际情况看,生活在低海拔的人一般在海拔 2 400 m 以下感觉基本正常,没有明显反应;超过 2 400 m,如果有合理的海拔阶梯和足够的时间,还是能够逐步适应;超过 5 500 m 后,无论花多少时间都无法完全适应。

2. 高原反应的概念

高原反应是指人到达一定海拔高度后,身体为适应因海拔高度带来的气压差、含氧量少、空气干燥等变化,而产生的一系列自然生理反应。高原反应症状普遍出现在海拔 2 700 m 以上。快速(如乘飞机)到达 3 000 m 以上时,更容易发生高原反应。高原反应一般发生在到达高海拔 6 ~ 12 h 后,少数在 1 ~ 3 天后发生,一般 3 ~ 7 天内恢复,情况严重的恢复时间可达 2 周以上。

高原反应较为普遍的表现有胸闷、气短、干咳、头痛、头昏、乏力、厌食、恶心、呕吐、嗜睡、失眠、微烧等;多数人会因缺氧而嘴唇和指甲根发紫,有的人还会因空气干燥而出现皮肤粗糙、嘴唇干裂、鼻孔出血等;严重者会出现感觉迟钝、情绪不宁、精神亢奋,思考力、记忆力减退,听、视、嗅、味觉异常,幻觉等,也可能发生浮肿、休克或痉挛等现象。

高原反应视个体情况不同,症状和程度会有所差异。有的只出现上述单个或少数几个症状,有的则多一些;有的反应敏感、强烈,有的则较轻,甚至没有。曾有过比较敏感的人在 1 700 m 就出现轻度高原反应,也有攀登 6 000 m 级别的雪山却高原反应很弱的人,人与人之间差别会很大。

3. 影响高原反应的因素

一般来说,影响高原反应的轻重程度、发病率的因素主要有以下几个。

1)海拔高度

进入的海拔越高,高原反应越强烈,患各种高山病的概率也越大。有报道说,3 500 m 以下的发病率占 37% ~ 51% ,3 600 ~ 5 000 m 的发病率达 50% 。

2)进入方式

进入高海拔的上升速度和幅度,直接影响到高原反应的强弱。海拔急速升高,比循序渐进的“阶梯升高”反应要强,高山病患病率高。有报道说,3 天内从平原到海拔 4 200 m 处,急性高山病发病率为 83.5% ;而由 2 261 m 经阶梯适应在 7 ~ 15 天内到 4 200 m 处时,发病率仅为 52.7% 。

3)区域和季节

不同的地区,即使同样甚至更高的海拔高度,植被茂密的地区就比植被稀少的地区反应轻些;同样,在同一区域,空气交换好的地方就比流通慢的地方(如山谷)强,白天比晚上好些。

从季节来说,冬季进入高海拔地区比其他季节患病率高。这是因为严冬时气温降低,大气压随之降低,含氧量进一步减少,而且寒冷会刺激新陈代谢,增加人体耗氧量,并且容易并发呼吸道感染。

4)个体素质

人对缺氧的适应性,多半依靠个体先天素质。涉及个体素质的因素较多,包括种族、居住地、健康状况、性别、年龄、体态、精神状态等。在个体素质方面,除了种族、居住地差异,高原反应有“欺男不欺女、欺胖不欺瘦、欺高不欺矮、欺动不欺静”之说,尽管不是绝对的,但从实际情况看有一定根据。究其原因,应该同个体之间红细胞比容、需氧量和耗氧量的差异有关。

个人的精神状态也很重要。乐观者往往反应较轻。有的人对高原环境不了解,又听了一些不恰当的宣传,心理压力过大,稍有不适,就紧张甚至恐惧,结果反应加重。另外,有过高海拔经历,尤其相隔时间较近的人,高原反应一般轻些。

4. 不适宜上高海拔地区人群

在打算上高海拔地区之前,一定要对自身状况有全面、准确的认识了解,不要盲目自信。尤其是第一次上高原者,最好进行一次较为全面的体检,根据检查结果和医生建议决定自己是否成行。

一般来说,凡有明显心、肺、脑、肝、肾等疾病,严重贫血、高血压病和视网膜疾病患者,以及孕妇,均不宜进入高海拔地区。

正患上呼吸道感染并发烧,体温在 38 ℃以上,或者虽在 38 ℃以下,但呼吸道及全身症状明显者,应暂缓进入高原。

儿童正处于身体发育期,综合抵抗能力较差,对高原低氧环境十分敏感,缺氧后比成人更容易引发高原病,而且后果较为严重、持久。根据有关研究和经验,建议尽量别带 10 岁以下孩子去高海拔地区。比较安全的年龄是在十几岁以上,一般按照 14 岁左右的标准掌握。

年龄过大且身体状况不佳的老人也同样不适合到高海拔地区。由于老年人身体机能全面退化,免疫力和应对特殊环境的能力下降,容易感冒或患上肠胃病,更容易发生急性高原病。

5. 上高海拔地区前的准备

上高海拔地区之前,应当从以下几个方面做好充分的准备工作。

1)心理准备

实践证明,良好的心理素质是克服和战胜高原反应的重要法宝。对于高原反应,要在战略上藐视,战术上重视。不要一说去高海拔地区,就背上思想包袱,好像要上战场一样悲壮、沉重。

首先应当知道,高原反应是正常的生理现象。一般人通过调整都能够适应高海拔,克服高原反应。

其次,不要把高原反应的痛苦过分夸大。前面所说高原反应的症状,并不是一个人出现那么多症状,每个人的感觉和程度都有区别,而且并不是所有人都有明显的高原反应。如果线路、海拔阶梯设计好,个体适应能力强,高原反应可以很小,甚至没有。即使有一些反应,也在一般人可忍受范围,采取有效措施就会适应、缓解或消失。

2)生理准备

在去高海拔地区之前,一定要把自己的身体调整到较佳状态。如果有不适宜上高原的疾病,一定不要勉强,不要盲目自信。毕竟,比起其他,健康和生命还是第一位的。如果有些小的疾病,尽量在启程之前抓紧治疗。

如果去高原是进行登山、穿越等大强度运动,提前进行系统的训练必不可少。要保证你的体能满足运动需要并有足够的盈余。很多人在去高原之前提前服用肌苷、红景天、西洋参等一些抗缺氧、增强机体免疫力的保健药物,还是有一定辅助效果的,但此类药物不建议多种同时服用。

经验证明,肌苷口服液对于抗高原反应效果更快、更直接,价格更合适,一般可在启程前 2~3 天服用,并可在高海拔地区一直服用。尤其高原反应较重时,配以心脑舒口服液、葡萄糖口服液,缓解效果较好,也是藏区医院对待高原反应常开的药方之一;红景天(在药房常称为"诺迪康胶囊")从生物和医学实验、应用上证明对抗疲劳、缓解高原反应肯定有益,但效果缓慢、价格不菲。如果使用红景天,一般建议在上高原之前 7 天以上服用,并可持续服用。

3)知识准备

提前了解掌握高海拔地区生活、运动、医疗、气候、习俗等相关知识,对于一个旅行者,尤其是领队非常重要。需要强调的是,上高海拔地区前,充分了解掌握高原适应、高山病等相关方面的知识,无论对于团队还是每个旅行者都是非常必要,而且是必需的。

4)物资准备

可根据徒步、骑车、自驾等方式的不同,做好相应而充分的物资准备。不管你是驾车还是徒步,不管是团队还是个人,建议涉及基本生存、救急的物资尽可能多带些。

作为个人来说,重点应准备好自己的证件、资金、基本生活用品、防护用品、基本药品等,这里亦不再详述。

团队活动,如果新人较多,建议带上氧气或氧立得备用,如果到达的海拔较高、人烟稀少,必要时还要带几支"地塞米松"——前提是你知道什么时候、怎么用。

6. 队员注意事项

1)保持良好的心态

保持良好的心态、乐观的情绪、坚强的自信心,对于减弱高原反应带来的身心不适十分重要。要有一副平常心,既不要过于紧张,也不要过于兴奋。

如果过于紧张,无谓地忧心忡忡、思虑过度,稍有不适便慌乱起来,给自己负面心理暗示,反而会使身体不适加剧,延长缓解时间。其实,许多高原反应症状都跟心理作用有关。也不要过于兴奋、冲动。初上高原的朋友,尤其是乘飞机快速到达者,切忌看到高原、雪山,就心潮澎湃、激动万分、大喊大叫、奔跑跳跃。这只会导致内分泌失衡、增加心肺负担,加重高原反应。

2)足量饮水

之所以把饮水放这个位置,目的是要大家认识到它在高原适应中的重要性。不少朋友在高原上对饮水并不太在意,特别是有的女士,因怕旅途麻烦努力控制饮水。这对保持健康、克服高原反应是十分有害的。

人到达高海拔地区后,脊髓会很快产生大量新红血球,以提高血液携氧能力,这些新红血球使血液变得黏稠;同时,由于空气干燥稀薄,呼吸加速,使体内水分丧失比平原快,这种脱水更加剧了血液黏稠。据测算,高原上每天通过呼吸排出的水分为 1.5 L,通过皮肤排出的水分为 2.3 L,在不包括出汗损失水分的前提下,就达到同纬度平原地区人体所有体液排出总和的 1 倍。另外,在缺氧状态下,人体呼吸频率加快,深度加大,引起二氧化碳超量排出,造成身体体液环境偏碱性,出现"碱中毒"现象。碱中毒会引起机体离子平衡紊乱,身体组织细胞开始聚集体液,造成身体浮肿,甚至出现水肿现象,同时也更促使血液趋向黏稠。

血液过于黏稠,会导致血液循环缓慢,氧气输送效率低下,全身各个器官都会因缺氧而出现各种反应,如脑部缺氧导致头痛、头昏、嗜睡,消化系统缺氧会造成消化不良、厌食,肌肉缺氧使活动缓慢、乏力,肢端(脚趾、手指、耳朵等)组织器官微循环缓慢容易出现冻伤,心、肺负担严重加剧等。这些会大大降低身体机能,加重高原反应,并且使恢复更加困难。另外,由于水分摄入量减少和水肿,肠无法获得足够的水稀释废物,还会造成排泄困难,甚至导致严重便秘。

在高海拔活动中,足够的饮水能让你维持机体平衡,血液循环通畅,供氧能力增强,心肺负担减轻,快速排出毒素,从而在很短的时间内适应高海拔环境,摆脱高原反应痛苦,恢复良好的状况和体能。

一般来说,在高海拔地区每天至少应当喝 4 ~ 5 L 水,并注意电解质平衡。水分补充合理与否,可以尿量是否充分,尿液是否清澈、至少浅黄为判断标准。在高原喝下 4 ~ 5 L 水其实不是负担。这些水足够让你喝出很多花样:除了白开水,还可以在水中加糖(葡萄糖、果糖、蔗糖、蜂蜜等),能够较快地补充能量,增加口感;加入一定的 Na、K、Ca、Mg 离子,有助于改善体液离子平衡;加入维生素泡腾片,能够补充维生素,并减轻"碱中毒"现象;加入西洋参切片,能提高免疫力,缓解疲劳;加入板蓝根冲剂,能够增强抵御疾病的能力……

推荐:果珍,感觉综合效果最好;红糖,物美价廉、有效。其他可根据个人爱好、口味适当准备,如 VC 泡腾片、西洋参切片、红景天、板蓝根等,可以不断调剂。水壶应随身携带(睡觉时可放在手边),随时补满。饮水要多次,每次少量,不要等到口渴才喝水。为了不影响睡眠,可以从睡觉前 2 小时开始,逐步减少饮水量,免得不停起夜引起感冒。当你记住这一点并在高海拔开怀畅饮时,你会惊奇地发现,高原反应离你很远。

3)注意防寒保暖

高原天气特点是:气温低,一般海拔每上升 1 000 m,气温下降 5 ~ 6 ℃;早晚、昼夜温差大,有些地区早晚温差可达 15 ~ 20 ℃;天气变化快,刚刚还艳阳高照,很快就可能狂风大作,雷雨冰雹交加。因此,在高原一定要注意防寒保暖,谨防感冒。一定要带上足够的防寒衣物,并且勤更衣,加减衣物一定要及时,做到"宜暖不宜凉"。

在平原上,加减衣服的习惯是"感到冷再加",而在高原上,则应该转变为"感到热再减",穿衣以不感到热为标准。如果等觉得冷时才加衣服,其实寒气已经开始侵入并刺激肌体发生反应。建议不论何时,手边多带一件衣服,热了记得脱、冷了及时穿。下车前、行进中休息、天气发生变化,第一件事就是及时加衣服。

另外,注意尽量少洗澡、洗头。人在高海拔地区,身体机能失衡,抵抗力下降,极易遭到病魔侵害。如果在洗澡、洗头时稍有不慎,就可能患上感冒,其后果就很难预料了,尤其对于刚到高原还在反应期的人。这就是在拉萨许多旅社的洗澡间里,都用中英文提醒旅客刚到高原两天内最好不要洗澡的原因。

4)合理膳食

在高原缺氧环境,人体新陈代谢受到影响,因而胃、肠、肝、胆等消化系统功能较平原地区减弱,对食物的消化、吸收能力降低。与其相反,人体在高原地区消耗的能量、维生素等却比平原地区大大增加。据有关研究,人体在高原地区5天所消耗的能量比内地平原地区多3%~5%,而且停留时间越长消耗热量越多;维生素消耗量在缺氧条件下是平时的2~5倍。因此,在高海拔地区的膳食安排,既要考虑消化系统的承受能力,还要注意改善营养结构。

在饮食安排上,要增大碳水化合物(应该占60%以上)和高植物蛋白的比例,增大各种维生素的摄入,以便快速提供热量,提高机体适应能力。注意少食过于油腻的食物。过量的脂肪和动物蛋白既给肠胃增添负担,又可加重高原反应。在高原不宜吃得过饱,最好保持"七分饱"状态。如果饿了,可以加餐或吃些有营养、易消化的零食。除食物摄取外,建议每天另外补充维生素以满足身体需要。可选用"金施尔康"或"21金维他",也可选用各类维生素泡腾片。如果你能适应酥油茶的味道,可以多喝一些,对缓解高原反应也有一定的作用。"入乡随俗不生病"自有它的道理。

在高海拔地区饮酒应严格限制或禁止。因为酒精既加重心脏、肝脏负担,其代谢又消耗体内大量水分,只会加重或延长高原反应。另外,建议有吸烟习惯的朋友,初上高原应当减少或者停止吸烟。因为香烟的重要产物是一氧化碳,它与血红蛋白的亲合力是氧气的250~300倍。如果在高原地区大量抽烟,会影响呼吸系统的氧交换,加重高原反应。

5)适当运动

网上很多人建议刚到拉萨,尤其是坐飞机过去的驴友第一天最好睡大觉以适应高海拔。这是不恰当的。睡觉时人的各项机能会减弱,从而抑制机体主动适应能力,反倒会加剧高原反应症状。

初上高原,最好的适应方式既不是原地不动,蒙头大睡,也不是大运动量到处活动,而应该保持一定的活动量,积极主动地自我调整。比如,可以在驻地附近轻松散步等。刚到高原时运动节奏、幅度、频率以及运动量一定要控制好,轻举缓动,海拔越高越要注意。登山运动员的动作常常看起来像慢镜头一样就是这个道理。在高原,尽量学会和运用腹式呼吸,比我们日常的胸式呼吸效果好得多。

违背了这些原则,往往就会吃苦头。曾经发生过驴友在高原"蹲坑"时,因用力过猛昏倒在厕所的事;也有人在海拔4 600 m时跟人打赌做个"鲤鱼打挺",导致眼底疼痛几天的教训。

6)晚睡与通风

高原的夜晚往往比白天更难过,睡觉也成了件不舒服的事。从环境来说,夜晚气压较低,同时因植物光合作用减弱,空气中含氧量进一步降低;从人体自身来说,白天清醒时,可以通过主动调整呼吸来缓解缺氧状况,但夜晚一旦入眠,由于副交感神经作用,呼吸会逐渐降到接近平原的频率,导致缺氧,影响睡眠质量。

去过高原的朋友往往会有这样的经历:睡着被憋醒,狂喘几口后接着睡;再醒,再喘,再睡……如此反复。然而,要在高海拔地区保持良好的状态,又需要一定的睡眠数量和质量,怎么办?四个字:晚睡,通风。

初上高原,很多人因缺氧昏昏欲睡,很早就上床睡觉。岂不知这样做,很容易在半夜醒来后再也睡不着,瞪着眼睛熬到天亮,从而造成睡眠不足,甚至生物钟被打乱,影响白天的状态。比较好的办法,是针对自己平时的睡眠习惯,略微再推迟 1 小时左右再睡。

在做好防寒保暖的前提下,房间或帐篷一定要保证良好的通风。房间可以适当开窗,帐篷注意通气口完全打开,必要时拉锁留缝。高原的空气本来就稀薄,如果再处于封闭环境中,循环呼吸固定体积的空气,更容易导致头疼和其他不适。

7)紫外线防护

高原紫外线强度大,极易损伤皮肤和眼睛,特别是在雪地。必须采取防护措施,避免伤害。在光线较强时,要尽量减少裸露的皮肤面积。太阳帽(环檐的丛林帽挺不错)、太阳镜是必需的。暴露的皮肤就需要涂防晒霜,包括面部、耳区、后颈、手、臂等处。防晒霜 SPF 倍数大一些好(感觉 SPF30,PA＋＋＋较合适,建议 SPF 不低于 20,PA 不低于＋＋),这样能够减少补抹次数。

在高原寒冷地带行军,补抹防晒霜并不太容易,而且经常遗忘;如果中间需要加抹,那就把防晒霜贴身保暖存放。还要提醒大家注意,即使在阴天,也要采取防晒措施。因为阴天的紫外线照样能灼伤人,这样的教训发生过不止一例。

8)必要的药物和治疗措施

除了正常服用的肌苷、维生素等保健、营养药物,以及治疗疾病的药物,一般不建议在高原乱用药物,毕竟"是药三分毒"。用药不善,反倒会掩蔽或影响人体的正常反应和恢复。

在高海拔地区务必严防死守避免感冒。即使很轻微的呼吸道感染,也会增加发生高原肺水肿的危险。如果一旦发现感冒初期症状,应立即服用抗感冒药。若等病症发展起来后再服用,一般已无效。对于一些较重的高原反应症状,在确认程度不严重、不会恶化的前提下,为了不影响活动和睡眠,可以进行必要的药物治疗和调整。

高原反应引起的头痛,比较轻微的,可选用新加坡"头痛片"(中药);头痛较重,推荐"加合百服宁",效果不错,其实头痛药准备这一样就可以了。当反应较重时,还是建议到医院去治疗,毕竟高原的医生对于高原反应的治疗见多识广、经验丰富,往往不起眼、不值钱的几味药,就能立竿见影。

还有就是建议反应稍重的朋友,在没有危险且能够耐受的前提下,尽量不吸氧,努力依靠自身适应。一旦吸上,依赖性确实很强,恐怕你今后在高原就很难离开它了。如果后面还继续高原行程,这将会带来很多压力和麻烦。

9)充分沟通

当感觉自己的身体状态异常时,应该向领队或有经验的人反映,听取他们的意见,进一步做好调整和适应;如果是独自旅行,感到情况较为严重时,应当及时就医。千万不要逞强硬撑,不要隐瞒。队友之间要彼此多关注,一旦发现身边有人反应特别异常(如神志不清等),应及时告诉领队或队友,及时采取处置措施。

7. 领队注意事项

(1)领队在自信有足够能力的同时,还要充分做好吃苦、奉献的准备。作为高海拔活动的领队,承担着比平原活动更大的压力和责任。因为既要面对更复杂的情况,处理各种预料之中和意料之外的问题,自身也在忍受着高原反应的折磨。

(2)所有的判断和决策以安全为前提。在整个行程中,遇重大事项,应该将情况、原委、可选择对策、可能出现的后果告诉大家,充分征求意见。在考虑集体意见的基础上,领队应当具有决策权,决策的前提就是"安全第一"。

（3）平时应当注重户外运动、高海拔活动、医疗急救、高原民俗等相关知识的积累,尽量掌握较多的直接和间接经验,出发前再有针对性地学习一下。这些知识和经验随时可能用得上。

（4）认真研究,选择好线路,制订科学合理的计划。根据上高原方式的不同,相应设计好行进日程、路线、速度、宿营地,尽可能考虑到可能出现的突发情况及应对措施。

（5）合理的海拔阶梯对高原适应非常重要。从整体行程来说,如无特殊要求,一般尽量选择"去缓回陡,上缓下陡"的路线;从具体日程来说,在海拔3 000 m以上安排宿营地时,每天入睡的高度尽量按高于上一天300 m左右掌握,特殊情况最好别超过600 m（当然越低越好）。除非不得已,哪怕早起或赶晚些,尽量避免在高海拔过夜,那会增加很多不必要的痛苦、麻烦甚至危险。计划往往赶不上变化,还要根据实际,及时对计划进行必要的调整。

（6）对队员进行必要的安全、纪律、民俗、宗教、环保,以及高原反应知识教育,全程要求和提醒大家遵守。

（7）出发前做好充分的准备。常常在平原很平常的一件小东西,到高原急需时踏破铁鞋都买不到。但确信能在高原买到的东西（如一般食品）,以及可带可不带的东西可以省略。

（8）尽量帮助队员克服紧张心理,缓解高原反应。从这几年实践看,在高原反应即将来临时,适当组织大家唱歌效果不错,既放松情绪、转移注意力,又调动肺活量。

（9）采取各种必要的安全措施。及时关注队员状态,提醒缺乏经验的队员加减衣、饮水吃药、做好防晒,限制其可能带来不良后果的行为（洗澡、洗头、与当地人冲突等）。安排住宿时,要将有高原经验的人同新人和高原反应较重的人合理搭配,互相观察和照顾。遇队员反应较多、较重,或大雪、大风等恶劣天气,以及其他特殊情况,领队应当巡夜,发现问题及时处理。前几年在四姑娘山曾发生过大雪将帐篷通气口压住,队员险些窒息的事例。如果安排巡夜,应该可以避免。

（10）一旦发现队员有异常情况,及时果断处置,立即就医或自行救护。不能疏忽大意,严禁将反应异常的队员单独留下,要安排有经验的人陪护并保持联络。

（11）高原地区往往少数民族较多,民风多剽悍不羁,信仰、风俗各异。全队应当注意尊重当地民俗和宗教,遇事忍让。一旦发生冲突,领队应努力控制局面,避免激化和升级。

8.高海拔紧急情况的处理

高原确实不同于平地,任何一个不起眼的疏忽和大意,付出的可能就是生命的代价。因此,务必高度注意,不能完全拿平原上对健康和疾病的思维判断方式来衡量高原上的紧急情况。在高原,最要命的当数高山肺水肿和高山脑水肿,这两种高山病发病快,死亡率较高,要给予足够的重视和警惕。这里所说的紧急情况,主要指它们。

对付高山肺水肿和脑水肿,可总结为"积极预防,注意观察,尽早识别,及时治疗,迅速下撤"20个字。"积极预防,注意观察"在前面都已提到。下面说说"尽早识别",着重了解高原肺水肿和脑水肿的主要症状。

1)高原肺水肿

高原肺水肿通常发生在快速上升至2 500 m以上后24～96 h。重要诱因是寒冷、劳累、抵抗力下降,造成呼吸道感染,导致肺部积水。肺中的液体阻碍了有效的氧气交换,血液中含氧量降低,从而引发全身组织缺氧,严重时因大脑缺氧导致逐渐神志不清、昏迷,甚至死亡。

高原肺水肿的主要症状为:开始有些像急性高原反应,运动能力下降,疲倦乏力,静止休息也觉得呼吸困难、头痛、胸闷、心慌、干咳;随着病情发展,出现严重的呼吸困难,口唇、颜面青紫,胸痛,难以平卧,不断咳嗽,咳出稀薄的泡沫痰,开始为白色或淡黄色,后即变成粉红色。如果将耳朵贴近患者胸壁,可听到肺部水泡样呼吸声(医学称"湿罗音")。病人会烦躁不安,严重者逐渐神志不清,如不采取措施,数小时内病人会昏迷、死亡。

2)高原脑水肿

高原脑水肿,多发生于急速上升至海拔4 300 m以上。主要原因是缺氧,导致脑血流量增加,颅内压升高和脑水肿,以及脑容积增加,造成脑组织受压迫,脑细胞代谢障碍,功能紊乱,进而发生昏迷及死亡。其特点是:多发在夜间,发病急;发病率低,但死亡率高。

高原脑水肿的主要症状:初期表现为神情恍惚,萎靡不振,疲倦乏力,行为协调能力下降(直观识别:患者步履蹒跚,走路不直,有些醉酒症状;发展到一定程度,系鞋带、拿放小物品都困难,不能用手指准确指点自己的五官位置);随着病情发展,会剧烈头痛,喷射状呕吐,反应迟钝,智力降低(直观识别:简单的算术题都出错),失忆,嗜睡,渐渐神志模糊、昏迷,个别病人出现抽搐。严重昏迷者,多并发脑出血并危及生命。

在高原上除做好一系列防护措施外,还要关注自己和队友,一旦发现上述相关症状,要及时沟通和报告。对待疑似或确诊的高山肺水肿、脑水肿患者,要做的第一件事就是立刻送医院,剩下的事情交给医生。

如果是在不具备医疗条件的地方,作为非专业人士,对于两种高山病的处理方式是一样的,就是立刻做三件事:高流量输氧,口服两片"速尿"(情况严重者同时静脉注射地塞米松),以最快速度下撤。对于脑水肿患者,可以同时冷敷额头,降低颅内压。千万不要拖延,更不要在原地等待救援。立即下撤600～1 200 m是最重要、最有效的治疗手段——越快越好,越低越好,撤下后立即到医院去。千万记住,延迟一秒,患者生存的机会就小一分。

9.回到低海拔后

当结束旅程,从高海拔地区回到平原后,可能会出现疲倦、乏力、嗜睡、胸闷、头昏、易饿、腹泻等症状。这些状况根据高原活动时间、到达高度的不同,程度和持续时间也不一样,一般1～2周可自行消失。这就是所谓的"低原反应",俗称"醉氧"。

"醉氧"其实就是"氧中毒",同高原反应一样,也是人体正常的生理反应。虽然它对人体的危害远不及高原反应大,但如果不注意,也会对身体产生不良影响。对"醉氧"需注意以下方面:

(1)注意休息:旅途奔波本来就辛苦,加上"醉氧",回来后更需要好好休息,恢复状态和体能。

(2)注意饮食:多吃抗氧化食物,多食用蔬菜和维生素,少饮酒。番茄、橘子、草莓、豆制品、茶叶等食物富含维生素 E、维生素 C、茶多酚、大豆异黄酮等成分,抗氧化作用强,有益于防治"醉氧"。症状较重者还可服用维生素 E。

(3)多饮水:每日饮水 2 ~ 3 L。

(4)谨慎从事特殊工作:若是从事长途驾驶、高空作业等特殊工作,在"醉氧"期间,一定要谨慎行事,确保安全。

10.3.2　沙漠内测绘作业经验

中国是沙漠比较多的国家之一,其中比较大的沙漠有 12 处。

塔克拉玛干沙漠面积为 33.76 万 km^2,是我国第一大沙漠,也是世界第二大流动沙漠,"塔克拉玛干"是波斯语,是"就连无叶小树也不能生长"的意思。塔克拉玛干沙漠植物非常稀少,属于生命的禁区。巴丹吉林沙漠原来面积为 4.9 万 km^2。"巴丹吉林"旧作"巴丹扎兰格",为蒙语。巴丹吉林沙漠是我国最高大的流动沙丘。腾格里沙漠面积为 4.27 万 km^2,"腾格里"为蒙语,义为天。蒙古牧民认为,巴丹吉林沙漠是母亲,腾格里沙漠是儿子,腾格里沙漠是我国流动速度最快的沙漠。古尔班通古特沙漠面积为 4.88 万 km^2,"古尔班通古特"是蒙语。柴达木沙漠面积为 3.49 万 km^2,以流动沙丘为主。还有库姆塔格沙漠、乌兰布和沙漠、库布齐沙漠、毛乌素沙地、浑善达克沙地、科尔沁沙地、呼伦贝尔沙地。

沙漠面积巨大,昼夜温差大,通行极为艰难,自然环境十分恶劣。因此,沙漠作业后勤供给艰难,危险性极大。为了切实贯彻落实"以人为本"的总体安全指导思想,根据野外工作的特殊性,结合作者曾三进塔克拉玛干、足迹遍布腾格里、数次穿越巴丹吉林沙漠、漫步各大沙地的测绘作业体会,介绍一些经验,供测绘、旅游、探险人员等参考。

1. 高度的责任心和过硬的心理素质

作为测绘工作者,无论在任何岗位上都要有高度的责任心、过硬的心理素质,在最艰难时要有良好的心态、冷静的头脑,这是在艰苦地区作业必备的个人条件。无论遇到任何问题,都要依靠集体、团队的力量,团结可以战胜一切困难。

进入测区要对测区进行全面的了解,首先与当地政府进行联系和沟通,尽量熟悉测区的情况,如风向、气候、温差等。了解沙漠的习性、掌握沙漠的特点才能更好地开展工作,只有掌握了大量的信息,才会避免决策失误,杜绝意外事件的发生。

作业员要一切行动听指挥,顾全大局,个人利益必须服从集体利益,不可无组织、无纪律、自由散漫,在任何困难、特殊情况下都不得私自脱离集体。

2. 作业人员的准备工作及装备

(1)个人准备:背囊、睡袋(路途远可两人一个)、水壶、冲锋衣裤、沙地鞋、长袖衣(以绿色、灰色或白色为最佳,红色衣服在危机中可以起到通信作用。不允许穿深色、黑色上衣,拒绝穿牛仔裤)、防风镜、纱巾(红色为佳)或口罩、遮阳伞、手电筒、指北针、塑料布(透明)、风油精、湿巾、防护霜、食盐(50 ~ 150 g)、作业装备等。徒步行走一般个人装备加上集体装备载重不超过 15 kg,路途遥远不超过 10 kg。

(2)小组准备:小组编制以 3 ~ 5 人为最佳,一个作业小组不得少于 3 人,路途遥远时应增加小组编制。准备好作业资料、通信器材、仪器设备、手持 GPS(一个作业组不少于 2

部)、电池、户外帐篷(最多3人1顶)、工兵锹、盛水器具(铁皮桶)、食物等。

(3)最低生命保障:徒步作业中最低生命保障用水每天不少于750 mL(矿泉水三小瓶量),食物以馕(维吾尔族食品)、黄瓜、小包榨菜、火腿肠等为宜,最低生命保障每天用食不少于1个馕。

3. 作业前的准备工作

(1)沙漠内作业对资料必须认真分析,分析路线非常重要。要有一个详细、周密的作业计划,做好充分的准备工作。进入时必须书面告诉司机或其他作业员每天作业的地点、坐标、线路,做到每个作业员心中有数。

(2)徒步进入沙漠前必须带足饮水和食品;调试、检查手持GPS工作情况及进入路线坐标的输入,保障电池电量,备用电池必须携带。

(3)在沙漠路途较远且无法当天返回驻地的情况下,必须计划在7日内返回驻地。一般人徒步携带足够的装备、食品、饮水在沙漠里生活也不能超过7天,直线距离(往返)不超过120 km。无特殊情况必须原路返回。

(4)在约定的时间内未见人员返回和联系时必须通知有关领导,第二天由多人并携带充分的物资后方可按计划路线或作业进入时地点坐标组织人员寻找。

(5)准备好卫星电话、手持GPS、有导航功能的手机。卫星电话(也称海事电话)功能强大,几乎在任何地方都能全天候使用,手持GPS、有导航功能的手机都有定位功能,其误差很小,要求每一个作业员都能正确熟练使用。无论发生任何意外,它们都是向外界报告、沟通、定位的重要工具,在不使用时关闭电源,以防救急时发生无电现象。

4. 在沙漠地区作业注意事项

1)徒步行进

在沙海里徒步行进背负数千克物资是对每一个作业人员体能、毅力严峻的考验。在浩瀚的沙漠里人显得特别渺小,沙丘起伏、一望无际、寂静无声、辨不清方向、沙尘暴、海市蜃楼、长时间行走产生的各种幻觉等也给作业员造成很大的心理压力,这些心理障碍也需要克服。

最佳的徒步时间为清晨天蒙蒙亮至中午11时前,下午4时至天黑。中午不允许在太阳下行走(沙漠地表温度最高),阴天除外,中午时分是人最累的时候,也是容易中暑的时间,应集体休息,坐在沙丘最高处(有风)撑起遮阳伞保持体力,天冷可在背风处以保存体温。徒步时尽量在迎风面和沙脊上,避开背风面松软的沙地。遇到沙梁、沙丘等尽量绕行,切忌直上直下横翻沙丘,以节省体力。每行进2 km左右休息2~5 min,累极了也要有毅力站起来,不然会前功尽弃。在沙漠里徒步平均每天走15 km(直线距离),作业计划时一次不可超过直线距离60 km。可在需返回途中(半路)存放、预留物品以便轻装上阵,但必须放置在沙丘的最高处(还要使用手持GPS定位)以方便回来后寻找。

2)乘骆驼行进

使用骆驼时可携带较多给养。骆驼一般在沙漠里行进速度每小时3~5 km,驼队每天可行进30 km(直线距离)左右就必须休息。每匹骆驼负重在沙漠里行走不超过150 kg,夏季骆驼每隔3~5天、冬季7~10天要饮水一次,饮水量在50~80 kg,盐巴2~5 kg。一般行进100~150 km,10天内须返回驻地。骆驼有找水、识途的能力,但在浩瀚的沙漠里会离人而去，一般只有主人（驼工）才能驾驭。作业员可乘骑，也可徒步轻装行进。沙尘暴来临时骆驼是最好的避风之处。

3）沙地摩托

沙地四轮摩托使用费用高，须双车进入沙漠。缺点是携物量少、安全系数低，只可乘坐一人（不含司机）。优点是速度快、重量轻，须当天（或油料充足时）隔夜返回，适合 50 km 内作业，不适合中长距离测绘使用。

4）链轨拖拉机

链轨拖拉机使用费用高，单车可进入沙漠，携带给养较多、安全系数较高。但高大沙漠无法进入，速度慢、车自重大、耗油，常常出现故障，需其他车辆救援等。它是 100 km 之内小组打游击的理想用车。

5）沙漠越野车

沙漠越野车使用费用极高，但优于骆驼、沙地摩托、链轨拖拉机等。可进入较高大的沙漠腹地，须双车进入。应携带双千斤顶，木板 4 块（长 1 200 mm、宽 500 mm、厚 50 mm），20 ~ 30 m 钢丝绳一条，铁锹，蛇皮袋（面口袋）8 ~ 10 个，充气工具，备用油桶（20 ~ 30 L）2 个，以及逆变器、水桶、备胎等物品。沙漠越野车是完成远距离困难点、艰难区域的最佳用车。

丰田霸道、4500、猎豹等越野车一般在沙漠边缘保证给养、油料等物品的补充，参加作业时必须更换沙漠轮胎（俗称光板胎），在沙漠行车轮胎气压一般为 1.5 个气压，特殊时放气的气压不许低于 0.8 个气压，预防车胎脱离车毂。随车携带必需物品。应派有戈壁、沼泽、山区、高原行驶经验的驾驶员，要求驾驶员了解沙漠的类型（如新月形沙丘及沙丘链、窝状沙丘、垄状沙丘、复合型沙山、大小起伏沙地等），不同的沙地有不同的行驶方法，最好雇佣当地司机或熟悉沙漠的当地人做向导，指引车辆行驶。夜晚停车（尤其有风时）不许停放在沙脊、沙梁等迎风面或沙窝处，应停放在相对平缓的鞍部或较硬的半坡处，车轮下垫木板，车头迎风向下。驾驶时忌猛打方向、猛踩油门等，上坡加油应渐渐增加不换挡，下坡不踩离合、不踩刹车，由油门控制车速行驶。越野车辆发动机均为高转速型，行驶过程中主要由油门控制车速，这就需要驾驶员有过硬的驾车本领。胆大、心细、手快、脚稳、眼尖是沙漠行车的法宝。

测区各地域情况不同，应灵活应用各种方法，以求最佳方案，以达到最快、最安全、最理想的目的。

5. 沙地露营经验

在沙漠里宿营首先要会选择营地，新月形沙丘应选择两个沙梁间平缓低洼处，窝状沙丘应选择较大的窝地较宽敞处，严禁宿营在窝状沙丘较小的沙坑里（俗称"王八坑"），以防止流沙掩埋。宿营地选择后应多观察、多走动，再支撑帐篷，预防有流沙坑存在。宿营地应远离有植被（如红柳、梭梭、胡杨等）地区，白天也禁止在胡杨树下睡觉。因沙漠地区有植被的地方往往寄生着一些有毒或无毒的虫子（如土鳖子、蚰蜒、土蝎子等），在塔克拉玛干沙漠里还生长一种"塔里木蝉"，通常生长在红柳、胡杨树下，人一旦被咬会得一种"塔里木出血热"，导致十几小时后死亡。有条件的可带些樟脑粉（家里衣橱用的）撒在帐篷周围，以避免毒虫的伤害。野外生火取暖注意风向，以免殃及帐篷。

6. 沙漠生存技能

沙暴——遇到沙漠风暴时不必惊慌,切忌四处乱跑。一般沙暴1~5小时为强劲期,随时间推移逐渐减弱。当沙暴来临时会提早发现,沙暴如同沙墙一样遮挡日月。这时应迅速整理装备、拆除帐篷、穿戴整齐,寻找避风处;若在沙漠腹地,小组人员应迅速集中在一起,戴好防风镜、口罩(或围绑好纱巾),扣上衣服所有扣子,背囊抱在身前迎着沙暴坐在顶风的半坡上,可把队员用绳子串在一起,利用背囊挡风。面向沙暴的感觉就像在汽车高速行驶面向前方一样,可以呼吸,不可侧向或背向沙暴,否则呼吸艰难。切忌在沙丘背风面躲避沙暴,有生命危险。

断水——人体的75%左右是由水组成的,身体缺水会直接影响到人体循环系统、消化系统、排泄系统、肌肉系统的功能。而间接的影响更是涉及人体功能的各个环节,通俗地讲,水的代谢可以调节体温、消除体内杂质与毒素,体内所含水分过低,肾功能会被破坏。

正常人每天的水分消耗为2~3 L,呼吸蒸发的水分有1 L,1~2 L的水分会随尿液排泄而流失,而天气干燥炎热则会由于流汗增加1~2 L的水分消耗。水分补充不足时,人首先会感到疲倦,脉搏变快,反应迟钝,进而出现脱水症状,如口渴、呼吸急促、脸色苍白、虚弱无力、痉挛等。

断水的情况下首先认识到还有3天的生存时间,可利用自然界取水:方法一,在阳光面坡下用铁锹挖一个长约1 m、宽约50 cm、深0.5~1 m的坑,放入水壶,用透明的塑料布覆盖在坑上面(一面高,一面低),利用太阳的温度产生水蒸气,凝固后滴入水壶中;方法二,在有植被的地方挖水,植被茂密的沙地一般挖1~5 m可出水,挖出来的水人不可直接饮用,直接饮用会盐中毒,必须用蒸馏方法取水后方可饮用。在生命垂危时尿液也是救命的水源。

断水时不可盲目找水,白天挖个坑,把身体藏在里面,避免体内水分流失(天冷可保温),要"昼伏夜出";否则后果不堪设想。牲畜有找水的本领,在极度缺水的情况下会狂奔水源处,沿着牲畜留下的足迹可抵达有水区域。

断粮——沙漠任何地方都可以见到四脚蜥蜴(俗称四脚蛇、地龙),捉住后剥皮去内脏食之,此动物无毒。

迷向——作业前每个作业人员必须认真分析资料,熟记测区环境、作业地域。手持GPS是测区最佳导航仪,也是作业人员生活、工作的有力助手,可充分利用卫星导航系统。在无导航仪、指北针而又迷失方向的情况下,应冷静寻找来时留下的脚印,按原路脚印返回。风过后无脚印可寻的情况下,凭熟记下的测区环境按自然规律判别方向(无野外经验者不可),日出、日落是最可靠的方向判别参照。早晨、傍晚利用影子来识别方向最准。中午10时至下午5时不许走动,应在沙坑里保存体力。天黑后应休息,不可判别星座来定位方向,在一望无际的沙漠里利用北极星、北斗七星判定方向是错误的,没有地面物体参照,前后左右各走10 km都会感觉方向是对的,除非了解、精通各个星座的位置。

利用太阳判定方位。可以用一根标杆(直杆),使其与地面垂直,把一块石子放在标杆影子的顶点A处,约10 min后,当标杆影子的顶点移动到B处时,再放一块石子,将A、B两点连成一条直线,这条直线的指向就是东西方向,与AB连线垂直的方向则是南北方向,向太阳的一端是南方。

利用指针式手表对太阳的方法判定方向。方法是:将手表水平放置,将时针指示的(24小时制)时间数减半后的位置朝向太阳,表盘上12时刻度所指示的方向就是概略北方,假如现在时间是16时,则手表8时的刻度指向太阳,12时刻度所指的就是北方。

7. 野外生活小常识

昆虫叮咬的防治——在野外为了防止昆虫的叮咬,应穿长袖衣和裤,扎紧袖口、领口,皮肤暴露部位涂抹防蚊药,不要在潮湿的地方和草地上坐卧。宿营时,可烧点艾叶、青蒿、柏树叶、野菊花等驱赶昆虫。被昆虫叮咬后,可用氨水(尿液)、肥皂水、盐水、小苏打水、氧化锌软膏涂抹患处以止痒消毒。

蚂蟥是危害很大的虫类,蚂蟥分为旱地蚂蟥和水蚂蟥,蚂蟥吸血的同时分泌一种抗凝素,使伤口流血不止。其实蚂蟥并不可怕,遇到蚂蟥叮咬时,不要硬拔,可用手沾上唾液把它拍下来或用烟头烫,切记不可手扯,要让其自行脱落,然后伤口处用创可贴贴上即可。行至蚂蟥出没的地带,应将裤脚扎紧,在脚上、手上涂一些有刺激气味的药品,也可以有效地防止蚂蟥叮咬。此外,将大蒜汁涂抹于鞋袜和裤脚,也能起到驱避蚂蟥的作用。

被沙漠里的土鳖子(俗称骆驼蛳)叮咬,切记不可着急用手取开,只能轻拍被叮咬附近的肌肉和用点燃的烟头来回熏烤,让土鳖子自己松口后取下,否则虫子的头部会留在被叮咬的躯体里。若土鳖子已钻进肌肉里,也不可惊慌,可迅速用手捏住虫子部位的肌肉,用消毒的小刀割开,取出虫子,若土鳖子钻入阴囊、肛门,必须将虫子捏死,然后尽快去医院治疗。

昏厥——在野外若遇到昏厥,多是由于摔伤、疲劳过度、饥饿过度等造成的,主要表现为脸色突然苍白,脉搏微弱而缓慢,失去知觉。遇到这种情况,不必惊慌,一般过一会儿便会苏醒,醒来后,应喝些热水,并注意休息。要是遇到恶心、呕吐、腹泻、胃疼、心脏衰弱等情况,首先要洗胃,快速喝大量的水,用指触咽部引起呕吐,然后吃蓖麻油等泻药清肠,再吃活性炭等解毒药及其他镇静药,多喝水,以加速排泄,为保证心脏正常跳动,应喝些糖水、浓茶,并暖暖脚,立即送医院救治。

中暑——在塔克拉玛干沙漠作业,沙漠日照强烈,昼夜温差大,如在阳光下活动量较大,身体内产生的热量无法靠流汗散发出去的话,人会极容易中暑。中暑的症状是突然头晕、恶心、呕吐、昏迷、无汗或湿冷,瞳孔放大,发高烧。发病前,常感口喝头晕,浑身无力,眼前阵阵发黑。此时,应立即在阴凉通风处平躺,解开衣裤带,使全身放松,脱掉外衣,不停扇风并用湿毛巾擦拭中暑者身体,再服十滴水、仁丹等药,沙漠里其他队员需要提供帮助,采取打伞、挡阳光等措施。发烧时,可用凉水浇头,或冷敷散热,如昏迷不醒,可掐人中穴、合容穴,使其苏醒。

脱水——沙漠里脱水又称缺水性脱水(医学称高渗性脱水),即身体内失水多于失盐。这大多是由于高温、大量出汗导致大量失水,未能及时补充。因此,患者有明显的口渴、尿少等症状,严重脱水时亦可发生休克。由于高渗和细胞内脱水,可使黏膜和皮肤干燥,出现烦渴、高热、烦躁不安、肌张力增高甚至惊厥。

脱水后可以单纯补水,应该喝些淡盐水,由少到多。切记不可大口大口饮水,一口气来个"牛饮",因为短时间的大量饮水会造成血液内盐分浓度改变,体内液体流动出现变化,严重者会造成大脑肿胀、压迫颅骨,乃至死亡。

脚部打疱——中途休息时不要脱鞋,长时间行进脚一定会浮肿,脱了鞋一旦再穿是比较难受的。如果行进途中发觉脚底不适,局部位置火辣辣的,那一般就是打疱的前兆,最好不要心存侥幸,赶紧在痛处边缘贴上足够厚的纱布或胶布(卫生巾是最佳选择),改变一下脚底的受力。如果已经打疱,那么有必要把它扎破放水(一定要消毒),但是一定不要把水疱的皮剪掉,否则第二天走路会很疼。

作为测绘工作者,无论在任何时候都要有高度的责任心、过硬的心理素质,在最艰难时要有良好的心态、冷静的头脑,这是在艰苦地区作业必备的个人条件。

10.3.3　井下作业安全常识

矿山有两种主要开采方式,一种是地下开采,一种是露天开采。对于埋藏较深的矿床,一般采用地下开采的方法。地下开采有其特殊的作业特点,主要是:作业环境差,空间较小;地质条件多变,经常受到顶板、矿尘、水、火等灾害的威胁;生产工艺复杂,劳动强度大等。因此,井下作业人员必须掌握一定的井下作业安全常识才能保证安全。

1. 下井前的准备

(1)入井人员在入井前,一定要吃饱睡足、休息好,并且入井前严禁喝酒。

(2)入井前要穿戴好安全帽、工作服和胶鞋,做到整齐利索;脖子上最好戴一条毛巾,既可擦汗,又可防矿渣掉落到衣服里,在自救互救中也可能用上。

(3)入井人员必须随身携带矿灯等照明灯具。

(4)随身携带的锋利工具,如瓦刀、斧子、锯等必须套上护套或装入工具袋,以防伤人。

(5)必须遵守入井挂牌登记制度,登记后方可入井。

(6)每个入井人员都必须自觉参加班前会,明确当班生产任务和安全注意事项,防止发生事故。

(7)接受岗前培训,取得安全资格证书方可入井。每个在井下工作的人员都必须熟悉自己工作地点的各种灾害情况下的避灾路线。

(8)了解本次下井所经过路线的安全条件和工作环境的安全条件及紧急情况下的安全逃生路线和方法。

2. 乘坐罐笼和人车

罐笼是运送人员上下井和提升矿石、材料、设备的专用设备,是保证矿井正常生产和人员安全出入井的关键设备。井下人员必须遵守以下规定:

(1)上下井人员乘坐罐笼,要遵守有关规定或把罐工的指挥,按顺序上下,不得拥挤和打闹。无论任何时候,没有得到井口管理人员或把罐工的许可,不准进出罐笼,尤其是发出了升降信号以后,或者罐笼没有停稳时,千万不要争抢上下。每罐不得超员运行。

(2)进入罐笼后,必须关好罐门或罐帘,人要站立稳当,两腿稍弯曲,手要握住扶手。不要把头和手脚或携带的工具伸到罐笼外面去,不要在罐笼内互相打闹,更不准向井筒内抛扔任何东西,否则容易造成事故。

(3)严禁人和物料或矿车同乘一层罐笼。在装有爆破材料的罐笼内,除爆破工或护送人员外,其他人员不得同行。

(4)井下不得乘坐非乘人车辆,严禁乘箕斗、矿车等非载人工具上下井。

(5)乘车时,必须听从司乘人员的指挥,上下车不要拥挤。开车前必须关上车门或挂上防护链。人体及所带工具和零件严禁露出车外,也不可碰架空线,以防发生触电事故。

(6)行驶中和尚未停稳时,严禁上下车或在车内站立。

(7)严禁在机车头上或任何两节车厢之间搭乘,严禁超员乘坐,严禁扒车、跳车和坐矿车。

(8)发现车辆掉道时,必须立即向司机发出停车信号。

(9)在井下长距离平硐或巷道乘坐人车时,严禁探头外观。一旦人车掉道,不得乱跳出车外。

3. 井下行走

井下巷道空间狭小,来往车辆多,有的安装有输送机,因此行走时一定要注意安全。

(1)坚持走人行巷道和运输巷道的人行道。

(2)在人行道不够宽的巷道行走时,要随时注意躲避硐的位置;当车辆接近时,要及时进入躲避硐,等车辆过去后再出来。

(3)禁止在非人行道一侧和双轨巷道的双轨中间躲车。

(4)不要在轨道中间行走,也不得随意横穿轨道,以免发生意外。如果一定要横过,要在没有车辆通过时,才能横过。特别在跨过钢丝绳时,更要小心,以防绊倒或被钢丝绳打伤,在钢丝绳运行时,严禁跨过钢丝绳。

(5)在倾斜井巷行走时,要坚持"行人不行车,行车不行人",且必须走人行道,不得骑在钢丝绳上走。

(6)不准进入不通风的巷道;所有已打栅栏、挂有"禁止入内"警示牌的地点都不准进入。这些地方可能积聚瓦斯等有害气体,进入是非常危险的。

(7)经过有人施工的地点,一定要先打招呼,经同意后方可通过。通过风门时,要随手关门,以防风流短路。

(8)随身携带的长工具(如钻杆、铁锹等)要拿在手里,不要扛在肩上,以防碰伤人或碰上架空线等造成危险。

(9)无论在任何巷道行走,都不要大声说笑、打闹,随时注意来往车辆和各种声光信号,听从信号指挥,不准擅自发送信号。

(10)在井下一旦迷失方向,不要紧张,可根据风水管道或迎着风流方向寻找出口。

4. 作业安全常识

(1)要保护好各种安全生产设施、装置、安全标志牌和测量标志。严禁擅自动用不是自己使用的设备,无证者不得从事特种作业。

(2)不得单独一人在井下放炮和作业,更不准单独一人进入偏僻地带和危险区。

(3)入井作业人员应掌握爆破时间、地点、警戒范围,在爆破之前必须撤离危险区。

(4)遵守安全技术操作规程和各项岗位安全管理规定,听从监督指导,不违章操作,不冒险作业,发生事故应立即上报。

(5)遇到突然停电,应立即停止工作,退到安全的地方。

（6）工作前应首先敲帮问顶，工作中要随时检查支护情况，发现顶、帮松动或脱落，应立即躲开或站到安全地点进行清理。作业地点出现严重危及人身安全的征兆时，必须迅速撤出危险区，并及时报告与处理，同时设置警戒或信号标志。

（7）严格遵守劳动纪律，不准在井下生火取暖，大声喧哗、打闹、睡觉和窜岗。不准在井下吸烟。

（8）在井下需要休息时，应选择顶板完整、支架完好、不妨碍工作、不妨碍行车、通风良好的安全地点。不要在密闭墙跟前或盲巷内休息。这些地点通风不良，容易积聚有害气体。

10.4　计算机相关管理制度

10.4.1　使用计算机办公注意事项

为了加强计算机管理，保障××院各项工作的顺利进行，根据国家和上级部门关于加强计算机管理的有关规定，特制定本规定。

1.本规定所指计算机包括××院内各队室办公室所有的计算机及附属设备。办公室统一负责计算机及附属设备的管理、维修，各队室负责人为本科室计算机使用直接责任人。

2.使用计算机必须熟悉操作规则，严格遵守操作规则。

3.使用计算机结束后，要关闭计算机，方可离开办公室。

4.计算机及附属设备与其他用电设备（如空调、照明、电风扇等）要分相用电，严禁其他用电设备使用计算机用电线路。

5.主机、打印机、显示器的每次开关时间间隔不要太短，严禁频繁关启电源，关开机时间间隔在一分钟以上。严禁随意搬动计算机及附属设备。计算机在使用过程中，严禁晃动或搬动机箱及设备。严禁带电插、拔各种连接线和接口卡。

6.每队室只准一台计算机上网使用，使用互联网的计算机，应当遵守国家有关法律、法规，严格执行安全保密制度，严禁利用互联网从事危害国家安全、泄露国家机密等违法犯罪活动，严禁在计算机上使用和传播有碍社会治安或淫秽、反动信息及软件。严禁利用网络攻击网站，扰乱其他用户。严禁利用网络使用来源不明、可能引发计算机病毒的软件。严禁登录、浏览黄色网站。对于联网的计算机，任何人在未经批准的情况下，不得向计算机网络拷入软件或文档，重要文件等严禁在上网计算机上存放。

7.计算机上严禁搁放物品，严禁将易燃、易爆、易碎、易污染和磁性物品及有腐蚀性和刺激性固、液、气体物品放置计算机旁。使用的曲别针、大头针等金属物品应妥善存放，防止掉入机器，避免造成事故。

8.如果发现异常情况，如异味、冒烟、打火、异常声响等，应及时关闭计算机，切断电源，保护现场，做好记录并报告办公室，通知计算机管理人员查修，在故障不明之前严禁启动计算机。非专业人员严禁擅自打开机箱自行修理。

9.严格遵守保密制度，重要文件和软件要存档或备份。保密和保护性文件及软件严禁随意调阅、打印、拷贝和外借。做好防火、防盗、防磁、防潮、防尘工作,任何人未经保管人同意,不得使用他人的电脑。

10.计算机设备应定期保养维护。对计算机设备每年应进行两次全面除尘保养。计算机硬件出现故障,一律由办公室统一安排维修。

11.每天早晨开机前要清扫计算机表面上的灰尘。若有脏迹,应用无腐蚀的清洁剂或清洁抹布擦干净。

12.未经办公室同意和院长批准,任何队室不得自行调换、拆卸、处理计算机及附属设备。未经院领导批准,任何人不准擅自将计算机中储存的资料和软件提供给外部人员,违者将给予严肃处理。

13.严禁各队室随意变更计算机系统设置,严禁私自安装和使用软件或光盘。严禁随意更改计算机IP地址设置,影响网络运行。严防计算机病毒,不准做任何与业务无关的操作,严禁擅自使用外部磁盘、光盘。严禁在机器上玩游戏或进行与工作无关的操作。严禁在系统桌面设置淫秽、反动图片和各种密码。对新购进或交流的软盘、光盘,使用前要查、杀病毒。

14.任何人不得私自将计算机(笔记本电脑)及其他附属设备带回家中或其他场所。确因工作需要,须经办公室主任同意,分管领导审核批准,并严格履行借用登记手续。

15.计算机耗材要根据实际需要,由办公室统一购进,统一发放,并做好入库、出库登记。不得私自下载、打印与工作无关的材料,严格控制材料消耗,出现问题及时纠正。

16.严禁工作时间利用计算机进行游戏、聊天或与业务无关的活动,一经发现在全院通报批评。

10.4.2 计算机及网络安全管理制度

为了加强××局计算机及网络安全的管理,确保网络安全稳定的运行,切实提高工作效率,促进信息化建设的健康发展,现结合实际情况,制定本管理规定。

局信息化领导小组办公室是计算机及网络系统的管理部门,履行管理职能。局信息中心具体负责局计算机(包括外部设备)及网络设备的选型、安装、维修,应用系统及软件的安装、维护;负责局计算机网络系统的安全保密工作。

计算机使用管理

第一条 各科室、局属各单位对所使用的计算机及其软硬件设施,享有日常使用的权利,负有保管的义务。

第二条 计算机开启关闭应按规定步骤进行,工作人员应规范使用计算机设备。如因操作不当等原因导致设备损坏,将视情节处理。

第三条 各科室计算机实行专人专用,使用统一分配的口令进入局域网,发现不能进入局域网须及时报告网管人员,不得擅自修改计算机的IP地址和CMOS设置参数。

第四条 各科室、各单位确需增加计算机设备或网络终端接口,应向局信息中心提出申请,经批准后,由网管人员负责接入。

第五条 工作人员使用计算机时,不得关闭杀毒软件和网络防火墙,应确保防火墙处于激活状态。防病毒软件要定期进行更新升级,定期和及时对电脑进行杀毒、清洁、除尘,保证电脑能安全运行。工作人员发现计算机病毒应及时清除并报告网管人员备案。

第六条 禁止私自拆卸和擅自修理计算机,禁止私自更换计算机硬件设备。如需修理或更换,应报局信息中心经审批后由网管人员或计算机公司专业人员负责修理或更换。

第七条 为保证业务系统安全工作,软盘、光盘等存储设备必须经病毒检查后方可使用。

网络系统安全管理

第八条 严格遵守信息传递操作流程。各终端计算机可根据工作需要设立共享硬盘或文件夹,设立的共享硬盘或文件夹使用完毕后应立即取消共享设置。

第九条 网络用户密码及共享权限密码严禁外泄。严禁擅自查看、修改、拷贝其局域网内其他计算机的程序及内容。

第十条 不浏览和发布反动、黄色、邪教言论等信息,一经发现,严肃查处,停止使用互联网权限。严禁在线播放或下载电影、电视剧等,禁止擅自安装使用游戏。

第十一条 局信息中心网管人员要定期检查各计算机终端运行情况,发现问题,及时排除。

第十二条 非因工作需要,不得将机关计算机设备和存储涉密信息的软件、磁盘、光盘及其他存储介质带离机关。因工作需要带出工作区域的,须经批准后登记备案才能带出。严禁将与工作无关的存储介质在单位的计算机上使用。严禁存储介质在内外网计算机,以及在涉密与非涉密计算机间互用。

第十三条 建立、健全计算机病毒的预防、发现、报告、消除管理制度及计算机设备的使用、维护制度,对机关的计算机信息网络系统进行经常性的病毒检测。

第十四条 未经允许,禁止开设文件服务器、共享服务器、下载服务器、FTP 服务器、WEB 服务器、E－MAIL 服务器、游戏服务器、媒体服务器、网络磁盘、聊天服务器等各种对外服务器。

第十五条 禁止使用各类群发、抢占网络带宽、强迫他人下网的软件;局域网内的计算机禁止使用多线程下载文件而造成网络拥堵、系统瘫痪,影响别人正常使用。

数据库系统管理

随着信息化工作的深入开展,不同格式、不同内容的数据库也将越来越多,市局数据中心涉及 20 多种不同类型的数据库系统,因此对于数据库系统的管理也应进一步规范。

第十六条 网络系统用户,须做好自身用户密码和权限的保密工作,新用户系统启用后两天内必须更改初始密码,不得将密码随意告诉他人。

第十七条 数据库管理员不得将数据库管理员密码随意透露给他人;不得将数据库一般用户密码泄露或随意修改其用户权限;不能向任何人泄露数据库存储的内容。

第十八条 若因用户名和密码泄露造成数据库信息被更改或流失的,由泄密者承担责任,情节严重者递交局党组处理。

第十九条 数据库管理员随时做好数据库的备份,核心数据库的进入必须设置准入的用户名和密码,只有用户名和密码同时输入正确时才能更改、导出数据库信息;数据库管理员对不正当的数据库信息更改行为做好记录,并由提出更改要求的人员签字。

第二十条　任何人不得随意向外单位或个人提供纸质或电子版的数据库信息,如确须提供的,需经相关业务分管领导审核、审批同意,并经相关业务科室负责人签字确认后方可提供。

中心机房管理制度

1. 机房设备是国土资源广域网、局域网和门户网站赖以运行的载体。隐患险于明火,防范胜于救灾,责任重于泰山。信息中心工作人员要以高度的责任心确保机房设备的安全、正常运行。

2. 非信息中心工作人员严禁出入机房。除信息中心人员外,任何人不得接触和使用服务器、路由器、交换机、防火墙等网络设备。网络管理人员必须遵守安全操作程序,不得安装与工作无关的软件系统。

3. 网络设备参数为局内部工作秘密,任何人不得向外泄露。系统管理员须定期更换服务器登录密码,并做好记录。

4. 凡在服务器上开通FTP的,须报信息中心和局领导同意后方可实施。所有工作人员使用的计算机拟接入互联网,须经局领导同意,信息中心人员不得擅自实施。

5. 机房所有设备仅为全局工作服务,禁止利用机房设备对外承接业务,严禁将机房设备带出机房使用。

6. 加强机房消防安全管理。定期对机房供电线路及照明器具等进行检查,防止因线路老化等原因造成火灾。定期检查更换消防用品。

7. 保持机房的温湿度,特别防止温度过高对设备造成损害。

8. 严禁易燃易爆和强磁物品及其他与机房工作无关的物品进入机房。

9. 机房内禁止吸烟、用餐、吃零食、打牌下棋、嬉戏喧哗等行为。

10. 进入机房必须换拖鞋或用鞋套。机房设备、桌椅等确保没有积尘和污迹,地面无尘,保持机房整洁。

11. 建立机房人员值班制度。值班人要对当日值班期间网络运行情况、温湿度情况等做好详细记录。交接班时须履行相关手续,注明交接时间。

12. 建立运转灵活、反应灵敏的网络应急处理协调机制,确保发生突发网络安全紧急事件时,能够准确判断、快速反应,尽可能避免、减少突发事件给广域网和局域网运行带来的影响。

13. 建立机房管理责任人制度。责任人要加强管理和监督,落实以上制度,建好网络设备及线路端口分布(变动)、设备故障排除等台账。机房管理责任人必须于周一上午上班后和周五下午下班前,对所有设备运行状况和运行环境进行全面检查并做好记录,发现问题及时处理,重大情况及时报告。网络发生故障或隐患时,须对所发生的故障现象、处理过程和结果等做好详细记录。

14. 中心机房是局重点防盗、防火部门。大楼值班人员必须重点关注。非正常上班期间,如遇长时间停电,须提前告知信息中心,以便及时采取应急措施。

15. 违反以上规定者,视情节轻重对当事人进行严肃处理,造成损失的,由当事人赔偿,并追究相关责任。

中心机房值班制度

1. 信息中心人员每周轮流值班(如有特殊情况,经领导批准后可进行调整),值班人员须模范执行中心机房管理制度。

2. 值班人员不得擅离岗位。如有特殊情况需短暂离开,可请其他机房工作人员代班。代班人员履行值班人员职责。

3. 值班人员要加强安全防范意识,最后离开时,必须对机房进行全面检查,关闭工作间空调、电灯等设备,关好门窗。

4. 值班人员须掌握灭火器的使用方法。发生火灾时能先期处置并及时报火警。

5. 值班人员要对当日值班期间网络运行情况、温湿度情况等做好详细记录,并严格执行交接班制度,注明交接时间。

6. 值班人员负责机房卫生清洁工作,保持机房整洁。

7. 值班人员玩忽职守造成后果者,按有关规定予以处罚。

10.4.3 计算机信息网络国际联网安全保护管理办法

(1997 年 12 月 11 日国务院批准,1997 年 12 月 16 日公安部令第 33 号发布,根据 2011 年 1 月 8 日《国务院关于废止和修改部分行政法规的决定》修订)

第一章 总 则

第一条 为了加强对计算机信息网络国际联网的安全保护,维护公共秩序和社会稳定,根据《中华人民共和国计算机信息系统安全保护条例》、《中华人民共和国计算机信息网络国际联网管理暂行规定》和其他法律、行政法规的规定,制定本办法。

第二条 中华人民共和国境内的计算机信息网络国际联网安全保护管理,适用本办法。

第三条 公安部计算机管理监察机构负责计算机信息网络国际联网的安全保护管理工作。

公安机关计算机管理监察机构应当保护计算机信息网络国际联网的公共安全,维护从事国际联网业务的单位和个人的合法权益和公众利益。

第四条 任何单位和个人不得利用国际联网危害国家安全、泄露国家秘密,不得侵犯国家的、社会的、集体的利益和公民的合法权益,不得从事违法犯罪活动。

第五条 任何单位和个人不得利用国际联网制作、复制、查阅和传播下列信息:

(一)煽动抗拒、破坏宪法和法律、行政法规实施的;

(二)煽动颠覆国家政权,推翻社会主义制度的;

(三)煽动分裂国家、破坏国家统一的;

(四)煽动民族仇恨、民族歧视,破坏民族团结的;

(五)捏造或者歪曲事实,散布谣言,扰乱社会秩序的;

（六）宣扬封建迷信、淫秽、色情、赌博、暴力、凶杀、恐怖，教唆犯罪的；

（七）公然侮辱他人或者捏造事实诽谤他人的；

（八）损害国家机关信誉的；

（九）其他违反宪法和法律、行政法规的。

第六条　任何单位和个人不得从事下列危害计算机信息网络安全的活动：

（一）未经允许，进入计算机信息网络或者使用计算机信息网络资源的；

（二）未经允许，对计算机信息网络功能进行删除、修改或者增加的；

（三）未经允许，对计算机信息网络中存储、处理或者传输的数据和应用程序进行删除、修改或者增加的；

（四）故意制作、传播计算机病毒等破坏性程序的；

（五）其他危害计算机信息网络安全的。

第七条　用户的通信自由和通信秘密受法律保护。任何单位和个人不得违反法律规定，利用国际联网侵犯用户的通信自由和通信秘密。

第二章　安全保护责任

第八条　从事国际联网业务的单位和个人应当接受公安机关的安全监督、检查和指导，如实向公安机关提供有关安全保护的信息、资料及数据文件，协助公安机关查处通过国际联网的计算机信息网络的违法犯罪行为。

第九条　国际出入口信道提供单位、互联单位的主管部门或者主管单位，应当依照法律和国家有关规定负责国际出入口信道、所属互联网络的安全保护管理工作。

第十条　互联单位、接入单位及使用计算机信息网络国际联网的法人和其他组织应当履行下列安全保护职责：

（一）负责本网络的安全保护管理工作，建立健全安全保护管理制度；

（二）落实安全保护技术措施，保障本网络的运行安全和信息安全；

（三）负责对本网络用户的安全教育和培训；

（四）对委托发布信息的单位和个人进行登记，并对所提供的信息内容按照本办法第五条进行审核；

（五）建立计算机信息网络电子公告系统的用户登记和信息管理制度；

（六）发现有本办法第四条、第五条、第六条、第七条所列情形之一的，应当保留有关原始记录，并在 24 小时内向当地公安机关报告；

（七）按照国家有关规定，删除本网络中含有本办法第五条内容的地址、目录或者关闭服务器。

第十一条　用户在接入单位办理入网手续时，应当填写用户备案表。备案表由公安部监制。

第十二条　互联单位、接入单位、使用计算机信息网络国际联网的法人和其他组织（包括跨省、自治区、直辖市联网的单位和所属的分支机构），应当自网络正式联通之日起 30 日内，到所在地的省、自治区、直辖市人民政府公安机关指定的受理机关办理备案手续。

前款所列单位应当负责将接入本网络的接入单位和用户情况报当地公安机关备案，并及时报告本网络中接入单位和用户的变更情况。

第十三条 使用公用账号的注册者应当加强对公用账号的管理，建立账号使用登记制度。用户账号不得转借、转让。

第十四条 涉及国家事务、经济建设、国防建设、尖端科学技术等重要领域的单位办理备案手续时，应当出具其行政主管部门的审批证明。

前款所列单位的计算机信息网络与国际联网，应当采取相应的安全保护措施。

第三章 安全监督

第十五条 省、自治区、直辖市公安厅(局)，地(市)、县(市)公安局，应当有相应机构负责国际联网的安全保护管理工作。

第十六条 公安机关计算机管理监察机构应当掌握互联单位、接入单位和用户的备案情况，建立备案档案，进行备案统计，并按照国家有关规定逐级上报。

第十七条 公安机关计算机管理监察机构应当督促互联单位、接入单位及有关用户建立健全安全保护管理制度。监督、检查网络安全保护管理以及技术措施的落实情况。

公安机关计算机管理监察机构在组织安全检查时，有关单位应当派人参加。公安机关计算机管理监察机构对安全检查发现的问题，应当提出改进意见，作出详细记录，存档备查。

第十八条 公安机关计算机管理监察机构发现含有本办法第五条所列内容的地址、目录或者服务器时，应当通知有关单位关闭或者删除。

第十九条 公安机关计算机管理监察机构应当负责追踪和查处通过计算机信息网络的违法行为和针对计算机信息网络的犯罪案件，对违反本办法第四条、第七条规定的违法犯罪行为，应当按照国家有关规定移送有关部门或者司法机关处理。

第四章 法律责任

第二十条 违反法律、行政法规，有本办法第五条、第六条所列行为之一的，由公安机关给予警告，有违法所得的，没收违法所得，对个人可以并处 5 000 元以下的罚款，对单位可以并处 1.5 万元以下的罚款；情节严重的，并可以给予 6 个月以内停止联网、停机整顿的处罚，必要时可以建议原发证、审批机构吊销经营许可证或者取消联网资格；构成违反治安管理行为的，依照治安管理处罚法的规定处罚；构成犯罪的，依法追究刑事责任。

第二十一条 有下列行为之一的，由公安机关责令限期改正，给予警告，有违法所得的，没收违法所得；在规定的限期内未改正的，对单位的主管负责人员和其他直接责任人员可以并处 5 000 元以下的罚款，对单位可以并处 1.5 万元以下的罚款；情节严重的，并可以给予 6 个月以内的停止联网、停机整顿的处罚，必要时可以建议原发证、审批机构吊销经营许可证或者取消联网资格。

(一)未建立安全保护管理制度的；

(二)未采取安全技术保护措施的；

(三)未对网络用户进行安全教育和培训的；

（四）未提供安全保护管理所需信息、资料及数据文件，或者所提供内容不真实的；

（五）对委托其发布的信息内容未进行审核或者对委托单位和个人未进行登记的；

（六）未建立电子公告系统的用户登记和信息管理制度的；

（七）未按照国家有关规定，删除网络地址、目录或者关闭服务器的；

（八）未建立公用账号使用登记制度的；

（九）转借、转让用户账号的。

第二十二条　违反本办法第四条、第七条规定的，依照有关法律、法规予以处罚。

第二十三条　违反本办法第十一条、第十二条规定，不履行备案职责的，由公安机关给予警告或者停机整顿不超过 6 个月的处罚。

第五章　附　则

第二十四条　与香港特别行政区和台湾、澳门地区联网的计算机信息网络的安全保护管理，参照本办法执行。

第二十五条　本办法自 1997 年 12 月 30 日起施行。

第 11 章　测绘新技术

11.1　中国北斗卫星导航系统

11.1.1　北斗卫星导航系统简介

中国北斗卫星导航系统(BeiDou Navigation Satellite System,BDS)是中国自行研制的全球卫星导航系统,是继美国全球定位系统(GPS)、俄罗斯格洛纳斯卫星导航系统(GLO-NASS)之后第三个成熟的卫星导航系统。中国北斗卫星导航系统(BDS)和美国 GPS、俄罗斯 GLONASS、欧洲 GALILEO,是联合国卫星导航委员会已认定的供应商。

中国北斗卫星导航系统由空间段、地面段和用户段三部分组成,可在全球范围内全天候、全天时为各类用户提供高精度、高可靠定位、导航、授时服务,并具短报文通信能力,已经初步具备区域导航、定位和授时能力,定位精度 10 m,测速精度 0.2 m/s,授时精度 10 ns。

2012 年 12 月 27 日,北斗系统空间信号接口控制文件(正式版 1.0)正式公布,北斗导航业务正式对亚太地区提供无源定位、导航、授时服务。

2013 年 12 月 27 日,北斗卫星导航系统正式提供区域服务一周年新闻发布会,在国务院新闻办公室新闻发布厅召开,正式发布了《北斗系统公开服务性能规范(1.0 版)》和《北斗系统空间信号接口控制文件(2.0 版)》两个系统文件。

2014 年 11 月 23 日,国际海事组织海上安全委员会审议通过了对中国北斗卫星导航系统认可的航行安全通函,这标志着中国北斗卫星导航系统正式成为全球无线电导航系统的组成部分,取得面向海事应用的国际合法地位。中国的卫星导航系统已获得国际海事组织的认可。

1. 发展历史

众所周知,卫星导航系统是重要的空间信息基础设施。中国高度重视卫星导航系统的建设,一直在努力探索和发展拥有自主知识产权的卫星导航系统。2000 年,我国首先建成北斗导航试验系统,成为继美国、俄罗斯之后的世界上第三个拥有自主卫星导航系统的国家。该系统已成功应用于测绘、电信、水利、渔业、交通运输、森林防火、减灾救灾和公共安全等诸多领域,产生了显著的经济效益和社会效益,特别是在 2008 年北京奥运会、汶川抗震救灾中发挥了重要作用。为了更好地服务于国家建设与发展,满足全球应用需求,我国启动实施了北斗卫星导航系统建设。

2. 建设原则

中国北斗卫星导航系统的建设与发展,以应用推广和产业发展为根本目标,不仅要建成系统,而且要用好系统,强调质量、安全、应用、效益,并遵循以下建设原则:

（1）开放性：中国北斗卫星导航系统的建设、发展和应用将对全世界开放，为全球用户提供高质量的免费服务，积极与世界各国开展广泛而深入的交流与合作，促进各卫星导航系统间的兼容与互操作，推动卫星导航技术与产业的发展。

（2）自主性：中国将自主建设和运行北斗卫星导航系统，中国北斗卫星导航系统可独立为全球用户提供服务。

3. 系统构成

中国北斗卫星导航系统空间段计划由 35 颗卫星组成，包括 5 颗静止轨道卫星、27 颗中地球轨道卫星、3 颗倾斜同步轨道卫星。5 颗静止轨道卫星定点位置为东经 58.75°、80°、110.5°、140°、160°；中地球轨道卫星运行在 3 个轨道面上，轨道面之间相隔 120°，均匀分布。中国正在实施北斗卫星导航系统建设，已成功发射 16 颗北斗导航卫星。

2012 年，北斗系统覆盖亚太地区，2020 年左右将覆盖全球。根据系统建设总体规划，2012 年左右，系统首先具备覆盖亚太地区的定位、导航和授时以及短报文通信服务能力。2020 年左右，将建成覆盖全球的中国北斗卫星导航系统。

4. 覆盖范围

中国北斗卫星导航系统是覆盖中国本土的区域导航系统，覆盖范围东经 70°～140°，北纬 5°～55°。北斗卫星系统已经对东南亚实现全覆盖。

5. 定位原理

35 颗卫星在离地面 2 万多 km 的高空上，以固定的周期环绕地球运行，使得在任意时刻，在地面上的任意一点都可以同时观测到 4 颗以上的卫星。

由于卫星的位置精确可知，在接收机对卫星观测中，我们可得到卫星到接收机的距离，根据三维坐标中的距离公式，利用 3 颗卫星，就可以组成 3 个方程式，解出观测点的位置 (X, Y, Z)。考虑到卫星的时钟与接收机时钟之间的误差，实际上有 4 个未知数，X、Y、Z 和钟差，因而需要引入第 4 颗卫星，形成 4 个方程式进行求解，从而得到观测点的经纬度和高程。事实上，接收机往往可以锁定 4 颗以上的卫星，这时，接收机可按卫星的星座分布分成若干组，每组 4 颗，然后通过算法挑选出误差最小的一组用作定位，从而提高精度。

由于卫星运行轨道、卫星时钟存在误差，以及大气对流层、电离层对信号的影响，因此民用的定位精度只有数十米量级。为提高定位精度，普遍采用差分定位技术（如 DGPS、DGNSS），建立地面基准站（差分台）进行卫星观测，利用已知的基准站精确坐标，与观测值进行比较，从而得出一修正数，并对外发布。接收机收到该修正数后，与自身的观测值进行比较，消去大部分误差，得到一个比较准确的位置。实验表明，利用差分定位技术，定位精度可提高到米级。

6. 定位精度

中国北斗卫星导航系统的卫星定位效果精度分析是导航系统性能评估的重要内容。此前，由于受地域限制，对北斗全球大范围的定位效果分析只能通过仿真手段。

由武汉大学测绘学院和中国南极测绘研究中心杜玉军、王泽民等科研人员进行这项研究，在 2011～2012 年中国第 28 次南极科学考察期间，沿途大范围采集了北斗和 GPS 连续实测数据，跨度北至中国天津，南至南极内陆昆仑站。同时，还采集了中国南极中山站的静态观测数据。为对比分析不同区域静态定位效果，在武汉也进行了静态观测。

科研人员利用严谨的分析研究方法,从信噪比、多路径、可见卫星数、精度因子、定位精度等多个方面,对比分析了北斗系统和 GPS 在航线上不同区域,尤其是在远洋及南极地区不同运动状态下的定位效果。

研究结果表明,北斗系统信号质量总体上与 GPS 相当。在 45°以内的中低纬地区,北斗系统动态定位精度与 GPS 相当,水平和高程方向分别可达 10 m 和 20 m 左右;北斗系统静态定位水平方向精度为米级,也与 GPS 相当,高程方向 10 m 左右,较 GPS 略差;在中高纬度地区,由于北斗可见卫星数较少、卫星分布较差,定位精度较差或无法定位。

7. 系统功能

1) 四大功能

短报文通信:北斗系统用户终端具有双向报文通信功能,用户可以一次传送 40 ~ 60 个汉字的短报文信息,可以达到一次传送 120 个汉字的信息,在远洋航行中有重要的应用价值。

精密授时:北斗系统具有精密授时功能,可向用户提供 20 ~ 100 ns 时间同步精度。

定位精度:水平精度 100 m(1σ),设立标校站之后为 20 m(类似差分状态)。工作频率为 2 491. 75 MHz。

系统容纳的最大用户数:540 000 户/h。

2) 军用功能

北斗卫星导航定位系统的军事功能与 GPS 类似,如运动目标的定位导航,武器发射位置的快速定位,人员搜救、水上排雷的定位需求等。

3) 民用功能

(1) 个人位置服务:当进入不熟悉的地方时,可以使用装有北斗卫星导航接收芯片的手机或车载卫星导航装置找到要走的路线。

(2) 气象应用:北斗导航卫星气象应用的开展,可以促进中国天气分析和数值天气预报、气候变化监测和预测,也可以提高空间天气预警业务水平,提升中国气象防灾减灾的能力。除此之外,北斗导航卫星系统的气象应用对推动北斗导航卫星创新应用和产业拓展也具有重要的影响。

(3) 道路交通管理:卫星导航将有利于减缓交通阻塞,提升道路交通管理水平。通过在车辆上安装卫星导航接收机和数据发射机,车辆的位置信息就能在几秒内自动转发到中心站,这些位置信息可用于道路交通管理。

(4) 铁路智能交通:卫星导航将促进传统运输方式实现升级与转型。例如,在铁路运输领域,通过安装卫星导航终端设备,可极大缩短列车行驶间隔时间,降低运输成本,有效提高运输效率。未来,中国北斗卫星导航系统将提供高可靠、高精度的定位、测速、授时服务,促进铁路交通的现代化,实现传统调度向智能交通管理的转型。

(5) 海运和水运:海运和水运是全世界最广泛的运输方式之一,也是卫星导航最早应用的领域之一。在世界各大洋和江河湖泊行驶的各类船舶大多都安装了卫星导航终端设备,使海上和水路运输更为高效和安全。中国北斗卫星导航系统将在任何天气条件下,为水上航行船舶提供导航定位和安全保障。同时,中国北斗卫星导航系统特有的短报文通信功能将支持各种新型服务的开发。

（6）航空运输：当飞机在机场跑道着陆时，最基本的要求是确保飞机相互间的安全距离。利用卫星导航精确定位与测速的优势，可实时确定飞机的瞬时位置，有效减小飞机之间的安全距离，甚至在大雾天气情况下，可以实现自动盲降，极大提高飞行安全和机场运营效率。通过将中国北斗卫星导航系统与其他系统有效结合，将为航空运输提供更多的安全保障。

（7）应急救援：卫星导航已广泛用于沙漠、山区、海洋等人烟稀少地区的搜索救援。在发生地震、洪灾等重大灾害时，救援成功的关键在于及时了解灾情并迅速到达救援地点。中国北斗卫星导航系统除导航定位外，还具备短报文通信功能，通过卫星导航终端设备可及时报告所处位置和受灾情况，有效缩短救援搜寻时间，提高抢险救灾时效，大大减少人民生命财产损失。

（8）指导放牧：2014 年 10 月，北斗系统开始在青海省牧区试点建设北斗卫星放牧信息化指导系统，主要依靠牧区放牧智能指导系统管理平台、牧民专用北斗智能终端和牧场数据采集自动站，实现数据信息传输，并通过北斗地面站及北斗星群中转、中继处理，实现草场牧草、牛羊的动态监控。2015 年夏季，试点牧区的牧民已能使用专用北斗智能终端设备来指导放牧。

8. 产业配套

1）北斗芯片

2012 年 12 月 27 日，国家正式宣布中国北斗卫星导航系统试运行启动，标志着中国自主卫星导航产业发展进入崭新的发展阶段。其中，卫星导航专用 ASIC 硬件结合国产应用处理器的方案，成为北斗卫星导航芯片一项重大突破。该处理器由中国本土 IC 设计公司研发，具有完全自主知识产权并已实现规模应用，一举打破了电子终端产品行业普遍采用国外处理器的局面。

卫星导航终端中采用的导航基带及射频芯片，是技术含量及附加值最高的环节，直接影响到整个产业的发展。在导航基带中，一般通过导航专用 ASIC 硬件电路结合应用处理器的方案来实现。此前的应用处理器多选用国外公司 ARM 处理器芯片核，需向国外支付 IP 核使用许可费用的同时，技术也受制于人，无法彻底解决产业安全及保密安全问题。

而通过设立重大专项应用推广与产业化项目等方式，北斗多模导航基带及射频芯片国产化已实现，中国人自己的应用处理器也在北斗多模导航芯片中得到规模应用。

BD/GPS 多模基带芯片解决方案中，卫星导航专用 ASIC 硬件结合国产应用处理器打造出了一颗真正意义的"中国芯"。该应用处理器为国内完全自主开发的 CPU/DSP 核，包括指令集、编译器等软件工具链以及所有关键技术，均拥有 100% 的中国自主知识产权。其拥有国际领先水平的多线程处理器架构，可共享很多硬件资源，并在提供相当多核处理器处理能力的同时，节省芯片成本。

而基于国产处理器卫星导航芯片方案的该模块，是全球体积最小的 BD/GPS 双模模块，具有定位精度高、启动时间快及功耗低等特点。

与单纯的北斗芯片厂商相比，手机芯片厂商对终端定位有着更深刻的理解，包括基站辅助卫星定位技术、多种定位方案的融合、定位芯片与应用处理器或基带处理器的集成等。积极扶持国内手机芯片厂商进入北斗芯片研发领域,并积极研发综合定位解决方案,壮大完善北斗产业链。鼓励国内手机芯片厂商开展与北斗芯片厂商的多样化合作,共同推进手机终端北斗定位技术的应用。

2)检测认证

2012年8月3日,解放军总参谋部与国家认证认可监督管理委员会在北京举行战略合作协议签约仪式。中国将用3年时间建立起一个"法规配套、标准统一、布局合理、军民结合"的北斗导航检测认证体系,以期全面提升北斗导航定位产品的核心竞争力,确保北斗导航系统运行安全。

中国北斗导航定位系统已经有11颗卫星在轨运行,拥有12万军民用户。到2020年前,中国北斗导航定位系统卫星数量将达到30颗以上,导航定位范围也将由区域拓展到全球,其设计性能将与美国第三代GPS导航定位系统相当。

随着中国北斗导航定位系统的建设发展,北斗导航应用即将迎来"规模化、社会化、产业化、国际化"的重大历史机遇,也提出了新的要求。按照军地双方签署的协议,中国在2015年前完成北斗导航产品标准、民用服务资质等法规体系建设,形成权威、统一的标准体系。同时在北京建设1个国家级检测中心,在全国按区域建设7个区域级授权检测中心,加快推动北斗导航检测认证进入国家认证认可体系,相关检测标准进入国家标准系列。

建立北斗导航检测认证体系,既是北斗系统坚持军民融合式发展的具体举措,也对创建北斗品牌,加速推进北斗产品的产业化、标准化起到重要作用。

9. 市场应用

1)国际应用

2013年5月22~23日,国务院总理李克强访问巴基斯坦期间,中巴双方签署有关北斗系统在巴使用的合作协议。据巴基斯坦媒体报道,中国北京北斗星通导航技术股份有限公司将斥资数千万美元,在巴基斯坦建立地面站网,强化北斗系统的定位精度。

2013年中国在东盟各国合作建设北斗系统地面站网。根据中国卫星导航定位协会预测数据,2015年中国卫星导航与位置服务产业产值超过2 250亿元,至2020年则将超过4 000亿元。

2014年7月26日,来自泰国、马来西亚、文莱、印度尼西亚、柬埔寨、老挝、朝鲜、巴基斯坦等8个国家的19名学员代表赴武汉中国光谷北斗基地,参观学习中国最新的北斗技术。他们是由中国科技部国家遥感中心主办的"2014北斗技术与应用国际培训班"的学员,均为各国卫星导航、遥感、地理信息系统、空间探测相关专业或从事相关管理工作的高级人员。活动为东盟及亚洲地区国家提供了以中国北斗卫星导航系统为主的空间信息技术培训,使中国北斗科技加快进入东盟及亚洲国家。

2)国内示范

2014年11月,国家发展和改革委员会批复2014年北斗卫星导航产业区域重大应用示范区,成都市、绵阳市等入选国家首批北斗卫星导航产业区域重大应用示范城市。

10. 标准制定

北斗接收机国际通用数据标准的制定(包括修订)是北斗全球应用和产业发展的基

础性工作之一,与卫星导航接收机密切相关的 RTCM 差分系列标准、RINEX 接收机交换数据格式、NMEA 接收机导航定位数据接口等通用数据标准几乎是世界上所有卫星导航接收机都必须遵守的通用标准。然而,全球有多个全球卫星导航系统(GNSS)接收设备技术标准制定组织,参与其中的中国企业和机构却寥寥无几。例如,成立于 1947 年的国际海事无线电技术委员会(RTCM)目前有 130 多个成员,却只有 2 家中国企业成员。成立于 1957 年的美国国家海洋电子协会(NMEA),535 个成员中只有 1 家中国企业成员。对于正式提供服务近两年的北斗系统而言,参与国际标准的建设任重而道远。

全国北斗卫星导航标准化技术委员会于 2014 年成立,15 项北斗应用基础标准正在制定中,部分关键标准在 2014 年底对外发布。北斗系统将完成北斗产业链中标准规范关键环节的布局,北斗应用也将进入标准化、规范化以及通用化的快车道。

在国际方面,在中国民航局、交通部海事局、工信部科技司等部门指导下,依托中国航天标准化研究所、北京航空航天大学、交通部水运科学研究院、工信部电信研究院、武汉导航与位置服务工业技术研究院等科研院所,先后启动了北斗系统进入国际民航、海事、移动通信、接收机通用数据标准等国际标准工作。经过各方协作和配合,北斗国际标准工作捷报频传。

国际民航组织(ICAO)同意北斗系统逐步进入 ICAO 标准框架;国际海事组织(IMO)批准发布了《船载北斗接收机设备性能标准》,实现了北斗国际标准的零突破,完成了北斗系统作为全球无线电导航系统(WWRNS)重要组成部分的技术认可工作;第三代移动通信标准化伙伴项目(3GPP)支持北斗定位业务的技术标准已获得通过,北斗已经开启了走向国际民航、国际海事、国际移动通信等高端应用领域的破冰之旅。

2014 年 9 月 8 ~ 9 日,国际海事无线电技术委员会第 104 专业委员会(RTCM SC - 104)全体会议在美国佛罗里达州坦帕市会议中心召开,来自 Trimble、Novatel、Geo + + 、USCG(美国海岸警卫队)等全球 20 多个 GNSS 高精度知名企业(机构)和重要用户单位的 30 多位专家代表与会。武汉导航与位置服务工业技术研究院和上海司南卫星导航技术有限公司组团参加,圆满完成各项既定任务。

RTCM SC - 104 主要负责差分全球卫星导航系统(DGNSS)系列推荐标准的制定修订,以及参与接收机自主交换格式(RINEX)、接收机导航定位数据输出接口协议(NMEA - 0183)等国际通用数据标准的制定修订工作。该委员会由全球从事卫星导航设备生产、技术研发、系统服务的知名企业机构成员组成,下设 GLONASS、Galileo、RINEX、NMEA、BDS 等工作组。武汉导航院为 BDS 工作组主席单位,北斗专项应用推广与产业化专家组专家韩绍伟博士任 BDS 工作组主席。

会上,武汉导航院韩绍伟博士代表 BDS 工作组,向委员会全体会议汇报了对 BDS NH 码的处理方法,澄清了对 NH 码实现过程中因符号规则理解差异造成的差分解算失效、接收机无法兼容等问题,给出了解决方案并获得委员会一致通过。该问题的解决打消了国际社会对 BDS 高精度可靠应用的疑虑,对促进北斗高精度全球应用具有重要作用。

另外,韩绍伟博士代表 BDS 工作组就 BDS 导航电文数据组识别符的研究进展向委员会全体会议进行了汇报,对其组成、产生、判别方法等进行了探讨,该识别符是 BDS 实现可靠实时差分应用的重要因素,也是北斗进入 RTCM 差分标准的关键参数。BDS 工作组将就该问题继续与有关各方深入合作,寻求最终解决方案。

最后,BDS 工作组提议 2015 年 5 月 11～12 日在中国西安召开 RTCM SC－104 全体会议,并邀请专家参加 2015 年 5 月 13～15 日在中国西安召开的第六届中国卫星导航学术年会(CSNC 2015),该提议获得委员会成员的通过。这是中国首次获得 RTCM SC－104 全体会议的主办权,标志着以中国企业为主体推动北斗加入 RTCM、RINEX、NMEA 等国际通用数据标准工作得到国际认可,显示了国际社会对北斗高精度全球应用的期待和信心,必将有助于加速北斗进入系列国际通用数据标准工作。

11. 国际认可

中国北斗卫星已获联合国正式认可,这是该系统向其目标迈出的重要一步:被全世界接受,可媲美美国全球定位系统(GPS)。在 2014 年 11 月 17～21 日的会议上,联合国负责制定国际海运标准的国际海事组织海上安全委员会,正式将中国的北斗系统纳入全球无线电导航系统,这意味着继美国的 GPS 和俄罗斯的格洛纳斯后,中国的导航系统已成为第三个被联合国认可的海上卫星导航系统。专门研究中国太空项目和信息战争的加州大学专家凯文·波尔彼得表示,北斗系统能在其覆盖范围内提供足够精确的定位信息。

12. 后续卫星发射

(1)2015 年 7 月 25 日,我国成功发射两颗北斗导航卫星,使北斗导航系统的卫星总数增加到 19 枚。这对北斗"双胞胎"兄弟,将为北斗全球组网承担"拓荒"使命。据北斗导航卫星系统总设计师谢军介绍,作为北斗系统全球组网的主要卫星,新发射的北斗双星将为中国建成全球导航卫星系统开展全面验证,为后续的全球组网卫星奠定基础。

(2)2016 年 3 月 30 日 4 时 11 分,我国在西昌卫星发射中心用长征三号甲运载火箭,成功发射第 22 颗北斗导航卫星(见图 11-1)。

图 11-1　中国第 22 颗北斗导航卫星发射

这颗卫星属倾斜地球同步轨道卫星,卫星入轨并完成在轨测试后,与其他在轨卫星共同提供服务,将进一步增强系统星座稳健性,强化系统服务能力,为系统服务从区域向全球拓展奠定了坚实基础。

11.1.2 北斗测绘技术

北斗面积测量仪如图11-2所示,在操作该仪器之前,请仔细阅读下面的说明。

图11-2 北斗面积测量仪

1.技术指标

(1)测量数据:面积、距离、高度、速度、价格、图形、经纬度、时间。

(2)面积测量范围:0.5~999 999.9亩,独创的"亩=××平方米"技术,可让用户自由在不同面积单位之间切换,并可自定义亩=××平方米,同时可自定义单价设置:0.5~999.5元/亩。

(3)距离测量范围:10~999 999.9 m,精度是2 m。

(4)特殊功能:照明、验钞。

(5)大容量可充电锂电池:环保耐用,节约成本。

(6)仪器尺寸:110 mm×60 mm×17 mm。

2.仪器操作

(1)开机:轻按电源键3 s,机器开机进入初始画面(见图11-3(a))。

(2)关机:在菜单状态画面长按电源键3 s,机器自动关机。

(3)主菜单画面:默认是面积测量功能(见图11-3(b))。

(4)功能选择:机器开机后,自动搜索卫星信号,然后自动进入主菜单界面(见图11-3(b)),此时轻推中间圆柱键,可上下左右选择需要的功能,黑色光标所在位置表示当前选择的功能;然后按确认键执行相应的操作。

(5)面积测量:在功能菜单中选择"测面积"功能(开机后默认该功能),按确认键进入测量界面(见图11-4(a))。

手持测量器,待GPS信号稳定后,确定好起点位置,然后按确认键,按照屏幕指示(见图11-4(b)),围绕测量范围转一圈,在终点位置再次按确认键,此时机器将自动显示测量结果。

(6)长度测量:在功能菜单中选择测长度功能,按确认键,进入测量界面,待GPS信号

搜星

0005

请在室外环境搜星
（按任意键进入菜单）

(a)

⟨Ψ⟩ll 12-02 06:41 ◀▐▎

主菜单

测面积　测长度

工具箱　看卫星

查记录　设　置

确认　　　　关机

(b)

图 11-3　北斗面积测量仪主菜单

⟨Ψ⟩ll 12-02 06:01 ◀▐▎

测面积

（按确认键开始测量）

经度：115.209071

纬度：37.923876

确认　　　　返回

(a)

⟨Ψ⟩ll 12-02 15:38 ◀▐▎

请沿边缘行走

按确认键结束

(b)

图 11-4　面积测量

稳定后按确认键,开始测量。测量时,只要将仪器从起点位置处,按确认键,移动终点位置后再次按确认键,此时仪器显示测量结果。

（7）工具箱:在功能菜单中选择"工具箱"功能,按确认键进入即可看到照明、验钞等信息。

（8）看卫星:在功能菜单中选择"看卫星"功能,按确认键进入即可看到当前经纬度位置、卫星强弱程度等信息（见图 11-5（a））。

⟨Ψ⟩ll 12-02 07:00 ◀▐▎

卫星信息

经度：115·209212

纬度：37·923783

海拔：33 米

速度：0 千米/时

精度：2·5

　　　　　　　返回

(a)

⟨Ψ⟩ll 12-02 06:59 ◀▐▎

查记录

面积记录

长度记录

确认　　　　返回

(b)

图 11-5　长度测量

(9)记录查询:在功能菜单中选择"查记录"功能,按确认键进入,可以相应查询面积记录或距离记录(见图11-5(b)),同时打开任何一条记录,按删除键,可删除相应的面积记录或长度记录(见图11-6(a)、(b))。

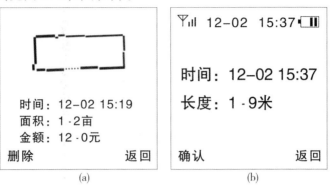

(a)　　　　　　　　　　　(b)

图11-6　记录查询

(10)设置:在功能菜单中选择"设置"功能,按确认键,可相应设置单价、亩与平方米之间的数值切换、坡度角度、背光时间等(见图11-7)。

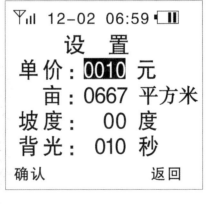

图11-7　设置

(11)背光显示:开机后,背光开启,进入搜索状态,背光关闭,在搜索卫星或测量时,按向下键,可进行背光的开启或关闭,背光开启10 s内,若无按键,将自动关闭,以节省电源。

3.其他注意事项

(1)本仪器必须在室外使用,室内和强电磁干扰区域内将无法正常使用。

(2)开机后3 min内还不能收到信号时,请重新启动测量仪并重新搜索卫星。

(3)测量精度与卫星信号强弱有关,根据信号显示建议在卫星信号在3 格以上的时候进行测量。

(4)使用锂电池供电,电量不足时,及时充电,长期不用时需取出电池,防止影响电池使用寿命。

(5)注意防止仪器进水。

4. 仪器使用常见问题解答

（1）使用卫星信号是否需要月租等额外费用？

答：不需要。仪器可长期免费接收卫星信号，就如收音机免费接收电台信号一样。

（2）仪器开不了机是怎么回事？

答：尝试多次长按开关键，检查电池并充电。

（3）测量坡地时，所测得的数据是否是斜面面积？

答：进行坡地测量前，首先要确保在设置里将坡地角度数值设置好并保存，此时所得结果是斜面面积，否则所得数据只是坡地斜面的水平投影面积。

（4）行走速度对测量有影响吗？

答：直线行走时没有影响，转弯时应适当减慢速度。

（5）可以跑步、骑自行车或摩托车、开汽车测量吗？

答：可以，建议转弯时适当减慢速度。

（6）阴雨天可以使用吗？

答：可以，但是有雷电时应停止使用。

（7）测量范围和精度怎么样？

答：建议测量 500 m² 以上面积，卫星信号稳定在 3 格以上时具有较好的精度，基本误差精度可以精确到 1% 左右。

（8）仪器如何保养与维修？

答：防止仪器进水受潮，同时防止碰撞液晶屏位置，如需检查维修，请先与经销商或厂家联系。

11.1.3　北斗产业发展规划

《国家卫星导航产业中长期发展规划》指出：到 2020 年，我国卫星导航产业创新发展格局基本形成，产业应用规模和国际化水平大幅提升。

1. 基本概念

中国北斗卫星导航产业是基于我国自主研发的北斗卫星导航系统，在军事、民用、科技等方面形成的庞大产业链，是我国未来的重要战略性新兴产业。北斗是中国自主研发建设的重点航天工程，与美国的 GPS、俄罗斯的格洛纳斯、欧洲的伽利略系统构成四大全球卫星导航系统。

2015 年底，北斗服务的定位精度提高到 1 m，2018 年底，将达到厘米级。北斗系统的精准位置服务，已在国内的智能驾考、城市燃气管网中有了很好的示范应用，而在智能交通、无人驾驶、农机导航、灾害监测等领域也将大显身手。

2. 产业构成

目前，北斗产业初步形成完整产业链条，包括：上游的天线、芯片、板卡、GIS、地图、模拟源等配套齐全；中游的手持型、车载型、船载型、指挥型以及结合各行业具体应用的综合型终端，品类已初具规模；下游的系统集成和运营服务业已在数据采集、监测、监控、指挥调度和军事等各领域广泛应用。具体的情况如下：

（1）基础产品主要包括芯片、板卡和导航电子地图等，基础产品是北斗应用产业链的基础和核心,北斗应用产业的发展离不开基础产品的支持,因此北斗应用产业的发展将首先带动基础产业的发展。同时,基础产品技术要求高、进入壁垒高,拥有基础产品研发实力的企业具有较强的竞争力。目前我国北斗导航系统的研究经费90%用于卫星研制和发射,只有10%用于导航芯片,芯片研究投入较少,因此未来几年我国将加大核心芯片的研发。从GPS芯片厂商的发展历史可以看出,由于芯片技术要求高、资金投入大,GPS芯片市场是高度集中的市场,只有几家大企业占领市场。

(2)终端产品分为专业终端产品和消费终端产品,专业终端产品包括GIS数据采集器、高精度测量产品、授时终端、车辆监控调度产品等,作者认为北斗导航系统将首先在专业终端进行应用;消费终端产品主要包括车载导航、户外手持机等,作者认为北斗导航系统在消费终端的应用将主要取决于产品价格的下降和技术的进步。

(3)系统集成和运营服务是卫星导航在各行业的应用,具有最大的产值规模。卫星导航系统应用领域广泛,从事系统集成的企业数量最多,各个企业在不同领域、不同层面上形成以自己行业应用软件为主的核心竞争力。目前,从事基于北斗卫星导航系统的运营服务,必须首先取得"北斗系统运营服务许可证",这给企业进入北斗运营服务领域增加了壁垒,也让先进入企业拥有了先发优势。

3.发展规划

2013年10月9日,国务院办公厅印发《国家卫星导航产业中长期发展规划》,规划提出,要以企业为主体,以掌握核心关键技术、培育服务新业态、扩大市场应用、提升国际竞争力为核心,推动中国卫星导航产业快速发展,为经济社会可持续发展提供支撑。

1)规划目标

到2020年,我国卫星导航产业创新发展格局基本形成,产业应用规模和国际化水平大幅提升,产业规模超过4000亿元,北斗卫星导航系统及其兼容产品在国民经济重要行业和关键领域得到广泛应用,在大众消费市场逐步推广普及,对国内卫星导航应用市场的贡献率达到60%,重要应用领域达到80%以上,在全球市场具有较强的国际竞争力。

——产业体系优化升级。国家卫星导航产业基础设施建设进一步完善,形成竞争力较强的导航与位置、时间服务产业链,形成一批卫星导航产业聚集区,培育一批行业骨干企业和创新型中小企业,建设一批覆盖面广、支撑力强的公共服务平台,初步形成门类齐全、布局合理、结构优化的产业体系。

——创新能力明显增强。研究与开发经费投入逐步提升,在统筹考虑科研布局的基础上,充分整合利用现有科技资源,推动卫星导航应用技术重点实验室、工程(技术)研究中心、企业技术中心等创新平台建设,增强持续创新能力。突破芯片、嵌入式软件等领域的一批关键核心技术,形成一批具有知识产权的专利和技术标准,支撑行业技术进步和应用模式创新。

——应用规模和水平明显提升。卫星导航技术在经济和社会各领域广泛应用,基本满足经济社会发展需求。在能源(电力)、金融、通信等重要领域,全面应用北斗等卫星导航系统;在重点行业和个人消费市场以及社会公共服务领域,实现北斗等卫星导航系统规模化应用。

——基本具备开放兼容的全球服务能力。北斗卫星导航系统服务性能进一步提升,实现与其他卫星导航系统的兼容与互操作,北斗应用的国际竞争力显著提升,应用范围更加广泛。

2)主要发展任务

(1)完善导航基础设施。

①北斗卫星导航系统建设:建成由30余颗卫星及地面运行控制系统组成的全球卫星导航系统,具备全球服务能力;同时,建成卫星导航信号监测和评估系统、导航信号干扰检测与削弱系统,保障系统安全可靠运行。

②多模连续运行参考站网建设:统筹建设国家统一的多模连续运行参考站网,为各类用户导航增强服务提供支撑,同时通过数据共享,为信号监测与评估、科学研究等提供基础数据。

③位置数据综合服务系统建设:基于多模连续运行参考站网,形成门类齐全、互联互通的位置服务基础平台,为地区、行业和大众共享应用提供支撑服务。

④组合导航系统建设:融合多种技术,解决重点区域和特定场所导航定位授时服务覆盖等问题,提升城市、峡谷和室内外无缝导航服务能力。

(2)突破核心关键技术。

①核心技术:突破核心芯片、软件和高端产品的发展瓶颈,着力提升芯片设计水平和制造工艺,提高芯片集成度,降低能耗;重点支持卫星导航应用技术创新,突破高精度定位技术、室内外无缝定位技术、卫星导航脆弱性监测评估与减缓技术、智能服务技术以及基于多模组合导航的关键技术。

②核心部器件:大力创新发展导航、通信等多模融合芯片和天线,以及导航传感一体化核心部器件等产品。

③通用产品:研发导航、授时、精密测量、测姿定向等行业应用产品,以及集成定位和导航功能的智能手机、平板电脑、车载导航等终端电子产品;全面提高产品性价比和成熟度,实现产品标准化并与国际接轨,推动产业化发展,进入国际市场。

④创新能力建设:支持若干面向基础研究的重点实验室,支持一批面向行业、领域、区域的工程(技术)研究中心,形成若干个技术创新、应用创新基地。

3)重大工程

基础工程——增强卫星导航性能。统筹制定国家多模连续运行参考站网建设规划,统一标准,整合国内连续运行参考站网资源,通过优选、改造、升级和补充,形成统一管理的参考站网,增强导航性能,提升系统精度;综合集成地图与地理信息、遥感数据信息、交通信息、气象信息、环境信息等基础信息,建立全国性的位置数据综合服务系统;加快建设辅助定位系统,推进室内外无缝定位技术在重点区域和特定场所的应用。通过该工程实施,形成完整的卫星导航综合应用基础支撑体系,具有实时分米级和事后厘米级应用服务能力,有效增强卫星导航系统性能和服务能力,为扩大应用规模奠定良好基础。通过5年左右的时间,实现资源基本整合,初步构建应用基础支撑体系。

创新工程——提升核心技术能力。针对导航产业"有机无芯"的瓶颈制约,着力加强北斗芯片和终端产品的研发与应用,加快提升产品成熟度和核心竞争力;适应应用需求,重点突破融合芯片、组合导航、应用集成、室内外无缝定位等一批基础前沿和共性关键技术,开发一批高性能低成本的导航器件与产品,大力提升创新能力;整合现有科技资源,推动卫星导航应用技术重点实验室、工程(技术)研究中心、企业技术中心等建设和发展,构建我国卫星导航产业技术创新体系。

安全工程——推进重要领域应用。推进标准法规建设,提升卫星导航应用技术水平和产品质量。在能源(电力)、通信、金融、公安等系统,分阶段推行北斗卫星导航系统及其兼容产品的应用;加强政策引导,推动在公共安全、交通运输、防灾减灾、农林水利、气象、国土资源、环境保护、公安警务、测绘勘探、应急救援等领域的规模化应用,促进相关产业转型升级。

大众工程——推动产业规模发展。面向大众市场需求,融合交通、气象、地理等动态时空信息,结合新一代信息技术发展,以汽车制造业和移动通信业快速发展为契机,以公众出行信息服务需求为引导,重点推动北斗兼容卫星导航功能成为车载导航、智能手机的标准配置,促进在社会服务、旅游出行、弱势群体关爱、智慧城市等方面的多元化应用。创新商业和服务模式,推动北斗卫星导航系统产品的产业化,形成终端产品规模应用效益。

国际化工程——开拓全球应用市场。应国际用户广泛关注的应急救援、综合减灾、船舶/车辆监控与指挥调度等应用需求,加大北斗卫星导航系统应用推广力度,建设若干海外应用示范工程,开拓国际市场。积极推进北斗卫星导航系统进入国际民航组织和国际海事组织,促进其在民用航空和远洋船舶等方面的应用。构建覆盖亚太地区的卫星导航增强系统和统一时空基准系统,建设卫星导航产业国际化发展的基础工程和综合服务工程,开展国际卫星导航应用的政策、市场、法律、金融等领域的研究和咨询服务,提升国际化综合服务能力。

4. 技术突破

国产北斗芯片、模块、天线等关键技术已取得全面突破,掌握卫星导航芯片核心技术自主知识产权,北斗芯片跨入 40 nm 新时代。随着技术的突破,产业效益开始显现。2015年国内卫星导航总产值已达 1 900 亿元,其中北斗系统贡献率约 30%;截至 2016 年 4 月,北斗导航型基带、射频芯片/模块销量突破 2 400 万片,导航天线 400 万套,高精度天线销量超过 50 万只,应用于移动通信芯片的国产自主卫星导航 IP 核数量近 1 800 万。部分国产手机采用了北斗 IP 核并投放市场;装有北斗接收芯片的儿童、老人智能手表已投放市场,并在上海、南京等地的养老机构和小学开展应用,北斗系统正在给普通人带来触手可及的应用服务。

11.2 CORS 系统建设与应用

11.2.1 CORS 系统简介

1. 连续运行参考站系统

连续运行参考站系统(CORS)可以定义为一个或若干个固定的、连续运行的 GPS 参考站,利用现代计算机、数据通信和互联网(LAN/WAN)技术组成的网络,实时地向不同类型、不同需求、不同层次的用户,自动提供经过检验的不同类型的 GPS 观测值(载波相位、伪距)、各种改正数、状态信息,以及其他有关 GPS 服务项目的系统。

连续运行参考站系统与传统的 GPS 作业相比,具有作用范围广、精度高、野外单机作业等众多优点。

1)意义

连续运行参考站系统(CORS)是空间数据基础设施最为重要的组成部分,可以获取各类空间的位置、时间信息及其相关的动态变化。通过建设若干永久性连续运行的 GPS 基准站,提供国际通用格式的基准站站点坐标和 GPS 测量数据,以满足各类不同行业用户对精密定位、快速和实时定位、导航的要求,以及满足城市规划、国土测绘、地籍管理、城乡建设、环境监测、防灾减灾、交通监控、矿山测量等多种现代化信息化管理的社会要求。

城市 CORS 系统仅是一个动态的、连续的定位框架基准,同时也是快速、高精度获取空间数据和地理特征的重要的城市基础设施,CORS 可在城市区域内向大量用户同时提供高精度、高可靠性、实时的定位信息,并实现城市测绘数据的完整统一,这将对现代城市基础地理信息系统的采集与应用体系产生深远的影响。它不仅可以建立和维持城市测绘的基准框架,更可以全自动、全天候、实时提供高精度空间和时间信息,成为区域规划、管理和决策的基础。该系统还能提供差分定位信息,开拓交通导航的新应用,并能提供高精度、高时空分辨率、全天候、近实时、连续的可降水汽量变化序列,由此逐步形成地区灾害性天气监测预报系统。此外,CORS 系统可用于通信系统和电力系统中高精度的时间同步,并能就地面沉降、地质灾害、地震等提供监测预报服务,研究探讨灾害时空演化过程。

2)必要性

由于城市建设速度加快,对 GPS - C、D、E 级控制点破坏较大,一般在 5 ~ 8 年需重新布设,各测绘单位花大量的资金重新布设,不但保证不了精度,还造成了人力、物力、财力的大量浪费。CORS 的建立可以大大提高测绘的速度与效率,降低测绘劳动强度和成本,省去测量标志保护与修复的费用,节省各项测绘工程实施过程中约 30% 的控制测量费用。

CORS 建成能使更多的部门和更多的人使用 GPS 高精度服务,它必将在城市经济建设中发挥重要作用。由此带给城市巨大的社会效益和经济效益是不可估量的,它将为城市进一步发展提供良好的建设和投资环境。

随着 CORS 基站的建设和连续运行,就形成了一个以永久基站为控制点的网络。所以,可以利用已建成的 CORS 系统对外开发使用,收取一定的费用,提高社会经济效益。

3)国外 CORS 发展概况

国际大地测量发展的一个特点是建立全天候、全球覆盖、高精度、动态、实时定位的卫星导航系统。在地面则建立相应的永久性连续运行的 GPS 参考站。目前世界上较发达的国家都建立或正在建立连续运行参考站系统(CORS)。

美国的 GPS 连续运行参考站系统(CORS)由美国国家大地测量局(NGS)负责,该系统的当前目标是:①使全部美国领域内的用户能更方便地利用该系统来达到厘米级水平的定位和导航;②促进用户利用 CORS 来发展 GIS;③监测地壳形变;④支持遥感的应用;⑤求定大气中水汽分布;⑥监测电离层中自由电子浓度和分布。

英国的连续运行 GPS 参考站系统(COGRS)的功能和目标类似于上述 CORS,但结合英国本土情况多了一项监测英伦三岛周围海平面的相对和绝对变化的任务,目前已有近60个GPS连续运行站。

德国的全国卫星定位网由100多个永久性GPS跟踪站所组成,它也提供4个不同层次的服务:①米级实时DGPS(精度为±(1~3)m);②厘米级实时差分GPS(精度为1~5cm);③精度为1cm的准实时定位;④高精度大地定位(精度优于1cm)。

其他欧洲国家,即使领土面积比较小的国家,如芬兰、瑞士等也已建成具有类似功能的永久性GPS跟踪网,作为国家地理信息系统的基准,为GPS差分定位、导航、地球动力学和大气提供科学数据。

在亚洲,日本已建成近1 200个GPS连续运行站网的综合服务系统——GeoNet。在以监测地壳运动地震预报为主要功能的基础上,目前结合大地测量部门、气象部门、交通管理部门开展GPS实时定位、差分定位、GPS气象学、车辆监控等服务。

4)国内CORS发展概况

随着国家信息化程度的提高及计算机网络和通信技术的飞速发展,电子政务、电子商务、数字城市、数字省区和数字地球的工程化和现实化,需要采集多种实时地理空间数据,因此中国发展CORS系统的紧迫性和必要性越来越突出。

为满足国民经济建设信息化的需要,近年来,国内不同行业已经陆续建立了一些专业性的卫星定位连续运行网络。一大批城市、部分省区和行业正在筹划建立类似的连续运行网络系统,一个连续运行参考站网络系统的建设高潮正在到来。

广东省深圳市建立了我国第一个连续运行参考站系统(SZCORS),目前已开始全面的测量应用。全国部分省、市也已初步建成或正在建立类似的省、市级CORS系统,如广东省、江苏省、北京、天津、上海、广州、东莞、成都、武汉、昆明、重庆、青岛等。

四川地震局建立的CDCORS,已经运行多年,原本主要目标是用作监控四川地区地震灾害,但是通过对其潜在功能的挖掘,在GPS大地测量方面开发利用,通过授权拨号登录,对外开放网络使用权,实现用户GPS实时高精度差分定位,取得了一定的收益。四川省现已启动建设全省北斗卫星导航CORS站网。

5)基准站网

CORS系统是卫星定位技术、计算机网络技术、数字通信技术等高新科技多方位、深度结晶的产物。CORS系统由基准站网、数据处理中心、数据传输系统、定位导航数据播发系统、用户应用系统五个部分组成,各基准站与监控分析中心间通过数据传输系统连接成一体,形成专用网络。基准站网由范围内均匀分布的基准站组成,负责采集GPS卫星观测数据并输送至数据处理中心,同时提供系统完好性监测服务。

6)传输系统

各基准站数据通过专用光纤传输至监控分析中心,该系统包括数据传输硬件设备及软件控制模块。

7)播发系统

系统通过移动网络、UHF电台、Internet等形式向用户播发定位导航数据。

8）应用系统

应用系统包括用户信息接收系统、网络型 RTK 定位系统、事后和快速精密定位系统以及自主式导航系统和监控定位系统等。

按照应用的精度不同，用户服务子系统可以分为毫米级用户系统、厘米级用户系统、分米级用户系统、米级用户系统等；而按照用户的应用不同，可以分为测绘与工程（厘米、分米级）、车辆导航与定位（米级）、高精度定位（事后处理）、气象用户等几类。

9）处理中心

系统的控制中心用于接收各基准站数据，进行数据处理，形成多基准站差分定位用户数据，组成一定格式的数据文件，分发给用户。

数据处理中心是 CORS 的核心单元，也是高精度实时动态定位得以实现的关键所在。数据处理中心 24 小时连续不断地根据各基准站所采集的实时观测数据在区域内进行整体建模解算，自动生成一个对应于流动站点位的虚拟参考站（包括基准站坐标和 GPS 观测值信息）并通过现有的数据通信网络和无线数据播发网，向各类需要测量和导航的用户以国际通用格式提供码相位/载波相位差分修正信息，以便实时解算出流动站的精确点位。

10）实际应用

除政府基础性的建设应用外，CORS 系统在商业领域的应用也进入到实操阶段，星唯信息科技基于 CORS 技术打造的港口运输车辆高精度定位系统，已能有效解决港口车辆物流高密度、高流动性导致的定位不准、调度不力问题。

2. 我国已建成的 CORS 基准站网络

（1）昆明基准站网，如图 11-8 所示。

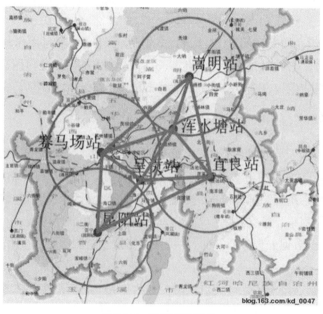

图 11-8　昆明基准站网

（2）广东基准站网，如图 11-9 所示。

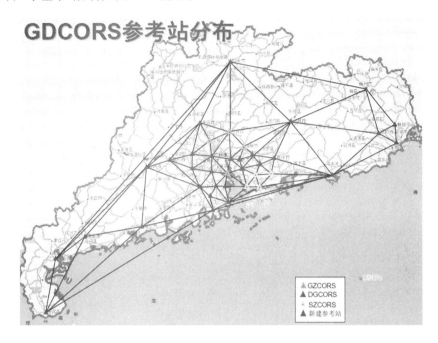

图 11-9　广东基准站网

（3）港珠澳大桥 CORS 网，如图 11-10 所示。

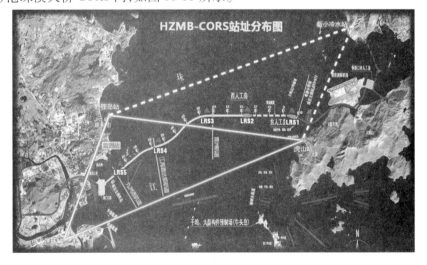

图 11-10　港珠澳大桥 CORS 网

（4）台州市基准站网，如图 11-11 所示。

（5）江苏省基准站网，如图 11-12 所示。

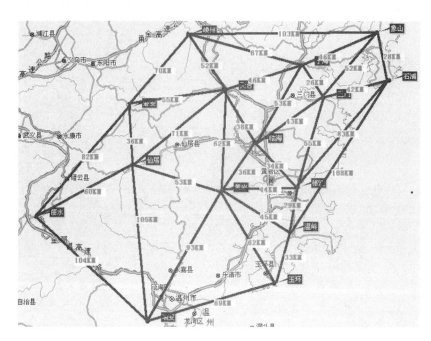

图 11-11　台州市基准站网

○基岩点
▲国土部门站点
▲气象部门站点
△组网站点

图 11-12　江苏省基准站网

3.北斗系统基准站网络

（1）上海市北斗连续运行参考站，如图 11-13 所示。

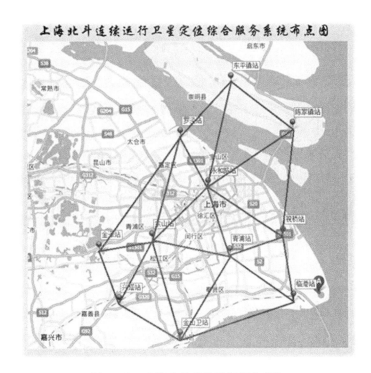

图 11-13　上海市北斗连续运行参考站

（2）珠海市北斗连续运行参考站，如图 11-14 所示。

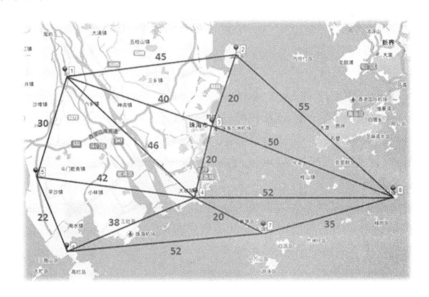

图 11-14　珠海市北斗连续运行参考站

（3）深圳市北斗连续运行参考站，如图 11-15 所示。

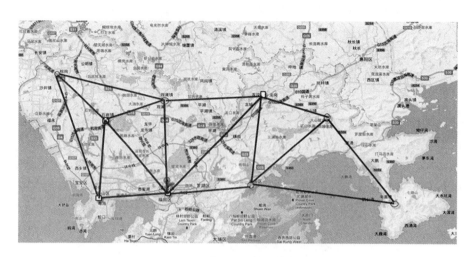

图 11-15 深圳市北斗连续运行参考站

11.2.2 河南省 HNGICS 介绍

1. 立项申请

为扩大河南省地质工作服务新领域、拓展资源保障服务新途径及满足国家中部崛起战略要求,河南省地质测绘总院敏锐把握科技发展动态,大胆将卫星定位技术和地理信息技术引入并充分运用于地质领域,推动实施了河南省地质信息连续采集运行系统(Henan Geology Information Continuously Collecting and Operating System,简称 HNGICS)。

该系统由河南省地矿局组织申请,经省发改委批准立项,由河南省地矿局测绘队(河南省地质测绘总院)具体实施。

2. 准备工作

技术设计:技术设计方案、点位设计图、站点位置信息表、基准站施工设计图。

选址:观测环境、地质环境、依托保障、提交成果。

基建:观测墩、观测室、防雷工程、辅助工程、提交成果。

设备组成:接收机、天线、气象设备、电源设备、计算机与软件。

3. 技术方案

在全省建设 51 个基准站和 1 个数据处理中心,范围覆盖全省 16.7 万 km²。

基准站间距最短 26 km,最长 110 km,平均间距 67 km。

基准站数据传输全部采用 DDN 光纤。

基准站大部为土层站,其他为基岩站和房顶站。

4. 省发改委审批文件

河南省发改委审批文件如图 11-16 所示。

5. CORS 系统组成

CORS 系统组成如图 11-17 所示。

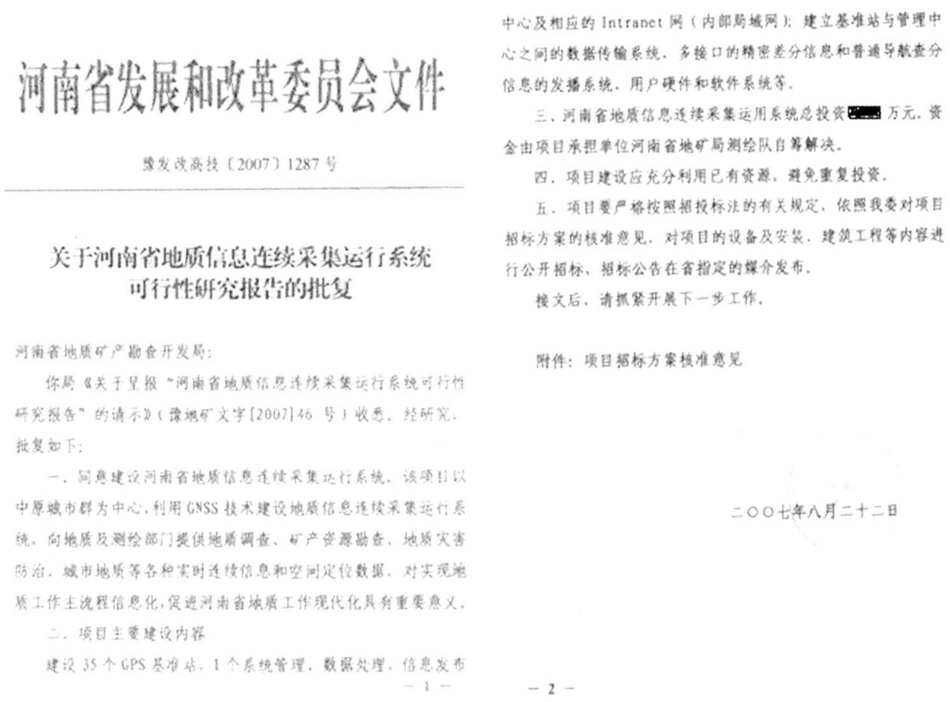

河南省发展和改革委员会文件

豫发改高技〔2007〕1287号

关于河南省地质信息连续采集运行系统
可行性研究报告的批复

河南省地质矿产勘查开发局:

你局《关于呈报"河南省地质信息连续采集运行系统可行性研究报告"的请示》(豫地矿文字[2007]46号)收悉。经研究,批复如下:

一、同意建设河南省地质信息连续采集运行系统。该项目以中原城市群为中心,利用GNSS技术建设地质信息连续采集运行系统,向地质及测绘部门提供地质调查、矿产资源勘查、地质灾害防治、城市地质等各类实时连续信息和空间定位数据,对实现地质工作主流程信息化、促进河南省地质工作现代化具有重要意义。

二、项目主要建设内容

建设35个GPS基准站,1个系统管理、数据处理、信息发布

— 1 —

中心及相应的Intranet网(内部局域网);建立基准站与管理中心之间的数据传输系统、多接口的精密差分信息和普通导航差分信息的发播系统;用户硬件和软件系统等。

三、河南省地质信息连续采集运用系统总投资████万元,资金由项目承担单位河南省地矿局测绘队自筹解决。

四、项目建设应充分利用已有资源,避免重复投资。

五、项目要严格按照招投标法的有关规定,依照我委对项目招标方案的核准意见,对项目的设备及安装、建筑工程等内容进行公开招标,招标公告在省指定的媒介发布。

接文后,请抓紧开展下一步工作。

附件:项目招标方案核准意见

二○○七年八月二十二日

— 2 —

图 11-16 河南省发改委审批文件

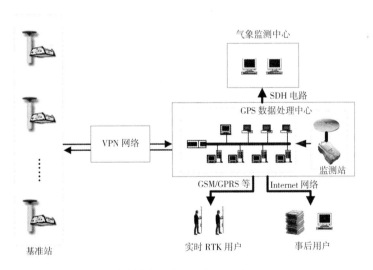

图 11-17 CORS 系统组成

6.基准站结构设计

CORS 基准站结构设计如图 11-18 所示。

7.基准站施工

CORS 基准站施工图如图 11-19 所示。

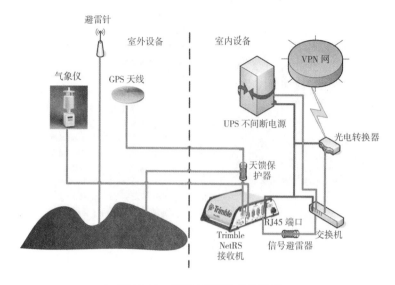

图 11-18　CORS 基准站结构设计

图 11-19　CORS 基准站施工图

8. 数据处理中心

CORS 数据处理中心如图 11-20 所示。

9. CORS 基准站分布

CORS 基准站分布图如图 11-21 所示。

10. CORS 定位服务

HNGICS 共建设 51 个 GNSS 连续运行参考站,站间平均距离约 67.0 km。建立数据处理控制中心,基于通信网络实现参考站到控制中心的实时传输,实现数据入库,并生成相关数据产品。利用 Internet 向全省用户提供原始观测数据下载服务,实现事后精密相对定位;利用 GSM、GPRS、CDMA 等通信方式,向全省用户提供实时厘米级、分米级、米级定位服务。

图 11-20　CORS 数据处理中心

图 11-21　CORS 基准站分布图

11.3　卫星地图与天地图网站

11.3.1　卫星地图

卫星地图,简称卫星图或卫图,也叫卫星影像,确切地说是卫星遥感图像。所谓遥感,即遥远地感知。卫星遥感即通过卫星在太空中探测地球地表物体对电磁波的反射和其发射的电磁波,从而提取这些物体的信息,完成远距离识别物体。这些电波信息转换、识别得到的图像,即为卫星图。

1. 作用

卫星地图是卫星拍摄的真实的地理面貌,所以卫星地图可用来检测地面的信息,可以了解到地理位置、地形等。如图11-22所示为中国大陆地区卫星地图。

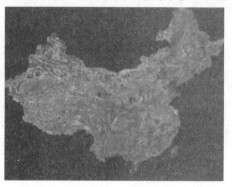

图11-22 中国大陆地区卫星地图

这些信息可以应用于城乡规划,通过卫星地图的 GPS 导航系统,可以告诉你,你现在身处何方,你将前往的那个地方怎么走等信息。如果是实时监测的卫星地图,可以用于军事指挥部署、抗灾救灾部署、监控火灾等自然灾害,还可以应用于警察追捕通缉犯等。

2. 样图

如图11-23所示为卫星地图样图。

图11-23 卫星地图样图

3. 影像分辨率

在 Google Earth 中,全球的影像98%都是卫图,其中分为两种分辨率:野外通常是15 m的低分辨率卫图,城市通常是0.6 m的高分辨率卫图(见图11-24)。

而我们日常在 Google Earth 中所说的高清卫星地图,就是特指由 Digital Globe、GEO-EYES、SPOT 等公司为 Google Earth 提供的高分辨率卫图,如0.6 m分辨率、1 m分辨率、2.5 m分辨率、4 m分辨率、10 m分辨率的影像。

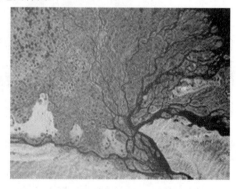

图11-24 高分辨率卫图

4. 比例换算

卫星与航拍影像由像素点组成,像素点越丰富,照相辨认的细节的尺寸越小。影像照片上像素点的密度常用每毫米多少条线来表示,线越多表示影像质量越高。例如,卫星影像每平方毫米的纵横线数各 250 条,也就是每平方毫米内排列 62 500 个像素点,其相邻两像素点间的距离只有 4 μm。

照片上 4 μm 相当于地面距离多少呢? 这与照相机的焦距和卫星的飞行高度有关。如果焦距为 2 m,飞行高度为 150 km,那么,根据简单的几何学关系就可求得地面距离为0.3 m。这个长度就叫作照片的地面分辨率。

通俗地说,地面分辨率是能够在照片上区分两个目标的最小间距,但它并不代表能从照片上识别地面物体的最小尺寸。

一个尺寸为 0.3 m 的目标,在地面分辨率为 0.3 m 的照片上,只是 1 个像素点,不管把照片放大多少倍,依然只是 1 个像素点。所以,要从照片上认出一个目标,就要有若干个像素点在照片上来构成该目标的轮廓。

5. 发展历史

人们打开卫星地图可以免费地看到全世界每一个角落,可以获得地形地貌和建筑道路的准确信息。但人们会发现在各网站看到的图像细节都是一样的,它们都出于 Google Earth 系统软件。

2005 年 4 月,Google 公司推出了全新的免费卫星地图服务,这是美国 Google 公司造福人类的科技贡献,被人们称为互联网技术"激动人心的创新"。

Google 公司于 1998 年 9 月 7 日创立,开展互联网搜索引擎业务。

2004 年 8 月 19 日,Google 公司的股票在纳斯达克(Nasdaq)上市,成为上市公司。Google 公司总部(Googleplex)位于加利福尼亚山景城。Google 起源于 Larry Page 和 Sergey Brin 在斯坦福大学的学生宿舍内共同开发的全新的搜索引擎。

2006 年 4 月 12 日,Google 公司宣布该公司的全球中文名字为"谷歌",取"播种与期待之歌,亦是收获与欢愉之歌"之意。2009 年 2 月,Google Earth 发布了最新的简体中文版 5.0。只要进入网站,就可以方便地下载这个功能强大的软件。你可以足不出户尽情浏览各地自然风光,可以俯瞰和标注自己美好的家园,可以享受现代科技给生活带来的无限乐趣。

6. 使用方法

Google Map 可以说是自网络时代以来最有趣也最实用的一项应用(见图 11-25)。

使用 Google Map , 就像看照片一样简单,你可以随意拉近看地球表面的特写,或远距观察整个区域的地貌。

1) 谷歌地球

谷歌地球(Google Earth,GE)是一款 Google 公司开发的虚拟地球仪软件,它把卫星照片、航空照相和 GIS 布置在一个地球的三维模型上(见图 11-26)。Google Earth 于 2005 年向全球推出谷歌地球,该产品被《PC 世界杂志》评为 2005 年全球 100 种最佳新产品之一。用户可以通过一个下载到自己电脑上的客户端软件,免费浏览全球各地的高清晰度卫星图片。谷歌地球分为免费版与专业版两种。

图 11-25　Google Map

图 11-26　谷歌地球

2）诺基亚地图

诺基亚地图为适用于车辆导航系统、移动导航设备和基于互联网的地图应用产品。诺基亚地图基于先进的"混合矢量图"技术，可以支持全球 74 个国家 46 种语言的语音导航、20 多个国家的交通信息查询以及 180 多个国家的详细地图、场所地图，已经覆盖了 38 个国家（见图 11-27）。对使用诺基亚智能手机终端的用户，诺基亚地图不含任何隐性费用，具有最佳全球覆盖、导航时无需网络连接、语音指示及交通信息、3D 效果等优点。

图 11-27　诺基亚地图

3）苹果地图（见图 11-28）

由于苹果 iOS 6 地图应用中存在的大量错误，暂不对苹果地图做详细介绍。

4）百度地图

百度地图是百度提供的一项网络地图搜索服务，覆盖了国内近 400 个城市、数千个区县。在百度地图里，用户可以查询街道、商场、楼盘的地理位置，也可以找到离自己最近的所有餐馆、学校、银行、公园等。2010 年 8 月 26 日，在使用百度地图服务时，除普通的电子地图功能外，新增加了三维地图按钮，其卫星图像大部分由全球领先的商业高分辨率地球图像产品及服务供应商 Digital Globe 提供，Digital Globe 与百度达成多年合作协议，为百度提供涵盖中国 344 个城市的高分辨率图像（见图 11-29）。

图 11-28　苹果地图

图 11-29　百度地图

5）搜狗地图

搜狗地图原名图行天下,成立于 1999 年,是中国第一家互联网地图服务网站,于 2005 年被搜狐收购,并改名为搜狗地图。其数据覆盖全国近 400 个城市 3 000 个区县,数千万 poi 信息点,提供全国的驾车路线导航,以及 130 个城市的公交换乘服务,是国内首屈一指的地图查询服务平台。

搜狗地图除了搜索、公交、自驾导航等地图的基本功能,还有多功能商店、路书、卫星图、手机地图等其他特色应用,全方位地满足了人们随时随地掌握出行生活的需要。卫图数据由上海纳维信息技术有限公司(NAV2)提供,NAV2 是由北京四维图新(NavInfo)和 Nokia L&C 共同投资组建的合资公司。

6）搜搜地图

搜搜地图是腾讯公司提供的一项互联网地图服务,在全国收录有 3 500 万个地点、210 个城市公交、400 个城市驾车的海量数据。通过搜搜地图,用户可以查询银行、医院、宾馆、公园等地理位置,找到与地理位置相关的生活服务,如美食、汽车服务、旅游等;搜搜地图还提供了丰富的公交换乘查询方式和驾车导航规划功能,为用户提供最适合的出行导航。

搜搜地图目前有:IOS 的手机地图,适用于 iPhone、ipad;Android 的手机地图,适用于 Android 系统的手机;Symbian 的手机地图,适用于 Symbian 系统的手机。由页面下方的字母可判断卫图提供商是美国 Digital Globe 和中国四维测绘技术有限公司。

7. 提供商

1）Digital Globe

Digital Globe,简称 DG,是全球商业地球成像和地理空间信息市场的领先企业。公司使用 Quantum 的 StorNext 数据管理软件来帮助其更快地把产品投向市场。Digital Globe 图像对各种行业都具有极其重要的意义,包括能源勘探、地区规划、环境监控、紧急响应规划、情报和 3D 仿真。其客户和合作伙伴包括 Google 以及众多的国际公司、政府机构和新闻媒体。

Digital Globe 操纵 3 个成像卫星:WorldView – 1、WorldView – 2 和 QuickBird(见图 11-30)。这些卫星能收集高分辨率的商业地球图像,并且与现有的其他任何商业化卫星图像比较而言,它能提供最大尺寸、最大星载储存容量和高分辨率的图像。

图 11-30　Digital Globe 卫星

WorldView -1、WorldView -2 和 QuickBird 隶属于 Digital Globe 公司。

2012 年 7 月,美国赫恩登的 GeoEye 公司宣布将被其竞争对手 Digital Globe 以 9 亿美元的价格收购,为了确保在联邦政府削减预算的情况下,依然可以获得利润丰厚的合同。此前 GeoEye 曾试图恶意收购丹佛的 Digital Globe 公司,但被后者拒绝。2012 年 11 月,双方已经完成了这次并购。

这两家公司在高分辨率商业卫星影像领域已经竞争了很多年,他们将各自的产品卖给联邦机构、军方以及其他需要影像的部门。而此次收购将使两家公司节省在商业卫星上的投入。两家公司的合并标志着一种转变,不仅能够为需要美国影像的用户提供一站式服务,而且也是应对联邦政府削减地理空间预算的举措。

2)GeoEye

GeoEye 是著名的地理空间信息供应商(GeoEye, Inc. Nasdaq:GEOY),可以帮助国防团体、战略合作伙伴、经销商和商业客户更好地对全球进行绘图、测量和监视(见图 11-31)。该公司因为提供可靠的服务以及极高质量的图像产品和解决方案而被业界公认为可以信赖的照片专家。2012 年该公司被 Digital Globe 公司收购。

图 11-31　GeoEye 公司

GeoEye 运营着一系列地球成像卫星和绘图飞机。为了开发创新的地理空间产品和解决方案,该公司还拥有一个国际性的地面站网络、强大的照片档案库和先进的照片处理能力。

GeoEye 总部位于弗吉尼亚州杜勒斯,是一家在纳斯达克股票交易所公开上市的企业,交易代码为 GEOY。该公司保持了一个综合的质量管理体系(QMS),整个企业已经通过 ISO 认证。

GeoEye-1 是美国的一颗商业卫星,于 2008 年 9 月 6 日从美国加利福尼亚州范登堡空军基地发射。GeoEye-1 拥有达到 0.41 m 分辨率(黑白)的能力,简单来说,这意味着从轨道采集并由 SGI Altix 350 系统处理的高分辨率图像将能够辨识地面上 16 英寸或者更大尺寸的物体。以这个分辨率,人们将能够识别出位于棒球场里的一个盘子或者数出城市街道内的下水道出入孔的个数。

GeoEye-1 不仅能以 0.41 m 黑白(全色)分辨率和 1.65 m 彩色(多谱段)分辨率搜集图像,而且还能以 3 m 的定位精度精确确定目标位置。因此,一经投入使用,GeoEye-1 就成为当今世界上能力最强、分辨率和精度最高的商业成像卫星。

GeoEye-1 照片产品和解决方案已经大量推出,其地面分辨率分别为 0.5 m、1 m、2 m 和 4 m。照片产品有彩色和黑白两种。商业客户可以通过多种途径购买 GeoEye-1 照片。服务专家可在购买 GeoEye-1 照片产品和增值解决方案方面提供帮助。包括 Google Earth、Google Map、Tom Clancy's H. A. W. X 等软件及游戏都使用了该卫星的地球照片。

GeoEye 公司使用的卫星有三种:ALOS 卫星(日本的对地观测卫星)、IKONOS(伊科诺斯)卫星、GeoEye-1 卫星(属于 GeoEye 公司),如图 11-32 所示。

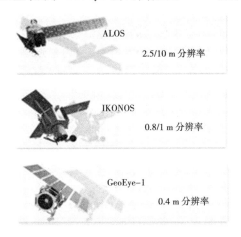

图 11-32　GeoEye 公司使用的卫星

3)Raytheon Company

Raytheon Company(雷神公司)是美国的大型国防合约商,总部设在马萨诸塞州的沃尔瑟姆。雷神在世界各地的雇员有 73 000 名,营业额约 200 亿美元,其中超过 90% 来自国防合约。根据 Defense News 2005 年的数据,雷神是世界第五大国防合约商。

4)中国四维测绘技术有限公司

中国四维测绘技术有限公司(简称中国四维)由国家测绘局于 1992 年创建,是国内测绘行业及地理信息产业的领军企业(见图 11-33)。1998 年底根据中央和国务院的部署,中国四维交由中央企业工委管理,成为中央企业,2003 年划归国务院国有资产监督管理委员会管理。2003 年底,经国务院国有资产监督管理委员会批准,公司与中国卫星通信集团公司进行重组,成为中国卫星通信集团公司的全资子公司。2009年4月,公司随中国卫星通信集团公司(后更名为中国卫星通信集团有限公司)整体重组并入中国航天科技集团公司。2011年底,公司与中国卫星通信集团有限公司分离,成为中国航天科技集团专业子公司。中国四维长期致力于地理信息产业发展,具备甲级测绘资质,在业内拥有权威性与影响力。

图11-33   中国四维测绘技术有限公司图标

中国四维是我国地理信息产业的"国家队"和"排头兵",主要从事卫星导航定位综合信息服务、导航电子地图及动态交通信息服务、航空摄影测量及数据处理、卫星影像等业务。中国四维下属公司为四家,分别是中寰卫星导航通信有限公司、北京四维图新科技股份有限公司、四维航空遥感有限公司及四维世景科技(北京)有限公司。

中国四维以地理信息新型服务业发展为指引,倾力建设领先的、稳固的、具有竞争能力的地理遥感影像、电子地图数据、导航定位监控和地理信息系统等基础业务平台,积极拓展功能实用、内容丰富、能够满足不同客户需求的综合应用服务业务,形成了市场主导、关联紧密、协同发展的"天地一体"业务体系。作为国家地理信息产业发展的领军者,中国四维努力开拓市场、精心打造品牌、提供优质服务,致力于打造我国地理信息产业旗舰企业,力争成为国际一流的综合地理信息服务提供商。

11.3.2　天地图网站

天地图是国家测绘地理信息局建设的地理信息综合服务网站(见图11-34)。它是"数字中国"的重要组成部分,是国家地理信息公共服务平台的公众版。天地图的目的在于促进地理信息资源共享和高效利用,提高测绘地理信息公共服务能力和水平,改进测绘地理信息成果的服务方式,更好地满足国家信息化建设的需要,为社会公众的工作和生活提供方便。

2012年2月,资源三号测绘卫星为天地图提供了第一幅国外影像数据。2013年6月18日,天地图的2013版本正式上线,整体服务性能比此前版本提升4~5倍。新版天地图还开通了英文频道、综合信息服务频道和三维城市服务频道,并更新了手机地图。

1. 产品简介

天地图运行于互联网、移动通信网等公共网络,以门户网站和服务接口两种形式向公众、企业、专业部门、政府部门提供24 h不间断"一站式"地理信息服务。

图 11-34　天地图网站首页

国家地理信息公共服务平台包括公众版、政务版、涉密版三个版本,天地图就是公众版成果,是由国家测绘局主导建设的为公众、企业提供权威、可信、统一地理信息服务的大型互联网地理信息服务网站,旨在使测绘成果更好地服务大众。

各类用户可以通过天地图的门户网站进行基于地理位置的信息浏览、查询、搜索、量算,以及路线规划等各类应用;也可以利用服务接口调用天地图的地理信息服务,利用编程接口将天地图的服务资源嵌入到已有的各类应用系统(网站)中,并以天地图的服务为支撑开展各类增值服务与应用,从而有效缓解地理信息资源开发利用中技术难度大、建设成本高、动态更新难等突出问题。

天地图刚刚起步,在信息丰富程度、数据更新速度、网站服务功能与性能等方面还需要进一步提高。不久的将来,天地图将成为网络地理信息服务的中国知名品牌。天地图门户网站会免费向公众提供服务,企业利用天地图的服务接口、API进行增值开发时,需要得到天地图的授权。

2. 正式上线

1)正式版

中国自主的互联网地图服务网站天地图正式版于 2011 年 1 月 18 日上线,向社会公众提供权威、可信、统一的在线地图服务,打造互联网地理信息服务的中国品牌。

天地图是我国区域内基础地理信息数据资源最全的互联网地图服务网站,是我国"数字中国"建设的重要组成部分,由国家测绘局监制、国家基础地理信息中心管理、天地图有限公司运营。其测试版于 2010 年 10 月 21 日开通试运行,在只开通中文版的情况下,获得了来自 210 个国家和地区近 3 000 万人次的访问量。

天地图集成了海量基础地理信息资源,总数据量约 30 TB,处理后的电子地图总瓦片数近 30 亿。主要包括全球范围的 1∶100 万矢量地形数据和 250 m 分辨率卫星遥感影像,全国范围的 1∶25 万公众版地图数据、导航电子地图数据、15 m 分辨率卫星遥感影像、2.5 m 分辨率卫星遥感影像,全国 319 个地级以上城市和 10 个县级市建成区的 0.6 m 分辨率遥感影像,部分城市三维街景数据。

天地图刚刚起步,在访问速度、专题信息等方面还需要进一步提高和丰富。下一步将加强天地图网络体系基础设施建设,解决网络速度和稳定性问题;加快高分辨率影像资源获取能力建设,不断提升遥感影像数据的精度、质量和自给率;建立健全地理信息资源共享机制,全面提高天地图数据的现势性和准确性;加大天地图推广应用力度。

2)2013 版

2013 年 6 月 18 日,国家地理信息公共服务平台——天地图的 2013 版正式上线,整体服务性能比此前版本提升 4 ~ 5 倍。

天地图 2013 版细化了分类搜索,优化了地名兴趣点查询结果排序;新增地标搜索的直接跳转功能,增加了大量国外主要城市的搜索及跳转;新增公交搜索功能;优化驾车规划逻辑和操作功能;全面优化网页程序,提高了地图首次加载与浏览速度。

此外,新版天地图还开通了英文频道、综合信息服务频道和三维城市服务频道,并更新了手机地图。其中,综合信息服务频道空间化表达了各地人口数量、密度、结构、自然增长率、家庭户规模、老年人口比率等信息。据介绍,天地图 2013 版支持每天用户网页浏览的次数由 2 000 万次增加到超过 4 000 万次,系统运行可靠性大幅提高。

3. 产品介绍

1)功能

天地图网站装载了覆盖全球的地理信息数据,这些数据以矢量、影像、三维 3 种模式全方位、多角度展现,可漫游、能缩放。其中,中国的数据覆盖了从宏观的中国全境到微观的乡镇、村庄。

通过天地图门户网站,用户接入互联网可以方便地实现各级、各类地理信息数据的二维、三维浏览,可以进行地名搜索定位、距离和面积量算、兴趣点标注、屏幕截图打印等常用操作(见图 11-35)。

图 11-35　天地图

公众还可以以超链接的方式接入已建成的省市地理信息服务门户,获得各地更具个性化的服务,畅享省市直通。此外,在天地图上,用户也可以访问国家测绘成果目录服务系统,了解掌握国家和各省(区、市)的测绘成果情况,并能够链接国家测绘局相关地理信息服务网站,获取包括"动态地图"、"地图见证辉煌"等专题地理信息。

2)特点

天地图以门户网站和服务接口两种形式提供服务。普通公众接入互联网就可以方便地实现各种地理信息数据的二维和三维浏览、地名搜索定位、距离和面积量算、兴趣点标注、屏幕截图打印等。而导航、餐饮、宾馆酒店等商业地图网站经过授权后,可以自由调用相关地理信息服务资源,进行专题信息加载、增值服务功能开发,从而大大节省地理信息采集、更新、维护所需的成本。

3）设计

在设计思路上,天地图把全国地理信息资源整合为逻辑上集中、物理上分散的"一体化"数据体系,实现了测绘部门从离线提供地图和数据到在线提供信息服务的根本性改变;此外,天地图采用了具有中国自有知识产权的软件产品,在很短的时间内,实现了全国多尺度、多类型地理信息资源的综合利用和在线服务,实现了关键技术创新;在建设机制方面,天地图以国家和地方各级基础地理信息数据库为依托,集成整合了部分地理信息企业的技术力量和地理信息资源,实现了资源共享。

4）服务

天地图是目前中国区域内数据资源最全的地理信息服务网站。再强调一点,区别于普通的地图网站,天地图做到了以门户网站和服务接口两种形式为用户提供服务。

5）展望

天地图的未来发展,将以"政府主导、企业经营"为总体原则,以市场化运营为手段,通过不断整合全国乃至全球各类地理信息资源,真正形成中国地理信息行业合力,切实促进中国地理信息产业发展,使测绘在服务大局、服务民生、服务社会中发挥更为重要的作用。

6）意义

中国国家地理信息公共服务平台基于不同网络环境和用户群体,分为公众版、政务版、涉密版三个版本,其中基于互联网的公众版平台就是天地图。它的开通满足了社会公众对地理信息日益增长的需求,也表明中国地理信息公共服务能力和水平显著提升,将从根本上改变中国传统地理信息服务方式。

国家测绘局组织建设国家地理信息公共服务平台的目的是加强基础地理信息资源开发利用,改变传统服务模式,由单一的提供地图、数据转变为在线提供地理信息服务。开发地图服务软件是实现这种转变的技术基础,其意义体现在,测绘成果是国家重要的战略性信息资源,直接关系到国家战略安全。

7）作用

对于企业、专业部门而言,经过授权后,可以利用天地图提供的二次开发接口自由调用天地图的地理信息服务资源,并将其嵌入已有的 GIS（地理信息系统）应用系统,或利用天地图提供的 API（应用程序编程接口）搭建新的 GIS 应用系统。各类进行专题信息服务的商业地图网站（如导航、餐饮、宾馆酒店）能够在其搭建的公共地理信息平台上进行专题信息加载、增值服务功能开发,省去了处理并维护公共地理框架数据、承担底层地理信息服务的高昂成本,避免了基础地理信息重复采集以及维护更新造成的人员、资金与时间浪费,极大地降低了开发 GIS 应用系统或网站的成本和周期,使这些运营商可以将主要精力集中于网站运营与增值服务,而不是公共地理信息的采集维护。

目前,天地图服务已在"全国灾情地理信息系统"中率先应用,实现了灾情专题数据与天地图地图服务的聚合和集成服务。

地理信息是国家重要的战略信息资源,在政府管理决策、信息资源共享、人民生活改善等方面发挥着越来越重要的作用。随着互联网技术的飞速发展,公众对测绘成果与地理信息的公开使用需求日益迫切,建设中国自主的地理信息服务网站成为地理信息产业发展的必然趋势。

2009年,国家测绘局组织完成了国家地理信息公共服务平台的顶层设计与原型建设;2010年上半年,国家测绘局所属国家基础地理信息中心组织建成了天地图公众地理信息服务平台。平台数据依据统一的标准规范,由国家、省、市测绘部门和相关专业部门、企业采用"分建共享、协同更新、在线集成"的方式生产、服务。

作为国家地理信息公共服务平台运行于互联网的公众版本,天地图门户网站是公众地理信息服务的"总入口"和"主节点"。它的正式开通不仅满足了社会公众对地理信息日益增长的需求,丰富了百姓日常生活,也预示着我国地理信息公共服务能力和水平的显著提升,彰显了测绘技术及地理信息资源在社会民生中的广泛应用,再现了地理信息产业的快速健康发展,将有力推动国民经济发展和社会信息化进程。

随着天地图开发应用的不断深入,地理信息数据资源将继续得到丰富,特别是省、市测绘部门的"数字省区"、"数字城市"等成果,将以网络互联、服务聚合的形式纳入到天地图中,逐步以技术手段消除信息孤岛,从而使用户能够享受到更全面、更完整、更详细、更准确的地理信息服务;与此同时,相关企业将以天地图提供的公共地理信息服务为基础,增值开发与公众衣食住行相关的专题信息服务,如公交查询、导航、餐饮等,为公众提供更为丰富、翔实、便捷的地理信息服务。在不久的将来,天地图将成为数据全球覆盖、内容丰富翔实、应用方便快捷、服务高速可靠、拥有自主产权的互联网地理信息服务中国品牌。

它标志着中国国家地理信息公共信息服务平台建设取得重大进展,而且从根本上改变中国传统的地理信息服务方式,有助于促进信息共享、避免地理信息数据重复采集,并确保国家地理信息安全。

4. 产品评价

地理信息是国家重要的战略信息资源,随着互联网技术的飞速发展,建设中国自主的地理信息服务网站是地理信息产业发展的必然趋势。在不久的将来,天地图将成为数据全球覆盖、内容丰富翔实、应用方便快捷、服务高速可靠、拥有自主产权的互联网地理信息服务中国品牌。天地图中的数据是依据统一的标准规范,由国家、省、市测绘行政主管部门和相关专业部门、企业采用"分建共享、协同更新、在线集成"的方式生产和提供的。不久将制定数据管理、更新、服务管理办法,遵循"谁提供,谁更新;谁拥有,谁更新"的原则。在突发事件或应急情况下,还会采取多种技术手段与方式实现局部数据快速更新。

5. 首幅影像

2012年2月,国家测绘地理信息局卫星测绘应用中心在完成资源三号测绘卫星影像与天地图的顺利对接和提供了多幅覆盖国内的影像后,针对资源三号测绘卫星成像时间和覆盖范围,又为天地图提供了覆盖国外的第一幅影像(见图11-36)。

该影像位于墨西哥的托卢卡地区,范围为西经99.40°~100°,北纬18.90°~19.45°。由于天气的原因,该幅影像上有部分云层。

截至21日,资源三号测绘卫星已经成功为天地图第11~16级地图提供了约1万km^{2}的自主高分辨率卫星影像,包括辽宁大连地区、浙江钱塘江地区、内蒙古鄂尔多斯等地区,后续将根据资源三号测绘卫星的覆盖情况,持续不断地为天地图提供更多最新的高分辨率影像。

图 11-36　天地图上的影像

6. 数据来源

天地图装载了覆盖全球的地理信息数据,这些数据以矢量、影像、三维三种模式来展现。天地图中国范围内的数据尤为详尽,数据源包括矢量数据、卫星影像数据。

其中,矢量数据是天地图数据资源的主体,来自国家测绘局、我国导航数据公司,包括全国省市、乡镇、村庄的交通、水系、居民地等;卫星影像数据主要来自国外商业卫星资源。

天地图的自主知识产权主要体现在在线服务软件产品方面。据天地图负责人介绍,"在数据方面,矢量数据属于我国自主知识产权,卫星影像数据是通过商业合作的方式使用了来自不同商业卫星的影像数据,今后将会逐渐用我国自己的卫星影像数据取代"。"这些商业卫星公司获取数据就是为了提供给各类用户使用的,事实上 Google 地图的部分影像也是从这些商业卫星购买的。现在有人说我们使用了 Google 地图的卫星影像,这是一种误解"。

7. 自主产权

作为地理信息在线服务的支撑软件,必须采用我国自主知识产权的软件。自主研发地图服务软件,虽然在其初期会遇到诸多难题,但长远来讲,可以从根本上摆脱受制于人的窘境。

虽然市场上已经有一些较成熟的国外商业软件,但从发展民族产业的角度,应该扶持中国自己的软件,进一步促进我国地理信息产业的发展。采用我国自主研发的软件可大大降低软件成本,节省资金投入。研发我国自主的地图服务软件符合国家倡导的"创新战略"。

天地图采用的在线服务软件系统是中国最早对外发布的具有网络三维虚拟地球特征的软件产品之一。与国外同类型软件相比,它不仅是网络三维虚拟地球的浏览系统,而且是地理信息共享与集成服务平台软件。

8. 数据安全

天地图中装载的数据来自于测绘部门的公开版数据和企业商业数据,这些数据均按照《公开地图内容表示若干规定》、《基础地理信息公开表示内容的规定(试行)》、《导航电子地图安全处理技术基本要求》等国家有关规定进行了处理,其中包括对军事机密属性的处理。

国家测绘局邀请了国家有关部门对天地图的数据进行评估和会商。天地图对涉密数据进行了处理,数据符合国家有关规定。

9. 外部争议

在天地图发布之初,就有网友在博客上质疑国家测绘局天地图使用的卫星地图并非完全具有自主知识产权,其数据来自美国数字全球公司(Digital Globe)的快鸟卫星,而谷歌地图在部分地区使用该公司的高分辨率的商业图像数据。

针对质疑,国家测绘局有关人士回应称,天地图卫星图像确实来自商业卫星,天地图自主知识产权指的是服务软件,而并非数据资源。

国家测绘局所属国家基础地理信息中心处长蒋洁说,天地图是在服务软件上拥有自主知识产权,比如天地图本身有很多数据,如何通过互联网的形式把数据表现出来,让公众能够浏览查询,就像桥梁一样,这是具有我国自主知识产权的。

对于卫星数据资源,蒋洁说:"卫星影像本身是采购自国外的数据,我印象中是来自多个不同国家的商业卫星影像。"

这种解释也不是很合适,测绘部门的最主要任务和功能当然是地图数据,而不是开发软件,地图数据是一个地图服务最核心的功能,而目前有很多商业网站都可以开发出更好的地图软件。

对于天地图中数据不新,甚至还能查到北京市"崇文区"、"宣武区"等已经被撤销的地区名称的问题,蒋洁表示,天地图目前仍是测试版,很多地方还不完善,欢迎用户提建议。

10. 产生影响

天地图的开通不会对现有地图网站造成冲击,因为"商业网站可以将主要精力集中于网站运营与增值服务,而不是基础地理信息的采集维护",而国内商业地图最上游的服务仍为测绘数据销售层面,如高德、四维、灵图等,都在从事基础地理信息的采集维护,而这些业务未来极有可能与天地图重叠。大多数公司对天地图的上线仍保持"缄默"态度。

不过,仍有民间人士认为,对于商业地图网站来说,所有的增值服务和其他收入来源都基于用户的流量,虽然天地图目前没有具体的商业化方案,但随着功能应用的完善和其带有的官方权威性,不排除在未来有抢夺原有商业地图网站流量的可能。

11. 发展大事记

2008 年 7 月,国家测绘地理信息局启动"国家地理信息公共服务平台"建设;

2008 年 12 月,《国家地理信息公共服务平台总体设计方案》通过论证;

2009 年 1 月,国家测绘地理信息局印发《国家地理信息公共服务平台建设专项规划》;

2009 年 2 月,国家测绘地理信息局印发《关于加快推进国家地理信息公共服务平台建设的指导意见》(附《国家地理信息公共服务平台技术设计指南》);

2009 年 12 月,完成"国家地理信息公共服务平台(政务版)主节点原型"建设;

2010 年 3 月,完成并印发部分国家地理信息公共服务平台技术规范;

2010 年 4 月,国家测绘地理信息局启动"国家地理信息公共服务平台(公众版)—天地图"建设;

2010 年 6 月,完成天地图(测试版)建设;

2010 年 9 月,天地图(测试版)通过国家相关部门审查;

2010 年 10 月 21 日,天地图(测试版)开通;

2010 年 12 月 24 日,成立天地图有限公司;

2011 年 1 月 18 日,天地图正式上线运行;

2011 年 7 月 28 日,天地图手机地图正式上线;

2011 年 10 月 21 日,天地图(测试版)开通一周年暨新产品发布会召开,天地图 2011 版正式上线;

2012 年 1 月 12 日,我国资源三号卫星影像数据成功接入天地图;

2012 年 1 月 18 日,天地图正式版开通一周年,举行天地图运行维护设备启用仪式;

2012 年 3 月 31 日,天地图网站 V1.5 版和天地图地名地址搜索引擎 V1.5 版正式上线;

2012 年 5 月 22 日,天地图移动 API(Android) V1.0 测试版发布;

2012 年 8 月 6 日,全国国家版图意识宣传教育和地图市场监管协调指导小组举办的全国国家版图知识竞赛和少儿手绘地图大赛正式上线;

2012 年 9 月 13 日,手机版天地图 Android 1.5 上线;

2012 年 10 月 10 日,天地图新增钓鱼岛最新航空影像与三维地形;

2013 年 1 月 8 日,手机版天地图 Android 2.0 正式上线;

2013 年 1 月 31 日,天地图·天地旅游测试版发布;

2013 年 3 月 1 日,天地图 V2.0 网站公测版发布;

2013 年 3 月 18 日,国家地理信息公共服务平台——天地图 V2.0 网站正式版上线;

2013 年 6 月 18 日,中国区域数据资源最全地理信息网站天地图 2013 版上线。

11.4　新技术与前沿学科

11.4.1　激光雷达探测技术

1. LIDAR 技术的含义

LIDAR 是一种集激光、全球定位系统(GPS)和惯性导航系统(INS)三种技术于一身的系统,用于获得数据并生成精确的 DEM。这三种技术的结合,可以高度准确地定位激光束打在物体上的光斑。它又分为目前日臻成熟的用于获得地面数字高程模型(DEM)的地形 LIDAR 系统和已经成熟的用于获得水下 DEM 的水文 LIDAR 系统,这两种系统的共同特点都是利用激光进行探测和测量,这也正是 LIDAR 一词的英文原译,即"Light Detection and Ranging"。

激光雷达是"光探测和测距"(Light Detection and Ranging)的简称。早先称为光雷达,因为那时使用的光源均非激光。自激光器出现以来,激光作为高亮度、低发散的相干光特别适合作光雷达的光源,所以现在的光雷达均使用激光器作光源,名称也就统称为激光雷达了。

1）工作原理

激光雷达最基本的工作原理与无线电雷达没有区别，即由雷达发射系统发送一个信号，经目标反射后被接收系统收集，通过测量反射光的运行时间而确定目标的距离。至于目标的径向速度，可以由反射光的多普勒频移来确定，也可以测量两个或多个距离，并计算其变化率而求得速度，这也是直接探测型雷达的基本工作原理。由此可以看出，直接探测型激光雷达的基本结构与激光测距机颇为相近。

因为光速是已知的，所以根据发射光的发出时间和后向散射光的接收时间的时间差就可计算出激光器与目标的距离。这就是激光雷达能测距的原理。

2）激光雷达测污

激光雷达测污的基本作用过程是，作为光源的激光器发出特定波长的光束，射向污染剂（或毒剂云团），该波长的光同污染剂相互作用后，有一部分光以与发射光束相反的方向反射回接收装置，经探测后便可获知有关污染剂的信息。

3）分类

激光雷达可以按照所用激光器、探测技术及雷达功能等来分类。目前激光雷达中使用的激光器有二氧化碳激光器、Er：YAG 激光器、Nd：YAG 激光器、拉曼频移 Nd：YAG 激光器、GaAiAs 半导体激光器、氦－氖激光器和倍频 Nd：YAG 激光器等。其中 YAG 激光波长为 2 μm 左右，而 GaAiAs 激光波长则在 $0.8 \sim 0.904$ μm。

4）用途

（1）测污。

在世界范围内，大气污染问题日益严重。要治理这种环境污染，首先就要探测污染源头。激光雷达是探测污染源头在哪里的最有威力的手段。使用它可以随时监测某个地域上空的空气污染情况，甚至探测出某个烟囱都排放出哪些污染物，从而为迅速采取对策提供依据。

（2）军事探测。

在军事上，用来对付敌人化学生物袭击的最重要措施之一是迅速发现生物战剂的存在，以便及时地采取各种相应的防护措施，而用激光雷达技术进行探测，由于其探测距离远、获得结果快速和手续简便，故远远胜过其他任何一种常规的生物战剂的检测方法。

5）技术难点

激光雷达技术复杂、研制周期长、设备昂贵，因此要发展它不仅需要有关的高级专门人才，还要有雄厚的经济基础。这就使它普及起来很困难，目前它主要应用于科学研究方面。激光雷达发出的激光束具有较高能量，因此对人的防护是道难题。激光雷达技术发展还不充分，某些问题还未完全解决，使其应用受到了限制。

例如，喇曼激光雷达在鉴定污染剂方面在理论上有巨大的优越性，但由于技术不过关，目前世界上为数不多的喇曼激光雷达散射截面很小，信号接收很困难，作用距离一般只有几百米，不能发挥其应有的作用。激光雷达通常体积庞大而笨重，使用中需要经常调试。解决这一问题也非轻而易举之事。

2.机载 LIDAR 技术用于大比例尺数字测图

1）机载 LIDAR 技术简介

三维激光雷达扫描测量（Light Detection and Ranger,简称机载 LIDAR）技术是继 GPS 以来在测绘遥感领域的又一场技术革命。它是当今世界上摄影测量与遥感领域最先进的机载 LIDAR 对地观测系统,不但可以用于无地面控制点或仅有少量地面控制点地区的航空遥感定位和影像获取,而且可实时得到地表大范围内目标点的三维坐标。同时,它也是目前唯一能测定森林覆盖地区地面高程的可行技术,可以快速、低成本、高精度地获取三维地形地貌、航空数码影像及其他方面的海量信息。

2）机载 LIDAR 的组成

如图 11-37 所示为天宝公司的 Harrier 68i。

图 11-37   天宝公司的 Harrier 68i

机载激光雷达测量系统设备主要包括三大部件:机载激光扫描仪、航空数码相机、定向定位系统 POS（包括全球定位系统 GPS 和惯性导航仪 IMU）。其中机载激光扫描仪部件采集三维激光点云数据,在测量地形的同时记录回波强度及波形;航空数码相机部件拍摄采集航空影像数据;定向定位系统 POS 部件测量设备在每一瞬间的空间位置与姿态,由 GPS 确定空间位置,IMU 测量仰俯角、侧滚角和航向角数据（见图 11-38）。

图 11-38   机载激光雷达测量系统设备

天宝公司的机载激光雷达设备 Harrier 68i 和 Harrier 56,主要技术参数配置如图 11-39 所示。

主要技术参数			
分类		Harrier 56	Harrier 68i
激光扫描仪	型号	Riegl LMS – Q560	Riegl LMS – Q680
	激光发射方式	旋镜	
	最大脉冲频率	240 000 Hz	400 000 Hz
	扫描角度	45°/60°可调	
	扫描频率	10 ~ 160 Hz	
	光斑发散角度	0.5 mrad	
	测距精度	<20 mm(1σ) + 20 mm/km	
	航带宽度	45°时是有效操作距离的 83%,60°时是有效操作距离的 115.5%	
	数据获取方式	近红外波	全波段
	扫描方式	平行线扫描	
惯性导航系统	型号	Applanix POS/AV 系列	
	POS	POSTrack 510	
	采样频率	200 Hz	
	角度精度	0.005//0.005/0.008	
航空数码相机	型号	Rollei Metric AIC Pro	
	像素	3 900 万(5 428 ×7 228)	6 000 万
	角度	54.9°	56.65°
	像片比例尺	1: (250 ~ 10 000)	1: (250 ~ 10 000)
	像片平面精度	0.03 m	
	影像校准	几何和辐射较准	

图 11-39　机载激光雷达设备 Harrier 68i 和 Harrier 56 主要技术参数

3)机载 LIDAR 测量原理

LIDAR 系统包括一个单束窄带激光器和一个接收系统。激光器产生并发射一束光脉冲,打在物体上并反射回来,最终被接收器接收。接收器准确地测量光脉冲从发射到被反射回的传播时间。因为光脉冲以光速传播,所以接收器总会在下一个脉冲发出之前收到前一个被反射回的脉冲。鉴于光速是已知的,传播时间即可被转换为对距离的测量。结合激光器的高度、激光扫描角度、从 GPS 得到的激光器的位置和从 INS(Inertial Navigation System,即惯性导航系统)得到的激光发射方向,就可以准确地计算出每一个地面光斑的坐标(X,Y,Z)。激光束发射的频率可以从每秒几个脉冲到每秒几万个脉冲。举例而言,一个频率为每秒 1 万个脉冲的系统,接收器将会在 1 min 内记录 60 万个点。一般而言,LIDAR 系统的地面光斑间距在 2 ~ 4 m 不等。

激光雷达工作原理见图 11-40。

4)机载 LIDAR 在测量中的应用

该项目属于某省天然气管网建设规划的内陆干线管道之一,途经 8 个县(市、区),全长约 272 km。测区 90% 以上为高山地,群山连绵,峰峦叠嶂,高差较大,地形复杂多样,沿线森林覆盖非常密集、植被茂盛,利用常规测量根本无法满足和应对这么复杂的地形条件。

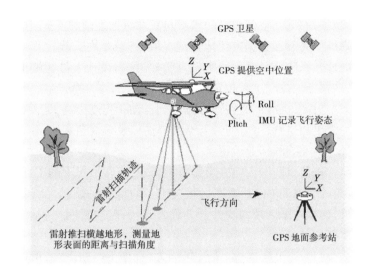

图 11-40　激光雷达工作原理

根据测区实际情况,本工程采取了机载三维激光雷达扫描测量的方式测绘 1∶2 000 带状地形图,满足规划、初步设计、施工和运营管理等各阶段的应用。具体包含生成比例尺为 1∶2 000 的数字高程模型(DEM)、数字正射影像(DOM)、数字线划图(DLG)及三维激光点云数据成果,测量宽度为中线两侧各 250 m 共 500 m。

在绘图前对正射影像和激光点进行匹配检查,然后根据正射影像图绘制明显的地物。高程注记点选在明显地物点或地形点上,其密度为实地 50 个高程点/10 000 m²,即高程点实地平均间距约 15 m。根据给出的高程点数据生成等高线,对等高线进行编辑,使其圆滑以后,保留特征点,然后再对高程标注点进行筛选。同时,生成三维激光点云数据、DOM 成果、DEM 成果等。

最终经河南省地质测绘总院外业巡视分幅图 60 幅,设检测控制点、地物点 2 970 个,计算结果为平面点位中误差 0.96 m,点位精度均满足限差(小于等于 1.2 m)要求;检测丘陵地形点 1 480 个,计算结果为高程中误差 0.39 m,小于限差(丘陵地区小于等于 0.5 m)要求。

5)机载 LIDAR 在高难度大比例尺数字测图中的优势

(1)与传统测量方法比较的优势。

与传统测量方法比较,机载 LIDAR 技术用于高难度大比例尺数字测图中的突出特点和显著进步有:

①作业环境的适应范围更广,尤其对于植被茂密以及无人区,传统立体航测由于无法布设像控点往往无法进行,人工外业施测也很难进入,但对于机载 LIDAR 而言,则无此顾虑。

②测量精度更高,尤其是对于植被覆盖较多地区,由于激光具有一定的穿透能力,能够获取到更高精度的地形表面数据;而传统航空摄影测量作业方法需要作业人员估计树高,方可获取到地形表面数据,因此其测量误差较大,尤其是高程精度差。

③优化选线更加精确,工程投资精细控制,有效减少森林砍伐、农田占用以及房屋拆迁等,最大限度避免沿线群众的矛盾。高精度 DEM 数据、DOM 数据以及激光点云数据的

支持,使得对地形地物的判读、空间信息的量测与获取更加准确和便捷,诸如房高、树高以及塔高等信息可借助激光点云数据方便地自动提取,有利于在选线过程中对一些重要地物进行避让,譬如公路、村庄、规划区、庙宇、古树、矿区等,设计人员能够更加精确细致地进行路径选择,更加精细地控制工程投资。

④优化选线效率更高,机载激光雷达数据处理自动化程度更高,无须进行航测外业像控点测量。三维场景更加逼真,可方便进行全线漫游以及多视角观察,便于设计人员从整体上把握线路路径。内业测图作业效率大大提高。

⑤工期有保障。按照目前国内航空摄影审批要求,正常情况下的工期如下:

a.批文办理:20 个工作日(包括大军区批文、空军批文、民航批件、调机,无论项目大小均需要以上许可,如果跨军区还需要分开办理,国内对航空管制比较严格,待低空放开后此问题将大大改善)。

b.航飞数据采集:1～2 个架次(受天气影响大,根据不同的测区,可选择不同的飞机进行航报,如福州至三明管线项目,因测区天气特别差,采用直升机平台进行航空摄影以保障项目工期)。

c.数据处理(点云分类、DEM、DOM 成果生成):10 个工作日。

d.DLG 数字化:10 个工作日(可边数字化边提供外业调绘作业)。

e.DLG 外业调绘:20 个工作日。

(2)与传统航空摄影测量比较的优势。

①工期方面:

a.等候飞行时间短,飞行高度低,对天气要求小,理论上可全天候 24 h 作业,大大减少等候飞行时间。

b.野外工作时间短,无需布测像控点,调绘工作量小,是传统航测调绘的 20%～30%。

c.出线划图时间短,成图方法简单,自动化程度高,无需构建立体像对,只需在 CAD平台下进行出图,自动化程度高,作业效率大大加强。

d.后期数据处理快,正射影像数据处理自动化程度高,速度快,精度高。主线 200 km线路仅需 5 个工作日。

②精度方面:

a.高精度,高程精度优于 15 cm,平面精度优于 20 cm。

b.高密度,高密度的点云数据能够真实反映地形地貌,每平方米可达上百个点。

③技术特点:

a.主动式测量,可全天候 24 h 作业,获取细小物体能力强。

b.激光脉冲作业,穿透能力强,可快速获取包括植被以下真实地表信息。

c.数据处理自动化程度高,人工干预少,质量可控,速度快。

④数据产品:

a.原始数据有三维激光点云数据和真彩色影像。

b.成果数据有数字表面/地面模型,正射影像数据或真正射影像数据,分类点云数据,数字线划图,纵、横断面数据和真实三维场景模型。

6)经验总结

机载雷达(LIDAR)技术已成为一种先进的集成测量技术方法,具有极好的发展前景和很强的竞争力。其以高精度、高密度、高效率、产品丰富等特点在高难度大比例尺数字测图应用方面有着得天独厚的优势,将逐步替代传统航摄成为测量业界应用最广、最先进的测绘方法,领航测绘行业科技发展方向。

11.4.2 合成孔径雷达干涉测量

1.遥感技术分类

遥感技术分类如图11-41所示。

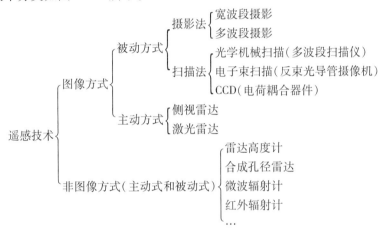

图11-41 遥感技术分类

当代遥感的发展主要表现为它的多传感器、高分辨率和多时相特征。

(1)多传感器技术。当代遥感技术已能全面覆盖大气窗口的所有部分。光学遥感可包含可见光、近红外和短波红外区域。热红外遥感的波长为8~14 mm,微波遥感观测目标物电磁波的辐射和散射,分被动微波遥感和主动微波遥感,波长范围为1 mm至100 cm。

(2)遥感的高分辨率特点。这全面体现在空间分辨率、光谱分辨率和温度分辨率三个方面,长线阵CCD成像扫描仪可以达到1~2 m的空间分辨率,成像光谱仪的光谱细分可以达到5~6 nm的水平。热红外辐射计的温度分辨率可从0.5 K提高到0.3 K乃至0.1 K。

(3)遥感的多时相特征。随着小卫星群计划的推行,可以用多颗小卫星,实现每2~3天对地表重复一次采样,获得高分辨率成像光谱仪数据。多波段、多极化方式的雷达卫星,将能解决阴雨多雾情况下的全天候和全天时对地观测,通过卫星遥感与机载和车载遥感技术的有机结合,是实现多时相遥感数据获取的有力保证。

遥感信息的应用分析已从单一遥感资料向多时相、多数据源的融合与分析过渡,从静态分析向动态监测过渡,从对资源与环境的定性调查向计算机辅助的定量自动制图过渡,从对各种现象的表面描述向软件分析和计量探索过渡。航空遥感具有的快速机动性和高分辨率的显著特点使其成为遥感发展的重要方面。

2.合成孔径雷达干涉测量技术

所谓雷达干涉测量(INSAR),是利用复雷达图像的相位差信息来提取地面目标地形三维信息的技术。而差分雷达干涉测量(D–INSAR)则是利用复雷达图像的相位差信息来提取地面目标微小地形变化信息的技术。雷达干涉测量和差分雷达干涉测量被认为是当代遥感中的重要新成果。

合成孔径雷达干涉(Synthetic Aperture Radar Interferometry,简称 InSAR)是新近发展起来的空间对地观测技术,是传统的 SAR 遥感技术与射电天文干涉技术相结合的产物。它利用雷达向目标区域发射微波,然后接收目标反射的回波,得到同一目标区域成像的SAR 复图像对,若复图像对之间存在相干条件,SAR 复图像对共轭相乘可以得到干涉图,根据干涉图的相位值,得出两次成像中微波的路程差,从而计算出目标地区的地形、地貌以及表面的微小变化,可用于数字高程模型建立、地壳形变探测等。在许多地学研究应用中,InSAR 的全天候、全天时、高分辨率、高精度和数据处理高自动化等特征已得到体现,对可见光、近红外被动遥感技术具有很好的补充作用,在制图、土地利用分类和大规模地监测厘米级或更小的地球表面形变等方面具有广阔的应用前景。

合成孔径雷达干涉测量技术是以同一地区的两张 SAR 图像为基本处理数据,通过求取两幅 SAR 图像的相位差,获取干涉图像,然后经相位解缠,从干涉条纹中获取地形高程数据的空间对地观测新技术。

3.合成孔径雷达干涉测量技术应用

(1)地形高程数据的获取。

(2)地表微量形变的测量技术。

4.主要优势

(1)主动式遥感方式为全天候、全天时作业,测量结果具有连续的空间覆盖优势。

(2)可对地壳变形进行准确的测量与探测,是地壳构造变形(板块动力学理论、地震、造山等)研究的一个新的强有力工具。

第 12 章　常见技术问题解答

12.1　坐标系统转换

12.1.1　常用坐标系统转换模型

1.选择坐标系统转换模型

坐标转换方法包括"七参数"法和"四参数"法。选择坐标系统转换模型有以下几个方面：

(1)可采用"七参数"法建立城市区域内不同的国家坐标系统之间的转换关系。

(2)可采用"四参数"法建立城市区域内国家坐标系统与城市平面坐标系之间、新旧城市平面坐标系之间的转换关系。采用"四参数"法时，不同坐标系坐标应该在统一的中央子午线和投影高程面下求取坐标转换参数，以避免投影变形不一致带来的影响。

(3)如果城市平面坐标系相对于某一种国家坐标系统有明确的定义，可先按"七参数"法建立不同的国家坐标系统之间的转换关系，再依据城市平面坐标系的定义由转换后的国家坐标系统直接投影到城市平面坐标系。

(4)坐标系之间的转换应该选择兼容性好的公共点求取坐标转换参数。

(5)应通过参与转换的公共点残差来评定坐标转换精度。

(6)应均匀选择至少 5 个以上的外部检核点来进行坐标转换精度的外部检核。

(7)转换精度检验中应保证用于转换检验的成果可靠性，对于残差过大的点，要重点分析其原因，避免因个别点的粗差影响对整体转换精度的评定。

2.平面四参数坐标转换

在实际工作中，经常会遇到两个不同坐标系之间的坐标转换，以达到实现数据共享的目的。目前，坐标转换的方法有很多，用途也不一样，要求也不一样。一般转换一个测区的坐标，如果范围不是很大，用相似变换就能解决问题。收集一定数量的重合点，至少两个以上，才能求出转换参数，并计算残差。如果点数超过一定数量，比如 5 个时，就要采用测量平差求出最合理转换参数，实现坐标转换。具体公式如下：

$$\begin{bmatrix} x_2 \\ y_2 \end{bmatrix} = \begin{bmatrix} x_0 \\ y_0 \end{bmatrix} + (1 + m) \begin{bmatrix} \cos\alpha & -\sin\alpha \\ \sin\alpha & \cos\alpha \end{bmatrix} \begin{bmatrix} x_1 \\ y_1 \end{bmatrix} \tag{12-1}$$

式中，x_0，y_0 为平移参数；α 为旋转参数；m 为尺度参数；x_1，y_1 为原坐标系下的平面直角坐标；x_2，y_2 为新坐标系统下的平面直角坐标，坐标单位为 m。

3.布尔莎模型坐标转换

如果测区面积比较大时，为了能更准确地求出两个坐标系之间的转换关系，推荐使用布尔莎模型转换，即俗称的"七参数转换"，可以带高程一起转换，前提是两个坐标系统之间定位基本相同,不能有太大的旋转角,就像地方坐标系和国家坐标系统之间就不适用七参数来转换,只能用相似变换来转换。布尔莎模型只适用于1954北京坐标系、1980西安坐标系、2000国家大地坐标系、WGS-84坐标系之间的相互转换。具体原理如下。

当两个空间直角坐标系的坐标换算既有旋转又有平移时见图12-1,则存在3个平移参数和3个旋转参数,再顾及两个坐标系尺度不尽一致,从而还有1个尺度变化参数,共计有7个参数。相应的坐标变换公式为

$$
\begin{bmatrix} X_2 \\ Y_2 \\ Z_2 \end{bmatrix} = (1+m) \begin{bmatrix} 1 & \varepsilon_Z & -\varepsilon_Y \\ -\varepsilon_Z & 1 & \varepsilon_X \\ \varepsilon_Y & -\varepsilon_X & 1 \end{bmatrix} \begin{bmatrix} X_1 \\ Y_1 \\ Z_1 \end{bmatrix} + \begin{bmatrix} \Delta X_0 \\ \Delta Y_0 \\ \Delta Z_0 \end{bmatrix} \quad (12\text{-}2)
$$

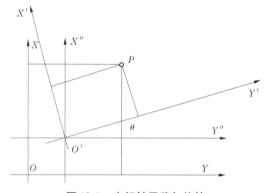

图 12-1　坐标轴平移与旋转

上式为两个不同空间直角坐标系统之间的转换模型(布尔莎模型),其中含有7个转换参数。为了求得7个转换参数,至少需要3个公共点,当多于3个公共点时,可按最小二乘法求得7个参数的最或是值。

应该指出,当进行两种不同空间直角坐标系变换时,坐标变换的精度除取决于坐标变换的数学模型和求解变换参数的公共点坐标精度外,还和公共点的多少、几何形状结构有关。鉴于地面网可能存在一定的系统误差,且在不同区域并非完全一样,所以采用分区变换参数分区进行坐标转换可以提高坐标变换精度。无论是我国的多普勒网还是GPS网,利用布尔莎公式求解和地面大地网间的变换参数,分区变换均较明显地提高了坐标变换的精度。

12.1.2　其他坐标系统转换模型

1. 二维七参数坐标转换模型

二维七参数坐标转换模型的转换方法如下:

$$
\begin{bmatrix} \Delta L \\ \Delta B \end{bmatrix} = \begin{bmatrix} -\dfrac{\sin L}{N\cos B}\rho'' & \dfrac{\cos L}{N\cos B}\rho'' & 0 \\ -\dfrac{\sin B\cos L}{M}\rho'' & -\dfrac{\sin B\sin L}{M}\rho'' & \dfrac{\cos B}{M}\rho'' \end{bmatrix} \begin{bmatrix} \Delta X \\ \Delta Y \\ \Delta Z \end{bmatrix} +
$$

$$\begin{bmatrix} \tan B\cos L & \tan B\sin L & -1 \\ -\sin L & \cos L & 0 \end{bmatrix} \begin{bmatrix} \varepsilon_X \\ \varepsilon_Y \\ \varepsilon_Z \end{bmatrix} + \begin{bmatrix} 0 \\ -\dfrac{N}{M}e^2\sin B\cos B\rho'' \end{bmatrix} m +$$

$$\begin{bmatrix} 0 & 0 \\ \dfrac{N}{Ma}e^2\sin B\cos B\rho'' & \dfrac{(2-e^2\sin^2 B)}{1-f}\sin B\cos B\rho'' \end{bmatrix} \begin{bmatrix} \Delta a \\ \Delta f \end{bmatrix} \qquad (12\text{-}3)$$

式中,ΔB、ΔL 分别为同一点位在两个坐标系下的纬度差、经度差,rad;Δa 为椭球长半轴差,m;Δf 为椭球扁率差,无量纲;ΔX、ΔY、ΔZ 为平移参数,m;ε_X、ε_Y、ε_Z 为旋转参数,rad;m 为尺度参数,无量纲。

2. 综合法坐标转换模型

所谓综合法,就是在相似变换(布尔莎七参数转换)的基础上,再对空间直角坐标残差进行多项式拟合,系统误差通过多项式系数得到消弱,使统一后的坐标系框架点坐标具有较好的一致性,从而提高坐标转换精度。综合法转换模型及转换方法如下。

(1)利用重合点先用相似变换转换

$$\begin{bmatrix} X_T \\ Y_T \\ Z_T \end{bmatrix} = \begin{bmatrix} \Delta X \\ \Delta Y \\ \Delta Z \end{bmatrix} + \begin{bmatrix} 0 & -Z_S & Y_S \\ Z_S & 0 & -X_S \\ -Y_S & X_S & 0 \end{bmatrix} \begin{bmatrix} \varepsilon_X \\ \varepsilon_Y \\ \varepsilon_Z \end{bmatrix} + m\begin{bmatrix} X_S \\ Y_S \\ Z_S \end{bmatrix} + \begin{bmatrix} X_S \\ Y_S \\ Z_S \end{bmatrix} \qquad (12\text{-}4)$$

式中,ΔX、ΔY、ΔZ 为 3 个平移参数;ε_X、ε_Y、ε_Z 为 3 个旋转参数;m 为尺度参数。

(2)对相似变换后的重合点残差 V_X、V_Y、V_Z 采用多项式拟合

$$V_X(V_Y \text{ 或 } V_Z) = \sum_{i=0}^{K} \sum_{j=0}^{i} a_{ij} B_S^{i-j} L_S^{j} \qquad (12\text{-}5)$$

式中,B、L 分别为纬度、经度,rad;K 为拟合阶数;a_{ij} 为系数,通过最小二乘法求解。

3. 三维七参数坐标转换模型

三维七参数坐标转换模型的转换方法如下:

$$\begin{bmatrix} \Delta L \\ \Delta B \\ \Delta H \end{bmatrix} = \begin{bmatrix} -\dfrac{\sin L}{(N+H)\cos B}\rho'' & -\dfrac{\cos L}{(N+H)\cos B}\rho'' & 0 \\ -\dfrac{\sin B\cos L}{(M+H)}\rho'' & -\dfrac{\sin B\sin L}{(M+H)}\rho'' & \dfrac{\cos B}{(M+H)}\rho'' \\ \cos B\cos L & \sin B\sin L & \sin B \end{bmatrix} \begin{bmatrix} \Delta X \\ \Delta Y \\ \Delta Z \end{bmatrix} +$$

$$\begin{bmatrix} \dfrac{N(1-e^2)+H}{N+H}\tan B\cos L & \dfrac{N(1-e^2)+H}{N+H}\tan B\sin L & -1 \\ -\dfrac{(N+H)-Ne^2\sin^2 B}{M+H}\sin L & \dfrac{(N+H)-Ne^2\sin^2 B}{M+H}\cos L & 0 \\ -Ne^2\sin B\cos B\sin L & Ne^2\sin B\cos B\cos L & 0 \end{bmatrix} \begin{bmatrix} \varepsilon_X \\ \varepsilon_Y \\ \varepsilon_Z \end{bmatrix} +$$

$$\begin{bmatrix} 0 \\ -\dfrac{N}{M}e^2\sin B\cos B\rho'' \\ (N+H)-Ne^2\sin^2 B \end{bmatrix} m +$$

$$\begin{bmatrix} 0 & 0 \\ \dfrac{N}{Ma}e^2\sin B\cos B\rho'' & \dfrac{(2-e^2\sin^2 B)}{1-f}\sin B\cos B\rho'' \\ -\dfrac{N}{a}(1-e^2\sin^2 B) & \dfrac{M}{1-a}(1-e^2\sin^2 B)\sin^2 B \end{bmatrix}\begin{bmatrix} \Delta a \\ \Delta f \end{bmatrix} \tag{12-6}$$

式中,ΔB、ΔL 分别为同一点位在两个坐标系下的纬度差、经度差,rad;ΔH 为同一点位在两个坐标系下的大地高差,m;$\rho=180\times3\,600/\pi$,rad·s;Δa 为椭球长半轴差,m;Δf 为扁率差,无量纲;ΔX、ΔY、ΔZ 为平移参数,m;ε_X、ε_Y、ε_Z 为旋转参数,rad;m 为尺度参数,无量纲。

12.1.3　城市抵偿面坐标系统转换方法

《城市测量规范》中规定:城市平面控制测量坐标系统的选择应满足投影长度变形值不大于 2.5 cm/km 的原则,并根据城市地理位置和平均高程而定。当长度变形值大于 2.5 cm/km 时,可采用下列平面直角坐标系统:①投影于抵偿高程面上的高斯 – 克吕格投影统一 3°带的平面直角坐标系统。②高斯 – 克吕格投影任意带的平面直角坐标系统,投影面可采用黄海平均海水面或城市平均高程面。

由于高程归化和选择投影坐标系统所引起的长度变形在城市及工程建设地区一般规定为 2.5 cm/km,相对误差为 1/40 000,相当于归化高程达到 160 m 或平均横坐标值达到 ±45 km 时的情况。在实际工作中,可以把两者结合起来考虑,利用高程归化的长度改正数恒为负值,高斯投影的长度改正恒为正值而得到部分抵偿的特点。在下列情况下两种长度变形正好相互抵消:

$$\frac{H_m+h_m}{R_m}=\frac{y_m^2}{2R_m^2} \tag{12-7}$$

如果按照规范要求,长度变形不超过 1/40 000,可以推导出测区平均归化高程(H_m+h_m)与控制点离开中央子午线两侧距离关系,即

$$y_m(\text{km})=\sqrt{12\,740(H_m+h_m)\pm2\,029} \tag{12-8}$$

如果 $H_m+h_m=100$ m,控制点离开中央子午线距离不超过 57 km,则长度变形不会超过 1/40 000。

当变形值超过规范规定时,就要进行抵偿坐标换算。方法如下:

设 H_c 为城市地区相对于抵偿高程归化面的高程,H_o 为抵偿高程归化面相对于参考椭球面的高程,则有 $H_c=(H_m+h_m)-H_o$。

为了使高程归化和高斯投影的长度改化相抵消,令

$$\frac{H_c}{R_m}=\frac{y_m^2}{2R_m^2}$$

由此得:

$$\left.\begin{aligned} H_c&=\frac{y_m^2}{2R_m} \\ H_o&=(H_m+h_m)-\frac{y_m^2}{2R_m} \end{aligned}\right\} \tag{12-9}$$

设 $q = H_o/R_m$，则国家统一坐标系统转换为抵偿坐标系统的坐标转换公式为

$$\left.\begin{aligned}X_c &= X + q(X - X_o)\\Y_c &= Y + q(Y - Y_o)\end{aligned}\right\} \qquad (12\text{-}10)$$

抵偿坐标系统转换为国家统一坐标系统的坐标转换公式为

$$\left.\begin{aligned}X &= X_c - q(X_c - X_o)\\Y &= Y_c - q(Y_c - Y_o)\end{aligned}\right\} \qquad (12\text{-}11)$$

式中，X,Y 为国家统一坐标系统中控制点坐标；X_c,Y_c 为抵偿坐标系统中控制点坐标；X_o，Y_o 为长度变形被抵消的控制点在国家统一坐标系统中的坐标，该点在抵偿坐标系统中具有同样的坐标值，它适宜于选在测区中心，这个点也可以不是控制点而是一个理论上的点，取整坐标值，便于记忆。

12.2 测绘仪器检验

12.2.1 测绘仪器检定证书样本

测绘仪器检定工作室如图 12-2 所示。

图 12-2 测绘仪器检定工作室

（1）GPS 类。

GPS 仪器检定证书如图 12-3 所示。

（2）全站仪类。

全站仪检定证书如图 12-4 所示。

（3）水准仪类。

水准仪检定证书如图 12-5 所示。

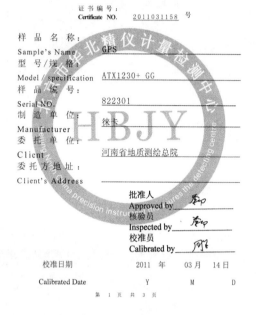

北京市华北精仪计量检测中心
Beijing NorthChina Precision Instrument Measures The Detecting Centre

校 准 证 书
Calibration certificate

证书编号：
Certificate NO. <u>2011031158</u> 号

样 品 名 称：
Sample's Name　GPS

型 号／规 格：
Model／specification　ATX1230+ GG

样 品 编 号：
Serial NO.　822301

制 造 单 位：
Manufacturer　徕卡

委 托 单 位：
Client　河南省地质测绘总院

委 托 方 地 址：
Client's Address

批准人
Approved by

核验员
Inspected by

校准员
Calibrated by

校准日期　　　2011 年　03 月　14 日
Calibrated Date　　Y　　M　　D

第 1 页 共 3 页

图 12-3　GPS 仪器检定证书

12.2.2　水准标尺检验与 i 角检查方法

1. 水准仪和水准标尺的检验规定

用于水准测量的仪器和标尺应送法定计量单位进行检定和校准，并在检定和校准的有效期内使用。在作业期间，自动安平光学水准仪每天检校一次 i 角，气泡式水准仪每天上、下午各检校一次 i 角，作业开始后的 7 个工作日内，若 i 角较为稳定，以后每隔15 d 检校一次。数字水准仪，整个作业期间应每天开测前进行 i 角测定。

2. 水准标尺每米分划间隔真长的测定

1）准备工作

此项测定暂用一级线纹米尺（也可用同等精度或更精密的检定设备）在温度稳定的室内进行。在测定前两小时，应将检查尺（一级线纹米尺）和被检验的水准标尺取出，放在室内。检验时，水准标尺应放置水平，并使两支点位于距 3 m 标尺两端各 4 dm 处。

2）观测方法

以线条式因瓦标尺为例，每一标尺的基本分划与辅助分划均须检验。基本分划和辅助分划各须进行往、返测。往测时，测定基本分划面的 0.25 ~ 1.25 m、0.85 ~ 1.85 m、

河南省测绘计量器具检定中心

Henan Metrological Centre of Surveying and Mapping

检 定 证 书

Verification Certificate

证 书 编 号： 20110929—017 号
Certifcate No.

送 检 单 位 ____ 河南省地质测绘总院 ____
A p p l i c a n

计量器具名称 ____ 全站仪 ____
Name of Instrument

型 号/规 格 ____ TC402 ____
Type/Specification

出 厂 编 号 ____ 862788 ____
Serial No.

制 造 单 位 ____ LEICA ____
Manufacturer

检 定 依 据 ____ 《全站型电子速测仪检定规程》JJG100—2003 ____
Verification RegulaTion ____ 《光电测距仪检定规程》JJG703—2003 ____

检 定 结 论 ____ 准予该计量器具作 Ⅱ（2″）级使用 ____
Conclusion

批 准 人 潘东超
Approved by

核 验 员 潘东超
Checked by

检 定 员 秦柯
Verified by

检 定 日 期 2011 年 09 月 29 日
Date of Verification Year month Day

有 效 期 至 2012 年 09 月 28 日
Valid until Year month Day

计量检定机构授权证书号：豫法计（2008）030号   电 话：0371—65941457
Authorization Cerificate No.   Telephone:

地 址：郑州市黄河路九号   邮 编：450003
Address   Postcode:

传真(FAX)：   EMAIL:

图12-4 全站仪检定证书

1.45～2.45 m 三个米间隔，返测时测定 2.75～1.75 m、2.15～1.15 m、1.55～0.55 m 三个米间隔。辅助分划面检定时，往测测定 0.40～1.40 m、1.00～2.00 m、1.60～2.60 m 三个米间隔，返测时测定 2.90～1.90 m、2.30～1.30 m、1.70～0.70 m 三个米间隔。

往测的观测：两个观测员分别注视检查尺的左、右端，同时读定该部分间隔的两个分划线下边缘在检查尺上的读数（估读到 0.02 mm），然后接着读取两个分划线上边缘在检查尺上的读数。两次"左右端读数差"的差应不大于 0.06 mm，否则立即重测。如此依次测定三个米间隔。每测定一个米间隔需读记温度。

返测的观测：返测时两观测员应互换位置，其他操作与往测相同。

3）计算方法

所测每部分分划间隔的观测中数应根据检查尺的尺长方程式加入尺长与温度改正数，在计算尺长与温度改正数时，必须采用一级线纹米尺的 0.2 mm 刻线面的尺长方程式，计算该部分的间隔真长，然后按基、辅分划面往、返共 12 个米间隔真长的平均值作为这一根标尺的每米间隔真长。最后计算一对标尺的平均米间隔真长。在计算中应取位到 0.001 mm，最后一对标尺的平均米间隔真长取位到 0.01 mm。

水准标尺名义米长的测定见表12-1。

表 12-1 水准标尺名义米长的测定

标尺:区格式木质标尺 33706 　　　　　　　　日期:2011 年 8 月 20 日

检查尺:一级线纹米尺(XMC−1) 　　　　　　$L = 1\,000.00 + 0.016\,6 \times (t - 20\,℃)$

观测者:米川 　　　　记录者:武岩 　　　　检查者:武安状 　　　　单位:mm

分划面	往返测	标尺分划间隔(m)	温度(℃)	检查尺读数 左端	检查尺读数 右端	右−左 右−左	右−左 中数	检查尺尺长及温度改正	分划面名义米长
基本分划	往测	0.25 ~ 1.25	20.0	1.22	1 001.26	1 000.04	1 000.01	0.004	1 000.014
				3.26	1 003.24	999.98			
		0.85 ~ 1.85	20.0	0.34	1 000.32	999.98	999.99	0.004	999.994
				4.66	1 004.66	1 000.00			
		1.45 ~ 2.45	20.0	2.40	1 002.44	1 000.04	1 000.01	0.004	1 000.014
				5.46	1 005.44	999.98			
	返测	2.75 ~ 1.75	20.0	1.64	1 001.66	1 000.02	1 000.00	0.004	1 000.004
				4.74	1 004.72	999.98			
		2.15 ~ 1.15	20.0	3.82	1 003.84	1 000.02	1 000.02	0.004	1 000.024
				5.68	1 005.70	1 000.02			
		1.55 ~ 0.55	20.0	0.62	1 000.60	999.98	999.98	0.004	999.984
				1.44	1 001.42	999.98			
辅助分划	往测	0.40 ~ 1.40	20.0	1.34	1 001.32	999.98	999.99	0.004	999.994
				2.46	1 002.46	1 000.00			
		1.00 ~ 2.00	20.0	3.78	1 003.78	1 000.00	1 000.01	0.004	1 000.014
				5.44	1 005.46	1 000.02			
		1.60 ~ 2.60	20.0	2.56	1 002.54	999.98	999.98	0.004	999.984
				3.66	1 003.64	999.98			
	返测	2.90 ~ 1.90	20.0	0.88	1 000.88	1 000.00	1 000.01	0.004	1 000.014
				2.74	1 002.76	1 000.02			
		2.30 ~ 1.30	20.0	1.52	1 001.54	1 000.02	1 000.00	0.004	1 000.004
				4.64	1 004.62	999.98			
		1.70 ~ 0.70	20.0	3.82	1 003.84	1 000.02	1 000.01	0.004	1 000.014
				5.62	1 005.62	1 000.00			
一根标尺名义米长									1 000.005
一对标尺名义米长									1 000.006

河南省测绘计量器具检定中心
Henan Metrological Centre of Surveying and Mapping
HMCSM

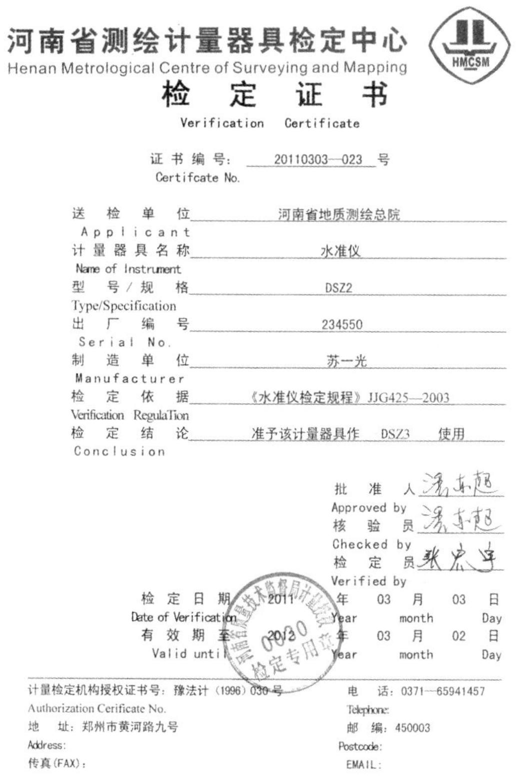

检　定　证　书
Verification Certificate

证书编号：20110303—023 号
Certifcate No.

送检单位 Applicant：河南省地质测绘总院
计量器具名称 Name of Instrument：水准仪
型号/规格 Type/Specification：DSZ2
出厂编号 Serial No.：234550
制造单位 Manufacturer：苏一光
检定依据 Verification RegulaTion：《水准仪检定规程》JJG425—2003
检定结论 Conclusion：准予该计量器具作 DSZ3 使用

批准人 Approved by
核验员 Checked by
检定员 Verified by

检定日期 Date of Verification：2011 年 Year 03 月 month 03 日 Day
有效期至 Valid until：2012 年 Year 03 月 month 02 日 Day

计量检定机构授权证书号：豫法计（1996）030 号
Authorization Cerificate No.
电话：0371—65941457
Telephone:
地址：郑州市黄河路九号
Address:
邮编：450003
Postcode:
传真(FAX)：
EMAIL:

图 12-5　水准仪检定证书

3. 水准仪 i 角检查方法

《国家水准测量规范》附录中提供了两种检查 i 角的方法。检验结果符合规范要求，方可使用。二、三等限差为 15″，四等、等外限差为 20″。具体检查方法如下。

1）方法一

水准 i 角检查方法一如图 12-6 所示。

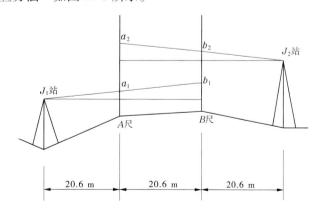

图 12-6　水准 i 角检查方法一

（1）准备工作：在平坦的场地上选择一长为 61.8 m 的直线，J_1、J_2 为两端点，并将其分为长 $S = 20.6$ m 的三等分（距离用钢尺量取），在两分点 A、B（或 J_1、J_2）处各打下一木桩并钉一圆帽钉，或作标记以备再用，如果用尺台的话，则不用打钉即可。

（2）观测及计算：在 J_1、J_2（或 A、B）处先后架设仪器，如图 12-6 所示，整平仪器后，使符合水准气泡精密符合，如果仪器为自动安平水准仪，只要圆气泡居中即可。在 A、B 标尺上各照准读数四次。在 J_1 设站时，令 A、B 标尺上四次读数的中数为 a_1、b_1；在 J_2 站设站时为 a_2、b_2；若不顾及观测误差，则在 A、B 标尺上除去 i 角影响后的正确读数应为 a_1'、b_1'、a_2'、b_2'，它们分别等于：$a_1' = a_1 - \Delta$，$b_1' = b_1 - 2\Delta$，$a_2' = a_2 - 2\Delta$，$b_2' = b_2 - \Delta$（$\Delta = \dfrac{i''}{\rho''} \cdot S$）。所以，在 J_1 处测得的正确高差应为 h_1，$h_1 = a_1' - b_1' = a_1 - b_1 + \Delta$；在 J_2 处测得的正确高差为 h_2（$= h_1$），$h_2 = a_2' - b_2' = a_2 - b_2 - \Delta$。

因为
$$2\Delta = (a_2 - b_2) - (a_1 - b_1)$$

所以
$$\Delta = \frac{1}{2}\left[(a_2 - b_2) - (a_1 - b_1)\right]$$

$$i'' = \frac{\Delta}{S}\rho'' \approx \frac{\Delta \cdot 206\,000''}{20\,600} = 10\Delta\,(\Delta\ 以\ mm\ 为单位)$$

i 角的校正：校正可在 J_2 点上进行。用倾斜螺旋（无倾斜螺旋的仪器用位于视准面内的一脚螺旋）将望远镜视线对准 A 点标尺上的正确读数 a_2'，$a_2' = a_2 - 2\Delta = b_2 + a_1 - b_1$。然后校正水准器改正螺旋，将气泡导到居中。校正后，将仪器望远镜对准标尺 B 读数 b_2'，它应与计算的应有值 $b_{2\text{计}}' = b_2 - \Delta$ 完全一致，以此作检核使用。校正需反复进行，直到 i 角满足要求为止。

值得注意的是，如果是自动安平水准仪，请送到仪器厂家或相关仪器检验单位进行校正。

2）方法二

水准 i 角检查方法二如图 12-7 所示。

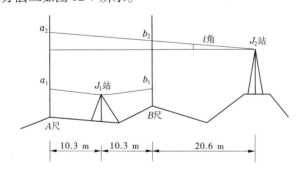

图 12-7　水准 i 角检查方法二

（1）准备工作：在平坦的场地上丈量一长为 41.2 m 的直线 AJ_2，在此直线上从一端 A 量取 $AB = 20.6$ m（距离用钢尺量取），在 A、B 两点各打下一木桩，各钉一圆帽钉。如果有尺台就不用再钉，但在观测过程中尺台不允许动。

（2）观测及计算：先将仪器置于 A、B 的中点 J_1，如图 12-7 所示，整平仪器后，使符合水准器气泡精密符合，自动安平仪器只要圆气泡居中即可。在 A、B 标尺上各照准读数四次，设 A、B 标尺上四次读数的中数为 a_1、b_1，则 A、B 间的高差为：$h = a_1 - b_1$。然后，将仪器搬到 J_2 点设站，观测读数如前，设此时 A、B 标尺上的四次读数的中数为 a_2、b_2，则在 J_2 测得的 A、B 间高差为：$h' = a_2 - b_2$。若不顾及观测误差，则在 J_2 设站时除去 i 角影响后，A、B 标尺上正确读数应为 a'_2、b'_2：$a'_2 = a_2 - 2\Delta$，$b'_2 = b_2 - \Delta (\Delta = \dfrac{i'' S_{AB}}{\rho''})$。

因为 $$a'_2 - b'_2 = a_1 - b_1 = h$$
所以 $$\Delta = h' - h$$

$$i'' = \frac{\Delta \cdot \rho''}{S_{AB}} \approx \frac{\Delta \cdot 206\,000}{20\,600} = 10\Delta (\Delta \text{ 以 mm 为单位})$$

i 角的校正：校正可在 J_2 点上进行。用倾斜螺旋（无倾斜螺旋的仪器用位于视准面内的一脚螺旋）将望远镜视线对准 A 点标尺上的正确读数 a'_2，$a'_2 = a_2 - 2\Delta$。然后校正水准器改正螺旋，将气泡导到居中。校正后，将仪器望远镜对准标尺 B 读数 b'_2，它应与计算的应有值 $b'_{2\text{计}} = b_2 - \Delta$ 完全一致，以此作检核使用。校正需反复进行，直到 i 角满足要求。

值得注意的是，如果是自动安平水准仪，请送到仪器厂家或相关仪器检验单位进行校正。

12.2.3 拓扑康电子水准仪 CSV 格式解析

索佳 SDL30/拓普康 DL500 型电子水准仪 CSV 格式解析如下：

（1）需要按键进行转站，否则测量数据会被视为上一测站的数据。

（2）设置和传输：JOB→Output→选取文件→选取 CSV→按 2 次 MENU 键（按 1 次为通信参数设置）→将"STX－ETX"设为"Yes"→按回车输出文件。

SDL30 的原始数据格式较简单，主要有表头记录和观测值记录两类，具体记录格式如下：

1）表头记录格式

SDL30 ， 1521 ， 012593 ， JOB01 ， 0 ， 17 ， 2 ， ，
  a   b   c   d   e   f g h   i

a. 仪器名称（SDL30）

b. 版本号（4 位）

c. 系列号（6 位）

d. 文件名（最大 12 位）

e. 距离单位（0：米，1：英尺）

f. 输出行号（2 至 2001）

g. 无输出

h. 无输出

i. 无输出

2）观测值记录格式

0001，0001，0 ，1 ，1 ，56.78，1.34153，9999.9999，K
　 a 　　b 　 c 　 d 　 e 　 f 　　 g 　　　 h 　　　 i

a. 记录号(4 位:0001 至 2000)

b. 点号(4 位:0000 至 9999)

c. 往返测(0:往测,1:返测)

d. 测量模式(0:高差模式数据,1:高程模式数据)

e. 属性(0:关闭,1:后视点 BS,2:前视点 FS,3:中视点 IS,4:已知点 FIX)

f. 距离值

g. 标尺读数值

h. 高差值或高程值(取决于 d 中的测量模式)

i. 手工输入(K:手工输入,Not output:数字水准测量)

12.2.4　仪器维护与故障处理

1. 全站仪使用与维护

1）全站仪保管的注意事项

(1)仪器的保管由专人负责,每天现场使用完毕带回办公室;不得放在现场工具箱内。

(2)仪器箱内应保持干燥,要注意防潮防水并及时更换干燥剂。仪器须放置在专门架上或固定位置。

(3)仪器长期不用时,应一月左右定期通风防霉并通电驱潮,以保持仪器良好的工作状态。

(4)仪器放置要整齐,不得倒置。

2）使用时应注意事项

(1)开工前应检查仪器箱背带及提手是否牢固。

(2)开箱后提取仪器前,要看准仪器在箱内放置的方式和位置,装卸仪器时,必须握住提手,将仪器从仪器箱取出。装入仪器箱时,请握住仪器提手和底座,不可握住显示单元的下部。切不可拿仪器的镜筒,否则会影响内部固定部件,从而降低仪器的精度。应握住仪器的基座部分,或双手握住望远镜支架的下部。仪器用毕,先盖上物镜罩,并擦去表面的灰尘。装箱时各部位要放置妥帖,合上箱盖时应无障碍。

(3)在太阳光照射下观测仪器,应给仪器打伞,并带上遮阳罩,以免影响观测精度。在杂乱环境下测量,仪器要有专人守护。当仪器架设在光滑的表面时,要用细绳(或细铅丝)将三脚架三个脚连起来,以防滑倒。

(4)当架设仪器在三脚架上时,尽可能用木制三脚架,因为使用金属三脚架可能会产生振动,从而影响测量精度。

（5）当测站之间距离较远，搬站时应将仪器卸下，装箱后背着走。行走前要检查仪器箱是否锁好，检查安全带是否系好。当测站之间距离较近，搬站时可将仪器连同三脚架一起靠在肩上，但仪器要尽量保持直立放置。

（6）搬站之前，应检查仪器与脚架的连接是否牢固，搬运时，应把制动螺旋略微旋紧，使仪器在搬站过程中不致晃动。

（7）仪器任何部分发生故障，不得勉强使用，应立即检修，否则会加剧仪器的损坏程度。

（8）元件应保持清洁，如沾染灰沙必须用毛刷或柔软的擦镜纸擦掉。禁止用手指抚摸仪器的任何光学元件表面。清洁仪器透镜表面时，请先用干净的毛刷扫去灰尘，再用干净的无线棉布蘸酒精由透镜中心向外一圈圈地轻轻擦拭。除去仪器箱上的灰尘时切不可用任何稀释剂或汽油，而应用干净的布块蘸中性洗涤剂擦洗。

（9）在潮湿环境中工作，作业结束，要用软布擦干仪器表面的水分及灰尘后装箱。回到办公室后立即开箱取出仪器放于干燥处，彻底晾干后再装入箱内。

（10）冬天室内、室外温差较大时，仪器搬出室外或搬入室内，应隔一段时间后才能开箱。

3）电池的使用

全站仪的电池是全站仪最重要的部件之一，现在全站仪所配备的电池一般为 Ni - MH（镍氢电池）和 Ni - Cd（镍镉电池），电池的好坏、电量的多少决定了外业时间的长短。

（1）建议在电源打开期间不要将电池取出，因为此时存储数据可能会丢失，因此在电源关闭后再装入或取出电池。

（2）可充电电池可以反复充电使用，但是如果在电池还存有剩余电量的状态下充电，则会缩短电池的工作时间，此时电池的电压可通过刷新予以复原，从而改善作业时间，充足电的电池放电时间约需 8 h。

（3）不要连续进行充电或放电，否则会损坏电池和充电器，如有必要进行充电或放电，则应在停止充电约 30 min 后再使用充电器。不要在电池刚充电后就进行充电或放电，有时这样会造成电池损坏。

（4）超过规定的充电时间会缩短电池的使用寿命，应尽量避免。电池剩余容量显示级别与当前的测量模式有关，在角度测量的模式下，电池剩余容量够用，并不能够保证电池在距离测量模式下也够用，因为距离测量模式耗电高于角度测量模式，当从角度模式转换为距离模式时，由于电池容量不足，会中止测距。

总之，只有在日常的工作中，注意全站仪的使用和维护，注意全站仪电池的充放电，才能延长全站仪的使用寿命，使全站仪的功效发挥到最大。

2. GNSS 接收机疑难解答

GNSS 接收机疑难解答见表 12-2。

表 12-2　GNSS 接收机疑难解答

问题	可能原因	解决方案
接收机不能开机	外接电源电量不足	检查外部充电电池,如可能的话检查内部保险丝
	内置电池电量不足	检查内部充电电池
	外接电源没有连接好	检查 lemo 连接头或 26 - pin 适配器是否固定得当,连接到接收机上电缆是否正确
	电源线问题	检查连接头上的针是否被弯曲或损坏; 检查端口/电池上连接的电缆是否正确; 检查电池是否连接专用的端口; 用万能表检查输出针,保证内环线路完好无损
接收机不能记录数据	存储空间不足	删除最早保存的文件,按以下之一操作:按电源键 35 s、在 Web 网页的 Data Logging 菜单中选择 Delete & Purge 功能
	接收机追星少于 4 颗	等到接收机屏幕显示追星多于 4 颗为止
	内置存储器需重新格式化	按电源键 35 s
接收机没有反应	接收机要冷启动	关机再开机
	接收机要热启动	按电源键 35 s
接收机收不到卫星信号	GNSS 天线电缆松动	确定 GNSS 天线电缆紧紧地固定在 GNSS 天线上
	电缆损坏	检查电缆是否有损坏痕迹,损坏的电缆是检查不到接收机天线信号的
	天线收到信号不连续	确定 GNSS 天线位于空旷地带

12.3　其他技术问题

12.3.1　测量平差与定权问题

1. 测量平差问题

测量本身就有误差,通俗地说,测量平差就是把一系列观测不符值,合理进行分配误差,解算出各观测量的平差值。解算方法就是采用最小二乘法,以所有改正数的平方和最小为原则来解算观测量的最或然值。随着计算机的普及,会编程的人越来越多,测量平差软件也很多,但是并不是每个测量平差软件都是正确的。

作者曾经在深圳特区从事过新桥、西乡、鹤州立交桥放样工作,布过很多施工控制网,所有控制点的精度都很高,经过监理检查,所有控制点相对于起算点误差都不会超过5 mm,这样才保证了立交桥的准确定位。要想提高控制点精度,就必须进行大量的多余观测,然后平差。作者在施工过程中,用方向交会法,交会出了工地附近的两个避雷针坐标,精度5 mm,每次放样时都是用避雷针定向的,这样不但方便了放样工作,也减小了人为误差,如果没有经过测量平差,控制点精度是不均匀的,在 A 点放的桥墩,用 B 点去检查,很可能就超过1 cm,只有经过平差才能计算出控制点最或然坐标值。

随着科技的发展,GPS技术越来越先进,速度快、精度高,但是也有它的局限性,比如井下测量,GPS就根本用不上。近年来,不断有新闻报道煤矿出事的消息,人们急于救援,却找不到人员所在的准确位置。现如今,煤矿井下测量还是用传统的方法往井下传递控制点坐标和方位,用来控制开采工作面,防止非法越界。但是,由于井下观测条件所限,导线边长也不可能很长,因此观测精度就成问题,最短边往往只有几米远,观测误差最少也有几分,对井下导线网的精度影响很大。差之毫厘,谬以千里,如果要想提高井下控制网的精度,就必须增加控制点,或增加井下方位角的观测,这在一定程度上能提高井下导线网的精度。陀螺仪就能准确测量出井下导线边的真北方位,但是需要换算到坐标方位。测量上有三个北方向,一个是磁北方向,一个是真北方向,一个是坐标北方向,相差不太多,我们常用的是坐标北方向,如果能在井下加测大量的真北方位,进行统一平差,就能提高井下导线网的精度,从而准确定位,为煤矿井下救援提供技术保障。

2. 平差定权的问题

很多人对测量平差的定权问题很模糊。权没有单位,就像分配奖金的系数,关键是相互之间的比例关系。观测值精度高的权要大,反之权要小,这样在平差时才会合理分配误差。现在的导线测量平差,边和角的权一定要合理。如果边长的权定得非常大,而角度的权定得非常小,则在平差时几乎所有的误差改正全部加到角度上了,容易造成 $[PVV]$ 迅速增大,带来的后果是中误差超限。

12.3.2　测绘实习生容易遇到的问题

1. 导线不闭合的原因

刚走出校门的大学生,第一次参加生产,不可避免地会出现这样那样的问题。如有一个毕业生,被安排去观测导线,导线总是不闭合,而且找不到原因,很是苦恼。后来技术负责人到现场观看实习生是如何观测的,经过细心观察,才发现实习生观测仪器时,操作不规范,一只手搭在脚架上,造成了观测水平方向偏差,每站误差十几秒,原因找到了,经过全面返工,重新观测之后,导线就闭合了。

2. 测区水准测量全面返工

某测区采用四等水准作为高程控制,由刚毕业的学生来承担测量任务,很快工作就结束了。经抽查发现,大多数高差与检查结果都不相符,而且超过了允许值,抽查人员百思不得其解。后来把观测者叫过来,让他演示一下如何操作仪器的,经过细心观察,发现该实习生没有把仪器概略整平就开始观测,问其原因,才知道误以为自动安平水准仪不需要整平就能自动整平。后来,该测区的水准测量全面返工。如果本项目的技术检查人员从开始就能发现问题,不至于造成全面返工,既浪费了工作量,也浪费了时间,教训是深刻的。

3. 文件打不开带来的损失

河南省地质测绘总院某地籍测量项目,聘用了刚毕业的学生去实习,由于经验不足,把图形文件保存在桌面上方便操作,而又没进行任何备份,就这样一直进行着。直到有一天,突然电脑感染病毒打不开了,这下慌了,想尽各种办法都无济于事,最后把硬盘卸掉,作为移动硬盘,放到别的机器上再试,也没能识别出来,找不到任何信息,无奈求助于科技市场电脑专家,也只能恢复出一半信息,整个工作全部报废,需要从头再测绘一遍。因此,及时备份文件是非常重要的,万一有问题,也不至于损失太大。

4. 电脑被盗带来的安全问题

笔记本电脑被盗的事情,不止一个单位出现过。电脑虽说不值钱,但是电脑里的资料是无价之宝,一旦被盗,多少年的心血化为乌有。如有一个测区,马上就要交工了,结果电脑被盗,造成了所有工作白干,重新返工就用了三个月。因此,电脑问题是首要问题,有的电脑保存着机密资料,一旦丢失,后果不堪设想。经济损失是小事,严重的要承担法律责任。

5. 被撞飞的水准仪

某年某月,河南省地质测绘总院在广东省中山市进行水准测量作业时,发生了一起严重事故。水准仪器架在路中间隔离带附近,正在进行观测,当时车流量很大,司机的视线受阻,没看到测量作业人员正在马路中间作业,结果一不小心,人和水准仪器被一辆大集装箱车撞飞了,由于刹车及时,幸好人没有生命危险,仪器被撞得粉碎,后来经过法院审理,肇事方赔了几万元。此事给人的教训是在马路上作业时,一定要穿好反光背心,否则会造成司机误判,以为是过马路人员。

6. 无人看管的全站仪的命运

2007年,作者在四川省攀枝花项目负责检查工作。项目为地籍测量,由于项目的需要,雇用了一名实习生进行外业数据采集,由于作业员安全观念不强,加上天气比较热,实习生架好仪器后就去路边歇息了,并玩着手机。不巧的是,一个农民工骑着自行车经过,后面携带两大包一次性筷子,一下子把仪器撞倒了,这事情最后闹到了派出所,也没好办法,一个农民工,根本没钱赔你,最终不了了之,自认倒霉。

7. 某矿区井下测量出现的事故

在作者任河南省地矿局测管科负责人的时候,曾经去某个矿区检查测量工作,认识了一个测量人员,从事某矿区井下测量工作。过了几年,第二次去检查时,提起这个老师傅,回答说不在了,问其原因才知道,由于一次测量事故,只顾仰头找控制点(矿井中的控制点大多在顶板上,不在地面上),不小心掉进竖井中身亡了,深感惋惜。

12.3.3　Word 文档损坏修复方法

如果在编辑 Word 文档过程中,点击保存文件成功后,重新打开时,突然出现 Word 无法读取文档或文档可能损坏的情况,如图 12-8 所示。修复方法为:打开一个空的 Word 文档,选中你要打开的文件,不要双击,单击即可,如图 12-9 所示。点击右下角的打开按钮右边的小三角符号,选择"打开并修复",则系统自动修复文档,如图 12-10 所示。修复成功后,显示文档内容,关闭对话框即可。

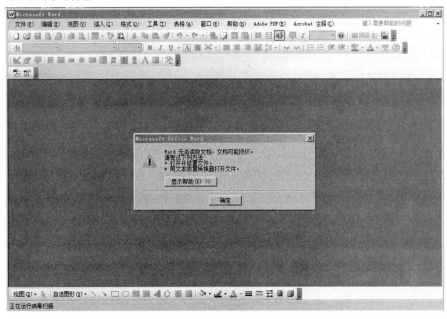

图 12-8　已损坏的 Word 文档

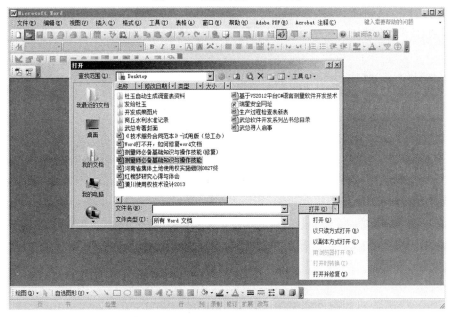

图 12-9　打开 Word 文档

12.3.4　常见 CORS 系统问题解答

1.系统常识

(1)CORS 系统是否是一个全天候的系统?

答:CORS 系统是 24 h 连续运行的 GNSS 观测系统,能够全天候地进行 GNSS 数据采

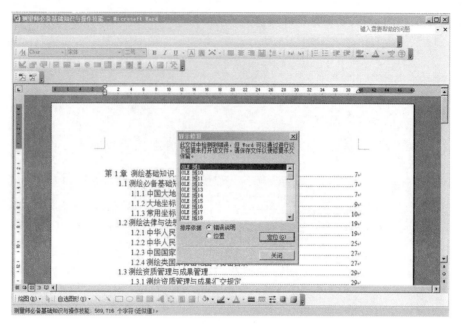

图 12-10　已修复的 Word 文档

集、沉降监测、导航等服务。

（2）CORS 系统的运行和哪些因素有关？

答：CORS 系统的运行受 GNSS 系统的状态、通信网络的状态、电力供应及接收机和中心服务器等硬件设备性能的影响。

（3）CORS 系统目前支持哪些导航系统？对未来导航系统的兼容性如何？

答：CORS 系统目前支持双星系统，即 GPS 和 GLONASS 系统，未来会逐步兼容伽利略系统和北斗系统。

（4）SDCORS 中心服务时间和方式是什么？

答：SDCORS 中心技术服务时间为正常工作时间（8 时 30 分至 17 时），节假日有值班人员。服务的主要方式有电话、QQ、E-mail、网站等。

（5）SDCORS 中心能否控制用户的作业状态？是否能完整地记录用户的作业状态？

答：SDCORS 中心可以控制用户在 SDCORS 系统中使用，但是不能够改变用户因受通信和 GPS 系统特性影响所出现的一些问题。SDCORS 中心可以完整地记录用户自登陆中心服务器以后的所有状态。

（6）SDCORS 提供的差分改正数据是否有性能上的差别？RTK 用户需要如何选择？

答：SDCORS 中心目前支持 MAX、iMAX、Virtual、RS、FKP 等网络差分模式，目前对外发布 RTCM2.3、RTCM3.0、CMR 三种格式的差分数据。不同格式的数据间存在一定的差异，用户需要根据所使用的仪器设备的实际情况进行最优选择，具体可咨询各仪器厂商。

2.终端设备及使用问题

（1）使用网络 RTK 需要具备什么样的硬件条件？

答：单星或多星双频测量型实时差分 GPS 接收机（主板支持 VRS 接入）、网络通信模块（支持 GPRS\CDMA\GSM 等）。

（2）使用网络 RTD 需要具备什么样的硬件条件？

答：GPS 码接收机、GPS 单频或双频接收机（主板支持 VRS 接入）、网络通信模块（支持 GPRS\GSM\CDMA 等）。

（3）使用网络 RTK 的通信手段主要有哪些？ SDCORS 中心对此是否有要求？

答：根据山东省国土资源厅和山东省安全厅以及保密部门的要求，SDCORS 数据列入保密范围，必须加入 VPN 专线与公网实现物理隔离。鉴于此，SDCORS 中心现已开通 GPRS – VPN 专网，因此目前 SDCORS 仅支持 GPRS 接入服务。

（4）网络 RTK 在作业过程中是否会受通信网络条件的限制？

答：网络 RTK 作业主要通过通信网络与 SDCORS 中心进行数据交换，通信网络的状态直接影响到网络 RTK 作业的效率、系统的可用性及成果的可靠性。

（5）网络 RTK 在作业过程中，定位是否受站点距离的影响？

答：网络 RTK 所使用的是网络改正数，由一定的数字模型根据流动站所在位置计算得到，因而受站点距离及流动站至 CORS 站点距离的影响很小。

（6）网络 RTK 在作业前需要做哪些准备工作？

答：在作业前要检查仪器本身的状态、通信模块的工作状态，检查软硬件的设置，检查配置集、用户名的状态、SIM 卡的状态，查看作业区域的星历预报成果等；对于长时间未使用网络 RTK 的，需要进行实测检查。

（7）网络 RTK 在作业时是否需要考虑导航卫星的状况？ SDCORS 是否支持双星系统的网络 RTK 作业？

答：网络 RTK 作业过程中要求和 CORS 系统附近站点大于 10°高度角的可视空间至少保持 5 颗共视卫星。目前，SDCORS 系统支持 GPS 和 GLONASS 两种导航系统，网络 RTK 进行双星作业需要与系统至少保持共视 3 颗 GPS 和 2 颗 GLONASS 卫星。建议在 PDOP 值小于 4 的情况下使用 CORS 系统进行网络 RTK 作业。

（8）网络 RTK 长时间处于浮动解或单点解，主要有哪些方面原因？

答：网络 RTK 长时间处于浮动解或单点解时，一般受到点位观测环境（如遮挡、干扰、多路径）、通信网络（包括延迟大、不稳定）、GPS 卫星状况（PDOP 值大、公共卫星数少）、仪器设备（固件版本过低、差分数据格式选择错误、操作不正确）等因素影响。

（9）如何处理网络 RTK 长时间无法固定的问题？ 有何补救措施？

答：一般情况下，最简单也是最行之有效的方法就是将所有终端设备重启，重新连接。不能解决问题时，请逐个排除上述原因。由于通信网络问题导致上述情况时，用户可在测点记录不少于 5 min 的采样率作为原始观测数据，进行静态或动态后处理的方法来进行补救（在周围条件稍差的地区单星设备固定较慢，双星设备优势较明显）。

（10）网络 RTK 无法登录服务器和哪些因素有关？

答：用户无法正常登录服务器，需要检查用户的用户名、密码、通信设备、仪器设备、通信环境以及通信费用等，同时可以咨询 SDCORS 中心。

（11）能否在室内、屋檐下、树林、高大建筑物等有遮挡的环境下使用网络 RTK？

答：因为网络 RTK 作业需要 RTK 设备提供实时的正确位置信息，当在室内、屋檐下、树林、高大建筑物等有遮挡的环境下时，常会出现位置信息出错，导致无法进行网络 RTK

的正常作业、无法得到正确可靠的测量结果。

(12)用户名和密码是否只能在一台仪器上使用? 能否和仪器绑定?

答:SDCORS 中心目前提供的账号只能同时在一台仪器上使用。暂时不能进行账号和仪器设备的一对一绑定。

3. 技术问答

(1)GPS 流动站接收机是否存在固件和软件升级的问题? 是否会影响使用?

答:GPS 接收机都存在固件和软件的更新和升级问题,随着 GNSS 和 CORS 系统的不断发展与完善,终端设备必然需要相应的更新和升级。如果不能及时更新和升级,往往会导致用户无法正常作业。

(2)CORS 用户的用户名和密码是否区分大小写?

答:CORS 用户的账号和密码区分大小写,用户在使用前,一定要检查账号及密码的正确性。

(3)网络 RTK 在作业时,是否需要通过改变设置来改善作业效果?

答:某些仪器可以根据作业的实际环境进行设置的修改来改善作业效果,但不是所有的仪器都可以通过改变设置来改善作业效果。建议设置操作在仪器厂商技术人员的指导下进行。

(4)网络 RTK 的测量结果能达到怎样的精度? 可以应用在哪些工程中?

答:经过测试和长时间的应用,SDCORS 系统网络 RTK 的测量结果能够达到平面 <3 cm、高程 <5 cm 的精度水平。可以在图根测量,地形图测绘,工程施工放样,城市一、二级导线测量,像片控制测量,水位监测等方面应用(投影到 1980 西安坐标系或 1954 北京坐标系时会受到转换参数的精度的影响)。

(5)网络 RTD 的测量结果能达到怎样的精度? 可以应用在哪些工程?

答:网络 RTD 的测量分为亚米级和米级两种精度水平,可以在车辆导航、GIS 信息采集、电力测量、地籍测量、地质调查、国土资源监察、土地调查勘界等方面进行应用。

(6)网络 RTK 直接测量结果是基于哪个坐标系统? 如何得到所需坐标系统的坐标?

答:目前,SDCORS 系统下的网络 RTK 直接测量结果是 2000 国家大地坐标系统。如果需要得到 1954 北京坐标系、1980 西安坐标系等其他坐标系统的坐标,需要进行转换参数的计算,可以在 RTK 设备上进行直接转换或进行测量结果的事后处理。

(7)个别站点的状态变化对网络 RTK 作业是否有影响?

答:SDCORS 采用的是多基站的整体解算,个别站点的变化对网络 RTK 作业的影响较小,可能会短暂性地对初始化时间有所影响。

(8)双星系统的使用对作业结果有什么影响? 双星系统的使用是否受时间和地域的限制?

答:双星系统能够在 GPS 卫星数较少的情况下,结合较多的 GLONASS 卫星进行网络 RTK 作业;双星系统能够提高网络 RTK 的可用性,对初始化速度有不同程度的改善,由于 GLONASS 系统卫星已达到 23 颗,所以应用可用性大大提高,受时间和地域限制较小,随着 GLONASS 系统卫星的逐步增加,这种影响会越来越小。

(9)网络有连接但数据链不通是何原因?

答:检查 SDCORS 中心授权的用户名和密码输入是否正确、大小写是否一致,如设备需要手工输入源列表(节点、域、mount point),则需要检查输入是否与 SDCORS 中心授权源列表(节点、域、mount point)一致,检查作业地区的通信网络是否稳定、网络延迟是否严重,检查用户名是否被借用或盗用,其他问题请咨询 SDCORS 控制中心和相关仪器设备厂商。

(10)为何有时测量得到的数据质量较差?

答:当测区周边有较大的电磁场干扰源,通信信号弱或卫星分布情况很差时,网络 RTK 可能会偶尔出现"伪固定"的现象,即出现三维特别是高程方向上较大的偏差,此种情况下用户务必多测几次来进行成果检核。

4. 应用建议

(1)用户名和密码是否能够转借他人使用?

答:为了进行有效的用户管理,保护用户的合法利益,禁止进行账号的转借,因此产生的后果由用户自行承担。

(2)用户名和密码被盗用会有什么影响? 如何保管好用户名和密码? 发现被盗用后需要采取什么样的措施?

答:账号被盗用会影响用户的正常使用,导致无法登录服务器。建议账号由专人保管,尽量不要向外人透露账号。如发现被盗用,应及时和 CORS 中心取得联系进行修改。

(3)对于使用网络 RTK 的作业人员有什么样的基本要求?

答:作业人员需要有一定的 GNSS 理论基础,了解 GNSS 系统及 CORS 系统的特性,能够正确设置和操作 GPS 接收机,对 GPS 使用过程中容易产生的问题有一定认识,具有处理这些问题的基本能力。

(4)如何申请开通使用 SDCORS?

答:①从网站下载 SDCORS 系统申请表和保密协议。②从当地测管部门或者相关单位开取介绍信。③填写申请表格和保密协议,单位负责人签字盖公章。④回传材料,通过传真或发送扫描件均可。⑤等待 SDCORS 审核,审核成功后开通回传账号密码。⑥SD-CORS 将用 VPN 专线,建议新办理用户电话咨询。

第13章 其他参考资料

13.1 常用测绘基准系统参数

13.1.1 常用地球椭球参数

1. 1954 北京坐标系主要参数

长半轴 $a = 6\,378\,245$ m

短半轴 $b = 6\,356\,863.018\,8$ m

扁率 $f = 1/298.3$

第一偏心率平方 $e^2 = 0.006\,693\,421\,622\,966$

第二偏心率平方 $e'^2 = 0.006\,738\,525\,414\,683$

2. 1980 西安坐标系主要参数

长半轴 $a = 6\,378\,140$ m

扁率 $f = 1/298.257$

第一偏心率平方 $e^2 = 0.006\,694\,384\,999\,59$

第二偏心率平方 $e'^2 = 0.006\,738\,525\,414\,683$

3. WGS - 84 椭球坐标系主要参数

长半轴 $a = 6\,378\,137$ m

扁率 $f = 1/298.257\,223\,563$

地心引力常数 $GM = 3.986\,004\,418 \times 10^8$ m³/s²

自转角速度 $\omega = 7.292\,115 \times 10^{-11}$ rad/s

4. 2000 国家大地坐标系（CGCS2000）的地球椭球参数

长半轴 $a = 6\,378\,137$ m

扁率 $f = 1/298.257\,222\,101$

地心引力常数 $GM = 3.986\,004\,418 \times 10^{14}$ m³/s²

自转角速度 $\omega = 7.292\,115 \times 10^{-5}$ rad/s

13.1.2 全国大地水准面高程图

（1）1954 北京坐标系。

1954 北京坐标系大地水准面高程图如图 13-1 所示。

（2）1980 西安坐标系。

1980 西安坐标系大地水准面高程图如图 13-2 所示。

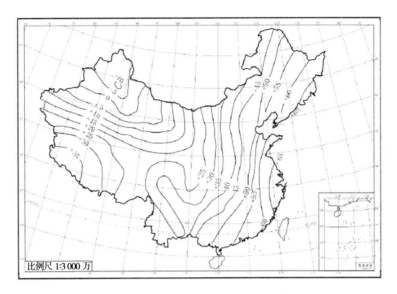

图 13-1　1954 北京坐标系大地水准面高程图

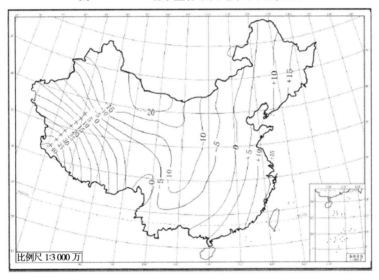

图 13-2　1980 西安坐标系大地水准面高程图

13.1.3　全国坐标系统转换改正量图

（1）X 改正量。

1954 北京坐标系向 2000 国家大地坐标系转换，X 改正量图如图 13-3 所示。

（2）Y 改正量。

1954 北京坐标系向 2000 国家大地坐标系转换，Y 改正量图如图 13-4 所示。

13.1.4　城市似大地水准面精化成果

城市似大地水准面精化成果如图 13-5 所示。

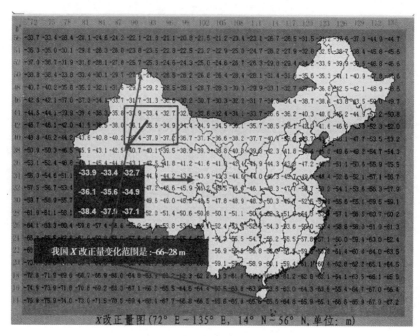

图 13-3　X 改正量图　（单位：m）

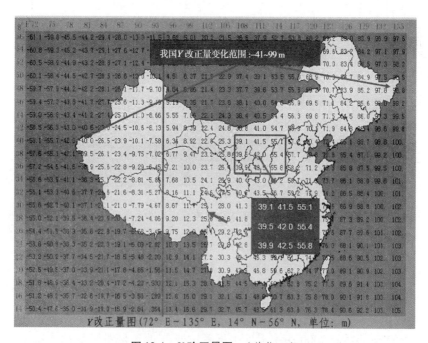

图 13-4　Y 改正量图　（单位：m）

部分城市似大地水准面精化成果

城市	分辨率	似大地水准面成果精度（m）	RTK 检测外符合精度（m）
北京	2.5′×2.5′	±0.024	X：±0.012 Y：±0.012 H：±0.038
天津	2.5′×2.5′	±0.017	X：±0.011 Y：±0.090 H：±0.024
广州	2.5′×2.5′	优于±0.010	X：±0.010 Y：±0.012 H：±0.030
武汉	2.5′×2.5′	优于±0.006	X：±0.025 Y：±0.026 H：±0.057

图 13-5　城市似大地水准面精化成果

13.2　常用测量与工程计算公式

13.2.1　常用测量计算公式

1.常用三角函数公式

1)同角三角函数间的基本关系式

(1)平方关系。

$(\sin x)^2+(\cos x)^2=1$

$1+(\tan x)^2=(\sec x)^2$

$1+(\cot x)^2=(\csc x)^2$

(2)积的关系。

$\sin\alpha=\tan\alpha\cos\alpha$

$\cos\alpha=\cot\alpha\sin\alpha$

$\tan\alpha=\sin\alpha\sec\alpha$

$\cot\alpha=\cos\alpha\csc\alpha$

$\sec\alpha=\tan\alpha\csc\alpha$

$\csc\alpha=\sec\alpha\cot\alpha$

(3)倒数关系。

$\tan\alpha\cot\alpha=1$

$\sin\alpha\csc\alpha=1$

$\cos\alpha\sec\alpha=1$

(4)商的关系。

$\sin\alpha/\cos\alpha=\tan\alpha=\sec\alpha/\csc\alpha$

$\cos\alpha/\sin\alpha=\cot\alpha=\csc\alpha/\sec\alpha$

(5)两角和与差的三角函数。

$$\cos(\alpha+\beta)=\cos\alpha\cos\beta-\sin\alpha\sin\beta$$

$$\cos(\alpha-\beta)=\cos\alpha\cos\beta+\sin\alpha\sin\beta$$

$$\sin(\alpha\pm\beta)=\sin\alpha\cos\beta\pm\cos\alpha\sin\beta$$

$$\tan(\alpha+\beta)=(\tan\alpha+\tan\beta)/(1-\tan\alpha\tan\beta)$$

$$\tan(\alpha-\beta)=(\tan\alpha-\tan\beta)/(1+\tan\alpha\tan\beta)$$

（6）三角和的三角函数。

$$\sin(\alpha+\beta+\gamma)=\sin\alpha\cos\beta\cos\gamma+\cos\alpha\sin\beta\cos\gamma+\cos\alpha\cos\beta\sin\gamma-\sin\alpha\sin\beta\sin\gamma$$

$$\cos(\alpha+\beta+\gamma)=\cos\alpha\cos\beta\cos\gamma-\cos\alpha\sin\beta\sin\gamma-\sin\alpha\cos\beta\sin\gamma-\sin\alpha\sin\beta\cos\gamma$$

$$\tan(\alpha+\beta+\gamma)=(\tan\alpha+\tan\beta+\tan\gamma-\tan\alpha\tan\beta\tan\gamma)/(1-\tan\alpha\tan\beta-\tan\beta\tan\gamma-\tan\gamma\tan\alpha)$$

（7）倍角公式。

$$\sin2\alpha=2\sin\alpha\cos\alpha$$

$$\cos2\alpha=(\cos\alpha)^2-(\sin\alpha)^2$$

$$\tan2\alpha=2\tan\alpha/(1-\tan^2\alpha)$$

（8）三倍角公式。

$$\sin3\alpha=3\sin\alpha-4\sin^3\alpha=4\sin\alpha\sin(60°+\alpha)\sin(60°-\alpha)$$

$$\cos3\alpha=4\cos^3\alpha-3\cos\alpha=4\cos\alpha\cos(60°+\alpha)\cos(60°-\alpha)$$

$$\tan3\alpha=(3\tan\alpha-\tan^3\alpha)/(1-3\tan^3\alpha)=\tan\alpha\tan(\pi/3+\alpha)\tan(\pi/3-\alpha)$$

（9）半角公式。

$$\sin(\alpha/2)=\pm\sqrt{[(1-\cos\alpha)/2]}$$

$$\cos(\alpha/2)=\pm\sqrt{[(1+\cos\alpha)/2]}$$

$$\tan(\alpha/2)=\pm\sqrt{(1-\cos\alpha)/(1+\cos\alpha)}=\sin\alpha/(1+\cos\alpha)=(1-\cos\alpha)/\sin\alpha$$

（10）降幂公式。

$$\sin^2\alpha=(1-\cos2\alpha)/2$$

$$\cos^2\alpha=(1+\cos2\alpha)/2$$

$$\tan^2\alpha=(1-\cos2\alpha)/(1+\cos2\alpha)$$

（11）积化和差公式。

$$\sin\alpha\cos\beta=1/2[\sin(\alpha+\beta)+\sin(\alpha-\beta)]$$

$$\cos\alpha\sin\beta=1/2[\sin(\alpha+\beta)-\sin(\alpha-\beta)]$$

$$\cos\alpha\cos\beta=1/2[\cos(\alpha+\beta)+\cos(\alpha-\beta)]$$

$$\sin\alpha\sin\beta=-1/2[\cos(\alpha+\beta)-\cos(\alpha-\beta)]$$

（12）和差化积公式。

$$\sin\alpha+\sin\beta=2\sin[(\alpha+\beta)/2]\cos[(\alpha-\beta)/2]$$

$$\sin\alpha-\sin\beta=2\cos[(\alpha+\beta)/2]\sin[(\alpha-\beta)/2]$$

$$\cos\alpha+\cos\beta=2\cos[(\alpha+\beta)/2]\cos[(\alpha-\beta)/2]$$

$$\cos\alpha-\cos\beta=-2\sin[(\alpha+\beta)/2]\sin[(\alpha-\beta)/2]$$

2）三角函数的诱导公式

（1）公式一。

设 α 为任意角,终边相同的角的同一三角函数的值相等,即

$\sin(2k\pi + \alpha) = \sin\alpha$

$\cos(2k\pi + \alpha) = \cos\alpha$

$\tan(2k\pi + \alpha) = \tan\alpha$

$\cot(2k\pi + \alpha) = \cot\alpha$

(2)公式二。

设 α 为任意角,$\pi + \alpha$ 的三角函数值与 α 的三角函数值之间的关系为:

$\sin(\pi + \alpha) = -\sin\alpha$

$\cos(\pi + \alpha) = -\cos\alpha$

$\tan(\pi + \alpha) = \tan\alpha$

$\cot(\pi + \alpha) = \cot\alpha$

(3)公式三。

任意角 α 与 $-\alpha$ 的三角函数值之间的关系为:

$\sin(-\alpha) = -\sin\alpha$

$\cos(-\alpha) = \cos\alpha$

$\tan(-\alpha) = -\tan\alpha$

$\cot(-\alpha) = -\cot\alpha$

(4)公式四。

利用公式二和公式三可以得到 $\pi - \alpha$ 与 α 的三角函数值之间的关系为:

$\sin(\pi - \alpha) = \sin\alpha$

$\cos(\pi - \alpha) = -\cos\alpha$

$\tan(\pi - \alpha) = -\tan\alpha$

$\cot(\pi - \alpha) = -\cot\alpha$

(5)公式五。

利用公式一和公式三可以得到 $2\pi - \alpha$ 与 α 的三角函数值之间的关系为:

$\sin(2\pi - \alpha) = -\sin\alpha$

$\cos(2\pi - \alpha) = \cos\alpha$

$\tan(2\pi - \alpha) = -\tan\alpha$

$\cot(2\pi - \alpha) = -\cot\alpha$

(6)公式六。

$\pi/2 \pm \alpha$ 及 $3\pi/2 \pm \alpha$ 与 α 的三角函数值之间的关系为:

$\sin(\pi/2 + \alpha) = \cos\alpha$

$\cos(\pi/2 + \alpha) = -\sin\alpha$

$\tan(\pi/2 + \alpha) = -\cot\alpha$

$\cot(\pi/2 + \alpha) = -\tan\alpha$

$\sin(\pi/2 - \alpha) = \cos\alpha$

$\cos(\pi/2 - \alpha) = \sin\alpha$

$\tan(\pi/2 - \alpha) = \cot\alpha$

$$\cot(\pi/2 - \alpha) = \tan\alpha$$

$$\sin(3\pi/2 + \alpha) = -\cos\alpha$$

$$\cos(3\pi/2 + \alpha) = \sin\alpha$$

$$\tan(3\pi/2 + \alpha) = -\cot\alpha$$

$$\cot(3\pi/2 + \alpha) = -\tan\alpha$$

$$\sin(3\pi/2 - \alpha) = -\cos\alpha$$

$$\cos(3\pi/2 - \alpha) = -\sin\alpha$$

$$\tan(3\pi/2 - \alpha) = \cot\alpha$$

$$\cot(3\pi/2 - \alpha) = \tan\alpha$$

（以上 $k \in \mathbf{Z}$）

2. 三角形面积计算公式

（1）设三角形底为 a，高为 h，则

$$S = ah/2 \tag{13-1}$$

（2）已知三角形三边 a、b、c，则

$$S = \sqrt{p(p-a)(p-b)(p-c)} \tag{13-2}$$

$$p = (a+b+c)/2 \tag{13-3}$$

俗称海伦公式。

（3）已知三角形两边为 a、b，这两边夹角为 C，则

$$S = (ab\sin C)/2 \tag{13-4}$$

（4）设三角形三边分别为 a、b、c，内切圆半径为 R，则

$$S = (a+b+c)r/2 \tag{13-5}$$

（5）设三角形三边分别为 a、b、c，外接圆半径为 R，则

$$S = abc/4R \tag{13-6}$$

（6）根据三角函数求面积，则

$$S = ab\sin C/2 = a/\sin A = b/\sin B = c/\sin C = 2R \tag{13-7}$$

其中，R 为外切圆半径。

3. 多边形面积计算公式

多边形面积计算方法有多种，如果有各拐点坐标，则用解析法比较简单，计算公式如下：

$$P = \frac{1}{2}\sum_{i=1}^{n}X_i(Y_{i+1} - Y_{i-1}) \text{ 或 } P = \frac{1}{2}\sum_{i=1}^{n}Y_i(X_{i-1} - X_{i+1}) \tag{13-8}$$

式中，P 为多边形面积，取绝对值；X_i、Y_i 为拐点坐标，m；n 为拐点总数；i 为拐点序号，按顺时针或逆时针方向顺序编号。

4. 计算坐标的余切公式

已知 A、B 两端点坐标和内角 α、β，可以推导出待定点 P 的坐标（见图 13-6）。计算公式如下：

$$X_P = \frac{X_A \cot\beta + X_B \cot\alpha - Y_A + Y_B}{\cot\alpha + \cot\beta}$$
$$Y_P = \frac{Y_A \cot\beta + Y_B \cot\alpha + X_A - X_B}{\cot\alpha + \cot\beta} \qquad (13\text{-}9)$$

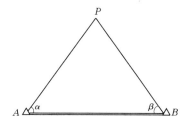

图 13-6 前方交会

式中,X_P,Y_P 为待定点坐标;X_A,Y_A 为 A 端点坐标;X_B,Y_B 为 B 端点坐标;α 为 A 端点内角;β 为 B 端点内角。

5. 测边交会坐标计算公式

如果有两端点坐标和两条边长,就可以推导出待定点坐标(见图 13-7)。首先判断两边长是否有交点,根据三角形定律:任意两边之和大于第三边,否则不构成三角形。如果满足条件 $S_a + S_b > S_c$,再接着计算。

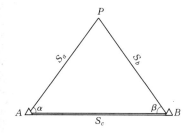

图 13-7 测边交会

计算公式如下:
$$M = \cot\{\arccos[(S_a S_a + S_c S_c - S_b S_b)/(2S_a S_c)]\}$$
$$N = \cot\{\arccos[(S_b S_b + S_c S_c - S_a S_a)/(2S_b S_c)]\}$$
$$X_P = (X_A N + X_B M - Y_A + Y_B)/(M + N) \qquad (13\text{-}10)$$
$$Y_P = (Y_A N + Y_B M + X_A - X_B)/(M + N)$$

6. 后方交会坐标计算公式

后方交会就是在任意位置设站,观测三个已知点方向,测量相邻两已知方向的夹角,根据三个已知点坐标直接求出待定点坐标值的一种方法(见图 13-8)。如果 A、B、C、P 四点共圆的话,则无解。

计算公式如下:

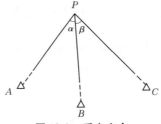

图 13-8　后方交会

$$I = (Y_B - Y_A)\cot\alpha - (Y_C - Y_B)\cot\beta - (X_C - X_A)$$
$$II = (X_B - X_A)\cot\alpha - (X_C - X_B)\cot\beta + (Y_C - Y_A)$$
$$\cot\theta = \frac{I}{II}$$
$$N = (Y_B - Y_A)(\cot\alpha - \cot\theta) - (X_B - X_A)(1 + \cot\alpha\cot\theta)$$
$$X_P = X_B + \frac{N}{1 + \cot^2\theta}$$
$$Y_P = Y_B + \frac{N}{1 + \cot^2\theta}\cot\theta$$

$$(13\text{-}11)$$

7. 两差改正计算公式

两差改正就是在应用三角高程测量高差时,对地球弯曲差和大气折光差进行改正。计算公式如下:

$$r = \frac{S^2}{2R}(1 - k) \tag{13-12}$$

式中,S 为 A 到 B 的水平距离;R 为地球半径;k 为折光系数,k 的值随地区而改变,在地形测量中,取我国各地区测定的 k 值的平均值 0.11,为了应用方便,有专用的两差改正表可供查询。

8. 三角高程单向观测时高差计算公式

三角高程单向观测时高差计算公式如下:

$$h = S\sin\alpha + \frac{1}{2R}(S\cos\alpha)^2 + i - v \tag{13-13}$$

式中,S 为经过各项(加常数、乘常数、气象改正)改正后的斜距,m;α 为观测垂直角(°);R 为地球平均曲率半径,采用 6 369 000 m;i 为仪器竖盘中心至地面点的高度,简称仪器高,m;v 为反射镜中心到地面点的高度,简称觇标高,m。

若为对向观测,可直接抵销两差改正值。

9. 测距边投影改正计算

《城市测量规范》中规定:城市平面控制测量坐标系统的选择应满足投影长度变形值不大于 2.5 cm/km 的原则,并根据城市地理位置和平均高程而定。计算方法为:先把地面边长投影到参考椭球面上,再把椭球面边长归算到高斯平面上,计算两项之和,就是长度变形值。

(1)地面边长归算到椭球面上的边长改正数计算公式为

$$\Delta h = -\frac{H_m + h_g}{R_n}D + \left(\frac{H_m + h_g}{R_n}\right)^2 D \tag{13-14}$$

（2）地面边长归算到黄海平均海水面的边长改正数计算公式为

$$\Delta h = -\frac{H_m}{R_n}D + \left(\frac{H_m}{R_n}\right)^2 D \tag{13-15}$$

（3）地面边长归算到城市平均高程面的边长改正数计算公式为

$$\Delta h = -\frac{H_u - H_m}{R_n}D \tag{13-16}$$

（4）椭球面边长归算到高斯面上的边长距离改正数计算公式为

$$\Delta S = \frac{Y_m^2}{2R_m^2}S \tag{13-17}$$

式中，D 为测距边水平距离；H_m 为测距边高出大地水准面的平均高程；h_g 为该地区大地水准面对于参考椭球面的高差；R_n 为沿测距边方向参考椭球面法截弧的曲率半径；H_u 为城市平均高程面的高程；Y_m 为测距边两端点坐标中数，km；R_m 为边长中点的地球平均曲率半径。

一般要求：当城市控制测量与国家网取得统一系统时，则基线丈量长度应归算到参考椭球面上，有三种归化方式。自由坐标系下的控制网，测距边可投影到城市平均高程面，不需再加其他改正，直接进行平差计算。

10. 球面图形的面积公式

（1）球面三角形的面积公式：$S = R^2(A + B + C - \pi)$

（2）球面圆（球冠）的面积公式：$S = 2\pi RH = 4\pi R^2 \sin^2(r/2)$

（3）球面多边形的面积公式：$S = R^2[A_1 + A_2 + \cdots + A_n - (n - 2)\pi]$

（4）球面环形（球带）的面积公式：$S = 2\pi RH = 2\pi R^2(\cos r_1 - \cos r_2)$

13.2.2　常用工程计算公式

1. 圆曲线要素计算公式

圆曲线要素计算公式如下：

$$\left.\begin{array}{l} T = R\tan\dfrac{\alpha}{2} \\[2mm] L = \dfrac{\pi}{180°}\alpha R \\[2mm] E = R\left(\sec\dfrac{\alpha}{2} - 1\right) \\[2mm] q = 2T - L \end{array}\right\} \tag{13-18}$$

式中，R 为圆曲线半径；α 为偏角（线路转向角）；T 为切线长；L 为曲线长；E 为外矢距；q 为切曲差（又称校正数或超距）。

在编程计算时，先求出圆心坐标值，以圆心点为端点，以直圆点或圆直点为定向方向，按一定步长为折角，圆半径为导线边长，按计算支导线方法直接计算所需要的点坐标值。道路两边桩计算方法相同，只是导线边长要加上或减去 1/2 路宽值。

2. 缓和曲线要素计算公式

缓和曲线,又称为介曲线,是用于连接直线和圆曲线之间的过渡曲线。缓和曲线可用螺旋线、三次抛物线等空间曲线来设置。我国铁路上采用螺旋线作为缓和曲线。当在直线与圆曲线之间嵌入缓和曲线时,其曲率半径由无穷大(与直线连接处)逐渐变化到圆曲线的半径 R(与圆曲线连接处)。螺旋线具有的特性是:曲线上任意一点的曲率半径 R' 与该点到起点的曲线长 l 成反比,即 $R' = \dfrac{c}{l}$,式中 c 为常数。

当圆曲线两端加入缓和曲线后,圆曲线应内移一段距离,方能使用缓和曲线与直线衔接,而内移圆曲线可采用移动圆心或缩短半径的办法实现。我国在铁路、公路的曲线测设中,一般采用内移圆心的方法进行。

加入缓和曲线后,圆曲线要素可用下列公式求得:

$$\left.\begin{aligned}
T &= m + (R + \rho)\tan\frac{\alpha}{2} \\
L &= \frac{\pi R(\alpha - 2\beta_0)}{180°} + 2l_0 \\
E &= (R + \rho)\sec\frac{\alpha}{2} - R \\
q &= 2T - L
\end{aligned}\right\} \tag{13-19}$$

式中,α 为偏角(线路转向角);R 为圆曲线半径;l_0 为缓和曲线长度;m 为加设缓和曲线后使用切线增长的距离,也就是由移动后的圆心 O_2 向切线上作垂线,其垂足与曲线起始点(ZH)或终点(HZ)的距离,$m = \dfrac{l_0}{2} - \dfrac{l_0^3}{240R^2}$;$\rho$ 为因加设缓和曲线,圆曲线相对于切线的内移量,$\rho = \dfrac{l_0^2}{24R}$;$\beta_0$ 为缓和曲线角度,$\beta_0 = \dfrac{l_0}{2R}\rho$。

建立以直缓点 ZH 为原点,过 ZH 的缓和曲线切线为 X 轴,ZH 点上缓和曲线的半径为 Y 轴的直角坐标系,则以曲线长 l 为参数的缓和曲线坐标计算公式为:

$$\left.\begin{aligned}
x &= l - \frac{l^5}{40R^2l_0^2} + \frac{l^9}{3\,456R^4l_0^4} - \cdots \\
y &= \frac{l^3}{6Rl_0} - \frac{l^7}{336R^3l_0^3} + \frac{l^{11}}{42\,240R^5l_0^5} - \cdots
\end{aligned}\right\} \tag{13-20}$$

实际应用时,只取前一、二项即可满足施工要求。即

$$\left.\begin{aligned}
x &= l - \frac{l^5}{40R^2l_0^2} \\
y &= \frac{l^3}{6Rl_0}
\end{aligned}\right\} \tag{13-21}$$

计算缓和曲线段路边桩方法:按缓和曲线计算公式计算控制线坐标,取两个很近的点,比如 5 mm,然后计算控制线上两中心点坐标,再以这两个点为支导线端点和定向点,方向值为 90° 或 270°,边长以路宽的一半来计算,按支导线方法就可精确地计算出边桩坐标值。

3. 回头曲线要素计算公式

当曲线的总偏角接近或大于180°时,称为回头曲线,亦称套线或灯泡线(见图13-9)。它是在展线时所采用的一种特殊的曲线。其半径都比较小,一般由缓和曲线与圆曲线组成。其曲线要素计算公式如下:

$$
\left.\begin{array}{l}
\alpha = 360° - (\theta_1 + \theta_2) \\[6pt]
T = (R + \rho)\tan\left(\dfrac{\theta_1 + \theta_2}{2}\right) - m \\[6pt]
L = \dfrac{\pi R}{180°}(\alpha - 2\beta_0) + 2l_0
\end{array}\right\}
\tag{13-22}
$$

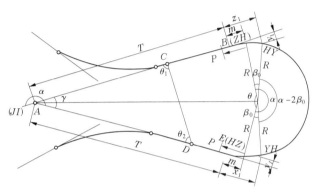

图 13-9 回头曲线

4. 竖曲线要素计算公式

线路纵断面是由许多不同坡度的坡段连接而成的。连接不同坡段的曲线称为竖曲线。竖曲线有凸曲线与凹曲线两种。顶点在曲线之上者为凸形竖曲线;反之称凹形竖曲线。连接两相邻坡度线的竖曲线,可以用圆曲线,也可以用抛物线。目前,我国铁路上多采用圆曲线连接。

曲线要素计算公式如下:

$$
\left.\begin{array}{l}
\alpha = \Delta i = i_1 - i_2 \\[6pt]
T = R\tan\dfrac{\alpha}{2} \\[6pt]
L = 2T \\[6pt]
E = \dfrac{T^2}{2R}
\end{array}\right\}
\tag{13-23}
$$

式中,α 为曲折角;T 为切线长;L 为曲线长;E 为外矢距;R 为竖曲线半径。

根据我国铁路工程技术规范规定,竖曲线半径 R,在 Ⅰ、Ⅱ 级铁路上为 10 000 m,Ⅲ 级铁路上为 5 000 m。

实际编程计算时,可把竖曲线看作是平面圆曲线来处理。桩号和标高可认为是纵横坐标值,按平面圆曲线计算各桩号的标高值。

5. 竖曲线上高程计算

竖曲线上高程计算如图 13-10 所示。

已知:①第一坡度:i_1(上坡为"+",下坡为"-");②第二坡度:i_2(上坡为"+",下坡为"-");③变坡点桩号:S_z;④变坡点高程:H_z;⑤竖曲线的切线长度:T;⑥待求点桩号:S。

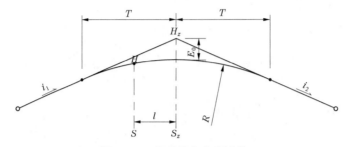

图 13-10   竖曲线上高程计算

计算公式如下:

$$l = S - S_z$$

$$R = \frac{2T}{i_2 - i_1}$$

$$H = H_z + \frac{\left[1 + \frac{1}{2}R(i_1 + i_2)\right]^2}{2R} - \frac{1}{2}Ri_1i_2$$

$$E_0 = \frac{T^2}{2R} = \frac{1}{4}T(i_2 - i_1)$$

$$(13-24)$$

6. 超高缓和过渡段的横坡计算

超高缓和过渡段的横坡计算如图 13-11 所示。

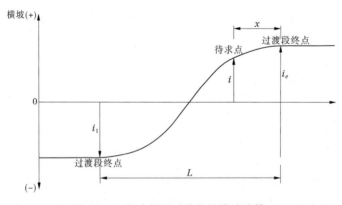

图 13-11   超高缓和过渡段的横坡计算

已知:第一横坡 i_1;第二横坡 i_2;过渡段长度 L;待求处离第二横坡点(过渡段终点)的距离 x。

求:待求处的横坡 i。

解:$d = x/L$,$i = (i_2 - i_1)(1 - 3d^2 + 2d^3) + i_1$。

13.2.3 常用椭球面计算公式

过椭球面上任意一点可作一条垂直于椭球面的法线,包含这条法线的平面叫作法截面,法截面同椭球面交线叫法截线(或法截弧)。包含椭球面一点的法线,可作无数个法截面,相应有无数个法截线。椭球面上的法截线曲率半径不同于球面上的法截线曲率半径都等于圆球的半径,而是不同方向的法截弧的曲率半径都不相同。

1. 子午圈曲率半径

在子午椭圆的一部分上取一微分弧长 $DK = \mathrm{d}S$,相应地有坐标增量 $\mathrm{d}x$,点 n 是微分弧 $\mathrm{d}S$ 的曲率中心,于是线段 Dn 及 Kn 便是子午圈曲率半径 M(见图13-12)。

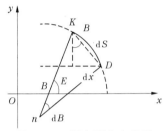

图 13-12　子午圈曲率半径

任意平面曲线的曲率半径的定义公式为

$$M = \frac{\mathrm{d}S}{\mathrm{d}B} \tag{13-25}$$

子午圈曲率半径公式为

$$M = \frac{a(1 - e^2)}{W^3} \tag{13-26}$$

$$M = \frac{c}{V^3} \text{ 或 } M = \frac{N}{V^2} \tag{13-27}$$

M 与纬度 B 有关,它随 B 的增大而增大,变化规律如表13-1所示。

表 13-1　曲率半径与纬度变化关系

B	M	说　明
$B = 0°$	$M_0 = a(1 - e^2) = \dfrac{c}{\sqrt{(1 + e'^2)^3}}$	在赤道上,M 小于赤道半径 a,此间 M 随纬度的增大而增大;在极点上,M 等于极点曲率半径 c
$0° < B < 90°$	$a(1 - e^2) < M < c$	
$B = 90°$	$M_{90} = \dfrac{a}{\sqrt{1 - e^2}} = c$	

2. 卯酉圈曲率半径

过椭球面上一点的法线,可作无限个法截面,其中与该点子午面相垂直的法截面同椭球面相截形成的闭合的圈称为卯酉圈。如图13-13所示,PEE' 即为过 P 点的卯酉圈。卯酉圈的曲率半径用 N 表示。

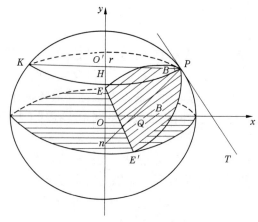

图 13-13　卯酉圈曲率半径

为了推导 N 的表达计算式,过 P 点作以 O' 为中心的平行圈 PHK 的切线 PT,该切线位于垂直于子午面的平行圈平面内。因卯酉圈也垂直于子午面,故 PT 也是卯酉圈在 P 点处的切线,即 PT 垂直于 Pn。所以,PT 是平行圈 PHK 及卯酉圈 PEE' 在 P 点处的公切线。

卯酉圈曲率半径可用下列两式表示:

$$N = \frac{a}{W} \tag{13-28}$$

或

$$N = \frac{c}{V} \tag{13-29}$$

3. 法截弧曲率半径

子午法截弧是南北方向,其方位角为 0° 或 180°。卯酉法截弧是东西方向,其方位角为 90° 或 270°。法截弧曲率半径如图 13-14 所示。

任意方向 A 的法截弧的曲率半径的计算公式如下:

$$R_A = \frac{N}{1 + \eta^2\cos^2 A} = \frac{N}{1 + e'^2\cos^2\beta\cos^2 A} \tag{13-30}$$

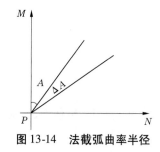

图 13-14　法截弧曲率半径

4. 平均曲率半径

在实际工程应用中,根据测量工作的精度要求,在一定范围内,把椭球面当成具有适当半径的球面。取过地面某点的所有方向 R_A 的平均值来作为这个球体的半径是合适的。这个球面的半径——平均曲率半径 R 的计算公式为:

$$R = \sqrt{MN} \tag{13-31}$$

或

$$R = \frac{b}{W^2} = \frac{c}{V^2} = \frac{N}{V} = \frac{a}{W^2}\sqrt{(1 - e^2)} \tag{13-32}$$

因此,椭球面上任意一点的平均曲率半径 R 等于该点子午圈曲率半径 M 和卯酉圈曲率半径 N 的几何平均值。

5. 高斯投影正算公式

高斯投影正算公式为：

$$x = X + Nt\cos^2 B \frac{l^2}{\rho^2} \left[0.5 + \frac{1}{24} \times (5 - t^2 + 9\eta^2 + 4\eta^4)\cos^2 B \frac{l^2}{\rho^2} + \frac{1}{720} \times (61 - 58t^2 + t^4)\cos^4 B \frac{l^4}{\rho^4} \right]$$

$$y = N\cos B \frac{l}{\rho} \left[1 + \frac{1}{6} \times (1 - t^2 + \eta^2)\cos^2 B \frac{l^2}{\rho^2} + \frac{1}{120} \times (5 - 18t^2 + t^4 + 14\eta^2 - 58\eta^2 t^2)N\cos^4 B \frac{l^4}{\rho^4} \right]$$

$$(13\text{-}33)$$

子午线弧长 X 计算见式(13-41)。

6. 高斯投影反算公式

高斯投影反算公式为：

$$B = B_f - \frac{\rho t_f}{2M_f} y \left(\frac{y}{N_f}\right) \left[1 - \frac{1}{12} \times (5 + 3t_f^2 + \eta_f^2 - 9\eta_f^2 t_f^2)\left(\frac{y}{N_f}\right)^2 + \frac{1}{360} \times (61 + 90t_f^2 + 45t_f^4)\left(\frac{y}{N_f}\right)^4 \right]$$

$$l = \frac{\rho}{\cos B_f} \left(\frac{y}{N_f}\right) \left[1 - \frac{1}{6} \times (1 + 2t_f^2 + \eta_f^2)\left(\frac{y}{N_f}\right)^2 + \frac{1}{120} \times (5 + 28t_f^2 + 24t_f^4 + 6\eta_f^2 + 8\eta_f^2 t_f^2)\left(\frac{y}{N_f}\right)^4 \right]$$

$$(13\text{-}34)$$

式中，η_f、t_f 分别为按 B_f 值计算的相应量，B_f 的计算见式(13-45)、式(13-46)。

1）常用量定义

a 为椭球长半轴，1954 北京坐标系为 6 378 245 m，1980 西安坐标系为 6 378 140 m；b 为椭球短半轴；f 为椭球扁率，1954 北京坐标系为 1/298.3，1980 西安坐标系为 1/298.257。

椭球扁率的计算公式为

$$f = \frac{a - b}{a}$$

$$b = a\sqrt{1 - e^2}$$

e 为第一偏心率，即

$$e = \frac{\sqrt{a^2 - b^2}}{a}, \ e^2 = 2f - f^2$$

e' 为第二偏心率，即

$$e' = \frac{a^2 - b^2}{b}$$

M 为子午圈曲率半径，即

$$M = \frac{a(1 - e^2)}{W^3} = \frac{c}{V^2}$$

N 为卯酉圈曲率半径，即

$$N = \frac{a}{W} = \frac{c}{V}$$

$$V = \sqrt{1 + e'^2 \cos^2 B}, \ V'^2 = 1 + \eta^2$$

$$W = \sqrt{1 - e^2 \sin^2 B}$$

$$\eta^2 = e'^2 \cos^2 B$$

其中，B 为纬度，单位为弧度。

$$c = \frac{a^2}{b}$$

2）子午线弧长 X

设子午线上两点 P_1 和 P_2，P_1 在赤道上，P_2 的纬度为 B，P_1、P_2 间的子午线弧长 X 计算公式为

$$X = a(1 - e^2)(A'\text{arc}B - B'\sin 2B + C'\sin 4B - D'\sin 6B + \\ E'\sin 8B - F'\sin 10B + G'\sin 12B) \tag{13-35}$$

式中

$$\left.\begin{array}{l}
A' = 1 + \dfrac{3}{4}e^2 + \dfrac{45}{64}e^4 + \dfrac{175}{256}e^6 + \dfrac{11\,025}{16\,384}e^8 + \dfrac{43\,659}{65\,536}e^{10} + \dfrac{693\,693}{1\,048\,576}e^{12} \\[3mm]
B' = \dfrac{3}{8}e^2 + \dfrac{15}{32}e^4 + \dfrac{525}{1\,024}e^6 + \dfrac{2\,205}{4\,096}e^8 + \dfrac{72\,765}{131\,072}e^{10} + \dfrac{297\,297}{524\,288}e^{12} \\[3mm]
C' = \dfrac{15}{256}e^4 + \dfrac{105}{1\,024}e^6 + \dfrac{2\,205}{16\,384}e^8 + \dfrac{10\,395}{65\,536}e^{10} + \dfrac{1\,486\,485}{8\,388\,608}e^{12} \\[3mm]
D' = \dfrac{35}{3\,072}e^6 + \dfrac{105}{4\,096}e^8 + \dfrac{10\,395}{262\,144}e^{10} + \dfrac{55\,055}{1\,048\,576}e^{12} \\[3mm]
E' = \dfrac{315}{131\,072}e^8 + \dfrac{3\,465}{524\,288}e^{10} + \dfrac{99\,099}{8\,388\,608}e^{12} \\[3mm]
F' = \dfrac{693}{1\,310\,720}e^{10} + \dfrac{9\,099}{5\,242\,880}e^{12} \\[3mm]
G' = \dfrac{1\,001}{8\,388\,608}e^{12}
\end{array}\right\} \tag{13-36}$$

3）底点纬度 B_j 迭代公式

底点纬度 B_j 迭代公式为

$$B_0 = \frac{X}{a(1 - e^2)A}, \quad B_{i+1} = B_i + \frac{X - F(B_i)}{F'(B_i)} \tag{13-37}$$

直到 $B_{i+1} - B_i$ 小于某一个指定数值，即可停止迭代。

式中

$$F(B) = a(1 - e^2)(A'\text{arc}B - B'\sin 2B + C'\sin 4B - D'\sin 6B + E'\sin 8B - F'\sin 10B + G'\sin 12B)$$
$$F'(B) = a(1 - e^2)(A' - 2B'\cos 2B + 4C'\cos 4B - 6D'\cos 6B + 8E'\cos 8B - 10F'\cos 10B + 12G'\sin 12B)$$

7. 子午线弧长计算公式

子午椭圆的一半，它的端点与极点相重合，而赤道又把子午线分成对称的两部分。

如图 13-15 所示，取子午线上某微分弧 $PP' = \mathrm{d}x$，令 P 点纬度为 B，P' 点纬度为 $B + \mathrm{d}B$，P 点的子午圈曲率半径为 M，于是有：$\mathrm{d}x = M\mathrm{d}B$。

从赤道开始到任意纬度 B 的平行圈之间的弧长可由下列积分求出：

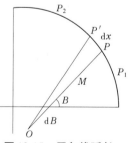

图 13-15　子午线弧长

$$X = \int_0^B M \mathrm{d}B \qquad (13\text{-}38)$$

式中

$$M = a_0 - a_2\cos 2B + a_4\cos 4B - a_6\cos 6B + a_8\cos 8B \qquad (13\text{-}39)$$

其中

$$\left.\begin{array}{l}
a_0 = m_0 + \dfrac{m_2}{2} + \dfrac{3}{8}m_4 + \dfrac{5}{16}m_6 + \dfrac{35}{128}m_8 \\[2mm]
a_2 = \dfrac{m_2}{2} + \dfrac{m_4}{2} + \dfrac{15}{32}m_6 + \dfrac{7}{16}m_8 \\[2mm]
a_4 = \dfrac{m_4}{8} + \dfrac{3}{16}m_6 + \dfrac{7}{32}m_8 \\[2mm]
a_6 = \dfrac{m_6}{32} + \dfrac{m_8}{16} \\[2mm]
a_8 = \dfrac{m_8}{128}
\end{array}\right\} \qquad (13\text{-}40)$$

经积分,进行整理后得子午线弧长计算公式为

$$X = a_0 B - \frac{a_2}{2}\sin 2B + \frac{a_4}{4}\sin 4B - \frac{a_6}{6}\sin 6B + \frac{a_8}{8}\sin 8B \qquad (13\text{-}41)$$

为求子午线上两个纬度 B_1 及 B_2 间的弧长,只需按上式分别算出相应的 X_1 及 X_2,而后取差 $\Delta X = X_2 - X_1$,该 ΔX 即为所求的弧长。

克拉索夫斯基椭球子午线弧长计算公式为

$$X = 111\,134.861B - 16\,036.480\sin 2B + 16.828\sin 4B - 0.022\sin 6B \qquad (13\text{-}42)$$

1975 年国际椭球子午线弧长计算公式为

$$X = 111\,133.005B - 16\,038.528\sin 2B + 16.833\sin 4B - 0.022\sin 6B \qquad (13\text{-}43)$$

8. 底点纬度计算公式

在高斯投影反算时,已知高斯平面直角坐标 (X,Y) 反求其大地坐标 (L,B)。首先把 X 当作中央子午线上弧长,反求其纬度,此时的纬度称为底点纬度或垂直纬度。计算底点纬度的公式可以采用迭代法和直接解法。

1)迭代法

在克拉索夫斯基椭球上计算时,迭代开始时设

$$B_f^1 = X/111\,134.861\,1$$

以后每次迭代按下式计算:

$$B_f^{i+1} = \left[X - F(B_f^i)\right]/111\,134.861\,1$$

$$F(B_f^i) = -16\,036.480\,3\sin 2B_f^i + 16.828\,1\sin 4B_f^i - 0.022\,0\sin 6B_f^i \qquad (13\text{-}44)$$

重复迭代直至 $B_f^{i+1} - B_f^i < \varepsilon$。

在 1975 年国际椭球上计算时,也有类似公式。

2)直接解法

1975 年国际椭球:

$$\beta = X/6\,367\,452.133$$

$$B_f = \beta + \{50\,228\,976 + [293\,697 + (2\,383 + 22\cos^2\beta)\cos^2\beta]\cos^2\beta\} \times 10^{-10} \times \sin\beta\cos\beta$$

$$(13\text{-}45)$$

克拉索夫斯基椭球:

$$\beta = X/6\,367\,588.496\,9$$

$$B_f = \beta + \{50\,221\,746 + [293\,622 + (2\,350 + 22\cos^2\beta)\cos^2\beta]\cos^2\beta\} \quad (13\text{-}46)$$

9. 图幅理论面积计算公式

图幅理论面积计算公式为

$$P = \frac{4\pi b^2 \Delta L}{360 \times 60}\Big[A\sin\frac{1}{2}(B_2 - B_1)\cos B_m - B\sin\frac{3}{2}(B_2 - B_1)\cos 3B_m + C\sin\frac{5}{2}(B_2 - B_1)$$

$$\cos 5B_m - D\sin\frac{7}{2}(B_2 - B_1)\cos 7B_m + E\sin\frac{9}{2}(B_2 - B_1)\cos 9B_m\Big] \qquad (13\text{-}47)$$

其中,A、B、C、D、E 按下式计算:

$$\left.\begin{aligned}
e^2 &= (a^2 - b^2)/a^2 \\
A &= 1 + (3/6)e^2 + (30/80)e^4 + (35/112)e^6 + (630/2\,304)e^8 \\
B &= (1/6)e^2 + (15/80)e^4 + (21/112)e^6 + (420/2\,304)e^8 \\
C &= (3/80)e^4 + (7/112)e^6 + (180/2\,304)e^8 \\
D &= (1/112)e^6 + (45/2\,304)e^8 \\
E &= (5/2\,304)e^8
\end{aligned}\right\} \qquad (13\text{-}48)$$

式中,a 为椭球长半轴,m;b 为椭球短半轴,m;ΔL 为图幅东西图廓的经差,rad;$(B_2 - B_1)$ 为图幅南北图廓的纬差,rad;$B_m = (B_2 + B_1)/2$。

10. 椭球面任意梯形面积计算公式

椭球面任意梯形面积计算公式为

$$S = 2b^2\Delta L\Big[A\sin\frac{1}{2}(B_2 - B_1)\cos B_m - B\sin\frac{3}{2}(B_2 - B_1)\cos 3B_m - C\sin\frac{5}{2}(B_2 - B_1)$$

$$\cos 5B_m - D\sin\frac{7}{2}(B_2 - B_1)\cos 7B_m + E\sin\frac{9}{2}(B_2 - B_1)\cos 9B_m\Big] \qquad (13\text{-}49)$$

其中,A、B、C、D、E 为常数,按下式计算:

$$\left.\begin{aligned}
e^2 &= (a^2 - b^2)/a^2 \\
A &= 1 + (3/6)e^2 + (30/80)e^4 + (35/112)e^6 + (630/2\,304)e^8 \\
B &= (1/6)e^2 + (15/80)e^4 + (21/112)e^6 + (420/2\,304)e^8 \\
C &= (3/80)e^4 + (7/112)e^6 + (180/2\,304)e^8 \\
D &= (1/112)e^6 + (45/2\,304)e^8 \\
E &= (5/2\,304)e^8
\end{aligned}\right\} \qquad (13\text{-}50)$$

式中,a 为椭球长半轴,m;b 为椭球短半轴,m;ΔL 为图块经差,rad;$(B_2 - B_1)$ 为图块纬差,rad;$B_m = (B_1 + B_2)/2$。

11. 任意图斑椭球面积计算方法

任意封闭图斑椭球面积计算的原理:将任意封闭图斑高斯平面坐标利用高斯投影反解变换模型,将高斯平面坐标换算为相应椭球的大地坐标,再利用椭球面上任意梯形图块面积计算模型计算其椭球面积,从而得到任意封闭图斑的椭球面积。

1)计算方法

任意封闭区域总是可以分割成有限个任意小的梯形图块,因此任意封闭区域的面积为 $P = \sum_{i=1}^{n} S_i$,式中 S_i 为分割的任意小的梯形图块面积($i = 1, 2, \cdots, n$),用式(13-49)计算。

求封闭区域(如图13-16所示)$ABCD$ 的面积,其具体方法为:

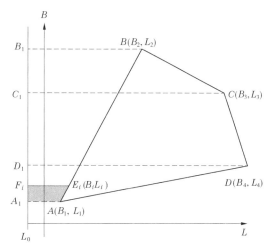

图13-16 椭球面上任意多边形面积计算

(1)对封闭区域(多边形 $ABCD$)的界址点连续编号(顺时针或逆时针),提取各界址点的高斯平面坐标 $A(X_1, Y_1)$,$B(X_2, Y_2)$,$C(X_3, Y_3)$,$D(X_4, Y_4)$。

(2)利用高斯投影反解变换模型公式(3),将高斯平面坐标换算为相应椭球的大地坐标 $A(B_1, L_1)$,$B(B_2, L_2)$,$C(B_3, L_3)$,$D(B_4, L_4)$。

(3)任意给定一经线 L_0(如 $L_0 = 60°$),这样多边形 $ABCD$ 的各边 AB、BC、CD、DA 与 L_0 就围成了4个梯形图块(ABB_1A_1、BCC_1B_1、CDD_1C_1、DAA_1D_1)。

(4)由于在椭球面上同一经差随着纬度升高,梯形图块的面积逐渐减小,而同一纬差上经差梯形图块的面积相等,所以,将梯形图块 ABB_1A_1 按纬差分割成许多个小梯形图块 $AE_iF_iA_1$,用式(13-49)计算出各小梯形图块 $AE_iF_iA_1$ 的面积 S_i,然后累加 S_i 就得到梯形图块 ABB_1A_1 的面积。同理,依次计算出梯形图块 BCC_1B_1、CDD_1C_1、DAA_1D_1 的面积(注:用式(13-49)计算面积时,B_1、B_2 分别取沿界址点编号方向的前一个、后一个界址点的大地纬度,ΔL 为沿界址点编号方向的前一个、后一个界址点的大地经度的平均值与 L_0 的差)。

(5)多边形 $ABCD$ 的面积就等于4个梯形图块(ABB_1A_1、BCC_1B_1、CDD_1C_1、DAA_1D_1)面积的代数和。

因此,任意多边形 $ABCD$ 的面积 P 为

$$P = ABCD = BCC_1B_1 + CDD_1C_1 + DAA_1D_1 - ABB_1A_1$$

2)计算要求

(1)利用图形坐标点将高斯坐标系下的几何图形反算投影到大地坐标系,进行投影

变换。

（2）任意指定一条经线 L_0，从选定多边形几何形状的起始点开始，沿顺时针方向依次计算相邻两点构成的线段，以及两点到指定经线的平行线构成的梯形面积。将该梯形沿纬度变化方向（Y 轴）进行切割，至少需切割为 2 个部分。

（3）计算过程中应顺同一方向依坐标点逐个计算相邻两点连线与任意经线构成的梯形面积，坐标点不得有遗漏。若多边形包含内多边形（洞），则该多边形面积为外多边形面积减去所有内多边形面积之和。

（4）计算所有梯形面积的代数和即为该多边形的面积。

13.3　计算机硬件与软件问题

13.3.1　忘记电脑密码的处理方法

1. 忘记电脑开机密码

电脑开机密码忘记了怎么办？如果是普通账户，电脑开机密码忘了请用下面第一种方法；如果是系统超级用户"administrator"（计算机管理员），忘记开机密码，请用第二种方法或第三、第四种方法。

1）方法一

重新启动电脑，运行到系统登录界面时，同时按住"Ctrl + Alt"键，然后连击"Del"键两次，会出现新的登录界面，用户名处输入"Administrator"，密码为空，回车即可登录。登录后，打开控制面板，选择/用户账户/更改账户/点击原来的"账户名"/更改我的密码/输入新密码，再次输入新密码，然后点击"更改密码"按钮即可。

2）方法二

（1）重新启动计算机，开机后按下"F8"键不动，直到高级选项画面出现后，再松开手，选择"命令提示符的安全模式"回车。

（2）运行过程结束时，系统列出了系统超级用户"administrator"和本地用户"＊＊＊＊＊"的选择菜单，鼠标单击"administrator"，进入命令行模式。

（3）键入命令"net user ＊＊＊＊＊ 123456 /add"，强制将"＊＊＊＊＊"用户的口令更改为"123456"。若想在此添加一新用户（如：用户名为 abcdef，口令为 123456）的话，请键入"net user abcdef 123456 /add"，添加后可用"net localgroup administrators abcdef /add"命令将用户提升为系统管理组"administrators"的用户，并使其具有超级权限。

（4）重新启动计算机，选择正常模式下运行，就可以用更改后的口令"123456"登录"＊＊＊＊＊"用户了。

3）方法三

用 Windows XP 系统安装光盘，以修复系统的方法，破解超级机算机管理员密码。方法如下：

（1）第 1 步：将系统设为光盘启动，并放入系统安装光盘。当出现第一个选择界面后按回车，出现第二个选择界面后按"R"键开始修复安装。随后安装程序会检查磁盘并开始复制文件。文件复制完成后,系统将自动重启。

(2)第2步:重启后,系统会进入图形化的安装界面。注意:此时应密切注视界面的左下角,一旦出现"正在安装设备"进度条时,立即按下组合键"Shift + F10"。接着会出现意想不到的事情,一个命令提示符窗口出现在我们的面前,这是破解密码的关键所在。

(3)第3步:在命令提示符窗口中键入"Lusrmgr. msc"(不包括双引号)并回车,打开"本地用户和组"管理工具。点击左侧的"用户",然后再右击右侧的管理员账户,选择"设置密码"。此时,会弹出一个警告窗口,大意是说修改密码后,系统中的某些信息将变得不可访问。这里主要指用 EFS 加密过的文件,并且此前未曾导出证书,则修改密码后这些文件将无法访问。如果没有这种文件,就不要理会它,直接单击"继续",然后输入新密码,并单击"确定"。然后关闭"本地用户和组"和"命令提示符"窗口,并继续完成修复安装。完成安装后,系统管理员账户就重新激活了。

4)方法四

Windows XP/2000 下对策:删除系统安装目录"\system32\config"下的 SAM 文件,重新启动。此时管理员 Administrator 账号已经没有密码了,用 Administrator 账户登录系统,不用输入任何密码,进入系统后再重新设置登录账户、密码即可。

5)方法五

开机密码是指你在打开电脑开机自检后就跳出的密码。这时你只有输入正确的密码后系统才启动。这种密码出现时,你就算想进入电脑的 BIOS 设置都不行,所以安全性相对要好(建议笔记本电脑不要设置此类密码,因为一旦忘记密码,然后又丢了相应的解密盘的话,你可就要去笔记本厂商维修店维修了)。

解决方法:打开机箱,把主板上的 CMOS 锂电池取出来,过一会儿(5~10 min)再放进去,密码自动消失。

原理:因为开机密码是通过 BIOS 设置的,它会保存在主板上的 CMOS 中,这种存储器在长时间掉电后内容会消失,所以密码也随之消失。

2. 忘记 BIOS 设置密码

BIOS 设置密码是在开机自检过程中通过按相应键(不同品牌的电脑进入 BIOS 的键不同,Aword 与 AMI 的为 DEL)进入 BIOS 进行设置时的密码,开机密码也是在这里设置的。此密码是对 BIOS 设置的权限进行保护,不影响操作系统的启动。

解决方法:可以通过 CMOS 放电,但最好是用 debug 来清除它。因为总是翻弄电脑硬件,会使它的使用寿命更短。在启动操作系统后,进入 DOS 环境,输入 debug 命令,这时会出现"–"的输入提示符,然后输入命令"–o 70 10 –o 71 10 –q"。通过此操作,就能清除密码。

原理:命令行中都用到了 70 和 71 两个数字,这是因为 CMOS 中数据访问是通过 70 和 71 这两个 I/O 端口来实现的。端口 70H 是一个字节的地址端口,用来设置 CMOS 中数据的地址,而端口 71H 则是用来读写端口 70H 设置 CMOS 地址中的数据单元内容。

3. 忘记 Windows98 的登录密码

有的员工会通过更改 Windows 注册表和相应的登录方式来限制登录,输入不正确就会提示相应的信息而不能登录。一般的 Windows 网络登录方式如果不输入密码,即使登录进去也不能使用局域网。

解决方法：在电脑开机自检之后，将要启动操作系统之前，按"F8"键，调出启动菜单，选择其中的"safe mode"（安全模式）后进入操作系统。在其中查找文件后缀为 pwl 的文件，然后将其改名或删除，然后改变登录方式，相应的密码自动清除。

原理：以 pwl 为文件后缀的文件是以文件名为登录名的密码文件，删除它之后，相应密码就消失。

4. 忘记 WindowsNT/2000 的登录密码

为了保证 WindowsNT/2000 安全，一般都要求设操作系统登录密码，没有密码不能登录。

解决方法：首先要区分操作系统文件格式是 FAT 还是 NTFS，因为是 NTFS 的话有些启动盘不能操作文件，因为这个操作要更改或删除文件。若是 FAT 的话用一般的 Windows98 启动盘就可以启动电脑，而 NTFS 则要其他工具，比如说 NTFSDOS 这个小软件，它可以通过制作两张 Floppy 启动盘来操作 NTFS 文件格式下的文件。用启动盘启动电脑（在 DOS 状态下），进入系统所在的分区（如 C 盘），将"C：\ Windows \ system32 \ config \ sam"文件改名或删除，则下次登录密码为空就可以登录。

原理：因为"C：\Windows\system32\config\sam"这个文件在操作系统中相当于一个数据库文件，用于保存当前系统用户的密码，当删除或更改此文件之后，系统就认为没有密码，下次启动时就会自动产生一个 SAM 文件。

5. 忘记 Linux root 登录密码

Linux 是另一种与 Microsoft 操作系统大不相同的操作系统，某公司的服务器就是应用这个操作系统。它具有较好的安全性，而且其内核是免费的，但操作稍微复杂。

root 账号是 Linux 中默认的操作系统管理员登录密码，相当于 Microsft WindowsNT/2000 中的 Administrator。以 root 命令登录后具有很大的管理操作权限，既然能将 root 密码都改掉，那么其他用户密码就更是小菜一碟。但是在更改密码时必须重启计算机，像 Telnet 一类方法可能就不能更改。

1）解决方法一（lilo）

（1）在出现"lilo："提示时键入"linux single"，画面显示"lilo：linux single"。

（2）回车，计算机启动后可直接进入 linux 命令行。

（3）将第一行，即以 root 开头的一行中"root："后和下一个"："前的内容删除。

（4）重启，root 密码为空。

2）解决方法二（grub）

（1）在出现 grub 画面时，用上下键选中你平时启动 linux 的那一项（别选 DOS），然后按"E"键。

（2）再次用上下键选中你平时启动 linux 的那一项（类似于 kernel /boot/vmlinuz － 2. 4. 18 － 14 ro root = LABEL =/），然后按"E"键。

（3）修改你现在见到的命令行，加入 single，结果为：kernel /boot/vmlinuz － 2. 4. 18 － 14 single ro root = LABEL =/。

（4）回车返回，然后按"B"键启动，即可直接进入 linux 命令行。

（5）将第一行，即以 root 开头的一行中"root："后和下一个"："前的内容删除。

（6）重启，root 密码为空。

3）解决方法三

将本机的硬盘拿下来，挂到其他的 linux 系统上，采用的办法与第二种相同。

原理：在 linux 操作系统中，各类文件都放在一个固定的目录下（UNIX 也是这样），"/"就是根目录，而操作系统登录密码就放在"/etc"目录下。若登录密码经过加密，就放在 shadow 文件中；而未经加密的就放于 password 文件中。找到相应的要改密的用户名，在相应的项（因为此文件内容是以固定的格式放置的）上将密码删除即可。

6.忘记 Win7 旗舰版开机密码

在 Win7 旗舰版系统中设置了很多种保护隐私的密码，如设置系统启动密码、开机密码、磁盘驱动器密码等。隐私保护是好事，但是设置了密码后忘记密码就是相当令人头疼的事情了。这也是很多电脑用户不愿意设置这些密码的原因。下面介绍 Win7 旗舰版系统忘记开机密码的解决方法。

现象描述：自创账号和 Administrator 账号都设置了密码且都忘记了，同时未进入 Win7 旗舰版系统。

（1）启动 Win7 旗舰版系统，在开机前按下键盘上的"F8"，在出现的 Windows 高级启动选项界面中，用键盘上的上下键，选中"带命令提示符的安全模式"，同时按下回车键，如图 13-17 所示。

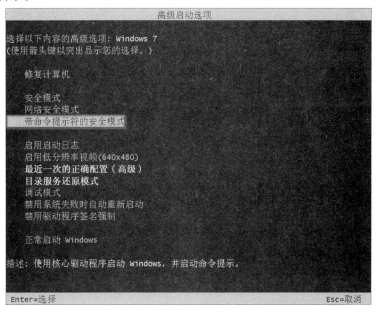

图 13-17　开机按下"F8"选择"带命令提示符的安全模式"

（2）在出现的账号选择窗口中点击"Administrator"，如图 13-18 所示。

（3）进入带命令提示符的安全模式后，会弹出管理员模式的命令提示符窗口，在命令提示符窗口中输入"net user Smile /add"，按下回车键，就完成了增加用户操作，如图 13-19 所示。

图 13-18　点击"Administrator"

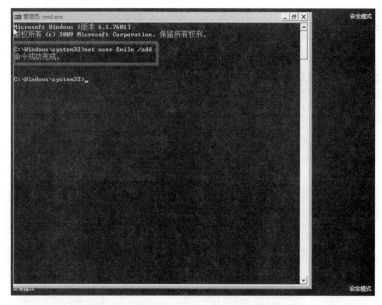

图 13-19　输入"net user Smile /add"后回车

　　(4)在命令提示符窗口中输入"net localgroup administrators Smile /add",就完成了升级管理员的操作,如图 13-20 所示。

　　(5)在命令提示符窗口中输入"shutdown /r /t 5 /f",按下回车键,重新启动计算机,如图 13-21 所示。

　　(6)按下回车键后,系统会提示在一分钟内注销计算机窗口,重新启动计算机完成后,选择 Smile 账号,如图 13-22 所示。

　　(7)进入 Smile 账号后,点击"开始"→"控制面板"→"添加或删除用户账户"→选择

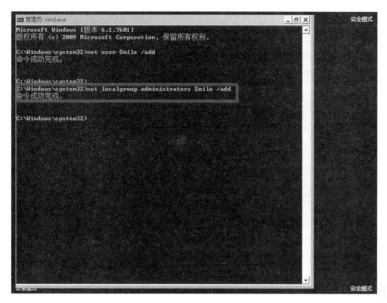

图 13-20 升级 Smile 账号管理员操作权限

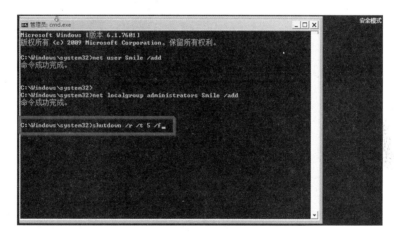

图 13-21 重启计算机

要删除的忘记开机密码的用户→点击"删除密码"即可。

13.3.2 电脑硬盘垃圾清理方法

1. Win7 系统 C 盘空间越来越小怎么办

最近有人安装了 Win7 系统,由于安装在 C 盘系统,初期硬盘分区的时候给 C 盘分了 20 GB 的空间,但安装 Win7 并且安装一些游戏与应用软件后,C 盘空间越来越小。近期经常出现提示 C 盘空间不足,导致系统运行缓慢。以前用 XP 系统都不会这样。那么对于 Win7 占用空间大,C 盘空间越来越小该如何解决呢?

我们知道 Win7 系统要比传统的 XP 系统文件大很多,现在安装 Win7 系统时,一般建议给 C 盘分 50 GB 以上空间最佳。那么对于 Win7 占用系统盘太大有没有什么简单的解决办法呢? 很多朋友可能会说,重新分区,然后再重新安装系统就可以呀,但那样也太麻

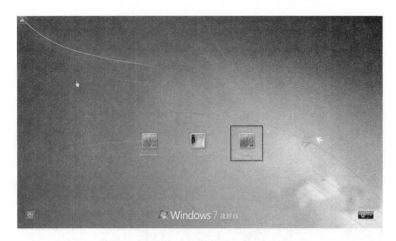

图 13-22 选择 Smile 账号

烦了。以下为大家介绍两种解决 Win7 占用 C 盘空间过大的方法。

1）优化 C 盘系统

首先要做的是将一些安装在 C 盘的程序文件转移到 D 盘,大家可以使用 360 搬家工具,也可以先卸载掉安装在 C 盘的软件,然后再下载安装在 D 盘,不过 360 搬家工具操作更简单,值得推荐。

（1）缩小休眠文件体积。

首先打开开始运行对话框,然后在运行框里输入"CMD"命令符,之后按回车进入命令操作对话框,然后输入:"powercfg – H size 50"。

休眠文件将被压缩到内存的 50%,减少占用的硬盘空间达到内存的 25%。如果还不够,那就用命令"powercfg – H off"直接关闭即可,如图 13-23 所示。

图 13-23 缩小或关闭休眠文件

（2）设置虚拟内存页面文件大小。

同样打开 Win7 运行对话框,然后在运行对话框中输入"system properties advanced",之后回车即可进入虚拟内容设置界面,然后打开高级属性,自定义虚拟内存文件大小,尽量调整小一些即可,如图 13-24 所示。

（3）压缩系统安装文件夹（C:\Windows\winsxs 文件夹）。

首先要取得操作权限,Win7 取得管理员权限的操作方法如下:先取得 WINSXS 文件夹的读写权限（默认管理员对这个文件夹只有读取的权限）,然后选择"winsxs"点鼠标右键,依次点击"常规""高级""压缩内容以便节省磁盘空间",如图 13-25 所示。压缩过程需 10～30 min,视硬盘性能而定。

通过以上设置,我们就可以为 C 盘节省出来不少空间,其实以上主要是对一些不太重要的系统文件进行了压缩,因此节省了部分空间出来,不过靠这种东挤西挤也节省不出

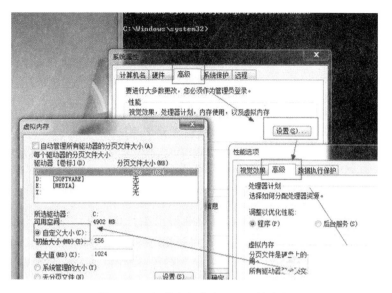

图 13-24　调整虚拟内存页面文件大小

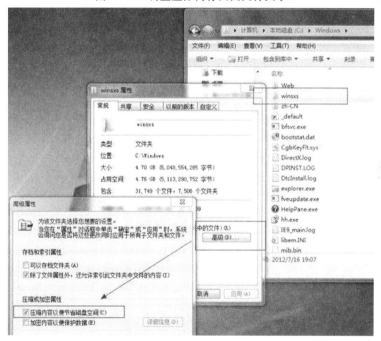

图 13-25　压缩系统安装文件夹

多少空间,当电脑运行一段时间,由于产生众多垃圾,一样可能提示 C 盘空间不足,这时候我们只能尝试清理系统垃圾解决了,不过也很麻烦,那么还有没有什么方法可以解决 Win7 占用 C 盘过大的问题呢? 以下再为大家介绍一种最有效的方法——为 C 盘扩容。

2)调整 C 盘磁盘大小

出现以上 C 盘空间不足的根本原因在于 C 盘预留的空间太小,以上靠压缩部分系统文件,仅能起到一定的释放部分空间作用,但毕竟很有限,那么要为 C 盘留有足够空间,最好还是将 C 盘容量变大,那么如何调整 C 盘大小呢?

关于如何调整 Win7 C 盘空间大小请参考其他书籍。

解决 Win7 C 盘空间越来越小的方法基本就以上两种,如果 C 盘空间不是严重不足,建议采用方法一;如果 C 盘空间严重不足,则建议采用方法二;如果觉得以上方法设置麻烦,也可以重新分区重装系统。

2. 可用 Win7 硬盘空间减少丢失解决方法

在"控制面板"中打开"文件夹选项",然后选择"查看"标签,去除勾选其中的"隐藏受保护的系统文件"复选框,然后选择"显示所有文件和文件夹"项,就可以在 Windows 的资源管理器中查看到被隐藏的文件了。

1)系统休眠

提示:系统休眠时,内存中的内容会保存在磁盘上,CPU、内存、显卡、硬盘、显示器等硬件会关闭从而节约电能,但休眠模式不等同于关闭计算机,当你再次启动电脑时会完全精准地还原到休眠前的状态,包括正在运行着的程序、正在显示着的文档等。

如果你的硬盘中有"hiberfil. sys"文件,那么它的体积肯定与你的内存大小一样,其实这个文件是电脑的休眠文件,当电脑休眠时,内存中的所有内容将保存到硬盘并关闭电脑,这时就会在你的硬盘上产生这个系统文件。如果你的内存为 1 GB,那么此文件大小当然同样为 1 GB,当你重新打开电脑后,"hiberfil. sys"文件会继续存在。要彻底解决此问题,必须关闭系统休眠功能,右击桌面选择"属性"命令,在打开的对话框中切换到"屏幕保护程序",点击其中的"电源"按钮,在"电源选项属性"对话框中切换到"休眠"标签,去除其中的"启用休眠"选项即可。

2)虚拟内存

提示:为了不影响 Windows 的正常运行,我们需要重新将虚拟内存设置到其他盘符,方法是选中其他盘然后为虚拟内存设置合适的体积,建议选择"系统管理的大小"选项让 Windows 帮你管理虚拟内存大小。

Windows 的虚拟内存默认会存放在系统盘根目录,其文件名称为"pagefile. sys",Windows 虚拟内存不可禁用,否则会影响系统运行,但我们可以将它"请"到其他盘符中:右击"我的电脑"选择"属性",在弹出的对话框中切换到"高级"对话框中点击"设置"按钮,在"性能选项"中点击"高级"标签中的"更改"按钮,选中 C 盘将下方的"页面文件大小"选项设置为"无分页文件",然后按下"设置"按钮,这样就可以将 C 盘下的"pagefile. sys"消除。

如果你的电脑没有虚拟内存,那么可用内存使用完毕后,计算机会通知你系统无法加载其他任何程序,若要继续加载,需要关闭现在正在运行着的某个应用程序。而有了虚拟内存,操作系统会自动找出最近未使用的应用程序,将它的内存内容复制到硬盘上。这部分复制到硬盘上的文件称为页面文件。

3)回收站

提示:为了彻底释放被回收站霸占的硬盘空间,你完全可以勾选"删除时不将文件移入回收站,而是彻底删除"选项,不过这样一来删除文件时就要格外小心了,因为你将无法恢复被删文件。

在硬盘中显示为回收站图标、名为"Recycled"的文件夹自然就是回收站所需硬盘空间,大家知道回收站中的文件是可以还原恢复的,那么其中的文件在彻底删除前必然存放在硬盘上,所以我们可以调整回收站属性,减小回收站所占硬盘空间从而获取更多可用空间。右击桌面"回收站"图标,选择"属性"命令,在"回收站属性"对话框中将滑动条向左拖动,将回收站的最大空间设置为3%~5%即可。

如果需要更多的空间,我们可以删除系统盘的临时文件。打开"C:\Windows"目录就可以在其中看到相关备份文件夹(以$号开头并结尾),选中这些文件夹后同时按下"Shift + Delete"键将其彻底删除。

如果你不需要 Windows 的系统还原功能,那么可以删除磁盘根目录下的"System Volume Information"文件夹。而硬盘中的"FOUND.001""FOUND.002"等文件夹则保存着历次磁盘扫描程序给你恢复的各种文件,一般来说这类文件同样毫无用途,可以放心删除这些文件夹。

13.3.3　CAD 病毒防护与处理

1. CASS 地形图属性丢失的原因

如果前一次操作 CASS 地形图还有属性,关闭后,或者隔天属性就没了,那么,很不幸,你的电脑可能是中毒了,原因如下:

(1)最常见的是中了 CAD 病毒。可以全盘搜索名为"acaddoc.lsp""acad.vlx"的病毒文件,并全部删除。U 盘、移动硬盘也要搜索并删除,以防后患。还有的病毒可能伪装成"acaddoc.vlx"" acad.lsp"等。

(2)绘图的时候误操作,尤其是刷属性的时候误刷到(此情况居少数)。

(3)地形图发往外单位,外单位用其他软件处理过,也可能造成属性丢失。

值得注意的是,"acaddoc.lsp""acad.vlx"这两个病毒文件是杀毒软件杀不掉的,所以很容易中招,只能多加防范,目测识别。

总而言之,中毒后造成属性丢失的情况最多,而丢失后的属性,只能通过备份文件找回。没有备份文件,就只能批量刷属性了。如果图形文件较大,批量刷的方法也是不轻松的,所以建议大家,图纸经常备份,电脑不要登录不熟悉的网站,外来图纸或者存储介质要先杀毒。

2. 如何处理 CAD 病毒

如果在 8:00—18:00 的时间段内,打开 CAD 软件时出现一个界面框:时间是××点××分了哦! 好好干哦! 党是不会亏待你的! 老板的眼睛是雪亮的啦! 在其他时间段内会显示:时间是××点××分了哦! 快点休息了啦! 要不做 CAD 的饭碗都让你一个人抢了哦! 如果出现了上述情况,就说明感染了 CAD 病毒,下面介绍处理方法。

1)感染传播

该病毒利用 CAD 的读取机制,在第一次打开带有病毒的图纸后,该病毒即悄悄运行,并感染每一张新打开的图纸,将病毒文件到处复制,并生成很多名为"acad. lsp"的程序。即便是重装 CAD 甚至重装系统都不能解决问题。病毒感染计算机系统后,会自动搜索 CAD 软件数据库路径下的自动运行文件"acad. lsp",然后生成一个备份文件"acadapp. lsp",其内容和自动运行文件一样。打开 CAD 图纸时,软件就会运行加载该文件,同时在存放图纸文件的目录中生成两个文件("acad. lsp"和"acadapp. lsp")的副本。

2)解决办法

方法一:下载 CAD 杀毒 V2. 7 进行查杀,CAD 杀毒会自动修复被感染文件,可以防止再次感染,并实时防护。

方法二:

(1)关闭 CAD(一定要先关闭正在运行的 CAD 程序)。

(2)用"F3"键打开 XP 系统的文件搜索窗口,搜索并删除"acad. lsp""acadappp. lsp"和"acadapp. lsp"这 3 个文件。

注意:"搜索范围"一定要选择"本机硬盘驱动器……",并勾选"搜索选项"中的"高级选项",将其下的"搜索系统文件夹""搜索隐藏的文件和文件夹""搜索子文件夹"项都勾选上,否则不能将这 3 个文件全部搜索清除干净。

(3)复制下面的代码在 CAD 命令行运行,以恢复被修改的系统变量默认值:

(setvar "zoomfactor" 40)(setvar "mbuttonpan" 1)(setvar "highlight"1)(setvar "fillmode"1)(setvar "pickauto" 1)

(4)用记事本打开 CAD 下的"acad. mnl"文件,将文件最后一行代码(load "acadappp")删去。如果在"acad. mnl"文件中无此行代码可忽略此操作。

附注:CAD2002 及以下版本的"acad. mnl"文件在其安装目录内,如"D:\Program Files\AutoCAD 2002\Support";CAD2004 以上版本的"acad. mnl"文件可能在下面的目录中,如"C:\Documents and Settings\×××\Application Data\Autodesk\AutoCAD 200×\R×. ×\chs\Support",其中×××是你登录系统时的用户名,200×和 R×. ×分别是 CAD 的版本和版本代号。例如"C:\Documents and Settings\Administrator\Application Data\Autodesk\AutoCAD 2004\R16. 0\chs\Support"(注意:目录"C:\Documents and Settings\"是系统隐藏文件夹)。

3)病毒预防

CAD 病毒有多种症状(上面提到的只是症状之一)。预防 CAD 病毒的有效方法是:从别处复制图形文件夹时,首先要查看一下是否有类似"acad. lsp""acad. fas"等非图形文件,如果有就直接删除。之后打开该文件夹下的图形文件时才可避免感染,否则系统即会被染毒。

13.3.4 常用 ASCII 码符号表

常用 ASCII 码符号见表 13-2。

表 13-2　常用 ASCII 码符号表

ASCII 值	控制字符	ASCII 值	控制字符	ASCII 值	控制字符	ASCII 值	控制字符
0	NUL	32	（space）	64	@	96	、
1	SOH	33	!	65	A	97	a
2	STX	34	”	66	B	98	b
3	ETX	35	#	67	C	99	c
4	EOT	36	$	68	D	100	d
5	ENQ	37	%	69	E	101	e
6	ACK	38	&	70	F	102	f
7	BEL	39	,	71	G	103	g
8	BS	40	(	72	H	104	h
9	HT	41	)	73	I	105	i
10	LF	42	∗	74	J	106	j
11	VT	43	+	75	K	107	k
12	FF	44	,	76	L	108	l
13	CR	45	−	77	M	109	m
14	SO	46	.	78	N	110	n
15	SI	47	／	79	O	111	o
16	DLE	48	0	80	P	112	p
17	DCI	49	1	81	Q	113	q
18	DC2	50	2	82	R	114	r
19	DC3	51	3	83	X	115	s
20	DC4	52	4	84	T	116	t
21	NAK	53	5	85	U	117	u
22	SYN	54	6	86	V	118	v
23	ETB	55	7	87	W	119	w
24	CAN	56	8	88	X	120	x
25	EM	57	9	89	Y	121	y
26	SUB	58	:	90	Z	122	z
27	ESC	59	;	91	〔	123	｝
28	FS	60	<	92	／	124	｜
29	GS	61	=	93	〕	125	｝
30	RS	62	>	94	＾	126	~
31	US	63	?	95	—	127	DEL

控制字符的意义见表 13-3。

表 13-3　控制字符的意义

控制字符	意义	控制字符	意义	控制字符	意义
NUL	空	VT	垂直制表	SYN	空转同步
SOH	标题开始	FF	走纸控制	ETB	信息组传送结束
STX	正文开始	CR	回车	CAN	作废
ETX	正文结束	SO	移位输出	EM	纸尽
EOT	传输结束	SI	移位输入	SUB	换置
ENQ	询问字符	DLE	空格	ESC	换码
ACK	承认	DC1	设备控制1	FS	文字分隔符
BEL	报警	DC2	设备控制2	GS	组分隔符
BS	退一格	DC3	设备控制3	RS	记录分隔符
HT	横向列表	DC4	设备控制4	US	单元分隔符
LF	换行	NAK	否定	DEL	删除

13.4　测绘专业相关知识

13.4.1　常用度量衡换算表

常见度量衡换算表见图 13-26 ~ 图 13-29。

13.4.2　根据经纬度计算图幅号方法

1. 已知图幅内某点的经纬度或图幅西南图廓点的经纬度,计算其编号

（1）按下式计算 1∶1 000 000 地形图图幅号:

$$\left.\begin{array}{l} a = \left[\phi/4°\right] + 1 \\ b = \left[\lambda/6°\right] + 31 \end{array}\right\} \tag{13-51}$$

式中,[ ]表示商取整;a 表示 1∶1 000 000 地形图图幅所在纬度带字符码所对应的数字码;b 表示 1∶1 000 000 地形图图幅所在经度带数字码;λ 表示图幅内某点的经度或图幅西南图廓点的经度;ϕ 表示图幅内某点的纬度或图幅西南图廓点的纬度。

例:某点经度为 114°33′45″,纬度为 39°22′30″,计算其所在图幅的编号。

$$a = \left[39°22′30″/4°\right] + 1 = 10（字符码 J）$$

$$b = \left[114°33′45″/6°\right] + 31 = 50$$

则该点所在 1∶1 000 000 地形图图号为 J50。

（2）按下式计算所求比例尺地形图在 1∶1 000 000 地形图图号后的行、列号:

$$\left.\begin{array}{l} c = 4°/\Delta\phi - \left[(\phi/4°)/\Delta\phi\right] \\ d = \left[(\lambda/6°)/\Delta\lambda\right] + 1 \end{array}\right\} \tag{13-52}$$

式中,( )表示商取余;[ ]表示商取整;c 表示所求比例尺地形图在 1∶1 000 000 地形图图

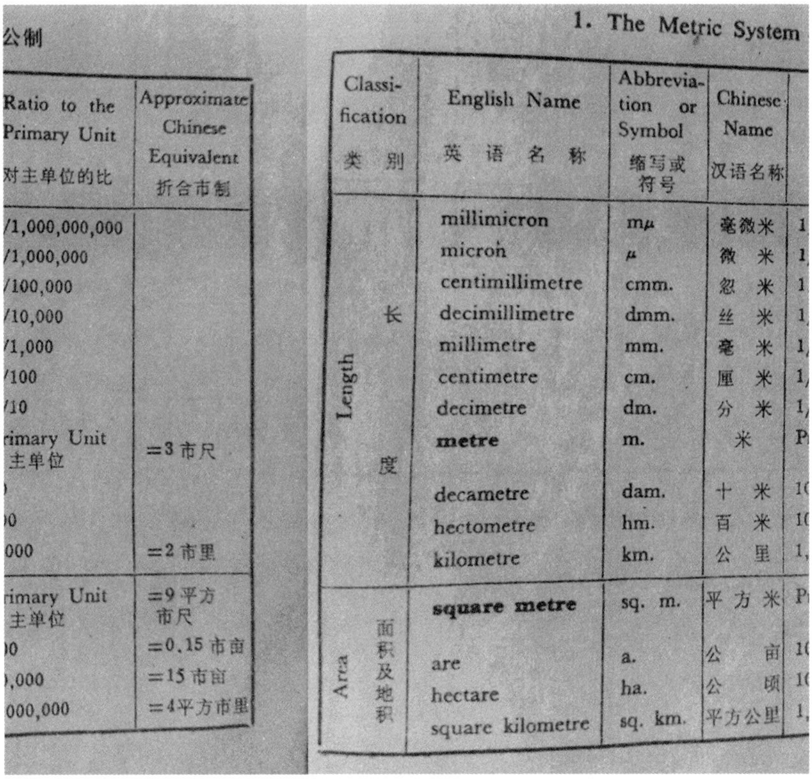

图 13-26　常用度量衡换算表 1

1. The Metric System

Classification 类别	English Name 英语名称	Abbreviation or Symbol 缩写或符号	Chinese Name 汉语名称	Ratio to the Primary Unit 对主单位的比	Approximate Chinese Equivalent 折合市制
Length 长度	millimicron	mμ	毫微米	1/1,000,000,000	
	micron	μ	微米	1/1,000,000	
	centimillimetre	cmm.	忽米	1/100,000	
	decimillimetre	dmm.	丝米	1/10,000	
	millimetre	mm.	毫米	1/1,000	
	centimetre	cm.	厘米	1/100	
	decimetre	dm.	分米	1/10	
	metre	m.	米	Primary Unit 主单位	=3 市尺
	decametre	dam.	十米	10	
	hectometre	hm.	百米	100	
	kilometre	km.	公里	1,000	=2 市里
Area 面积及地积	square metre	sq. m.	平方米	Primary Unit 主单位	=9 平方市尺
	are	a.	公亩	100	=0.15 市亩
	hectare	ha.	公顷	10,000	=15 市亩
	square kilometre	sq. km.	平方公里	1,000,000	=4 平方市里

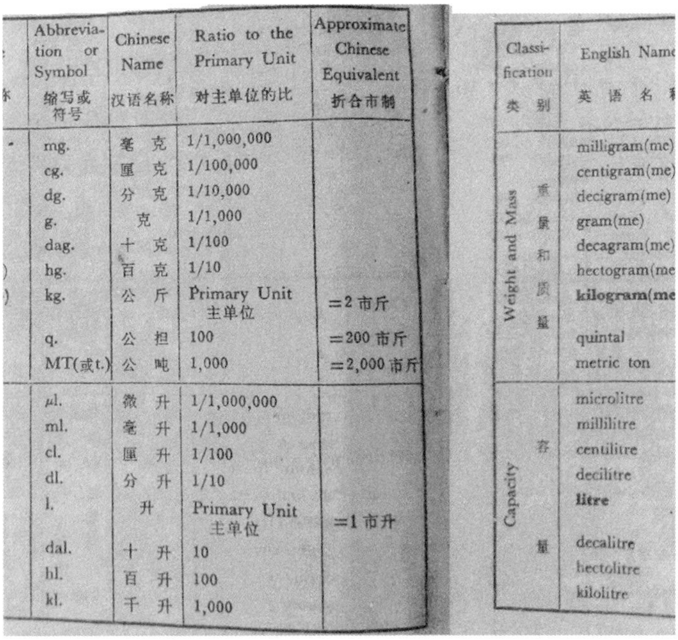

图 13-27　常用度量衡换算表 2

Classification 类别	English Name 英语名称	Abbreviation or Symbol 缩写或符号	Chinese Name 汉语名称	Ratio to the Primary Unit 对主单位的比	Approximate Chinese Equivalent 折合市制
Weight and Mass 重量和质量	milligram(me)	mg.	毫克	1/1,000,000	
	centigram(me)	cg.	厘克	1/100,000	
	decigram(me)	dg.	分克	1/10,000	
	gram(me)	g.	克	1/1,000	
	decagram(me)	dag.	十克	1/100	
	hectogram(me)	hg.	百克	1/10	
	kilogram(me)	kg.	公斤	Primary Unit 主单位	=2 市斤
	quintal	q.	公担	100	=200 市斤
	metric ton	MT(或 t.)	公吨	1,000	=2,000 市斤
Capacity 容量	microlitre	μl.	微升	1/1,000,000	
	millilitre	ml.	毫升	1/1,000	
	centilitre	cl.	厘升	1/100	
	decilitre	dl.	分升	1/10	
	litre	l.	升	Primary Unit 主单位	=1 市升
	decalitre	dal.	十升	10	
	hectolitre	hl.	百升	100	
	kilolitre	kl.	千升	1,000	

号后的行号; d 表示所求比例尺地形图在 1∶1 000 000 地形图图号后的列号; λ 表示图幅

2. The British and U.S. System 英美制

Classifica-tion 类别	Name 名称	Abbrevia-tion 缩写	Chinese Translation 汉译	Equivalent 等值	Metric Value 折合公制
Length 长度	mile fathom yard foot inch	mi. fm. yd. ft. in.	英 里 英 寻 码 英 尺 英 寸	880 fm. 2 yd. 3 ft. 12 in.	=1,609 公里 =1,829 米 =0.914 米 =30.48 厘米 =2.54 厘米
Nautical Measure 海程长度	nautical mile cable's length		海 里 链	10 cables' length	英=1,853 公里 国际海程制 =1,852 公里 英=185.3 米 国际海程制 =185.2 米
Area 面积及地积	square mile acre square yard square foot square inch	sq. mi. a. sq. yd. sq. ft. sq. in.	平方英里 英 亩 平 方 码 平方英尺 平方英寸	640 a. 4,840 sq. yd. 9 sq. ft. 144 sq. in.	=2.59 平方公里 =4,047 平方米 =0.836 平方米 =929 平方厘米 =6,451 平方厘米
Weight 重量 — Avoirdupois 常衡	ton 英 long ton 美 short ton hundredweight pound ounce dram	tn. (或 t.) cwt. lb. oz. dr.	吨 长 吨 短 吨 英 担 磅 司 打兰,英钱	20 cwt. 2,240 lb. 2,000 lb. 英 112 lb. 美 100 lb. 16 oz. 16 dr.	=1,016 公吨 =0.907 公吨 =50.802 公斤 =45.359 公斤 =0.454 公斤 =28.35 克 =1.771 克
Weight 重量 — Troy 金衡	pound ounce pennyweight grain	lb. t. oz. t. dwt. gr.	磅 司 英 钱 格 令	12 oz. t. 20 dwt. 24 gr.	=0.373 公斤 =31.103 克 =1.555 克 =64.8 毫克
Weight 重量 — Apothecaries' 药衡	pound ounce dram scruple grain	lb. ap. oz. ap. dr. ap. scr. ap. gr.	磅 司 打兰,英钱 吩 格 令	12 oz. ap. 8 dr. ap. 3 scr. ap. 20 gr.	=0.373 公斤 =31.103 克 =3.887 克 =1.295 克 =64.8 毫克

图 13-28 常用度量衡换算表 3

Metric Value 折合公制	Classifica-tion 类别	Name 名称	Abbrevia-tion 缩写	Chinese Translation 汉译	Equivalent 等值
英=36,368 升 美=35,238 升	Capacity 容量 — Dry Measure 干量	bushel	bu.	蒲式耳	4 pks.
英=9.092 升 美=8.809 升		peck	pk.	配克	8 qts.
=4.546 升		gallon(英)*	gal.	加仑	4 qts.
英=1.136 升 美=1.101 升		quart	qt.	夸脱	2 pts.
英=0.568 升 美=0.55 升		pint	pt.	品脱	
英=4.546 升 美=3.785 升	Liquid Measure 液量	gallon	gal.	加仑	4 qts.
英=1.136 升 美=0.946 升		quart	qt.	夸脱	2 pts.
英=0.568 升 美=0.473 升		pint	pt.	品脱	4 gi.
英=0.142 升 美=0.118 升		gill	gi.	及 耳	

* gallon 作干量单位仅用于英制。

图 13-29 常用度量衡换算表 4

内某点的经度或图幅西南图廓点的经度;φ 表示图幅内某点的纬度或图幅西南图廓点的

纬度;$\Delta\lambda$ 表示所求比例尺地形图分幅的经差;$\Delta\phi$ 表示所求比例尺地形图分幅的纬差。

例:某点经度为 114°33′45″,纬度为 39°22′30″,计算 1∶50 000 比例尺地形图的编号。

$$\Delta\phi = 10', \Delta\lambda = 15'$$

则
$$c = 4°/10' - \left[(39°22'30''/4°)/10' \right]$$
$$= 24 - 3°22'30''/10'$$
$$= 004$$

$$d = \left[(114°33'45''/6°)/15' \right] + 1$$
$$= 33°45/15' + 1 = 003$$

1∶50 000 地形图的图号为 J50E004003。

2. 已知图号计算该图幅西南图廓点的经纬度

按下式计算该图幅西南图廓点的经纬度:

$$\left. \begin{array}{l} \lambda = (b - 31) \times 6° + (d - 1) \times \Delta\lambda \\ \phi = (a - 1) \times 4° + (4/\Delta\phi - c) \times \Delta\phi \end{array} \right\} \tag{13-53}$$

式中,λ 表示图幅西南图廓点的经度;ϕ 表示图幅西南图廓点的纬度;a 表示 1∶1 000 000 地形图图幅所在纬度带字符码所对应的数字码;b 表示 1∶1 000 000 地形图图幅所在经度带的数字码;c 表示该比例尺地形图在 1∶1 000 000 地形图图号后的行号;d 表示该比例尺地形图在 1∶1 000 000 地形图图号后的列号;$\Delta\lambda$ 表示该比例尺地形图分幅的经差;$\Delta\phi$ 表示该比例尺地形图分幅的纬差。

例:图号 J50B001001,求其西南图廓点的经纬度。

$$a = 10; b = 50; c = 1; d = 1; \Delta\phi = 2°; \Delta\lambda = 3°$$
$$\lambda = (50 - 31) \times 6° + (1 - 1) \times 3°$$
$$= 114°$$
$$\phi = (10 - 1) \times 4° + (4°/2° - 1) \times 2°$$
$$= 38°$$

则图幅西南图廓点的经纬度分别为 114°、38°。

13.4.3　全国手持 GPS 参数一览表

1. 设置手持 GPS 的相关参数

1) 手持 GPS 的主要功能

手持 GPS,指全球移动定位系统,是以移动互联网为支撑、以 GPS 智能手机为终端的 GIS 系统,是继桌面 GIS、WebGIS 之后又一新的技术热点。目前功能最强的手持 GPS,其集成 GPRS 通信、蓝牙技术、数码相机、麦克风、海量数据存储、USB/RS232 端口于一身,能全面满足人们的使用需求。

主要功能:移动 GIS 数据采集、野外制图、航点存储坐标、计算长度、面积角度(测量经纬度、海拔高度)等各种野外数据测量;有些具有双坐标系一键转换功能;有些内置全国交通详图,配各地区地理详图,详细至乡镇村落,可升级细化。

2) 手持 GPS 的坐标系统

因为 GPS 卫星星历是以 WGS – 84 大地坐标系为根据建立的,手持 GPS 单点定位的坐标属于WGS - 84大地坐标系。常用的1954北京坐标系、1980西安坐标系及2000国家大地坐标系,属于平面高斯投影坐标系统。

3)手持GPS的参数设置

要想测量点位的1954北京坐标系、1980西安坐标系及2000国家高精度坐标数据,必须学习坐标转换的基础知识,并分别科学设置手持GPS的各项参数。

首先,在手持式GPS接收机应用的区域内(该区域不宜过大),从当地测绘部门收集一至两个已知点的1954北京坐标系、1980西安坐标系或2000国家坐标系统的坐标值;然后在对应的点位上读取WGS - 84坐标系的坐标值;之后采用万能坐标转换软件,可计算出DX、DY、DZ的值。

将计算出的DX、DY、DZ三个参数与DA、DF、中央经线、投影比例、东西偏差、南北偏差六个常数值输入GPS接收机。将GPS接收机的网格转换为"UserGrid"格式,实际测量已知点的公里网纵、横坐标值,并与对应的公里网纵、横坐标已知值进行比较,二者相差较大时要重新计算或查找出现问题的原因。

4)自定义坐标系统(User)投影参数的确定

(1)自己观测计算:拿到新机之后,供应商都会提供一个投影参数,这对于要求不高的一般用户来说基本可以满足工作需要,而对于一些专业用户来说,就要自己来测算参数。

一般型号的导航型手持GPS自定义坐标系统(User)投影参数设置界面都提供了五个变量(ΔX、ΔY、ΔZ、ΔA、ΔF)的设置,而实际工作中,后两个参数(ΔA、ΔF)针对某一坐标系统来说为固定参数(1954北京坐标系 $\Delta A = -108$、$\Delta F = 0.000\ 000\ 5$),无需改动,需要自己测算的参数主要为前三个(ΔX、ΔY、ΔZ),一般称为三参数。

(2)经验坐标:三参数对于非专业人员大多采用经验坐标,用别人的成果即可。也可以根据已知坐标点校正GPS的误差。

2.全国部分地区坐标转换参数(1954北京坐标系)

1)安徽省

DX = -15,DY = -120,DZ = -48,DA = -108,DF = 0.0 000 005,L = 117

2)四川省

DX = -4,DY = -104,DZ = -45,DA = -108,DF = +0.0000005,L = 105

3)海南省

DX = -9.8,DY = -114.6,DZ = -62.7,DA = -108,DF = 0.000 000 5,L = 111

4)湖南省

郴州 DX = -15.9,DY = -109.5,DZ = -55.2,DA = -108,DF = 0.000 000 5,L = 114

邵阳 DX = -13.6,DY = -107.3,DZ = -53.0,DA = -108,DF = 0.000 000 5,L = 111

5)江西省

南昌地区 DX = -16.5,DY = -116.1,DZ = -52.6,DA = -108,DF = 0.000 000 481,L = 117

赣北地区 DX = -14.4,DY = -119.5,DZ = -52.2,DA = -108,DF = 0.000 000 481,L = 114

6）云南省

昆明 $DX = -8.7$, $DY = -107.5$, $DZ = -23.9$, $DA = -108$, $DF = 0.000\,000\,5$, $L = 105$

大理 $DX = -3.0$, $DY = -89.8$, $DZ = -47.4$, $DA = -108$, $DF = +0.000\,000\,5$, $L = 99$

西双版纳 $DX = -4.4$, $DY = -94.4$, $DZ = -54.1$, $DA = -108$, $DF = 0.000\,000\,5$, $L = 99$

昭通 $DX = -6.1$, $DY = -102.1$, $DZ = -37.7$, $DA = -108$, $DF = 0.000\,000\,5$, $L = 105$

玉溪 $DX = 17.0$, $DY = -78.0$, $DZ = -38.0$, $DA = -108$, $DF = 0.000\,000\,5$, $L = 102$

7）贵州省

遵义 $DX = -10.5$, $DY = -108.2$, $DZ = -51.1$, $DA = -108$, $DF = 0.000\,000\,5$, $L = 108$

安顺 $DX = -13.5$, $DY = -105.2$, $DZ = -52.3$, $DA = -108$, $DF = 0.000\,000\,5$, $L = 105$

8）黑龙江省

齐齐哈尔 $DX = -98$, $DY = -154$, $DZ = -78$, $DA = -108$, $DF = 0.000\,000\,5$, $L = 129$

大兴安岭 $DX = 9$, $DY = -133$, $DZ = -39$, $DA = -108$, $DF = 0.000\,000\,5$, $L = 123$

9）吉林省

长春 $DX = 1$, $DY = -129$, $DZ = -48$, $DA = -108$, $DF = 0.000\,000\,5$, $L = 129$

通化 $DX = 1$, $DY = -129.4$, $DZ = -48.2$, $DA = -108$, $DF = 0.000\,000\,5$, $L = 126$

10）辽宁省

沈阳 $DX = -3$, $DY = -126$, $DZ = -45$, $DA = -108$, $DF = 0.000\,000\,5$, $L = 123$

鞍山 $DX = -21$, $DY = -157$, $DZ = -73$, $DA = -108$, $DF = 0.000\,000\,5$, $L = 120$

锦州 $DX = -41$, $DY = -69$, $DZ = -74$, $DA = -108$, $DF = 0.000\,000\,5$, $L = 120$

11）广东省

广州 $DX = -14$, $DY = -110$, $DZ = -52$, $DA = -108$, $DF = 0.000\,000\,5$, $L = 114$

深圳 $DX = -19$, $DY = -112$, $DZ = -55$, $DA = -108$, $DF = 0.000\,000\,5$, $L = 114$

汕头 $DX = -30$, $DY = -119$, $DZ = -58$, $DA = -108$, $DF = 0.000\,000\,5$, $L = 117$

12）内蒙古自治区

包头 $DX = -92$, $DY = -49$, $DZ = -4$, $DA = -108$, $DF = 0.000\,000\,5$, $L = 114$

鄂尔多斯 $DX = 16$, $DY = -147$, $DZ = -77$, $DA = -108$, $DF = 0.000\,000\,5$, $L = 111$

13）新疆维吾尔自治区

乌鲁木齐 $DX = 19$, $DY = -33$, $DZ = 5$, $DA = -108$, $DF = 0.000\,000\,5$, $L = 87$

阿克苏 $DX = 18$, $DY = -152$, $DZ = -76$, $DA = -108$, $DF = 0.000\,000\,5$, $L = 81$

14）西藏自治区

$DX = 11.9$, $DY = -120.8$, $DZ = -62.4$, $DA = -108$, $DF = 0.000\,000\,5$, $L = 93$

注：本参数从网上收集分析与整理，真实性无从考究，仅供参考。

参 考 文 献

[1] 武安状,黄现明,李芳芳,等.空间数据处理系统理论与方法[M].郑州:黄河水利出版社,2012.

[2] 武安状.实用 ObjectARX2008 测量软件开发技术[M].郑州:黄河水利出版社,2013.

[3] 武安状.实用 Android 系统测量软件开发技术[M].郑州:黄河水利出版社,2014.

[4] 武安状.基于 VS2012 平台 C#语言测量软件开发技术[M].郑州:黄河水利出版社,2015.

[5] 张敬伟.建筑工程测量[M].2 版.北京:北京大学出版社,2013.

[6] 王军见,远顺立,王金娜,等.河南省地质 CORS 建设与应用[M].郑州:河南人民出版社,2013.

[7] 南京地质学校.大地控制测量[M].北京:地质出版社,1980.

[8] 南京地质学校.地形绘图[M].北京:地质出版社,1978.

[9] 南京地质学校教研组.地形测量学[M].北京:地质出版社,1978.

[10] 熊介.椭球大地测量学[M].北京:解放军出版社,1988.

[11] 杨启和.地图投影变换原理与方法[M].北京:解放军出版社,1989.

[12] 朱华统.大地坐标系的建立[M].北京:测绘出版社,1986.

[13] 於宗俦,鲁林成.测量平差基础[M].北京:测绘出版社,1983.

[14] 陶本藻.自由网平差与变形分析[M].北京:测绘出版社,1984.

[15] 李青岳.工程测量学[M].北京:测绘出版社.1982.

[16] 周建郑.工程测量(测绘类)[M].2 版.郑州:黄河水利出版社,2006.

[17] 顾孝烈,杨子龙,都彩生,等.城市导线测量[M].北京:测绘出版社,1984.

[18] 崔炳光,孙护,朱肇光.摄影测量学[M].北京:测绘出版社,1984.

[19] 张祖勋,张剑清.数字摄影测量学[M].武汉:武汉大学出版社,2011.

[20] 孙祖述.地籍测量[M].北京:测绘出版社,1990.

[21] 梁玉保.地籍调查与测量[M].2 版.郑州:黄河水利出版社,2010.

[22] 侯方国,时东玉,王建设.房产测绘[M].郑州:黄河水利出版社,2007.

[23] 詹振炎.铁路选线设计的现代理论和方法[M].北京:中国铁道出版社,2001.

[24] 白茂瑞,胡长明.土木工程概论[M].北京:冶金工业出版社,2007.

[25] 武汉测绘学院测量学教研组.测量学[M].北京:测绘出版社,1985.

[26] 哈尔滨冶金测量学校地形测量教研组.水准网与导线网平差[M].北京:测绘出版社,1979.

[27] 李征航,黄劲松.GPS 测量与数据处理[M].武汉:武汉大学出版社,2005.

[28] 周立.GPS 测量技术[M].郑州:黄河水利出版社,2006.

[29] 吴静,何必,李海涛,等.ArcGIS 9.3 Desktop 地理信息系统应用教程[M].北京:清华大学出版社,
2011.

[30] 陆润民.计算机图形学教程[M].北京:清华大学出版社,2002.

[31] 谭浩强.C 语言程序设计[M].2 版.北京:清华大学出版社,2006.

[32] 刘苗生,廖建勇.Turbo C 程序设计与应用[M].长沙:国防科技大学出版社,1993.

[33] 刘小石,郑淮,马林伟,等.精通 Visual C++6.0[M].北京:清华大学出版社,2000.

[34] 许福,舒志,张威.Viusal C++程序设计技巧与实例[M].北京:中国铁道出版社,2003.

[35] 启明工作室.Visual C++ SQL Server 数据库应用实例完全解析[M].北京:人民邮电出版社,
2006.

[36] 刘烨,季石磊.C#编程及应用程序开发教程[M].2 版.北京:清华大学出版社,2007.

［37］ James Foxall. Visual C# 2005 入门经典［M］.陈秋萍,译.北京:人民邮电出版社,2007.

［38］ 李容. Visual C# 2008 开发技术详解［M］.北京:电子工业出版社,2008.

［39］ 孙晓非,牛小平,冯冠,等.C#程序设计基础教程与实验指导［M］.北京:清华大学出版社,2008.

［40］ 陈云志,张应辉,李丹.基于 C#的 WindowsCE 程序开发实例教程［M］.北京:清华大学出版社,2008.

［41］ 李冠亿.深入浅出 AutoCAD.NET 二次开发［M］.北京:中国建筑工业出版社,2012.

［42］ 国家测绘局职业技能鉴定指导中心.测绘综合能力［M］.北京:测绘出版社,2009.

［43］ 国家测绘局职业技能鉴定指导中心.测绘法律法规［M］.北京:测绘出版社,2009.

［44］ 武安状.谈谈野外采集数据大比例尺数字测图的平面精度［J］.地矿测绘,1999(1):26-28.

［45］ 武安状,赵永兰.基于 CAD 平台下的 ARX 命令之自动构面技术［J］.测绘与空间地理信息,2012(12):169-170.

［46］ 武安状,赵永兰.煤矿井下导线网平差技术［J］.矿山测量,2012(4):78-81.

［47］ 武安状,冀书叶.基于安卓系统的水准记录程序的开发［J］.地矿测绘,2012(2):32-34.

［48］ 武安状,吴芳.基于 Android 的测量坐标转换系统的设计与开发［J］.测绘与空间地理信息,2012(9):164-166.

［49］ 武安状,蒙胜华.导线网自动化组成验算路线技术［J］.科学技术与工程,2007(1):105-107.

［50］ 武安状,李昕荷,武岩.高曲矛盾自动检查程序的设计和功能的实现［J］.地矿测绘,2012(4):35-37.

［51］ 武安状,武岩,李昕荷.基于 AIMAP 平台实现高仿真快速三维建模技术［J］.矿山测量,2013(2):1-2.

［52］ 何耀帮,赵永兰,武安状.基于安卓系统的测量软件开发技术［J］.北京测绘,2013(3):68-72.

［53］ 张爱娟,武安状,韩慎友.基于 AIMAP 平台实现快速制作 3 维数字社区［J］.测绘与空间地理信息,2013(3):113-114.

［54］ 金玉玲,王要沛,武安状.基于 CAD 平台开发自动批量计算宗地椭球面积技术［J］.测绘与空间地理信息,2013(7):196-198.

［55］ 赵新华,陈富强.机载 LIDAR 技术在高难度大比例尺数字测图中的优势［J］.科技信息,2012(8):430-431.

［56］ GB/T 2260—2007　中华人民共和国行政区划代码［S］.

［57］ GB/T 13923—2006　基础地理信息要素分类与代码［S］.

［58］ GB/T 13989—2012　国家基本比例尺地形图分幅和编号［S］.

［59］ GB/T 18314—2009　全球定位系统(GPS)测量规范［S］.

［60］ GB/T 50228—1996　工程测量基本术语标准［S］.

［61］ GB/T 18341—2001　地质矿产勘查测量规范［S］.

［62］ GB/T 12897—2006　国家一、二等水准测量规范［S］.

［63］ GB/T 12898—2009　国家三、四等水准测量规范［S］.

［64］ GB/T 20257.1—2007　国家基本比例尺地图图式　第一部分:1:500 1:1 000 1:2 000 地形图图式［S］.

［65］ GB/T 17160—2008　1:500 1:1 000 1:2 000 地形图数字化规范［S］.

［66］ CH/T 2009—2010　全球定位系统实时动态测量(RTK)技术规范［S］.

［67］ CH/T 1004—2005　测绘技术设计规定［S］.

［68］ CH/T 1001—2005　测绘技术总结编写规定［S］.

［69］ CH/Z 1001—2007　测绘成果质量检验报告编写基本规定［S］.

［70］ CJJ/T 8—2011　城市测量规范［S］.

［71］ TD/T 1001—2012　地籍调查规程［S］.

［72］ TD/T 1015—2007　城镇地籍数据库标准［S］.

［73］ TD/T 1014—2007　第二次全国土地调查技术规程［S］.

［74］ NY/T 2537—2014　农村土地承包经营权调查规程［S］.